谨以此书

献　给

关心基础理论研究的读者

随机函数在概率学科内，是以实践为主体的基础理论数学。确切地说，是探索宇宙空间天体、星体、大地几何状态和物理特性的测绘概率数学。在探索的过程中，有关数据必然会遇到多方面的随机误差的干扰；其它与测绘概率计算数学相关的学科亦然。如何正确面对这个无法回避的客观现实，这本《论随机函数》阐明了方向！

——作　者

2015年11月3日

论随机函数

THEORY ON RANDOM FUNCTION

NEW CLASSICAL THEORY ON RANDOM FUNCTION ERRORS FOR MATHEMATICS

——王玉玮分布与误差传播——

王 玉 玮 著

（中国人民解放军总参谋部测绘研究所）

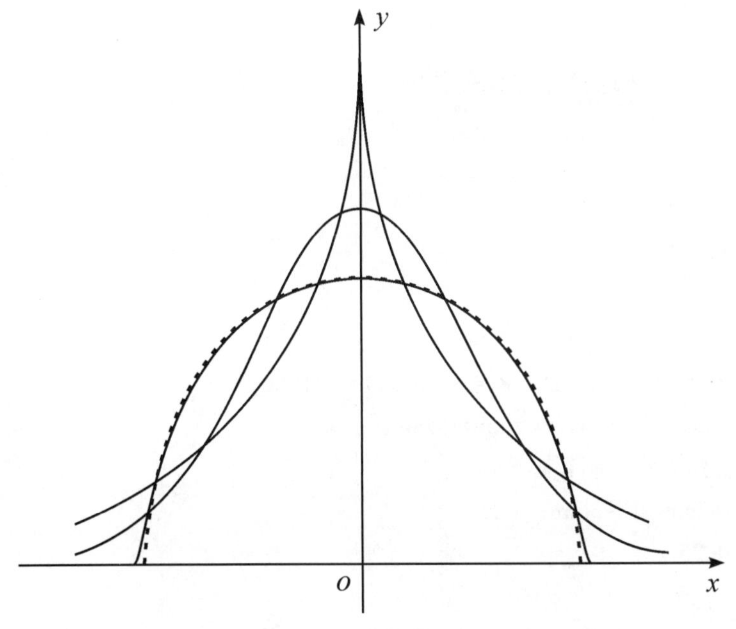

图书在版编目(CIP)数据

论随机函数：王玉玮分布与误差传播 / 王玉玮著. — 杭州：浙江大学出版社，2022.3
ISBN 978-7-308-22117-7

Ⅰ. ①论… Ⅱ. ①王… Ⅲ. ①随机函数 Ⅳ. ①O211.5

中国版本图书馆 CIP 数据核字(2021)第 261775 号

论随机函数——王玉玮分布与误差传播
王玉玮 著

责任编辑 金佩雯
责任校对 陈 宇
封面设计 雷建军
出版发行 浙江大学出版社
(杭州市天目山路 148 号 邮政编码 310007)
(网址：http://www.zjupress.com)
印 刷 杭州宏雅印刷有限公司
开 本 787mm×1092mm 1/16
印 张 28.25
字 数 580 千
版 印 次 2022 年 3 月第 1 版 2022 年 3 月第 1 次印刷
书 号 ISBN 978-7-308-22117-7
定 价 150.00 元

浙江大学出版社市场运营中心联系方式：0571-88925591；http://zjdxcbs.tmall.com

人类的历史，就是一个不断地从必然王国向自由王国发展的历史。……因此，人类总得不断地总结经验，有所发现，有所发明，有所创造，有所前进。

——毛泽东

---

*）选自《周恩来总理在第三届全国人大代表大会第一次会议上的政府工作报告》：人类的历史，就是一个不断地从必然王国向自由王国发展的历史。这个历史永远不会完结。在有阶级存在的社会内，阶级斗争不会完结。在无产阶级存在的社会内，新与旧、正确与错误之间的斗争永远不会完结。在生产斗争和科学实验范围内，人类总是不断发展的，自然界也总是不断发展的，永远不会停止在一个水平上。因此，人类总得不断地总结经验，有所发现，有所发明，有所创造，有所前进。

本著作出版推荐者

评　语

王玉玮专著《论随机函数》是论述随机函数学科基础理论的学术性著作。该书从拉普拉斯与高斯在早年的学术分歧到今日的统一，均以简练的数学语言，做出了严密的阐明。书中所提具有普遍性的“王玉玮分布”，是对经典概率论创新型的发展；进而，提出了随机数据处理的新途径。该书出版，将为随机函数的科学概念和随机数据处理的基本原则，开拓一个新领域。

高　俊	沈荣骏	孙家栋
高俊	沈荣骏	孙家栋
2018.9.13.	2018年9月20日	
2018 年 9 月 13 日	2018 年 9 月 20 日	2018 年 9 月 22 日

*）高　俊，原郑州解放军测绘学院院长，少将，中国科学院院士。

*）沈荣骏，原国防科工委副主任，中将，中国航天事业先驱者，中国工程院院士。

*）孙家栋，中国航天卫星首席科学家、先驱实践者，国家最高特等奖获得者，国家功勋奖章获得者，中国科学院院士。

1983 年《军事测绘》（专辑第十二期）编者按

《误差有限分布论》是王玉玮同志经多年探讨后写成的。总参测绘研究所曾于 1980 年 10 月油印刊发。本文对误差的基础理论，提出了新的看法，在阐发其观点的同时，对有关的问题，例如有限分布的密度函数、方差积分（特征值）、参数分析，以及其对平差原理和概率统计的影响作了论述。本刊为推动基础理论的研究，特发表此文，以便于大家讨论，促进交流。

---

*）1980 年油印刊发的“误差有限分布论”封面和 1983 年《军事测绘》（专辑第十二期）首页影印件（1∶2.3）：

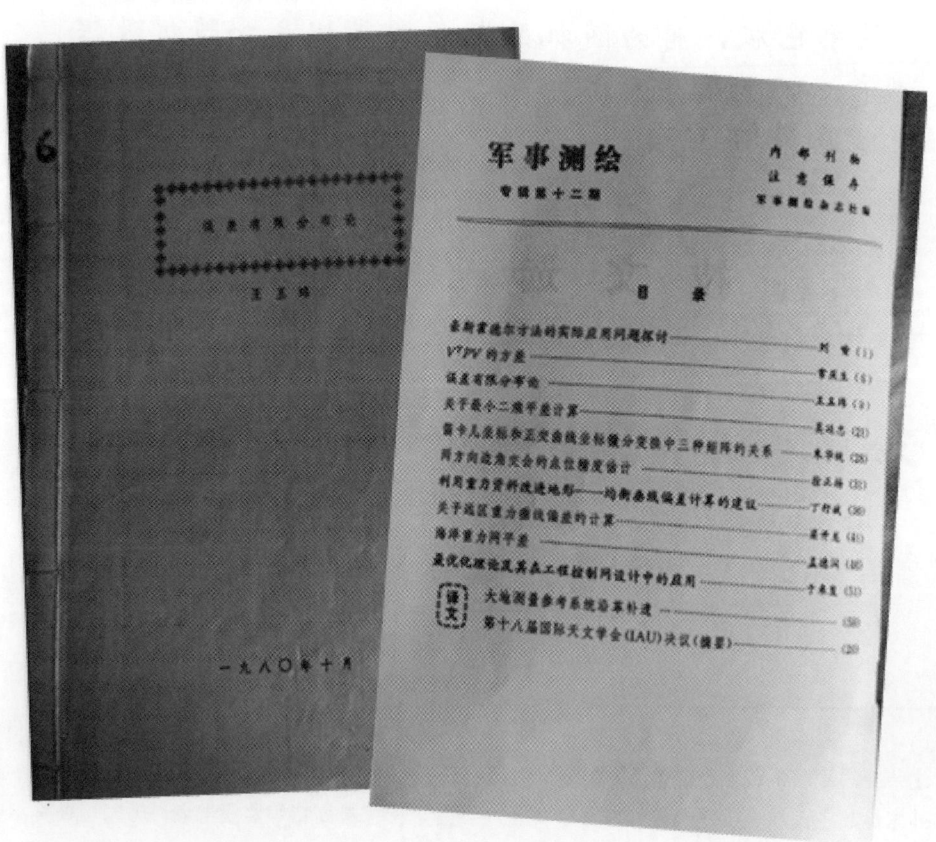

一九八〇年十月

军事测绘

专辑第十二期

内部刊物

注意保存

目录

V^TPV 的方差

误差有限分布论

关于最小二乘平差计算

第十八届国际天文学会(IAU)决议(摘要)

本 书 简 介

随机函数，在学术界并不是一个陌生的词汇。早在 18 世纪末，拉普拉斯提出：随机函数的数学形式是拉普拉斯分布。随后，在 19 世纪初，高斯提出：随机函数的数学形式是高斯分布。学术分歧，一直延续到今天。

拉普拉斯分布与高斯分布，数学公式各自只有一个参数，是“个性”；作者在两个“个性”的思维逻辑指引下，于 1980 年提出反映“共性的”、多参数的创新型分布。该分布，就是本书阐明的王玉玮分布。

王玉玮分布是随机误差分布的普遍形式。拉普拉斯分布、高斯分布，以及符合随机误差特性的所有分布，都是王玉玮分布的特例。

具体地说，本书《论随机函数》，向学术界阐明了**五项创新成果**：

1） 基于历代学术界先哲的思想，进行“去粗取精，去伪存真，由此及彼，由表及里”的认真思考，定义了随机误差的基本概念（2.211）至（2.214）四式。据此，运用数学手段，严密地导出了**随机误差分布的普遍规律**（2.426）式。

2） 历史上有关随机误差分布普遍规律的学术分歧问题，例如拉普拉斯分布、高斯分布、乔丹分布、刘述文分布等，都是随机误差普遍分布（2.426）式的特例，不再是分歧；**学术分歧得到了统一**。

3） 根据随机误差分布的普遍规律，定义了随机误差特征值的数学概念，并推导出了特征值的六个传播规律；进而，在随机误差特征值确定随机误差分布的数学前提下，**建立了随机函数误差分布与随机变量误差分布之间的严密数学关系**（3.196）式。

4） 根据随机误差分布的普遍形式，在拉普拉斯、高斯最大概率原理指引下，发展了最小一乘法、最小二乘法，提出了处理随机数据，达到最高精度的最佳途径，**最大概率法**（4.203）式。

5） 本书《论随机函数》的出版，将在科学领域内，为探索有关随机函数的客观规律和数据处理，**开拓一个新领域**。

---

*）作者，1983 年在《军事测绘》发表《误差有限分布论》一文。文中谓之“有限”，是针对早期学术界的“无限”而言的；后来，为区分学术界“截尾分布”、“有界分布”等，在董德同志编辑《测绘学公式集》一书时，经讨论，“误差有限分布”一词由编辑部命名为“王玉玮分布”。[16.P417]

本 书 体 例

一、本书中引文标注约定

1）参考文献引文来源索引信息，以 [ ] 标注：

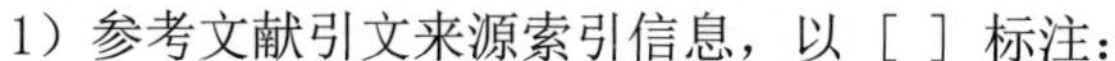

[3. P78] ——— 引文有原文、原意之分，引原文加“ ”相括，引原意不加

└——— 参考书的第 78 页

└——— 参考文献中，编号为[3]的参考书

[19. P102（3. 215）] ——— 参考文献中的数学公式索引信息

└——— 第（3. 215）号数学公式

└——— 第 102 页

└——— 第 19 篇文献

2）参考文献引文难以页码、数学公式表示者，简化为：

[16] 或 [16. *] ——— 参考文献中，编号为[16]的参考书

3）本书中的信息引用标号，以 [ ] 相括：

[参看 P122] ——— 引用文字信息，在本书第 122 页

[参看（3. 496）] ——— 引用数学信息，为本书数学公式（3. 496）

4）正文可省略的定义性、详细注释性的文字，以（ ）标注：

（光机数字化）解析测图仪——— “光机数字化”是可省略的文字

5）正文可省略的参考性注释文字，以 [ ] 标注：

[以缩小镜头场角之举，…… 实非正道] ——— 文字供读者参考

6）== 为数学表达式（数学特性的）等效符号：

$A == B$ 表示数学表达式 B 与数学表达式 A 等效；在特定条件下，B 可以代替 A

7）本书自定义的数学运算符：

$*$ 、$\uparrow$ 、E ——— 矩阵运算符号，[参看（1. 333）、（1. 332）、（1. 341）]

$\Rightarrow$ ——— 方程变换运算符号，[参看（1. 419）]

┌ ——— 求解方程线性系数符号，[参看（1. 512）、（1. 522）]

┼ ——— 方程解算运算符，[参看（1. 728）、（1. 729）]

8）因作者长期工作习惯，本书中以 π 表示圆周率，e 表示自然常数，d 表示微分，o 与 0 通用。

二、本书编章结构形式、公式、图形、引用参考文献等标号约定

1）本书中，编、章结构形式：

编：（字三号，居中）第　一　编，　第　二　编　　　　……　（编内分章序号数 ≤9）
章：（字四号，居中）第　一　章，　第　二　章　　　……　（章内分节序号数 ≤9）
节：（字小四，居中）　　一　、　，　二　、　　……　（节内公式序号数 ≤9）
段：（字五号，居左，加黑）　一）　，　　二）　　　……（段内可用 A、B、C）
分：（字五号，居左，正体）　　1）　，　　2）　　……
点：（字五号，居左，正体）　　　a）　，　　b）　　……
注：（字小五，页下，或正文方括号内）　　　　*）　　　……
（注的本意，旨在强调所述内容的含义，不强调正文出处）

2）本书中，编、章结构中的数学公式标号：（编、章、节的序号数 ≤9）

数学公式标号，采取中国传统的“编、章、节序，一点式”方法，即

（3.196）；（a1），（a2）… （b1），（b2）… （k1），（k2）… （n1）…

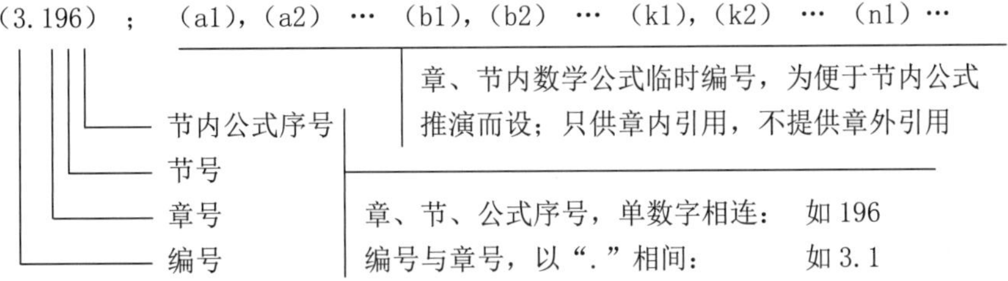

（第 三 编 . 第一章 第九节内的 第 6 个数学公式；标号提供节外引用）
由于数学公式标号，是节序，只在节内的序号连续，在编、章内不连续，故判断书中“正文”是否连续，是否有缺失？以页码序号连续为准。

3）本书中，编、章内开头的综合论述，其中数学公式标号，以 0 表之：

（4.032）；（开头的综合论述，若分“节”，按“甲、乙、丙 … ”标注）

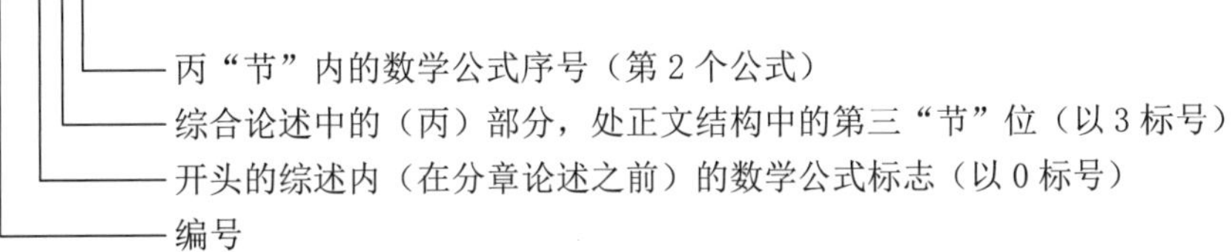

（4.202）—第四编、第二章、节前综述内序号为 2 的公式。

4）本书中，编、章内的图形标号与数学公式标号同，只是标号以【】相括：

【2.541】；

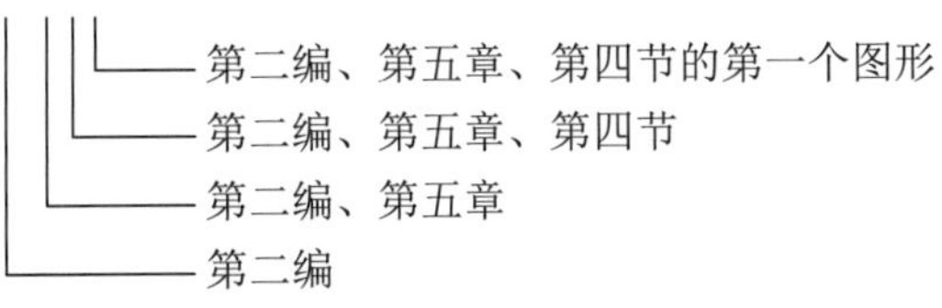

5）本书中，公式、图形、文献引用形式示例：

…… （2.401）式… ，…… 图【2.422】… ，…… 高斯分布[2.VII，P254]…

三、本书中编、章结构示意

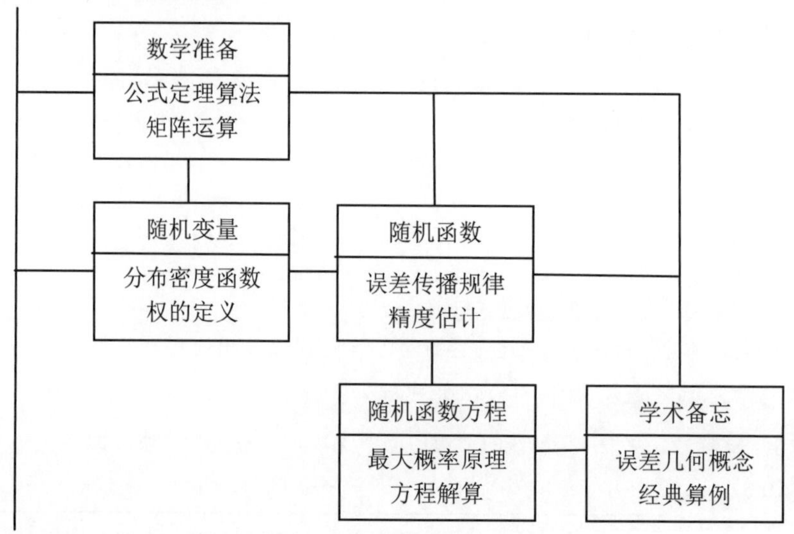

四、本书中选用的希腊字母含义

希腊字母字形	字母名称	音节读音	选用字母	含　义	所在公式编号
Α α	Alpha	*al·fa*	α	最大误差	(2.121)
Β β	Beta	*be·ta*	β	最大误差	(2.417)
Γ γ	Gamma	*gam·ma*	Γ γ	误差特征值	(1.131) (2.434)
Π π	Pi	[*pai*]	π	圆周率	(2.333)
Θ θ	Theta	*the·ta*	θ	五阶误差特征值	(2.425)
Δ δ	Delta	*del·ta*	Δ δ	函数未知数误差	(2.401) (2.419)
Ξ ξ	Xi	[*ksai*]	ξ	误差分布参数	(2.417)
Η η	Eta	*e·ta ei·ta*	η	误差分布参数	(2.427)
Ζ ζ	Zeta	*ze·ta*	ζ	误差分布参数	(2.427)
Κ κ	Kappa	*ka·pa*	κ	旋角	
Μ μ	Mu	*mu*	μ	单位权相应的误差	(2.621)
Ε ε	Epsilon	*ep·si·lon*	ε	误差分布参数	(2.401)
Λ λ	Lambda	*lam·da*	λ	一阶误差特征值	(3.004)
Τ τ	Tau	*tau*	τ	函数最大误差	(3.114)
Ω ω	Omega	[*oumiga*]	Ω ω	三阶误差特征值	(5.351) (2.425)
Φ ϕ φ	Phi	[*fai*]	ϕ φ	多种函数名	(2.504) (3.114)
Ρ ρ	Rho	[*rou*]	ρ	未知数列阵	(1.523) (2.316)
Ψ ψ	Psi	[*psai*]	ψ	多种函数名	(4.618)
Σ σ ς	Sigma	[sigma]	Σ σ	四阶误差特征值	(2.122) (2.126)

致　谢

谨此衷心致谢，自 1956 年至 2016 年，作者在探索随机误差理论的过程中，在关键时刻，给予支持、鼓励、帮助和创造条件者，中国遥感测绘界精英：

林 颂 章：20 世纪 50 年代至 60 年代初，为中国人民解放军军委测绘学院教员，后任新疆建设兵团设计院总工程师。当时，还不知他是林则徐之后裔六世孙。

卢 福 康：20 世纪 50 年代，为中国人民解放军总参谋部测绘研究所副所长，后任总参测绘局总工程师，天文测量专家、学者。我国气压测高仪首创者。著书有《天文测量学》。

吴 仕 杰：原上海同济大学校长秘书；20 世纪 40 年代末，参加中国人民解放军第二野战军；50 年代初，是设计修建康藏公路的主要技术领导人，曾任拉萨规划委员会副主任；后调总参测绘局组建总参测绘研究所，任研究所科技处处长，后任总参测绘局资深研究员。

谢 世 杰：上海同济大学测量系毕业；20 世纪 40 年代末，同吴仕杰一齐参加中国人民解放军第二野战军，修建康藏公路；后调总参测绘研究所，现任总参测绘局资深研究员，天文大地测量学家。

党 颂 诗：武汉大学数学系毕业；20 世纪 50 年代初，任中国人民解放军军委测绘学院教员、教授，为我军测绘事业，特别是在军事测绘数学的学科领域，开拓了空间。

张 国 威：安徽全椒人，1949 年参军，20 世纪 50 年代初，任中国人民解放军总参测绘局参谋，后任总参测绘研究所科技处处长；80 年代，调任总参测绘局副局长，后任局长，少将军衔。

石 玉 臣：黑龙江绥棱人，1958 年军委测绘学院毕业后，在总参测绘局航测队任助理员；60 年代初，转入地方，受命组建“煤炭部·航空摄影测量队”，文革时期，坚持生产，使“测量队”逐渐壮大为“煤炭工业部航测遥感局”；时任局长。

沈 荣 骏：安徽合肥人，1958 年军委测绘学院毕业后，参加酒泉基地建设工作，16 年后，调任洛阳测通所副所长、所长；1985 年调北京国防科工委干部学校任校长；1986 年调任国防科工委副主任，中将军衔；中国航天工程的组织者、领导者、见证者，航天载人工程的先驱者……；中国工程院院士。

测绘精英，学界楷模！

主 要 参 考 文 献

[1] GAUSS C F. CARL FRIEDRICH GAUSS WERKE，IV，GÖTTINGEN. 1880.

[2] GAUSS C F. CARL FRIEDRICH GAUSS WERKE，VII，GÖTTINGEN. 1906.

（中国科学院·数学研究所图书馆藏书）

[3] 刘述文.《误差理论》中国人民解放军测绘学校. 1950.

（中国人民解放军信息工程大学测绘学院图书馆藏书）

[4] 王之卓.《摄影测量原理》测绘出版社. 第一版. 1979.

[5] 卢福康.《天文测量学》总参测绘局. 1981.

[6] 夏坚白. 陈永龄，王之卓.《测量平差法》商务印书馆. 1950.

[7] 希洛夫 П И.《最小二乘法》朱新美、郑景乾、朱裕栋译. 测绘出版社. 1955.

[8] JORDAN，EGGERT，KNEISSL.《HANDBUCH DER VERMESSUNGSKUNDE》Bd. I. STUTTGART. 1961.

[9] 胡明城.《现代大地测量的理论及应用》测绘出版社. 2003.

* * *

[10] 华罗庚.《高等数学引论》第一卷，第一分册. 科学出版社. 1964.

[11] 王梓坤.《概率论基础及应用》科学出版社. 1976.

[12] ФИХТЕНГОЛЦ Г М.《微积分学教程》第二卷，第二分册，北京大学高等数学教研室译. 高等教育出版社. 1954.

[13] ВЕНТЦЕЛЬ Е С.《概率论》崔明奇、朱振民、陶宗英译. 上海科技出版社. 1961.

[14] 徐韫知.《综合数学手册》增订八版. 商务印书馆. 1958.

[15] 徐桂芳.《积分表》上海科技出版社. 1959.

[16] 董 德.《测绘学公式集》第二版，星球出版社. 1996.

* * *

[17] WANG YUWEI. 1986. APPLIED FORMULAE CALIBRATION OF AERIAL PHOTOGRAMMETRIC CAMERAS. Selected from the Progress in Imaging Sensors. Proc. ISPRS Symposium. Stuttgart. 1-5 September 1986 (ESA SP-252, November 1986).

[18] WANG YUWEI. 1992. APPLIED FORMULAE FOR ACCURATE CALIBRATION OF AERIAL-PHOTOGRAM METRIC CAMERAS. Selected from International Archives of Photogrammetry and Remote Sensing, Volume XXIX, Part B1, Commission I, ISPRS XVIIth Congress, Washington, D.C. 1992.

[19] 王玉玮.《遥感测绘学术论文选集》西安地图出版社，2003.

[20] 王玉玮. 误差有限分布论.《军事测绘》（专辑第十二期），军事测绘编委会. 1983.

[21] 王玉玮. 摄影遥感测量摄影机精密鉴定的计算公式.《测绘学报》第 17 卷，第四期，测绘学报编委会. 1988.

[22] 王玉玮.《误差论》国防工业出版社，2014.

---

*）其它引文出处只在本书正文内标注。

序

随机误差，作为一个学术问题，从哥白尼、开普勒、牛顿生活的年代开始，到18 世纪末，以天文、大地测量为核心的自然科学界，都在关注它；它像一堵高墙，禁锢着科学家的前进道路……在此，为简明起见，从一个数学等式说起：

$$F = X_1 + X_2 + X_3 + \cdots + X_n$$

$$\Delta = x_1 + x_2 + x_3 + \cdots + x_n$$

式中，F 为随机函数，X 为随机变量；Δ 为 F 的随机误差，x 为 X 的随机误差。在 18 世纪末、19 世纪初，法国学者拉普拉斯（Laplace，1749—1827）[11.P64]和德国学者高斯（Gauss，1777—1855）[7.P11]分别提出随机误差 x 的分布密度函数，遵循：

$$[\operatorname{sgn} x] = 0 \quad , \qquad \text{（拉普拉斯观点）}$$

$$[x] = 0 \quad , \qquad \text{（高斯观点）}$$

进而求得随机误差 x 的分布密度函数为：

$$f(x) = \frac{1}{2\lambda}\exp\left(-\frac{|x|}{\lambda}\right) \qquad \text{（拉普拉斯分布）}$$

$$f(x) = \frac{1}{\sqrt{2\pi}\cdot m}\exp\left(-\frac{1}{2m^2}x^2\right) \qquad \text{（高斯分布）}$$

200 年的时间过去了！在这 200 年间，很多学者在拉普拉斯、高斯分布的基础上，对随机误差的分布规律进行了长期研究，极大限度地揭示了随机误差分布规律的数学内涵。这两种观点，就特殊性来说，是对的，是随机误差分布密度函数的个性；但就普遍性或共性来说，是欠缺的，是没有根据的，是错误的。

共性即寓于个性之中。作者自 20 世纪 50 年代开始，就关注这个共性问题。在学术界前贤探索成果思想的基础上，经过多年的思考，终于找到了随机变量误差分布密度函数的普遍形式，于 1983 年发表：

$$f(x) = \frac{\varepsilon}{4\alpha\cdot W\left(\xi, \dfrac{2-\varepsilon}{\varepsilon}\right)}\cdot\exp\left(-\xi\frac{|x|^{\varepsilon}}{\alpha^{\varepsilon}-|x|^{\varepsilon}}\right) \qquad \text{（王玉玮分布）}$$

拉普拉斯分布、高斯分布，以及近 200 年来有关随机变量误差分布的多种数学形式，都是王玉玮分布的特例。漫长的 200 年来有关随机误差分布普遍形式的各种探索，在王玉玮分布的基础上，得到了统一。（式中 W 为特定函数（1.155）式。）

在解决随机变量误差分布密度函数的普遍形式问题后，接踵而来的问题，就是随机函数误差Δ的分布密度函数形式是什么？

根据随机误差的特性，可以推断随机函数与随机变量二者的分布密度函数，其数学形式是相同的。困难的问题是，分布密度函数的数学参数（ξ,ε,α），应该通过何种手段确定？这实质上是误差的传播问题。

对于误差的传播问题，作者是通过特征值的传播规律而解决的。随机函数误差的特征值，由随机变量误差的特征值来求解；继之，再根据随机函数误差的特征值，严密求解其分布密度函数的数学参数，使其分布密度函数的数学形式得到解决。作为随机函数问题，这本《论随机函数》学术专著，基本上反映了随机函数误差与随机变量误差的相互关系，是**对经典概率论创新型的发展**。进而，提出了随机数据处理的新途径；并根据**辜小玲算法**，严密地、高精度地解决了随机函数方程未知数的解算问题。

随机误差，伴随着所有的科学实验。任何科技实践活动，都存在着随机误差的干扰。从某种意义上来说，数据处理就是随机误差数据处理。纳伯尔的对数时代、机械计算机时代，已经过去。在今天的电子计算机时代，各种数学公式的解算难度是无所畏惧的。希望科技工作者，特别是关心基础理论研究的工作者，为这本书的进一步完善，为在**“有所创造”**的基础上**“有所前进”**而努力。

王玉玮

2017年10月30日　于西安·曲江池

---

*）注　释：

λ——随机误差x的平均误差；

m——随机误差x的均方误差（中误差）；

α——随机误差x的最大误差；

ξ,ε——随机误差x的分布参数；

W——特定数学函数（1.155）式。

目　　录

第二编　　随机变量

第三编　随机函数

第四编　　随机函数方程

第五编　学术备忘

-----2015 年 8 月 24 日　　北京・航天城-----

-----2015 年 10 月 31 日　　北京・航天城-----

-----2016 年 3 月 16 日　　西安・曲江池-----

-----2016 年 6 月 18 日　　北京・航天城-----

-----2017 年 12 月 13 日　　西安・曲江池-----

（南京大屠杀・80 周年）

-----2018 年 2 月 21 日　　西安・曲江池-----

-----2018 年 10 月 9 日　　北京・万寿路-----

-----2018 年 10 月 20 日　　西安・曲江池-----

-----2019 年 10 月 4 日　　西安・曲江池-----

-----2019 年 12 月 14 日　　西安・曲江池-----

第一编　数学准备

在测绘学领域，探索偶然误差理论和数字摄影测量的过程中，常常遇到一些在数学教科书中查阅不到的新数学问题。这些数学问题，都是作者根据自己的基础理论知识，试探性解决的。为便于读者推敲，下面分章列出。在探索这些数学问题的求证过程中，除有出处的引证公式以外，对读者熟悉的一般公式，不再注明出处。鉴于本编所列诸公式都是作者新推证的，故衷心希望读者自行验证。（其中，对于个别熟悉的公式，重新推求了其新形式的数学表达式，这是承上启下的需要，并非赘述。）

本编公式辑要：-----微分、积分、阶乘运算公式-----

$$(\operatorname{sgn} x)' = 0 \tag{1.111}$$

$$|x|' = \frac{d|x|}{dx} = \operatorname{sgn} x \tag{1.112}$$

$$\begin{aligned}\int |x|^{\theta} dx &= \frac{1}{\theta+1}\cdot|x|^{\theta+1}\cdot\operatorname{sgn} x + C \\ \int |x|^{\theta}\operatorname{sgn} x\cdot dx &= \frac{1}{\theta+1}\cdot|x|^{\theta+1} + C\end{aligned} \tag{1.121}$$

$$\begin{aligned}\Gamma(\xi+1) &= \int_0^{\infty} x^{\xi} e^{-x} dx = \xi! \qquad (-1\le\xi\le\infty) \\ &= \sqrt{2\pi(\xi+n)}\cdot\left(\prod_{i=1}^{n}\frac{\xi+n}{(\xi+i)e}\right)\cdot\left(\frac{\xi+n}{e}\right)^{\xi}\cdot\left(\left(\frac{\xi+n+1}{\xi+n}\right)^{\xi+n+\frac{1}{2}}\cdot e^{-1}\right)^{\xi+n+1} \\ &\quad\cdot\left(1+\left(\frac{e}{\sqrt{2\pi}}-1\right)e^{-A(\xi+n)^{\alpha}}\right) \\ A &= 3.95282223 \\ \alpha &= 0.38910291\end{aligned} \tag{1.131}$$

---

*）Γ函数与“！”函数：

$$\Gamma(\xi+1)=\int_0^{\infty} x^{\xi}e^{-x}dx=-\int_0^{\infty} x^{\xi}e^{-x}d(-x)=-\int_0^{\infty} x^{\xi}\cdot d(e^{-x})=-\left(x^{\xi}e^{-x}\Big|_0^{\infty}-\int_0^{\infty} e^{-x}\cdot dx^{\xi}\right)$$

$$=\int_0^{\infty} e^{-x}\cdot dx^{\xi}=\xi\int_0^{\infty} x^{\xi-1}e^{-x}dx=\cdots=\xi(\xi-1)\int_0^{\infty} x^{\xi-2}e^{-x}dx=\cdots=\xi!\cdot\int_0^{\infty} x^{\xi-\xi}e^{-x}dx=\xi!$$

$$\left.\begin{aligned}\frac{(2\xi+0)!!}{(2\xi-1)!!}&=\sqrt{\pi\xi}\cdot\exp\left(\frac{\theta}{\xi}\right)\\&=\frac{\sqrt{\pi}\cdot\Gamma(\xi+1)}{\Gamma(\xi+1/2)}\end{aligned}\right| \tag{1.141}$$

$$\left.\begin{aligned}\frac{(2\xi+0)!!}{(2\xi-1)!!}&=\sqrt{\pi(\xi+n)}\cdot\left(\prod_{i=1}^{n}\frac{2\xi+2i-1}{2\xi+2i}\right)\cdot\left(\frac{2\xi+2n+1}{2\sqrt{(\xi+n)(\xi+n+1)}}\right)^{\xi+n+1}\\&\quad\cdot\left(1+\left(\frac{2}{\sqrt{\pi}}-1\right)\cdot\exp\left(-B(\xi+n)^{b}\right)\right)\\B&=3.75514174\\b&=0.40171310\end{aligned}\right| \tag{1.145}$$

$$\int_{o}^{1}(1-x^{2})^{\xi}x^{t}dx=\begin{cases}\dfrac{\Gamma\left(\dfrac{t}{2}+\dfrac{1}{2}\right)\cdot\Gamma(\xi+1)}{2\cdot\Gamma\left(\xi+\dfrac{t}{2}+\dfrac{3}{2}\right)}\\[2ex]\dfrac{(t-1)!!\cdot(2\xi+0)!!}{(2\xi+t+1)!!}\end{cases} \tag{1.151}$$

$$\left.\begin{aligned}R&=\int_{\xi}^{\infty}\frac{e^{-t}}{t^{2}}dt\\&=\frac{(\xi+1)(\xi+2)(\xi+6)}{\xi^{4}+11\xi^{3}+36\xi^{2}+(42+\mu)\xi+12}\cdot\frac{e^{-\xi}}{\xi}\\\mu&=\frac{1+e_{1}\xi+\cdots+e_{n-2}\xi^{n-2}}{E_{0}+E_{1}\xi+E_{2}\xi^{2}+E_{3}\xi^{3}+\cdots+E_{n}\xi^{n}}\\&\begin{bmatrix}e_{1}\\E_{0}\\E_{1}\\E_{2}\\E_{3}\end{bmatrix}=\begin{bmatrix}3.10202\\0.03732\\0.72684\\1.16239\\0.10915\end{bmatrix}\end{aligned}\right| \tag{1.152}$$

$$W(\xi,t)=\int_{o}^{1}\exp\left(-\xi\frac{x^2}{1-x^2}\right)\cdot x^t\,dx$$

$$=\frac{\xi^4+A\xi^3+B\xi^2+C\xi+12}{\xi^4+11\xi^3+36\xi^2+(42+\mu)\xi+12}\cdot\frac{\Gamma\left(\frac{t}{2}+\frac{1}{2}\right)\cdot\Gamma(\xi+1)}{2\cdot\Gamma\left(\xi+\frac{t}{2}+\frac{3}{2}\right)}$$

$$=\frac{\xi^4+A\xi^3+B\xi^2+C\xi+12}{\xi^4+11\xi^3+36\xi^2+(42+\mu)\xi+12}\cdot\frac{(t-1)!!\,(2\xi+0)!!}{(2\xi+t+1)!!}$$

$$\begin{bmatrix}A\\B\\C\end{bmatrix}=\frac{1}{8}\begin{bmatrix}10 & \left(8-\frac{1}{2}\mu\right) & \left(8-\frac{35}{12}\mu-\frac{1}{12}\mu\xi^2\right)\\ 29 & \left(23-\frac{3}{2}\mu\right) & \left(23-\frac{25}{6}\mu-\frac{5}{6}\mu\xi^2\right)\\ 32 & (28-\mu) & (28-2\mu)\end{bmatrix}\begin{bmatrix}15 & -8 & 1\\ -10 & 12 & -2\\ 3 & -4 & 1\end{bmatrix}\begin{bmatrix}1\\t\\t^2\end{bmatrix}$$

$$\mu=\frac{1+e_1\xi+\cdots+e_{n-2}\xi^{n-2}}{E_0+E_1\xi+E_2\xi^2+E_3\xi^3+\cdots+E_n\xi^n}\quad\rightarrow\text{（1.152）}$$

（1.155）

$$\int_A^B U(|x|,\operatorname{sgn}x,x)\cdot dx=(\cdots)\Big|_A^{-o}+(\cdots)\Big|_{-o}^{+o}+(\cdots)\Big|_{+o}^{B}-(\cdots)\Big|_{-o}^{+o}$$

$$=(\cdots)\Big|_A^{-o}+(\cdots)\Big|_{+o}^{B}\quad,\quad\text{or}\quad=(\cdots)\Big|_A^{B}-(\cdots)\Big|_{-o}^{+o}$$

$$=V(|x|,\operatorname{sgn}x,x)\Big|_A^{B}-V(|x|,\operatorname{sgn}x,x)\Big|_{-0}^{+0}$$

（1.164）

$$(2\xi+N+1)!!=\begin{cases}\prod_{i=1}^{(N+1)/2}(2\xi+2i+0)\cdot(2\xi+0)!! & N=\text{奇数}\\ \prod_{i=1}^{N/2}(2\xi+2i+1)\cdot(2\xi+1)!! & N=\text{偶数}\end{cases}$$

（1.165）

$$\Gamma\left(\frac{N+1}{2}\right)=\begin{cases}\sqrt{\frac{1}{2^{N-1}}}\cdot(N-1)!! & N=\text{奇数}\\ \sqrt{\frac{\pi}{2^N}}\cdot(N-1)!! & N=\text{偶数}\end{cases}$$

（2.336）

-----矩阵运算公式-----

$$\begin{bmatrix} a & b & c \\ e & f & g \\ k & s & t \end{bmatrix} \uparrow \begin{bmatrix} A & B & C \\ E & F & G \\ K & S & T \end{bmatrix} = \begin{bmatrix} (aA+eE+kK) & (bA+fE+sK) & (cA+gE+tK) \\ (aB+eF+kS) & (bB+fF+sS) & (cB+gF+tS) \\ (aC+eG+kT) & (bC+fG+sT) & (cC+gG+tT) \end{bmatrix} \tag{1.332}$$

$$\begin{bmatrix} A \\ E \\ K \end{bmatrix} * \begin{bmatrix} a & b & c \\ e & f & g \\ k & s & t \end{bmatrix} = \begin{bmatrix} aA & bA & cA \\ eE & fE & gE \\ kK & sK & tK \end{bmatrix} = \begin{bmatrix} a & b & c \\ e & f & g \\ k & s & t \end{bmatrix} * \begin{bmatrix} A \\ E \\ K \end{bmatrix} \tag{1.333}$$

$$\begin{bmatrix} a & b & c \\ e & f & g \\ k & s & t \end{bmatrix}^{Eh} = \begin{bmatrix} a^h & b^h & c^h \\ e^h & f^h & g^h \\ k^h & s^h & t^h \end{bmatrix} \tag{1.341}$$

—·—·—·—·—·—·—·—·—·—·—·—·—·—·—

$$(A \cdot B)^T = B^T A^T \tag{1.361}$$

$$(A \cdot B)^{-1} = B^{-1} A^{-1} \tag{1.362}$$

$$(A^T)^T = A \tag{1.361}$$

$$(A^{-1})^{-1} = A \tag{1.362}$$

$$(A^T)^{-1} = (A^{-1})^T \tag{1.363}$$

$$B^T A = A \uparrow B \tag{1.364}$$

$$P * (A \cdot B) = (P * A) \cdot B = (A \cdot B) * P \tag{1.334}$$

$$(A \cdot B) \cdot C = A \cdot (B \cdot C) \tag{1.365}$$

$$[VV]' = 2V \uparrow V' = 2V \uparrow A \tag{1.381}$$

-----辜小玲算法（1）（方程可以线性化）

$$\rho = \left| \overline{\, f(\rho) = 0 \,} \right. \tag{1.528}$$

-----辜小玲算法（2）（方程不可线性化）

$$\rho = \left| \overline{\, f(\rho) = f(\rho) + g(\rho) - g(\rho) = 0 \,} \right. \tag{1.624}$$

-----辜小玲算法（3）（辜小玲三个算法的统一标志）

$$\rho = \left| \overline{\, f(\rho) = 0 \,} \right. \tag{1.728}$$

第一章　微分与积分公式

一、函数绝对值微分

一）函数 sgn x 的求导公式

任意实数 x 的代数符号函数，其一阶倒数为 0，即

$$(\operatorname{sgn} x)' = 0 \tag{1.111}$$

证明：

$$\because \quad (\operatorname{sgn} x)' = \frac{d(\operatorname{sgn} x)}{dx} = \frac{d(\pm 1)}{dx} = (\pm 1)' = 0$$

证毕。（实数，包括 0 在内，都是有 ± 号的；无符号的 0，在数学领域是不存在的。）

二）绝对值函数 $|x|$ 的求导公式

$$|x|' = \frac{d|x|}{dx} = \operatorname{sgn} x \tag{1.112}$$

证明（1）：

$$\because \quad |x| = \begin{cases} +x & x \geq +0 \\ -x & x \leq -0 \end{cases} \quad , \quad \therefore \quad \frac{d|x|}{dx} = \begin{cases} +1 & x \geq +0 \\ -1 & x \leq -0 \end{cases} = \operatorname{sgn} x$$

证明（2）：

$$\because \quad |x|' = (x \cdot \operatorname{sgn} x)' = (x)' \cdot \operatorname{sgn} x + (\operatorname{sgn} x)' \cdot x = 1 \cdot \operatorname{sgn} x + (\pm 1)' \cdot x$$
$$= \operatorname{sgn} x + 0 \cdot x = \operatorname{sgn} x$$

证毕。注意，在电子计算机的运算中，只有“±0”地址存在，没有“0”地址。因此，sgn x 函数，应该认定为双值函数，不是三值函数；有人认定“$\operatorname{sgn} 0 = 0$”的想法是不妥的。据此特性，（1.111）、（1.112）二式的常用形式，还可引伸为：

$$\left.\begin{array}{ll} dx = \operatorname{sgn} x \cdot d|x| \quad , & d|x| = \operatorname{sgn} x \cdot dx \\ d(\operatorname{sgn} x) = 0 \quad , & |x|'' = (\operatorname{sgn} x)' = 0 \\ \operatorname{sgn} 0 = \operatorname{sgn}(\pm 0) = \pm 1 \quad , & \operatorname{sgn} x \cdot \operatorname{sgn} x = 1 \end{array}\right| \tag{1.113}$$

当 x 由（−）负空间趋近于 0，$\operatorname{sgn}(0) = \operatorname{sgn}(-0) = -1$；

当 x 由（+）正空间趋近于 0，$\operatorname{sgn}(0) = \operatorname{sgn}(+0) = +1$。

*）本章所列公式，成书前，均经党颂诗教授审阅。党颂诗教授对（1.112）式示范证明，建议将其单独列出并提供给读者，以示数学领域之缺。

二、函数绝对值积分

命题：函数绝对值的积分公式

$$\left.\begin{aligned}&\int |x|^{\theta}dx=\frac{1}{\theta+1}\cdot|x|^{\theta+1}\cdot\operatorname{sgn}x+C\\&\int |x|^{\theta}\operatorname{sgn}x\cdot dx=\frac{1}{\theta+1}\cdot|x|^{\theta+1}+C\end{aligned}\right|\quad[\theta\text{为任意实数}]\qquad(1.121)$$

证明：

根据（1.111)、(1.112)、(1.113）三式和分部积分公式，可知

$$\begin{aligned}\int |x|^{\theta}dx&=\int |x|^{\theta}\cdot\operatorname{sgn}x\cdot d|x|=\int \operatorname{sgn}x\cdot d\left(\frac{1}{\theta+1}|x|^{\theta+1}\right)\\&=\frac{1}{\theta+1}|x|^{\theta+1}\cdot\operatorname{sgn}x-\int\left(\frac{1}{\theta+1}|x|^{\theta+1}\right)\cdot d(\operatorname{sgn}x)\\&=\frac{1}{\theta+1}|x|^{\theta+1}\cdot\operatorname{sgn}x-0+C\end{aligned}\qquad(a1)$$

$$\begin{aligned}\int |x|^{\theta}\operatorname{sgn}x\cdot dx&=\int |x|^{\theta}\cdot d|x|\\&=\frac{1}{\theta+1}|x|^{\theta+1}+C\end{aligned}\qquad(a2)$$

证毕。

由推证过程可知，从等效的观点考虑，$\operatorname{sgn}x$ 可作为常数，从积分号内提出。

举例一：

$$\left(|x|^3\right)'=3|x|^2\cdot|x|'=3|x|^2\cdot\operatorname{sgn}x\qquad\to\quad(1.112)$$

举例二：

$$\begin{aligned}\left(|x|^3\cdot\operatorname{sgn}x\right)'&=\left(3|x|^2\cdot|x|'\right)\cdot\operatorname{sgn}x+|x|^3\cdot(\operatorname{sgn}x)'\\&=3|x|^2\cdot\operatorname{sgn}x\cdot\operatorname{sgn}x+|x|^3\cdot 0\\&=3|x|^2\qquad\to\quad\because\ \operatorname{sgn}x\cdot\operatorname{sgn}x=1\end{aligned}\qquad(1.122)$$

三、$\Gamma(\xi+1)$ 函数的数值计算公式

命题：$\Gamma(\xi+1)$ 函数的数值计算公式

设ξ为大于－1 的任意实数，则$\Gamma(\xi+1)$函数、（$\xi!$）函数可表述为

$$\Gamma(\xi+1)=\int_0^{\infty} x^{\xi} e^{-x} dx \quad =\xi! \qquad (-1\leq\xi\leq\infty)$$

$$=\sqrt{2\pi(\xi+n)}\cdot\left(\prod_{i=1}^{n}\frac{\xi+n}{(\xi+i)e}\right)\cdot\left(\frac{\xi+n}{e}\right)^{\xi}\cdot\left(\left(\frac{\xi+n+1}{\xi+n}\right)^{\xi+n+\frac{1}{2}}\cdot e^{-1}\right)^{\xi+n+1}$$

$$\cdot\left(1+\left(\frac{e}{\sqrt{2\pi}}-1\right)e^{-A(\xi+n)^{\alpha}}\right)$$

$$A=3.95282223$$

$$\alpha=0.38910291 \tag{1.131}$$

式中，n为一大自然数。当取$n=9$时，上式之最大相对误差小于百万分之一，且随着ξ的增大而下降。

证明：当ξ为非负整数时，被证式左边为$\xi!$，由 Stirling 公式[12.P365]可知

$$\xi!=\sqrt{2\pi\xi}\cdot\left(\frac{\xi}{e}\right)^{\xi} e^{\frac{\theta}{12\xi}} \tag{b1}$$

式中，θ是一个大于 0 且小于 1 的函数。由于θ处在指数地位，随ξ变化较慢，故当ξ为一大数时，可以认为θ不再变化。故以$(\xi+1)$代（b1）式中的ξ，可得

$$(\xi+1)!\doteq\sqrt{2\pi(\xi+1)}\left(\frac{\xi+1}{e}\right)^{\xi+1} e^{\frac{\theta}{12(\xi+1)}} \tag{b2}$$

由（b1）、（b2）二式可得

$$\theta\doteq 12\xi(\xi+1)\left[(\xi+\frac{1}{2})\ln\frac{\xi+1}{\xi}-1\right] \tag{b3}$$

将（b1）式写成

$$\xi!\doteq\sqrt{2\pi\xi}\left(\frac{\xi}{e}\right)^{\xi}\cdot\exp\frac{\theta}{12\xi}$$

再将（b3）式代入，可知

$$\xi! \doteq \sqrt{2\pi\xi}\left(\frac{\xi}{e}\right)^{\xi}\cdot\exp\left(\frac{1}{12\xi}12\,\xi(\xi+1)\left[\left(\xi+\frac{1}{2}\right)\ln\frac{\xi+1}{\xi}-1\right]\right)$$

$$=\sqrt{2\pi\xi}\left(\frac{\xi}{e}\right)^{\xi}\cdot\exp\left((\xi+1)\left[\left(\xi+\frac{1}{2}\right)\ln\frac{\xi+1}{\xi}-\ln e\right]\right)$$

$$=\sqrt{2\pi\xi}\left(\frac{\xi}{e}\right)^{\xi}\cdot\exp\left((\xi+1)\ln\left[\left(\frac{\xi+1}{\xi}\right)^{\xi+\frac{1}{2}}\cdot\frac{1}{e}\right]\right)$$

$$=\sqrt{2\pi\xi}\left(\frac{\xi}{e}\right)^{\xi}\cdot\exp\ln\left[\left(\frac{\xi+1}{\xi}\right)^{\xi+\frac{1}{2}}\cdot\frac{1}{e}\right]^{\xi+1}$$

$$=\sqrt{2\pi\xi}\left(\frac{\xi}{e}\right)^{\xi}\cdot\left[\left(\frac{\xi+1}{\xi}\right)^{\xi+\frac{1}{2}}\cdot\frac{1}{e}\right]^{\xi+1} \tag{b4}$$

考虑到（b4）式，要求ξ为一大数而产生的近似性，故再乘上一个修正函数$Q(\xi)$，将（b4）式写成

$$\xi! = \sqrt{2\pi\xi}\cdot\left(\frac{\xi}{e}\right)^{\xi}\cdot\left[\left(\frac{\xi+1}{\xi}\right)^{\xi+\frac{1}{2}}\cdot e^{-1}\right]^{\xi+1}\cdot Q(\xi) \tag{b5}$$

经分析可知，$Q(\xi)$为一非周期衰减函数，故其数学表达式必为

$$Q(\xi) = Q(\infty) + [Q(0)-Q(\infty)]\cdot e^{-(A\xi^{a}+B\,\xi^{b}+\cdots+R\xi^{r})}$$
$$= 1 + \left(\frac{e}{\sqrt{2\pi}}-1\right)\cdot e^{-(A\xi^{a}+B\,\xi^{b}+\cdots+R\xi^{r})} \tag{b6}$$

式中，$A,B,\cdots,R;a,b,\cdots,r$表示待定参数，可根据所需计算精度进行取舍。这里取$A$和$a$两个：

$$Q(\xi) = 1 + \left(\frac{e}{\sqrt{2\pi}}-1\right)e^{-A\xi^{a}} \tag{b7}$$

将（b7）式代入（b5）式，可得

$$\xi! \doteq \sqrt{2\pi\xi}\cdot\left(\frac{\xi}{e}\right)^{\xi}\left[\left(\frac{\xi+1}{\xi}\right)^{\xi+\frac{1}{2}}\cdot e^{-1}\right]^{\xi+1}\cdot\left[1+\left(\frac{e}{\sqrt{2\pi}}-1\right)e^{-A\xi^{a}}\right] \tag{b8}$$

考虑到该式的相对误差随ξ的增大而急剧减小，故根据Γ函数的性质，$Z\cdot\Gamma(Z)=\Gamma(Z+1)$，可知

$$\Gamma(\xi+1)=\frac{\Gamma(\xi+2)}{(\xi+1)}\quad,\quad \Gamma(\xi+2)=\frac{\Gamma(\xi+3)}{(\xi+2)}\quad,\cdots\quad \Gamma(\xi+n)=\frac{\Gamma(\xi+n+1)}{(\xi+n)}$$

$$\Gamma(\xi+1)=\frac{\Gamma(\xi+n+1)}{(\xi+1)(\xi+2)\ \cdots\ (\xi+n)}=\left(\prod_{i=1}^{n}\frac{1}{(\xi+i)}\right)\cdot(\xi+n)\,!$$

将（b8）式代入，可知

$$\Gamma(\xi+1)=\left(\prod_{i=1}^{n}\frac{1}{(\xi+i)}\right)\cdot\sqrt{2\pi(\xi+n)}\cdot\left(\frac{\xi+n}{e}\right)^{\xi+n}\left[\left(\frac{\xi+n+1}{\xi+n}\right)^{\xi+n+\frac{1}{2}}\cdot e^{-1}\right]^{\xi+n+1}$$

$$\cdot\left[1+\left(\frac{e}{\sqrt{2\pi}}-1\right)e^{-A(\xi+n)^{a}}\right]$$

再经整理，可知（1.131）式之真：

$$\xi\,!=\sqrt{2\pi(\xi+n)}\cdot\left(\prod_{i=1}^{n}\frac{\xi+n}{(\xi+i)e}\right)\cdot\left(\frac{\xi+n}{e}\right)^{\xi}\cdot\left[\left(\frac{\xi+n+1}{\xi+n}\right)^{\xi+n+\frac{1}{2}}\cdot e^{-1}\right]^{\xi+n+1}$$

$$\cdot\left[1+\left(\frac{e}{\sqrt{2\pi}}-1\right)e^{-A(\xi+n)^{a}}\right]\qquad(1.132)$$

$$A=3.95282223$$
$$a=0.38910291$$

式中，n为一大自然数，A和a是在$n=9$及$\xi=1$、2条件下解算的；（1.132）式之最大相对误差小于百万分一。考虑到（1.132）式右边为非周期函数，故对大于－1的任意实数ξ，（1.132）式均成立。阶乘本是整数运算，这里把它开拓为实数运算。“！”在这里被看作大于－1的、任意实数ξ的阶乘函数标志。“$\xi!$”是阶乘（实数）函数，“$\xi!!$”也是阶乘（实数）函数。

四、双阶乘的计算公式

一）设ξ为任意非负整数，则双阶乘函数

$$\left.\begin{aligned}\frac{(2\xi+0)!!}{(2\xi-1)!!}&=\sqrt{\pi\xi}\cdot\exp\left(\frac{\theta}{\xi}\right)\\&=\frac{\sqrt{\pi}\cdot\Gamma(\xi+1)}{\Gamma(\xi+1/2)}\end{aligned}\right| \tag{1.141}$$

式中，实数θ满足：$0\le\theta\le\frac{1}{8}$，且当$\xi\to\infty$时，

$$\lim_{\xi\to\infty}\frac{2\cdot4\cdot6\cdot8\cdots\ (2\xi+0)}{1\cdot3\cdot5\cdot7\ \cdots\ (2\xi-1)}=\sqrt{\pi\xi}$$

或者　　(1.142)

$$\lim_{\xi\to\infty}\frac{2\cdot2\cdot4\cdot4\cdot6\cdot6\cdot8\cdot8\ \cdots\ (2\xi-2)(2\xi-2)(2\xi+0)}{1\cdot1\cdot3\cdot3\cdot5\cdot5\cdot7\cdot7\ \cdots\ (2\xi-1)(2\xi-1)}=\frac{\pi}{2}$$

该式为（1.141）式之特例，即著名的 Wallis 公式[10.P316]。

证明：

$$左边=\frac{(2\xi+0)!!}{(2\xi-1)!!}\cdot\frac{(2\xi+0)!!}{(2\xi+0)!!}=\frac{2^{2\xi}(\xi!)^2}{(2\xi)!}\qquad[代入Stirling公式:]$$

$$=\frac{2^{2\xi}\cdot2\pi\xi\cdot\left(\dfrac{\xi}{e}\right)^{2\xi}\cdot\exp\left(\dfrac{\theta'}{6\xi}\right)}{\sqrt{2\pi\cdot2\xi}\cdot\left(\dfrac{2\xi}{e}\right)^{2\xi}\cdot\exp\left(\dfrac{\theta''}{24\xi}\right)}=\sqrt{\pi\xi}\cdot\exp\left(\frac{4\theta'-\theta''}{24\xi}\right)$$

令θ表式中指数部分

$$0\ \le\left(\theta=\frac{4\theta'-\theta''}{24\xi}\right)\le\frac{1}{8}$$

可得（1.141）式第一式。因为θ'、θ''都为介于 0 和 1 之间的函数，当ξ为小数时，二者都接近于 0；当$\xi\to\infty$时，二者都趋近于 1，故θ为介于 0 和 1/8 之间的函数，可知（1.141）式第一式之真。再考虑[15.P482]：

$$\int_o^1 (1-x^2)^{\xi}\, dx = \int_o^1 (1-t)^{\xi}\, d(t^{\frac{1}{2}}) = \frac{1}{2}\int_o^1 (1-t)^{\xi}\, t^{-\frac{1}{2}}\, dt$$

$$\left[\because \int_o^1 t^{m-1}(1-t)^{n-1}dt = \frac{\Gamma(m)\cdot\Gamma(n)}{\Gamma(m+n)}\right]$$

$$= \frac{1}{2}\int_o^1 (1-t)^{\xi+1-1}\, t^{\frac{1}{2}-1} dt \tag{1.143}$$

$$= \frac{1}{2}\frac{\Gamma(\frac{1}{2})\cdot\Gamma(\xi+1)}{\Gamma(\xi+1+1/2)} = \frac{1}{2\xi+1}\cdot\frac{\sqrt{\pi}\cdot\Gamma(\xi+1)}{\Gamma(\xi+1/2)}$$

$$\int_o^1 (1-x^2)^{\xi}\, dx = x(1-x^2)^{\xi}\Big|_o^1 - \int_o^1 x\cdot d(1-x^2)^{\xi}$$

$$= \frac{2\xi}{1\cdot 3}\int_o^1 (1-x^2)^{\xi-1} dx^3 = \frac{2^2\cdot\xi\cdot(\xi-1)}{1\cdot 3\cdot 5}\int_o^1 (1-x^2)^{\xi-2} dx^5$$

$$= \frac{2^3\cdot\xi\cdot(\xi-1)\cdot(\xi-2)}{1\cdot 3\cdot 5\cdot 7}\int_o^1 (1-x^2)^{\xi-3} dx^7 \tag{1.144}$$

$$\cdots\cdots\cdots\cdots\cdots$$

$$= \frac{2^{\xi}\cdot\xi!}{(2\xi+1)!!}\int_o^1 dx^{2\xi+1} = \frac{(2\xi+0)!!}{(2\xi+1)!!} = \frac{1}{2\xi+1}\cdot\frac{(2\xi+0)!!}{(2\xi-1)!!}$$

比较（1.143）、（1.144）二式，可知（1.141）式第二式之真。

二）双阶乘函数（1.141）式之另一形式

$$\frac{(2\xi+0)!!}{(2\xi-1)!!} = \sqrt{\pi(\xi+n)}\cdot\left(\prod_{i=1}^{n}\frac{2\xi+2i-1}{2\xi+2i}\right)\cdot\left(\frac{2\xi+2n+1}{2\sqrt{(\xi+n)(\xi+n+1)}}\right)^{\xi+n+1}$$

$$\cdot\left(1+\left(\frac{2}{\sqrt{\pi}}-1\right)\cdot\exp\left(-B(\xi+n)^{b}\right)\right)$$

$$B = 3.75514174$$

$$b = 0.40171310 \tag{1.145}$$

证明：

效仿（1.131）式之推证，还可求得（1.145）式；n为非负整数，当$n=9$时，与（1.131）式同精度：当 ξ 是一个很大的数时，以（$\xi+1$）代 ξ，可以认为

（1.141）式中之θ无变化。这样，就可求得

$$\frac{(2\xi+0)!!}{(2\xi-1)!!}=\sqrt{\pi\xi}\cdot e^{\frac{\theta}{\xi}}$$

$$\frac{(2\xi+2)!!}{(2\xi+1)!!}=\sqrt{\pi(\xi+1)}\cdot e^{\frac{\theta}{\xi+1}}$$

$$e^{\frac{\theta}{\xi}}=\frac{1}{\sqrt{\pi\xi}}\cdot\frac{(2\xi+0)!!}{(2\xi-1)!!}$$

$$e^{\frac{\theta}{\xi+1}}=\frac{1}{\sqrt{\pi(\xi+1)}}\frac{(2\xi+2)!!}{(2\xi+1)!!}=\frac{1}{\sqrt{\pi(\xi+1)}}\frac{(2\xi+0)!!}{(2\xi-1)!!}\cdot\frac{(2\xi+2)}{(2\xi+1)}$$

二式相除：

$$\exp\left(\frac{\theta}{\xi}-\frac{\theta}{\xi+1}\right)=\sqrt{\frac{\xi+1}{\xi}}\cdot\frac{(2\xi+1)}{(2\xi+2)}$$

$$\exp\left(\frac{\theta}{\xi(\xi+1)}\right)=\sqrt{\frac{\xi+1}{\xi}}\cdot\frac{(2\xi+1)}{(2\xi+2)}$$

$$\theta=\xi(\xi+1)\cdot\ln\left(\frac{(2\xi+1)}{(2\xi+2)}\sqrt{\frac{\xi+1}{\xi}}\right) \quad \text{(c1)}$$

将（c1）式代入（1.141）式之第一式，可知：

$$\frac{(2\xi+0)!!}{(2\xi-1)!!}=\sqrt{\pi\xi}\cdot\exp\left(\frac{1}{\xi}\cdot\xi(\xi+1)\cdot\ln\left(\frac{(2\xi+1)}{(2\xi+2)}\sqrt{\frac{\xi+1}{\xi}}\right)\right)$$

$$=\sqrt{\pi\xi}\cdot\left(\frac{(2\xi+1)}{(2\xi+2)}\sqrt{\frac{\xi+1}{\xi}}\right)^{\xi+1}=\sqrt{\pi\xi}\cdot\left(\frac{(2\xi+1)}{2\sqrt{\xi(\xi+1)}}\right)^{\xi+1}$$

与求证（1.131）式相同，确定修正函数

$$\frac{(2\xi+0)!!}{(2\xi-1)!!}=\sqrt{\pi\xi}\cdot\left(\frac{2\xi+1}{2\sqrt{\xi(\xi+1)}}\right)^{\xi+1}\cdot Q(\xi)$$

$$Q(\xi)=1+\left(\frac{2}{\sqrt{\pi}}-1\right)\cdot\exp\left(-B\xi^{b}\right) \quad \text{(c2)}$$

考虑到

$$
\begin{aligned}
\frac{(2\xi+0)!!}{(2\xi-1)!!} &= \frac{(2\xi+1)}{(2\xi+2)}\cdot\frac{(2\xi+2)!!}{(2\xi+1)!!} \\
&= \frac{(2\xi+1)}{(2\xi+2)}\cdot\frac{(2\xi+3)}{(2\xi+4)}\cdot\frac{(2\xi+4)!!}{(2\xi+3)!!} \\
&\quad \cdots\cdots\cdots\cdots\cdots\cdots\cdots\cdots\cdots\cdots\cdots\cdots \qquad \text{(c3)} \\
&= \frac{(2\xi+1)}{(2\xi+2)}\cdot\frac{(2\xi+3)}{(2\xi+4)}\cdots\frac{(2\xi+2n-1)}{(2\xi+2n)}\cdot\frac{(2\xi+2n)!!}{(2\xi+2n-1)!!} \\
&= \prod_{i=1}^{n}\frac{(2\xi+2i-1)}{(2\xi+2i)}\cdot\frac{(2\xi+2n)!!}{(2\xi+2n-1)!!}
\end{aligned}
$$

由（c2）式可知（c3）式之尾数：

$$
\left.
\begin{aligned}
\frac{(2\xi+2n)!!}{(2\xi+2n-1)!!} &= \frac{(2(\xi+n)+0)!!}{(2(\xi+n)-1)!!} \\
&= \sqrt{\pi(\xi+n)}\cdot\left(\frac{2\xi+2n+1}{2\sqrt{(\xi+n)(\xi+n+1)}}\right)^{\xi+n+1}\cdot Q(\xi+n) \\
Q(\xi+n) &= 1+\left(\frac{2}{\sqrt{\pi}}-1\right)\cdot\exp\left(-B(\xi+n)^{b}\right)
\end{aligned}
\right| \qquad \text{(c4)}
$$

代入（c3）式，再给出$\xi=1$、2，引入$n=9$，即可求出B、b之解，使（1.145）式得证。

五、定积分的计算公式

一）定积分公式之一

设ξ、t为非负任意实数，则

$$
\int_{o}^{1}(1-x^{2})^{\xi}x^{t}\,dx=\begin{cases}\dfrac{\Gamma\left(\dfrac{t}{2}+\dfrac{1}{2}\right)\cdot\Gamma(\xi+1)}{2\cdot\Gamma\left(\xi+\dfrac{t}{2}+\dfrac{3}{2}\right)} \\[2ex] \dfrac{(t-1)!!\cdot(2\xi+0)!!}{(2\xi+t+1)!!}\end{cases} \qquad (1.151)
$$

证明：令$y=x^{2}$，被证式

$$\text{左边}=\int_o^1 (1-y)^{\xi} y^{\frac{t}{2}} \cdot d(y^{\frac{1}{2}}) = \frac{1}{2}\int_o^1 (1-y)^{\xi} y^{\frac{t}{2}} y^{-\frac{1}{2}} \cdot dy$$

$$= \frac{1}{2}\int_o^1 (1-y)^{\xi} y^{\frac{t-1}{2}} \cdot dy = \frac{1}{2}\int_o^1 (1-y)^{\xi+1-1} y^{\frac{t-1}{2}+1-1} \cdot dy$$

$$= \frac{1}{2}\int_o^1 y^{\frac{t+1}{2}-1} (1-y)^{\xi+1-1} \cdot dy \qquad \to \left[m = \frac{t+1}{2}, \quad n = \xi + 1 \right]$$

根据欧拉积分公式[15.（482）]

$$\int_o^1 t^{m-1}(1-t)^{n-1} dt = \frac{\Gamma(m)\cdot\Gamma(n)}{\Gamma(m+n)}$$

可知被证式第一式之真。另外，用分部积分法可证被证式左边:

$$= \frac{1}{t+1}\left(\left(1-x^2\right)^{\xi} \cdot x^{t+1} \Big|_o^1 - \int_o^1 x^{t+1} \cdot d\left((1-x^2)^{\xi}\right) \right) = -\frac{1}{t+1}\left(\int_o^1 x^{t+1} \cdot d\left((1-x^2)^{\xi}\right) \right)$$

$$= \frac{1}{t+1}\left(\quad 0 \quad - \frac{\xi}{1}\int_o^1 x^{t+1} \cdot \left((1-x^2)^{\xi-1}(-2x)\cdot dx\right) \right)$$

$$= \frac{1}{t+1}\left(\quad 0 \quad + \frac{2\xi}{1}\int_o^1 x^{t+2} \cdot \left((1-x^2)^{\xi-1}\cdot dx\right) \right)$$

$$= \frac{1}{t+1}\left(\quad 0 \quad + \frac{2}{1}\cdot\frac{\xi}{t+3}\int_o^1 d(x^{t+3}) \cdot \left((1-x^2)^{\xi-1}\right) \right)$$

$$= \frac{2}{1}\cdot\frac{\xi}{t+1}\frac{1}{t+3}\left(+ \int_o^1 d(x^{t+3}) \cdot \left((1-x^2)^{\xi-1}\right) \right) = \cdots\cdots$$

$$= \frac{2^2}{1}\cdot\frac{\xi}{t+1}\frac{\xi-1}{t+3}\frac{1}{t+5}\left(+ \int_o^1 d(x^{t+5}) \cdot \left((1-x^2)^{\xi-2}\right) \right) = \cdots\cdots$$

$$= \frac{2^3}{1}\cdot\frac{\xi}{t+1}\frac{\xi-1}{t+3}\frac{\xi-2}{t+5}\frac{1}{t+7}\left(+ \int_o^1 d(x^{t+7}) \cdot \left((1-x^2)^{\xi-3}\right) \right) = \cdots\cdots$$

…………………

$$= \frac{2^{\xi}\cdot\xi\cdot(\xi-1)\cdot(\xi-2)\cdot(\xi-3)\ \cdots\cdots\ 3\cdot2\cdot1}{(t+1)(t+3)(t+5)\ \cdots\cdots\ (t+2\xi+1)}\left(+ \int_o^1 d\,(x^{t+2\xi+1})(1-x^2)^{\xi-\xi} \right)$$

$$= \frac{(t-1)\,!!(2\xi-0)(2\xi-2)(2\xi-4)\ \cdots\cdots\ 6\cdot4\cdot2}{(2\xi+t+1)!!}\left(+ \int_o^1 d\,(x^{t+2\xi+1}) \right)$$

可知被证式第二式之真。式中 Γ 函数和双阶乘函数，由（1.131）、（1.145）式定。

二）定积分公式之二

借助于分部积分法可知：[14. P271-14]

$$\int \frac{e^{-t}}{t^n}\cdot dt=-\left(\frac{e^{-t}}{t^n}+n\cdot\int\frac{e^{-t}}{t^{n+1}}dt\right)\quad,\quad\cdot\int\frac{e^{-t}}{t^{n+1}}dt=-\left(\frac{e^{-t}}{t^n}+\int\frac{e^{-t}}{t^n}\cdot dt\right)\frac{1}{n}$$

$$\int \frac{e^{-t}}{t^n}\cdot dt=-\left(\frac{e^{-t}}{t^{n-1}}+\int\frac{e^{-t}}{t^{n-1}}dt\right)\frac{1}{n-1}\quad,\quad（\leftarrow 以（n-1）代上式之 n）$$

设ξ为任意非负实数，基于上式可知：（1.152）

$$\int_{\xi}^{\infty}\frac{e^{-t}}{t}\cdot dt=\left(\frac{e^{-\xi}}{\xi}-R\right)$$

$$\int_{\xi}^{\infty}\frac{e^{-t}}{t^2}\cdot dt=R$$

$$\int_{\xi}^{\infty}\frac{e^{-t}}{t^3}\cdot dt=\left(\frac{e^{-\xi}}{2\xi^2}-\frac{1}{2}R\right)$$

$$\int_{\xi}^{\infty}\frac{e^{-t}}{t^4}\cdot dt=\left(\frac{e^{-\xi}}{3\xi^3}-\frac{e^{-\xi}}{6\xi^2}+\frac{1}{6}R\right)$$

式中，R函数如下：

$$R=\int_{\xi}^{\infty}\frac{e^{-t}}{t^2}dt=\frac{(\xi+1)(\xi+2)(\xi+6)}{\xi^4+11\xi^3+36\xi^2+(42+\mu)\xi+12}\cdot\frac{e^{-\xi}}{\xi}\quad（1.153）$$

$$\mu=\frac{1+e_1\xi+\cdots+e_{n-2}\xi^{n-2}}{E_0+E_1\xi+E_2\xi^2+E_3\xi^3+\cdots+E_n\xi^n}$$

取$n=3$，按10^{-4}精度解算，可得

$$\begin{bmatrix}e_1\\E_0\\E_1\\E_2\\E_3\end{bmatrix}=\begin{bmatrix}3.10202\\0.03732\\0.72684\\1.16239\\0.10915\end{bmatrix}$$

（1.152）、（1.153）二式，将在后面与（1.154）、（1.155）二式同时证明。

三）定积分公式之三

设ξ为任意非负实数，则

$$\left.\begin{aligned}
&\int_o^1 \exp\left(-\xi\frac{x^2}{1-x^2}\right)\cdot x\,dx=\frac{1}{2}\xi e^{\xi}R\\
&\int_o^1 \exp\left(-\xi\frac{x^2}{1-x^2}\right)\cdot x^3dx=\frac{1}{4}\left[(\xi+2)\xi e^{\xi}R-1\right]\\
&\int_o^1 \exp\left(-\xi\frac{x^2}{1-x^2}\right)\cdot x^5dx=\frac{1}{6}\cdot\left[\left(\frac{1}{2}\xi^2+3\xi+3\right)\xi e^{\xi}R-\frac{\xi}{2}-2\right]\\
&\int_o^1 \exp\left(-\xi\frac{x^2}{1-x^2}\right)\cdot x^7dx=\frac{1}{8}\cdot\left[\left(\frac{1}{6}\xi^3+2\xi^2+6\xi+4\right)\cdot\xi e^{\xi}R-\frac{\xi^2}{6}-\frac{5\xi}{3}-3\right]
\end{aligned}\right|\qquad(1.154)$$

证明:

上式中之第一式，

$$\begin{aligned}
\int_o^1 \exp\left(-\xi\frac{x^2}{1-x^2}\right)\cdot x\,dx&=\int_o^1 \exp\left(-\xi\left(\frac{x^2}{1-x^2}+1-1\right)\right)\cdot x\,dx\\
&=\int_o^1 \exp\left(-\xi\left(\frac{1}{1-x^2}-1\right)\right)\cdot x\,dx\\
&=\int_o^1 \exp\left(-\xi\frac{1}{1-x^2}+\xi\right)\cdot\frac{1}{2}d\left(x^2\right)\qquad\because\left(\frac{\xi}{1-x^2}=t\right)\\
&=\frac{1}{2}e^{\xi}\int_{\xi}^{\infty}e^{-t}d\left(\frac{t-\xi}{t}\right)\qquad\qquad(d1)\\
&=-\frac{1}{2}\xi e^{\xi}\int_{\xi}^{\infty}e^{-t}d\left(\frac{1}{t}\right)\\
&=\frac{1}{2}\xi e^{\xi}\int_{\xi}^{\infty}\frac{e^{-t}}{t^2}dt\\
&=\frac{1}{2}\xi e^{\xi}R\qquad\qquad\to(1.152)
\end{aligned}$$

根据（1.152)、(1.153）二式，（1.154）式中的第一式得证。

（1.154）式中的第二式，

$$\int_o^1 \exp\left(-\xi\frac{x^2}{1-x^2}\right)\cdot x^3 dx=\int_o^1 \exp\left(-\xi\left(\frac{x^2}{1-x^2}+1-1\right)\right)\cdot x^3\, dx$$

$$=\frac{1}{4}\int_o^1 \exp\left(-\frac{\xi}{1-x^2}+\xi\right)\cdot d\left(x^4\right)$$

$$=\frac{1}{4}e^{\xi}\int_o^1 \exp\left(-\frac{\xi}{1-x^2}\right)\cdot d\left(x^4\right) \qquad \because\left(\frac{\xi}{1-x^2}=t\right)$$

$$=\frac{1}{4}e^{\xi}\int_o^1 e^{-t}\cdot d\left(1-\frac{\xi}{t}\right)^2$$

$$=\frac{1}{4}e^{\xi}\left(e^{-t}\left(1-\frac{\xi}{t}\right)^2\Bigg|_{\xi}^{\infty}-\int_{\xi}^{\infty}\left(1-\frac{\xi}{t}\right)^2 e^{-t}\cdot d(-t)\right)$$

$$=\frac{1}{4}e^{\xi}\left(\int_{\xi}^{\infty}\left(1-\frac{\xi}{t}\right)^2 e^{-t}\cdot dt\right)$$

$$=\frac{1}{4}e^{\xi}\left(\int_{\xi}^{\infty}\left(1-\frac{2\xi}{t}+\frac{\xi^2}{t^2}\right)\cdot e^{-t}\cdot dt\right)$$

$$=\frac{1}{4}e^{\xi}\left(\int_{\xi}^{\infty}\left(e^{-t}-2\xi\frac{e^{-t}}{t}+\xi^2\frac{e^{-t}}{t^2}\right)\cdot dt\right)$$

$$=\frac{1}{4}e^{\xi}\left(\int_{\xi}^{\infty}e^{-t}+\xi^2\int_{\xi}^{\infty}\frac{e^{-t}}{t^2}-2\xi\cdot\int_{\xi}^{\infty}\frac{e^{-t}}{t}\right)\cdot dt \qquad \rightarrow (1.152) \qquad \text{(d2)}$$

$$=\frac{1}{4}e^{\xi}\left(e^{-\xi}+\xi^2 R-2\xi\cdot\int_{\xi}^{\infty}\frac{e^{-t}}{t}\cdot dt\right)$$

$$=\frac{1}{4}e^{\xi}\left(e^{-\xi}+\xi^2 R-2\xi\frac{e^{-\xi}}{\xi}-2\xi(-R)\right)$$

$$=\frac{1}{4}\left(1+\xi^2 e^{\xi}R-2+2\xi e^{\xi}R\right) \qquad \left[\because\int\frac{e^{-t}}{t^n}\cdot dt=-\frac{e^{-t}}{t^n}-n\cdot\int\frac{e^{-t}}{t^{n+1}}\cdot dt\right]$$

$$=\frac{1}{4}\left((\xi+2)\cdot\xi e^{\xi}R-1\right)$$

证毕。

(1.154) 式中的第三式,

$$\int_o^1 \exp\left(-\xi\frac{x^2}{1-x^2}\right)\cdot x^5 dx = \frac{1}{6}\int_o^1 \exp\left(-\xi\frac{x^2}{1-x^2}+1-1\right)\cdot d(x^6)$$

$$=\frac{1}{6}e^{\xi}\int_{\xi}^{\infty} e^{-t}\cdot d\left(\left(1-\frac{\xi}{t}\right)^3\right) \qquad \because \left(\frac{\xi}{1-x^2}=t\right)$$

$$=\frac{1}{6}e^{\xi}\int_{\xi}^{\infty} e^{-t}\cdot\left(1-3\left(\frac{\xi}{t}\right)+3\left(\frac{\xi}{t}\right)^2-\left(\frac{\xi}{t}\right)^3\right)\cdot dt$$

$$=\frac{1}{6}e^{\xi}\int_{\xi}^{\infty}\left(e^{-t}-3\xi\frac{e^{-t}}{t}+3\xi^2\frac{e^{-t}}{t^2}-\xi^3\frac{e^{-t}}{t^3}\right)\cdot dt\cdot \qquad \text{(d3)}$$

$$=\frac{1}{6}e^{\xi}\left(\int_{\xi}^{\infty} e^{-t}-3\xi\int_{\xi}^{\infty}\frac{e^{-t}}{t}+3\xi^2\int_{\xi}^{\infty}\frac{e^{-t}}{t^2}-\xi^3\int_{\xi}^{\infty}\frac{e^{-t}}{t^3}\right)\cdot dt$$

$$=\frac{1}{6}e^{\xi}\left(e^{-\xi}-3\xi\int_{\xi}^{\infty}\frac{e^{-t}}{t}\cdot dt+3\xi^2 R-\xi^3\int_{\xi}^{\infty}\frac{e^{-t}}{t^3}\cdot dt\right)$$

$$\int_{\xi}^{\infty}\frac{e^{-t}}{t}\cdot dt=-\int_{\xi}^{\infty}\frac{d(e^{-t})}{t}=-\left(\frac{e^{-t}}{t}\Big|_{\xi}^{\infty}-\int_{\xi}^{\infty}e^{-t}\cdot d(t^{-1})\right)=\left(\frac{e^{-\xi}}{\xi}-R\right)$$

$$\int_{\xi}^{\infty}\frac{e^{-t}}{t^3}\cdot dt=-\frac{1}{2}\int_{\xi}^{\infty}e^{-t}\cdot d(t^{-2})=-\frac{1}{2}\left(\frac{e^{-t}}{t^2}\Big|_{\xi}^{\infty}-\int_{\xi}^{\infty}(t^{-2})d(e^{-t})\right)$$

$$=-\frac{1}{2}\left(-\frac{e^{-\xi}}{\xi^2}+\int_{\xi}^{\infty}\frac{e^{-t}}{t^2}dt\right)=\left(\frac{e^{-\xi}}{2\xi^2}-\frac{1}{2}R\right)$$

$$=\frac{1}{6}e^{\xi}\left(e^{-\xi}-3\xi\left(\frac{e^{-\xi}}{\xi}-R\right)+3\xi^2 R-\xi^3\left(\frac{e^{-\xi}}{2\xi^2}-\frac{1}{2}R\right)\right)$$

$$=\frac{1}{6}e^{\xi}\left(e^{-\xi}-3e^{-\xi}+3\xi R+3\xi^2 R-\frac{1}{2}\xi e^{-\xi}+\frac{1}{2}\xi^3 R\right)$$

$$=\frac{1}{6}\left(1-3+3\xi e^{\xi}R+3\xi^2 e^{\xi}R-\frac{1}{2}\xi+\frac{1}{2}\xi^3 e^{\xi}R\right)$$

$$=\frac{1}{6}\cdot\left[\left(\frac{1}{2}\xi^2+3\xi+3\right)\xi e^{\xi}R-\frac{\xi}{2}-2\right]$$

证毕。[在上述推演过程中的括线部分,使 (1.152) 式中的两式得证。]

（1.154）式中的第四式，

$$\int_o^1 \exp\left(-\xi\frac{x^2}{1-x^2}\right)\cdot x^7 dx=\frac{1}{8}e^{\xi}\cdot\int_o^1 \exp\left(-\xi\frac{1}{1-x^2}\right)\cdot d(x^8)$$

$$=\frac{1}{8}e^{\xi}\cdot\int_{\xi}^{\infty}e^{-t}\cdot d\left(\left(1-\frac{\xi}{t}\right)^4\right)=\frac{1}{8}e^{\xi}\cdot\left(e^{-t}\cdot\left(1-\frac{\xi}{t}\right)^4\Big|_{\xi}^{\infty}-\int_{\xi}^{\infty}\left(1-\frac{\xi}{t}\right)^4\cdot d(e^{-t})\right)$$

$$=\frac{1}{8}e^{\xi}\cdot\left(\int_{\xi}^{\infty}\left(1-\frac{\xi}{t}\right)^4\cdot e^{-t}\cdot dt\right)\qquad\because\left(\frac{\xi}{1-x^2}=t\right)\tag{d4}$$

$$=\frac{1}{8}e^{\xi}\cdot\int_{\xi}^{\infty}\left(1-4\left(\frac{\xi}{t}\right)+6\left(\frac{\xi}{t}\right)^2-4\left(\frac{\xi}{t}\right)^3+\left(\frac{\xi}{t}\right)^4\right)\cdot e^{-t}\cdot dt$$

$$=\frac{1}{8}e^{\xi}\cdot\int_{\xi}^{\infty}\left(e^{-t}-4\xi\left(\frac{e^{-t}}{t}\right)+6\xi^2\left(\frac{e^{-t}}{t^2}\right)-4\xi^3\cdot\left(\frac{e^{-t}}{t^3}\right)+\xi^4\left(\frac{e^{-t}}{t^4}\right)\right)\cdot dt$$

$$\int_{\xi}^{\infty}\frac{e^{-t}}{t^4}\cdot dt=-\frac{1}{3}\int_{\xi}^{\infty}e^{-t}d\left(\frac{1}{t^3}\right)=-\frac{1}{3}\left(\frac{e^{-t}}{t^3}\Big|_{\xi}^{\infty}-\int_{\xi}^{\infty}\frac{1}{t^3}d(e^{-t})\right)$$

$$=-\frac{1}{3}\left(-\frac{e^{-\xi}}{\xi^3}-\int_{\xi}^{\infty}\frac{1}{t^3}d(e^{-t})\right)=\frac{e^{-\xi}}{3\xi^3}-\frac{1}{3}\int_{\xi}^{\infty}\frac{1}{t^3}\cdot e^{-t}d\,t=\frac{e^{-\xi}}{3\xi^3}+\frac{1}{3}\cdot\frac{1}{2}\int_{\xi}^{\infty}e^{-t}d\left(\frac{1}{t^2}\right)$$

$$=\frac{e^{-\xi}}{3\xi^3}+\frac{1}{3\cdot 2}\left(\frac{e^{-t}}{t^2}\Big|_{\xi}^{\infty}-\int_{\xi}^{\infty}\frac{1}{t^2}d(e^{-t})\right)\quad=\frac{e^{-\xi}}{3\xi^3}-\frac{e^{-\xi}}{6\xi^2}+\frac{1}{6}R$$

$$=\frac{1}{8}e^{\xi}\cdot\int_{\xi}^{\infty}\left(e^{-t}-4\xi\left(\frac{e^{-t}}{t}\right)+6\xi^2\left(\frac{e^{-t}}{t^2}\right)-4\xi^3\cdot\left(\frac{e^{-t}}{t^3}\right)+\xi^4\left(\frac{e^{-t}}{t^4}\right)\right)\cdot dt$$

$$=\frac{1}{8}e^{\xi}\cdot\left(e^{-\xi}-4\xi\left(\frac{e^{-\xi}}{\xi}-R\right)+6\xi^2R-4\xi^3\left(\frac{e^{-\xi}}{2\xi^2}-\frac{1}{2}R\right)+\xi^4\left(\frac{e^{-\xi}}{3\xi^3}-\frac{e^{-\xi}}{6\xi^2}+\frac{1}{6}R\right)\right)$$

$$=\frac{1}{8}\left(1\ -4+4\xi e^{\xi}R\ \ +6\xi\cdot\xi e^{\xi}R\ \ -2\xi+2\xi^2\cdot\xi e^{\xi}R\ \ +\frac{1}{3}\xi-\frac{1}{6}\xi^2+\frac{1}{6}\xi^3\cdot\xi e^{\xi}R\right)$$

$$=\frac{1}{8}\cdot\left[\left(\frac{1}{6}\xi^3+2\xi^2+6\xi+4\right)\cdot\xi e^{\xi}R-\frac{1}{6}\xi^2-\frac{5}{3}\xi-3\right]$$

证毕。［在上述推演过程中的括线部分，（1.152）式中的末式得证。］

四）定积分公式之四

设ξ、t为任意非负实数，则定义函数

$$\left.\begin{aligned} W(\xi,t) &= \int_o^1 \exp\left(-\xi\frac{x^2}{1-x^2}\right)\cdot x^t\,dx \\ &= \frac{\xi^4+A\xi^3+B\xi^2+C\xi+12}{\xi^4+11\xi^3+36\xi^2+(42+\mu)\xi+12}\cdot\frac{\Gamma\left(\frac{t}{2}+\frac{1}{2}\right)\cdot\Gamma(\xi+1)}{2\cdot\Gamma\left(\xi+\frac{t}{2}+\frac{3}{2}\right)} \\ &= \frac{\xi^4+A\xi^3+B\xi^2+C\xi+12}{\xi^4+11\xi^3+36\xi^2+(42+\mu)\xi+12}\cdot\frac{(t-1)!!\,(2\xi+0)!!}{(2\xi+t+1)!!} \end{aligned}\right| \tag{1.155}$$

式中

$$\begin{bmatrix}A\\B\\C\end{bmatrix}=\frac{1}{8}\begin{bmatrix}10 & \left(8-\frac{1}{2}\mu\right) & \left(8-\frac{35}{12}\mu-\frac{1}{12}\mu\xi^2\right)\\ 29 & \left(23-\frac{3}{2}\mu\right) & \left(23-\frac{25}{6}\mu-\frac{5}{6}\mu\xi^2\right)\\ 32 & (28-\mu) & (28-2\mu)\end{bmatrix}\begin{bmatrix}15 & -8 & 1\\ -10 & 12 & -2\\ 3 & -4 & 1\end{bmatrix}\begin{bmatrix}1\\t\\t^2\end{bmatrix} \tag{1.156}$$

$$\mu=\frac{1+e_1\xi+\cdots+e_{n-2}\xi^{n-2}}{E_0+E_1\xi+E_2\xi^2+E_3\xi^3+\cdots+E_n\xi^n}$$

此处的μ，即（1.153）式所示之μ。若取n=3，按（1.153）式所示之数值进行计算，当$1\le t$时，（1.155）式之精度高于10^{-4}（若有必要，还可再高）；当ξ为0或为一大数时，（1.155）式之误差为0。

该式之证明是一个比较困难的问题。这里采用“简函修正法”，解决了这个问题。所谓简函修正法，就是把被积函数先简化为一个近似的简单函数，把简单函数积开后，再根据间断的已知结果对积开的结果进行修正，修正之后再修正，循序渐近，逐步逼真，直至达到原函数积分的精度。具体证明如下：

首先，考虑到函数

$$\phi(x)=\exp\left(-\xi\frac{x^2}{1-x^2}\right) \tag{e1}$$

其近似函数为

$$\psi(x)=(1-x^2)^{\xi} \tag{e2}$$

故这两个函数在[0, 1]域中之积分，是近似的，是变化不大的。因为

$$\exp(-\xi\frac{x^2}{1-x^2})=\left(\exp(-\frac{x^2}{1-x^2})\right)^{\xi}=\left(\exp(-x^2-x^4-x^6-\cdots\cdots)\right)^{\xi}$$
$$=\prod_{1}^{n}\left(1-x^{2i}+\frac{1}{2!}x^{4i}-\cdots\right)^{\xi}=\left(1-x^2-\cdots\right)^{\xi}\approx\left(1-x^2\right)^{\xi} \tag{e3}$$

故为了逐步解决（1.155）式积分，给定关系函数

$$\eta(\xi,t)=\frac{\int_0^1(1-x^2)^{\xi}x^t\,dx}{\int_0^1\exp(-\xi\frac{x^2}{1-x^2})x^t\,dx} \tag{1.157}$$

即

$$1=\eta(\xi,t)\cdot\frac{1}{\int_0^1(1-x^2)^{\xi}x^t\,dx}\cdot\int_0^1\exp(-\xi\frac{x^2}{1-x^2})x^t\,dx \tag{e4}$$

当$t=1$时，由（1.151）式可知：

$$1=\eta(\xi,1)\cdot\frac{(2\xi+1+1)!!}{(1-1)!!(2\xi+0)!!}\cdot\int_0^1\exp\left(-\xi\frac{x^2}{1-x^2}\right)\cdot x^1\,dx$$
$$=\eta(\xi,1)\cdot\frac{(2\xi+2)}{(0)!!}\cdot\int_0^1\exp\left(-\xi\frac{x^2}{1-x^2}\right)\cdot x^1\,dx$$
$$=\eta(\xi,1)\cdot(2\xi+2)\cdot\frac{1}{1}\cdot\int_0^1\exp\left(-\xi\frac{x^2}{1-x^2}\right)\cdot x^1\,dx$$

当$t=3$时，由（1.151）式可知：

$$1=\eta(\xi,3)\frac{(2\xi+3+1)!!}{(3-1)!!(2\xi+0)!!}\int_0^1\exp\left(-\xi\frac{x^2}{1-x^2}\right)\cdot x^3\,dx$$
$$=\eta(\xi,3)\cdot(2\xi+2)(2\xi+4)\cdot\frac{1}{2}\cdot\int_0^1\exp\left(-\xi\frac{x^2}{1-x^2}\right)\cdot x^3\,dx$$

同理可知：

$$1=\eta(\xi,5)\cdot(2\xi+2)(2\xi+4)(2\xi+6)\cdot\frac{1}{8}\cdot\int_0^1\exp\left(-\xi\frac{x^2}{1-x^2}\right)\cdot x^5\,dx$$

……………………………………

$$1=\eta(\xi,2j-1)\cdot\prod_{i=1}^{j}(2\xi+2i)\cdot\frac{1}{(2j-2)!!}\cdot\int_0^1\exp\left(-\xi\frac{x^2}{1-x^2}\right)\cdot x^{2j-1}\,dx \tag{e5}$$

联写之：

$$
\left.\begin{aligned}
&1=\eta(\xi,1)\cdot(2\xi+2)\cdot\frac{1}{1}\cdot\int_0^1\exp\left(-\xi\frac{x^2}{1-x^2}\right)\cdot x^1\,dx\\
&1=\eta(\xi,3)\cdot(2\xi+2)(2\xi+4)\cdot\frac{1}{2}\cdot\int_0^1\exp\left(-\xi\frac{x^2}{1-x^2}\right)\cdot x^3\,dx\\
&1=\eta(\xi,5)\cdot(2\xi+2)(2\xi+4)(2\xi+6)\cdot\frac{1}{8}\cdot\int_0^1\exp\left(-\xi\frac{x^2}{1-x^2}\right)\cdot x^5\,dx\\
&\cdots\cdots\cdots\cdots\cdots\cdots\\
&1=\eta(\xi,2j-1)\cdot\prod_{i=1}^{j}(2\xi+2i)\cdot\frac{1}{(2j-2)!!}\cdot\int_0^1\exp\left(-\xi\frac{x^2}{1-x^2}\right)\cdot x^{2j-1}\,dx\\
&\quad(j=1,2,3,\ \cdots\ n)
\end{aligned}\right|\qquad(1.158)
$$

——— 组合函数 $\xi e^{\xi}R$ 求解 ———

注意，由（1.154）式可知，在上式定积分因子中，包含着积分因子 R，R 连同诸 $\eta_{2j-1}(\xi)$ 关系函数，可以看成是 $(n+1)$ 个未知数。在（1.158）式中只有 n 个方程，显然是无法解开的。但考虑到，当 n 趋向无穷大时，必有

$$\lim_{n\to\infty}\eta(\xi,2n-1)==\lim_{n\to\infty}\eta(\xi,2n-3)$$

$(n+1)$ 个未知数就变成了 n 个，（1.158）式方程组就有了定解。从实用的观点出发，只取 n 为 4，将（1.154）式代入（1.158）式，并分别将

$$\eta(\xi,1)、\eta(\xi,3),\quad \eta(\xi,3)、\eta(\xi,5),\quad \eta(\xi,5)、\eta(\xi,7),$$

成对看作相等，由 $\eta(\xi,1)$、$\eta(\xi,3)$ 可知

$$
\left.\begin{aligned}
&1=\eta(\xi,1)\cdot(2\xi+2)\cdot\frac{1}{1}\cdot\frac{1}{2}\xi e^{\xi}R\\
&1=\eta(\xi,3)\cdot(2\xi+2)(2\xi+4)\cdot\frac{1}{2}\cdot\frac{1}{4}\left[(\xi+2)\xi e^{\xi}R-1\right]
\end{aligned}\right|
$$

$$
\left.\begin{aligned}
2\xi e^{\xi}R_{13}&=(\xi+2)\cdot\left[(\xi+2)\xi e^{\xi}R-1\right]\\
&=(\xi+2)(\xi+2)\xi e^{\xi}R-(\xi+2)\\
\xi e^{\xi}R_{13}&=\frac{(\xi+2)}{(\xi+2)(\xi+2)-2}=\frac{(\xi+2)}{\xi^2+4\xi+2}
\end{aligned}\right|\qquad(h1)
$$

将（1.154）式代入（1.158）式，联立$\eta(\xi,3)$、$\eta(\xi,5)$二式，可得

$$1=\eta(\xi,3)\cdot(2\xi+2)(2\xi+4)\cdot\frac{1}{2}\cdot\frac{1}{4}\left[(\xi+2)\xi e^{\xi}R-1\right]$$

$$1=\eta(\xi,5)\cdot(2\xi+2)(2\xi+4)(2\xi+6)\cdot\frac{1}{8}\cdot\frac{1}{6}\cdot\left[\left(\frac{1}{2}\xi^2+3\xi+3\right)\xi e^{\xi}R-\frac{\xi}{2}-2\right]$$

$$II=\eta(\xi,3)\cdot(\xi+1)\underline{(\xi+2)\frac{1}{2}\cdot\left[(\xi+2)\xi e^{\xi}R-1\right]}$$

$$II=\eta(\xi,5)\cdot(\xi+1)\underline{(\xi+2)(\xi+3)\cdot\frac{1}{6}\cdot\left[\left(\frac{1}{2}\xi^2+3\xi+3\right)\xi e^{\xi}R-\frac{\xi}{2}-2\right]}$$

令二式右边相等：

$$(\xi+2)\xi e^{\xi}R-1=(\xi+3)\cdot\frac{1}{3}\cdot\left[\left(\frac{1}{2}\xi^2+3\xi+3\right)\xi e^{\xi}R-\frac{\xi}{2}-2\right]$$

$$(\xi+2)\xi e^{\xi}R-1=(\xi+3)\cdot\left[\left(\frac{1}{6}\xi^2+\xi+1\right)\xi e^{\xi}R-\frac{\xi}{6}-\frac{2}{3}\right]$$

$$=\left(\frac{1}{6}\xi^3+\frac{3}{2}\xi^2+4\xi+3\right)\cdot\xi e^{\xi}R-\frac{1}{6}\xi^2-\frac{7}{6}\xi-2 \qquad \text{(h2)}$$

$$\xi e^{\xi}R_{35}=\frac{\frac{1}{6}\xi^2+\frac{7}{6}\xi+1}{\frac{1}{6}\xi^3+\frac{3}{2}\xi^2+3\xi+1}=\frac{(\xi+1)(\xi+6)}{\xi^3+9\xi^2+18\xi+6}$$

联立$\eta(\xi,5)$、$\eta(\xi,7)$二式，（将III看作可变过渡函数）

$$1=\eta(\xi,5)\cdot\underline{(2\xi+2)(2\xi+4)(2\xi+6)}\cdot\frac{1}{8}\cdot\int_0^1\exp\left(-\xi\frac{x^2}{1-x^2}\right)\cdot x^5\,dx$$

$$1=\eta(\xi,7)\cdot\underline{(2\xi+2)(2\xi+4)(2\xi+6)}(2\xi+8)\cdot\frac{1}{(6)!!}\cdot\int_0^1\exp\left(-\xi\frac{x^2}{1-x^2}\right)\cdot x^7\cdot dx$$

$$III_{11}=\eta(\xi,5)\cdot\frac{1}{8}\cdot\int_0^1\exp\left(-\xi\frac{x^2}{1-x^2}\right)\cdot x^5\,dx$$

$$III_{11}=\eta(\xi,7)\cdot(2\xi+8)\cdot\frac{1}{(6)!!}\cdot\int_0^1\exp\left(-\xi\frac{x^2}{1-x^2}\right)\cdot x^7\cdot dx$$

将（1.154）式代入（1.158）式，联立以上二式，可得

$$III_{22}=\frac{1}{8}\cdot\frac{1}{6}\cdot\left[\left(\frac{1}{2}\xi^2+3\xi+3\right)\xi e^{\xi}R-\frac{\xi}{2}-2\right]$$

$$III_{22}=(2\xi+8)\cdot\frac{1}{(6)!!}\cdot\frac{1}{8}\cdot\left[\left(\frac{1}{6}\xi^3+2\xi^2+6\xi+4\right)\cdot\xi e^{\xi}R-\frac{\xi^2}{6}-\frac{5\xi}{3}-3\right]$$

$$III_{33}=\left[\left(\frac{1}{2}\xi^2+3\xi+3\right)\xi e^{\xi}R-\frac{\xi}{2}-2\right]$$

$$III_{33}=(\xi+4)\cdot\frac{1}{4}\cdot\left[\left(\frac{1}{6}\xi^3+2\xi^2+6\xi+4\right)\cdot\xi e^{\xi}R-\frac{\xi^2}{6}-\frac{5\xi}{3}-3\right]$$

$$III_{44}=\left[(2\xi^2+12\xi+12)\,\xi e^{\xi}R-2\xi-8\right]$$

$$III_{44}=(\xi+4)\cdot\left[\left(\frac{1}{6}\xi^3+2\xi^2+6\xi+4\right)\xi e^{\xi}R-\frac{\xi^2}{6}-\frac{5\xi}{3}-3\right]$$

$$III_{55}=\left[\left(2\xi^2+12\xi+12\right)\xi e^{\xi}R-2\xi-8\right]$$

$$III_{55}=(\xi+4)\cdot\left[\left(\frac{1}{6}\xi^3+2\xi^2+6\xi+4\right)\cdot\xi e^{\xi}R-\frac{\xi^2}{6}-\frac{5\xi}{3}-3\right]$$

$$=\left(\frac{1}{6}\xi^4+\frac{8}{3}\xi^3+14\xi^2+28\xi+16\right)\cdot\xi e^{\xi}R-\frac{\xi^3}{6}-\frac{7\xi^2}{3}-\frac{29}{3}\xi-12$$

$$III_{66}=\left[\left(2\xi^2+12\xi+12\right)\xi e^{\xi}R_5-2\xi-8\right]$$

$$III_{66}=\left(\frac{1}{6}\xi^4+\frac{8}{3}\xi^3+14\xi^2+28\xi+16\right)\cdot\xi e^{\xi}R_7-\frac{\xi^3}{6}-\frac{7\xi^2}{3}-\frac{29}{3}\xi-12$$

令二式右边相等：

$$\left(\frac{1}{6}\xi^4+\frac{8}{3}\xi^3+12\xi^2+16\xi+4\right)\cdot\xi e^{\xi}R_{57}=\frac{\xi^3}{6}+\frac{7\xi^2}{3}+\frac{23}{3}\xi+4$$

$$\left(\xi^4+16\xi^3+72\xi^2+96\xi+24\right)\cdot\xi e^{\xi}R_{57}=\xi^3+14\xi^2+46\xi+24$$

$$\xi e^{\xi}R_{57}=\frac{\xi^3+14\xi^2+46\xi+24}{\xi^4+16\xi^3+72\xi^2+96\xi+24}\qquad\text{(h3)}$$

将（h1）、（h2）、（h3）三式通分子，可得：

$$
\begin{aligned}
\xi e^{\xi} R_{13} &= \frac{(\xi+1)(\xi+2)(\xi+6)}{\left(\xi^2+4\xi+2\right)(\xi+1)(\xi+6)} \\
&= \frac{(\xi+1)(\xi+2)(\xi+6)}{\xi^4+11\xi^3+36\xi^2+38\xi+12}
\end{aligned}
$$

$$
\begin{aligned}
\xi e^{\xi} R_{35} &= \frac{(\xi+1)(\xi+2)(\xi+6)}{\left(\xi^3+9\xi^2+18\xi+6\right)(\xi+2)} \\
&= \frac{(\xi+1)(\xi+2)(\xi+6)}{\xi^4+11\xi^3+36\xi^2+42\xi+12}
\end{aligned}
$$

$$
\begin{aligned}
\xi e^{\xi} R_{57} &= \frac{\xi^3+14\xi^2+46\xi+24}{\xi^4+16\xi^3+72\xi^2+96\xi+24} \\
&= \frac{(\xi+1)(\xi+2)(\xi+6)}{(\xi+1)(\xi+2)(\xi+6)} \cdot \frac{\xi^3+14\xi^2+46\xi+24}{\xi^4+16\xi^3+72\xi^2+96\xi+24} \\
&= \frac{(\xi+1)(\xi+2)(\xi+6)}{\dfrac{(\xi+1)(\xi+2)(\xi+6)\cdot\left(\xi^4+16\xi^3+72\xi^2+96\xi+24\right)}{\xi^3+14\xi^2+46\xi+24}} \\
&= \frac{(\xi+1)(\xi+2)(\xi+6)}{\dfrac{\left(\xi^3+9\xi^2+20\xi+12\right)\cdot\left(\xi^4+16\xi^3+72\xi^2+96\xi+24\right)}{\xi^3+14\xi^2+46\xi+24}} \\
&= \frac{(\xi+1)(\xi+2)(\xi+6)}{\xi^4+11\xi^3+36\xi^2+(42+\mu)\xi+12} \\
&\qquad\qquad \mu = \frac{36\xi+72}{\xi^3+14\xi^2+46\xi+24}
\end{aligned}
\qquad \text{(h4)}
$$

$$
\begin{aligned}
&\frac{\left(\xi^3+9\xi^2+20\xi+12\right)\cdot\left(\xi^4+16\xi^3+72\xi^2+96\xi+24\right)}{\xi^3+14\xi^2+46\xi+24} \\
&= \frac{\xi^7+25\xi^6+236\xi^5+1076\xi^4+2520\xi^3+3000\xi^2+1632\xi+288}{\xi^3+14\xi^2+46\xi+24} \\
&= \xi^4+11\xi^3+36\xi^2+42\xi+\frac{36\xi^2+72\xi}{\xi^3+14\xi^2+46\xi+24}+12 \\
&= \xi^4+11\xi^3+36\xi^2+\left(42+\frac{36\xi+72}{\xi^3+14\xi^2+46\xi+24}\right)\xi+12
\end{aligned}
\qquad \text{(h5)}
$$

联书之:

$$\left.\begin{aligned}\xi e^{\xi}R_{13} &= \frac{(\xi+1)(\xi+2)(\xi+6)}{\xi^4+11\xi^3+36\xi^2+(38)\xi+12}\\ \xi e^{\xi}R_{35} &= \frac{(\xi+1)(\xi+2)(\xi+6)}{\xi^4+11\xi^3+36\xi^2+(42)\xi+12}\\ \xi e^{\xi}R_{57} &= \frac{(\xi+1)(\xi+2)(\xi+6)}{\xi^4+11\xi^3+36\xi^2+(42+\mu)\xi+12}\\ \mu &= \frac{36\xi+72}{\xi^3+14\xi^2+46\xi+24}\end{aligned}\right| \tag{h6}$$

这三个结果的差异,就在于分母中的ξ一次项。由(1.154)式可知,当取n为更大一点的数来解(1.158)式时,所得之μ仍为一多项式。从等效的观点出发,可以把μ看作是分子、分母相差为二阶的ξ多项式。这样,就可将(h6)式写为

$$\left.\begin{aligned}\xi e^{\xi}R &= \frac{(\xi+1)(\xi+2)(\xi+6)}{\xi^4+11\xi^3+36\xi^2+(42+\mu)\xi+12}\\ \mu &= \frac{1+e_1\xi+\cdots+e_{n-2}\xi^{n-2}}{E_0+E_1\xi+E_2\xi^2+E_3\xi^3+\cdots+E_n\xi^n}\end{aligned}\right| \tag{1.159}$$

移项即(1.153)式,故(1.153)式得证。

——— 关系函数 $\eta(\xi,t)$ 求解 ———

将(1.159)式代入(1.154)式,再代入(1.158)式,可得关系函数

$$\left.\begin{aligned}\eta(\xi,1) &= \frac{\xi^4+11\xi^3+36\xi^2+(42+\mu)\xi+12}{\xi^4+10\xi^3+29\xi^2+32\xi+12}\\ \eta(\xi,3) &= \frac{\xi^4+11\xi^3+36\xi^2+(42+\mu)\xi+12}{\xi^4+\left(8-\frac{1}{2}\mu\right)\xi^3+\left(23-\frac{3}{2}\mu\right)\xi^2+(28-\mu)\xi+12}\\ \eta(\xi,5) &= \frac{\xi^4+11\xi^3+36\xi^2+(42+\mu)\xi+12}{\xi^4+\left(8-\frac{35}{12}\mu-\frac{1}{12}\mu\xi^2\right)\xi^3+\left(23-\frac{25}{6}\mu-\frac{5}{6}\mu\xi^2\right)\xi^2+(28-2\mu)\xi+12}\\ &\cdots\cdots\end{aligned}\right| \tag{k1}$$

三式推演如下：

$$1=\eta(\xi,1)\cdot(2\xi+2)\cdot\frac{1}{1}\cdot\frac{1}{2}\frac{(\xi+1)(\xi+2)(\xi+6)}{\xi^4+11\xi^3+36\xi^2+(42+\mu)\xi+12}$$

$$\eta(\xi,1)=\frac{\xi^4+11\xi^3+36\xi^2+(42+\mu)\xi+12}{(\xi+1)(\xi+1)(\xi+2)(\xi+6)} \quad \text{(k2)}$$

$$=\frac{\xi^4+11\xi^3+36\xi^2+(42+\mu)\xi+12}{\xi^4+10\xi^3+29\xi^2+32\xi+12}$$

..—..—..—..—..—..—..—..—..—..—..—..—..—..—..—..—..—..—..—

$$1=\eta(\xi,3)(2\xi+2)(2\xi+4)\frac{1}{2}\cdot\frac{1}{4}\left[(\xi+2)\xi e^{\xi}R-1\right]$$

$$1=\eta(\xi,3)(\xi+1)(\xi+2)\frac{1}{2}\left[(\xi+2)\xi e^{\xi}R-1\right]$$

$$\frac{2}{(\xi+1)(\xi+2)}=\eta(\xi,3)\cdot\left[\frac{(1+2)^2(1+1)(1+6)-\left(1+11+36+(42+\mu)+12\right)}{\xi^4+11\xi^3+36\xi^2+(42+\mu)\xi+12}\right]$$

$$=\eta(\xi,3)\cdot\frac{(1+11+38+52+24)-\left(1+11+36+(42+\mu)+12\ \ \right)}{\xi^4+11\xi^3+36\xi^2+(42+\mu)\xi+12} \quad \text{(k3)}$$

$$=\eta(\xi,3)\cdot\frac{2\xi^2+(10-\mu)\xi+12}{\xi^4+11\xi^3+36\xi^2+(42+\mu)\xi+12}$$

$$2=\eta(\xi,3)\cdot\frac{\left(2\xi^2+(10-\mu)\xi+12\right)(\xi^2+3\xi+2)}{\xi^4+11\xi^3+36\xi^2+(42+\mu)\xi+12}$$

$$2=\eta(\xi,3)\cdot\frac{2\xi^4+(16-\mu)\xi^3+(46-3\mu)\xi^2+(56-2\mu)\xi+24}{\xi^4+11\xi^3+36\xi^2+(42+\mu)\xi+12}$$

$$\eta(\xi,3)=\frac{\xi^4+11\xi^3+36\xi^2+(42+\mu)\xi+12}{\xi^4+(8-\frac{1}{2}\mu)\xi^3+(23-\frac{3}{2}\mu)\xi^2+(28-\mu)\xi+12}$$

..—..—..—..—..—..—..—..—..—..—..—..—..—..—..—..—..—..—..—

$$1=\eta(\xi,5)\cdot(2\xi+2)(2\xi+4)(2\xi+6)\cdot\frac{1}{8}\cdot\frac{1}{6}\cdot\left[\left(\frac{1}{2}\xi^2+3\xi+3\right)\xi e^{\xi}R-\frac{\xi}{2}-2\right]$$

$$1=\eta(\xi,5)\cdot(\xi+1)(\xi+2)(\xi+3)\cdot\frac{1}{6}\cdot\left[\left(\xi^2+6\xi+6\right)\xi e^{\xi}R-\xi-4\right]\frac{1}{2}$$

$$\frac{12}{(\xi+1)(\xi+2)(\xi+3)}=\eta(\xi,5)\cdot\left[\left(\xi^2+6\xi+6\right)\xi e^{\xi}R-\left(\xi+4\right)\right]$$

-----（以下分子略写ξ）-----

$$=\eta(\xi,5)\cdot\left[\left((1+6+6)\cdot\frac{(\xi+1)(\xi+2)(\xi+6)}{\xi^4+11\xi^3+36\xi^2+(42+\mu)\xi+12}-(1+4)\right)\right]$$

$$=\eta(\xi,5)\cdot\left[\left(\frac{(1+6+6)(1+9+20+12)-(1+4)(1+11+36+(42+\mu)+12)}{\xi^4+11\xi^3+36\xi^2+(42+\mu)\xi+12}\right)\right]$$

$$=\eta(\xi,5)\cdot\left[\left(\frac{(1+15+80+186+192+72)-(1+15+80+(186+\mu)+(180+4\mu)+12)}{\xi^4+11\xi^3+36\xi^2+(42+\mu)\xi+12}\right)\right]$$

$$=\eta(\xi,5)\cdot\left[\left(\frac{(-\mu)+(12-4\mu)+24}{\xi^4+11\xi^3+36\xi^2+(42+\mu)\xi+12}\right)\right]$$

$$1=\eta(\xi,5)\cdot\left[\left(\frac{((-\mu)+(12-4\mu)+24)(1+1)(1+2)(1+3)}{\xi^4+11\xi^3+36\xi^2+(42+\mu)\xi+12}\right)\right]\cdot\frac{1}{12} \tag{k4}$$

$$1=\eta(\xi,5)\cdot\left[\left(\frac{((-\mu)+(12-4\mu)+24)(1+6+11+6)}{\xi^4+11\xi^3+36\xi^2+(42+\mu)\xi+12}\right)\right]\cdot\frac{1}{12}$$

$$1=\eta(\xi,5)\cdot\frac{-\mu+(12-10\mu)+(96-35\mu)+(276-50\mu)+(336-24\mu)+144}{\xi^4+11\xi^3+36\xi^2+(42+\mu)\xi+12}\cdot\frac{1}{12}$$

$$1=\eta(\xi,5)\cdot\frac{-\frac{1}{12}\mu+(1-\frac{5}{6}\mu)+(8-\frac{35}{12}\mu)+(23-\frac{25}{6}\mu)+(28-2\mu)+12}{\xi^4+11\xi^3+36\xi^2+(42+\mu)\xi+12}$$

-----（恢复略写的ξ）-----

$$1=\eta(\xi,5)\cdot\frac{-\frac{1}{12}\mu\xi^5+(1-\frac{5}{6}\mu)\xi^4+(8-\frac{35}{12}\mu)\xi^3+(23-\frac{25}{6}\mu)\xi^2+(28-2\mu)\xi+12}{\xi^4+11\xi^3+36\xi^2+(42+\mu)\xi+12}$$

$$1=\eta(\xi,5)\cdot\frac{\xi^4+(8-\frac{35}{12}\mu-\frac{1}{12}\mu\xi^2)\xi^3+(23-\frac{25}{6}\mu-\frac{5}{6}\mu\xi^2)\xi^2+(28-2\mu)\xi+12}{\xi^4+11\xi^3+36\xi^2+(42+\mu)\xi+12}$$

$$\eta(\xi,5)=\frac{\xi^4+11\xi^3+36\xi^2+(42+\mu)\xi+12}{\xi^4+(8-\frac{35}{12}\mu-\frac{1}{12}\mu\xi^2)\xi^3+(23-\frac{25}{6}\mu-\frac{5}{6}\mu\xi^2)\xi^2+(28-2\mu)\xi+12}$$

把分母中各项系数的变化，用 t 的多项式 A 、B 、C 联系起来，令

$$\eta(\xi,t)=\frac{\xi^4+11\xi^3+36\xi^2+(42+\mu)\xi+12}{\xi^4+A(t)\xi^3+B(t)\xi^2+C(t)\xi+12}$$

$$\begin{aligned}A(t)&=a_o+a_1t+a_2t^2+\cdots\cdots\\B(t)&=b_o+b_1t+b_2t^2+\cdots\cdots\\C(t)&=c_o+c_1t+c_2t^2+\cdots\cdots\end{aligned} \tag{1.161}$$

从精度分析要求来说，只取三项；以矩阵形式表示：

$$\begin{aligned}\begin{bmatrix}A(t)\\B(t)\\C(t)\end{bmatrix}&=\begin{bmatrix}a_o&a_1&a_2&\cdots\cdots\\b_o&b_1&b_2&\cdots\cdots\\c_o&c_1&c_2&\cdots\cdots\end{bmatrix}\cdot\begin{bmatrix}1\\t\\t^2\\\vdots\end{bmatrix}\\&=\begin{bmatrix}a_o&a_1&a_2\\b_o&b_1&b_2\\c_o&c_1&c_2\end{bmatrix}\cdot\begin{bmatrix}1\\t\\t^2\end{bmatrix}\end{aligned} \tag{n1}$$

考虑到系数矩阵的求解难度较大，这里采取“系数矩阵分解法”，将系数矩阵分解为“成果矩阵”与未知的“待求矩阵”之积，只求解“待求矩阵”，简化解算；令：

$$\begin{aligned}\begin{bmatrix}A(t)\\B(t)\\C(t)\end{bmatrix}&=[\text{成果矩阵}]\times[\text{待求矩阵}]\times\begin{bmatrix}1\\t\\t^2\end{bmatrix}\\&=\begin{bmatrix}A(1)&A(3)&A(5)\\B(1)&B(3)&B(5)\\C(1)&C(3)&C(5)\end{bmatrix}\times\begin{bmatrix}E_o&E_1&E_2\\F_o&F_1&F_2\\G_o&G_1&G_2\end{bmatrix}\cdot\begin{bmatrix}1\\t\\t^2\end{bmatrix}\end{aligned} \tag{1.162}$$

式中，E 、F 、G 为待定系数。根据（k1）式，可知：

$$\begin{bmatrix}A(1)&A(3)&A(5)\\B(1)&B(3)&B(5)\\C(1)&C(3)&C(5)\end{bmatrix}=\begin{bmatrix}10&\left(8-\frac{1}{2}\mu\right)&\left(8-\frac{35}{12}\mu-\frac{1}{12}\mu\xi^2\right)\\29&\left(23-\frac{3}{2}\mu\right)&\left(23-\frac{25}{6}\mu-\frac{5}{6}\mu\xi^2\right)\\32&(28-\mu)&(28-2\mu)\end{bmatrix}$$

当变量参数t取t=1，t=3，t=5 时，

$$\begin{bmatrix} E_o & E_1 & E_2 \\ F_o & F_1 & F_2 \\ G_o & G_1 & G_2 \end{bmatrix} \cdot \begin{bmatrix} 1 \\ t \\ t^2 \end{bmatrix} = \begin{bmatrix} 1 \\ 0 \\ 0 \end{bmatrix}, \quad \begin{bmatrix} 0 \\ 1 \\ 0 \end{bmatrix}, \quad \begin{bmatrix} 0 \\ 0 \\ 1 \end{bmatrix} \tag{n2}$$

式中，右边为单位列阵；将上式联写之，可知：

$$\begin{bmatrix} E_o & E_1 & E_2 \\ F_o & F_1 & F_2 \\ G_o & G_1 & G_2 \end{bmatrix} \cdot \begin{bmatrix} 1 & 1 & 1 \\ 1 & 3 & 5 \\ 1 & 9 & 25 \end{bmatrix} = \begin{bmatrix} 1 & 0 & 0 \\ 0 & 1 & 0 \\ 0 & 0 & 1 \end{bmatrix} = I \tag{n3}$$

显然，

$$\begin{aligned} \begin{bmatrix} E_o & E_1 & E_2 \\ F_o & F_1 & F_2 \\ G_o & G_1 & G_2 \end{bmatrix} &= \begin{bmatrix} 1 & 1 & 1 \\ 1 & 3 & 5 \\ 1 & 9 & 25 \end{bmatrix}^{-1} \\ &= \begin{bmatrix} 15 & -8 & 1 \\ -10 & 12 & -2 \\ 3 & -4 & 1 \end{bmatrix} \cdot \frac{1}{8} \end{aligned} \tag{n4}$$

将（n4）式代入（1. 162）式，将（1. 162）式代入（1. 161）式；再将（1. 161）、（1. 151）二式代入（1. 157）式；然后，再将（1. 157）式移项，可使（1. 155）式得证。

---

*）总结（1. 161）式的推证过程，可理解为：

$$\underset{E}{\begin{bmatrix} A(1) & A(3) & A(5) \\ B(1) & B(3) & B(5) \\ C(1) & C(3) & C(5) \end{bmatrix}} = \underset{F}{\begin{bmatrix} a_o & a_1 & a_2 \\ b_o & b_1 & b_2 \\ c_o & c_1 & c_2 \end{bmatrix}} \cdot \underset{T}{\begin{bmatrix} 1 & 1 & 1 \\ t_1 & t_3 & t_5 \\ t_1^2 & t_3^2 & t_5^2 \end{bmatrix}}$$

$$\left.\begin{aligned} E &= F \cdot T \\ E \cdot T^{-1} &= F \cdot T \cdot T^{-1} \\ E \cdot T^{-1} &= F \cdot I \end{aligned}\right. \quad \rightarrow \left| \begin{bmatrix} A(t) \\ B(t) \\ C(t) \end{bmatrix} = F \begin{bmatrix} 1 \\ t \\ t^2 \end{bmatrix} = \left(E \cdot T^{-1}\right) \begin{bmatrix} 1 \\ t \\ t^2 \end{bmatrix} \right. \tag{1.163}$$

显然，求解待求矩阵T^{-1}比直接求解F要容易得多。

五）定积分公式之五

含“ sgn ”函数的定积分，应在积分后的数值中减去（$-0 \to +0$）的积分，即对于积分域为（$A \to -0 \to +0 \to B$）的积分，应遵循

$$\int_A^B U\left(|x|, \operatorname{sgn} x, x\right) \cdot dx = (\cdots)\Big|_A^{-o} + (\cdots)\Big|_{-o}^{+o} + (\cdots)\Big|_{+o}^{B} - (\cdots)\Big|_{-o}^{+o}$$

$$= (\cdots)\Big|_A^{-o} + (\cdots)\Big|_{+o}^{B} \quad , \quad \text{或者} \quad = (\cdots)\Big|_A^{B} - (\cdots)\Big|_{-o}^{+o} \qquad (1.164)$$

$$= V\left(|x|, \operatorname{sgn} x, x\right)\Big|_A^B - V\left(|x|, \operatorname{sgn} x, x\right)\Big|_{-0}^{+0}$$

这是因为，在$(-0 \prec x \prec +0)$域中，sgn 函数无定义，或称之为具有“非常特性”；其积分，是在“0 空间的积分”。所以，当积分域包含“0 空间”时，应将其积分减去。

举例：

$$\int_{-\infty}^{\infty} e^{-|x|} dx = \int_{-\infty}^{\infty} \operatorname{sgn} x \cdot e^{-|x|} \operatorname{sgn} x \cdot dx = \int_{-\infty}^{\infty} \left(-\operatorname{sgn} x \cdot e^{-|x|}\right) \cdot d\left(-|x|\right)$$

$$= \left(-\operatorname{sgn} x \cdot e^{-|x|}\right)\Big|_{-\infty}^{\infty} - \left(-\operatorname{sgn} x \cdot e^{-|x|}\right)\Big|_{-o}^{+o} = (0) - (-1-1) \quad = 2$$

$$\int_{-\infty}^{\infty} e^{-|x|} dx = \left(-\operatorname{sgn} x \cdot e^{-|x|}\right)\Big|_{-\infty}^{-o} + \left(-\operatorname{sgn} x \cdot e^{-|x|}\right)\Big|_{+o}^{+\infty} = (1-0) + (0+1) = 2$$

$$\int_{-\infty}^{\infty} e^{-|x|} dx = 2\left(-\operatorname{sgn} x \cdot e^{-|x|}\right)\Big|_{+o}^{+\infty} \qquad = 2(0+1) \qquad = 2$$

-----2014 年 9 月 21 日　16:21　北京 • 怀柔-----

-----2016 年 5 月 8 日　20:35　西安 • 曲江-----

*）在数学教科书中，有定义 $\operatorname{sgn} x$ 为“ −1 、0 、+1 ”三值函数，但“ 0 ”值作为无代数符号的数学概念，在电子计算机中是很难体现的。在电子计算机的运算过程中，应该说“ 0 ”是有 ± 的。因此，$\operatorname{sgn} x$ 的定义，应该是“ ±1 ”的二值函数。

六）单、双阶乘公式分解

设 ξ 为任意非负实数，则有

$$(2\xi+N+1)! = \left\{ \prod_{i=1}^{N}(2\xi+i+1)\cdot(2\xi+1)! \right. \tag{1.165}$$

$$(2\xi+N+1)!! = \begin{cases} \prod_{i=1}^{(N+1)/2}(2\xi+2i+0)\cdot(2\xi+0)!! & N=(\text{奇数}) \\ \prod_{i=1}^{N/2}(2\xi+2i+1)\cdot(2\xi+1)!! & N=(\text{偶数}) \end{cases}$$

第一式证明：因为

$$\begin{aligned}\Gamma(\xi+N+2) &= (\xi+N+1)! \\ &= (\xi+\overline{N}+1)(\xi+\overline{N-1}+1)(\xi+\overline{N-2}+1)(\xi+\overline{N-3}+1)\cdots \\ &\quad \cdots(\xi+3+1)(\xi+2+1)(\xi+1+1)\cdot(\xi+1)(\xi+1-1)\cdots(3)(2)(1) \\ &= \prod_{i=1}^{N}(\xi+i+1)\cdot(\xi+1)!\end{aligned}$$

以 2ξ 代式中的 ξ，公式得证。

第二式证明：

1）当 N 为奇数时，因为

$$\begin{aligned}(2\xi+\overline{N+1})!! &= (2\xi+\overline{N-1})(2\xi+\overline{N-3})(2\xi+\overline{N-5})\cdots \\ &\quad \cdots(2\xi+4)(2\xi+2)\cdot(2\xi+0)(2\xi-2)(2\xi-4)\cdots \\ &= \prod_{i=1}^{(N+1)/2}(2\xi+2i)\cdot(2\xi+0)!!\end{aligned}$$

奇数式证毕。

2）当 N 为偶数时，因为

$$\begin{aligned}(2\xi+N+1)!! &= (2\xi+\overline{N}+1)(2\xi+\overline{N-2}+1)(2\xi+\overline{N-4}+1)\cdots \\ &\quad \cdots(2\xi+4+1)(2\xi+2+1)\cdot(2\xi+0+1)(2\xi-2+1)(2\xi-4+1)\cdots \\ &= \prod_{i=1}^{N/2}(2\xi+2i+1)\cdot(2\xi+1)!!\end{aligned}$$

偶数式证毕。

-----2019 年 11 月 18 日 10:31 西安 • 曲江池-----

第二章　重积分的数值积分公式

一、命题公式

设函数

$$F = F(x, y) \tag{1.211}$$

在积分域 σ 上有定义，且其重积分存在。σ 的边界为曲线

$$\left.\begin{array}{l} x = \varphi(y) \\ y = \psi(x) \\ \text{同} \\ x = x_c \\ y = y_c \end{array}\right| \tag{1.212}$$

所围面积之边界 $CRPQ$；C 为 $x = x_c$ 同 $y = y_c$ 之交点，P 为 $x = \varphi(y)$ 同 $y = \psi(x)$ 之交点，R、Q 分别为 $y = y_c$ 同 $x = \varphi(y)$ 和 $x = x_c$ 同 $y = \psi(x)$ 之交点。参看图【1.211】：

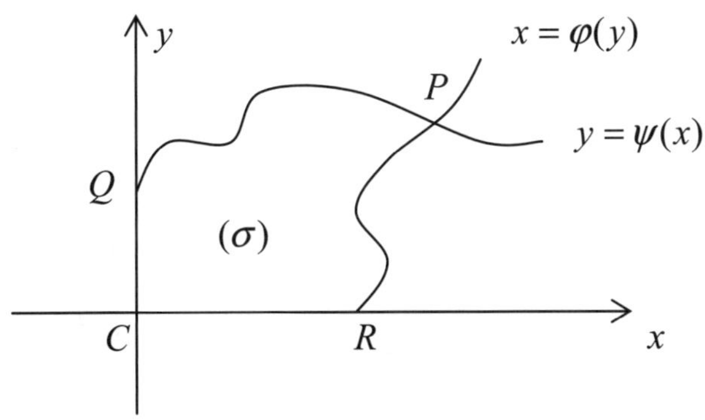

图【1.211】　积分域（σ）

定义

$$
\left.\begin{aligned}
f &= f(x,y) \\
&= F\left(x_c + \frac{\varphi(y)-x_c}{x_p-x_c}(x-x_c),\ \ y \right)\cdot\left|\frac{\varphi(y)-x_c}{x_p-x_c}\right| \\
&\quad + F\left(x,\ \ y_c + \frac{\psi(x)-y_c}{y_p-y_c}(y-y_c) \right)\cdot\left|\frac{\psi(x)-y_c}{y_p-y_c}\right| - F(x,y)
\end{aligned}\right| \qquad (1.213)
$$

再利用等分点

$$
\left.\begin{aligned}
x_c = x_o \prec x_1 \prec x_2 \prec \cdots \prec x_{2m-1} \prec x_{2m} = x_p \\
y_c = y_o \prec y_1 \prec y_2 \prec \cdots \prec y_{2n-1} \prec y_{2n} = y_p
\end{aligned}\right| \qquad (1.214)
$$

即

$$
\left.\begin{aligned}
x = x_i = x_c + \frac{x_p-x_c}{2m} i \\
y = y_j = y_c + \frac{y_p-y_c}{2n} j
\end{aligned}\right|
$$

令

$$
\left.\begin{aligned}
f_{i,j} &= f(x_i, y_j) \\
S &= \left\{ \sum_{i=1}^{m}\sum_{j=1}^{n}\left(\frac{16}{9} f_{2i-1,2j-1} + \frac{8}{9} f_{2i-1,2j} + \frac{8}{9} f_{2i,2j-1} + \frac{4}{9} f_{2i,2j} \right) \right. \\
&\quad + \sum_{i=1}^{m}\left(\frac{4}{9} f_{2i-1,0} + \frac{2}{9} f_{2i,0} - \frac{4}{9} f_{2i-1,2n} - \frac{2}{9} f_{2i,2n} \right) \\
&\quad + \sum_{j=1}^{n}\left(\frac{4}{9} f_{0,2j-1} + \frac{2}{9} f_{0,2j} - \frac{4}{9} f_{2m,2j-1} - \frac{2}{9} f_{2m,2j} \right) \\
&\quad \left. + \left(\frac{1}{9} f_{0,0} + \frac{1}{9} f_{2m,2n} - \frac{1}{9} f_{2m,0} - \frac{1}{9} f_{0,2n} \right) \right\} \frac{\left|(x_p-x_c)(y_p-y_c)\right|}{2m\cdot 2n}
\end{aligned}\right| \qquad (1.215)
$$

以 $\overset{i}{S}$、$\overset{i+1}{S}$ 表前后两次迭代计算之 S 值，且 m 、n 值满足

$$
\left.\begin{aligned}
\overset{i+1}{m} = k\overset{i}{m} \\
\overset{i+1}{n} = k\overset{i}{n}
\end{aligned}\right| \qquad (1.216)
$$

式中，k 为大于 1 的非负整数，一般取 $k=2$ 。

给定计算限差$\pm\varepsilon$，当m、n足够大时，必有

$$\left|\overset{i}{S}-\overset{i+1}{S}\right| \le \left|(k^4-1)\varepsilon\right| \tag{1.217}$$

第$(i+1)$次迭代计算之积分

$$\iint\limits_{(\sigma)} F(x,y)\,dx\,dy = \overset{i+1}{S} \pm \overset{i+1}{\Delta} \tag{1.218}$$

式中右边误差

$$\left|\overset{i+1}{\Delta}\right| \le |\varepsilon|$$

在此条件下，可略去$\overset{i+1}{\Delta}$，得实用公式

$$\begin{aligned}\iint\limits_{(\sigma)} F(x,y)\,dx\,dy &= \int_{x=x_c}^{\varphi(y)}\int_{y=y_c}^{\psi(x)} F(x,y)\,dx\,dy \\ &= \int_{x=x_c}^{x_P}\int_{y=y_c}^{y_P} f(x,y)\,dx\,dy = S\end{aligned} \tag{1.219}$$

该式要求$F(x,y)$在

$$x_c \le x \le x_p$$
$$y_c \le y \le y_p$$

区域内有定义。否则，可随意进行开拓。上述结论，证明如下。

二、九分点数值积分

一）正方形域的九分点数值积分（预备定理一）

二次曲面函数　　(1.221)

$$\begin{aligned}F &= F(x,y)\\ &= A_0+A_1x+A_2y+A_3x^2+A_4y^2+A_5xy+A_6x^2y+A_7xy^2+A_8x^2y^2\end{aligned}$$

在积分域

$$-1\le x\le +1$$
$$-1\le y\le +1$$

中的积分为

$$\int_{-1}^{1}\int_{-1}^{1} F(x,y)\,dx\,dy = \frac{4}{9}\sum_{i=1}^{4} F_{2i} + \frac{1}{9}\sum_{i=1}^{5} F_{2i-1} + \frac{15}{9}F_5 \qquad (1.222)$$

式中等号右边，下标编号的 F 是图【1.221】中所示 9 个点位的（1.221）式定义的函数值，即

$$F_1(-1,-1), F_2(0,-1), F_3(+1,-1), F_4(-1,0), F_5(0,0), F_6(+1,0), F_7(-1,+1), F_8(0,+1), F_9(+1,+1)$$

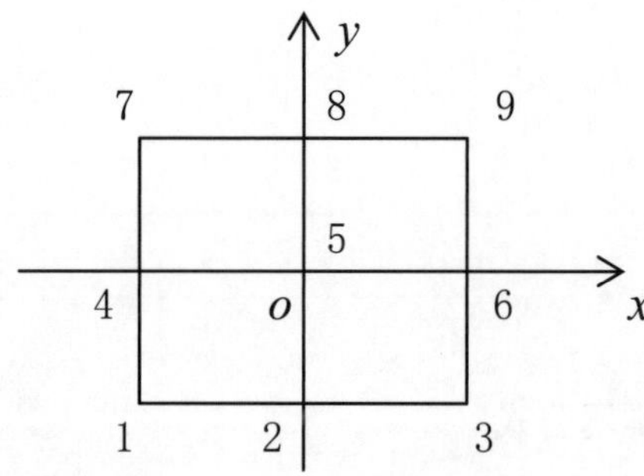

图【1.221】　单位间距点函数值编号

证明：　对原式（1.221）式积分可得

$$\begin{aligned}\iint_{(\sigma)} F(x,y)\,dx\,dy &= \int_{-1}^{+1} dy \int_{-1}^{+1} F(x,y)\,dx \\ &= 4A_0 + \frac{4}{3}A_3 + \frac{4}{3}A_4 + \frac{4}{9}A_8\end{aligned} \qquad (1.223)$$

根据图【1.221】中所示各点位置可知

$$\begin{bmatrix} +1 & -1 & +1 & +1 & +1 & -1 & +1 & -1 & +1 \\ +1 & & +1 & & +1 & & & & \\ +1 & +1 & +1 & +1 & +1 & +1 & +1 & +1 & +1 \\ +1 & -1 & & +1 & & & & & \\ +1 & & & & & & & & \\ +1 & +1 & & +1 & & & & & \\ +1 & -1 & -1 & +1 & +1 & +1 & -1 & -1 & +1 \\ +1 & & -1 & & +1 & & & & \\ +1 & +1 & -1 & +1 & +1 & -1 & -1 & +1 & +1 \end{bmatrix} \cdot \begin{bmatrix} A_0 \\ A_1 \\ A_2 \\ A_3 \\ A_4 \\ A_5 \\ A_6 \\ A_7 \\ A_8 \end{bmatrix} = \begin{bmatrix} F_7 \\ F_8 \\ F_9 \\ F_4 \\ F_5 \\ F_6 \\ F_1 \\ F_2 \\ F_3 \end{bmatrix} \qquad (1.224)$$

解此式可得

$$
\begin{aligned}
A_0 &= F_5 \\
A_3 &= \frac{F_4 + F_6 - 2F_5}{2} \\
A_4 &= \frac{F_2 + F_8 - F_5}{2} \\
A_8 &= \frac{F_1 + F_3 + F_7 + F_9}{4} - \frac{F_2 + F_4 + F_6 + F_8}{2} + F_5
\end{aligned}
\qquad (1.225)
$$

将该式代入（1.223）式,可得定理一（1.222）形式。**证毕**。

二）长方形域的九分点数值积分（预备定理二）

二次曲面函数（1.221）式，$F = F(x,y)$ ，在矩形 Rab 的积分域中积分时[横边长为 a，竖边长为 b]，若四等分积分域，分点函数值编号如图【1.222】所示。

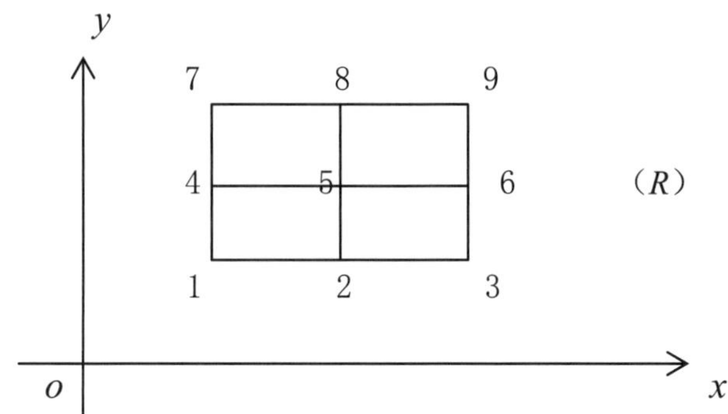

图【1.222】　Rab 积分域的函数值编号

则

$$
\iint\limits_{(R)} F(x,y)\,dx\,dy = \frac{ab}{4}\left(\frac{4}{9}\sum_{i=1}^{4} F_{2i} + \frac{1}{9}\sum_{i=1}^{5} F_{2i-1} + \frac{15}{9}F_5\right) \qquad (1.226)
$$

证明：当矩形 Rab 边长平行坐标轴时，令

$$
s = \frac{2(x - x_5)}{a}\ ,\qquad t = \frac{2(y - y_5)}{b}
$$

可知

$$\iint\limits_{(R)} F(x,y)\,dx\,dy = \int_{x=x_1}^{x=x_3} dx \int_{y=y_1}^{y=y_7} F(x,y)\,dy = \int_{s=-1}^{s=+1} \frac{a}{2}\,ds \int_{t=-1}^{t=+!} F(x,y)\frac{b}{2}\,dt$$

$$= \frac{ab}{4}\int_{-1}^{+1}\int_{-1}^{+1} F(x_5+\frac{a}{2}s\,,\ y_5+\frac{b}{2}t)\,ds\,dt$$

由预备定理一（1.222）式，可知（1.226）式成立。考虑到，积分域的面积不因坐标旋转和平移而变化[华罗庚：《高等数学引论》，第一卷，第二分册，P154]，故知在此域上所定义的函数值不变，在此域上所定义的重积分也不变。继而可知，对于任意状态的矩形，上述命题均成立。**证毕**。

三）任意函数在积分域趋近于0时的积分比（预备定理三）

设函数 $f(x,y)$ 同二次曲面函数 $\phi(x,y)$ 在积分域矩形 R 上有定义；且在四等分的中心点上函数值相等，即

$$f(x_5,y_5)=\phi(x_5,y_5)$$

则

$$\lim_{(R)\to 0}\frac{\iint\limits_{(R)} f(x,y)\,dx\,dy}{\iint\limits_{(R)} \phi(x,y)\,dx\,dy} = 1 \tag{1.227}$$

证明：根据中值定理和所设条件，可知原式

$$左边= \lim_{\substack{(R)\to 0\\(x',\,y')\in R\\(x'',\,y'')\in R}} \frac{f(x',y')\Delta x\Delta y}{\phi(x'',y'')\Delta x\Delta y}$$

$$= \lim_{\substack{(R)\to 0\\(x',y')\to(x_5,y_5)\\(x'',y'')\to(x_5,y_5)}} \frac{f(x',y')}{\phi(x'',y'')} = \frac{f(x_5,y_5)}{\phi(x_5,y_5)} = 1$$

证毕。

三、多分点数值积分

一）矩形域的数值积分（预备定理四）

设任意函数 $f(x,y)$ 在积分域矩形 R_{CAPB} 上有定义。将 R_{CAPB} 等分为 $(2m\times 2n)$ 个网眼，各个分点坐标

$$\left.\begin{aligned} x_i &= x_c + \frac{x_p - x_c}{2m} i \qquad (i=0,1,2,3,\cdots,2m-1,2m) \\ y_i &= y_c + \frac{y_p - y_c}{2n} j \qquad (j=0,1,2,3,\cdots,2n-1,2n) \end{aligned}\right| \tag{1.231}$$

如图【1.231】所示。

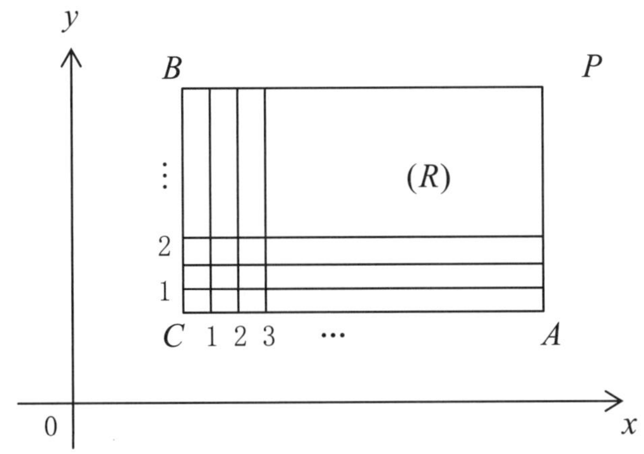

图【1.231】　矩形 R_{CAPB} 积分域等分点序列

引用（1.215）式

$$f_{i,j} = f(x_i, y_j) \tag{1.232}$$

$$\begin{aligned} S = \Bigg\{ & \sum_{i=1}^{m}\sum_{j=1}^{n}\left(\frac{16}{9}f_{2i-1,2j-1} + \frac{8}{9}f_{2i-1,2j} + \frac{8}{9}f_{2i,2j-1} + \frac{4}{9}f_{2i,2j}\right) \\ & + \sum_{i=1}^{m}\left(\frac{4}{9}f_{2i-1,0} + \frac{2}{9}f_{2i,0} - \frac{4}{9}f_{2i-1,2n} - \frac{2}{9}f_{2i,2n}\right) \\ & + \sum_{j=1}^{n}\left(\frac{4}{9}f_{0,2j-1} + \frac{2}{9}f_{0,2j} - \frac{4}{9}f_{2m,2j-1} - \frac{2}{9}f_{2m,2j}\right) \\ & + \left(\frac{1}{9}f_{0,0} + \frac{1}{9}f_{2m,2n} - \frac{1}{9}f_{2m,0} - \frac{1}{9}f_{0,2n}\right)\Bigg\} \frac{\left|(x_p - x_c)(y_p - y_c)\right|}{2m\cdot 2n} \end{aligned}$$

则

$$\iint\limits_{(R)} f(x,y)dxdy = \int_{x=x_c}^{x_P}\int_{y=y_c}^{y_P} f(x,y)\,dx\,dy = \lim_{\substack{m\to\infty\\ n\to\infty}} S \tag{1.232}$$

证明：先取前四个网眼（九个分点），以 R' 表之。当网眼足够小时（仍以 lim 表之），根据预备定理三（1.227）式、预备定理二（1.226）式，可知

$$\begin{aligned}\iint\limits_{(R')} F(x,y)dxdy &= \lim_{(R')\to\varepsilon}\iint\limits_{(R')} F(x,y)\,dx\,dy\\ &= \lim_{a,b\to\varepsilon}\frac{ab}{4}\left(\frac{4}{9}\sum_{i=1}^{4}F_{2i}+\frac{1}{9}\sum_{i=1}^{5}F_{2i-1}+\frac{15}{9}F_5\right)\\ &= \lim_{a,b\to\varepsilon}\frac{ab}{4}\left\{\frac{4}{9}\left(f_{1,0}+f_{0,1}+f_{2,1}+f_{1,2}\right)\right.\\ &\qquad\left.+\frac{1}{9}\left(f_{0,0}+f_{2,0}+f_{0,2}+f_{2,2}\right)+\frac{16}{9}f_{1,1}\right\}\end{aligned}$$

接前四个网眼，以次沿 x 方向取四个网眼，可知

$$\begin{aligned}\iint\limits_{(CA)} f(x,y)\,dx\,dy &= \int_{x=x_c}^{x_A}\int_{y_c}^{y_2} f(x,y)\,dx\,dy\\ &= \lim_{\substack{m\to\infty\\ b\to\varepsilon}}\frac{|x_A-x_C|}{2m}\cdot\frac{b}{2}\left\{\frac{4}{9}\left(f_{1,0}+f_{0,1}+f_{2,1}+f_{1,2}\right.\right.\\ &\qquad +f_{3,0}+f_{2,1}+f_{4,1}+f_{3,2}\\ &\qquad +f_{5,0}+f_{4,1}+f_{6,1}+f_{5,2}\\ &\qquad +\cdots\cdots\\ &\qquad +f_{2m-3,0}+f_{2m-4,1}+f_{2m-2,1}+f_{2m-3,2}\\ &\qquad +f_{2m-1,0}+f_{2m-2,1}+f_{2m,1}+f_{2m-1,2}\\ &\qquad \left.+f_{2m,1}-f_{2m,1}\right)\end{aligned}$$

$$
\begin{aligned}
&+\frac{1}{9}\big(f_{0,0} \quad +f_{2,0} \quad +f_{0,2} \quad +f_{2,2}\\
&\quad +f_{2,0} \quad +f_{4,0} \quad +f_{2,2} \quad +f_{4,2}\\
&\quad +f_{4,0} \quad +f_{6,0} \quad +f_{4,2} \quad +f_{6,2}\\
&\quad + \cdots\cdots\\
&\quad +f_{2m-4,0}+f_{2m-2,0}+f_{2m-4,2}+f_{2m-2,2}\\
&\quad +f_{2m-2,0}+f_{2m,0} \quad +f_{2m-2,2}+f_{2m,2}\\
&\quad +f_{2m,0} \qquad\qquad +f_{2m,2}\\
&\quad -f_{2m,0} \qquad\qquad -f_{2m,2} \quad \big)\\
&+\frac{16}{9}\big(f_{1,1}+f_{3,1}+f_{5,1}+ \quad \cdots \quad +f_{2m-1,1}\big)\Big\}
\end{aligned}
$$

$$
\begin{aligned}
=\lim_{\substack{m\to\infty\\ b\to\varepsilon}}\frac{|x_A-x_C|}{2m}\cdot\frac{b}{2}\cdot\Bigg\{&\frac{4}{9}\left(\sum_{i=1}^{m}f_{2i-1,0}+2\sum_{i=1}^{m}f_{2i,1}+\sum_{i=1}^{m}f_{2i-1,2}+f_{0,1}-f_{2m,1}\right)\\
&+\frac{1}{9}\left(2\sum_{i=1}^{m}f_{2i,0}+2\sum_{i=1}^{m}f_{2i,2}+f_{0,0}+f_{0,2}-f_{2m,0}-f_{2m,2}\right)\\
&+\frac{16}{9}\sum_{i=1}^{m}f_{2i-1,1}\Bigg\}
\end{aligned}
$$

再沿 y 方向每次取两个分点，可知

$$
\iint\limits_{(R)} f(x,y)\,dx\,dy=\int_{x=x_c}^{x_A}\int_{y_c}^{y_B} f(x,y)\,dx\,dy=\lim_{\substack{m\to\infty\\ n\to\infty}}\frac{|x_A-x_C|}{2m}\cdot\frac{|x_B-x_C|}{2n}
$$

$$
\begin{aligned}
\cdot\Bigg\{&\frac{4}{9}\left(\sum_{i=1}^{m}\sum_{j=1}^{n}f_{2i-1,2j-2}+2\sum_{i=1}^{m}\sum_{j=1}^{n}f_{2i,2j-1}+\sum_{i=1}^{m}\sum_{j=1}^{n}f_{2i-1,2j}+\sum_{j=1}^{n}\big(f_{0,2j-1}-f_{2m,2j-1}\big)\right)\\
&+\frac{1}{9}\left(2\sum_{i=1}^{m}\sum_{j=1}^{n} f_{2i,2j-2}+2\sum_{i=1}^{m}\sum_{j=1}^{n}f_{2i,2j}+\sum_{j=1}^{n}\big(f_{0,2j-2}+f_{0,2j}-f_{2m,2j-2}-f_{2m,2j}\big)\right)\\
&+\frac{16}{9}\sum_{i=1}^{m}\sum_{j=1}^{n}f_{2i-1,2j-1}\Bigg\}
\end{aligned}
$$

以P代A、B二点，可知

$$\iint\limits_{(R)} f(x,y)\,dx\,dy=\int_{x=x_c}^{x_P}\int_{y=y_c}^{y_P} f(x,y)\,dx\,dy=\lim_{\substack{m\to\infty\\ n\to\infty}}\frac{\left|x_P-x_C\right|}{2m}\cdot\frac{\left|x_P-x_C\right|}{2n}$$

$$\cdot\left\{\frac{4}{9}\left(\sum_{i=1}^{m}\sum_{j=1}^{n}f_{2i-1,2j}+2\sum_{i=1}^{m}\sum_{j=1}^{n}f_{2i,2j-1}+\sum_{i=1}^{m}\sum_{j=1}^{n}f_{2i-1,2j}+\sum_{j=1}^{n}\left(f_{0,2j-1}-f_{2m,2j-1}\right)\right)\right.$$

$$+\frac{4}{9}\sum_{i=1}^{m}f_{2i-1,0}-\frac{4}{9}\sum_{i=1}^{m}f_{2i-1,2n}$$

$$+\frac{1}{9}\left(2\sum_{i=1}^{m}\sum_{j=1}^{n}f_{2i,2j}+2\sum_{i=1}^{m}\sum_{j=1}^{n}f_{2i,2j}+\sum_{j=1}^{n}\left(f_{0,2j}+f_{0,2j}-f_{2m,2j}-f_{2m,2j}\right)\right)$$

$$+\frac{2}{9}\sum_{i=1}^{m}f_{2i,0}-\frac{2}{9}\sum_{i=1}^{m}f_{2i,2n}\qquad+f_{0,0}-f_{0,2n}-f_{2m,0}+f_{2m,2n}$$

$$\left.+\frac{16}{9}\sum_{i=1}^{m}\sum_{j=1}^{n}f_{2i-1,2j-1}\right\}$$

合并同类项，可得

$$\iint\limits_{(R)} f(x,y)\,dx\,dy=\int_{x=x_c}^{x_P}\int_{y=y_c}^{y_P} f(x,y)\,dx\,dy=\lim_{\substack{m\to\infty\\ n\to\infty}}\frac{\left|x_P-x_C\right|}{2m}\cdot\frac{\left|x_P-x_C\right|}{2n}$$

$$\cdot\left\{\left(\frac{16}{9}\sum_{i=1}^{m}\sum_{j=1}^{n}f_{2i-1,2j-1}+\frac{8}{9}\sum_{i=1}^{m}\sum_{j=1}^{n}f_{2i-1,2j}+\frac{8}{9}\sum_{i=1}^{m}\sum_{j=1}^{n}f_{2i,2j-1}+\frac{4}{9}\sum_{i=1}^{m}\sum_{j=1}^{n}f_{2i-1,2j}\right)\right.$$

$$+\left(\frac{4}{9}\sum_{i=1}^{m}f_{2i-1,0}+\frac{2}{9}\sum_{i=1}^{m}f_{2i,0}-\frac{4}{9}\sum_{i=1}^{m}f_{2i-1,2n}-\frac{2}{9}\sum_{i=1}^{m}f_{2i,2n}\right)$$

$$+\left(\frac{4}{9}\sum_{j=1}^{n}f_{0,2j-1}+\frac{2}{9}\sum_{j=1}^{n}f_{0,2j}-\frac{4}{9}\sum_{j=1}^{n}f_{2m,2j-1}-\frac{2}{9}\sum_{j=1}^{n}f_{2m,2j}\right)$$

$$\left.+\frac{1}{9}\left(f_{0,0}-f_{0,2n}-f_{2m,0}+f_{2m,2n}\right)\right\}=\lim_{\substack{m\to\infty\\ n\to\infty}}S$$

参看（1.215）式，可知（1.232）式之真。

证毕。

二）y **单调曲线边界域的数值积分**（预备定理五）

设函数 $F(x,y)$ 在积分域 (σ) 上有定义，(σ) 是由直线和单调曲线

$$x=x_c,\ x=x_P$$
$$y=y_c,\ y=\psi(x)$$

所围之面积，$CAPQ$ 为其交点，如图【1.232】所示，则

$$\begin{aligned}\iint_{(\sigma)} F(x,y)\,dx\,dy &= \int_{x=x_c}^{x_P}\int_{y=y_c}^{\psi(x)} F(x,y)\,dx\,dy \\ &= \int_{x=x_c}^{x_P}\int_{y=y_c}^{y_P} F\left(x,\ y_c+\frac{\psi(x)-y_c}{y_P-y_c}(y-y_c)\right)\cdot\left|\frac{\psi(x)-y_c}{y_P-y_c}\right|dx\,dy\end{aligned} \tag{1.233}$$

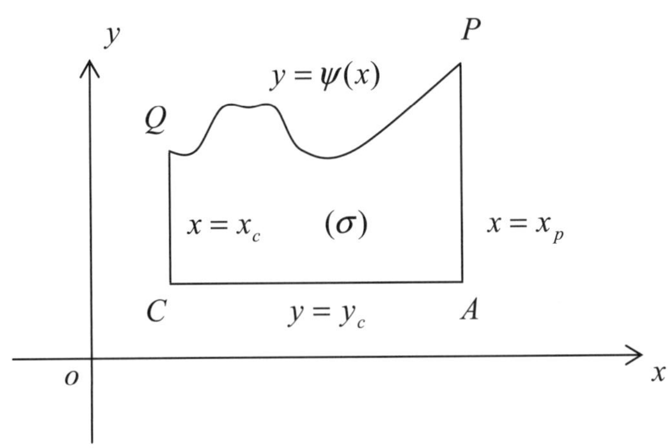

图【1.232】　积分域（σ）$CAPQ$

证明： 令

$$\begin{aligned} x &= s \\ y &= y_c+\frac{\psi(x)-y_c}{y_P-y_c}(t-y_c)\end{aligned} \tag{1.234}$$

根据二重积分的换元公式[华罗庚：《高等数学引论》，第一卷，第二分册，P157]可知

$$\begin{aligned} d\sigma = dx\,dy &= \left|\frac{\partial x}{\partial s}\frac{\partial y}{\partial t}-\frac{\partial x}{\partial t}\frac{\partial y}{\partial s}\right|ds\,dt \\ &= \left|\frac{\psi(x)-y_c}{y_P-y_c}\right|ds\,dt\end{aligned} \tag{1.235}$$

故有

$$\iint_{(\sigma)} F(x,y)\,dx\,dy = \int_{x=x_c}^{x_P}\int_{y=y_c}^{\psi(x)} F(x,y)\,dx\,dy$$

$$= \int_{s=x_c}^{x_P}\int_{t=y_c}^{y_P} F\left(s,\ y_c + \frac{\psi(s)-y_c}{y_P-y_c}(t-y_c)\right)\cdot\left|\frac{\psi(s)-y_c}{y_P-y_c}\right| ds\,dt$$

再以$s=x$，$t=y$更换积分变量，可得被证式。**证毕**。

三）x单调曲线边界域的数值积分（预备定理六）

设函数$F(x,y)$在积分域(σ)上有定义，(σ)是由直线和单调曲线

$$\left.\begin{aligned} & x = x_c\ ,\ x=\varphi(y) \\ & y=y_c\ ,\ y=y_P \\ & \text{所围之面积，}CRPB\text{为其交点，如图【1.233】所示，则} \\ & \iint_{(\sigma)} F(x,y)\,dx\,dy = \int_{x=x_c}^{\varphi(y)}\int_{y=y_c}^{y_P} F(x,y)\,dx\,dy \\ & = \int_{x=x_c}^{x_P}\int_{y=y_c}^{y_P} F\left(\ x_c + \frac{\varphi(y)-x_c}{x_P-x_c}(x-x_c),\ y\right)\cdot\left|\frac{\varphi(y)-x_c}{x_P-x_c}\right| dx\,dy \end{aligned}\right| \quad (1.236)$$

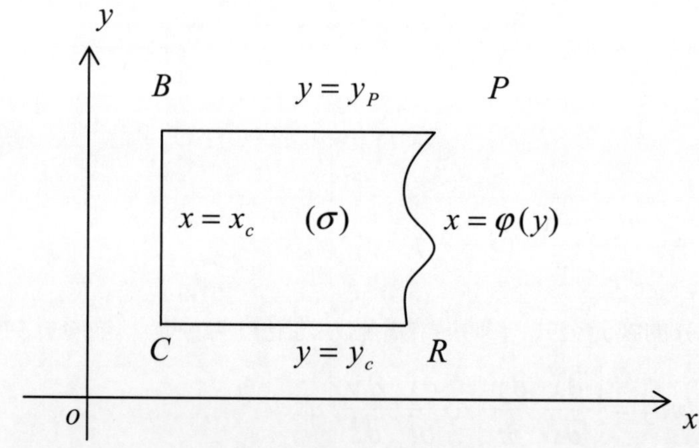

图【1.233】 积分域（σ）$CRPB$

证明：令

$$\left.\begin{aligned}&x=x_c+\frac{\varphi(y)-x_c}{x_P-x_c}(s-x_c)\\&y=t\end{aligned}\right|\tag{1.237}$$

根据二重积分的换元公式[华罗庚：《高等数学引论》，第一卷，第二分册，P157]可知

$$\begin{aligned}d\sigma=dx\,dy&=\left|\frac{\partial x}{\partial s}\frac{\partial y}{\partial t}-\frac{\partial x}{\partial t}\frac{\partial y}{\partial s}\right|ds\,dt\\&=\left|\frac{\varphi(y)-x_c}{x_P-x_c}\right|ds\,dt\end{aligned}\tag{1.238}$$

故有

$$\begin{aligned}&\iint\limits_{(\sigma)}F(x,y)\,dx\,dy=\int_{x=x_c}^{\varphi(y)}\int_{y=y_c}^{y_c}F(x,y)\,dx\,dy\\&=\int_{s=x_c}^{x_P}\int_{t=y_c}^{y_P}F\left(x_c+\frac{\varphi(t)-x_c}{x_P-x_c}(s-x_c),\ t\right)\cdot\left|\frac{\varphi(t)-x_c}{x_P-x_c}\right|ds\,dt\end{aligned}\tag{1.239}$$

再以$s=x$，$t=y$更换积分变量，可得被证式。

证毕。

四、单调曲线域的数值积分

一）双单调曲线域的数值积分（预备定理七）

设函数$F(x,y)$在积分域(σ)上有定义；在(σ)域外和矩形$CAPB$域内，即在(α)、(β)域内，有定义则罢，无定义可进行随意性开拓。(σ)是由直线和单调曲线

$$\left.\begin{aligned}&x=x_c,\ x=\varphi(y)\\&y=y_c,\ y=\psi(x)\end{aligned}\right|\tag{1.241}$$

所围之面积，$CRPQ$为其交点，如图【1.241】所示。引用（1.213）式的定义

$$\begin{aligned}f&=f(x,y)\\&=F\left(x_c+\frac{\varphi(y)-x_c}{x_P-x_c}(x-x_c),\ y\right)\left|\frac{\varphi(y)-x_c}{x_P-x_c}\right|\\&\qquad+F\left(x,\ y_c+\frac{\psi(x)-y_c}{y_P-y_c}(y-y_c)\right)\left|\frac{\psi(x)-y_c}{y_P-y_c}\right|-F(x,y)\end{aligned}$$

则

$$\begin{aligned}\iint\limits_{(\sigma)} F(x,y)\,dx\,dy &= \int_{x=x_c}^{\varphi(y)}\int_{y=y_c}^{\psi(x)} F(x,y)\,dx\,dy \\ &= \int_{x=x_c}^{x_P}\int_{y=y_c}^{y_P} f(x,y)\,dx\,dy\end{aligned} \tag{1.242}$$

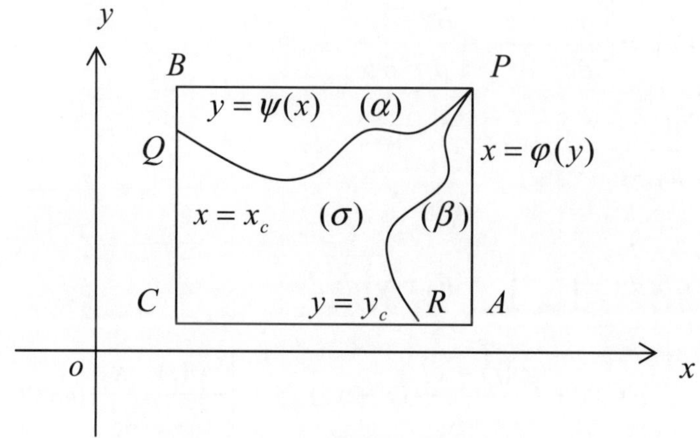

图【1.241】　积分域（σ）$CRPQ$

证明：根据重积分的性质[华罗庚：《高等数学引论》，第一卷，第二分册，P159]，考虑

$$(\sigma)=(\sigma+\alpha)+(\sigma+\beta)-(\sigma+\alpha+\beta)$$

根据预备定理六（1.236）式、预备定理五（1.233）式，可知

$$\begin{aligned}\iint\limits_{(\sigma)} F(x,y)\,dx\,dy &= \left(\iint\limits_{(\sigma+\alpha)} + \iint\limits_{(\sigma+\beta)} - \iint\limits_{(\sigma+\alpha+\beta)}\right) F(x,y)\,dx\,dy \\ &= \left(\int_{x=x_c}^{x_A}\int_{y=y_c}^{\psi(x)} + \int_{x=x_c}^{\phi(y)}\int_{y=y_c}^{y_B} - \int_{x=x_c}^{x_A}\int_{y=y_c}^{y_B}\right) F(x,y)\,dx\,dy \\ &= \int_{x=x_c}^{x_P}\int_{y=y_c}^{y_P} F\left(x,\ y_c+\frac{\psi(x)-y_c}{y_P-y_c}(y-y_c)\right)\left|\frac{\psi(x)-y_c}{y_P-y_c}\right| dx\,dy \\ &\quad + \int_{x=x_c}^{x_P}\int_{y=y_c}^{y_P} F\left(x_c+\frac{\phi(y)-x_c}{x_P-x_c}(x-x_c),\ y\right)\left|\frac{\phi(y)-x_c}{x_P-x_c}\right| dx\,dy \\ &\quad - \int_{x=x_c}^{x_P}\int_{y=y_c}^{y_P} F(x,y)\,dx\,dy\end{aligned}$$

$$=\int_{x=x_c}^{x_P}\int_{y=y_c}^{y_P}\left(F(x,\ y_c+\frac{\psi(x)-y_c}{y_P-y_c}(y-y_c))\left|\frac{\psi(x)-y_c}{y_P-y_c}\right|\right.$$

$$\left.+F(x_c+\frac{\varphi(y)-x_c}{x_P-x_c}(x-x_c),\ y)\left|\frac{\varphi(y)-x_c}{x_P-x_c}\right|-F(x,y)\right)dxdy$$

$$=\int_{x=x_c}^{x_P}\int_{y=y_c}^{y_P}f(x,y)dxdy$$

证毕。

二）四单调曲线域的数值积分

四周由单调曲线组成的积分域，可按过积分域任意点的坐标线四分之；然后，再按双单调曲线域积分公式处理，不再赘述。

五、命题公式证明

在所述假设和预备定理的前提下，根据预备定理七（1.242）式、预备定理四（1.232）二式，可知

$$\iint\limits_{(\sigma)}F(x,y)\,dx\,dy=\lim_{\substack{m\to\infty\\ n\to\infty}}S$$

当 m 、 n 为一大数时，上式可写成

$$\iint\limits_{(\sigma)}F(x,y)\,dx\,dy=S\pm\Delta \tag{1.251}$$

由预备定理三（1.227）式可知，当 $f(x,y)$ 为二次曲面函数时，Δ 为 0。故知上式之 Δ 实为三次以上项之积分误差，即

$$\Delta=\iint\limits_{(\sigma)}(Ax^3+By^3+\ \cdots\ )\,dx\,dy$$

作为误差，可以将每个网眼的误差都看作相等；并以 a 、b 表网眼边长，则

$$\begin{aligned}\Delta &= \frac{\left|(x_{PA}-x_c)(y_P-y_c)\right|}{2a\cdot 2b}\int_{-a}^{a}\int_{-b}^{b}(Ax^3+By^3+\ \cdots\ )\,dx\,dy\\
&= mn\int_{-a}^{a}\int_{-b}^{b}(Ax^3+By^3+Cx^4+Dx^2y^2+Ey^4+\ \cdots\ )\,dx\,dy\\
&= mn\int_{-a}^{a}\int_{-b}^{b}(Cx^4+Dx^2y^2+Ey^4+\ \cdots\ )\,dx\,dy\\
&= mn\int_{-a}^{a}(2Cbx^4+\frac{2Db^3}{3}x^2+\frac{2Eb^5}{5})\,dx\\
&= mn\left(\frac{4Cba^5}{5}+\frac{4Db^3a^3}{9}+\frac{4Eb^5a}{5}\right)\\
&= mnab\left(\frac{4Ca^4}{5}+\frac{4Db^2a^2}{9}+\frac{4Eb^4}{5}\right)\\
&= mnab\cdot\left(\frac{4Ca^2}{5b^2}+\frac{4D}{9}+\frac{4Eb^2}{5a^2}\right)\cdot a^2b^2\\
&= R\cdot W\cdot a^2b^2\\
&= K\cdot a^2b^2\end{aligned} \tag{1.252}$$

式中，K 为常数，因为 $mnab$ 为积分域，是常数；a、b 虽然可变，但其比值不变，故只有 $a\ b$ 在变化。对于第 i 次迭代，应有

$$\overset{i}{\Delta} = K(\overset{i}{ab})^2 \tag{1.253}$$

由（1.216）式，可知（ $\overset{i}{a}:\overset{i+1}{a}$ 、$\overset{i}{b}:\overset{i+1}{b}$ ）为常数 k，故有

$$\frac{\overset{i}{\Delta}}{\overset{i+1}{\Delta}} = \left(\frac{\overset{i}{a}}{\overset{i+1}{a}}\cdot\frac{\overset{i}{b}}{\overset{i+1}{b}}\right)^2 = k^4, \qquad \frac{\overset{i}{\Delta}-\overset{i+1}{\Delta}}{\overset{i+1}{\Delta}} = k^4-1$$

$$\overset{i+1}{\Delta} = \frac{1}{k^4-1}(\overset{i}{\Delta}-\overset{i+1}{\Delta})$$

给出限差 ε，令

$$\overset{i+1}{\Delta} = \frac{1}{k^4-1}(\overset{i}{\Delta}-\overset{i+1}{\Delta}) \le \varepsilon \tag{1.254}$$

则有

$$(\overset{i}{\Delta}-\overset{i+1}{\Delta}) \le (k^4-1)\varepsilon$$

由（1.251）式可知

$$\overset{i}{S}-\overset{i+1}{S}=\overset{i}{\Delta}-\overset{i+1}{\Delta}\le(k^4-1)\varepsilon$$

显然，在计算过程中，当

$$\left|\overset{i}{S}-\overset{i+1}{S}\right|\le\left|(k^4-1)\varepsilon\right|$$

得到满足时，（1.242）式

$$\iint\limits_{(\sigma)}F(x,y)\,dx\,dy=\overset{i+1}{S}\pm\overset{i+1}{\Delta} \tag{1.255}$$

中之右边误差

$$\left|\overset{i+1}{\Delta}\right|\le|\varepsilon|$$

命题证毕。

六、命题公式检校

用辛普松（Simpson）积分公式检校[10. P331]。为便于书写，定义

$$f_i=F(x_i) \tag{1.261}$$

通过辛普松积分公式，将积分问题 $\int_a^b F(x)\,dx$ 改化为求体积的积分问题；即将面积改化为“高度为 1 的体积”来验证（1.219）、（1.215）二式：

$$\int_a^b F(x)dx=\frac{1}{2}\int_0^2 dy\int_a^b F(x)dx$$

$$=\frac{1}{2}\int_{x=a}^{b}\int_{y=0}^{2}F(x)dxdy=\frac{1}{2}\int_{x=a}^{b}\int_{y=0}^{2}f(x,y)dxdy$$

$$=\frac{1}{2}\int_{x=a}^{b}\int_{y=0}^{2}\left(F(a+\frac{b-a}{b-a}(x-a))\left|\frac{b-a}{b-a}\right|+F(x)\left|\frac{2-0}{2-0}\right|-F(x)\right)dxdy$$

$$=\frac{1}{2}\int_{x=a}^{b}\int_{y=0}^{2}F(x)dxdy \qquad [\because f_{i,j}=f(x_i,y_j)=F(x_i)=f_i]$$

$$=\frac{1}{2}S \qquad [\because m=m,\quad n=1]$$

$$=\frac{1}{2}\left\{\sum_{i=1}^{m}\sum_{j=1}^{n}\left(\frac{16}{9}f_{2i-1,2j-1}+\frac{8}{9}f_{2i-1,2j}+\frac{8}{9}f_{2i,2j-1}+\frac{4}{9}f_{2i,2j}\right)\right.$$

$$+\sum_{i=1}^{m}\left(\frac{4}{9}f_{2i-1,0}+\frac{2}{9}f_{2i,0}-\frac{4}{9}f_{2i-1,2n}-\frac{2}{9}f_{2i,2n}\right)$$

$$+\sum_{j=1}^{n}\left(\frac{4}{9}f_{0,2j-1}+\frac{2}{9}f_{0,2j}-\frac{4}{9}f_{2m,2j-1}-\frac{2}{9}f_{2m,2j}\right)$$

$$\left.+\left(\frac{1}{9}f_{0,0}+\frac{1}{9}f_{2m,2n}-\frac{1}{9}f_{2m,0}-\frac{1}{9}f_{0,2n}\right)\right\}\frac{\left|(x_p-x_c)(y_p-y_c)\right|}{2m\cdot 2n}$$

$$=\frac{1}{2}\cdot\frac{|b-a|}{2m}\left\{\sum_{i=1}^{m}\left(\frac{16}{9}f_{2i-1}+\frac{8}{9}f_{2i-1}+\frac{8}{9}f_{2i}+\frac{4}{9}f_{2i}\right)\right.$$

$$+\sum_{i=1}^{m}\left(\frac{4}{9}f_{2i-1}+\frac{2}{9}f_{2i}-\frac{4}{9}f_{2i-1}-\frac{2}{9}f_{2i}\right)$$

$$\left.+\frac{4}{9}f_0+\frac{2}{9}f_0-\frac{4}{9}f_{2m}-\frac{2}{9}f_{2m}+\frac{1}{9}f_0+\frac{1}{9}f_{2m}-\frac{1}{9}f_{2m}-\frac{1}{9}f_0\right\}$$

$$=\frac{1}{2}\cdot\frac{|b-a|}{2m}\cdot\frac{6}{9}\left\{4\sum_{i=1}^{m}f_{2i-1}+2\sum_{i=1}^{m}f_{2i}+f_0-f_{2m}\right\}$$

$$=\frac{|b-a|}{6m}\left\{4\sum_{i=1}^{m}f_{2i-1}+2\sum_{i=1}^{m}f_{2i}+f_0-f_{2m}\right\} \tag{1.262}$$

该式即通过辛普松积分公式求得的积分公式[10. P331]。由此验证(1. 219)、(1. 215)二式之推证过程无误。

第三章　矩阵运算规律

对于矩阵运算规则，最早有不同的理解。从应用数学观点出发，为便于方程解算，针对实数矩阵，整理如下。同时也提出一些运算规律、相应矩阵体相等的判别定理和辜小玲求逆方法。这些方法都是基于有利精度、便于理解的思想进行的，望读者验证。

一、矩阵的定义和表示

对于任何一组数据元素或变量，按行、列整齐安放，并以方括弧“[　]”括边者，称为“数学矩阵”或“数字矩阵”，简称“矩阵”（本章矩阵的元素，均为实数）。其数学定义如图【1.311】所示。

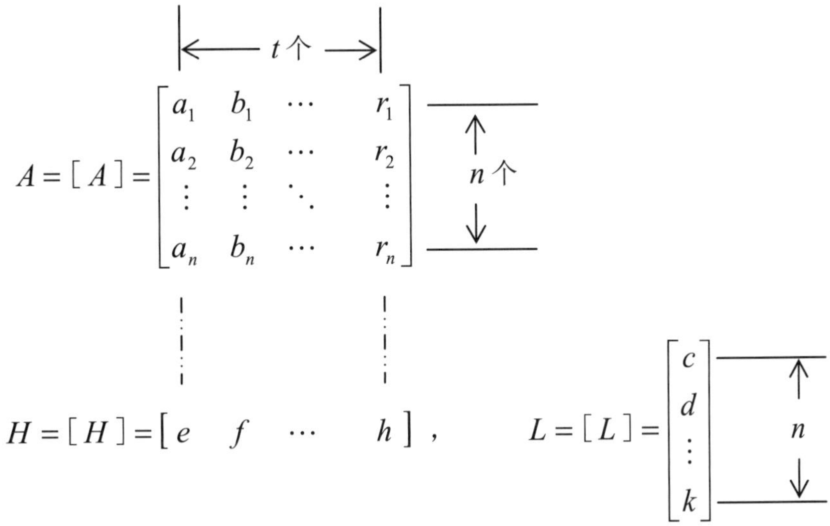

$$A=[A]=\begin{bmatrix} a_1 & b_1 & \cdots & r_1 \\ a_2 & b_2 & \cdots & r_2 \\ \vdots & \vdots & \ddots & \vdots \\ a_n & b_n & \cdots & r_n \end{bmatrix} \quad (t\text{个列},\ n\text{个行})$$

$$H=[H]=\begin{bmatrix} e & f & \cdots & h \end{bmatrix},\qquad L=[L]=\begin{bmatrix} c \\ d \\ \vdots \\ k \end{bmatrix} \ (n)$$

图【1.311】　矩阵定义图示

图中，A 称为矩阵，H 称为行阵，L 称为列阵；统称为矩阵。矩阵以单个大写字母表示时，可不书写矩阵方括弧符号“[　]”：

$$[A]=\underset{n\ t}{A}=A \qquad [H]=\underset{1\ t}{H}=H \qquad [L]=\underset{n\ 1}{L}=L \tag{1.311}$$

在无特殊情况下，一般以大写字母表矩阵，小写字母或下标字母表矩阵元素；下标行数（方程组的方程个数）n，下标列数（方程组的未知数个数）t，一律省略不写。矩阵系数，即矩阵元素的系数。

二、矩阵的加减定义

矩阵的加减法，定义如下：

$$\begin{bmatrix} a & b & c \\ e & f & g \\ k & s & t \end{bmatrix} \pm \begin{bmatrix} A & B & C \\ E & F & G \\ K & S & T \end{bmatrix} = \begin{bmatrix} (a \pm A) & (b \pm B) & (c \pm C) \\ (e \pm E) & (f \pm F) & (g \pm G) \\ (k \pm K) & (s \pm S) & (t \pm T) \end{bmatrix} \qquad (1.321)$$

前后两矩阵加、减的条件，是前后两矩阵的行、列元素之“相应个数”相等。

三、矩阵的点乘（·）、箭乘（↑）和星乘（∗）定义

一）矩阵的点乘定义

矩阵的点乘，定义如下：

$$\begin{bmatrix} a & b & c \\ e & f & g \\ k & s & t \end{bmatrix} \cdot \begin{bmatrix} A & B & C \\ E & F & G \\ K & S & T \end{bmatrix} = \begin{bmatrix} (aA+bE+cK) & (aB+bF+cS) & (aC+bG+cT) \\ (eA+fE+gK) & (eB+fF+gS) & (eC+fG+gT) \\ (kA+sE+tK) & (kB+sF+tS) & (kC+sG+tT) \end{bmatrix}$$

点乘符号（.）可以省略。　　------------（1.331）

前后两矩阵点乘的条件是“前矩阵的行元素个数与后矩阵的列元素个数相等”。

二）矩阵的箭乘定义

矩阵的箭乘，定义如下：

$$\begin{bmatrix} a & b & c \\ e & f & g \\ k & s & t \end{bmatrix} \uparrow \begin{bmatrix} A & B & C \\ E & F & G \\ K & S & T \end{bmatrix} = \begin{bmatrix} (aA+eE+kK) & (bA+fE+sK) & (cA+gE+tK) \\ (aB+eF+kS) & (bB+fF+sS) & (cB+gF+tS) \\ (aC+eG+kT) & (bC+fG+sT) & (cC+gG+tT) \end{bmatrix}$$

箭乘符号（↑）不能省略。　　------------（1.332）

举例：

$$\begin{bmatrix} A & B & C \end{bmatrix} \uparrow \begin{bmatrix} a & b & c \end{bmatrix} = \begin{bmatrix} Aa & Ba & Ca \\ Ab & Bb & Cb \\ Ac & Bc & Cc \end{bmatrix}$$

前后两矩阵箭乘的条件是“前后两矩阵的列元素个数相等”。

三）矩阵的星乘定义

矩阵与列阵的星乘，定义如下：

$$\begin{bmatrix} A \\ E \\ K \end{bmatrix} * \begin{bmatrix} a & b & c \\ e & f & g \\ k & s & t \end{bmatrix} = \begin{bmatrix} aA & bA & cA \\ eE & fE & gE \\ kK & sK & tK \end{bmatrix} = \begin{bmatrix} a & b & c \\ e & f & g \\ k & s & t \end{bmatrix} * \begin{bmatrix} A \\ E \\ K \end{bmatrix} \tag{1.333}$$

星乘只适用于单列阵。星乘符号（∗）不能省略。星乘是“乘而不加”的箭乘，乘后仍是“零星”之状。星乘运算应尽量多用括弧“()”，以避免错误。星乘的运算特点，可以列阵 P 和矩阵 A 、B 、K 为例表示：

$$\begin{aligned} P*K &= K*P \\ P*A\cdot B &= (P*A)\cdot B \\ &= P*(A\cdot B) \end{aligned} \tag{1.334}$$

星乘，右向有组合律；二元（单列阵、单矩阵）星乘，有交换率。

四、矩阵的角标定义和系数定义

矩阵的右上角标 E，定义如下：

$$\begin{bmatrix} a & b & c \\ e & f & g \\ k & s & t \end{bmatrix}^{Eh} = \begin{bmatrix} a^h & b^h & c^h \\ e^h & f^h & g^h \\ k^h & s^h & t^h \end{bmatrix} \tag{1.341}$$

定义系数 m 与矩阵关系为

$$\left. \begin{aligned} m\cdot\begin{bmatrix} a & b & c \\ e & f & g \\ k & s & t \end{bmatrix} = \begin{bmatrix} a & b & c \\ e & f & g \\ k & s & t \end{bmatrix}\cdot m &= \begin{bmatrix} am & bm & cm \\ em & fm & gm \\ km & sm & tm \end{bmatrix} \\ &= \begin{bmatrix} ma & mb & mc \\ me & mf & mg \\ mk & ms & mt \end{bmatrix} \end{aligned} \right| \tag{1.342}$$

系数 m 为一实数，可写在矩阵前，也可写在矩阵后，亦可以点乘形式出现。

五、矩阵的单位矩阵、单位列阵和逆阵

单位矩阵I、单位列阵J，定义如下：

$$I=\begin{bmatrix}1&0&\cdots&0\\0&1&\cdots&0\\\vdots&\vdots&\ddots&\vdots\\0&0&\cdots&1\end{bmatrix}=\underset{h\ h}{I}=I \qquad (2\le h) \qquad (1.351)$$

$$J=\begin{bmatrix}1&1&\cdots&1\end{bmatrix}^T=\underset{n\ 1}{J}=J \qquad (2\le n)$$

式中，h、n是任意大的非负整数。(角标T为转置符号)

若矩阵A满足

$$A^{-1}A=I \qquad (1.352)$$

称A^{-1}为A的逆阵，简称A的逆或A逆。在数学方程(误差方程)的实际处理中，

$$\underset{n\ t}{A}\cdot\underset{t}{X}=\underset{n}{L} \qquad \rightarrow \qquad V=\underset{n\ t}{A}\cdot\underset{t}{X}-\underset{n}{L}$$

$$\left(\underset{t\ n}{G}\cdot\underset{n\ t}{A}\right)^{-1}\left(\underset{t\ n}{G}\cdot\underset{n\ t}{A}\right)\cdot\underset{t}{X}=\left(\underset{t\ n}{G}\cdot\underset{n\ t}{A}\right)^{-1}\underset{t\ n}{G}\cdot\underset{n}{L} \qquad (1.353)$$

故知，在n、t为任意大的非负整数时，A逆的普遍表达式，可写为

$$\left(\underset{n\ t}{A}\right)^{-1}=\left(\left(\underset{t\ n}{G}\cdot\underset{n\ t}{A}\right)^{-1}\underset{t\ n}{G}\right) \rightarrow \underset{t}{X}=\left(\left(\underset{t\ n}{G}\cdot\underset{n\ t}{A}\right)^{-1}\underset{t\ n}{G}\right)\cdot\underset{t}{L} \qquad (1.354)$$

根据(1.352)式，给定 $AA^{-1}=H$，

$$AA^{-1}A=HA \rightarrow (AI=HA) \rightarrow (IA=HA) \rightarrow (I==H)$$

考虑到(1.354)式，当$n\ne t$时，A^{-1}有不定性，可知：

$$AA^{-1}=\begin{cases}H\ne A^{-1}A & (n\ne t) \qquad ((H==I) \ \rightarrow A)\\ I=A^{-1}A & (n=t)\end{cases} \qquad (1.355)$$

显然，不管$n\ge t$，还是$n\le t$，矩阵A的内部元素满足基本条件：

$$(\text{行}A_j) \ne (h\cdot(\text{行}A_u)+m\cdot(\text{行}A_v)+\cdots+p\cdot(\text{行}A_w)) \qquad (1.356)$$

$$(\text{列}A_i) \ne (q\cdot(\text{列}A_k)) \qquad (1.357)$$

式中，h、m、p、q为任意实数，则(1.354)式成立。也就是说，矩阵的逆与其内部元素的行n、列t之大小无关。由于矩阵G可以是任意矩阵，内部元素可以是任意变量，故一般来说，只有在$n=t$的情况下，矩阵的逆才是唯一的。矩阵的逆与行n、列t之大小无关。(n、t不等也有逆)

也就是说，对于方程系数矩阵 A（n、t 不等时）

$$A\cdot X=L \quad , \qquad X=\left(GA\right)^{-1}G\cdot L \tag{1.358}$$

其解有不定性。只有在特定条件下，方有定解。

为进一步理解（1.358）式，再举例如下：

例一：单列矩阵 $A^{-1}A$ 与 $A\,A^{-1}$ 的相互关系

根据（1.352）、（1.355）二式，定义

$$A=\begin{bmatrix}a_1 & a_2 & \cdots & a_n\end{bmatrix}^T \quad , \qquad A^{-1}=\begin{bmatrix}\dfrac{1}{n\cdot a_1} & \dfrac{1}{n\cdot a_2} & \cdots & \dfrac{1}{n\cdot a_n}\end{bmatrix}$$

$$\left(A\,A^{-1}\,A\right)=\left(\begin{bmatrix}a_1\\ a_2\\ \vdots\\ a_n\end{bmatrix}\cdot\begin{bmatrix}\dfrac{1}{n\cdot a_1} & \dfrac{1}{n\cdot a_2} & \cdots & \dfrac{1}{n\cdot a_n}\end{bmatrix}\cdot\begin{bmatrix}a_1\\ a_2\\ \vdots\\ a_n\end{bmatrix}\right)$$

根据不同组合，可知：

$$\left(A\,A^{-1}\,A\right)=\left(A\,A^{-1}\right)A$$

$$=\left(\begin{bmatrix}\dfrac{1}{n\cdot a_1}a_1 & \dfrac{1}{n\cdot a_2}a_1 & \cdots & \dfrac{1}{n\cdot a_n}a_1\\ \dfrac{1}{n\cdot a_1}a_2 & \dfrac{1}{n\cdot a_2}a_2 & \cdots & \dfrac{1}{n\cdot a_n}a_2\\ \vdots & \vdots & \ddots & \vdots\\ \dfrac{1}{n\cdot a_1}a_n & \dfrac{1}{n\cdot a_n}a_n & \cdots & \dfrac{1}{n\cdot a_n}a_n\end{bmatrix}\right)\cdot\begin{bmatrix}a_1\\ a_2\\ \vdots\\ a_n\end{bmatrix}=\begin{bmatrix}a_1\\ a_2\\ \vdots\\ a_n\end{bmatrix}=A$$

$$\left(A\,A^{-1}\,A\right)=A\cdot\left(A^{-1}\,A\right)$$

$$=\begin{bmatrix}a_1\\ a_2\\ \vdots\\ a_n\end{bmatrix}\cdot\left(\left(\frac{1}{n}\qquad+\frac{1}{n}\qquad+\cdots\qquad+\frac{1}{n}\right)\right)=\begin{bmatrix}a_1\\ a_2\\ \vdots\\ a_n\end{bmatrix}\cdot\left(1\right)=A$$

显然，单列矩阵 $A\,A^{-1}$ 与 $A^{-1}A$ 的矩阵形式是不同的；双列阵亦然，这是因为 $n\neq t$。尽管在特定条件下的矩阵运算中，二者是等效的，但应尽量回避矩阵 $A\,A^{-1}$ 生成矩阵 H 的运算。

例二：非单列矩阵 $A^{-1}A$ 与 AA^{-1} 的相互关系

对于应用数学方程（1.353)、（1.358）式：

$$V = A \cdot X - L \tag{h1}$$

其解为

$$X = (GA)^{-1} G \cdot L \tag{h2}$$

代入（h1）式，得

$$\begin{aligned} V &= A \cdot (GA)^{-1} G \cdot L - L \quad = A \cdot (A)^{-1} (G)^{-1} G \cdot L - L \\ &= (A \cdot A^{-1})(G^{-1} G) \cdot L - L \quad = (H) \cdot (I) \cdot L - L \\ &= (H) \cdot L - L \end{aligned}$$

G 的不定性导致 H 的不定性，即

$$V = \begin{cases} (H = I) \cdot L - L \\ (H \neq I) \cdot L - L \end{cases} = \begin{cases} (I) \cdot L - L \ = 0 & (n = t) \\ (H) \cdot L - L \ \neq 0 & (n \neq t) \end{cases}$$

也就是说，

$$V = \begin{cases} -\Delta \ = 0 & (A\text{是方阵}) \quad (n = t) \\ -\Delta \ \neq 0 & (A\text{不是方阵}) \quad (n \neq t) \end{cases} \tag{1.359}$$

显然，V 的不定性，说明方程（1.358）式只有在特定的条件下方有定解。探索特定条件的学科，再应用数学领域，就是测绘科学领域的“平差学”。

顺便指出：满足（1.356)、（1.357）二式，是矩阵有逆的充要条件。(1.359）式说明，当未知数 t 与方程数 n 相等时，列阵 V 应等于 0；否则，V 不等于 0。

-----2018 年 4 月 21 日　　西安 · 曲江池-----

---

*)（1.513）式之简易证明：根据（1.511）式知，

$$A x = C + S(x), \quad A \overset{i+1}{x} = C + S(\overset{i}{x}) \quad , \quad A \overset{i+1}{x} = A \overset{i}{x} - A \overset{i}{x} + C + S(\overset{i}{x})$$

$$A \overset{i+1}{x} = A \overset{i}{x} - \left(A \overset{i}{x} - C - S(\overset{i}{x}) \right), \quad A \overset{i+1}{x} = A \overset{i}{x} - f(\overset{i}{x})$$

$$\overset{i+1}{x} = \overset{i}{x} - A^{-1} f(\overset{i}{x})$$

六、矩阵的运算规律

一）矩阵的点乘与转置运算规律

$$\left.\begin{aligned}(A\cdot B)^T &= B^T\cdot A^T\\ (A^T)^T &= A\end{aligned}\right| \qquad (1.361)$$

证明：第一式，由定义可知：

$$\underset{A}{\begin{bmatrix}A & E & K\\ B & F & S\\ C & G & T\end{bmatrix}}\cdot\underset{B}{\begin{bmatrix}a & b & c\\ e & f & g\\ k & s & t\end{bmatrix}}=\underset{C}{\begin{bmatrix}(aA+eE+kK) & (bA+fE+sK) & (cA+gE+tK)\\ (aB+eF+kS) & (bB+fF+sS) & (cB+gF+tS)\\ (aC+eG+kT) & (bC+fG+sT) & (cC+gG+tT)\end{bmatrix}}$$

$$\underset{B^T}{\begin{bmatrix}a & e & k\\ b & f & s\\ c & g & t\end{bmatrix}}\cdot\underset{A^T}{\begin{bmatrix}A & B & C\\ E & F & G\\ K & S & T\end{bmatrix}}=\underset{C^T}{\begin{bmatrix}(aA+eE+kK) & (aB+eF+kS) & (aC+eG+kT)\\ (bA+fE+sK) & (bB+fF+sS) & (bC+fG+sT)\\ (cA+gE+tK) & (cB+gF+tS) & (cC+gG+tT)\end{bmatrix}}$$

证毕。第二式证明（略）。（矩阵 A、B 与矩阵体内的元素 A、B、C 不同。）

二）矩阵求逆分解公式（提示：非方矩阵的逆有不定性，但存在。）

$$\left.\begin{aligned}(AB)^{-1} &= B^{-1}A^{-1}\\ (A^{-1})^{-1} &= (A^T)^T = A\end{aligned}\right| \qquad (1.362)$$

证明：根据矩阵点乘组合率和数学等式唯一性，可知

$$(AB)^{-1}AB = B^{-1}A^{-1}AB = B^{-1}(A^{-1}A)B = B^{-1}B = I$$

$$A^{-1}\cdot(A^{-1})^{-1} = ((A^{-1})\cdot A)^{-1} = (I)^{-1} = I \qquad \to (1.355)$$

证毕。

三）矩阵的逆与转置转换规律

$$(A^T)^{-1} = (A^{-1})^T \qquad (1.363)$$

证明：

$$(A^{-1})^T\cdot(A^T) = (A\cdot A^{-1})^T \qquad \to (1.361)$$

$$= (I)^T = I \qquad \to (1.355)$$

证毕。（提示：非方矩阵的逆有不定性，但存在；以上有关逆的运算，皆不受方阵约束。）

四）任意矩阵的箭乘与点乘转换规律

$$A\uparrow B = B^{T}A \tag{1.364}$$

证明：由定义可知，

$$\begin{bmatrix} a & b & c \\ e & f & g \\ k & s & t \end{bmatrix}\uparrow\begin{bmatrix} A & B & C \\ E & F & G \\ K & S & T \end{bmatrix}=\begin{bmatrix} (aA+eE+kK) & (bA+fE+sK) & (cA+gE+tK) \\ (aB+eF+kS) & (bB+fF+sS) & (cB+gF+tS) \\ (aC+eG+kT) & (bC+fG+sT) & (cC+gG+tT) \end{bmatrix}$$

$$\begin{bmatrix} A & E & K \\ B & F & S \\ C & G & T \end{bmatrix}\cdot\begin{bmatrix} a & b & c \\ e & f & g \\ k & s & t \end{bmatrix}=\begin{bmatrix} (aA+eE+kK) & (bA+fE+sK) & (cA+gE+tK) \\ (aB+eF+kS) & (bB+fF+sS) & (cB+gF+tS) \\ (aC+eG+kT) & (bC+fG+sT) & (cC+gG+tT) \end{bmatrix}$$

证毕。举例：→ （1.381）

$$V = AX - L$$

$$[VV]' = 2V\uparrow A = 2A^{T}V = 2A^{T}AX - 2A^{T}L = 0$$

五）矩阵的点乘满足组合律

$$(A\cdot B)\cdot C = A\cdot(B\cdot C) \tag{1.365}$$

证明：假定（1.365）式左边为

$$\left(\begin{bmatrix} a & b & c \\ e & f & g \\ r & s & t \end{bmatrix}\cdot\begin{bmatrix} A & B & C \\ E & F & G \\ R & S & T \end{bmatrix}\right)\cdot\begin{bmatrix} u \\ v \\ w \end{bmatrix}$$

$$=\left(\begin{bmatrix} aA+bE+cR & aB+bF+cS & aC+bG+cT \\ eA+fE+gR & eB+fF+gS & eC+fG+gT \\ rA+sE+tR & rB+sF+tS & rC+sG+tT \end{bmatrix}\right)\cdot\begin{bmatrix} u \\ v \\ w \end{bmatrix} \tag{h1}$$

$$=\begin{bmatrix} aAu+bEu+cRu+ & aBv+bFv+cSv+ & aCw+bGw+cTw \\ eAu+fEu+gRu+ & eBv+fFv+gSv+ & eCw+fGw+gTw \\ rAu+sEu+tRu+ & rBv+sFv+tSv+ & rCw+sGw+tTw \end{bmatrix}$$

*）参阅［22.（3.138）式］。

则（1.365）式右边为

$$\begin{bmatrix} a & b & c \\ e & f & g \\ r & s & t \end{bmatrix} \cdot \left(\begin{bmatrix} A & B & C \\ E & F & G \\ R & S & T \end{bmatrix} \cdot \begin{bmatrix} u \\ v \\ w \end{bmatrix} \right) = \begin{bmatrix} a & b & c \\ e & f & g \\ r & s & t \end{bmatrix} \cdot \left(\begin{bmatrix} Au+Bv+Cw \\ Eu+Fv+Gw \\ Ru+Su+Tw \end{bmatrix} \right)$$

$$= \begin{bmatrix} a(Au+Bv+Cw)+ & b(Eu+Fv+Gw)+ & c(Ru+Su+Tw) \\ e(Au+Bv+Cw)+ & f(Eu+Fv+Gw)+ & g(Ru+Su+Tw) \\ r(Au+Bv+Cw)+ & s(Eu+Fv+Gw)+ & t(Ru+Su+Tw) \end{bmatrix} \quad \text{(h2)}$$

$$= \begin{bmatrix} aAu+bEu+cRu+ & aBv+bFv+cSu+ & aCw+bGw+cTw \\ eAu+fEu+gRu+ & eBv+fFv+gSu+ & eCw+fGw+gTw \\ rAu+sEu+tRu+ & rBv+sFv+tSu+ & rCw+sGw+tTw \end{bmatrix}$$

比较（h1）、（h2）二式，可知（1.365）式之真。

六）矩阵的箭乘不存在组合律和交换律　　（1.366）

$$\because \quad A\uparrow B = B^T A \quad , \quad B\uparrow A = A^T B \quad , \quad \rightarrow \quad A\uparrow B \neq B\uparrow A$$

$$A\uparrow B\uparrow C \rightarrow (A\uparrow B)\uparrow C = (B^T A)\uparrow C = C^T(B^T A) = C^T B^T A = B^T \uparrow CA$$

$$A\uparrow B\uparrow C \rightarrow A\uparrow (B\uparrow C) = A\uparrow (C^T B) = (C^T B)^T A = B^T C^{TT} A = B^T \cdot CA$$

故知，矩阵箭乘只在成双矩阵间进行，运用括弧来体现。

七、相应矩阵体相等的判别定理

两个相等矩阵体中，处在相应边的矩阵相等时，如下列三式之任一式：

$$A\cdot B\cdot C\cdot F = R\cdot T\cdot F$$

$$P\cdot G\cdot K = R\cdot S\cdot T\cdot K \quad \text{(1.371)}$$

$$W\cdot M\cdot N = W\cdot Q\cdot H$$

其两边相同矩阵为

F 、K 、W　　（1.372）

等号两边相应矩阵体为

$[A\cdot B\cdot C]$、$[R\cdot T]$

$[P\cdot G]$、$[R\cdot S\cdot T]$　　（1.373）

$[M\cdot N]$、$[Q\cdot H]$

当（1.372）式之 F 、K 、W 为方阵时，不管（1.371）式中有无变量，则

$$\left.\begin{aligned} A\cdot B\cdot C &= R\cdot T \\ P\cdot G &= R\cdot S\cdot T \\ M\cdot N &= Q\cdot H \end{aligned}\right| \text{-------------(I)} \qquad (1.374)$$

当 F 、K 、W 为含变量的列阵时，不管（1.373）式中有无变量，则

（1.374）式仍成立-------------------------------（II）

当 F 、K 、W 为无变量的列阵（常数矩阵）时，只要（1.373）式所示矩阵体内，有一个矩阵有变量，则

（1.374）式仍成立-------------------------------（III）

当 F 、K 、W 为无变量的列阵（常数矩阵）时，若（1.373）式矩阵体内均为常数矩阵，则（1.374）式处于未知状态（有可能成立，亦有可能不成立）。

证明：

一）当 F 、K 、W 为方阵时

根据（1.371）式第一式，

$$\left.\begin{aligned} ABC\cdot F &= RT\cdot F \\ ABC\cdot F\cdot F^{-1} &= RT\cdot F\cdot F^{-1} \\ ABC\cdot I &= RT\cdot I \\ ABC &= RT \end{aligned}\right| \qquad (n1)$$

证毕。

二）当“ F 、K 、W ”为含变量列阵时

根据（1.371）式第二式，假定 K 为含变量的 h 元素列阵，则对某一变量任意赋值 h 个后，必有

$$\begin{aligned} & PG\cdot K_j = RST\cdot K_j \\ & (j = 1,\ 2,3,\ \cdots\ h) \end{aligned} \qquad (n2)$$

令方阵

$$U = \left[U_{j,i}\right] = \left[K_{j,1}\quad K_{j,2}\quad K_{j,3}\quad \cdots\quad K_{j,h}\right] \qquad (n3)$$

可知

$$\begin{gathered} \left[PG\cdot K_1\ \ PG\cdot K_2\ \ \cdots\ PG\cdot K_h\right] = \left[RST\cdot K_1\ \ RST\cdot K_2\ \ \cdots\ RST\cdot K_h\right] \\ PG\cdot\left[K_1\ \ K_2\ \ \cdots\ K_h\right] = RST\cdot\left[K_1\ \ K_2\ \ \cdots\ K_h\right] \\ PG\cdot U = RST\cdot U \end{gathered}$$

因U为方阵，故与（n1）式证明同理，

$$
\begin{aligned}
PG\cdot U &= RST\cdot U \\
&\cdots\cdots \\
PG &= RST
\end{aligned}
\qquad \text{（n4）}
$$

证毕。

三）当“F、K、W”为无变量列阵时

根据（1.371）式第三式，当（1.373）式中$(M\cdot N)$、$(Q\cdot H)$有变量时，必有

$$
\begin{matrix}
(M\cdot N)_1 & (M\cdot N)_2 & (M\cdot N)_3 & \cdots\cdots & (M\cdot N)_h \\
(Q\cdot H)_1 & (Q\cdot H)_2 & (Q\cdot H)_3 & \cdots\cdots & (Q\cdot H)_h
\end{matrix}
\qquad \text{（n5）}
$$

同理，

$$
\begin{aligned}
W\cdot(M\cdot N)_j &= W\cdot(Q\cdot H)_j \qquad (j=1,\ 2,\ 3\ \cdots) \\
W^TW\cdot(M\cdot N)_j &= W^TW\cdot(Q\cdot H)_j \qquad \because\ W^TW=\text{常数} \\
(M\cdot N)_j &= (Q\cdot H)_j
\end{aligned}
\qquad \text{（n6）}
$$

由于反映变量变化的j是无限的，故只有在$(M\cdot N)$、$(Q\cdot H)$二矩阵体中，对应项相等，方可满足（n6）式。**证毕**。

八、矩阵体微分

考虑到，矩阵体的每一项均为独立个体；而矩阵运算也是独立个体的运算，故矩阵体微分，原则上与“函数、变量”原始的微分规律相同。例如，矩阵的求导，是对矩阵每一个“独立个体”元素的求导。就变量X来说，对$[VV]$的求导：

$$
\begin{aligned}
[VV]' &= (V\uparrow V)' = 2V\uparrow V' = 2V\uparrow(AX-L)' = 2V\uparrow(AX)' \\
&= 2V\uparrow A
\end{aligned}
\qquad \text{（1.381）}
$$

式中，定义

$$
\begin{aligned}
V &= AX-L \\
V &= \left[V_1\ \ V_2\ \ V_3\ \ \cdots\cdots\ \ V_n\right]^T \\
L &= \left[L_1\ \ L_2\ \ L_3\ \ \cdots\cdots\ \ L_n\right]^T \\
X &= \left[X_1\ \ X_2\ \ \cdots\ \ X_t\right]^T
\end{aligned}
$$

$$A=\begin{bmatrix} a_1 & b_1 & c_1 & \cdots & h_1 \\ a_2 & b_2 & c_2 & \cdots & h_2 \\ a_3 & b_3 & c_3 & \cdots & h_3 \\ \vdots & \vdots & \vdots & \ddots & \vdots \\ a_n & b_n & c_n & \cdots & h_n \end{bmatrix} \quad \rightarrow \quad (n\times t) \tag{1.382}$$

证明:(1.381)式左边,

$$\begin{aligned}
[VV]' &= 2\begin{bmatrix} V_1 \\ V_2 \\ \vdots \\ V_n \end{bmatrix} \uparrow V' = 2\begin{bmatrix} V_1 \\ V_2 \\ \vdots \\ V_n \end{bmatrix} \uparrow (AX-L)' = 2\begin{bmatrix} V_1 \\ V_2 \\ \vdots \\ V_n \end{bmatrix} \uparrow (AX)' \\
&= 2\begin{bmatrix} V_1 \\ V_2 \\ \vdots \\ V_n \end{bmatrix} \uparrow \left(\begin{bmatrix} a_1 & b_1 & \cdots & h_1 \\ a_2 & b_2 & \cdots & h_2 \\ \vdots & \vdots & \ddots & \vdots \\ a_n & b_n & \cdots & h_n \end{bmatrix} \cdot \begin{bmatrix} X_1 \\ X_2 \\ \vdots \\ X_n \end{bmatrix}\right)' \\
&= 2\begin{bmatrix} V_1 \\ V_2 \\ \vdots \\ V_n \end{bmatrix} \uparrow \left(\begin{bmatrix} a_1X_1 & b_1X_2 & \cdots & h_1X_n \\ a_2X_1 & b_2X_2 & \cdots & h_2X_n \\ \vdots & \vdots & \ddots & \vdots \\ a_nX_1 & b_nX_2 & \cdots & h_nX_n \end{bmatrix}\right)' \\
&= 2\begin{bmatrix} V_1 \\ V_2 \\ \vdots \\ V_n \end{bmatrix} \uparrow \left(\begin{bmatrix} (a_1X_1)' & (b_1X_2)' & \cdots & (h_1X_n)' \\ (a_2X_1)' & (b_2X_2)' & \cdots & (h_2X_n)' \\ \vdots & \vdots & \ddots & \vdots \\ (a_nX_1)' & (b_nX_2)' & \cdots & (h_nX_n)' \end{bmatrix}\right) \\
&= 2\begin{bmatrix} V_1 \\ V_2 \\ \vdots \\ V_n \end{bmatrix} \uparrow \left(\begin{bmatrix} a_1 & b_1 & \cdots & h_1 \\ a_2 & b_2 & \cdots & h_2 \\ \vdots & \vdots & \ddots & \vdots \\ a_n & b_n & \cdots & h_n \end{bmatrix}\right) = 2\begin{bmatrix} V_1 \\ V_2 \\ \vdots \\ V_n \end{bmatrix} \uparrow A = 2V \uparrow A
\end{aligned} \tag{1.383}$$

证毕。

第四章　辜小玲矩阵求逆法

在数学教科书中，矩阵求逆是关系线性方程组求解未知数的重要手段。矩阵求逆的方法是多种多样的，但很少有涉及矩阵求逆的精度问题，这是应用数学不以为然的。本章提出的矩阵求逆方法，是根据高斯约化法思想，运用矩阵初级变换的五个规律求出的，并给出了所求逆矩阵的精度标志。该求逆方法对矩阵元素的数量不做任何限制。为便于学术交流，区分其它求逆方法，考虑到（王之卓的学生、总参测绘研究所）辜小玲是本章所述方法行之有效的第一个具体实现者，故称该方法为“辜小玲矩阵求逆法”。

一、矩阵的行列变换规律

设有线性方程

$$A \cdot X - L = 0 \tag{1.411}$$

A 为 $t = n$ 矩阵，X 为 t 个未知数列阵，L 为 n 个元素的列阵，即

$$A = \begin{bmatrix} A_{11} & A_{12} & A_{13} & \cdots & A_{1t} \\ A_{21} & A_{22} & A_{23} & \cdots & A_{2t} \\ A_{31} & A_{32} & A_{33} & \cdots & A_{3t} \\ \vdots & \vdots & \vdots & \ddots & \vdots \\ A_{n1} & A_{n2} & A_{n3} & \cdots & A_{nt} \end{bmatrix} \qquad (t = n)$$

$$X = \begin{bmatrix} X_1 & X_2 & X_3 & \cdots & X_t \end{bmatrix}^T$$

$$L = \begin{bmatrix} L_1 & L_2 & L_3 & \cdots & L_n \end{bmatrix}^T$$

令 G 为单位矩阵，将（1.411）式写成

$$A \cdot X = G \cdot L \tag{1.412}$$

则（1.411）式可书写成 $\left(A \cdot X = G \cdot L\right)$，即

$$\begin{bmatrix} A_{11} & A_{12} & A_{13} & \cdots & A_{1t} \\ A_{21} & A_{22} & A_{23} & \cdots & A_{2t} \\ A_{31} & A_{32} & A_{33} & \cdots & A_{3t} \\ \vdots & \vdots & \vdots & \ddots & \vdots \\ A_{n1} & A_{n2} & A_{n3} & \cdots & A_{nt} \end{bmatrix} \cdot \begin{bmatrix} X_1 \\ X_2 \\ X_3 \\ \vdots \\ X_t \end{bmatrix} = \begin{bmatrix} 1 & o & o & \cdots & o \\ o & 1 & o & \cdots & o \\ o & o & 1 & \cdots & o \\ \vdots & \vdots & \vdots & \ddots & \vdots \\ o & o & o & \cdots & 1 \end{bmatrix} \cdot \begin{bmatrix} L_1 \\ L_2 \\ L_3 \\ \vdots \\ L_n \end{bmatrix}$$

以下，以（1.412）式代替（1.411）式，进行分析。

一）矩阵的行变换特性——第一规律

针对矩阵 A、G，相应行 $j=a$ 星乘任意同一实数 m，仍对方程未知数的解算没有影响：

$$\left.\begin{aligned} A_I &= A\big((m*(j=a))\to(j=a)\big) \\ G_I &= G\big((m*(j=a))\to(j=a)\big) \end{aligned}\right\} == \begin{cases} A \\ G \end{cases}$$

假定 $a=3$，则

$$\begin{bmatrix} A_{11} & A_{12} & A_{13} & \cdots & A_{1t} \\ A_{21} & A_{22} & A_{23} & \cdots & A_{2t} \\ m\cdot A_{31} & m\cdot A_{32} & m\cdot A_{33} & \cdots & m\cdot A_{3t} \\ \vdots & \vdots & \vdots & \ddots & \vdots \\ A_{n1} & A_{n2} & A_{n3} & \cdots & A_{nt} \end{bmatrix} \cdot \begin{bmatrix} X_1 \\ X_2 \\ X_3 \\ \vdots \\ X_t \end{bmatrix}$$

$$= \begin{bmatrix} 1 & o & o & \cdots & o \\ o & 1 & o & \cdots & o \\ m\cdot o & m\cdot o & m\cdot 1 & \cdots & m\cdot o \\ \vdots & \vdots & \vdots & \ddots & \vdots \\ o & o & o & \cdots & 1 \end{bmatrix} \cdot \begin{bmatrix} L_1 \\ L_2 \\ L_3 \\ \vdots \\ L_n \end{bmatrix} \tag{1.413}$$

该特性，相当于对一个方程的元素，同乘一个实数，无碍方程解算一样。

二）矩阵的行互换特性——第二规律

针对(1.412)式的原矩阵 A（或(1.413)式矩阵新 A_I 皆可），矩阵 A 的任意两行 $j=a$、$j=b$ 行阵，互换其位；同时，等号右边的矩阵 G 与矩阵 A 的 $j=a$、$j=b$ 行阵，互换其位，即

$$A_{II} = A\big((j=a)\leftrightarrow(j=b)\big) \qquad [a、b \text{ 两行，行位互换}]$$
$$G_{II} = G\big((j=a)\leftrightarrow(j=b)\big) \qquad [a、b \text{ 两行，行位互换}]$$

当 $a=2$，$b=n$ 时， (1.414)

$$\begin{bmatrix} A_{11} & A_{12} & A_{13} & \cdots & A_{1t} \\ A_{n1} & A_{n2} & A_{n3} & \cdots & A_{nt} \\ A_{31} & A_{32} & A_{33} & \cdots & A_{3t} \\ \vdots & \vdots & \vdots & \ddots & \vdots \\ A_{21} & A_{22} & A_{23} & \cdots & A_{2t} \end{bmatrix} \cdot \begin{bmatrix} X_1 \\ X_2 \\ X_3 \\ \vdots \\ X_t \end{bmatrix} = \begin{bmatrix} 1 & o & o & \cdots & o \\ o & o & o & \cdots & 1 \\ o & o & 1 & \cdots & o \\ \vdots & \vdots & \vdots & \ddots & \vdots \\ o & 1 & o & \cdots & o \end{bmatrix} \cdot \begin{bmatrix} L_1 \\ L_2 \\ L_3 \\ \vdots \\ L_n \end{bmatrix}$$

实质上是方程互换位置，不影响未知数解算。

三）矩阵的行运算特性——第三规律

针对（1.412）式的原矩阵 A（或（1.413）式矩阵 A_I，或（1.414）式矩阵新 A_{II} 皆可），矩阵 A 的任意行 $j=a$ 星乘任意实数 k 后，与 A 其它任意行 $j=b$ 相加；针对矩阵 G 也做相应处理，对方程解算没有影响：

$$\begin{aligned} A_{III} &= A\left((j=b)+k*(j=a)\right) \\ G_{III} &= G\left((j=b)+k*(j=a)\right) \end{aligned} \quad (1.415)$$

当 $a=1$，$b=3$ 时，

$$\begin{bmatrix} A_{11} & A_{12} & A_{13} & \cdots & A_{1t} \\ A_{21} & A_{22} & A_{23} & \cdots & A_{2t} \\ A_{31}+k\cdot A_{11} & A_{32}+k\cdot A_{12} & A_{33}+k\cdot A_{13} & \cdots & A_{3t}+k\cdot A_{1t} \\ \vdots & \vdots & \vdots & \ddots & \vdots \\ A_{n1} & A_{n2} & A_{n3} & \cdots & A_{nt} \end{bmatrix} \cdot \begin{bmatrix} X_1 \\ X_2 \\ X_3 \\ \vdots \\ X_t \end{bmatrix}$$

$$= \begin{bmatrix} 1 & 0 & 0 & \cdots & 0 \\ 0 & 1 & 0 & \cdots & 0 \\ 0+k\cdot 1 & 0+k\cdot 0 & 1+k\cdot 0 & \cdots & 0+k\cdot 0 \\ \vdots & \vdots & \vdots & \ddots & \vdots \\ 0 & 0 & 0 & \cdots & 1 \end{bmatrix} \cdot \begin{bmatrix} L_1 \\ L_2 \\ L_3 \\ \vdots \\ L_n \end{bmatrix}$$

这实际上是第一、第二规律的延伸，是方程组解算的一般运算。

四）矩阵的列互换特性——第四规律

针对（1.412）式，矩阵 A 的任意两列 $i=a$、$i=b$ 列阵，互换其位；同时，列阵 X 与矩阵 A 两列 $i=a$、$i=b$ 相应序号的待求未知数互换其位，即

$$\begin{aligned} &A_{IV} = A\left((i=a)\leftrightarrow(i=b)\right) && [a\text{、}b\text{ 两列，列位互换}] \\ &X_{IV} = X\left(X_a \leftrightarrow X_b\right) && [X_{IV}\text{ 中 }X_a\text{、}X_b\text{ 两行位互换}] \\ &A_{IV}\cdot X_{IV} = G\cdot L && [G\text{ 的行、列不动}] \end{aligned}$$

当 $a=1$，$b=2$ 时，（1.416）

$$\begin{bmatrix} A_{12} & A_{11} & A_{13} & \cdots & A_{1t} \\ A_{22} & A_{21} & A_{23} & \cdots & A_{2t} \\ A_{32} & A_{31} & A_{33} & \cdots & A_{3t} \\ \vdots & \vdots & \vdots & \ddots & \vdots \\ A_{n2} & A_{n1} & A_{n3} & \cdots & A_{nt} \end{bmatrix} \cdot \begin{bmatrix} X_2 \\ X_1 \\ X_3 \\ \vdots \\ X_t \end{bmatrix} = \begin{bmatrix} 1 & o & o & \cdots & o \\ o & 1 & o & \cdots & o \\ o & o & 1 & \cdots & o \\ \vdots & \vdots & \vdots & \ddots & \vdots \\ o & o & o & \cdots & 1 \end{bmatrix} \cdot \begin{bmatrix} L_1 \\ L_2 \\ L_3 \\ \vdots \\ L_n \end{bmatrix}$$

等号右边未动，方程内项目互换，不影响 X 的解算结果，故与（1.412）式等效。

五）未知数列阵元素互换特性——第五规律

假设（1.411）式已解开：

$$X = S \cdot L$$

即

$$\begin{bmatrix} X_1 \\ X_2 \\ X_3 \\ \vdots \\ X_t \end{bmatrix} = \begin{bmatrix} S_{11} & S_{12} & S_{13} & \cdots & S_{1t} \\ S_{21} & S_{22} & S_{23} & \cdots & S_{2t} \\ S_{31} & S_{32} & S_{33} & \cdots & S_{3t} \\ \vdots & \vdots & \vdots & \ddots & \vdots \\ S_{n1} & S_{n2} & S_{n3} & \cdots & S_{nt} \end{bmatrix} \cdot \begin{bmatrix} L_1 \\ L_2 \\ L_3 \\ \vdots \\ L_n \end{bmatrix} \tag{1.417}$$

当列阵 X 的元素 $j=a$、$j=b$ 两行位互换时，对矩阵 S 也做同样相应处理，对未知数解算之结果没有影响。假定 $a=1$、$b=3$，则（1.417）式之变换形式可写成

$$X_V = S_V \cdot L$$

即

$$\begin{bmatrix} X_3 \\ X_2 \\ X_1 \\ \vdots \\ X_t \end{bmatrix} = \begin{bmatrix} S_{31} & S_{32} & S_{33} & \cdots & S_{3t} \\ S_{21} & S_{22} & S_{23} & \cdots & S_{2t} \\ S_{11} & S_{12} & S_{13} & \cdots & S_{1t} \\ \vdots & \vdots & \vdots & \ddots & \vdots \\ S_{n1} & S_{n2} & S_{n3} & \cdots & S_{nt} \end{bmatrix} \cdot \begin{bmatrix} L_1 \\ L_2 \\ L_3 \\ \vdots \\ L_n \end{bmatrix} \tag{1.418}$$

（1.418）==（1.417）

为便于表述，将上述规律简称为第五规律，以下式表之：

$$\begin{bmatrix} X \\ S \end{bmatrix} \Rightarrow \begin{bmatrix} X_V \\ S_V \end{bmatrix} \tag{1.419}$$

重复地说，X_V 是由 X 变换而来，二者各元素的**组合**是相同的，二者各元素的**排列**是不相同的；S_V 是 S 随 X 变换成 X_V 的变换过程而同步变换的结果。切记！

本节所述五个矩阵变换规律，是与方程紧密相联系的。矩阵是方程的组成部分，离开方程，就失去了矩阵变换规律的实际意义。另外强调指出：在所有变换规律的过程中，处在方程常数位置的 L 是不变的。切记！

二、矩阵 $A \to I$ 变换求逆

矩阵变换的上述五个特性，亦可称为五大规律。方程组未知数 X 系数的求逆，就是运用五大规律，进行变换求逆。具体步骤如下。

在变换求逆前，首先要确定方程组（1.411）式的初始形式，并将其写成

$$\begin{aligned} &A \cdot X = G \cdot L \\ &\quad G = I \end{aligned} \qquad (1.421)$$

式中，A 为方阵（$n = t$）；G 为单位矩阵。

一）确定 A_{j1} 之变换值

1）在（1.421）式中寻求矩阵 A 内最大元素 $A_{j,i}$ 的所在位置（J,I）；

2）根据五大规律，将最大元素 $A_{j,i}$，放入 A_{11} 的位置；

3）根据五大规律，令

$$A_{ji}^{I} == A_{ji}$$

$$A_{11}^{I} = 1$$

$$A_{j1}^{I} = o \qquad (j \neq 1，即 j = 2, 3, 4, 5, \cdots, n) \qquad (1.422)$$

4）此时（1.421）式变为

$$A^{I} \cdot X^{I} = G^{I} \cdot L$$

$$\begin{bmatrix} 1 & A_{21}^{I} & A_{31}^{I} & \cdots & A_{t1}^{I} \\ o & A_{22}^{I} & A_{32}^{I} & \cdots & A_{t2}^{I} \\ o & A_{23}^{I} & A_{33}^{I} & \cdots & A_{t3}^{I} \\ \vdots & \vdots & \vdots & \ddots & \vdots \\ o & A_{2n}^{I} & A_{3n}^{I} & \cdots & A_{tn}^{I} \end{bmatrix} \cdot X^{I} = G^{I} \cdot \begin{bmatrix} L_1 \\ L_2 \\ L_3 \\ \vdots \\ L_n \end{bmatrix}$$

二）确定 A_{j2}^{I} 之变换值

1）在 A_{ji}^{I} 中寻求最大元素 $A_{j,i}^{I}$ 的所在位置（J,I）；

（$j = 2，3，4, \cdots, n$）

（$i = 2，3，4, \cdots, n$）

2）根据五大规律，将最大元素 $A_{j,i}^{I}$ 放入 A_{22}^{I} 的位置；

3）根据五大规律，令

$$A_{ji}^{II} == A_{ji}^{I}$$

$$A_{22}^{II} = 1$$

$$A_{j2}^{II} = o \qquad (j \neq 2，即 j = 1, 3, 4, 5, \cdots, n) \qquad (1.423)$$

4）此时（1.422）式变为

$$A^{II}\cdot X^{II}=G^{II}\cdot L$$

$$\begin{bmatrix}1 & o & A_{13}^{II} & \cdots & A_{1t}^{II}\\ o & 1 & A_{23}^{II} & \cdots & A_{2t}^{II}\\ o & o & A_{33}^{II} & \cdots & A_{3t}^{II}\\ \vdots & \vdots & \vdots & \ddots & \vdots\\ o & o & A_{n3}^{II} & \cdots & A_{nt}^{II}\end{bmatrix}\cdot X^{II}=G^{II}\cdot\begin{bmatrix}L_1\\ L_2\\ L_3\\ \vdots\\ L_n\end{bmatrix} \tag{1.423}$$

三）确定 $A_{j3}^{III},A_{j4}^{IV},\cdots,\ A_{jt}^{N}$ 之变换值

步骤类同（1.422）、（1.423）二式。但要注意：

$$A_{33}^{III}=A_{44}^{IV}=A_{55}^{V}=\cdots=A_{nn}^{N}=1 \qquad (j=i)$$

$$A_{ji}^{*}=o \qquad (j\neq i)$$

$$\begin{bmatrix}1 & o & o & \cdots & o\\ o & 1 & o & \cdots & o\\ o & o & 1 & \cdots & o\\ \vdots & \vdots & \vdots & \ddots & \vdots\\ o & o & o & \cdots & 1\end{bmatrix}\cdot X^{N}=G^{N}\cdot\begin{bmatrix}L_1\\ L_2\\ L_3\\ \vdots\\ L_n\end{bmatrix} \tag{1.424}$$

四）矩阵 $A\to I$ 变换逆阵 $\overline{A}^{1}$ 的确定

由（1.424）式可知，A^N 已成单位矩阵 I，即

$$A^N\cdot X^N=G^N\cdot L$$

$$X^N=G^N\cdot L \tag{1.425}$$

根据（1.419）式所示之第五规律，对上式处理：

$$\begin{bmatrix}X^N\\ G^N\end{bmatrix}\Rightarrow\begin{bmatrix}X\\ \overline{A}^{1}\end{bmatrix},\qquad X=\overline{A}^{1}\cdot L \tag{1.426}$$

由（1.411）式可知理论算式： $X=A^{-1}\cdot L$

故知：

$$A^{-1}\cdot L=\overline{A}^{1}\cdot L \tag{1.427}$$

因 X 处于函数地位，L 处于变量地位；由（1.374）式之（II）式可知：

$$A^{-1}=\overline{A}^{1} \tag{1.428}$$

式中，A^{-1} 表示 A 逆的理论值，$\overline{A}^{1}$ 表示 A 逆的计算值。

三、求逆方法的精度控制（1）

按理，运用上述求逆方法，最后得到的方程是

$$I \cdot X = \overline{A}^{1} \cdot L \tag{1.431}$$

方程等号右边的$\overline{A}^{1}$，就是A矩阵的逆。但考虑到计算机在运算过程中，大量末位收舍误差，会给最后结果$\overline{A}^{1}$带来误差。该误差以E表之，可由下式求出：

$$\left.\begin{array}{ll} \overline{A}^{1} \cdot A = I + E, & \overline{A}^{1} \cdot A \neq I \\ E = \overline{A}^{1} \cdot A - I & \end{array}\right| \tag{1.432}$$

式中，E可称为微小误差元素的矩阵，是“0”轴矩阵。给定限差值ε，当

$$|E| \leq \varepsilon \tag{1.433}$$

得到满足时，就可认定（1.428）式；否则，应对$\overline{A}^{1}$进行如下处理：

$$\left.\begin{array}{ll} \overline{A}^{1} A \cdot X = \overline{A}^{1} \cdot L & \\ \left(\overline{A}^{1} A\right) X = \overline{A}^{1} \cdot L\ , & \left(\overline{A}^{1} A\right) \rightarrow I \\ B \cdot X = \overline{A}^{1} \cdot L & \end{array}\right| \tag{1.434}$$

继续运用上述矩阵（$A \rightarrow I$）的求逆措施，对B求逆，并求其E：

$$\left.\begin{array}{l} \overline{B}^{1} B \cdot X = \overline{B}^{1} \cdot \overline{A}^{1} \cdot L \\ E = \left(\overline{B}^{1} \cdot \overline{A}^{1}\right) \cdot A - I \end{array}\right| \tag{1.435}$$

若不满足（1.433）式，继续像求B逆一样，求下去，

$$E = \left(\overline{N}^{1} \cdots \cdot \overline{C}^{1} \cdot \overline{B}^{1} \cdot \overline{A}^{1}\right) \cdot A - I \tag{1.436}$$

并检查限差E；反复求逆，反复检查，直至（1.432）式满足为止。 最后，方程系数A逆应该是

$$A^{-1} = \left(\overline{N}^{1} \cdots\cdots \cdot \overline{C}^{1} \cdot \overline{B}^{1} \cdot \overline{A}^{1}\right) \tag{1.437}$$

该式是提高求逆精度的有效措施之一，是针对成千上万未知数的方程组而提出的。在一般情况下，不必选用（1.437）式所示之全项，只选用其两项即可：

$$A^{-1} = \left(\overline{B}^{1} \cdot \overline{A}^{1}\right) \tag{1.438}$$

实际上是又运算出一个新的$\overline{A}^{1}$。该值摆脱了第一次运算过程对精度的影响。精度要高于前者，但还必须再次进行求逆精度控制的检测，确保万无一失。

四、求逆方法的精度控制（2）

将（1.432）式代入（1.411）式，可知

$$\left.\begin{aligned}&\left(\overline{A}^{1}\cdot A\right)\cdot X=\left(I+E\right)\cdot X=\overline{A}^{1}\cdot L\\&E=\overline{A}^{1}A-I\\&X=\overline{A}^{1}\cdot L-E\cdot X\end{aligned}\right|\tag{1.441}$$

对上式第三式进行自我替代：

$$\begin{aligned}X&=\overline{A}^{1}\cdot L-E\cdot X\\&=\overline{A}^{1}\cdot L-E\cdot(\overline{A}^{1}\cdot L-E\cdot X)\qquad(E^{2}=EE)\\&=\overline{A}^{1}\cdot L-E\cdot\overline{A}^{1}\cdot L+E^{2}X\\&=\overline{A}^{1}\cdot L-E\cdot\overline{A}^{1}\cdot L+E^{2}\left(\overline{A}^{1}\cdot L-E\cdot X\right)\\&=\left(I-E+E^{2}-E^{3}+E^{4}-E^{5}+\ \cdots\ \right)\cdot\overline{A}^{1}\cdot L\end{aligned}\tag{1.442}$$

根据（1.426）式的理论算式，可知

$$A^{-1}\cdot L=\left(I-E+E^{2}-E^{3}+\ \cdots\ \right)\cdot\overline{A}^{1}\cdot L\tag{1.443}$$

因L是变量，由（1.374）式之（II）式可知：

$$A^{-1}=\left(I-E+E^{2}-E^{3}+\ \cdots\ \right)\cdot\overline{A}^{1}\tag{1.444}$$

因E是非常微小的 0 轴矩阵，故只取一次项即可：

$$A^{-1}=\left(\ I-\ E\right)\cdot\overline{A}^{1}\tag{1.445}$$

重复地讲，(1.444)、(1.437) 二式，只是说明$\overline{A}^{1}$与A^{-1}的内在关系，寻求高精度的逆，理论上是肯定的。在一般情况下，只用（1.445）式求解；当方程组的未知数是成千上万时，定要寻求E值，再用（1.445）式和（1.438）式，反复运算，直至求出最后A^{-1}的（排除先前运算过程对精度影响的）运算结果$\overline{A}^{1}$。

-----2015 年 4 月 16 日　　北京·航天城-----

-----2019 年 11 月 19 日　　西安·曲江池-----

*）一般情况下，测绘领域矩阵的逆矩阵是存在的。但是在编写求逆程序时，应当考虑检验逆阵是否存在，确保万无一失。[参看（1.356)、(1.357）二式]

第五章　辜小玲算法（1）

-----辜小玲线性趋近法-----

传统的非线性方程组解法，是求导线性化，求出泰勒展式的一次项，进行迭代；有时，亦可考虑二次项近似值，进行迭代。显然，只是方程的局部解算，不是整体解算，精度难于提高。为求精度提高，必须整体解算。本章在此提出，**辜小玲首创**并经实践检验的整体解算方法。为区别于其它解法，特称之为“辜小玲线性趋近法”。

一、解一元非线性方程

设非线性方程

$$\begin{aligned} f(x) &= (x) = 0 \\ &= Ax - C - S(x) \;\; = (x) = 0 \end{aligned} \qquad \text{（}\overset{o}{x}\text{ 为其近似解）} \qquad (1.511)$$

$$A = \overline{\left| \, f(x) = Ax - C - S(x) \right.} \qquad (1.512)$$

为一元多项式组成的非线性方程，x 为能满足方程的待求未知数，(x)为多项式的函数体，C 为常数，A 为 $f(x)$ 函数体一次项主要系数，$\overline{\left| \quad \right.}$ 为在 $f(x)$ 函数中求解 A 的符号标志；$S(x)$ 为多项式函数体展开式的非线性部分和其它微量部分。方程在 $x=\overset{o}{x}=k$ 处附近有解，且单调、无发散，则其迭代未知数 x 之解为

$$\left.\begin{aligned} & f(\overset{i}{x}) = (\overset{i}{x}) \\ & \quad \Delta \;\; = A^{-1} f(\overset{i}{x}) \\ & \quad \overset{i+1}{x} \;\; = \overset{i}{x} - \Delta \qquad\qquad \left(|\Delta| \le \varepsilon \right) \\ & \quad x \leftarrow \overset{i+1}{x} \leftarrow \overset{i}{x} \end{aligned}\right| \qquad (1.513)$$

该式说明，近似值 $\overset{o}{x}$（初始值）向 $\overset{i}{x}$ 趋近，$\overset{i}{x}$ 向 $\overset{i+1}{x}$ 趋近，$\overset{i+1}{x}$ 向待求未知数 x 趋近。另外，在确定限差公式$\left(|\Delta| \le \varepsilon \right)$时，要考虑计算机的计算精度。

证明：

一）证明方法之一

根据（1.511）式，可知

$$Ax = C + S(x) \qquad (a1)$$

以 a、b 表微小数值，给定

$$h = x + a\,, \qquad k = x + b \qquad (a2)$$

分别代入（a1）式左右x，可得等式

$$\begin{aligned} A(x+a) &= C+S(\overline{x+b}) \\ Ah &= C+S(k) \end{aligned} \tag{a3}$$

显然，当$a=b=0$时，$h=k=x$ 是方程（1.511）式之解。当 a、b不为0时，（$x+a$）与（$x+b$）不是方程（1.511）式之解，但有无数个成对的（a，b）满足（a3）式所示之等式。正因为（$x+a$）与（$x+b$）不是方程（1.511）式之解，除0以外，a与b不相等。根据多项式级数的特性，在$x=k$附近有解，又由单调、无发散而知，当x做微量变化时，函数处在“线性状态”，（a3）式中的A是主要线性部分系数，$S(k)$是高次项部分。也就是说，当$h=k\neq 0$时，原（a3）式不成立；因为$|h|\geq k^2$，右边增速慢，致使$|Ah|\geq|-C-S(k)|$。为满足（a3）式成立，必须令$h\leq k$。也就是说，所有成对的（a，b）必须满足$|a|\ \leq\ |b|$。或者说，在（a3）式的条件下，令

$$\overset{i+1}{x}=x+a \quad , \quad \overset{i}{x}=x+b \tag{a4}$$

$\overset{i+1}{x}$ 比 $\overset{i}{x}$ 更接近待求未知数 x。根据近似值 $\overset{i}{x}$，可求出更接近未知数 x 的近似值 $\overset{i+1}{x}$ 。显然，将 $\overset{i+1}{x}$ 作为新的 $\overset{i}{x}$ ，可求出更新的 $\overset{i+1}{x}$ 。这样连续下去，经迭代，可使

$$\overset{o}{x}\rightarrow\overset{1}{x}\rightarrow\overset{2}{x}\rightarrow\cdots\rightarrow\overset{i}{x}\rightarrow\overset{i+1}{x}\rightarrow x \tag{a5}$$

最后解出未知数 x，即

$$A\overset{i+1}{x}=C+S(\overset{i}{x}) \tag{a6}$$

$$S(\overset{i}{x})=-f(\overset{i}{x})-C+A\overset{i}{x} \tag{a7}$$

$$A\overset{i+1}{x}=C-f(\overset{i}{x})-C+A\overset{i}{x} \tag{a8}$$

$$A\left(\overset{i+1}{x}-\overset{i}{x}\right)=-f(\overset{i}{x})$$

$$\left.\begin{aligned} \overset{i+1}{x} &= \overset{i}{x}-\Delta \\ \Delta &= A^{-1}f(\overset{i}{x}) \end{aligned}\right| \tag{a9}$$

证毕。

二）证明方法之二

将（1.511）式以级数形式展开：

$$f(x) = Ax - C - S(x) \qquad = (x) = 0 \qquad \text{(b1)}$$
$$\left(S(x) = mx + Bx^2 + \cdots + Rx^r + \cdots\right)$$

对于在（ $x = \overset{o}{x} = k$ ）处任意 x 值的函数：

$$f(\overset{i}{x}) = A\overset{i}{x} - C - S(\overset{i}{x}) \ = \ (\overset{i}{x}) \qquad \text{(b2)}$$

式中，C 为常数，A 为一次项系数的主要部分，m 为一次项系数的微小量部分；$S(x)$ 为二次以上项（含 mx ）的部分。根据多项式展开为级数形式的特性可知，$S(x)$ 也是微量部分。令（b2）与（b1）相减可知：

$$f(\overset{i}{x}) - 0 \ = \ A\left(\overset{i}{x} - x\right) + \left(S(x) - S(\overset{i}{x})\right) \qquad \text{(b3)}$$

$$f(\overset{i}{x}) = A\left(\overset{i}{x} - x\right) + \delta \quad , \qquad \delta \ = S(x) - S(\overset{i}{x}) \qquad \text{(b4)}$$

$$x \ = \overset{i}{x} - A^{-1} \cdot \left(f(\overset{i}{x}) \ - \ \delta\right)$$

该式即（1.511）式之理论解。式中，δ 是函数高次项部分的增量，比一次项的增量要小得多，是微量值。略去 δ，则（b4）式左边未知数 x 计算值，与（1.511）式之待求未知数 x（方程解）会有微量之差。给出第一个 x 概略初始值（01），可知：

$$x = \overset{1}{x} - A^{-1} \cdot \left(f(\overset{1}{x}) - \overset{1}{\delta}\right) \qquad (\ \overset{i}{x} = \overset{01}{x} = \overset{1}{x}\ )$$
$$\overset{2}{x} = \overset{1}{x} - A^{-1} \cdot f(\overset{1}{x}) \qquad \text{（定义：} \overset{2}{x} = x - A^{-1} \cdot \overset{1}{\delta} \text{）} \qquad \text{(b5)}$$
$$\text{（或者，} \overset{2}{x} = \overset{1}{x} - A^{-1} \cdot f(\overset{1}{x}) \text{）}$$

$$\overset{1}{x} \ - \ x \ = \ A^{-1} \cdot \left(f(\overset{1}{x}) - \overset{1}{\delta}\right) \qquad \text{（（b5）式之前一式移项）} \qquad \text{(b6)}$$

$$\overset{2}{x} \ - \ x \ = \ A^{-1} \cdot \left(\ 0 \ - \overset{1}{\delta}\right) \qquad \text{（（b5）式之二式相减）} \qquad \text{(b7)}$$

在上式中，（b6）式右边有两个随机项（ $f(\overset{1}{x}) - \overset{1}{\delta}$ ），（b7）式右边有一个随机项 $\overset{1}{\delta}$，就误差传播来说，前者精度要低于后者，也就是 $\overset{2}{x}$ 的精度要高于 $\overset{1}{x}$ 的精度。再进一步理解，$\overset{2}{x}$ 的迭代计算值，应该处在未知数 x 与 $\overset{1}{x}$ 之间，$\overset{2}{x}$ 比 $\overset{1}{x}$ 更接近于未知数 x 的真值。

再给定第二个、第三个 …… x 的迭代值，可知：

$$\overset{2}{x} = \overset{1}{x} - A^{-1} f(\overset{1}{x}) \qquad \Delta = A^{-1} f(\overset{i}{x})$$

$$\overset{3}{x} = \overset{2}{x} - A^{-1} f(\overset{2}{x}) \qquad \overset{i+1}{x} = \overset{i}{x} - \Delta \tag{b8}$$

$$\cdots\cdots\cdots\cdots$$

同理，（b8）式中计算值 $\overset{3}{x}$，处在 $\overset{2}{x}$ 与 x 之间。非常明显，$\overset{2}{x}$ 比 $\overset{1}{x}$ 接近待求未知数 x，$\overset{3}{x}$ 比 $\overset{2}{x}$ 更接近待求未知数 x 的真值。继之，可知

$$\overset{o}{x} \to \overset{1}{x} \to \overset{3}{x} \to \cdots \to \overset{i}{x} \to \overset{i+1}{x} \to x \tag{b9}$$

最终必定找到一个以待求未知数 x 为极限值的 $\overset{i+1}{x}$ 计算值。显然，据此理念，可将（1.511）式之迭代解算形式，写成（1.513）式。

证毕。

以上两种证明，均以迭代值 向待求未知数趋近为核心内容。趋近待求未知数是首要条件；除此之外，还必须解决循环趋近和死循环问题。如图【1.511】所示。

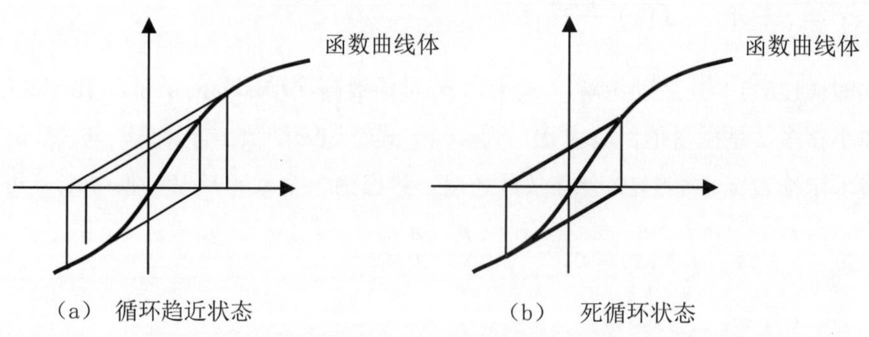

（a）　循环趋近状态　　　　（b）　死循环状态

图【1.511】　循环趋近状态与死循环状态示意

因此，必须在程序中，增加判断语句：

$$\left(\left(\operatorname{sgn}(f(\overset{i}{x})) + \operatorname{sgn}(f(\overset{i-1}{x}))\right) = 0\right) \;\&\; \left(\left(\left|f(\overset{i}{x})\right| - \left|f(\overset{i-1}{x})\right|\right) \le \varepsilon\right) \tag{1.514}$$

若满足，（1.513）式中的 $\overset{i+1}{x}$ 应改为

$$\overset{i+1}{x} = \frac{1}{2}\left(\overset{i}{x} + \overset{i-1}{x}\right) \tag{1.515}$$

然后，再继续迭代解算。

顺便指出，**辜小玲算法是严密的完全解算方法**，与传统的线性化近似算法相比，具有公式简单、省时、精度高的优点。传统解法，来自泰勒展开式[10. P200]：

$$f(x)=f(\overset{o}{x})+f'(\overset{o}{x})\left(x-\overset{o}{x}\right)^{1}+\frac{1}{2!}f''(\overset{o}{x})\left(x-\overset{o}{x}\right)^{2}+\cdots \quad \text{(I)} \tag{1.516}$$

$$=Ax-C+\cdots \quad \text{（传统线性化）} \quad \text{(II)}$$

式中，$\overset{o}{x}$ 是近似值。略去二次以上项，按线性方程处理，根据(I)可知

$$x=\overset{o}{x}-\left(f'(\overset{o}{x})\right)^{-1}\cdot f(\overset{o}{x}) \qquad (f(x)=0) \tag{1.517}$$

显然，反复求解 $f'(\overset{o}{x})$、$f(\overset{o}{x})$ 是繁琐的，故实际上，多弃之不用，而是以舍去二次以上项的(II)解之：

$$x=A^{-1}\cdot C \qquad (f(x)=0) \tag{1.518}$$

该式称为传统的“线性化算法”，是近似解算方法，不是严密的完全解算方法。显然，这种方法的精度远远低于（1.513）式所示之辜小玲算法。

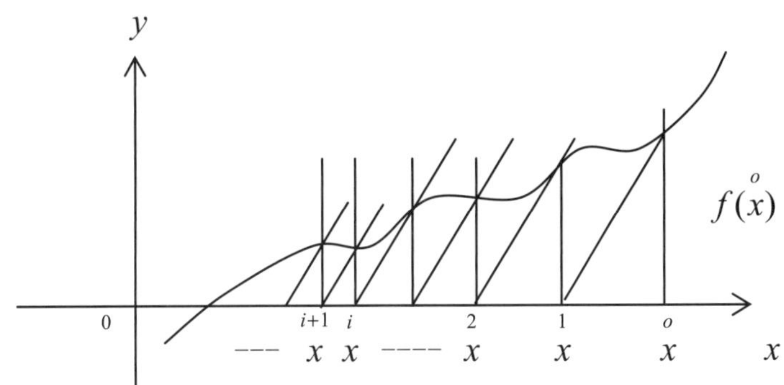

图【1.512】　辜小玲线性趋近法示意

为简化书写，将（1.511）式方程之解简写为：

$$x=\overline{\left|\; f(x)=0\right.} \tag{1.519}$$

该式由（1.511）、（1.512）、（1.513）三式定义。符号 $\overline{\left|\qquad\right.}$ 为其解算标志。

---

*）除（1.517）式外，还有一种传统解法，就是给定（1.516）式方程中（$\overset{o}{x}=0$），取其一次项，略去二次以上项，只按线性方程处理。显然，精度较低，只在有限范围内应用。

二、解多元非线性方程

设非线性函数多元矩阵方程函数体 ρ 为

$$\begin{aligned} f(\rho) &= (\rho) = 0 \\ &= A\rho - C - S(\rho) \quad = (\rho) \quad = 0 \end{aligned} \qquad (\overset{o}{\rho}\text{ 为其近似解}) \qquad (1.521)$$

$$A = \sqrt{f(\rho) = A\rho - C - S(\rho)} \qquad (1.522)$$

式中,

$$\left.\begin{aligned} f(\rho) &= [f_1(\rho) \quad f_2(\rho) \quad f_3(\rho) \quad \cdots \quad f_n(\rho)]^T \\ C &= [C_1 \quad C_2 \quad C_3 \quad \cdots \quad C_n]^T \\ A &= \begin{bmatrix} A_{11} & A_{12} & A_{13} & \cdots & A_{1n} \\ A_{21} & A_{22} & A_{23} & \cdots & A_{2n} \\ A_{31} & A_{32} & A_{33} & \cdots & A_{3n} \\ \vdots & \vdots & \vdots & \ddots & \vdots \\ A_{n1} & A_{n2} & A_{n3} & \cdots & A_{nn} \end{bmatrix} \\ S(\rho) &= [S_1(\rho) \quad S_2(\rho) \quad S_3(\rho) \quad \cdots \quad S_n(\rho)]^T \\ \rho &= [\rho_1 \quad \rho_2 \quad \rho_3 \quad \cdots \quad \rho_n]^T \end{aligned}\right| \qquad (1.523)$$

C 为常数列阵,A 为一次项系数主要部分(不含微小项的)矩阵,ρ 为未知数列阵,$S(\rho)$ 为一次项非主要部分和二次以上项部分的矩阵级数。方程在($\rho = \overset{o}{\rho} = k$)附近有解,且单调、无发散,则其未知数 ρ 之迭代解为

$$\left.\begin{aligned} f(\overset{i}{\rho}) &= (\overset{i}{\rho}) \\ \Delta &= A^{-1} f(\overset{i}{\rho}) \\ \overset{i+1}{\rho} &= \overset{i}{\rho} - \Delta \qquad \left(|\Delta| \le \varepsilon\right) \\ \rho &\leftarrow \overset{i+1}{\rho} \leftarrow \overset{i}{\rho} \leftarrow \overset{o}{\rho} \end{aligned}\right| \qquad (1.524)$$

该式说明,近似值 $\overset{o}{\rho}$(初始值)向 $\overset{i}{\rho}$ 趋近,$\overset{i}{\rho}$ 向 $\overset{i+1}{\rho}$ 趋近,$\overset{i+1}{\rho}$ 向待求未知数 ρ 趋近。在确定限差公式$\left(|\Delta| \le \varepsilon\right)$时,要考虑计算机的计算精度。另外,被解未知数列阵 ρ 的元素大小,原则上没有限制,但初始值精度不可过低;否则,有可能会导致迭代发散的现象出现,不可忽视。

证明：将（1.521）式按级数形式展开，可知

$$f(\rho)=A\rho-C-S(\rho)\qquad =(\rho)=0$$
$$\left(S(\rho)=m\rho+B\rho^{E2}+\ \cdots\ +R\rho^{Er}+\ \cdots\right) \tag{1.525}$$

对于在 $\rho=\overset{o}{\rho}$ 处任意 ρ 值的函数：

$$f(\overset{i}{\rho})=A\overset{i}{\rho}-C-S(\overset{i}{\rho})\ =\left(\overset{i}{\rho}\right) \tag{1.526}$$

式中，C 为常数，A 为一次项系数矩阵的主要部分，m 为一次项系数矩阵的微小量部分；$S(\rho)$ 为含 $m\rho$ 的二次以上项部分。令（1.526）与（1.525）相减，可知：

$$f(\overset{i}{\rho})=A\left(\overset{i}{\rho}-\rho\right)+\left(S(\rho)-S(\overset{i}{\rho})\right) \tag{c1}$$

$$\rho\ =\overset{i}{\rho}-A^{-1}\cdot\left(f(\overset{i}{\rho})\ -\ \delta\right)\quad ,\quad \delta\ =S(\rho)-S(\overset{i}{\rho}) \tag{c2}$$

借鉴（1.513）式证明过程中的（b5）、（b6）、（b7）诸式推理，可知：

$$\overset{1}{\rho}-\rho\ =\ A^{-1}\cdot\left(f(\overset{1}{\rho})-\overset{1}{\delta}\right) \tag{c3}$$

$$\overset{2}{\rho}-\rho\ =\ A^{-1}\cdot\left(\ 0\ -\overset{1}{\delta}\right) \tag{c4}$$

$$\overset{i+1}{\rho}\ =\ \overset{i}{\rho}-A^{-1}f(\overset{i}{\rho}) \tag{c5}$$

$$(\ i=1,2,3,\cdots\ )$$

再将 ρ 元素按一个、一个未知数来考虑，将其它 ρ 元素看作常数，则（1.524）式与（1.513）式类同，$\overset{i+1}{\rho}$ 处在 ρ 与 $\overset{i}{\rho}$ 之间。继之，也就是说，根据 $\overset{i}{\rho}$ 求解 $\overset{i+1}{\rho}$，再以 $\overset{i+1}{\rho}$ 代替 $\overset{i}{\rho}$，求解新的 $\overset{i+1}{\rho}$。以此反复迭代，必然出现

$$\overset{o}{\rho}\rightarrow\overset{1}{\rho}\rightarrow\overset{2}{\rho}\rightarrow\ \cdots\ \rightarrow\overset{i}{\rho}\rightarrow\overset{i+1}{\rho}\rightarrow\rho \tag{c6}$$

当然，也有可能出现循环趋近和死循环，程序要有判断。若有，应按下式排除：

$$\overset{i+1}{\rho}\ =\frac{1}{2}(\ \overset{i}{\rho}+\overset{i-1}{\rho}\ ) \tag{1.527}$$

证毕。（用（1.519）式的第一证法思路，亦可证明。）

---

*）符号 ⌈ 是取西文线字 Line 的 L，延长其竖线，右旋 90° 而成。

顺便指出，效仿（1.519）式，为简化书写，将（1.521）式方程之解，简写为：

$$\rho=\overline{\Big|\, f(\rho)\ =0} \tag{1.528}$$

详细内容，由（1.521）、（1.522）、（1.523）、（1.524）四式定义。

再次重复指出：将（1.517）、（1.518）二式中的 $f'(\overset{o}{x})$、$f(\overset{o}{x})$、A^{-1}、C 看作矩阵和列阵，就是多元非线性矩阵方程的两种传统解法：

$$\left.\begin{aligned}\rho &= \overset{o}{\rho}-\left(f'(\overset{o}{\rho})\right)^{-1}\cdot f(\overset{o}{\rho})\\ \rho &= A^{-1}\cdot C\end{aligned}\right| \tag{1.529}$$

无须置疑，对多元非线性矩阵方程，反复求解其矩阵 $f'(\overset{o}{\rho})$、$f(\overset{o}{\rho})$，特别是随着未知数的大量增加，将会出现难以想象的工作难度和工作量。因此，在当前社会生产实践活动中，不管未知数多少，对于传统的（1.529）式，均按一次性计算处理。显然，其精度不是最佳状态。

当然，辜小玲算法中，也有列阵的重复计算，但这在电子计算机时代，无须多虑。重要的是，辜小玲算法的解算过程是严密的，没有省略的“全解算”，是当前精度最高的解算。

着重指出：任何函数，只要书写出（1.528）式之形式，即标志函数值是可解的，不再书写其它说明。另外，还应该注意：ρ 应该是相对值，大小不限；但其初始值要确保其误差条件（$|\Delta|<1$）得到满足；否则，有可能出现迭代发散。因此，在选用迭代初始值时，一定要要避免（$|\Delta|\geq 1$）的现象出现，确保方程解算绝对收敛。

-----2014 年 12 月 11 日　　北京·万寿路-----

-----2015 年 11 月 6 日　　北京·航天城-----

-----2016 年 4 月 17 日　　西安·曲江池-----

-----2016 年 12 月 1 日　　北京·航天城-----

---

*）本章核心内容（1.513）式的推证过程：

1）在（a3）式平衡的前提下，未知数有增量时（初始值），可迭代求解 x；

$$A(x+a)=C+S(\overline{x+b})\qquad (a\leq b)$$

（由大误差近似值，求解出小误差近似值）

2）$S(\overline{x+b})$ 的具体完整形式是很难确定的，但其解算值可由 $f(x)$ 的函数体计算：

$$S(\overset{i}{x})=A\overset{i}{x}-C-f(\overset{i}{x})$$

3）故知未知数初始值的增量：

$$\Delta=A^{-1}f(\overset{i}{x})$$

第六章　辜小玲算法（2）

-----辜小玲等效改化法-----

有些非线性方程和非线性方程组，求其线性系数 A 几乎是不可能的。为此，在此提出一个经过长期实践检验的、创新成果“等效改化法”。鉴于辜小玲同志是该成果探索的参与者和第一实践者，故称之为“辜小玲等效改化法”。改化后的方程称为“辜小玲等效改化方程”。

一、解一元非线性方程

设有非线性方程

$$f(x) = E(x) = 0 \tag{1.611}$$

$E(x)$ 表示其具体形式，在 $x = r$ 附近有解。但其线性化较为困难，甚至不可能，但其近似方程可知为

$$g(x) = Ax - C - B(x) = 0 \tag{1.612}$$

式中，Ax 为一次项，$B(x)$ 为高次项。想象 $g(x)$ 是 $E(x)$ 的一部分，解算过程需要将 $g(x)$ 从 $E(x)$ 中分离出来，组建**辜小玲等效改化方程**。组建的原则，是取 $g(x)$ 的一次项 Ax，并遵循（1.611）式“ $f(x) = E(x)$ ”的数学概念，得

$$\begin{aligned} f(x) = &\ g(x) + (E(x) - g(x)) &= 0 \\ = &\ Ax - C - B(x) + (E(x) - \overline{Ax - C - B(x)}) & \\ = &\ Ax - (Ax - E(x)) &= 0 \end{aligned} \tag{1.613}$$

式中，$[E(x) - g(x)]$ 一项，表示假想在 $E(x)$ 中拿出 $g(x)$ 项，与（1.511）式中的（ $-C - S(x)$ ）类似。进而，由（1.613）式，形成只有 Ax 与 $[Ax - E(x)]$ 两项的迭代公式：（“ $Ax - E(x)$ ”可理解为二次以上项，与 $S(x)$ 相应）

$$A\overset{i+1}{x} = A\overset{i}{x} - E(\overset{i}{x}) \tag{1.614}$$

显然，由于二次以上项 $E(\overset{i}{x})$ 的存在，可知（ $A\overset{i+1}{x} \le A\overset{i}{x}$ ）；根据（1.511）式之解，可知辜小玲等效改化方程收敛，其解为

$$\left.\begin{aligned} & f(\overset{i}{x}) = g(\overset{i}{x}) + E(\overset{i}{x}) - g(\overset{i}{x}) = E(\overset{i}{x}) \\ & \overset{i+1}{x} = \overset{i}{x} - \Delta \qquad\qquad (|\Delta| \le \varepsilon) \\ & \Delta = A^{-1} f(\overset{i}{x}) \end{aligned}\right| \tag{1.615}$$

简写之，得

$$x = \left|\overline{\ f(x) = g(x) + E(x) - g(x) = 0\ }\right. \tag{1.616}$$

关于（1.615）式之收敛问题，**证明如下**：

给定

$$\overset{i+1}{x} = x + a \quad , \qquad \overset{i}{x} = x + b \tag{b1}$$

代入（1.614）式，可知：

$$A(x+a) = A(x+b) - E(x+b) \tag{b2}$$

当$a = b = 0$时，上式平衡，等式左右两边相等；当$a \neq b \neq 0$时，由于该式等号右边的$[A(x+b)-E(x+b)]$与（1.511）式中的$[-C-S(x)]$类似，a、b都从 0 开始起步增值。由于$A(x+b)$与$E(x+b)$中的假想$A(x+b)$成分相互抵消，$[A(x+b)-E(x+b)]$之值要小于$A(x+b)$，故知

$$\begin{aligned} A(x+a) &\leq A(x+b) \\ a &\leq b \end{aligned} \tag{b3}$$

也就是说，

$$\overset{i+1}{x} \text{ 的精度　高于 } \overset{i}{x} \text{ 的精度} \tag{b4}$$

$\overset{i+1}{x}$ 比 $\overset{i}{x}$ 更接近待求未知数 x，即

$$\overset{o}{x} \to \overset{1}{x} \to \overset{2}{x} \to \cdots\cdots \to \overset{i}{x} \to \overset{i+1}{x} \to x \tag{a5}$$

该式满足（1.513）式辜小玲线性趋近的收敛条件，故（1.615）式收敛。**证毕**。

顺便指出，当迭代趋近方程解x时，有可能出现迭代循环趋近和死循环状态，此时应按下式处理：

$$\overset{i+1}{x} = \frac{1}{2}\left(\overset{i}{x} + \overset{i-1}{x}\right) \tag{1.617}$$

当（1.615）式发散时，改变A之代数符号即可；当（1.613）式中之A难于求寻时，根据图【1.512】，建议选用

$$A = \frac{f(\overset{o}{x}+\varepsilon) - f(\overset{o}{x})}{\varepsilon} \tag{1.618}$$

注意，（1.613）式中之常数C对解算精度无影响，$B(x)$也对解算精度无影响。重要的是$g(x)$函数的线性部分A系数。

-----2014 年 12 月 14 日　　北京・万寿路-----

-----2017 年 8 月 9 日　　西安・曲江池-----

-----2018 年 4 月 21 日　　西安・曲江池-----

二、解多元非线性方程

在科学试验活动当中，确有线性化难度较大的函数，给求解带来困难。但考虑到任何方程均存在其近似解方程，故运用辜小玲等效改化法解之，仍然有效。

设有不易线性化方程 $f(\rho)$，以 $E(\rho)$ 表示其具体形式：

$$\left.\begin{aligned} & f(\rho)=E(\rho) \qquad\qquad =0 \\ & \rho=[\rho_1 \quad \rho_2 \quad \rho_3 \quad \cdots \quad \rho_n]^T \end{aligned}\right| \tag{1.621}$$

其近似解之方程 $g(\rho)$，可线性化为

$$g(\rho)=A\rho-C-B(\rho) \qquad\qquad =0 \tag{1.622}$$

式中，$A\rho$ 为一次项，$B(\rho)$ 为微小项与高次项之总和，则（1.621）式之辜小玲等效改化方程为

$$\begin{aligned} f(\rho) &= g(\rho)+E(\rho)-g(\rho) \qquad\qquad =0 \\ &= A\rho-C+\left(E(\rho)-\overline{A(\rho)-C}\right) \\ &= A\rho-\left(A(\rho)-E(\rho)\right) \qquad\qquad =0 \end{aligned} \tag{1.623}$$

参看（1.613）式，根据（1.524）式推证过程，可知其解：

$$\left.\begin{aligned} & f(\overset{i}{\rho})=E(\overset{i}{\rho}) \qquad , \qquad A=\overline{\left| g(\rho)\right.}=\overline{\left| Ax-C-B(\rho)\right.} \\ & \Delta=A^{-1}f(\overset{i}{\rho}) \\ & \overset{i+1}{\rho}=\overset{i}{\rho}-\Delta \qquad , \qquad \left(|\Delta|\leq\varepsilon\right) \\ & \rho=\overline{\left| f(\rho)=g(\rho)+E(\rho)-g(\rho)=0\right.} \end{aligned}\right| \tag{1.624}$$

证明：（按（1.524）式的推证方法证明从略）

将（1.623）式写成

$$\left.\begin{aligned} & f(\overset{i}{\rho})=A\overset{i}{\rho}-C-S(\overset{i}{\rho}) \quad , \quad S(\rho)=\overline{A(\rho)-C}-E(\rho) \\ & f(\rho)=A\rho-C-S(\rho) \end{aligned}\right| \tag{b1}$$

由于 $S(\rho)$ 项中的 $E(\rho)$ 与 $g(\rho)$ 是等效项，故二者之差为微小项；$S(\rho)$ 是等效改化方程的高此项，也是微小项。所以，$S(\rho)$ 是微小项。与（1.524）式之证明类同，根据（b1）二式之差可知：

$$f(\overset{i}{\rho})-0=A(\overset{i}{\rho}-\rho)-S(\overset{i}{\rho})+S(\rho) \tag{b2}$$

也就是

$$\rho = \overset{i}{\rho} - A^{-1}\left(f(\overset{i}{\rho}) + \overset{i}{\delta} \right) \quad , \quad \overset{i}{\delta} = S(\overset{i}{\rho}) - S(\rho) \tag{b3}$$

$$\overset{i+1}{\rho} = \overset{i}{\rho} - A^{-1}\left(f(\overset{i}{\rho}) \right) \tag{b4}$$

亦即

$$\left.\begin{aligned} \overset{i}{\rho} - \rho &= A^{-1} \cdot \left(f(\overset{i}{\rho}) + \overset{i}{\delta} \right) \\ \overset{i+1}{\rho} - \rho &= A^{-1} \cdot \left(\quad 0 \quad + \overset{i}{\delta} \right) \end{aligned}\right| \tag{1.625}$$

因 δ 是函数高次项部分的增量，是微量值，故与（1.513）式之证明类同，上式中 $\overset{i+1}{\rho}$ 处在 ρ 与 $\overset{i}{\rho}$ 之间；$\overset{i+1}{\rho}$ 比 $\overset{i}{\rho}$ 更趋近于 ρ，故（1.624）式之迭代结果必然是：

$$\overset{o}{\rho} \to \overset{1}{\rho} \to \overset{2}{\rho} \to \cdots\cdots \to \overset{i}{\rho} \to \overset{i+1}{\rho} \to \rho \tag{1.626}$$

证毕。

重复地说，本章是把不能运用（1.524）式求解的 $f(\rho)$ 方程，改化成可以运用。主要的条件是：$g(\rho)$ 应该是 $f(\rho)$ 的近似函数。在科技实践活动中，辜小玲等效改化法具有广泛的实用价值。

运用辜小玲等效改化法的关键是寻求等效方程。严格地说，任何函数体都可以将其改化成级数书写。级数的一阶导数，就是线性系数 A 的一个值，即

$$\begin{aligned} f(\rho) &= \left[f_1(\rho) \quad f_2(\rho) \quad f_3(\rho) \quad \cdots \quad f_n(\rho) \right]^T \\ \rho &= \left[\rho_1 \quad \rho_2 \quad \rho_3 \quad \cdots \quad \rho_n \right]^T \\ A_{ji} &= \frac{d f_j(\rho_i)}{d\rho} = f_j'(\rho_i) \end{aligned} \tag{1.627}$$

显然，求导数是繁琐的。为此，（1.623）式中的 A，据其含义，亦可按下式求之：

$$\begin{aligned} \overset{o}{\rho} &= \left[\overset{o}{\rho}_1 \quad \overset{o}{\rho}_2 \quad \overset{o}{\rho}_3 \quad \cdots \quad \overset{o}{\rho}_n \right]^T \\ A_{ji} &= \frac{\Delta f_j(\rho_i)}{\Delta\rho} = \frac{f_j(\overset{o}{\rho}_i) - f_j(\overset{o}{\rho}_i - \varepsilon)}{\varepsilon} \end{aligned} \tag{1.628}$$

该式不求导数，便于操作。式中，ε 为初始值 $\overset{o}{\rho}$ 的微小增量。对于任何非线性方程，都可以借助（1.624）式，运用辜小玲等效改化法，解开所有难解的方程组。

第七章　辜小玲算法（3）

-----辜小玲三点判别法-----

非线性方程和非线性方程组，在很多情况下，是很难求导数的。为此，本章提出**辜小玲首创、并经实践成功验证的三点判别法**。该方法已在国家重大课题（卫星摄影定位、巡航导弹地形匹配等任务）中得到应用。为区别于其它解法，特称之为“辜小玲三点判别法”。

一、解一元非线性方程

设有难以线性化的非线性方程

$$f(x)=0 \tag{1.711}$$

在 $x=r$ 附近有解。但其线性化较为困难，甚至不可能。选定 r 为 x 的初始值，并给出三点等间隔 E，如图【1.711】所示。

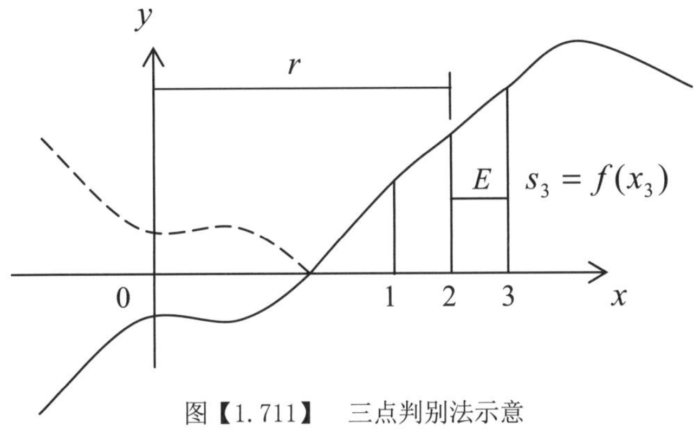

图【1.711】　三点判别法示意

则其计算机计算的三点数学表达式为：

$$\begin{aligned} x_2 &= r \\ x_1 &= x_2 - E \\ x_3 &= x_2 + E \end{aligned} \tag{1.712}$$

故可得

$$\begin{aligned} s_1 &= f(x_1) \\ s_2 &= f(x_2) \\ s_3 &= f(x_3) \end{aligned} \tag{1.713}$$

如果 $|s_1| \le |s_2| \le |s_3|$，则给定

$$\begin{aligned} x_3 &= x_2 \\ x_2 &= x_1 \\ x_1 &= x_1 - E \end{aligned} \tag{1.714}$$

如果 $|s_1| \ge |s_2| \ge |s_3|$，则给定

$$\begin{aligned} x_1 &= x_2 \\ x_2 &= x_3 \\ x_3 &= x_3 + E \end{aligned} \tag{1.715}$$

如果 $|s_1| \ge |s_2| \le |s_3|$，则给定

$$\begin{aligned} E &= \frac{1}{2}E \\ x_2 &= x_2 \\ x_1 &= x_2 - E \\ x_3 &= x_2 + E \end{aligned} \tag{1.716}$$

然后转到（1.713）式再计算。当 x_2 附近有极值时，会出现 $|s_1| \le |s_2| \ge |s_3|$ 的情况；此时，可比较 $|s_1|$ 和 $|s_3|$ 的大小，令 x_2 等于小者，根据小者来确定转到（1.714）式或（1.715）式，然后转到（1.713）式再计算；随着 E 逐渐变小，$|s_2|$ 将趋近于 0。假若又出现极小值，应令 x_2 等于大者，当满足给定的微小值 ε 时，即满足

$$|s_2| = |f(x_2)| \le |\varepsilon| \qquad (\varepsilon \to 0) \tag{1.717}$$

可以认为 x_2 即（1.711）式之解。不管 $f(x)$ 是如何复杂的函数，用以上方法均可求解。为区别于其它解法，以数学符号 $\overline{\big|\qquad\quad}$ 表之，可写为

$$x = \overline{\big|\ f(x) = 0} \tag{1.718}$$

以此作为方程未知数已经求解的标志。

---

*）符号 $\overline{\big|\qquad\quad}$ 是取“特定”的“特”字之拼音首字母 T，延长其右臂而成。作为特定数学运算的标志符。符号在（1.718）式中，专指三点判别法解方程。

二、多元非线性方程

设有难以线性化的非线性方程组

$$
\left.\begin{aligned}
&f(\rho)=0\\
&f(\rho)=[f_1(\rho)\quad f_2(\rho)\quad f_3(\rho)\quad \cdots f_i(\rho)\cdots\quad f_n(\rho)]^T\\
&\quad\rho=[\,x_1\ \ x_2\ \ x_3\cdots x_j\cdots\quad x_n\,]^T
\end{aligned}\right| \qquad (1.721)
$$

在

$$\rho=\begin{bmatrix}\overset{o}{x}_1 & \overset{o}{x}_2 & \overset{o}{x}_3\cdots & \overset{o}{x}_n\end{bmatrix}^T$$

附近有解。但其线性化较为困难，甚至不可能。选定 (1.722)

$$\overset{o}{\rho}=\begin{bmatrix}\overset{o}{x}_1 & \overset{o}{x}_2 & \overset{o}{x}_3\cdots & \overset{o}{x}_n\end{bmatrix}^T$$

为 ρ 的初始值，并给出三点等间隔 E，用三点判别法解之。因为三点判别，只能一点一点地进行，故首先从 x_1 开始，然后 x_2，x_3，…，x_n。为了提高解算精度，要根据 x_i 序列，对 $f_i(\rho)$ 重新排序，使 $f_i(\rho)$ 对 x_i 最敏感。形象地讲，x 的一次项系数中，唯独 x_i 的一次项系数在 $f_i(\rho)$ 中最大。即

$$\frac{df_i(\rho)}{dx_i}=\max \qquad (1.723)$$

再从新编排 ρ 的 x_i 与 $f_i(\rho)$ 中的序号，使

$$\frac{df_{i=k}(\rho)}{dx_{j=k}}=\frac{df_k(\rho)}{dx_k}=\max \qquad (1.724)$$

形成新的方程组，即将（1.721）式变为“变量序号 i 与方程序号 j，相同者最敏感”：

$$
\left.\begin{aligned}
&f(\rho)=0\\
&f(\rho)=[f_1(\rho)\quad f_2(\rho)\quad f_3(\rho)\quad \cdots\quad f_k(\rho)\quad \cdots\quad f_n(\rho)]^T\\
&\quad\rho=\rho_k=[\,x_1\ \ x_2\ \ x_3\ \cdots\ x_k\cdots\quad x_n\,]^T
\end{aligned}\right| \qquad (1.725)
$$

认定 x_k 为变量，其它 $(x_1,x_2,x_3\cdots x_{k-1},\ x_{k+1}\cdots x_n)$ 为非变量。该式的特点在于：同序号的变量与方程，二者较其它“变量与方程”更为敏感。在此前提下，按序号逐步迭代求解。

给定

$$\left.\begin{aligned} & x_{k2} = \overset{o}{x}_k \\ & x_{k1} = x_{k2} - E \\ & x_{k3} = x_{k2} + E \\ & \quad (k = 1, 2, 3 \cdots\ n) \end{aligned}\right| \qquad \text{(b1)}$$

则其计算机计算的三点数学表达式为:

$$\left.\begin{aligned} & s_1 = f_k(\rho_k \to x_{k1}) = f(x_1, x_2, x_3\ \cdots x_{k1} \cdots\ x_n) \\ & s_2 = f_k(\rho_k \to x_{k2}) = f(x_1, x_2, x_3\ \cdots x_{k2} \cdots\ x_n) \\ & s_3 = f_k(\rho_k \to x_{k3}) = f(x_1, x_2, x_3\ \cdots x_{k3} \cdots\ x_n) \\ & \quad (k = 1, 2, 3 \cdots\ n) \end{aligned}\right| \qquad \text{(b2)}$$

如果$|s_1| \le |s_2| \le |s_3|$，则给定

$$\left.\begin{aligned} & x_{k3} = x_{k2} \\ & x_{k2} = x_{k1} \\ & x_{k1} = x_{k1} - E \end{aligned}\right| \qquad \text{(b3)}$$

如果$|s_1| \ge |s_2| \ge |s_3|$，则给定

$$\left.\begin{aligned} & x_{k1} = x_{k2} \\ & x_{k2} = x_{k3} \\ & x_{k3} = x_{k3} + E \end{aligned}\right| \qquad \text{(b4)}$$

如果$|s_1| \ge |s_2| \le |s_3|$满足，则计算下一个变量 （$\rho_{k+1} = x_{k+1}$），直至$(\rho_n = x_n)$ 。只有所有的ρ_k都满足$|s_1| \ge |s_2| \le |s_3|$时，方可给出

$$\left.\begin{aligned} & E = \frac{1}{2} E \\ & x_{k2} = x_{k2} \\ & x_{k1} = x_{k2} - E \\ & x_{k3} = x_{k2} + E \end{aligned}\right| \qquad \text{(b5)}$$

然后转到（b1）式再做计算。当x_2附近有极值时，会出现 $|s_1| \le |s_2| \ge |s_3|$ 的情况；此时，可比较$|s_1|$和$|s_3|$的大小，根据小者来决定转到（b3）式或（b4）式，或暂不改正。然后转到（b1）式再计算。随着E逐渐变小，给出微小值ε，若满足

$$|s_2| = |f_k(\rho_k \to x_{k2})| \le \varepsilon \tag{1.726}$$

可以认为x_{k2}即（1.721）式中一个方程之解。以算法符号 $\overline{\big|\quad\quad}$ 表之：

$$x_k = \overline{\big|\ f_k(\rho_k \to x_k) = 0} = \overline{\big|\ f_k(\rho) = 0} \tag{1.727}$$

以此类推。另外要注意：对ε 给值，要由大变小，不可一次太小，以免迭代困难。

上述判别过程，是单变量、单方程进行的。考虑到（1.725）式的“变量与方程，同序号者最敏感”特性，对（1.725）式同时进行判别，也是可行的。

第一步：给出初始值

$$\begin{aligned} \rho_2 &= \left(\overset{o}{\rho}\right)_2 = \overset{o}{\rho} \\ \rho_1 &= \left(\overset{o}{\rho}\right)_1 = \left(\overset{o}{\rho}\right)_2 - E \quad , \quad E = [\,E \quad E \quad E \quad \cdots \quad E\,]^T \\ \rho_3 &= \left(\overset{o}{\rho}\right)_3 = \left(\overset{o}{\rho}\right)_2 + E \end{aligned} \tag{c1}$$

第二步：将第一迭代值代入方程，求方程值

$$\left.\begin{aligned} (s_1)_i &= (f_i)_1 \qquad \leftarrow \rho_1 \\ (s_2)_i &= (f_i)_2 \qquad \leftarrow \rho_2 \\ (s_3)_i &= (f_i)_3 \qquad \leftarrow \rho_3 \\ &(i = 1, 2, 3, \cdots, n) \end{aligned}\right| \tag{c2}$$

第三步：求解第一迭代值。根据（c2）式，对（c1）式中之“ρ_1、ρ_2、ρ_3”中的相应元素，按下式给定：

如果

$$|s_1|_i \le |s_2|_i \le |s_3|_i$$

则

$$\left.\begin{aligned} (x_i)_3 &= (x_i)_2 \\ (x_i)_2 &= (x_i)_1 \\ (x_i)_1 &= (x_i)_1 - E \end{aligned}\right| \tag{c3}$$

如果

$$\left.\begin{array}{l}\left|s_1\right|_i \geq \left|s_2\right|_i \geq \left|s_3\right|_i \\ \text{则} \\ x_{i1} = x_{i2} \\ x_{i2} = x_{i3} \\ x_{i3} = x_{i3} + E\end{array}\right| \tag{c4}$$

如果$\left|s_1\right|_i \geq \left|s_2\right|_i \leq \left|s_3\right|_i$满足，则暂不改正。之后，就是 ρ 的第一迭代值。继续迭代，求解第二、第三等迭代值。

第四步：继续重复迭代。当对于所有的相应元素，(b3)、(b4) 两种情况均不存在，都是$\left|s_1\right|_i \geq \left|s_2\right|_i \leq \left|s_3\right|_i$时，再按下式给定：

$$\left.\begin{array}{l}E = \dfrac{1}{2}E \\ x_{i2} = x_{i2} \\ x_{i1} = x_{i2} - E \\ x_{i3} = x_{i2} + E\end{array}\right| \tag{c5}$$

继续重复迭代，直至满足全部限差

$$\left|s_2\right| \leq \varepsilon \tag{c6}$$

迭代解算终止，最后给出：

$$\rho = \overline{\left| f(\rho) = 0\right.} \tag{1.728}$$

作为方程未知数。这是已经求解的标志。

辜小玲三点判别法，不存在死循环问题，在解难于线性化的非线性方程过程中，是非常行之有效的。考虑到大部分非线性方程，在解算时多有相互交替运用线性趋近法、等效改化法和三点判别法，故以

$$\rho = \overline{\left| f(\rho) = 0\right.} \tag{1.729}$$

作为辜小玲三个算法 (1.528)、(1.624)、(1.728) 三式的统一标志。符号$\overline{\left|\quad\right.}$，标志着方程可用辜小玲三个算法解算，这说明未知数 ρ 可解。具体方法的选用，不再赘述。[参看第二编 (2.449) 式]

-----2014 年 12 月 13 日　　北京・万寿路-----

-----2015 年 2 月 28 日　　西安・曲江池-----

-----2015 年 4 月 1 日　　北京・怀　柔-----

-----2016 年 9 月 3 日　　北京・航天城-----

第二编 随机变量

随机变量，对科技工作者来说，是一个并不陌生的词汇，但要确切地定义这个词汇，不同学科有不同的理解。为了便于学术交流，建立共同语言是非常必要的。为此，举例阐明：假定空间有 AB 一段距离，如图【2.001】所示。

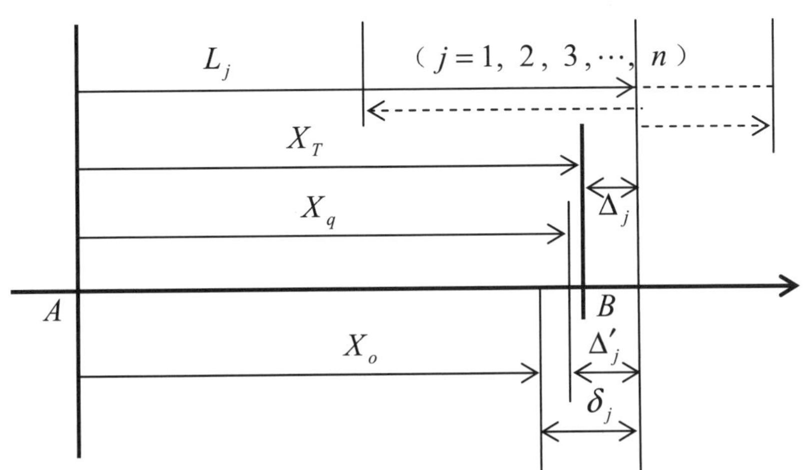

图【2.001】 随机变量的概念

由图可知

$$
\left.
\begin{aligned}
& AB = X_T \quad , \qquad \Delta_j = L_j - X_T \\
& X_o = \frac{L_1 + L_2 + L_3 + \cdots + L_n}{n} \\
& \lim_{n\to\infty} \frac{L_1 + L_2 + L_3 + \cdots + L_n}{n} = X_q \\
& \lim_{n\to\infty} \frac{L_1 + L_2 + L_3 + \cdots + L_n}{n} \to X_T \\
& \Delta'_j = L_j - X_q \\
& \delta_j = L_j - X_o
\end{aligned}
\quad (j = 1, 2, 3, \cdots, n)
\right| \qquad (2.001)
$$

式中，X_T 为 AB 的真值，L_j 为 AB 的观测值，即随机变量；n 为观测值的数量，X_o 为 AB 观测值的算术中数，X_q 为 AB 观测值的数学期望，Δ_j 为观测值相对真值的偶然误差，Δ'_j 为观测值相对数学期望的随机误差，δ_j 为观测值相对算术中数的随机误差。

由于科学实践活动在各个学术领域所针对的对象有所不同，因此图【2.001】所示的具体空间概念表述形式多有差异。概率论多以“随机变量由数学期望与随机误差组成”为主题，测绘数学多以“随机变量（观测值）由真值与偶然误差组成”为主题。即

$$L_j = \begin{bmatrix} X_T \\ X_q \\ X_o \end{bmatrix} + \begin{bmatrix} \Delta \\ \Delta' \\ \delta \end{bmatrix}_j \qquad (j = 1,\ 2,\ 3, \cdots,\ n) \tag{2.002}$$

随机变量L就是观测值，学科之间在理解上没有分歧。真值、数学期望，应该说也没有分歧，问题是对随机、偶然两个词汇的理解。作为文学语言，“随机”和“偶然”稍有差别。**“随机”多少与“时间、地点、条件”有定性关系，“偶然”则无；而作为数学语言，二者在定性、定量上均与“时间、地点、条件”无关**。但在汉语中，偶然与必然是相对的，大量的偶然就是必然；必然是通过偶然而出现的，可谓并非绝对无关。这种“无关而非无关”的概念，使人们更难以区分随机与偶然的差异。作者认为，在局限数学领域的前提下，随机与偶然词汇的差异，就在（2.002）式的数学表达式中。

问题很明显，X_T是真值，Δ是偶然误差；X_q是数学期望，Δ'是随机误差。问题集中在对“数学期望是不是真值”的理解上。数学期望是向真值趋近的，区分随机误差与偶然误差的差异，是很困难的。

趋近，就是二者的距离向0靠近，无限地靠近。从误差的概念出发来理解，可以认为是相等的。由（2.001）式推演

$$X_q = \lim_{n \to \infty} \frac{L_1 + L_2 + L_3 + \cdots + L_n}{n} = X_T \tag{2.003}$$

是可以接受的。据此，可以得出

$$\Delta' = \Delta$$

随机误差与偶然误差是相等的。也就是说，概率学科与测绘数学在“随机误差”与“偶然误差”两个词汇的“涵义是相同的”问题上，应该是没有分歧的。遗憾的是，在科学实践活动中，n不可能向无穷大趋近，数学期望X_q是很难实现的。因此，在科学实践活动中，观测值（随机变量）的数量n，趋近无穷大，往往以趋近于一个大数来理解。也就是说，习惯上“数学期望”往往以“高精度的算术中数”来代替。随机误差与偶然误差，在应用数学领域是没有差别的，**一个误差，两个词汇**。

随机误差与偶然误差是“一个误差，两个词汇”的认定，有利于概率学科与测绘学科之间的学术交流。但数学的严密性不可忘记：随机误差是针对随机变量的数学期望而言的，偶然误差是针对观测值（随机变量）的真值而言的。

随机变量，除去上述的随机误差外，还有影响精度的其它误差。影响观测精度的观测误差，总结数学领域前贤们的分析［3.P1］，可描述为：

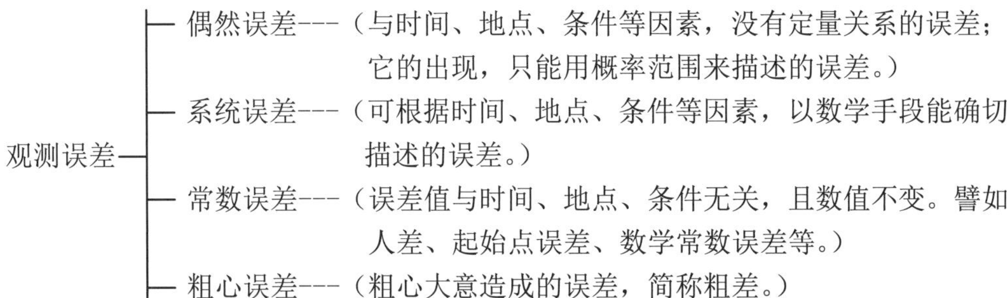

这四种误差都是客观存在的现实，必须认真对待。系统误差、常数误差，实际上在科学领域内，不应该称其为误差，而应称其为参数；因为它们对任何事物的影响，可以通过严密的数学手段来消除。粗心误差，实质上也是偶然误差，是具有特殊偶然性的偶然误差；清除其对科学实践活动的影响，也是学者们必须关注的。

原则上，偶然误差的认定与时间、地点、条件等因素没有定量关系。但考虑到在特长的时间内，不存在恒定因素，数学期望和真值会因为非偶然误差因素而有所变化。为此，作者认为：在学术活动中，应该以“真值＋偶然误差”或“数学期望＋随机误差”来定义“随机变量”，将随机变量分离成两个部分组成。这样，偶然误差的偶然性，作为学术定义，更确切地强调了其数学的严密性。

分离“观测值（随机变量）L”随机整体的偶然误差与非偶然误差两种因素，在学术上拓宽了研究偶然误差的空间，如图【2.002】所示。

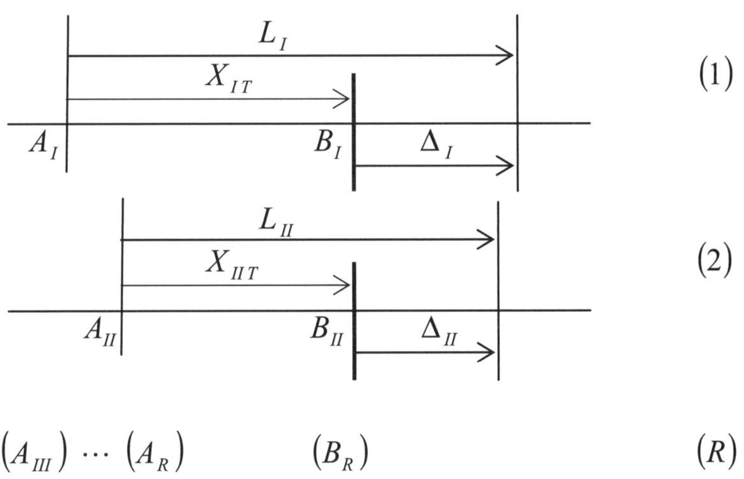

图【2.002】　各个领域的随机变量示意

图中，（L_I）、（L_{II}）⋯（L_R）是不同领域的随机变量（观测值），也是不同度量空间的随机变量实体。（X_{IT}）、（X_{IIT}）⋯（X_{RT}）是其不同度量空间的真值，（Δ_I）、（Δ_{II}）⋯（Δ_R）是其不同度量空间的偶然误差，（B_I）、（B_{II}）⋯（B_R）是其不同度量空间的偶然误差 0 点。将上述不同空间的随机变量 L 都放到一度空间，并令其偶然误差 0 点 B_j 重合在一点 B 上，如图【2.003】所示。

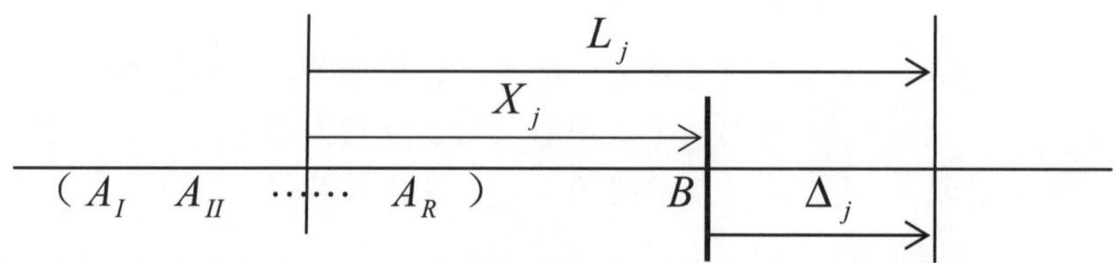

图【2.003】　各个领域的随机变量共处一度空间示意

由图可知：

$$
\Delta = L - X \quad , \quad (X = X_T)
$$

$$
\left|\begin{array}{l}
X = [\, X_1 \;\; X_2 \;\; \cdots \;\; X_R \,]^T \\
L = [\, L_1 \;\; L_2 \;\; \cdots \;\; L_R \,]^T \\
\Delta = [\, \Delta_1 \;\; \Delta_2 \;\; \cdots \;\; \Delta_R \,]^T
\end{array}\right. \qquad (2.004)
$$

显然，在（$X\ L\ \Delta$）整体内，所有的体内元素 X 相互之间都具备特定的数学关系，唯独 Δ 不受整体的任何约束。它们在某些偶然因素的影响下，形成反映它们作为共同体存在的新形式，一个偶然误差的分布密度函数。本编的任务，就是深入研究在（$X\ L\ \Delta$）整体内偶然误差 Δ 的数学特性。

重复指出，偶然误差不受时间、空间、地点等多种因素的定量约束。因此，n 维空间的偶然误差，可以放在一度空间内，进行偶然特性的数学处理。这个思想，最早是由高斯（C. F. Gauss）提出的。高斯认为：在一度空间内，单一未知数 X 的观测值 L，其偶然误差 Δ 的数学特性，可以作为公理向 n 维空间推广[1. IV, P55]。作者认为这个公理的实质是“偶然因素与非偶然因素分离”。作为数学的整体（集合），偶然因素的定义，应该与“时间、空间、地点、条件”无关。本编将以此为前提，对偶然误差的特性进行详尽的阐述。

-----2015 年 5 月 5 日　　北京・航天城-----

*）为方便计，一般情况下，随机误差与偶然误差均简称为误差。

第一章　随机误差与概率

误差理论，来自概率理论。误差的出现，与其概率有着密切的关系。下面仅就射击现象为例，阐明随机误差与概率的数学概念。

一、射击命中点的随机误差分布

在枪的机械设计与弹药配合均无误差的情况下，瞄准靶心射击，命中点总是与靶心有一段距离；这段距离，就是射击命中点 偏离靶心的误差。 概率学科称之为离差（dispersion）或误差（error）。

以 x 表示偏离靶心的辐射误差距 r，靶心左边的误差距离为负，右边的误差距离为正；以 y 表示命中点数，按等误差距划分，则射击后的靶图如图【2.111】所示。

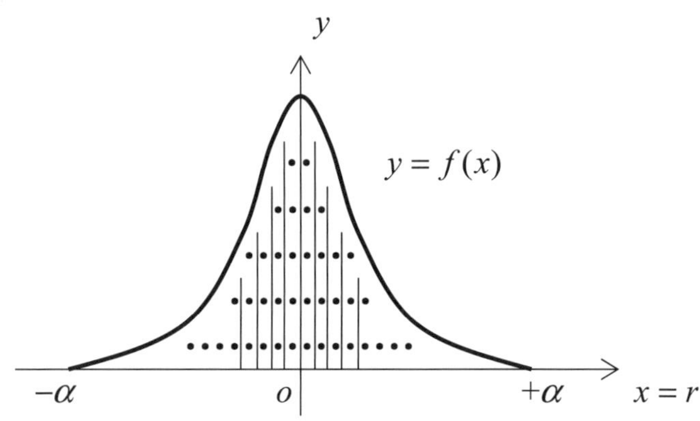

【2.111】　射击靶图坐标示意

总共命中点数为 C，在（1，2，⋯，$\alpha-1$，α）各个区间，命中个数为：

命中范围	$0<x\le 1$	$1<x\le 2$	$2<x\le 3$	$\cdots\overline{j-1}<x\le j\cdots$	$\prec x\le\alpha$
命中个数	$2n_1$	$2n_2$	$2n_3$	$2n_j$	$2n_\alpha$

命中点在（1，2，3，⋯，$\alpha-1$，α）各个区间出现的概率为

$$P\big((j-1)<x\le(j)\big)=n_j/C \qquad (2.111)$$

在图【2.111】中，以曲线包罗所有命中点，可形成数学函数

$$y=g(x) \qquad (2.112)$$

将图【2.111】中所示的每一个命中点，看作是“曲线 $g(x)$ 与 x 轴所围面积中的一块小面积”，则（2.111）式命中点在各个 Δx 区间出现的概率，可写为

$$\begin{aligned}\Delta P\left(x_{j-1}<x\leq x_j\right)&=g(x)\cdot((j)-(j-1))/C\\&=g(x)\cdot\Delta x/C\end{aligned}\tag{2.113}$$

考虑到图【2.111】中（$1,2,\cdots,\alpha$）区间的变化，即 $o\,\alpha$ 长度的分割数量多少，与（2.113）式无关。也就是说，

$$P\left(x_a\leq x\leq x_b\right)=\sum_a^b g(x)\cdot\Delta x/C\tag{2.114}$$

令

$$f(x)=g(x)/C$$

代入（2.113）式，当 Δx 向微小值趋近时，命中点在任意微小区间出现的概率可写为

$$\Delta P=f(x)\cdot\Delta x$$

或者　　（2.115）

$$dP=f(x)\cdot dx$$

该式是最基本的概率公式。式中的 $f(x)$ 一般被概率科技工作者称为**概率分布密度函数**；而测绘科技工作者则称之为**误差分布密度函数**。两种不同称呼，对应概率论和误差论两个不同的学科。考虑到 C 的不定性，概率论学科为了确切地表述概率的数量概念[13.P78]，将（2.115）式定义为：

$$\begin{aligned}&F(x)=\int f(x)\cdot dx\\&\int_{-\alpha}^{+\alpha}f(x)\cdot dx=1\end{aligned}\tag{2.116}$$

分布密度函数是测绘平差学者和概率统计学者共同探究的基础理论问题。区别在于，概率统计学者志在“**总结过去，展示未来**”，而测绘平差学者志在“**总结过去，展示现在**”。概率统计的目的是探索分布密度函数，求出未来事物发生的概率；而测绘平差的目的则是探索分布密度函数，求出“已成为现实的观测值 和与其相关的未知数解算值”的误差。当然，测绘学科也展示未来，“规范”就是在大量确认现实前提下的未来展示。好在两个学科都在以数学的严密性，共同关注误差分布密度函数的存在。

二、随机误差列的数学特征值

将（2.115）式看作概率公式，图【2.111】中$\pm\alpha$为概率边界；由（2.111）、（2.116）二式，可理解为全概率值为 1，即概率分布密度函数[13.P78]，满足：

$$\int_{-\alpha}^{+\alpha} f(x)\cdot dx=1 \tag{2.121}$$

若将（2.115）式看作误差公式，图【2.111】中$\pm\alpha$为误差边界，即最大误差；根据全误差的概念，误差出现是有边界的，误差值的大小是不可能超越最大误差$\pm\alpha$的范围，误差分布密度函数，也必须满足（2.121）式。

在科技实践活动中，存在着各种各样的误差列。为了反映误差列的数学特征，学术界提出了方差的概念。假定误差列为：

$$x_1 \quad x_2 \quad x_3 \quad \cdots \quad x_i \quad \cdots \quad x_n$$

在$n\to\infty$，或$n\to$一个特大数时，定义其N阶特征值（N阶方差）为

$$\gamma_N^N=\frac{1}{n}\sum_{i=1}^{n}\left|x_i\right|^N=\int_{-\alpha}^{+\alpha} f(x)\cdot\left|x\right|^N\cdot dx \tag{2.122}$$

证明：

参考（2.111）、（2.112）、（2.113）、（2.114）诸式，可证

$$\begin{aligned}
\frac{1}{n}\sum_{i=1}^{n}\left|x_i\right|^N &=\sum_{j=-\alpha}^{+\alpha}\frac{n_j\cdot\left|x_j\right|^N}{n} \\
&\quad [i\text{ 表误差序列，} j\text{ 表 } x \text{ 轴间距 } \Delta x \text{ 序列，} n=C] \\
&=\sum_{j=-\alpha}^{+\alpha}\frac{n_j}{C}\left|x_j\right|^N \\
&=\sum_{j=-\alpha}^{+\alpha}\frac{g(x_j)\cdot\Delta x}{C}\left|x_j\right|^N \quad \to \quad (2.113) \\
&=\sum_{x=-\alpha}^{+\alpha}\frac{g(x_j)}{C}\cdot\Delta x\cdot\left|x\right|^N \quad \to \quad (2.114) \\
&=\sum_{x=-\alpha}^{+\alpha} f(x)\cdot\left|x\right|^N\cdot\Delta x \quad \to \quad (2.115) \\
&=\int_{-\alpha}^{+\alpha} f(x)\cdot\left|x\right|^N\cdot dx
\end{aligned} \tag{a1}$$

证毕。

以上（2.122）式之证明，亦可由（2.115）式来直接理解。ΔP 为 x 轴间距 Δx 中的误差 x 出现的概率；误差总数 C 与 ΔP 之积，就是误差值为 x 时，误差在 x 轴间距 Δx 中出现的个数。即

$$\left.\begin{aligned}\frac{1}{n}\sum_{i=1}^{n}\left|x_i\right|^N &= \frac{1}{n}\sum_{j=-\alpha}^{+\alpha}C\cdot\Delta P\cdot\left|x_j\right|^N = \sum_{j=-\alpha}^{+\alpha}\Delta P\cdot\left|x_j\right|^N \\ &= \sum_{j=-\alpha}^{+\alpha}f(x_j)\cdot\Delta x\cdot\left|x_j\right|^N \qquad [\because\ C=n\,] \\ &= \int_{-\alpha}^{+\alpha}f(x)\cdot\left|x\right|^N\cdot dx \qquad \to\ (2.115)\end{aligned}\right| \tag{a2}$$

根据（2.122）式，定义：

当 $N=1$ 时，称之为一阶误差，习惯上称之为平均误差，以 λ 表示为

$$\lambda^1 = \frac{1}{n}\sum_{i=1}^{n}\left|x_i\right|^1 = \int_{-\alpha}^{+\alpha}f(x)\cdot\left|x\right|^1\cdot dx \tag{2.123}$$

当 $N=2$ 时，称之为二阶误差，习惯上称之为中误差，以 m 表示为

$$m^2 = \frac{1}{n}\sum_{i=1}^{n}\left|x_i\right|^2 = \int_{-\alpha}^{+\alpha}f(x)\cdot\left|x\right|^2\cdot dx \tag{2.124}$$

当 $N=3$ 时，称之为三阶误差，以 ω 表示为

$$\omega^3 = \frac{1}{n}\sum_{i=1}^{n}\left|x_i\right|^3 = \int_{-\alpha}^{+\alpha}f(x)\cdot\left|x\right|^3\cdot dx \tag{2.125}$$

当 $N=4$ 时，称之为四阶误差，以 σ 表示为

$$\sigma^4 = \frac{1}{n}\sum_{i=1}^{n}\left|x_i\right|^4 = \int_{-\alpha}^{+\alpha}f(x)\cdot\left|x\right|^4\cdot dx \tag{2.126}$$

当 $N=5$ 时，称之为五阶误差，以 θ 表示为

$$\theta^5 = \frac{1}{n}\sum_{i=1}^{n}\left|x_i\right|^5 = \int_{-\alpha}^{+\alpha}f(x)\cdot\left|x\right|^5\cdot dx \tag{2.127}$$

更多的 N 阶方差定义在科技实践活动中已无实际意义。其实，只用 λ、m、ω 三个特征值，最多再加上 σ、θ 两个，在目前科技实践活动中，已绰绰有余。

二阶误差符号采用 m，未采用希腊字母 μ，是因为在学术界，m 已被选用为中误差的符号，μ 已被定义为“单位权所相应之中误差”。

除 N 阶方差定义外，还有一个概然误差定义，即

$$\rho = \left| \int_{-\rho}^{+\rho} f(x) \cdot dx = \frac{1}{2} \right. \tag{2.128}$$

又称或然误差，参看（1.729）式。不少学者，从误差大小数目出现均等的概率观点出发，认为误差为（$\pm\rho$）的出现，有较大的或然性；另外，根据（$\pm\rho$）的大小，可以对误差分布状况有所了解。

重复地说，$f(x)$ 函数，在概率论学科中，称为概率分布密度函数；在测绘学科中，称为误差分布密度函数。**$f(x)$ 函数的具体形式，应该由上列诸式所示 λ、m、ω、σ、θ 等特征值确定**。很明显，假若 $f(x)$ 函数只有一个参数，只要任选一个特征值，就可确定 $f(x)$；假若 $f(x)$ 函数有三个参数，只要任选三个特征值，就可确定 $f(x)$。以此类推。

-----2015 年 5 月 6 日　　北京 • 航天城-----

---

*）在概率论学科中，有概率分布函数、概率分布密度函数两个数学概念：

$$P = \int_A^B f(x) \cdot dx\,, \qquad (-\alpha \le A \le B \le \alpha)$$
$$\int_{-\alpha}^{\alpha} f(x) \cdot dx = 1\,, \qquad f(x) = F'(x) \tag{2.129}$$

式中，$F(x)$ 被称作概率分布函数，$f(x)$ 被称作概率分布密度函数。一般情况下，在不强调数学概念时，多用“分布”这个词汇，涵盖 $F(x)$、$f(x)$ 两个数学概念；多以 $f(x)$ 代表一个概率分布的所有信息。学术界亦然。

附　注：误差与概率的二项式分布

$$(a+A)^n=(a+A)(a+A)(a+A)\ \cdots\ (a+A) \tag{2.131}$$
$$\qquad\qquad 1\qquad 2\qquad 3\quad \cdots\quad n$$

从n个括弧中选取s个A进行排列，有$n(n-1)(n-2)\cdots(n-s+1)$种情况；进行组合，个数为

$$\binom{n}{s}=\frac{(n)(n-1)(n-2)\ \cdots\ (n-s+1)}{s\,!}$$
$$=\frac{(n)(n-1)(n-2)\ \cdots\ (n-s+1)}{s\,!}\cdot\frac{(n-s)!}{(n-s)!}=\frac{n\,!}{(s)!\cdot(n-s)!}$$

记作

$$\binom{n}{s}=C_n^s=\frac{n\,!}{(n-s)!\cdot s\,!} \tag{2.132}$$

将a、A看作为两个不相容事件发生的概率（如a表未命中概率、A表命中概率）：

$$(a+A)=1 \tag{2.133}$$

基于误差分布密度函数来说，一发炮弹的（命中和未命中）概率公式为

$$A=\int_{-E}^{E}f(x)\cdot dx$$
$$a=\int_{-\alpha}^{-E}f(x)\cdot dx+\int_{+E}^{+\alpha}f(x)\cdot dx=1-A \tag{2.134}$$

则发射n发炮弹的全概率公式为

$$\Omega=(a+A)^n$$
$$=C_n^o a^n A^o+C_n^1 a^{n-1}A^1+\ \cdots\ +C_n^s a^{n-s}A^s+\ \cdots\ +C_n^n a^{n-n}A^n \tag{2.135}$$

式中，$C_n^s a^{n-s}A^s$表示命中s发、未命中（$n-s$）发的概率值。对于两个火炮同时发射的（命中与未命中）不相容事件的全概率公式为

$$(a+A)=(b+B)=1$$
$$\Omega=(a+A)^n(b+B)^n$$
$$=\left(C_n^o a^n A^o+C_n^1 a^{n-1}A^1+\ \cdots\right)\cdot\left(C_n^o b^n B^o+C_n^1 b^{n-1}B^1+\ \cdots\right) \tag{2.136}$$

第二章　随机误差分布密度函数的数学条件

随机误差分布密度函数的具体形式，是误差理论的核心问题。在近代、现代科学实践的发展过程中，不少学者为之贡献了一生。他们都在不同程度上，使人们认识误差分布密度函数的具体形式，逐步深入，缩短了特殊性与普遍性的距离。

认识总是在逐步趋近于真理。对随机误差的认识，也不例外。

一、随机误差列的特性

对随机误差列特性的认识是逐步深入的。分歧是存在的，但都在不同程度上反映了误差分布的特点。时至今日，对随机误差列的探索仍在进行中。显然，对学者们的研究成果，应以存其分歧，求其共性之理念审理。经反复推敲，作者认定，随机变量误差的特性，在等精度的观测条件下，针对一个随机变量整体的随机误差列阵

$$x = \begin{bmatrix} x_1 & x_2 & x_3 & \cdots & x_n \end{bmatrix}^T \tag{2.210}$$

作为公理，其特性应被理解为[22. P116（3. 001）…]：

1）误差 x 的绝对值不会超过一定的限度。以 $\pm\alpha_o$ 表示最大误差，则

$$|x| \le \alpha_o \tag{2.211}$$

2）绝对值相等的正负误差 x，出现的概率相等。即其分布密度函数

$$f(-x) = f(+x) \tag{2.212}$$

3）误差 x 围绕真值，以反映观测精度状况的波形而对称分布。以 c 表示任意实数幂，$\pm\delta_c$ 表示等式误差的有限范围，则任一组 n 个误差列 x 满足

$$\sum_{i=1}^{n} |x_i|^c \cdot \operatorname{sgn} x_i = 0 \qquad \pm\delta_c \tag{2.213}$$

4）已经出现的一组 n 个误差列 x，其同时出现的概率应为极大值。即

$$\prod_{i=1}^{n} f(x_i) \cdot \Delta x = \max \qquad (i = 1, 2, 3, \cdots, n) \tag{2.214}$$

这四条公理，就其形成的过程来说，是拉普拉斯和高斯等历代学者的智慧结晶；就其数学定义来说，是近代测绘数学和概率统计学的基本原理。其综合数学表达式的形式，则随着对随机误差认识的深化而有所差异。

这些差异，归纳起来，起因大多来自拉普拉斯和高斯，时至今日，仍在以不同形式影响着学术界的各个方面。为了醒目起见，下面着重对拉普拉斯和高斯等历代学者在学术上的观点，进行原则阐述，以利继承、开拓、创新。

二、最大概率原理

根据（2.115）式可知，任何一个随机误差的出现，都是有其相应概率的。假定在某项工程中，有 n 个误差列出现。在它未出现前，可以假设有多种可能。每一种假设的、未出现的误差列，都有其相应出现的概率，即

$$\left.\begin{array}{l}\begin{pmatrix} x_1, & x_2, & x_3 & \cdots & x_i & \cdots & x_n \\ f(x_1) & f(x_2) & f(x_3) & \cdots f(x_i) & \cdots & f(x_n) \end{pmatrix}_k \\ P_k=\left(\prod_{i=1}^{n} f(x_i)\cdot\Delta x\right)_k \\ (k=1,\ 2,\ 3,\ \cdots,\ h)\end{array}\right| \tag{2.221}$$

以上的 h 种误差列及其出现的概率，都处在假设状态。当工程中这个误差列真正出现后，一切都成为现实，即

$$\left.\begin{array}{l}\begin{pmatrix} x_1, & x_2, & x_3, & \cdots & x_i & \cdots & x_n \\ f(x_1) & f(x_2) & f(x_3) & \cdots & f(x_i) & \cdots & f(x_n) \end{pmatrix}_T \\ P_T=\left(\prod_{i=1}^{n} f(x_i)\cdot\Delta x\right)_T \\ (T=1,\ 2,\ 3,\ \cdots,\ h)\end{array}\right| \tag{2.222}$$

比较 P_k 与 P_T 的大小，**拉普拉斯和高斯等学者一致认为，** $P_k \le P_T$；进一步认为，P_T 为极大值。即已经出现的一组误差列，其出现的概率为极大值。

$$\left(\prod_{i=1}^{n} f(x_i)\cdot\Delta x\right)_T=\max \tag{2.223}$$

根据，就是它们的“已经出现”。

（2.221）式，是针对假设的、未出现的误差列的结论；（2.222）式，是真对已经出现的误差列的结论。这两个结论，也可以综合理解为：在同等观测条件下，任何即将出现的 n 个误差的误差列，其出现的概率，与其它未出现的、n 个误差的误差列可能出现的概率相比，处极大值。即

$$\prod_{i=1}^{n} f(x_i)\cdot\Delta x=\max \tag{2.224}$$

式中，x_i 可以理解为同一个误差分布的随机误差，亦可理解为不同分布的随机误差。

不同分布的随机误差，由于误差坐标原点是唯一的，误差特性是相同的，它们又围绕误差坐标原点组成了一个新的误差分布。也就是说，x_i 既可以来自一个分布，亦可以来自多个分布；分布密度函数，既可以看作为一个 $f(x_i)$，亦可以看作为多个 $f_i(x_i)$。故（2.224）式亦可书写为

$$\prod_{i=1}^{n} f_i(x_i) \cdot \Delta x = \max \tag{2.225}$$

这就是说，（2.223）、（2.224）、（2.225）三式，都是（2.214）式的写照，**都具备普遍性，是谓最大概率原理。该原理在学术界得到普遍认可，没有分歧。**

三、随机误差分布密度函数的数学条件

根据（2.004）式，以 x 表示随机变量的随机误差 Δ，L 表示随机变量，X 表示真值，可知

$$x = L - X \qquad (X = X_j = X_{10}, X_{20}, X_{30}, \cdots) \tag{2.231}$$

不管真值 X_j 是否是同一个真值，也不管 x_i 是否来自同一个分布，误差 x_i 的坐标原点，均可看作是一个点。根据图【2.003】，重复指出：真值的坐标原点和误差的坐标原点，选在一点，以 X_{00} 和 x_{oo} 为标志；误差坐标系，只有一个 $(x_{oo} - x, y)$。如图【2.231】所示

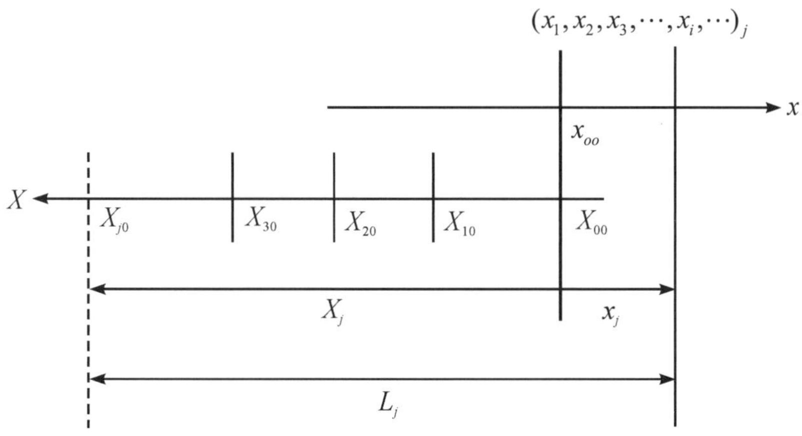

图【2.231】　X_{00}、X_{j0}、x_{oo}、L_j、$x_j \cdots$ 的相互几何概念

由图可知，所有被观测的真值 X_j，其观测值 L_j 误差 x_j 的原点，都是相同的。即

$$\begin{aligned} x_j &= x_i \\ &= L_i - X_i = L_j - X_j \end{aligned}$$

把所有的真值、观测值、误差，看作与（2.004）式**“分离”**特性类同，即

$$x_j = L_j - X_{j0} \qquad L_j = X_j + x_j \qquad (X_j = X_{j0}) \qquad (2.232)$$

L_j、x_j 的坐标原点均为 X_{oo} 一个点。这就是说，不管 X_j 是否为同一个真值，不管 x_i 是否来自同一个分布，不仅误差 x_i 的坐标原点，可以看作是一个点，所有测量观测值的真值坐标原点，都可以看作为只是一个点。也就是说，可以将所有观测值，都理解为是对真值原点 X_{00} 至误差原点 x_{oo} 的观测。进而可知，所有观测误差，在误差学科领域中，不管是一维的、二维的，还是三维的、n 维的，都可以理解为是在一维空间，对一个未知量的观测。用数学语言来说，不管在什么情况下，**误差领域内所有的函数和变量，都可以理解为以“误差坐标系原点”为变量的函数，也就是以真值 X_{00} 为变量**（以误差原点的变更，来体现所有函数的相互关系）。因此，（2.224）、（2.225）二式，应写为

$$\prod_{i=1}^{n} f(x_i)\cdot \Delta x = \max \qquad x_i = L_i - X \qquad (X_{00} = X_{oo} = x_{oo}) \qquad (2.233)$$

再重复地说，对于已经出现的 n 个误差的误差列来说，基于其特性，不管它们是否来自同一个分布，它们都将形成一个新的误差分布密度函数 $f(x)$。

这里要特别指出，观测值 L_i 是随机变量；当观测值 L_i 为已经出现的随机变量时，它就成为常数，而不能再把它看作为可变的随机变量。在（2.235）式中，只有真值 X 和误差 x_i 是两个可伸缩的未知量。因此，为满足最大概率原理，根据观测值 L_i 来探求分布密度函数 $f(x)$ 时，只有 X 和诸 x_i 可以被考虑为自变量。又由于在（2.233）式中，

$$x_i = L_i - X \qquad (h1)$$

为严格的线性函数，故在 X 和诸 x_i 中，只允许存在一个自变量。若选 x_1 为自变量，则必有：

$$X = L_1 - x_1 \qquad x_i = L_i - L_1 + x_1 \qquad (h2)$$

其它亦然。显然，有所不便。为方便起见，这里选真值 X 为自变量。作为变量，真值 X 的变更就是误差坐标原点的变更。这样，（2.233）式所示诸误差 x_i 就变成 $f(x)$ 的中间变量。故“真值变量”的微量增减，亦可理解为是令坐标原点沿 x 轴做微量增减，从而使最大概率原理得到满足。

上述（2.224）式说明，一组误差将以最大概率的形式出现。（2.233）式说明，已经出现的一组误差，其概率值将随着真值 X 的变化而变化；亦可理解为令真值的坐标原点沿 x 轴做微量增减，而出现概率值的变化。也就是说，对已经出现的一组误差来说，当被观测值 X 的坐标原点处在正确位置时，其概率为极大值；否则，将小于极大值。为使读者进一步理解，如【2.232】所示，再赘述之。

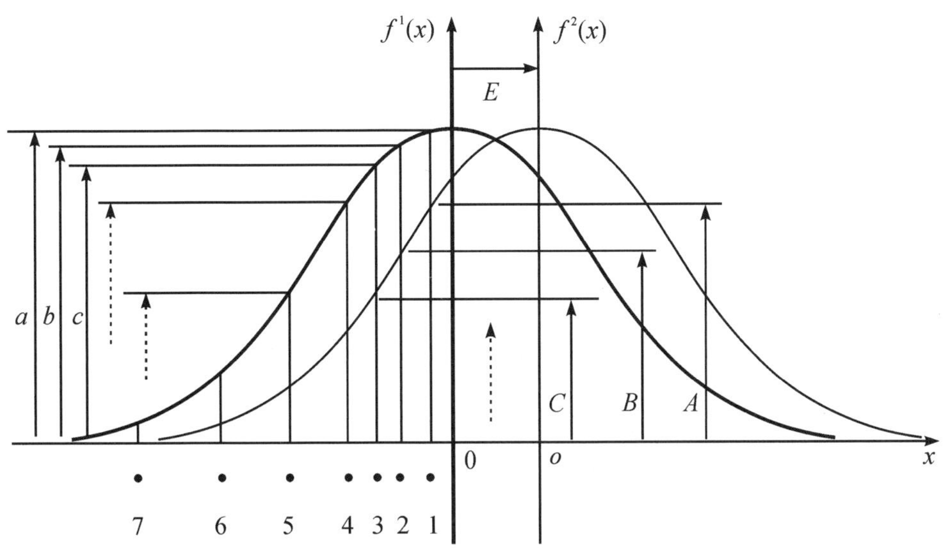

图【2.232】　最大概率原理图示

假定已经出现的偶然误差列为

$$x_1\ ,\quad x_2\ ,\quad x_3\quad \cdots \quad \text{（图中只显示负向误差位置）} \tag{2.234}$$

它们同属一个分布密度函数 $f^1(x)$，则其同时出现的概率为

$$P_W=\prod_{i=1}^{n} f^1(x)\cdot\Delta x=\left(a\cdot b\cdot c\cdot\ \cdots\right) \tag{2.235}$$

如果分布密度函数的原点发生变化，也就是假想误差的坐标原点发生位移一个 E，或者说是假想（2.233）式的真值 X 为自变量，做微量 E 变化；使原概率分布密度曲线 $f^1(x)$ 移至 $f^2(x)$，则其同时出现的概率变化为

$$P_E=\prod_{i=1}^{n} f^2(x)\cdot\Delta x=\left(A\cdot B\cdot C\cdot\ \cdots\right) \tag{2.236}$$

最大概率原理表述：当误差列 X 与其概率分布密度函数的曲线 $f^1(x)$ 反映了客观存在时，其同时出现的概率 P_W 达极大值；反之，当没有反映时，其概率 P_E 小于 P_W。整个寻求 $f(x)$ 的首要理论依据，就是变化的概率 P_E 趋向最大概率 P_W 的数学过程。

根据最大概率原理，对已经出现的一组随机误差，满足（2.233）式是必然的。考虑到，满足（2.233）式，应与满足其对数方程等效。即（2.233）式，可以下式代之：

$$\sum_{i=1}^{n} \ln f(x_i) + \sum_{i=1}^{n} \ln(\Delta x) = \max \tag{2.237}$$

再以真值 X 为自变量，对上式求导可得

$$\sum_{i=1}^{n} \frac{f'(x_i)}{f(x_i)} \cdot \frac{dx_i}{dX} + \sum_{i=1}^{n} \frac{(\Delta x)'}{(\Delta x)} \cdot \frac{dx}{dX} = 0 \tag{2.238}$$

由（2.233）式可知，dx_i 与 $-dX$ 等价；Δx 与 dx 等价，故有

$$\left.\begin{aligned} &\sum_{i=1}^{n} \frac{f'(x_i)}{f(x_i)} = -0 \\ &x_i = L_i - X \end{aligned}\right| \tag{2.239}$$

这是在最大概率原理的前提下，随机误差分布密度函数 $f(x)$ 必须满足的数学条件。式中，x_i 为随机误差，L_i 为观测值，X 为真值。

四、随机变量的数学表达式

根据以上分析和（2.002）式，随机变量的定义应该是“真值+随机误差”。即

$$L = X + x$$

$$\left|\begin{aligned} L &= \begin{bmatrix} L_1 & L_2 & L_3 & \cdots & L_n \end{bmatrix}^T \\ x &= \begin{bmatrix} x_1 & x_2 & x_3 & \cdots & x_n \end{bmatrix}^T \end{aligned}\right| \tag{2.241}$$

式中，L 为随机变量（观测值），X 为真值，x 为随机误差。其概率数学表达式，在直角坐标系（$o-L, R$）内，以分离形式书写为：（参看图【2.003】）

$$f_L(L) = \begin{bmatrix} R \\ L \end{bmatrix} = \begin{bmatrix} f(x) \\ (X+x) \end{bmatrix} \qquad (-\alpha \le x \le \alpha) \tag{2.242}$$

式中，$f_L(L)$ 为随机变量的分布密度函数。显然，$f(x)$ 与 $f_L(L)$ 二者之间的关系比较简单。因此，在以下各编章，随机变量的概率数学表达式，一律不再书写；其数学特性，均以 $f(x)$ 表之。

-----2015 年 5 月 9 日　　北京・航天城-----

-----2019 年 12 月 11 日　　西安・曲江池-----

第三章　随机误差的分布特例

根据（2.239）式，可以定义，误差分布密度函数 $f(x)$ 必须满足

$$\left.\begin{aligned}&\sum_{i=1}^{n}\frac{f'(x_i)}{f(x_i)}=-0\\&\quad\frac{f'(x)}{f(x)}=(x)\\&\qquad x_i=L_i-X\end{aligned}\right|\qquad(2.301)$$

这就是说，不管函数 (x) 是什么形式，只要满足（2.301）式，$f(x)$ 就是严密数学概念的随机误差分布密度函数的一个特例。

一、均匀分布

均匀分布的定义，是大小误差出现的概率均等。也就是说，$f(x)$ 函数的导数为 0，故给定（2.301）式

$$\frac{f'(x)}{f(x)}=(x)=-0\qquad(2.311)$$

则根据基本积分公式，对上式两边积分，可知

$$\int\frac{f'(x)}{f(x)}dx=\int\frac{1}{f(x)}\cdot\frac{d\left(f(x)\right)}{dx}dx=\int\frac{d\left(f(x)\right)}{\left(f(x)\right)}=\ln f(x)+C_1=C_0$$

$$f(x)=\exp\left(C_0-C_1\right)=k\qquad(2.312)$$

根据（2.121）式，

$$\left.\begin{aligned}&\int_{-\alpha}^{\alpha}f(x)\cdot dx=\int_{-\alpha}^{\alpha}k\cdot dx=(k\,x)\Big|_{-\alpha}^{\alpha}\\&\qquad\qquad=k\alpha-(-k\alpha)=2k\alpha=1\\&\quad\alpha=\frac{1}{2k}\\&\quad k=\frac{1}{2\alpha}\end{aligned}\right|\qquad(2.313)$$

故误差分布密度函数可写为

$$f(x)=\frac{1}{2\alpha} \tag{2.314}$$

该式被称为误差的均匀分布密度函数。参看图【2.311】。

再根据（2.123)、(2.126)、(2.127）⋯ ，可写出

$$\left.\begin{aligned}
&\lambda^1=\frac{1}{2}\alpha\\
&m^2=\frac{1}{3}\alpha^2\\
&\omega^3=\frac{1}{4}\alpha^3\\
&\cdots\cdots\\
&\gamma_N^N=\frac{1}{N+1}\alpha^N
\end{aligned}\right| \tag{2.315}$$

或是误差ρ，按（1.729）式辜小玲三点判别法求解：

$$\rho=\overline{\left|\int_{-\rho}^{\rho}f(x)\cdot dx=\int_{-\rho}^{\rho}\frac{1}{2\alpha}dx=\frac{1}{2}\right.}=\frac{1}{2}\alpha \tag{2.316}$$

为便于理解，(2.316）以上诸式，可书写为

$$\begin{bmatrix}\lambda\\ m\\ \omega\\ \alpha\\ \rho\end{bmatrix}=\begin{bmatrix}1.0000\\ 1.1547\\ 1.2599\\ 2.0000\\ 1.0000\end{bmatrix}\lambda=\begin{bmatrix}0.8660\\ 1.0000\\ 1.0912\\ 1.7321\\ 0.8660\end{bmatrix}m=\begin{bmatrix}1.0000\\ 1.1547\\ 1.2599\\ 2.0000\\ 1.0000\end{bmatrix}\rho=\begin{bmatrix}0.5000\\ 0.5774\\ 0.6300\\ 1.0000\\ 0.5000\end{bmatrix}\alpha \tag{2.317}$$

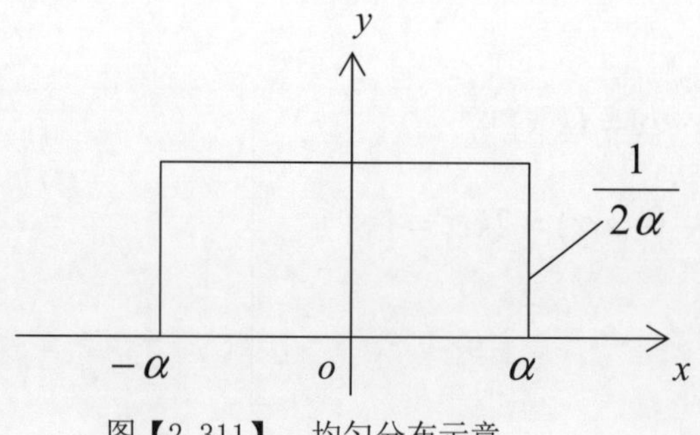

图【2.311】　均匀分布示意

二、拉普拉斯分布

根据（2.213）式的第三特性，拉普拉斯[（法）Laplace，1749—1827]认为，随机误差对称分布在误差坐标原点的两边；违反此结论的现象，是非随机误差所致，是常差所致。故提出

$$\sum_{i=1}^{n}(\operatorname{sgn} x)_i = [\operatorname{sgn} x] = 0 \tag{2.321}$$

故给定

$$\frac{f'(x)}{f(x)} = (x) = -A \cdot \operatorname{sgn} x \tag{2.322}$$

该式满足（2.301）式。再根据基本积分公式，参考（1.113）式，可知

$$\int \frac{f'(x)}{f(x)} dx = -\int A \cdot \operatorname{sgn} x \cdot dx = -\int A \cdot d|x|$$

$$\ln f(x) = -A\int d|x| \qquad = -A|x| + C$$

$$\begin{aligned} f(x) &= \exp(-A|x| + C) \\ &= k \cdot \exp(-A|x|) \end{aligned} \tag{2.323}$$

式中，A、k 均为常数。根据（2.121）式，再认定最大误差$\pm\alpha$为无穷大，根据分布密度函数约定：

$$\begin{aligned} \int_{-\infty}^{\infty} f(x) \cdot dx &= \int_{-\infty}^{\infty} k \cdot \exp(-A|x|) \cdot dx \\ &= 2\int_{o}^{\infty} k \cdot \exp(-Ax) \cdot dx \qquad \because \quad y = Ax \\ &= 2\frac{1}{A}\int_{o}^{\infty} k \cdot \exp(-y) \cdot dy \qquad dy = Adx \\ &= -\frac{2k}{A}\exp(-y)\Big|_{o}^{\infty} \\ &= \frac{2k}{A} \qquad = 1 \end{aligned} \tag{2.324}$$

可知

$$A = 2k \tag{b1}$$

再根据（2. 126）式平均误差λ的定义：

$$
\begin{aligned}
\int_{-\infty}^{\infty} f(x)\cdot|x|\cdot dx &= \int_{-\infty}^{\infty} k\cdot\exp(-2k|x|)\cdot|x|\cdot dx \\
&= 2k\int_{o}^{\infty}\exp(-2k\,x)\cdot x\cdot dx \qquad \because \quad y=2k\,x \\
&= \frac{2k}{(2k)^2}\int_{o}^{\infty}\exp(-y)\cdot y\cdot dy \\
&= \frac{1}{2k}\Gamma(1+1) \\
&= \frac{1}{2k} \quad =\lambda
\end{aligned}
\tag{2.325}
$$

可知

$$
k=\frac{1}{2\lambda} \tag{b2}
$$

将（b1）、（b2）二式代入（2. 323）式，则可写出

$$
f(x)=\frac{1}{2\lambda}\exp\left(-\frac{1}{\lambda}|x|\right)
$$

根据特征值（2. 123）定义，可写出

$$
\begin{aligned}
\gamma_N^N &= \int_{-\infty}^{\infty}\frac{1}{2\lambda}\exp\left(-\frac{1}{\lambda}|x|\right)\cdot|x|^N\cdot dx \\
&= \frac{1}{\lambda}\int_{o}^{\infty}\exp\left(-\frac{1}{\lambda}x\right)\cdot x^N\cdot dx \qquad \because \quad y=\frac{1}{\lambda}x \\
&= \frac{1}{\lambda}\int_{o}^{\infty}\exp(-y)\cdot y^N\lambda^N\cdot\lambda\,dy \\
&= \lambda^N\int_{o}^{\infty}\exp(-y)\cdot y^N dy \\
&= \lambda^N\Gamma(N+1) \\
&= N!\cdot\lambda^N
\end{aligned}
\tag{2.326}
$$

令 N=1，2，3，…，根据（2.123）至（2.127）诸式，联写之：

$$\left.\begin{aligned}
&f(x)=\frac{1}{2\lambda}\exp\left(-\frac{1}{\lambda}|x|\right)\\
&\lambda^1=1!\,\lambda\\
&m^2=2!\,\lambda^2\\
&\omega^3=3!\,\lambda^3\\
&\cdots\cdots\\
&\gamma_N^N=N!\,\lambda^N
\end{aligned}\right\} \qquad (2.327)$$

或是误差 ρ，按（1.729）式辜小玲三点判别法求解：

$$\rho=\left|\int_{-\rho}^{\rho}\frac{1}{2\lambda}\exp\left(-\frac{|x|}{\lambda}\right)\cdot dx=1-\exp\left(-\frac{\rho}{\lambda}\right)=\frac{1}{2}\right.=\ln 2\cdot\lambda$$

$$=0.6931\,\lambda$$

这就是著名的拉普拉斯分布[11.P64]，如图【2.321】所示。

---

*）或是误差（2.327）式证明补充：参看（1.164）式。

$$\frac{1}{2}=\int_{-\rho}^{\rho}\frac{1}{2\lambda}\exp\left(-\frac{|x|}{\lambda}\right)\cdot dx=-\frac{1}{2}\operatorname{sgn}x\int_{-\rho}^{\rho}\exp\left(-\left|\frac{x}{\lambda}\right|\right)\cdot d\left(-\left|\frac{x}{\lambda}\right|\right)$$

$$=\left(-\frac{1}{2}\operatorname{sgn}x\cdot\exp\left(-\left|\frac{x}{\lambda}\right|\right)\Bigg|_{-\rho}^{\rho}\right)-\left(-\frac{1}{2}\operatorname{sgn}x\cdot\exp\left(-\left|\frac{x}{\lambda}\right|\right)\Bigg|_{-0}^{0}\right)$$

$$=-\frac{1}{2}\exp\left(-\frac{\rho}{\lambda}\right)-\frac{1}{2}\exp\left(-\frac{\rho}{\lambda}\right)+\frac{1}{2}+\frac{1}{2}$$

$$=1-\exp\left(-\frac{\rho}{\lambda}\right)$$

$$\therefore\quad \exp\left(-\frac{\rho}{\lambda}\right)=1-\frac{1}{2}=\frac{1}{2}\qquad,\qquad \exp\left(\frac{\rho}{\lambda}\right)=2$$

$$\rho=\lambda\cdot\ln 2=(\log 2/\log e)\lambda=(0.3010/0.4343)\lambda=0.6931\,\lambda$$

为便于理解，参看图【2.321】，(2.327) 式可书写为

$$\begin{bmatrix}\lambda\\m\\\omega\\\alpha\\\rho\end{bmatrix}=\begin{bmatrix}1.0000\\1.4142\\1.8171\\\infty\\0.6931\end{bmatrix}\lambda=\begin{bmatrix}0.7071\\1.0000\\1.2849\\\infty\\0.4901\end{bmatrix}m=\begin{bmatrix}1.4427\\2.0404\\2.6217\\\infty\\1.0000\end{bmatrix}\rho \tag{2.328}$$

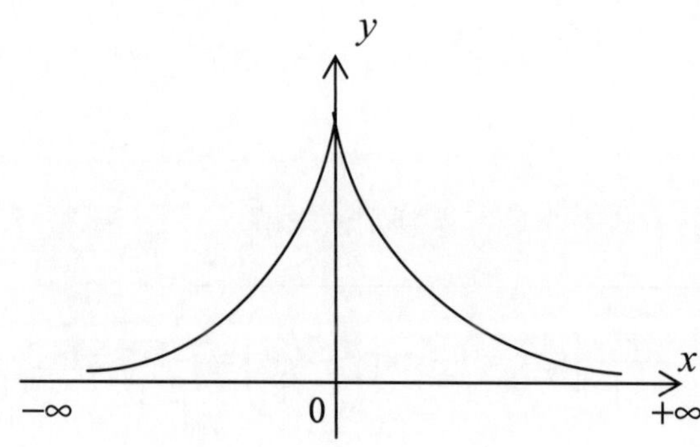

图【2.321】 拉普拉斯分布示意

根据 (2.327) 式，可知

$$\left.\begin{aligned}f'(x)&=\frac{1}{2\lambda}\exp\left(-\frac{1}{\lambda}|x|\right)\cdot\left(-\frac{1}{\lambda}\right)\operatorname{sgn}x\\&=-\frac{\operatorname{sgn}x}{2\lambda^2}\exp\left(-\frac{1}{\lambda}|x|\right)\\&=-\frac{f(x)}{\lambda}\operatorname{sgn}x\\f'(0)&=-\frac{f(0)}{\lambda}\operatorname{sgn}(\pm0)=-\frac{(\pm1)}{2\lambda^2}\qquad(1.113)\\\frac{f'(x)}{f(x)}&=-\frac{1}{\lambda}\operatorname{sgn}x\\f(x)&=-f'(x)\cdot\lambda\cdot\operatorname{sgn}x\end{aligned}\right|\tag{2.329}$$

这与 (2.322) 式是相符合的。(2.329) 式说明，在 $f(x)$ 上的任一点切线，与横坐标轴交点之横坐标为 ($x+\lambda$)。该特性有利于精密绘制拉普拉斯分布密度函数图像。

三、高斯分布

根据（2.212）式第二特性，高斯[（德）Gauss，1777—1855]认为，误差列诸误差的算术中数为0，即

$$x_m = \frac{[x]}{n} = 0 \quad \rightarrow \quad [x] = n \cdot 0 = 0$$

给定　　（2.331）

$$\frac{f'(x)}{f(x)} = (x) = -Bx$$

在将算术中数 x_m 看作误差坐标原点的前提下，该式满足（2.301）式［这是学术界不以为然的“前提”。在短时间内，真值是不变的，算术中数是不稳定的，而数学期望又是不可及的。作为前提，只能是权宜之计，局限在特例的范围］。再根据基本积分公式，可知

$$\begin{aligned} \int \frac{f'(x)}{f(x)} dx &= -\int Bx \cdot dx \\ \ln f(x) &= -\frac{B}{2}x^2 + C \\ f(x) &= \exp\left(-\frac{B}{2}x^2 + C\right) \\ &= k\exp\left(-hx^2\right) \end{aligned} \quad (2.332)$$

式中，k 为分布常数，h 为待定参数。根据（2.121）式，认定最大误差（$\pm\alpha$）为无穷大，根据欧拉-泊松[Poisson，1781—1840]积分[10.P319]和分布密度函数约定，

$$\begin{aligned} \int_{-\infty}^{\infty} f(x) \cdot dx &= \int_{-\infty}^{\infty} k \cdot \exp\left(-hx^2\right) \cdot dx \\ &= k\int_{-\infty}^{\infty} \exp\left(-y^2\right) \cdot dx \qquad \because \quad y^2 = hx^2 \\ &= k\frac{1}{\sqrt{h}} \int_{-\infty}^{\infty} \exp\left(-y^2\right) \cdot dy \\ &= k\frac{1}{\sqrt{h}}\sqrt{\pi} \qquad = 1 \end{aligned} \quad (2.333)$$

可知

$$h = \pi k^2 \quad (c1)$$

再根据（2.127）式中误差m的定义：[14.273-9]

$$\begin{aligned}
\int_{-\infty}^{\infty} f(x)\cdot x^2\cdot dx &= \int_{-\infty}^{\infty} k\cdot\exp\left(-\pi k^2 x^2\right)\cdot x^2 dx \qquad \because \quad y=\pi k^2 x^2 \\
&= k\frac{1}{\pi k^2}\frac{1}{2\pi k^2}2\int_{o}^{\infty}\exp(-y)\cdot y\cdot\frac{\sqrt{\pi}k}{\sqrt{y}}\cdot dy \\
&= \frac{1}{\sqrt{\pi}}\frac{1}{\pi k^2}\int_{o}^{\infty}\exp(-y)\cdot y^{\frac{1}{2}}\cdot dy \qquad \because\ dy=2\pi k^2 x\,dx \\
&= \frac{1}{\sqrt{\pi}}\frac{1}{\pi k^2}\Gamma\left(\frac{1}{2}+1\right) \qquad \because\ \Gamma(Z+1)=Z\cdot\Gamma(Z) \\
&= \frac{1}{\sqrt{\pi}}\cdot\frac{1}{\pi k^2}\cdot\frac{1}{2}\Gamma\left(\frac{1}{2}\right) \qquad \because\ \Gamma\left(\frac{1}{2}\right)=\sqrt{\pi} \\
&= \frac{1}{2\pi k^2} \qquad = m^2
\end{aligned} \tag{2.334}$$

可知

$$k=\frac{1}{\sqrt{2\pi}\cdot m} \tag{c2}$$

将（c1）、（c2）二式代入（2.332）式，则可写出

$$f(x)=\frac{1}{\sqrt{2\pi}\cdot m}\exp\left(-\frac{1}{2m^2}x^2\right) \tag{2.335}$$

考虑到，

当N为奇数时，

$$\begin{aligned}
\Gamma\left(\frac{N+1}{2}\right) &= \Gamma\left(\frac{N+1}{2}-1+1\right)=\Gamma\left(\frac{N-1}{2}+1\right)=\left(\frac{N-1}{2}\right)! \\
&= \left(\frac{N-1}{2}\right)\left(\frac{N-3}{2}\right)\left(\frac{N-5}{2}\right)\cdots \\
&= \left(\frac{1}{2}\right)^{\frac{N-1}{2}}\cdot(N-1)!! \\
&= \sqrt{\frac{1}{2^{N-1}}}\cdot(N-1)!!
\end{aligned} \tag{d1}$$

当 N 为偶数时，

$$\Gamma\left(\frac{N+1}{2}\right)=\Gamma\left(\frac{N}{2}+\frac{1}{2}\right)=\Gamma\left(\frac{N}{2}+\frac{1}{2}-1+1\right)$$

$$=\Gamma\left(\frac{N}{2}-\frac{1}{2}+1\right)=\left(\frac{N}{2}-\frac{1}{2}\right)\cdot\Gamma\left(\left(\frac{N}{2}-\frac{1}{2}\right)\right)$$

$$=\left(\frac{N}{2}-\frac{1}{2}-0\right)\cdot\Gamma\left(\left(\frac{N}{2}-\frac{1}{2}-0\right)\right)$$

$$=\left(\frac{N}{2}-\frac{1}{2}-0\right)\cdot\Gamma\left(\left(\frac{N}{2}-\frac{1}{2}-0-1+1\right)\right)$$

$$=\left(\frac{N}{2}-\frac{1}{2}-0\right)\left(\frac{N}{2}-\frac{1}{2}-1\right)\cdot\Gamma\left(\left(\frac{N}{2}-\frac{1}{2}-1\right)\right)$$

$$=\left(\frac{N}{2}-\frac{1}{2}-0\right)\left(\frac{N}{2}-\frac{1}{2}-1\right)\left(\frac{N}{2}-\frac{1}{2}-2\right)\cdot\Gamma\left(\left(\frac{N}{2}-\frac{1}{2}-2\right)\right)$$

$$=\left(\frac{N}{2}-\frac{1}{2}-0\right)\left(\frac{N}{2}-\frac{1}{2}-1\right)\left(\frac{N}{2}-\frac{1}{2}-2\right)\left(\frac{N}{2}-\frac{1}{2}-3\right)\cdot\Gamma\left(\left(\frac{N}{2}-\frac{1}{2}-3\right)\right)$$

$$=\left(\frac{N-1}{2}-0\right)\left(\frac{N-1}{2}-1\right)\left(\frac{N}{2}-\frac{1}{2}-2\right)\cdots\left(\frac{N}{2}-\frac{1}{2}-R\right)\cdot\Gamma\left(\frac{N}{2}-\frac{1}{2}-R\right)$$

$$=\left(\frac{N-1}{2}-0\right)\left(\frac{N-1}{2}-1\right)\cdots\left(\frac{N}{2}-\frac{1}{2}-\left(\frac{N}{2}-2\right)\right)\cdot\Gamma\left(\frac{N}{2}-\frac{1}{2}-\left(\frac{N}{2}-2\right)\right)$$

$$=\left(\frac{N-1}{2}-0\right)\left(\frac{N-1}{2}-1\right)\left(\frac{N-1}{2}-2\right)\cdots\cdots\cdots\cdots\cdot\left(1+\frac{1}{2}\right)\cdot\Gamma\left(1+\frac{1}{2}\right)$$

$$=\left(\frac{N-2}{2}+\frac{1}{2}\right)\left(\frac{N-4}{2}+\frac{1}{2}\right)\cdots\cdots\left(2+\frac{1}{2}\right)\cdot\left(1+\frac{1}{2}\right)\cdot\left(0+\frac{1}{2}\right)\cdot\Gamma\left(\frac{1}{2}\right)$$

$$=\left(\frac{N-1}{2}\right)\left(\frac{N-3}{2}\right)\left(\frac{N-5}{2}\right)\cdots\cdots\cdots\cdots\left(\frac{5}{2}\right)\cdot\left(\frac{3}{2}\right)\cdot\left(\frac{1}{2}\right)\cdot\Gamma\left(\frac{1}{2}\right)$$

$$=\frac{(N-1)(N-3)(N-5)\cdot\cdots\cdot 5\cdot 3\cdot 1}{2^{\frac{N}{2}}}\cdot\Gamma\left(\frac{1}{2}\right)$$

$$=\sqrt{\frac{\pi}{2^N}}\cdot(N-1)!! \qquad [\rightarrow（2.334）] \qquad （d2）$$

联书之

$$\Gamma\left(\frac{N+1}{2}\right)=\begin{cases}\sqrt{\frac{1}{2^{N-1}}}\cdot(N-1)!! & (N\text{为奇数时})\\ \sqrt{\frac{\pi}{2^{N}}}\cdot(N-1)!! & (N\text{为偶数时})\end{cases} \tag{2.336}$$

根据特征值（2.123）至（2.127）诸式定义，可写出

$$\begin{aligned}\gamma_N^N &= \int_{-\infty}^{\infty} f(x)\cdot|x|^N\,dx\\ &= \int_{-\infty}^{\infty}\frac{1}{\sqrt{2\pi}\cdot m}\exp\left(-\frac{1}{2m^2}x^2\right)\cdot|x|^N\,dx \qquad \because\quad y=\frac{1}{2m^2}x^2\\ &= \frac{2}{\sqrt{2\pi}\cdot m}\int_{o}^{\infty}\exp(-y)\cdot\left(\sqrt{2}\,m\right)^N y^{\frac{N}{2}}\,dx\\ &= \frac{2}{\sqrt{2\pi}\cdot m}\int_{o}^{\infty}\exp(-y)\cdot\left(\sqrt{2}\,m\right)^N y^{\frac{N}{2}}\cdot\frac{m^2}{\sqrt{2}m}y^{-\frac{1}{2}}\,dy\end{aligned}$$

$$\because dy=\frac{1}{m^2}x\cdot dx=\frac{\sqrt{2}m}{m^2}y^{\frac{1}{2}}\,dx$$

$$\begin{aligned}&= \frac{1}{\sqrt{\pi}}m^N 2^{\frac{N}{2}}\cdot\int_{o}^{\infty}\exp(-y)\cdot y^{\frac{N-1}{2}}\cdot dy \qquad \because\quad (1.131)\\ &= \frac{1}{\sqrt{\pi}}m^N 2^{\frac{N}{2}}\cdot\Gamma\left(\frac{N-1}{2}+1\right)\\ &= \sqrt{\frac{2^N}{\pi}}\cdot\Gamma\left(\frac{N+1}{2}\right)\cdot m^N\end{aligned}$$

（代入（2.336）式：）

$$=\begin{cases}\sqrt{\frac{2}{\pi}}\cdot(N-1)!!\cdot m^N & (N\text{为奇数时})\\ (N-1)!!\cdot m^N & (N\text{为偶数时})\end{cases} \tag{d3}$$

令 N=1，2，3，…，根据（2.123）至（2.127）诸式，联写之：

$$
\left.
\begin{aligned}
&f(x)=\frac{1}{\sqrt{2\pi}\cdot m}\exp\left(-\frac{1}{2m^2}x^2\right)\\
&\lambda^1=\sqrt{\frac{2}{\pi}}\cdot m\\
&m^2=1!!\cdot m^2\\
&\omega^3=\sqrt{\frac{8}{\pi}}\cdot m^3\\
&\quad\cdots\cdots\\
&\gamma_N^N=\begin{cases}\sqrt{\dfrac{2}{\pi}}\cdot(N-1)!!\cdot m^N & (N\text{为奇数时})\\ (N-1)!!\cdot m^N & (N\text{为偶数时})\end{cases}
\end{aligned}
\right| \qquad (2.337)
$$

或是误差 ρ，按（1.729）式辜小玲三点判别法求解：

$$
\begin{aligned}
\rho &= \overline{\left|\int_{-\rho}^{\rho}\frac{1}{\sqrt{2\pi}\,m}\exp\left(-\frac{x^2}{2m^2}\right)\cdot dx=\frac{1}{2}\right.}\\
&=0.6745m
\end{aligned}
$$

这就是著名的高斯分布[8.P639]。

---

*）为了便于思考，不可忘记：

$$
\left.
\begin{aligned}
&A=e^R=\exp R \quad , \quad \ln A=R\\
&\ln A=\ln\exp R=R \quad , \quad \ln\exp=1\\
&\exp\ln A=\exp R=A\,, \quad \exp\ln=1\\
&\exp(+M)=\frac{A}{B}\\
&\exp(-M)=\frac{B}{A}
\end{aligned}
\right| \qquad (d4)
$$

为便于理解，参看图【2.331】，(2.337) 式可书写为下式：

$$\begin{bmatrix}\lambda\\ m\\ \omega\\ \alpha\\ \rho\end{bmatrix}=\begin{bmatrix}1.0000\\ 1.2533\\ 1.7115\\ \infty\\ 0.8454\end{bmatrix}\lambda=\begin{bmatrix}0.7979\\ 1.0000\\ 1.3656\\ \infty\\ 0.6745\end{bmatrix}m=\begin{bmatrix}1.1830\\ 1.4826\\ 2.0246\\ \infty\\ 1.0000\end{bmatrix}\rho \tag{2.338}$$

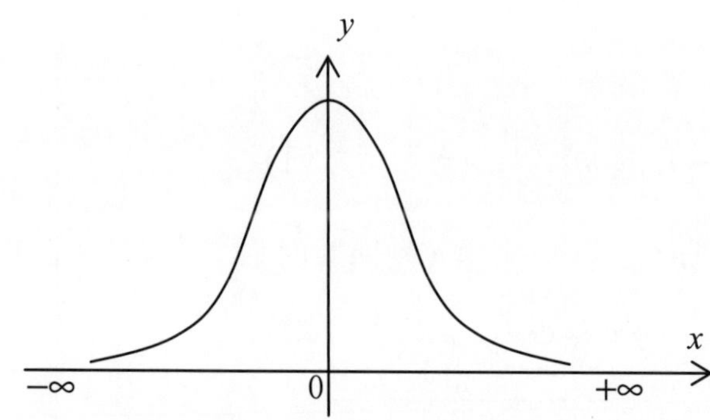

图【2.331】　高斯分布示意

根据 (2.335) 式，可知

$$\left.\begin{aligned}f'(x)&=-\frac{x}{m^2}\cdot\frac{1}{\sqrt{2\pi}\cdot m}\exp\left(-\frac{1}{2m^2}x^2\right)\\&=-\frac{x\cdot f(x)}{m^2}\\f''(x)&=-\frac{f(x)-\dfrac{x\cdot f(x)}{m^2}x}{m^2}\\&=-\frac{1}{m^2}\left(1-\frac{1}{m^2}x^2\right)\cdot f(x)\end{aligned}\right| \tag{2.339}$$

令 $f''(x)=0$，可知高斯分布密度函数图像之拐点，位于 $x=m$ 处。

---

*) $df(x)=f'(x)\cdot dx$ ，　$d\big(df(x)\big)=d\big(f'(x)\cdot dx\big)=f''(x)\cdot(dx)^2$

四、乔丹分布

乔丹［（法）Jordan，1838—1922］根据长期测量工作实践的误差统计，认定最大误差α存在；为推求最大误差α，根据（2.211）式所述误差分布的几何状态，假设式地提出，随机误差分布密度函数的切线斜率，以相对单位表之，应为

$$f'(x) = -2q\left(1-x^2\right)^{q-1}\cdot x \quad , \quad (\alpha=1)$$

经积分，并引入最大误差和分布常数[3.P104]，可得　　　　（2.341）

$$f(x) = k\left(1-\frac{x^2}{\alpha^2}\right)^q$$

式中，k为分布常数，q为分布参数，α为最大误差值。该式[原著是以假设形式提出]，满足（2.239）式。该分布密度函数之目的，在于寻求最大误差α，弥补上述两种分布之不足[3.P104]。根据定义，参看（1.151）式，

$$\int_{-\alpha}^{\alpha} k\left(1-\frac{x^2}{\alpha^2}\right)^q dx = 2k\int_{-\alpha}^{\alpha}\left(1-\frac{x^2}{\alpha^2}\right)^q x^o dx \qquad \because \quad y^2=\frac{x^2}{\alpha^2}$$

$$=2k\alpha\int_o^1\left(1-y^2\right)^q y^o dy = 2k\alpha\frac{\Gamma\left(\frac{1}{2}\right)\cdot\Gamma(q+1)}{2\cdot\Gamma\left(q+\frac{o}{2}+\frac{3}{2}\right)} = k\alpha\frac{\sqrt{\pi}\cdot\Gamma(q+1)}{\cdot\Gamma\left(q+\frac{1}{2}+1\right)}$$

$$=k\alpha\frac{\sqrt{\pi}\cdot\Gamma(q+1)}{\left(q+\frac{1}{2}\right)\cdot\Gamma\left(q+\frac{1}{2}\right)} \qquad =1$$

（2.342）

可知

$$k=\frac{\left(q+\frac{1}{2}\right)\cdot\Gamma\left(q+\frac{1}{2}\right)}{\sqrt{\pi}\cdot\Gamma(q+1)}\cdot\frac{1}{\alpha} \tag{2.343}$$

$$\gamma_N^N=\frac{\left(q+\frac{1}{2}\right)\cdot\Gamma\left(q+\frac{1}{2}\right)\cdot\Gamma\left(\frac{N}{2}+\frac{1}{2}\right)}{\sqrt{\pi}\cdot\left(q+\frac{N}{2}+\frac{1}{2}\right)\cdot\Gamma\left(q+\frac{N}{2}+\frac{1}{2}\right)}\cdot\alpha^N \tag{2.344}$$

上式证明：根据（2.122）式，可知

$$\gamma_N^N=\int_{-\alpha}^{\alpha}k\left(1-\frac{x^2}{\alpha^2}\right)^q|x|^N dx=2k\alpha^{N+1}\int_o^1\left(1-y^2\right)^q y^N dy \qquad \because x=\alpha y$$

$$=2k\frac{\Gamma\left(\frac{N}{2}+\frac{1}{2}\right)\cdot\Gamma(q+1)\cdot\alpha^{N+1}}{2\cdot\Gamma\left(q+\frac{N}{2}+\frac{3}{2}\right)}=k\frac{\Gamma\left(\frac{N}{2}+\frac{1}{2}\right)\cdot\Gamma(q+1)\cdot\alpha^{N+1}}{\left(q+\frac{N}{2}+\frac{1}{2}\right)\cdot\Gamma\left(q+\frac{N}{2}+\frac{1}{2}\right)}$$

$$=\frac{\Gamma\left(\frac{N}{2}+\frac{1}{2}\right)\cdot\Gamma(q+1)}{\left(q+\frac{N}{2}+\frac{1}{2}\right)\cdot\Gamma\left(q+\frac{N}{2}+\frac{1}{2}\right)}\cdot\frac{\left(q+\frac{1}{2}\right)\cdot\Gamma\left(q+\frac{1}{2}\right)}{\sqrt{\pi}\cdot\Gamma(q+1)}\cdot\alpha^N$$

故知

$$\left.\begin{aligned}
&\lambda^1=\frac{\left(q+\frac{1}{2}\right)\cdot\Gamma\left(q+\frac{1}{2}\right)}{\sqrt{\pi}\cdot(q+1)\cdot\Gamma(q+1)}\cdot\alpha\\
&m^2=\frac{1}{2\left(q+\frac{3}{2}\right)}\cdot\alpha^2\\
&\omega^3=\frac{\left(q+\frac{1}{2}\right)\cdot\Gamma\left(q+\frac{1}{2}\right)}{\sqrt{\pi}\cdot(q+2)(q+1)\cdot\Gamma(q+1)}\cdot\alpha^3\\
&\cdots\cdots\cdots\cdots\cdots\cdots\\
&\gamma_N^N=\frac{\left(q+\frac{1}{2}\right)\cdot\Gamma\left(q+\frac{1}{2}\right)\cdot\Gamma\left(\frac{N}{2}+\frac{1}{2}\right)}{\sqrt{\pi}\cdot\left(q+\frac{N}{2}+\frac{1}{2}\right)\cdot\Gamma\left(q+\frac{N}{2}+\frac{1}{2}\right)}\cdot\alpha^N
\end{aligned}\right| \qquad (2.345)$$

令

$$A=\frac{\left(q+\frac{1}{2}\right)\cdot\Gamma\left(q+\frac{1}{2}\right)}{\sqrt{\pi}\cdot\Gamma\left(q+1\right)} \tag{2.346}$$

代入上式，可知

$$\left.\begin{aligned} k&=\frac{A}{\alpha}\\ \lambda^1&=\frac{1}{(q+1)}A\alpha\\ m^2&=\frac{1}{2\left(q+\frac{3}{2}\right)}\cdot\alpha^2\\ \omega^3&=\frac{1}{(q+2)(q+1)}A\alpha^3 \end{aligned}\right| \tag{2.347}$$

再根据 k、λ、m、ω 之比，可知

$$\frac{\lambda\cdot m^2}{\omega^3}=\frac{(q+2)}{2\cdot\left(q+\frac{3}{2}\right)}\quad,\quad\frac{\lambda}{\omega^3}=\frac{(q+2)}{\alpha^2}\quad,\quad\frac{k}{\lambda}=\frac{(q+1)}{\alpha^2}$$

联立三式，解之可得

$$\left.\begin{aligned} q&=\frac{2\omega^3-3\lambda\cdot m^2}{2\lambda\cdot m^2-\omega^3}\\ \alpha&=\sqrt{\frac{m^2\omega^3}{2\lambda\cdot m^2-\omega^3}}\\ k&=\frac{\lambda\omega^3-\lambda^2m^2}{m^2\omega^3} \end{aligned}\right| \tag{2.348}$$

在得知一个误差列的 λ、m、ω 之后，可根据上式，求解 q、α、k 之实际值。

这里提出一个具体的函数形式:

$$y=\frac{2}{\pi}\left(1-x^2\right)^{\frac{1}{2}} \tag{2.349}$$

其特征值

$$\begin{bmatrix}\lambda^1\\ m^2\\ \omega^3\end{bmatrix}=\begin{bmatrix}\int_{-1}^{1}y|x|^1dx\\ \int_{-1}^{1}y|x|^2dx\\ \int_{-1}^{1}y|x|^3dx\end{bmatrix}=\begin{bmatrix}\int_{-1}^{1}\frac{2}{\pi}\left(1-x^2\right)^{\frac{1}{2}}|x|^1dx\\ \int_{-1}^{1}\frac{2}{\pi}\left(1-x^2\right)^{\frac{1}{2}}|x|^2dx\\ \int_{-1}^{1}\frac{2}{\pi}\left(1-x^2\right)^{\frac{1}{2}}|x|^3dx\end{bmatrix}=\begin{bmatrix}\frac{4}{3\pi}\\ \frac{1}{4}\\ \frac{8}{15\pi}\end{bmatrix}=\begin{bmatrix}0.42441^1\\ 0.50000^2\\ 0.55371^3\end{bmatrix}$$

供参考。

五、刘述文分布与其它分布

在测绘界长期的实践活动中，除有单峰分布外，还有双峰分布。因此学者们对单峰分布的唯一性有所质疑。1950 年，中国近代大地测量世界知名学者——刘述文（原中国人民解放军测绘学院副院长，中国科学院学部委员）在其著作《误差理论》一书中，从“不同精度之混合观测”观点出发，说明这种现象是由多种不同精度的观测所致，仍属高斯分布范畴，对高斯分布的常数做了与观测精度有关的修正，提出了刘述文分布[3. P78]＊：

$$f(x)=\frac{k}{\sqrt{2\pi}\cdot m}\left(1+\left(3-6\left(\frac{x}{m}\right)^2+\left(\frac{x}{m}\right)^4\right)\frac{[Pss]}{8m^4}+\cdots\right)\cdot\exp\left(-\frac{x^2}{2m^2}\right) \tag{2.351}$$

$$s_i=m_i^2-m^2 \qquad (i=1,2,3\cdots n)$$

式中，$[Pss]$为高斯和式，其中 P_i 为不同组合观测列之权，s_i 为不同组合观测列中误差 m_i^2 与总体观测中误差 m^2 之差。

除上述分布外，还有截尾分布、有界分布等多种分布，以及为构建测绘学的广义平差、相关平差、逐一平差、滤波平差、拟稳平差等有关数据处理的方法[9. P215]而寻求理论基础的多种分布。

尽管这些分布都是对随机误差基础理论认识深化的探索，但从原则上说，这些探索都没有脱离拉普拉斯分布和高斯分布的范畴，也没有一个分布可称为反映随机误差分布的普遍形式，而都是特例，这里不再一一详述。

＊）在刘述文原著《误差理论》中，（2.351）式中之 k 为“1”。根据（2.121）式，作者判定是刊误，故将“1”校为分布常数 k 。

附 注：误差分布与概率分布的数学内涵

误差分布与概率分布，从数学的观点来说，是经典学科一分为二的两个起点。自 18 世纪末到 19 世纪初，拉普拉斯、高斯两个分布数学形式的形成，较为醒目。两个分布的分布密度函数为（2.327）、（2.337）二式：

就概率学科来说，两个分布的分布密度函数为

$$\left.\begin{aligned} f(X) &= \frac{1}{2\lambda}\exp\left(-\frac{1}{\lambda}\left|X-X_o\right|\right) \\ f(X) &= \frac{1}{\sqrt{2\pi}\cdot m}\exp\left(-\frac{1}{2m^2}(X-X_o)^2\right) \end{aligned}\right| \tag{2.361}$$

就误差理论来说，两个分布的分布密度函数为

$$\left.\begin{aligned} f(x) &= \frac{1}{2\lambda}\exp\left(-\frac{1}{\lambda}\left|x\right|\right) \\ f(x) &= \frac{1}{\sqrt{2\pi}\cdot m}\exp\left(-\frac{1}{2m^2}(x)^2\right) \end{aligned}\right| \tag{2.362}$$

式中，x 为随机误差（偏差、离差、误差），X 为随机变量；X_o 为 X 的数学期望值。它们之间的数学关系，由下式相连：

$$x = X - X_o \tag{2.363}$$

反映了两个学科探索的不同方向。围绕随机误差 x，思考的方向是误差理论学科，围绕随机变量 X，思考的方向是概率学科。本章所述误差分布的特例，均以误差 x 为变量，其数学特性是测量平差学科的基础。在概率学科内，围绕随机变量 X 而形成的众多分布密度函数，诸如柯西分布、F 分布、β 分布、Γ 分布等，还有离散型的两点分布、多点分布等，多有非偶然因素存在；未经分离，不可看作为测量平差学科的误差分布特例。

第四章　随机误差的王玉玮分布

误差基础理论的深化，必然要触及有关各个方面的问题。为简明扼要，下面着重就王玉玮分布密度函数的数学公式、方差积分（特征值）两个方面的数学推证进行分析。

前面已经谈到，误差以真值为对称而进行分布，但真值又可被看作误差为0的起点，即误差的坐标原点。因此，根据（2.212）、（2.213）二式可知，在大量观测情况下，以n表示观测数量，以x表示误差大小，必有各误差绝对值之乘幂被赋予其本身代数符号后之和为0，其误差不超过$\pm\delta$，或者说在$\pm\delta$范围内出现“振荡”。其数学表达式定义为

$$\left.\begin{aligned}&\sum_{i=1}^{n}E\left|x_i\right|\operatorname{sgn}x_i=0 &&\pm\Delta\\&\sum_{i=1}^{n}E\left|x_i\right|^{\theta+j\varepsilon}\operatorname{sgn}x_i=0 &&\pm\delta'_j\\&\quad(j=0,1,2,3,\cdots\ N)\end{aligned}\right|\qquad(2.401)$$

这就是误差以真值为对称而进行分布的数学表达式。式中，θ为乘幂起点，ε为乘幂间隔，E为给定的过渡性常数，$\pm\Delta$、$\pm\delta'_j$表示等式右边理论值为0值的误差出现范围。（以往人们的习惯是，凡乘幂数皆以整数形式而出现；这里定义ε为非负实数。）说等式右边为0，是因为“诸式若不为0，或正或负，皆与‘对称’相悖；唯有为0，方能为‘对称’相容”之故。但实际上，由于误差的随机性和观测数量的局限性，绝对的对称性是很难出现的。所有已经出现的一组误差列，其上述各式实际上都不一定为0，它们都存在着各自的误差，它们的误差都在真值0的附近出现，或称振荡，其振幅各不相同。式中，$\pm\delta'_j$就是表示其误差各自的振幅。为此，需要将它们各自的$\pm\delta'_j$振幅看作反映它们各自的可靠性的尺度。也就是说，将它们的振幅看作它们各自的理论误差，从误差的角度把理论和实践统一起来。为了在数学上把这种思想反映出来，这里假想它们的振幅为它们趋近于真值的速度，即趋近于0的速度。趋近于零的速度愈快，标志着$\pm\delta'_j$的绝对值愈小。这样，作为一个纯数学问题，把真值看作唯一的自变量，即令真值作微量增减，然后趋近于0，再借助于极限理论，就可以确定它们在精度概念之间的相互关系。

假定（2.401）二式，各误差值x偏离真值的距离为t，则当t趋近于0时，二式之比出现“0/0”的不定式；根据**洛必达法则**，再注意到（1.112）、（1.121）二式，可知：

$$\frac{\left|\pm\delta'_j\right|}{\left|\pm\Delta\ \right|}=\lim_{t\to 0}\frac{\sum_{i=1}^{n}E\cdot\left|x_i+t\right|^{\theta+j\varepsilon}\cdot\operatorname{sgn}(x_i+t)}{\sum_{i=1}^{n}E\cdot\left|x_i+t\right|\cdot\operatorname{sgn}(x_i+t)}$$

$$=\lim_{t\to 0}\frac{\sum_{i=1}^{n}\left((\theta+j\varepsilon)\left|x_i+t\right|^{\theta+j\varepsilon-1}\cdot\operatorname{sgn}(x_i+t)\cdot\operatorname{sgn}\left(x_i+t\right)+\left|x_i+t\right|^{\theta+j\varepsilon}\cdot 0\right)}{\sum_{i=1}^{n}\left(\ \operatorname{sgn}(x_i+t)\cdot\operatorname{sgn}(x_i+t)+\left|x_i+t\right|\cdot 0\ \right)}$$

$$=\lim_{t\to 0}\frac{\sum_{i=1}^{n}\left((\theta+j\varepsilon)\left|x_i+t\right|^{\theta+j\varepsilon-1}\cdot\operatorname{sgn}(x_i+t)\cdot\operatorname{sgn}\left(x_i+t\right)\right)}{\sum_{i=1}^{n}\left(\ \operatorname{sgn}(x_i+t)\cdot\operatorname{sgn}(x_i+t)\ \right)}$$

$$=\lim_{t\to 0}\frac{\sum_{i=1}^{n}\left((\theta+j\varepsilon)\left|x_i+t\right|^{\theta+j\varepsilon-1}\right)}{\sum_{i=1}^{n}\left(+1\ \right)}=\lim_{t\to 0}\frac{(\theta+j\varepsilon)\sum_{i=1}^{n}\left|x_i+t\right|^{\theta+j\varepsilon-1}}{n}$$

$$=(\theta+j\varepsilon)\ \gamma_j^{\theta+j\varepsilon-1}\qquad\qquad (j=0,1,2,3,\ \cdots,\quad N)$$

式中，N 为非负整数。定义 $(\theta+j\varepsilon-1)$ 阶幂差：　（2. 402）

$$\gamma_j^{\theta+j\varepsilon-1}=\frac{1}{n}\sum_{i=1}^{n}\left|x_i\right|^{\theta+j\varepsilon-1}\qquad［\to（2. 122）式］$$

将（2. 401）式的第二式改写成：

$$\frac{1}{(\theta+j\varepsilon)\gamma_j^{\theta+j\varepsilon-1}}\cdot\sum_{i=1}^{n}E\left|x_i\right|^{\theta+j\varepsilon}\cdot\operatorname{sgn}x_i=0\qquad\pm\delta''_j$$

$$(j=0,1,2\ \ \cdots\ \ N)$$

其（$N+1$）个误差出现范围（$\pm\delta''_j$），再由（2. 402）式可知：　（2. 403）

$$\pm\delta''_j=\frac{1}{(\theta+j\varepsilon)\gamma_j^{\theta+j\varepsilon-1}}\cdot\sum_{i=1}^{n}E\left|x_i\right|^{\theta+j\varepsilon}\cdot\operatorname{sgn}x_i$$

$$=\left(\frac{1}{(\theta+j\varepsilon)\gamma_j^{\theta+j\varepsilon-1}}\right)\cdot\left(\sum_{i=1}^{n}E\left|x_i\right|^{\theta+j\varepsilon}\cdot\operatorname{sgn}x_i\right)$$

$$=\left(\frac{\left|\pm\delta'_j\right|}{\left|\pm\Delta\right|}\right)^{-1}\cdot\left(0\ \pm\delta'_j\right)=\left(\frac{\left|\pm\Delta\right|}{\left|\pm\delta'_j\right|}\right)\cdot\left(\pm\delta'_j\right)=\pm\left|\pm\Delta\right|=\ \pm\Delta$$

故知（2.403）式为（$N+1$）个误差（$\pm\delta''_j$）均为（$\pm\Delta$）的等精度数学方程；根据误差基本原理，这些等精度的数学方程可取其均值为：

$$\sum_{i=1}^{n}\sum_{j=0}^{N}\frac{E}{N+1}\cdot\frac{|x_i|^{\theta+j\varepsilon}\cdot\operatorname{sgn}x_i}{(\theta+j\varepsilon)\gamma_j^{\theta+j\varepsilon-1}}=0 \qquad \pm\frac{\Delta}{\sqrt{N+1}} \tag{2.404}$$

且当$N\to\infty$ 或$N\to$大自然数时，无论是从理论上还是从实践上来说，上式右边误差趋近于0，可以认为其是没有误差的数学方程。从测绘数学的观点出发，可知

$$\sum_{i=1}^{n}\sum_{j=0}^{N}\frac{E}{N+1}\cdot\frac{|x_i|^{\theta+j\varepsilon}\cdot\operatorname{sgn}x_i}{(\theta+j\varepsilon)\gamma_j^{\theta+j\varepsilon-1}}=0 \tag{2.405}$$

是一个严密的数学等式。

一、王玉玮分布密度函数的理论公式

以$f(x)$表示误差的分布密度函数，则对于任意一组已经出现的n个误差来说，以真值为坐标原点，根据上述（2.214）式所述之最大概率原理，可知它们的出现必定满足

$$\prod_{i=1}^{n}f(x_i)\cdot\Delta x=\max \tag{2.411}$$

这里要特别指出，当观测值 L_i 为已经出现的随机变量时，它就成为常数，而不能再把它看作可变的随机变量；以X表示真值，再根据

$$x_i=L_i-X \tag{2.412}$$

可知，只有真值X和诸误差x_i是可伸缩的未知量。因此，为满足最大概率原理，根据观测值 L_i 来探求分布密度函数$f(x)$时，只有X和诸x_i可以被考虑为自变量。又由于（2.412）式为严格的线性函数，故在X和诸x_i中，只允许存在一个自变量。若选x_1为自变量，则必有：

$$X=L_1-x_1$$

$$x_i=L_i-L_1+x_1$$

其它亦然。为方便起见，这里**选真值X为自变量**。这样，（2.412）式所示诸误差x_i就变成了$f(x)$的中间变量。**由于真值为误差的坐标原点，故亦可理解为令坐标原点沿x轴做微量增减，从而使最大概率原理得到满足**［参看（2.236）式］。又考虑到（2.411）式左边与其对数函数同时达极大值，即

$$\sum_{i=1}^{n}\ln f(x_i)+\sum_{i=1}^{n}\ln(\Delta x)=\max \tag{2.413}$$

故以真值 X 表示自变量时，对（2.411）式的函数求导，与对（2.411）式的对数函数（2.413）式求导，是等效的。对（2.413）式求导可得：

$$\sum_{i=1}^{n}\frac{f'(x_i)}{f(x_i)}\cdot\frac{dx_i}{dX}+\sum_{i=1}^{n}\frac{(\Delta x)'}{(\Delta x)}\cdot\frac{dx}{dX}=0$$

如（2.412）式所示，为线型方程。其中，当 L_i 为已经出现的观测值时，可知 dx_i 与 $-dX$ 等价；当 L_i 为待定值时，dx 与 $-dX$ 等价。而 Δx 又与 dx 等价，故有

$$\sum_{i=1}^{n}\frac{f'(x_i)}{f(x_i)}=-0 \tag{2.414}$$

将分布密度函数的特征函数（2.405）式与分布密度函数的微分函数（2.414）式相联系，可知微分方程

$$\frac{f'(x)}{f(x)}=-\sum_{j=0}^{N}\frac{E}{N+1}\cdot\frac{|x|^{\theta+j\varepsilon}\operatorname{sgn}x}{(\theta+j\varepsilon)\gamma_j^{\theta+j\varepsilon-1}} \tag{2.415}$$

即该式满足（2.239）式所示之条件。当 $N\to\infty$ 或为一大数时，考虑到 E 为任意常数，故以 h 代 $E/(N+1)$；再考虑（1.121）式，对（2.415）式积分可得

$$\begin{aligned}\ln f(x)&=-\int\sum_{j=0}^{\infty}h\frac{|x|^{\theta+j\varepsilon}\operatorname{sgn}x}{(\theta+j\varepsilon)\gamma_j^{\theta+j\varepsilon-1}}\,dx\quad=-h\sum_{j=0}^{\infty}\int\frac{|x|^{\theta+j\varepsilon}\operatorname{sgn}x}{(\theta+j\varepsilon)\gamma_j^{\theta+j\varepsilon-1}}\,dx\\&=-h\sum_{j=0}^{\infty}\frac{1}{(\theta+j\varepsilon)\gamma_j^{\theta+j\varepsilon-1}}\int|x|^{\theta+j\varepsilon}\operatorname{sgn}x\,dx\\&=-h\sum_{j=0}^{\infty}\frac{1}{(\theta+j\varepsilon)\gamma_j^{\theta+j\varepsilon-1}}\cdot\frac{1}{\theta+j\varepsilon+1}\cdot|x|^{\theta+j\varepsilon+1}+C\end{aligned}$$

故有
$$f(x)=R\cdot\exp\left\{-h\sum_{j=0}^{\infty}\frac{|x|^{\theta+j\varepsilon+1}}{(\theta+j\varepsilon)(\theta+j\varepsilon+1)\cdot\gamma_j^{\theta+j\varepsilon-1}}\right\} \tag{2.416}$$

这就是我们所要求的王玉玮误差分布密度函数的理论公式。式中，$R=\exp C$ 为分布常数，h 为分布参数，γ 为分布的各阶幂差。该式称为王玉玮误差分布密度函数理论公式的幂差形式。

[*]（2.416）式指数级数前后末项比值：

$$\rho=\lim_{j\to\infty}\frac{u_{j+1}}{u_j}=\lim_{j\to\infty}\frac{\gamma_j^{\theta+j\varepsilon-1}\cdot|x|^{\varepsilon}}{\gamma_{j+1}^{\theta+(j+1)\varepsilon-1}}\cdot\frac{\alpha_o^{-(\theta+(j+1)\varepsilon-1)}}{\alpha_o^{-(\theta+(j+1)\varepsilon-1)}}=\lim_{j\to\infty}\frac{|\gamma/\alpha_o|_j^{\theta+j\varepsilon-1}\cdot|x|^{\varepsilon}}{|\gamma/\alpha_o|_{j+1}^{\theta+(j+1)\varepsilon-1}\cdot\alpha_o^{\varepsilon}}=\left|\frac{x}{\alpha_o}\right|^{\varepsilon}$$

所以，当 $x\ge\alpha_o$ 时，级数发散，即 $f(x)=0$。

从实用角度考虑，（2.416）式是不方便的，需要改化。根据立论依据（2.211）式，可知（2.416）式中的级数在（误差$|x|\geq$误差极值α_0）时发散[*]，且级数的幂差间隔又为ε，故给定近似最大误差绝对值 $\alpha\geq\alpha_0$，则级数至少可以提出一个$(\alpha^{\varepsilon}-|x|^{\varepsilon})^{-1}$因子。故知：

$$f(x)=R\cdot\exp\left\{-h\frac{1}{\alpha^{\varepsilon}-|x|^{\varepsilon}}\cdot(\alpha^{\varepsilon}-|x|^{\varepsilon})\cdot\sum_{j=0}^{\infty}\frac{|x|^{\theta+j\varepsilon+1}}{(\theta+j\varepsilon)(\theta+j\varepsilon+1)\gamma_j^{\theta+j\varepsilon-1}}\right\}$$

$$=R\cdot\exp\left\{-h\frac{1}{\alpha^{\varepsilon}-|x|^{\varepsilon}}\cdot\sum_{j=0}^{\infty}\frac{(\alpha^{\varepsilon}-|x|^{\varepsilon})\cdot|x|^{\theta+j\varepsilon+1}}{(\theta+j\varepsilon)(\theta+j\varepsilon+1)\gamma_j^{\theta+j\varepsilon-1}}\right\}$$

$$=R\cdot\exp\left\{-h\frac{|x|^{\theta+1}}{\alpha^{\varepsilon}-|x|^{\varepsilon}}\cdot\sum_{j=0}^{\infty}\frac{\alpha^{\varepsilon}|x|^{j\varepsilon}-|x|^{\varepsilon}\cdot|x|^{j\varepsilon}}{(\theta+j\varepsilon)(\theta+j\varepsilon+1)\gamma_j^{\theta+j\varepsilon-1}}\right\}$$

$$=R\cdot\exp\left(-h\frac{|x|^{\theta+1}}{\alpha^{\varepsilon}-|x|^{\varepsilon}}\cdot\left(\sum_{j=0}^{\infty}\frac{\alpha^{\varepsilon}\cdot|x|^{j\varepsilon}}{(\theta+j\varepsilon)(\theta+j\varepsilon+1)\gamma_j^{\theta+j\varepsilon-1}}\right.\right.$$

$$\left.\left.+\sum_{j=0}^{\infty}\frac{-|x|^{\varepsilon}\cdot|x|^{j\varepsilon}}{(\theta+j\varepsilon)(\theta+j\varepsilon+1)\gamma_j^{\theta+j\varepsilon-1}}\right)\right)$$

$$=R\cdot\exp\left(-h\frac{|x|^{\theta+1}}{\alpha^{\varepsilon}-|x|^{\varepsilon}}\cdot\left(\frac{\alpha^{\varepsilon}}{\theta(\theta+1)\gamma_o^{\theta-1}}+\sum_{j=1}^{\infty}\frac{\alpha^{\varepsilon}\cdot|x|^{j\varepsilon}}{(\theta+j\varepsilon)(\theta+j\varepsilon+1)\gamma_j^{\theta+j\varepsilon-1}}\right.\right.$$

$$\left.\left.+\sum_{j=0}^{\infty}\frac{-|x|^{(j+1)\varepsilon}}{(\theta+j\varepsilon)(\theta+j\varepsilon+1)\gamma_j^{\theta+j\varepsilon-1}}\right)\right)$$

$$=R\cdot\exp\left(-h\frac{|x|^{\theta+1}}{\alpha^{\varepsilon}-|x|^{\varepsilon}}\cdot\left(\frac{\alpha^{\varepsilon}}{\theta(\theta+1)\gamma_o^{\theta-1}}+\sum_{j=1}^{\infty}\frac{\alpha^{\varepsilon}\cdot|x|^{j\varepsilon}}{(\theta+j\varepsilon)(\theta+j\varepsilon+1)\gamma_j^{\theta+j\varepsilon-1}}\right.\right.$$

$$\left.\left.+\sum_{j=1}^{\infty}\frac{-|x|^{j\varepsilon}}{(\theta+(j-1)\varepsilon)(\theta+(j-1)\varepsilon+1)\gamma_{j-1}^{\theta+(j-1)\varepsilon-1}}\right)\right)$$

$$=R\cdot\exp\left(-h\frac{|x|^{\theta+1}}{\alpha^{\varepsilon}-|x|^{\varepsilon}}\cdot\left(\frac{\alpha^{\varepsilon}}{\theta(\theta+1)\gamma_o^{\theta-1}}+\sum_{j=1}^{\infty}\left(\frac{\alpha^{\varepsilon}\cdot|x|^{j\varepsilon}}{(\theta+j\varepsilon)(\theta+j\varepsilon+1)\gamma_j^{\theta+j\varepsilon-1}}\right.\right.\right.$$

$$\left.\left.\left.+\frac{-|x|^{j\varepsilon}}{(\theta+(j-1)\varepsilon)(\theta+(j-1)\varepsilon+1)\gamma_{j-1}^{\theta+(j-1)\varepsilon-1}}\right)\right)\right)$$

注意上式推演过程中的$\sum\limits_{i=0}$ 与$\sum\limits_{i=1}$ 的算式转换。

令

$$\beta_j = \frac{\alpha^{\varepsilon}\cdot|\alpha|^{j\varepsilon}}{(\theta+j\varepsilon)(\theta+j\varepsilon+1)\gamma_j^{\theta+j\varepsilon-1}} + \frac{-|\alpha|^{j\varepsilon}}{(\theta+(j-1)\varepsilon)(\theta+(j-1)\varepsilon+1)\gamma_{j-1}^{\theta+(j-1)\varepsilon-1}}$$

$$\theta = \varepsilon-1$$

$$\xi = h\frac{\alpha^{\varepsilon}}{\theta(\theta+1)\gamma_o^{\theta-1}} \tag{2.417}$$

$$\rho_j = \beta_j\frac{\theta(\theta+1)\gamma_o^{\theta-1}}{\alpha^{\varepsilon}}$$

则有

$$\begin{aligned} f(x) &= R\cdot\exp\left(-h\frac{|x|^{\varepsilon}}{\alpha^{\varepsilon}-|x|^{\varepsilon}}\cdot\left(\frac{\alpha^{\varepsilon}}{\theta(\theta+1)\gamma_o^{\theta-1}}+\sum_{j=1}^{\infty}\beta_j\left|\frac{x}{\alpha}\right|^{j\varepsilon}\right)\right) \\ &= R\cdot\exp\left(-\xi\frac{|x|^{\varepsilon}}{\alpha^{\varepsilon}-|x|^{\varepsilon}}\cdot\left(1+\sum_{j=1}^{\infty}\rho_j\left|\frac{x}{\alpha}\right|^{j\varepsilon}\right)\right) \end{aligned}$$

或者写为　　(2.418)

$$f(x) = R\cdot\exp\left(-\xi\frac{|x|^{\varepsilon}}{\alpha^{\varepsilon}-|x|^{\varepsilon}}\cdot\prod_{j=1}^{\infty}\left(1+\rho_j\left|\frac{x}{\alpha}\right|^{\varepsilon}\right)\right)$$

$$[-\alpha\le x\le+\alpha]$$

该式即所要求的王玉玮误差分布密度函数理论公式的参数形式，与其理论公式的幂差形式（2.416）式等效。注意，两式中ρ之含义不同。

---

*）关于（2.401）式的其它等效书写形式：原（2.401）式

$$\sum_{i=1}^{n}E\left|x_i\right|^{\theta+j\varepsilon}\cdot\operatorname{sgn}x_i = 0 \qquad \pm\delta_j$$

的另一种等效书写形式为

$$-\delta_j \le \sum_{i=1}^{n}E\left|x_i\right|^{\theta+j\varepsilon}\cdot\operatorname{sgn}x_i \le +\delta_j \tag{2.419}$$

或者

$$-\delta_j \le [\ E|x|^{\theta+j\varepsilon}\cdot\operatorname{sgn}x\ ] \le +\delta_j$$

二、王玉玮分布密度函数的实用公式

为了便于应用，对理论公式（2.418）式，做如下改化：

首先定义分布密度函数

$$
\left.\begin{aligned}
&g(x)=(R+S)\exp\left(-\xi\frac{|x|^{\varepsilon}}{\alpha^{\varepsilon}-|x|^{\varepsilon}}\left(1+\sum_{j=1}^{r}\rho_j\left|\frac{x}{\alpha}\right|^{j\varepsilon}\right)\right)\\
&\quad A=\exp\left(-\xi\frac{|x|^{\varepsilon}}{\alpha^{\varepsilon}-|x|^{\varepsilon}}\left(1+\sum_{j=1}^{r}\rho_j\left|\frac{x}{\alpha}\right|^{j\varepsilon}\right)\right)\\
&\quad B=\exp\left(-\xi\frac{|x|^{\varepsilon}}{\alpha^{\varepsilon}-|x|^{\varepsilon}}\sum_{j=r+1}^{\infty}\rho_j\left|\frac{x}{\alpha}\right|^{j\varepsilon}\right)
\end{aligned}\right| \qquad (2.421)
$$

考虑到 $f(x)$、 $g(x)$ 两个分布， 都必须首先满足其全概率极大值为 1 的分布条件（2.421）式，即 0 阶方差

$$
\left.\begin{aligned}
&\int_{-\alpha}^{\alpha}f(x)|x|^{o}\cdot dx=1\\
&\int_{-\alpha}^{\alpha}g(x)|x|^{o}\cdot dx=1
\end{aligned}\right|
$$

故引入实数 S，表示两个分布常数的微量较差；引入非负整数 r，表示实用公式的有限项数。显然，由（2.418）、（2.421）二式可知

$$
\begin{aligned}
f(x)&=R\cdot\exp\left(-\xi\frac{|x|^{\varepsilon}}{\alpha^{\varepsilon}-|x|^{\varepsilon}}\cdot\left(1+\sum_{j=1}^{r}\rho_j\left|\frac{x}{\alpha}\right|^{j\varepsilon}+\sum_{j=r+1}^{\infty}\rho_j\left|\frac{x}{\alpha}\right|^{j\varepsilon}\right)\right)\\
&=R\cdot\underbrace{\exp\left(-\xi\frac{|x|^{\varepsilon}}{\alpha^{\varepsilon}-|x|^{\varepsilon}}\cdot\left(1+\sum_{j=1}^{r}\rho_j\left|\frac{x}{\alpha}\right|^{j\varepsilon}\right)\right)}_{A}\cdot\underbrace{\exp\left(-\xi\frac{|x|^{\varepsilon}}{\alpha^{\varepsilon}-|x|^{\varepsilon}}\sum_{j=r+1}^{\infty}\rho_j\left|\frac{x}{\alpha}\right|^{j\varepsilon}\right)}_{B}\\
&=R\cdot A\cdot B\\
&=[R+S-S]\cdot A\cdot[1+B-1]\\
&=[(R+S)-S]\cdot A\cdot[1+(B-1)]\\
&=[(R+S)-S]\cdot A+(B-1)\cdot[(R+S)-S]\cdot A \qquad (2.422)\\
&=(R+S)\cdot A-S\cdot A+(B-1)\cdot R\cdot A\\
&=(R+S)\cdot A\ +\ [(B-1)\cdot R-S]\cdot A\\
&=\quad g(x)\quad +\quad u(x)
\end{aligned}
$$

式中，$g(x)$ 即（2.421）式；$u(x)$ 为

$$u(x)=\left[R\cdot\left(\exp\left(-\xi\frac{|x|^{\varepsilon}}{\alpha^{\varepsilon}-|x|^{\varepsilon}}\cdot\sum_{j=r+1}^{\infty}\rho_j\left|\frac{x}{\alpha}\right|^{j\varepsilon}\right)-1\right)-S\right]\cdot\exp\left(-\xi\frac{|x|^{\varepsilon}}{\alpha^{\varepsilon}-|x|^{\varepsilon}}\left(1+\sum_{j=1}^{r}\rho_j\left|\frac{x}{\alpha}\right|^{j\varepsilon}\right)\right)\qquad(2.423)$$

$u(x)$ 是一个微量函数。因为，当 $|x|<\alpha$ 时，$u(x)$ 函数随 r 的增大而趋近于 0；当 $|x|=\alpha$ 时，仍有 $u(x)=0$；故 $g(x)$ 与 $f(x)$ 是极为近似的函数。将

$$R+S=k$$

代入（2.421）式，则 $g(x)$ 就包含了 $(r+4)$ 个未定值：一个分布常数 k 及 $(r+3)$ 个参数，ξ，ε，α，ρ，⋯ 。作为实用公式，参数必须不能是无限的。假定选取 $f(x)$ 的参数也是 $(r+4)$ 个，并给定

$$\int_{-\alpha}^{\alpha}g(x)|x|^{j}dx=\int_{-\alpha}^{\alpha}f(x)|x|^{j}dx=\gamma_j^j \quad (j=0,1,2,\cdots\ \overline{r+3})$$

自然必有

$$\int_{-\alpha}^{\alpha}u(x)\cdot|x|^{j}dx=0 \quad (j=0,1,2,\cdots,\ \overline{r+3})\qquad(2.424)$$

根据（2.122）式，再定义 $f(x)$ 的 j 阶幂差 γ_j 之具体形式为

$$\int_{-\alpha}^{\alpha}g(x)|x|^{o}dx=\int_{-\alpha}^{\alpha}f(x)|x|^{o}dx=1 \quad \text{（给定的分布条件）}$$

$$\int_{-\alpha}^{\alpha}g(x)|x|^{1}dx=\int_{-\alpha}^{\alpha}f(x)|x|^{1}dx=\lambda \quad \text{（平均误差）}$$

$$\int_{-\alpha}^{\alpha}g(x)|x|^{2}dx=\int_{-\alpha}^{\alpha}f(x)|x|^{2}dx=m^2 \quad \text{（均方误差）}$$

$$\int_{-\alpha}^{\alpha}g(x)|x|^{3}dx=\int_{-\alpha}^{\alpha}f(x)|x|^{3}dx=\omega^3 \quad \text{（三阶误差）}\qquad(2.425)$$

$$\int_{-\alpha}^{\alpha}g(x)|x|^{4}dx=\int_{-\alpha}^{\alpha}f(x)|x|^{4}dx=\sigma^4 \quad \text{（四阶误差）}$$

$$\int_{-\alpha}^{\alpha}g(x)|x|^{5}dx=\int_{-\alpha}^{\alpha}f(x)|x|^{5}dx=\theta^5 \quad \text{（五阶误差）}$$

$$\cdots\cdots\cdots\cdots$$

$$\int_{-\alpha}^{\alpha}g(x)|x|^{r+3}dx=\int_{-\alpha}^{\alpha}f(x)|x|^{r+3}dx=\gamma_{r+3}^{r+3}$$

式中，j 为任意正实数。当 j 为非负整数时，称 γ_j 为 j 阶方差，或称之为分布密度函数的特征值，j 阶特征值；当 j 为偶数时，γ_j 与目前概率论中所称之中心矩同。

显然，由（2.421）至（2.425）诸式可知，$f(x)$ 与 $g(x)$ 两个函数的特征值，自 0 阶开始，直至 $(r+3)$ 阶为止，均一一对应相等。而 $u(x)$ 只是可以忽视的微量函数。

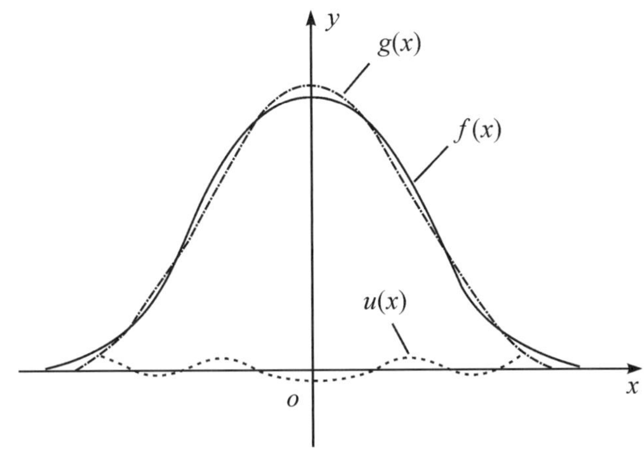

图【2.421】　$f(x)$、$g(x)$、$u(x)$ 函数的相互关系

这就是说，在（2.424）式所示之条件下，$g(x)$ 与 $f(x)$ 等效，如图【2.421】所示。这样，$f(x)$ 函数就可以在（2.424）式的前提下，略去（2.422）式中已不起作用的微量函数 $u(x)$，即以 $g(x)$ 代之而为

$$f(x)=k\cdot\exp\left\{-\xi\frac{|x|^{\varepsilon}}{\alpha^{\varepsilon}-|x|^{\varepsilon}}\left(1+\sum_{j=1}^{r}\rho_j\cdot\left|\frac{x}{\alpha}\right|^{j\varepsilon}\right)\right\}$$

亦可写为　　（2.426）

$$f(x)=k\cdot\exp\left\{-\xi\frac{|x|^{\varepsilon}}{\alpha^{\varepsilon}-|x|^{\varepsilon}}\prod_{j=1}^{r}\left(1+\rho_j\cdot\left|\frac{x}{\alpha}\right|^{\varepsilon}\right)\right\}$$

两式中之 ρ 的含义不同。两式即没有幂差的（2.418）式，式中只有与幂差有关的有限参数，称为王玉玮分布密度函数理论公式的参数改化形式；它是误差分布密度函数的普遍形式，是误差理论的数学基础。

$f(x)$ 函数的参数改化形式（2.426）式，与参数形式（2.418）式是等效的，它们的等效程度是由 r 的大小决定的。当 $r\to\infty$ 时，二者由等效变为等同。在实际工作中，由于习惯上只计算平均误差和中误差（方差），偶尔也计算三阶误差；在特殊情况下，也考虑四阶误差和五阶误差；更高阶的误差尚未考虑。

从实用的观点来说，（2.426）式可写成以下三种形式。

1）如果要求二者在 0、1、2、3、4、5 等六个方差范围内等效，由（2.424）式可知$r=2$。$f(x)$函数由（2.426）式得

$$f(x)=k\cdot\exp\left\{-\xi\frac{|x|^{\varepsilon}}{\alpha^{\varepsilon}-|x|^{\varepsilon}}\left(1-\eta\left|\frac{x}{\alpha}\right|^{\varepsilon}\right)\left(1-\zeta\left|\frac{x}{\alpha}\right|^{\varepsilon}\right)\right\} \tag{2.427}$$

式中，以η、ζ代ρ_1、ρ_2之变换形式。

2）如果要求二者在 0、1、2、3、4 等五个方差范围内等效，由（2.424）式可知$r=1$，$f(x)$函数由（2.426）式得

$$f(x)=k\cdot\exp\left\{-\xi\frac{|x|^{\varepsilon}}{\alpha^{\varepsilon}-|x|^{\varepsilon}}\left(1-\eta\left|\frac{x}{\alpha}\right|^{\varepsilon}\right)\right\} \tag{2.428}$$

3）如果要求二者在 0、1、2、3 等四个方差范围内等效，由（2.424）式可知$r=0$，$f(x)$函数由（2.426）式得

$$f(x)=k\cdot\exp\left\{-\xi\frac{|x|^{\varepsilon}}{\alpha^{\varepsilon}-|x|^{\varepsilon}}\right\} \tag{2.429}$$

以上三式，就是所要求的王玉玮分布密度函数三种实用公式。式中，k为分布常数，ξ、η、ζ为分布参数，ε为乘幂间隔，α为误差极值，x为观测值以真值为准的误差大小[不是以算术中数为原点]。据其数学特性，考虑用（2.429）式表单峰分布，用（2.428）式表双峰分布，用（2.427）式表三峰分布，如图【2.422】所示。

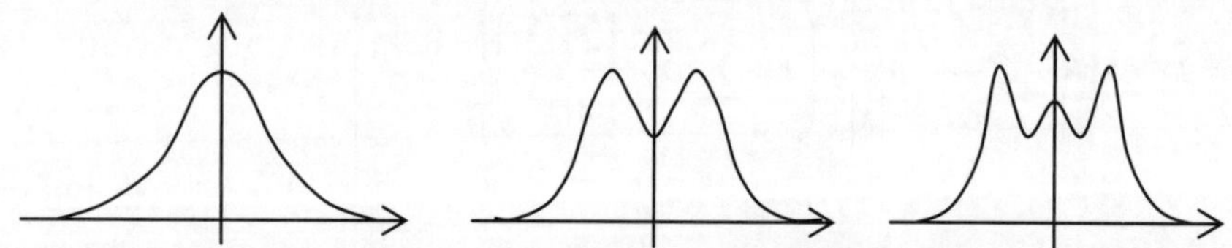

图【2.422】　误差三种分布密度函数示意

这三种分布，从实用观点来说，已基本上全面地反映了误差分布的普遍状况。当然，亦可用（2.427）式表示单峰和双峰。问题在于，就目前应用科学所触及的误差理论深度范围来说，在满足误差理论分析的条件下，（2.429）式和（2.428）式已绰绰有余。

应该说，新的分布不是否定传统分布，而是继承了被实践检验过的正确结论，修正了被实践检验证明是错误的结论。由于在论述时传统的误差分布多以误差分布是“无限的”为前提，而作者特别强调误差的分布范围是“有限的”，曾以“误差有限分布”为名，阐述观点。后来，为区分“有界”“截尾”等分布，在董德主编的《测绘学公式集》一书中，编辑部将这一新的分布命名为“王玉玮分布”[16.P417]。

三、误差单峰分布的参数确定

误差单峰分布 $f(x)$ 的数学形式，由（2.429）式可知为

$$f(x)=k\cdot\exp\left\{-\xi\frac{|x|^{\varepsilon}}{\alpha^{\varepsilon}-|x|^{\varepsilon}}\right\} \tag{2.431}$$

在一般情况下，随即误差多为单峰分布。该分布的参数，比传统的拉普拉斯、高斯等分布的参数，多出 2 个。对一组误差列来说，必须求出其 λ、m、ω 三个值，方可确定（2.431）式的参数。

一）单峰分布常数与参数的数学关系

根据（1.155）式，可知

$$\because \int_{-\alpha}^{\alpha}f(x)\,dx=2\alpha k\int_{o}^{1}\exp(-\xi\frac{x^{\varepsilon}}{1-x^{\varepsilon}})\,dx$$

$$\left|\begin{aligned} x^{\varepsilon}&=y^{2},\\ x&=y^{\frac{2}{\varepsilon}}\\ dx&=\frac{2}{\varepsilon}y^{\frac{2-\varepsilon}{\varepsilon}}dy\end{aligned}\right. \tag{2.432}$$

$$=2\alpha k\int_{o}^{1}\exp(-\xi\frac{y^{2}}{1-y^{2}})\cdot\frac{2}{\varepsilon}\cdot y^{\frac{2-\varepsilon}{\varepsilon}}dy$$

$$=\frac{4\alpha k}{\varepsilon}\cdot W\left(\xi,\frac{2-\varepsilon}{\varepsilon}\right)=1$$

故知

$$k=\frac{\varepsilon}{4\cdot W\left(\xi,\dfrac{2-\varepsilon}{\varepsilon}\right)}\cdot\frac{1}{\alpha} \tag{2.433}$$

二）单峰分布特征值与参数的数学关系

根据特征值的数学定义（2.122）式，可知

$$\begin{aligned}\gamma_{N}^{N}&=\frac{1}{n}\sum_{i=1}^{n}|x_{i}|^{N}\\ &=\int_{-\alpha}^{+\alpha}f(x)\cdot|x|^{N}\cdot dx\qquad(-\alpha\le x\le\alpha)\end{aligned} \tag{2.434}$$

再根据（1.155）式，可知

$$\int_{-\alpha}^{\alpha} f(x)\,|x|^N dx = 2\alpha^{N+1}k\int_o^1 \exp(-\xi\frac{x^{\varepsilon}}{1-x^{\varepsilon}})\,x^N dx$$

$$\left|\begin{aligned} x^{\varepsilon} &= y^2, \\ x &= y^{\frac{2}{\varepsilon}} \\ dx &= \frac{2}{\varepsilon} y^{\frac{2-\varepsilon}{\varepsilon}} dy \\ x^N &= y^{\frac{2N}{\varepsilon}} \end{aligned}\right.$$

$$= 2\alpha^{N+1}k\int_o^1 \exp(-\xi\frac{y^2}{1-y^2})\cdot y^{\frac{2N}{\varepsilon}}\cdot\frac{2}{\varepsilon}\cdot y^{\frac{2-\varepsilon}{\varepsilon}} dy$$

$$= \frac{4\alpha^{N+1}k}{\varepsilon}\cdot W\left(\xi,\ \frac{2-\varepsilon+2N}{\varepsilon}\right)$$

$$= \frac{W\left(\xi,\ \overline{2-\varepsilon+2N}/\varepsilon\right)}{W(\xi,\ \overline{2-\varepsilon}/\varepsilon)}\cdot\alpha^N \tag{2.435}$$

故知各阶特征值：

$$\gamma_N^N = \int_{-\alpha}^{\alpha} f(x)\cdot|x|^N dx = \frac{W\left(\xi,\ \overline{2-\varepsilon+2N}/\varepsilon\right)}{W\left(\xi,\ \overline{2-\varepsilon}/\varepsilon\right)}\cdot\alpha^N$$

令非负整数 N 为 1、2、3，可知 $f(x)$ 密度函数的具体特征值：

$$\lambda = \int_{-\alpha}^{\alpha} f(x)\cdot|x|\,dx = \frac{W\left(\xi,\ \overline{4-\varepsilon}/\varepsilon\right)}{W\left(\xi,\ \overline{2-\varepsilon}/\varepsilon\right)}\cdot\alpha$$

$$m^2 = \int_{-\alpha}^{\alpha} f(x)\cdot|x|^2 dx = \frac{W\left(\xi,\ \overline{6-\varepsilon}/\varepsilon\right)}{W\left(\xi,\ \overline{2-\varepsilon}/\varepsilon\right)}\cdot\alpha^2 \tag{2.436}$$

$$\omega^3 = \int_{-\alpha}^{\alpha} f(x)\cdot|x|^3 dx = \frac{W\left(\xi,\ \overline{8-\varepsilon}/\varepsilon\right)}{W\left(\xi,\ \overline{2-\varepsilon}/\varepsilon\right)}\cdot\alpha^3$$

……………………………………

式中，W 函数由（1.155）式定义。

三）单峰分布参数解算

根据（2.436）式，消去最大误差α，组建方程：

$$\phi_1(\xi,\varepsilon,\lambda,m,\omega)=\frac{W\left(\xi,\overline{4-\varepsilon}/\varepsilon\right)}{W\left(\xi,\overline{2-\varepsilon}/\varepsilon\right)}\cdot\left(\frac{W\left(\xi,\overline{2-\varepsilon}/\varepsilon\right)}{W\left(\xi,\overline{6-\varepsilon}/\varepsilon\right)}\right)^{\frac{1}{2}}-\frac{\lambda}{m}=0$$

$$\phi_2(\xi,\varepsilon,\lambda,m,\omega)=\left(\frac{W\left(\xi,\overline{8-\varepsilon}/\varepsilon\right)}{W\left(\xi,\overline{2-\varepsilon}/\varepsilon\right)}\right)^{\frac{1}{3}}\cdot\left(\frac{W\left(\xi,\overline{2-\varepsilon}/\varepsilon\right)}{W\left(\xi,\overline{6-\varepsilon}/\varepsilon\right)}\right)^{\frac{1}{2}}-\frac{\omega}{m}=0$$

可简写为

$$\phi(\xi,\varepsilon;\ \lambda,m,\omega)=\begin{bmatrix}\phi_1(\xi,\varepsilon,\ \lambda,m,\omega)\\ \phi_2(\xi,\varepsilon,\ \lambda,m,\omega)\end{bmatrix}=0 \tag{2.437}$$

分布参数ξ、ε两个未知数，根据（1.155）式和辜小玲算法中的（1.729）式三点判别法来求解：

$$\begin{bmatrix}\xi\\ \varepsilon\end{bmatrix}=\overline{\left|\ \phi(\xi,\varepsilon;\ \lambda,m,\omega)=0\right.} \tag{2.438}$$

式中，特征值 λ 、m 、ω ，根据（2.210）、（2.123）⋯ 诸式计算：

$$\begin{bmatrix}\lambda^1\\ m^2\\ \omega^3\end{bmatrix}=\frac{1}{n}\left[\ \sum|x|^1\quad\sum|x|^2\quad\sum|x|^3\right]^T$$

四）单峰分布最大误差解算

最大误差 α 与常数 k ，分别由（2.436）、（2.433）二式知：

$$\begin{aligned}\alpha&=\left(\frac{W\left(\xi,\overline{2-\varepsilon}/\varepsilon\right)}{W\left(\xi,\overline{6-\varepsilon}/\varepsilon\right)}\right)^{\frac{1}{2}}\cdot m\\ k&=\frac{\varepsilon}{4\cdot W\left(\xi,\overline{2-\varepsilon}/\varepsilon\right)}\cdot\frac{1}{\alpha}\end{aligned} \tag{2.439}$$

一般情况下，随机变量的随机误差，可以通过各种途径，先于$f(x)$为已知。因此，可以说，任何单峰分布的数学表达式，均可由上列诸式表达。

四、误差双峰分布的参数确定

误差双峰分布 $f(x)$ 的数学形式，由（2.428）式可知为

$$f(x)=k\cdot\exp\left\{-\xi\frac{|x|^{\varepsilon}}{\alpha^{\varepsilon}-|x|^{\varepsilon}}\left(1-\eta\left|\frac{x}{\alpha}\right|^{\varepsilon}\right)\right\} \tag{2.441}$$

由于式中有 ξ、ε、η、α 四个参数，故必须要有 λ、m、ω、σ 四个特征值求解。

一）误差双峰分布常数与参数的数学关系

首先根据分布密度函数定义求出分布常数：

$$\begin{aligned}\int_{-\alpha}^{\alpha}f(x)\cdot dx&=k\int_{-\alpha}^{\alpha}\exp\left\{-\xi\frac{|x|^{\varepsilon}}{\alpha^{\varepsilon}-|x|^{\varepsilon}}\left(1-\eta\left|\frac{x}{\alpha}\right|^{\varepsilon}\right)\right\}\cdot dx\\&=2k\int_{o}^{\alpha}\exp\left\{-\xi\frac{|x|^{\varepsilon}}{\alpha^{\varepsilon}-|x|^{\varepsilon}}\left(1-\eta\left|\frac{x}{\alpha}\right|^{\varepsilon}\right)\right\}\cdot dx\\&=2\,k\,\alpha\int_{o}^{1}\exp\left\{-\xi\frac{x^{\varepsilon}}{1-x^{\varepsilon}}\left(1-\eta\,x^{\varepsilon}\right)\right\}\cdot dx\\&=2\,k\,\alpha\,M(\xi,\varepsilon,\eta,o)\qquad=1\end{aligned} \tag{2.442}$$

式中，M 函数被定义为

$$M(\xi,\varepsilon,\eta,t)=\int_{o}^{1}\exp\left(-\xi\frac{x^{\varepsilon}}{1-x^{\varepsilon}}\left(1-\eta\,x^{\varepsilon}\right)\right)\cdot x^{t}\cdot dx \tag{2.443}$$

$$k=\frac{1}{2M(\xi,\varepsilon,\eta,o)}\cdot\frac{1}{\alpha}$$

二）双峰分布特征值与参数的数学关系

$$\begin{aligned}\gamma_N^N=\int_{-\alpha}^{\alpha}f(x)\cdot|x|^N dx&=2k\cdot\int_{o}^{\alpha}\exp\left(-\xi\frac{|x|^{\varepsilon}}{\alpha^{\varepsilon}-|x|^{\varepsilon}}\left(1-\eta\left|\frac{x}{\alpha}\right|^{\varepsilon}\right)\right)\cdot|x|^N\cdot dx\\&=2k\cdot\alpha^{N+1}\cdot\int_{o}^{1}\exp\left(-\xi\frac{x^{\varepsilon}}{1-x^{\varepsilon}}\left(1-\eta\,x^{\varepsilon}\right)\right)\cdot x^N\cdot dx\\&=2k\cdot\alpha^{N+1}\cdot M(\xi,\varepsilon,\eta,N)\end{aligned}$$

代入（2.443）式，可知

$$\gamma_N^N=\frac{M(\xi,\varepsilon,\eta,N)}{M(\xi,\varepsilon,\eta,o)}\cdot\alpha^N \tag{2.444}$$

令非负整数 N 为 1、2、3、4，可知 $f(x)$ 密度函数的具体特征值：

$$\left.\begin{aligned}
\lambda&=\int_{-\alpha}^{\alpha}f(x)\cdot|x|\,dx=\frac{M(\xi,\varepsilon,\eta,1)}{M(\xi,\varepsilon,\eta,o)}\cdot\alpha^1\\
m^2&=\int_{-\alpha}^{\alpha}f(x)\cdot|x|^2\,dx=\frac{M(\xi,\varepsilon,\eta,2)}{M(\xi,\varepsilon,\eta,o)}\cdot\alpha^2\\
\omega^3&=\int_{-\alpha}^{\alpha}f(x)\cdot|x|^3\,dx=\frac{M(\xi,\varepsilon,\eta,3)}{M(\xi,\varepsilon,\eta,o)}\cdot\alpha^3\\
\sigma^4&=\int_{-\alpha}^{\alpha}f(x)\cdot|x|^4\,dx=\frac{M(\xi,\varepsilon,\eta,4)}{M(\xi,\varepsilon,\eta,o)}\cdot\alpha^4\\
&\cdots\cdots
\end{aligned}\right| \tag{2.445}$$

式中，M 函数由（2.443）式定义，由（1.262）式解。

三）双峰分布参数解算

类同（2.437）式组建，根据（2.445）式组建方程：

$$\left.\begin{aligned}
\phi_1(\xi,\varepsilon,\eta,\lambda,m,\omega,\sigma)&=\frac{M(\xi,\varepsilon,\eta,1)}{M(\xi,\varepsilon,\eta,o)}\cdot\left(\frac{M(\xi,\varepsilon,\eta,o)}{M(\xi,\varepsilon,\eta,2)}\right)^{\frac{1}{2}}-\frac{\lambda}{m}=0\\
\phi_2(\xi,\varepsilon,\eta,\lambda,m,\omega,\sigma)&=\left(\frac{M(\xi,\varepsilon,\eta,3)}{M(\xi,\varepsilon,\eta,o)}\right)^{\frac{1}{3}}\cdot\left(\frac{M(\xi,\varepsilon,\eta,o)}{M(\xi,\varepsilon,\eta,2)}\right)^{\frac{1}{2}}-\frac{\omega}{m}=0\\
\phi_3(\xi,\varepsilon,\eta,\lambda,m,\omega,\sigma)&=\left(\frac{M(\xi,\varepsilon,\eta,4)}{M(\xi,\varepsilon,\eta,o)}\right)^{\frac{1}{4}}\cdot\left(\frac{M(\xi,\varepsilon,\eta,o)}{M(\xi,\varepsilon,\eta,2)}\right)^{\frac{1}{2}}-\frac{\sigma}{m}=0
\end{aligned}\right|$$

可简写为

$$\phi(\xi,\varepsilon,\eta,\lambda,m,\omega,\sigma)=\begin{bmatrix}\phi_1(\xi,\varepsilon,\eta,\lambda,m,\omega,\sigma)\\ \phi_2(\xi,\varepsilon,\eta,\lambda,m,\omega,\sigma)\\ \phi_3(\xi,\varepsilon,\eta,\lambda,m,\omega,\sigma)\end{bmatrix}=0 \tag{2.446}$$

分布参数 ξ、ε、η 三个未知数，根据辛普松（1.262）式和辜小玲算法中的三点判别法（1.729）式求解：

$$\begin{bmatrix}\xi\\ \varepsilon\\ \eta\end{bmatrix} = \overline{\left|\ \phi(\xi,\varepsilon,\eta,\lambda,m,\omega,\sigma)=0\right.} \tag{2.447}$$

式中，特征值 λ、m、ω、σ，根据（2.210）、（2.123）… 诸式计算：

$$\begin{bmatrix}\lambda^1\\ m^2\\ \omega^3\\ \sigma^4\end{bmatrix} = \frac{1}{n}\left[\ \sum|x|^1 \quad \sum|x|^2 \quad \sum|x|^3 \quad \sum|x|^4\ \right]^T$$

四）双峰分布最大误差解算

最大误差 α 与常数 k，根据（2.443）、（2.445）式，按下式求解：

$$\alpha = \left(\frac{M(\xi,\varepsilon,\eta,o)}{M(\xi,\varepsilon,\eta,2)}\right)^{\frac{1}{2}} \cdot m \qquad k = \frac{1}{M(\xi,\varepsilon,\eta,o)}\cdot\frac{1}{\alpha} \tag{2.448}$$

在一般情况下，分布的 λ、m、ω、σ 四个特征值，可以通过各种途径，先于 $f(x)$ 为已知。因此，可以说，任何双峰分布的数学表达式，均可由上式表达。

顺便指出，在双峰分布中，ξ 为负值，η 为非负值，ε 大约在 1 和 2 之间。

另外提示：运用（1.729）式求解（2.447）式时，亦可给定（1.729）式

$$V = f(\rho)$$

在（$[VV]=0$ ，$[|V|]=0$）或者（$[VV]=\min$ ，$[|V|]=\min$）

（当未知数＝方程数时）　　（当未知数≤方程数时）

的原则前提下解算，或者根据数学前提（4.022）式，写作

$$\rho = \overline{\left|\ V = f(\rho)\right.} \quad , \qquad W \uparrow J = 0 \tag{2.449}$$

作为辜小玲算法（1.729）式的实用书写形式。在一般情况下，经过多种手段处理的方程解算结果，都应该再运用辜小玲三点判别法，做最后确认。

五、误差三峰分布的参数确定

误差三峰分布 $f(x)$ 的数学形式，由（2.427）式可知为

$$f(x)=k\cdot\exp\left\{-\xi\frac{|x|^{\varepsilon}}{\alpha^{\varepsilon}-|x|^{\varepsilon}}\left(1-\eta\left|\frac{x}{\alpha}\right|^{\varepsilon}\right)\left(1-\zeta\left|\frac{x}{\alpha}\right|^{\varepsilon}\right)\right\} \tag{2.451}$$

由于上式中有 ξ、ε、η、ζ、α 五个参数，故必须要有 λ、m、ω、σ、θ 五个特征值求解。

一）误差三峰分布常数与参数的数学关系

首先根据分布密度函数定义求出分布常数：

$$\begin{aligned}\int_{-\alpha}^{\alpha}f(x)\cdot dx&=k\int_{-\alpha}^{\alpha}\exp\left\{-\xi\frac{|x|^{\varepsilon}}{\alpha^{\varepsilon}-|x|^{\varepsilon}}\left(1-\eta\left|\frac{x}{\alpha}\right|^{\varepsilon}\right)\left(1-\zeta\left|\frac{x}{\alpha}\right|^{\varepsilon}\right)\right\}\cdot dx\\&=2k\int_{o}^{\alpha}\exp\left\{-\xi\frac{|x|^{\varepsilon}}{\alpha^{\varepsilon}-|x|^{\varepsilon}}\left(1-\eta\left|\frac{x}{\alpha}\right|^{\varepsilon}\right)\left(1-\zeta\left|\frac{x}{\alpha}\right|^{\varepsilon}\right)\right\}\cdot dx\\&=2\,\alpha k\int_{o}^{1}\exp\left\{-\xi\frac{x^{\varepsilon}}{1-x^{\varepsilon}}(1-\eta x^{\varepsilon})(1-\zeta x^{\varepsilon})\right\}\cdot dx\\&=2\,\alpha k\cdot E(\xi,\varepsilon,\eta,\zeta,o)\qquad=1\end{aligned} \tag{2.452}$$

式中，E 函数被定义为

$$\begin{aligned}E(\xi,\varepsilon,\eta,\zeta,N)&=\int_{o}^{1}\exp\left(-\xi\frac{x^{\varepsilon}}{1-x^{\varepsilon}}(1-\eta x^{\varepsilon})(1-\zeta x^{\varepsilon})\right)\cdot x^{N}dx\\k&=\frac{1}{2E(\xi,\varepsilon,\eta,\zeta,o)}\cdot\frac{1}{\alpha}\end{aligned} \tag{2.453}$$

二）三峰分布特征值与参数的数学关系

$$\begin{aligned}\gamma_N^N=\int_{-\alpha}^{\alpha}f(x)\cdot|x|^{N}dx&=2\cdot k\int_{o}^{\alpha}\exp\left(-\xi\frac{|x|^{\varepsilon}}{\alpha^{\varepsilon}-|x|^{\varepsilon}}\left(1-\eta\left|\frac{x}{\alpha}\right|^{\varepsilon}\right)\left(1-\zeta\left|\frac{x}{\alpha}\right|^{\varepsilon}\right)\right)\cdot|x|^{N}dx\\&=2k\cdot\alpha^{N+1}\cdot\int_{o}^{1}\exp\left(-\xi\frac{x^{\varepsilon}}{1-x^{\varepsilon}}\left(1-\eta x^{\varepsilon}\right)\left(1-\zeta x^{\varepsilon}\right)\right)\cdot x^{N}\cdot dx\\&=2k\cdot\alpha^{N+1}\cdot E(\xi,\varepsilon,\eta,\zeta,N)\end{aligned}$$

代入（2.453）式，可知

$$\gamma_N^N = \frac{E(\xi,\varepsilon,\eta,\zeta,N)}{E(\xi,\varepsilon,\eta,\zeta,o)}\cdot\alpha^N$$

令非负整数 N 为 1、2、3、4、5，可知 $f(x)$ 密度函数的具体特征值：

$$\begin{aligned}
\lambda &= \int_{-\alpha}^{\alpha} f(x)\cdot|x|\,dx = \frac{E(\xi,\varepsilon,\eta,\zeta,1)}{E(\xi,\varepsilon,\eta,\zeta,o)}\cdot\alpha^1 \\
m^2 &= \int_{-\alpha}^{\alpha} f(x)\cdot|x|^2\,dx = \frac{E(\xi,\varepsilon,\eta,\zeta,2)}{E(\xi,\varepsilon,\eta,\zeta,o)}\cdot\alpha^2 \\
\omega^3 &= \int_{-\alpha}^{\alpha} f(x)\cdot|x|^3\,dx = \frac{E(\xi,\varepsilon,\eta,\zeta,3)}{E(\xi,\varepsilon,\eta,\zeta,o)}\cdot\alpha^3 \\
\sigma^4 &= \int_{-\alpha}^{\alpha} f(x)\cdot|x|^4\,dx = \frac{E(\xi,\varepsilon,\eta,\zeta,4)}{E(\xi,\varepsilon,\eta,\zeta,o)}\cdot\alpha^4 \\
\theta^5 &= \int_{-\alpha}^{\alpha} f(x)\cdot|x|^5\,dx = \frac{E(\xi,\varepsilon,\eta,\zeta,5)}{E(\xi,\varepsilon,\eta,\zeta,o)}\cdot\alpha^5 \\
&\cdots\cdots
\end{aligned} \tag{2.454}$$

式中，E 函数由（2.453）式定义，由（1.262）式解。

三）三峰分布参数解算

类同（2.435）式组建，根据（2.454）式组建方程：

$$\begin{aligned}
\phi_1(\xi,\varepsilon,\eta,\zeta,\lambda,m,\omega,\sigma,\theta) &= \frac{E(\xi,\varepsilon,\eta,\zeta,1)}{E(\xi,\varepsilon,\eta,\zeta,o)}\cdot\left(\frac{E(\xi,\varepsilon,\eta,\zeta,o)}{E(\xi,\varepsilon,\eta,\zeta,2)}\right)^{\frac{1}{2}} - \frac{\lambda}{m} = 0 \\
\phi_2(\xi,\varepsilon,\eta,\zeta,\lambda,m,\omega,\sigma,\theta) &= \left(\frac{E(\xi,\varepsilon,\eta,\zeta,3)}{E(\xi,\varepsilon,\eta,\zeta,o)}\right)^{\frac{1}{3}}\cdot\left(\frac{E(\xi,\varepsilon,\eta,\zeta,o)}{E(\xi,\varepsilon,\eta,\zeta,2)}\right)^{\frac{1}{2}} - \frac{\omega}{m} = 0 \\
\phi_3(\xi,\varepsilon,\eta,\zeta,\lambda,m,\omega,\sigma,\theta) &= \left(\frac{E(\xi,\varepsilon,\eta,\zeta,4)}{E(\xi,\varepsilon,\eta,\zeta,o)}\right)^{\frac{1}{4}}\cdot\left(\frac{E(\xi,\varepsilon,\eta,\zeta,o)}{E(\xi,\varepsilon,\eta,\zeta,2)}\right)^{\frac{1}{2}} - \frac{\sigma}{m} = 0 \\
\phi_4(\xi,\varepsilon,\eta,\zeta,\lambda,m,\omega,\sigma,\theta) &= \left(\frac{E(\xi,\varepsilon,\eta,\zeta,5)}{E(\xi,\varepsilon,\eta,\zeta,o)}\right)^{\frac{1}{5}}\cdot\left(\frac{E(\xi,\varepsilon,\eta,\zeta,o)}{E(\xi,\varepsilon,\eta,\zeta,2)}\right)^{\frac{1}{2}} - \frac{\theta}{m} = 0
\end{aligned} \tag{2.455}$$

可简写为

$$\phi(\xi,\varepsilon,\eta,\zeta;\ \lambda,m,\omega,\sigma,\theta)=\begin{bmatrix}\phi_1(\xi,\varepsilon,\eta,\zeta,\lambda,m,\omega,\sigma,\theta)\\ \phi_2(\xi,\varepsilon,\eta,\zeta,\lambda,m,\omega,\sigma,\theta)\\ \phi_3(\xi,\varepsilon,\eta,\zeta,\lambda,m,\omega,\sigma,\theta)\\ \phi_4(\xi,\varepsilon,\eta,\zeta,\lambda,m,\omega,\sigma,\theta)\end{bmatrix}=0 \qquad (2.456)$$

分布参数ξ、ε、η、ζ四个未知数，根据辛普松（1.262）式和辜小玲算法的三点判别法（1.729）式求解。根据（2.449）式，

$$\begin{bmatrix}\xi\\ \varepsilon\\ \eta\\ \zeta\end{bmatrix}=\overline{\rceil\ V=\phi(\xi,\varepsilon,\eta,\zeta;\ \lambda,m,\omega,\sigma,\theta)=0} \qquad (2.457)$$

式中，特征值λ、m、ω、σ、θ，根据（2.210）式计算：

$$\begin{bmatrix}\lambda^1\\ m^2\\ \omega^3\\ \sigma^4\\ \theta^5\end{bmatrix}=\frac{1}{n}\begin{bmatrix}\sum|x|^1 & \sum|x|^2 & \sum|x|^3 & \sum|x|^4 & \sum|x|^5\end{bmatrix}^T$$

四）三峰分布最大误差解算

最大误差α与常数k，根据（2.453）、（2.454）式，按下式求解：

$$\left.\begin{aligned}\alpha&=\left(\frac{E(\xi,\varepsilon,\eta,\zeta,o)}{E(\xi,\varepsilon,\eta,\zeta,2)}\right)^{\frac{1}{2}}\cdot m\\ k&=\frac{1}{E(\xi,\varepsilon,\eta,\zeta,o)}\cdot\frac{1}{\alpha}\end{aligned}\right| \qquad (2.458)$$

在一般情况下，分布的λ、m、ω、σ、θ五个特征值，可以通过各种途径，先于$f(x)$为已知。因此，可以说，任何三峰分布的数学表达式，均可由上式表达。顺便指出，在三峰分布中，ξ、η、ε均为非负实数。

以上所述三种分布，只有单峰、双峰两种较为常见，三峰分布比较少见。由于它们的特征值与分布参数之间的数学关系基本类似，故在以下有关误差分布的理论阐述中，均以单峰分布为例，不再强调其形态的差别。

如果某些特殊科技领域需要更多的参数来反映误差图形的几何状态，当然亦可采用（2.426）式的另一种多参数形式，这里不再赘述。

*）该照片为1986年辜小玲同志（右一）在分析国家指令性任务480航天工程（卫星摄影定位）有关像机鉴定解算程序时所摄。《论随机函数》第一编中作者自行推导的所有数学公式，均在480航天工程有关像机内方位元素和光学畸变鉴定等程序设计任务中得到应用；另外，在“中欧大陆桥（乌鲁木齐通向欧洲的铁路）”建设任务以及诸如巡航导弹地形匹配等其它国家指令性任务中，均得到应用。多项任务应用的顺利完成，佐证了这些数学公式无误。辜小玲是佐证这些数学公式无误的实践者、先驱者。辜小玲同志，是总参测绘研究所研究人员、王之卓院士的学生、作者的妻子和战友，长期从事国家指令性任务，工作上精益求精。行政退休后，仍退而未休，在学术领域与作者共同探索基础理论的开拓性问题。2014年8月，还在秦岭安康地区，为国家指令性课题从事无任何报酬的航测外业工作。然终因过于劳累，不幸于2014年10月25日，在北京301医院病逝，时年77岁。辜小玲同志的一生，是无私奉献的一生，是为国为家的一生。她的沧桑经历，可谓：

为学日益国家不辞劳苦一生，

为道日损身心鞠躬尽瘁无悔。

测绘精英，学界楷模！

-----2015年5月11日　　北京·航天城-----

-----2015年9月12日　　北京·航天城-----

第五章　王玉玮分布的普遍性

根据以上分析，王玉玮分布是具有广泛普遍性的。为简明起见，这里仅就单峰分布进行分析。根据（2.431）至（2.439）诸式，

$$f(x)=k\cdot\exp\left\{-\xi\frac{|x|^{\varepsilon}}{\alpha^{\varepsilon}-|x|^{\varepsilon}}\right\} \tag{2.501}$$

$$k=\frac{\varepsilon}{4\cdot W\left(\xi,\ \overline{2-\varepsilon/\varepsilon}\right)}\cdot\frac{1}{\alpha} \tag{2.502}$$

$$\left.\begin{aligned}
\lambda &=\int_{-\alpha}^{\alpha} f(x)\cdot|x|\,dx=\frac{W\left(\xi,\ \overline{4-\varepsilon/\varepsilon}\right)}{W\left(\xi,\ \overline{2-\varepsilon/\varepsilon}\right)}\cdot\alpha\\
m^{2} &=\int_{-\alpha}^{\alpha} f(x)\cdot|x|^{2}dx=\frac{W\left(\xi,\ \overline{6-\varepsilon/\varepsilon}\right)}{W\left(\xi,\ \overline{2-\varepsilon/\varepsilon}\right)}\cdot\alpha^{2}\\
\omega^{3} &=\int_{-\alpha}^{\alpha} f(x)\cdot|x|^{3}dx=\frac{W\left(\xi,\ \overline{8-\varepsilon/\varepsilon}\right)}{W\left(\xi,\ \overline{2-\varepsilon/\varepsilon}\right)}\cdot\alpha^{3}\\
&\text{------------------------------}\\
\gamma_{N}^{N} &=\int_{-\alpha}^{\alpha} f(x)\cdot|x|^{N}dx=\frac{W\left(\xi,\ \overline{2-\varepsilon+2N/\varepsilon}\right)}{W\left(\xi,\ \overline{2-\varepsilon/\varepsilon}\right)}\cdot\alpha^{N}
\end{aligned}\right| \tag{2.503}$$

在一般情况下，特征值 λ 、m 、ω 先于 $f(x)$ 为已知。将 λ 、m 、ω 作为已知数，根据（2.436）式组建方程：

$$\phi_{1}(\xi,\varepsilon,\ \lambda,m,\omega)=\frac{W\left(\xi,\overline{4-\varepsilon/\varepsilon}\right)}{W\left(\xi,\overline{2-\varepsilon/\varepsilon}\right)}\cdot\left(\frac{W\left(\xi,\overline{2-\varepsilon/\varepsilon}\right)}{W\left(\xi,\overline{6-\varepsilon/\varepsilon}\right)}\right)^{\frac{1}{2}}-\frac{\lambda}{m}=0$$

$$\phi_{2}(\xi,\varepsilon,\ \lambda,m,\omega)=\left(\frac{W\left(\xi,\overline{8-\varepsilon/\varepsilon}\right)}{W\left(\xi,\overline{2-\varepsilon/\varepsilon}\right)}\right)^{\frac{1}{3}}\cdot\left(\frac{W\left(\xi,\overline{2-\varepsilon/\varepsilon}\right)}{W\left(\xi,\overline{6-\varepsilon/\varepsilon}\right)}\right)^{\frac{1}{2}}-\frac{\omega}{m}=0$$

可简写为

$$\phi(\xi,\varepsilon;\ \lambda,m,\omega)=\begin{bmatrix}\phi_{1}(\xi,\varepsilon,\ \lambda,m,\omega)\\ \phi_{2}(\xi,\varepsilon,\ \lambda,m,\omega)\end{bmatrix}=0 \tag{2.504}$$

参数ξ、ε两个未知数，按（1.729）式辜小玲三点判别法求解：

$$\begin{bmatrix} \xi \\ \varepsilon \end{bmatrix} = \overline{\Big|\ \phi(\xi, \varepsilon;\ \lambda, m, \omega) = 0} \tag{2.505}$$

常数k、α两个未知数，仍根据（2.436）式，按下式求解：

$$\left. \begin{aligned} \alpha &= \left(\frac{W\left(\xi, \overline{2-\varepsilon}/\varepsilon\right)}{W\left(\xi, \overline{6-\varepsilon}/\varepsilon\right)} \right)^{\frac{1}{2}} \cdot m \\ k &= \frac{\varepsilon}{4 \cdot W\left(\xi, \overline{2-\varepsilon}/\varepsilon\right)} \cdot \frac{1}{\alpha} \end{aligned} \right| \tag{2.506}$$

在一般情况下，分布的λ、m、ω三个特征值，可以通过各种途径求得。因此，可以说，任何单峰分布的数学表达式，均可由上式表达。

目前，在已知的分布中，前言中所提到的均匀分布、拉普拉斯分布、高斯分布和乔丹分布，都是上述分布的特例；刘述文分布是（2.428）式的特例。确切地说，所有特定条件下的、对称的误差分布和概率分布，都是王玉玮分布的特例。

具体分析如下。

一、特例之一（均匀分布）

当$\xi \to 0$ 时，（2.501）式所示之 $f(x)$，就是均匀分布密度函数。

证明：将 0 值ξ代入（2.501）、（2.502）、（2.503）三式，由（1.155）式可知

$$k=\lim_{\xi\to o}\frac{\varepsilon}{4\cdot W\left(o,\dfrac{2-\varepsilon}{\varepsilon}\right)}\cdot\frac{1}{a}=\frac{\varepsilon}{4}\cdot\frac{2\cdot\Gamma\left(\dfrac{1}{\varepsilon}+1\right)}{\Gamma\left(\dfrac{1}{\varepsilon}\right)}\cdot\frac{1}{a}=\frac{1}{2a} \tag{2.511}$$

$$\gamma_N^N=\lim_{\xi\to o}\frac{W\left(o,\dfrac{2-\varepsilon+2N}{\varepsilon}\right)}{W\left(o,\dfrac{2-\varepsilon}{\varepsilon}\right)}\cdot a^N=\frac{\Gamma\left(\dfrac{N+1}{\varepsilon}\right)\cdot\Gamma(1)}{2\cdot\Gamma\left(\dfrac{N+1}{\varepsilon}+1\right)}\cdot\frac{2\cdot\Gamma\left(\dfrac{1}{\varepsilon}+1\right)}{\Gamma\left(\dfrac{1}{\varepsilon}\right)\cdot\Gamma(1)}\cdot a^N$$

$$=\frac{\Gamma\left(\dfrac{N+1}{\varepsilon}\right)\cdot\Gamma(1)}{2\cdot\dfrac{N+1}{\varepsilon}\Gamma\left(\dfrac{N+1}{\varepsilon}\right)}\cdot\frac{2\cdot\dfrac{1}{\varepsilon}\Gamma\left(\dfrac{1}{\varepsilon}\right)}{\Gamma\left(\dfrac{1}{\varepsilon}\right)\cdot\Gamma(1)}\cdot a^N=\frac{\cdot\Gamma(1)}{2\cdot\dfrac{N+1}{\varepsilon}}\cdot\frac{2\cdot\dfrac{1}{\varepsilon}}{\cdot\Gamma(1)}\cdot a^N=\frac{1}{N+1}\cdot a^N$$

$$f(x)=\lim_{\xi\to o}k\exp\left(-\xi\frac{|x|^{\varepsilon}}{\alpha^{\varepsilon}-|x|^{\varepsilon}}\right)=\frac{1}{2\alpha}\lim_{\xi\to o}k\exp\left(-\xi\frac{|x|^{\varepsilon}}{\alpha^{\varepsilon}-|x|^{\varepsilon}}\right)=\frac{1}{2\alpha}$$

故有

$$\begin{aligned}
f(x)&=\frac{1}{2\alpha}\\
\lambda^1&=\frac{1}{2}\alpha\\
m^2&=\frac{1}{3}\alpha^2\\
\omega^3&=\frac{1}{4}\alpha^3\\
&\cdots\cdots\\
\gamma_N^N&=\frac{1}{N+1}\alpha^N
\end{aligned} \tag{2.512}$$

该式与（2.314）、（2.315）二式同，说明均匀分布为王玉玮分布特例。

二、特例之二（拉普拉斯分布）

当$\varepsilon \to 1,\ a \to \infty,\ \xi \to \infty$时，（2.501）式所示之$f(x)$，就是拉普拉斯分布密度函数。

证明：由（2.502）、（2.503）、（1.155）、（1.165）诸式，可知

$$k = \lim_{\substack{\varepsilon\to 1\\ a\to\infty\\ \xi\to\infty}} \frac{\varepsilon}{4\cdot W\left(\xi,\ \overline{2-\varepsilon}/\varepsilon\right)}\cdot\frac{1}{a} = \lim_{\substack{a\to\infty\\ \xi\to\infty}} \frac{2\cdot\Gamma(\xi+2)}{4\cdot\Gamma(1)\cdot\Gamma(\xi+1)}\cdot\frac{1}{a} = \frac{1}{2}\lim_{\substack{a\to\infty\\ \xi\to\infty}}\frac{\xi}{a} \tag{2.521}$$

$$\gamma_N^N = \lim_{\substack{\varepsilon\to 1\\ a\to\infty\\ \xi\to\infty}} \frac{W\left(\xi,\ \overline{2-\varepsilon+2N}/\varepsilon\right)}{W\left(\xi,\ \overline{2-\varepsilon}/\varepsilon\right)}\cdot a^N = \lim_{\substack{a\to\infty\\ \xi\to\infty}} \frac{\Gamma(N+1)\cdot\Gamma(\xi+1)}{2\Gamma(\xi+N+2)}\cdot\frac{2\Gamma(\xi+2)}{\Gamma(1)\cdot\Gamma(\xi+1)}\cdot a^N$$

$$\begin{aligned}\because\ \ \Gamma(\xi+N+2) &= (\xi+N+1)\,! \\ &= (\xi+\overline{N}+1)(\xi+\overline{N-1}+1)(\xi+\overline{N-2}+1)(\xi+\overline{N-3}+1)\cdots \\ &\quad\cdots(\xi+3+1)(\xi+2+1)(\xi+1+1)\cdot(\xi+1)(\xi+1-1)\cdots(3)(2)(1) \\ &= \prod_{i=1}^{N}(\xi+i+1)\cdot(\xi+1)\,! \ = \prod_{i=1}^{N}(\xi+i+1)\cdot\Gamma(\xi+2)\end{aligned}$$

$$\begin{aligned}&= \lim_{\substack{a\to\infty\\ \xi\to\infty}} \frac{\Gamma(N+1)\cdot\Gamma(\xi+1)}{2\cdot\prod_{i=1}^{N}(\xi+i+1)\cdot\Gamma(\xi+2)}\cdot\frac{2\Gamma(\xi+2)}{\Gamma(1)\cdot\Gamma(\xi+1)}\cdot a^N \\ &= \lim_{\substack{a\to\infty\\ \xi\to\infty}} \frac{\Gamma(N+1)\cdot a^N}{\prod_{i=1}^{N}(\xi+i+1)} = \lim_{\substack{a\to\infty\\ \xi\to\infty}} \frac{\Gamma(N+1)\cdot a^N}{(\xi)^N} \\ &= N\,!\cdot\lim_{\substack{a\to\infty\\ \xi\to\infty}}\left(\frac{a}{\xi}\right)^N\end{aligned} \tag{2.522}$$

以平均误差λ表示a、$\xi\to\infty$时的约束条件，即给定

$$\gamma_1^1 = 1!\cdot\lim_{\substack{\alpha\to\infty\\ \xi\to\infty}}\frac{\alpha}{\xi} = \lim_{\substack{\alpha\to\infty\\ \xi\to\infty}}\frac{\alpha}{\xi} = \lambda \tag{2.523}$$

代入（2.521）式，可得

$$
\begin{aligned}
f(x) &= \lim_{\substack{\varepsilon\to 1\\ \alpha\to\infty\\ \xi\to\infty}} k\cdot\exp\left\{-\xi\frac{|x|^{\varepsilon}}{\alpha^{\varepsilon}-|x|^{\varepsilon}}\right\}\\
&= \lim_{\substack{\alpha\to\infty\\ \xi\to\infty}} \frac{\xi}{2\alpha}\exp\left(-\xi\frac{|x|}{\alpha-|x|}\right)\\
&= \frac{1}{2\lambda}\lim_{\substack{\alpha\to\infty\\ \xi\to\infty}}\exp\left(-\frac{\xi}{\alpha}|x| + \cdots\right)\\
&= \frac{1}{2\lambda}\exp\left(-\frac{1}{\lambda}|x|\right)\\
\lambda^1 &= 1!\,\lambda\\
m^2 &= 2!\,\lambda^2\\
\omega^3 &= 3!\,\lambda^3\\
&\cdots\cdots\\
\gamma_N^N &= N!\,\lambda^N
\end{aligned}
\tag{2.524}
$$

该式与（2.327）式同，说明拉普拉斯分布为王玉玮分布特例。

三、特例之三（高斯分布）

当$\varepsilon \to 2, a \to \infty, \xi \to \infty$时，（2.501）式所示之$f(x)$，就是高斯分布密度函数。

证明：由（2.502）、（1.155）、（1.141）诸式，可知

$$
\begin{aligned}
k &= \lim_{\substack{\varepsilon\to 2\\ \alpha\to\infty\\ \xi\to\infty}} \frac{\varepsilon}{4W\left(\xi, \dfrac{2-\varepsilon}{\varepsilon}\right)} \cdot \frac{1}{\alpha} = \lim_{\substack{\alpha\to\infty\\ \xi\to\infty}} \frac{2}{4\cdot \dfrac{(-1)!!\,(2\xi+0)!!}{(2\xi+1)!!}} \cdot \frac{1}{\alpha} \\
&= \lim_{\substack{\alpha\to\infty\\ \xi\to\infty}} \frac{2(2\xi+1)}{4\cdot\sqrt{\pi\xi}\cdot\alpha} \cdot e^{-\frac{\theta}{\xi}} = \frac{1}{\sqrt{2\pi}} \lim_{\substack{\alpha\to\infty\\ \xi\to\infty}} \frac{\sqrt{2\xi}}{\alpha}
\end{aligned}
\tag{2.531}
$$

由（2.503）、（1.155）、（1.165）、（2.336）诸式，可知：

一）当 N 为偶数时

$$
\begin{aligned}
\gamma_N^N &= \lim_{\substack{\varepsilon\to 2\\ \alpha\to\infty\\ \xi\to\infty}} \left(W\left(\xi, \overline{2-\varepsilon+2N}/\varepsilon\right) / W\left(\xi, \overline{2-\varepsilon}/\varepsilon\right)\right)\cdot \alpha^N \\
&= \lim_{\substack{\alpha\to\infty\\ \xi\to\infty}} \frac{(N-1)!!\cdot(2\xi+0)!!}{(2\xi+N+1)!!} \cdot \frac{(2\xi+1)!!}{(-1)!!(2\xi+0)!!} \cdot \alpha^N
\end{aligned}
$$

$$
\begin{aligned}
\because\ (2\xi+N+1)!! &= (2\xi+\overline{N}+1)(2\xi+\overline{N-2}+1)(2\xi+\overline{N-4}+1)\cdots \\
&\cdots(2\xi+4+1)(2\xi+2+1)\cdot(2\xi+0+1)(2\xi-2+1)(2\xi-4+1)\cdots \\
&= \prod_{i=1}^{N/2}(2\xi+2i+1)\cdot(2\xi+1)!!
\end{aligned}
$$

$$
\begin{aligned}
&= \lim_{\substack{\alpha\to\infty\\ \xi\to\infty}} \frac{(N-1)!!\cdot(2\xi+0)!!}{\prod_{i=1}^{N/2}(2\xi+2i+1)\cdot(2\xi+1)!!} \cdot \frac{(2\xi+1)!!}{(-1)!!(2\xi+0)!!}\cdot\alpha^N \\
&= \lim_{\substack{\alpha\to\infty\\ \xi\to\infty}} \frac{(N-1)!!}{\prod_{i=1}^{N/2}(2\xi+2i+1)}\cdot\alpha^N \\
&= \lim_{\substack{\alpha\to\infty\\ \xi\to\infty}} \frac{(N-1)!!}{(2\xi)^{\frac{N}{2}}}\cdot\alpha^N \\
&= (N-1)!!\cdot \lim_{\substack{\alpha\to\infty\\ \xi\to\infty}} \left(\frac{\alpha}{\sqrt{2\xi}}\right)^N
\end{aligned}
\tag{2.532}
$$

二）当 N 为奇数时 ［→（1.141）、（1.165）、（2.336）］

$$\gamma_N^N=\lim_{\substack{\varepsilon\to 2\\ \alpha\to\infty\\ \xi\to\infty}}\left(W\left(\xi,\ \overline{2-\varepsilon+2N}/\varepsilon\right)/W\left(\xi,\ \overline{2-\varepsilon}/\varepsilon\right)\right)\cdot\alpha^N$$

$$=\lim_{\substack{\alpha\to\infty\\ \xi\to\infty}}\frac{(N-1)!!\cdot(2\xi+0)!!}{(2\xi+N+1)!!}\cdot\frac{(2\xi+1)!!}{(-1)!!(2\xi+0)!!}\cdot\alpha^N \tag{2.532}$$

$$=\lim_{\substack{\alpha\to\infty\\ \xi\to\infty}}\frac{(N-1)!!\cdot(2\xi+0)!!}{(2\xi+N+1)!!}\cdot\frac{(2\xi+1)\cdot(2\xi-1)!!}{(-1)!!(2\xi+0)!!}\cdot\alpha^N$$

$$\because\ (2\xi+\overline{N+1})!!=(2\xi+\overline{N-1})(2\xi+\overline{N-3})(2\xi+\overline{N-5})\cdots$$

$$\cdots(2\xi+4)(2\xi+2)\cdot(2\xi+0)(2\xi-2)(2\xi-4)\cdots$$

$$=\prod_{i=1}^{\frac{N+1}{2}}(2\xi+2i)\cdot(2\xi+0)!!$$

$$=\lim_{\substack{\alpha\to\infty\\ \xi\to\infty}}\frac{(N-1)!!\cdot(2\xi+0)!!}{\prod_{i=1}^{(N+1)/2}(2\xi+2i)\cdot(2\xi+0)!!}\cdot\frac{(2\xi+1)}{\dfrac{(2\xi+0)!!}{(2\xi-1)!!}}\cdot\alpha^N$$

$$=\lim_{\substack{\alpha\to\infty\\ \xi\to\infty}}\frac{(N-1)!!\cdot(2\xi)}{(2\xi)^{\frac{N+1}{2}}\cdot\sqrt{\pi\xi}\cdot e^{\frac{\theta}{\xi}}}\cdot\alpha^N$$

$$=\lim_{\substack{\alpha\to\infty\\ \xi\to\infty}}\frac{(N-1)!!\cdot\left((2\xi)^{\frac{1}{2}}\cdot(2\xi)^{\frac{1}{2}}\right)}{(2\xi)^{\frac{N}{2}}\cdot(2\xi)^{\frac{1}{2}}\cdot\sqrt{\pi\xi}\cdot 1}\cdot\alpha^N$$

$$=\sqrt{\frac{2}{\pi}}\lim_{\substack{\alpha\to\infty\\ \xi\to\infty}}\frac{(N-1)!!\cdot(\xi)^{\frac{1}{2}}}{\left(\sqrt{2\xi}\right)^N\cdot\sqrt{\xi}\cdot 1}\cdot\alpha^N$$

$$=\sqrt{\frac{2}{\pi}}(N-1)!!\cdot\lim_{\substack{\alpha\to\infty\\ \xi\to\infty}}\left(\frac{\alpha}{\sqrt{2\xi}}\right)^N$$

在 $N=2$（偶数）时，以中误差 m 表示 a、$\xi\to\infty$ 的约束条件，即

$$\gamma_2^2=(N-1)!!\cdot\lim_{\substack{\alpha\to\infty\\ \xi\to\infty}}\left(\frac{\alpha}{\sqrt{2\xi}}\right)^N=\lim_{\substack{\alpha\to\infty\\ \xi\to\infty}}\left(\frac{\alpha}{\sqrt{2\xi}}\right)^2=m^2 \tag{2.533}$$

三）高斯分布方程

将（2.533）式代入（2.532），式可得

$$
\begin{aligned}
f(x) &= \lim_{\substack{\varepsilon\to 2\\ \alpha\to\infty\\ \xi\to\infty}} k\exp\left(-\xi\frac{|x|^{\varepsilon}}{\alpha^{\varepsilon}-|x|^{\varepsilon}}\right)\\
&= \frac{1}{\sqrt{2\pi}}\lim_{\substack{\alpha\to\infty\\ \xi\to\infty}}\frac{\sqrt{2\xi}}{\alpha}\exp\left(-\xi\frac{x^2}{\alpha^2-x^2}\right)\\
&= \frac{1}{\sqrt{2\pi}\cdot m}\lim_{\substack{\alpha\to\infty\\ \xi\to\infty}}\exp\left(-\frac{\xi}{\alpha^2}x^2\ +\cdots\right)\\
&= \frac{1}{\sqrt{2\pi}\cdot m}\exp\left(-\frac{1}{2m^2}x^2\right)
\end{aligned}
\tag{2.534}
$$

该式即著名的高斯分布。根据（2.532）、（2.533）式，可知其特征值为

$$\lambda^1 = \lim_{\substack{\varepsilon\to 2\\ \alpha\to\infty\\ \xi\to\infty}}\int_{-\alpha}^{\alpha} f(x)\cdot|x|^1\cdot dx = \sqrt{\frac{2}{\pi}}\cdot m^1$$

$$m^2 = \lim_{\substack{\varepsilon\to 2\\ \alpha\to\infty\\ \xi\to\infty}}\int_{-\alpha}^{\alpha} f(x)\cdot|x|^2\cdot dx = 1\,!!\cdot m^2$$

$$\omega^3 = \lim_{\substack{\varepsilon\to 2\\ \alpha\to\infty\\ \xi\to\infty}}\int_{-\alpha}^{\alpha} f(x)\cdot|x|^3\cdot dx = \sqrt{\frac{8}{\pi}}\cdot m^3$$

\- -

$$\gamma_N^N = \lim_{\substack{\varepsilon\to 2\\ \alpha\to\infty\\ \xi\to\infty}}\int_{-\alpha}^{\alpha} f(x)\cdot|x|^N\cdot dx = \begin{cases}\sqrt{\dfrac{2}{\pi}}\cdot(N-1)\,!!\cdot m^N & (N\text{为奇数})\\ (N-1)\,!!\cdot m^N & (N\text{为偶数})\end{cases}$$

该式与（2.337）式同，说明高斯分布为王玉玮分布特例。

四、特例之四（乔丹分布）

为了说明乔丹分布也是王玉玮分布的特例，同时比较王玉玮分布与高斯分布对任意乔丹分布的反映能力，特选定一个乔丹分布的实例：

$$y=\frac{2}{\pi}\left(1-x^2\right)^{\frac{1}{2}} \tag{2.541}$$

其特征值为

$$\begin{bmatrix}\lambda^1\\ m^2\\ \omega^3\end{bmatrix}=\begin{bmatrix}\int_{-1}^{1}y|x|^1dx\\ \int_{-1}^{1}y|x|^2dx\\ \int_{-1}^{1}y|x|^3dx\end{bmatrix}=\begin{bmatrix}\int_{-1}^{1}\frac{2}{\pi}\left(1-x^2\right)^{\frac{1}{2}}|x|^1dx\\ \int_{-1}^{1}\frac{2}{\pi}\left(1-x^2\right)^{\frac{1}{2}}|x|^2dx\\ \int_{-1}^{1}\frac{2}{\pi}\left(1-x^2\right)^{\frac{1}{2}}|x|^3dx\end{bmatrix}=\begin{bmatrix}\frac{4}{3\pi}\\ \frac{1}{4}\\ \frac{8}{15\pi}\end{bmatrix}=\begin{bmatrix}0.42441^1\\ 0.50000^2\\ 0.55371^3\end{bmatrix}$$

将其代入（2.504）式，得

$$\phi_1(\xi,\varepsilon,\lambda,m,\omega)=\frac{W\left(\xi,\overline{4-\varepsilon}/\varepsilon\right)}{W\left(\xi,\overline{2-\varepsilon}/\varepsilon\right)}\cdot\left(\frac{W\left(\xi,\overline{2-\varepsilon}/\varepsilon\right)}{W\left(\xi,\overline{6-\varepsilon}/\varepsilon\right)}\right)^{\frac{1}{2}}-\frac{0.42441}{0.5}=0$$

$$\phi_2(\xi,\varepsilon,\lambda,m,\omega)=\left(\frac{W\left(\xi,\overline{8-\varepsilon}/\varepsilon\right)}{W\left(\xi,\overline{2-\varepsilon}/\varepsilon\right)}\right)^{\frac{1}{3}}\cdot\left(\frac{W\left(\xi,\overline{2-\varepsilon}/\varepsilon\right)}{W\left(\xi,\overline{6-\varepsilon}/\varepsilon\right)}\right)^{\frac{1}{2}}-\frac{0.55371}{0.5}=0$$

可简写为

$$\phi(\xi,\varepsilon;\ \lambda,m,\omega)=\begin{bmatrix}\phi_1(\xi,\varepsilon,\ \lambda,m,\omega)\\ \phi_2(\xi,\varepsilon,\ \lambda,m,\omega)\end{bmatrix}=0 \tag{2.542}$$

参数ξ、ε两个未知数，按（1.729）式辜小玲三点判别法求解：

$$\begin{aligned}\begin{bmatrix}\xi\\ \varepsilon\end{bmatrix}&=\overline{\left|\ \phi(\xi,\varepsilon;\ \lambda,m,\omega)=0\right.}\\ &=\overline{\left|\ \phi(\xi,\varepsilon;\ 0.42441,0.5,0.55371)=0\right.}\\ &=\begin{bmatrix}0.22\\ 1.16\end{bmatrix}\end{aligned} \tag{2.543}$$

将解出的ξ、ε代入（2.506）式，求最大误差α和分布常数k：

$$\left.\begin{aligned}\alpha &= \left(\frac{W\left(0.22,\dfrac{2-1.16}{1.16}\right)}{W\left(0.22,\dfrac{6-1.16}{1.16}\right)}\right)^{\frac{1}{2}} \cdot 0.50000 = 1.08 \\ k &= \frac{1.16}{4\cdot W\left(0.22,\dfrac{2-1.16}{1.16}\right)}\cdot\frac{1}{1.08} = 0.643\end{aligned}\right| \tag{2.544}$$

因此，用王玉玮分布密度函数来模拟乔丹分布，可得[20. P19]

$$f(x) = 0.643\exp\left(-0.22\,\frac{|x|^{1.16}}{(1.08)^{1.16}-|x|^{1.16}}\right) \tag{2.545}$$

若用高斯分布密度函数来模拟乔丹分布，可得

$$f_0(x) = 0.798\exp\left(-2x^2\right) \tag{2.546}$$

以上（2.545）、（2.546）二式，都是（2.541）式的模拟式，其图像［解放军信息总站·北京大学6912电子计算机解算的图像输出·1979年］如图【2.541】所示。

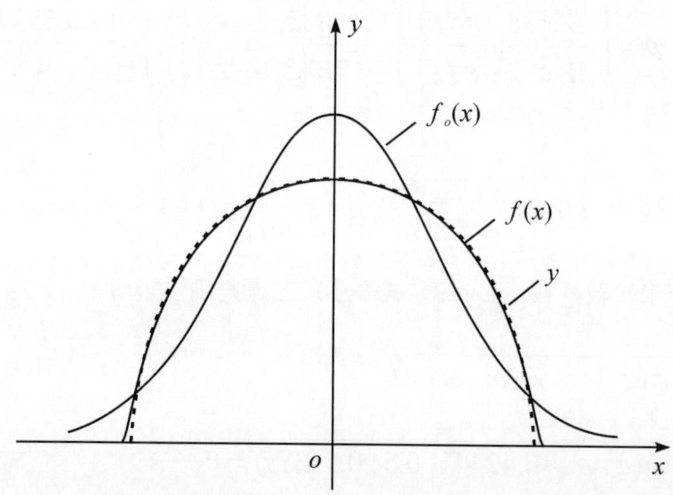

图【2.541】　高斯分布与王玉玮分布对乔丹分布模拟的图像比较

显然，（2.547）式比（2.548）式要精确得多。（2.541）式所示之乔丹分布密度函数y，反映了客观存在的一组观测值。用高斯分布密度函数$f_o(x)$来模拟（2.541）式，误差较大；用王玉玮分布密度函数$f(x)$来模拟（2.541）式，误差

几乎为 0。这就是说，对这一组观测值，基于王玉玮分布理论进行处理的成果精度，比基于高斯分布理论进行处理的成果精度要高得多。

由上例可知，存在于客观实际现象的任何误差分布，即使使用王玉玮分布理论的一般实用公式（2.501）式来反映，也比用高斯分布（2.337）式来反映，精度要高得多。从图形模拟的“误差几乎为 0”来讲，乔丹分布也是王玉玮分布的特例。

---

*）针对（2.541）式的 ω 积分推演示例：

$$
\begin{aligned}
\omega^3 &= \int_{-1}^{1}\frac{2}{\pi}\left(1-x^2\right)^{\frac{1}{2}}|x|^3\,dx = \frac{1}{\pi}\int_{o}^{1}\left(1-x^2\right)^{\frac{1}{2}}\,d\left(x\right)^4 \\
&= -\frac{1}{\pi}\int_{o}^{1}\left(1-x^2\right)^{\frac{1}{2}}\cdot d\left(1-x^4\right) \\
&= -\frac{1}{\pi}\int_{o}^{1}\left(1-x^2\right)^{\frac{1}{2}}\cdot d\left[\left(1-x^2\right)\left(1+x^2\right)\right] \\
&= -\frac{1}{\pi}\int_{o}^{1}\left(1-x^2\right)^{\frac{1}{2}}\cdot\left(-\left(1+x^2\right)+\left(1-x^2\right)\right)\cdot d\left(x^2\right) \\
&= \frac{1}{\pi}\int_{o}^{1}\left(1-x^2\right)^{\frac{1}{2}}\cdot\left(2x^2\right)\cdot d\left(x^2\right) \\
&= \frac{2}{\pi}\int_{o}^{1}\left(1-x^2\right)^{\frac{1}{2}}\cdot\left(1-x^2-1\right)\cdot d\left(1-x^2\right) \\
&= \frac{2}{\pi}\int_{o}^{1}\left(1-x^2\right)^{\frac{1}{2}}\cdot\left(\left(1-x^2\right)-1\right)\cdot d\left(1-x^2\right) \\
&= \frac{2}{\pi}\int_{o}^{1}\left[\left(1-x^2\right)^{\frac{3}{2}}-\left(1-x^2\right)^{\frac{1}{2}}\right]\cdot d\left(1-x^2\right) \\
&= \frac{2}{\pi}\left[\frac{2}{5}\left(1-x^2\right)^{\frac{5}{2}}-\frac{2}{3}\left(1-x^2\right)^{\frac{3}{2}}\right]_{o}^{1} \\
&= \frac{2}{\pi}\left[0-\left(\frac{2}{5}-\frac{2}{3}\right)\right] \qquad = \frac{8}{15\pi}
\end{aligned}
$$

该式亦可由（1.151）、（2.354 ）二式直接推出。[此处推演，旨在验证]

五、特例之五（刘述文分布）

将（2.428）式写成下式：

$$f(x)=k\cdot\exp\left\{-\xi\frac{|x|^{\varepsilon}}{\alpha^{\varepsilon}-|x|^{\varepsilon}}\left(1-\eta\left|\frac{x}{\alpha}\right|^{\varepsilon}\right)\right\}$$

$$=k\cdot\exp\left(-\xi\frac{|x|^{\varepsilon}}{\alpha^{\varepsilon}-|x|^{\varepsilon}}\right)\cdot\exp\left(\eta\xi\frac{|x|^{\varepsilon}}{\alpha^{\varepsilon}-|x|^{\varepsilon}}\left|\frac{x}{\alpha}\right|^{\varepsilon}\right)\tag{2.551}$$

$$=k\cdot\exp\left(\eta\xi\frac{|x|^{\varepsilon}}{\alpha^{\varepsilon}-|x|^{\varepsilon}}\left|\frac{x}{\alpha}\right|^{\varepsilon}\right)\cdot\exp\left(-\xi\frac{|x|^{\varepsilon}}{\alpha^{\varepsilon}-|x|^{\varepsilon}}\right)$$

令式中

$$\exp\left(-\xi\frac{|x|^{\varepsilon}}{\alpha^{\varepsilon}-|x|^{\varepsilon}}\right)=\exp\left(-\frac{x^2}{2m^2}\right)$$

$$k'\cdot\exp\left(\xi\eta\frac{|x|^{\varepsilon}}{\alpha^{\varepsilon}-|x|^{\varepsilon}}\left|\frac{x}{\alpha}\right|^{\varepsilon}\right)=\frac{k''}{\sqrt{2\pi}\cdot m}\left(1+\left(3-6\left(\frac{x}{m}\right)^2+\left(\frac{x}{m}\right)^4\right)\frac{[Pss]}{8m^4}+\cdots\right)$$

由（2.533）式，先给出

$$\varepsilon=2,\quad \xi/\alpha^2=\frac{1}{2m^2}\tag{2.552}$$

则有

$$k'\cdot\exp\left(\xi\eta\frac{|x|^{\varepsilon}}{\alpha^{\varepsilon}-|x|^{\varepsilon}}\left|\frac{x}{\alpha}\right|^{\varepsilon}\right)=\frac{k''}{\sqrt{2\pi}\cdot m}\left(1+\left(3-6\left(\frac{x}{m}\right)^2+\left(\frac{x}{m}\right)^4\right)\frac{[Pss]}{8m^4}+\cdots\right)$$

$$k'\cdot\exp\left(\frac{\xi}{\alpha^2}\frac{\eta}{\alpha^2}\frac{x^2\cdot x^2}{1-x^2}\right)=\frac{k''}{\sqrt{2\pi}\cdot m}\left(1+\left(3-6\left(\frac{x}{m}\right)^2+\left(\frac{x}{m}\right)^4\right)\frac{[Pss]}{8m^4}+\cdots\right)$$

$$k'\cdot\exp\left(\frac{\eta/\xi}{4m^2m^2}\frac{x^2\cdot x^2}{1-x^2}\right)=\frac{k''}{\sqrt{2\pi}\cdot m}\left(1+\left(3-6\left(\frac{x}{m}\right)^2+\left(\frac{x}{m}\right)^4\right)\frac{[Pss]}{8m^4}+\cdots\right)$$

再将等式两边，以 A、B 二函数表之：

$$\underbrace{k'\cdot\exp\left(\frac{\eta/\xi}{4m^2m^2}\frac{x^2\cdot x^2}{1-x^2}\right)}_{A(\eta/\xi,\ m)}=\underbrace{\frac{k''}{\sqrt{2\pi}\cdot m}\left(1+\left(3-6\left(\frac{x}{m}\right)^2+\left(\frac{x}{m}\right)^4\right)\frac{[Pss]}{8m^4}+\cdots\right)}_{B(m)}$$

令

$$\int_{-\infty}^{\infty} k'\cdot A(\eta/\xi,\ m)\cdot\exp\left(-\frac{1}{2m^2}x^2\right)\cdot dx=\int_{-\infty}^{\infty} k''\cdot B(m)\cdot\exp\left(-\frac{1}{2m^2}x^2\right)\cdot dx \qquad =1$$

$$\int_{-\infty}^{\infty} k'\cdot A(\eta/\xi,\ m)\cdot\exp\left(-\frac{1}{2m^2}x^2\right)\cdot|x|\cdot dx=\int_{-\infty}^{\infty} k''\cdot B(m)\cdot\exp\left(-\frac{1}{2m^2}x^2\right)\cdot|x|\cdot dx=\lambda$$

解之，可得

$$\begin{aligned} &k=k'=(\,k'',\ \eta/\xi,\ m\,)\\ &\ \ \eta/\xi=(\,k'',\ m\,)\end{aligned} \qquad (2.553)$$

将（2.553）、（2.552）二式代入（2.551）式，可得

$$f(x)=(\,k'',\ (k'',m),\ m\,)\exp\left(\frac{(k'',m)}{4m^2m^2}\cdot\frac{x^4}{1-x^2}\right)\cdot\exp\left(-\frac{x^2}{2m^2}\right) \qquad (2.554)$$

该式，就是王玉玮分布特例之五，刘述文分布（2.351）式。

以上是一个定性分析的算法。正规的算法，还是应该遵循（2.448）、（2.449）二式的算法，这里不再赘述。

六、随机误差的其它分布

误差分布的出现形式是多种多样的。各个领域的学者，针对不同的研究对象，多有不同的形式出现。但总的来说，它们都是王玉玮分布的特例。这是因为，所有随机误差的特性，都包含在王玉玮分布的数学前提之内。

---

*）后续书文（3.321）式第三式推演补充：（由其前二式可知）

$$\begin{aligned}
\left(\omega^3\right)_X &= \frac{1}{n^3}\left(\omega^3-3\lambda m^2\right)_L+\left(3\lambda m^2\right)_X\\
\left(\omega^3\right)_X &= \frac{1}{n^3}\left(\omega^3-3\lambda m^2\right)_L+\frac{1}{n^2}\left(3\lambda m^2\right)_L\\
\left(\omega^3\right)_X &= \frac{1}{n^3}\left(\omega^3\right)_L+\left(\frac{1}{n^2}-\frac{1}{n^3}\right)\left(3\lambda m^2\right)_L\\
\left(\omega^3\right)_X &= \frac{1}{n^3}\left(\omega^3\right)_L+\left(\frac{n-1}{n^3}\right)\left(3\lambda m^2\right)_L
\end{aligned} \qquad (2.561)$$

*）后续书文（3.316）式第三式补充：

$$\left(\omega^3 m^2 - 3\lambda m^2 m^2\right)_L = \frac{n^4}{n^4-1}\left(\omega^3 m^2 - 3\lambda m^2 m^2\right)_V \quad \text{---（3.316）式第三式}$$

$$\left(\omega^3 - 3\lambda m^2\right)_L \frac{n}{n-1}\left(m^2\right)_V = \frac{n^4}{n^4-1}\left(\omega^3 - 3\lambda m^2\right)_V \left(m^2\right)_V$$

$$\left(\omega^3 - 3\lambda m^2\right)_L = \frac{n^3}{(n^2+1)(n+1)}\left(\omega^3 - 3\lambda m^2\right)_V \tag{2.562}$$

$$\begin{aligned}
\left(\omega^3\right)_L &= \frac{n^3}{(n^2+1)(n+1)}\left(\omega^3 - 3\lambda m^2\right)_V + \left(3\lambda m^2\right)_L \\
&= \frac{n^3}{(n^2+1)(n+1)}\left(\omega^3 - 3\lambda m^2\right)_V + \frac{n^2}{n^2-1}\left(3\lambda m^2\right)_V \\
&= \frac{n^3}{(n^2+1)(n+1)}\left(\omega^3\right)_V + \left(\frac{n^2}{n^2-1} - \frac{n^3}{(n^2+1)(n+1)}\right)\left(3\lambda m^2\right)_V \\
&= \frac{n^3(n-1)}{(n^2+1)(n^2-1)}\left(\omega^3\right)_V + \left(\frac{n^2}{(n^2-1)} - \frac{n^3(n-1)}{(n^2+1)(n^2-1)}\right)\left(3\lambda m^2\right)_V \\
&= \frac{n^3(n-1)}{(n^2+1)(n^2-1)}\left(\omega^3\right)_V + \left(\frac{n^2(n^2+1) - n^3(n-1)}{(n^2+1)(n^2-1)}\right)\left(3\lambda m^2\right)_V \\
&= \frac{n^3(n-1)}{n^4-1}\left(\omega^3\right)_V + \left(\frac{n^2+n^3}{n^4-1}\right)\left(3\lambda m^2\right)_V \\
&= \frac{n^3(n-1)}{n^4-1}\left(\omega^3\right)_V + \left(\frac{n^2(n+1)}{n^4-1}\right)\left(3\lambda m^2\right)_V
\end{aligned}$$

-----2016 年 5 月 7 日　　西安·曲江池-----

-----2019 年 11 月 21 日　　西安·曲江池-----

第六章　权的数学概念与分组加权法

假定有（2.001）式所示之随机变量

$$L = (L_1 \ \ L_2 \ \ L_3 \cdots \ L_n) \tag{2.601}$$

其算术中数

$$X_o = \frac{L_1 + L_2 + L_3 + \cdots + L_n}{n} \tag{2.602}$$

式中，X_o 为观测值 L 的算术中数，n 为观测次数。其另一种形式为

$$X_o = \frac{(L_1 + L_2 + L_3 + \cdots + L_q) + (L_{q+1} + L_{q+2} + \cdots + L_n)}{n} -$$

$$= \frac{\dfrac{(L_1 + L_2 + L_3 + \cdots + L_q)\cdot q}{q} + \dfrac{(L_{q+1} + L_{q+2} + \cdots + L_n)\cdot(n-q)}{(n-q)}}{n}$$

令

$$\left.\begin{aligned} X_{oI} &= \frac{(L_1 + L_2 + L_3 + \cdots + L_q)}{q} \\ X_{oII} &= \frac{(L_{q+1} + L_{q+2} + \cdots + L_n)}{(n-q)} \end{aligned}\right| \tag{2.603}$$

$$\left.\begin{aligned} P_I &= q \\ P_{II} &= (n-q) \end{aligned}\right| \tag{2.604}$$

代入上式，可得：

$$X_o = \frac{P_I \cdot X_{oI} + P_{II} \cdot X_{oII}}{P_I + P_{II}} \qquad (P_I + P_{II} = n) \tag{2.605}$$

比较（2.602）、（2.604）二式可知，形式不同，结果相同。习惯上称 P_I 为 X_{oI} 之权，P_{II} 为 X_{oII} 之权；q 是计算 X_{oI} 的随机变量数，（$n-q$）是计算 X_{oII} 的随机变量数。显然，**被计算的随机数据的权，与计算该随机数据所涉及的有关随机数据量相关，是权的基本概念**。

重复地说，将一个具有 n 元素的整体（集合）分成若干组合体（子集），每一个组合体内的元素个数，就是该组合的权。权的大小，在整体内是相对的。

一、权的基本概念与权中数

在一个整体（集合体）内，所有随机变量相互之间，都存在着特定的数学关系。它们也共同遵循着最大概率原理的准则。假定有一个整体，对其有关空间距离，用不同设备施测，其不同设备施测的随机变量结果如下，如图【2.601】所示。

$$E \quad \longleftarrow X \longrightarrow \quad F$$

图【3.801】　空间几何量示意

用多种不同设备进行量测，得出结果如下：

L_1 ， L_2 ， L_3 $\cdots$ L_R	各设备的观测值 L
Δ_1 ， Δ_2 ， Δ_3 $\cdots$ Δ_R	各观测值 L 的误差
$f_1(\Delta_1)$， $f_2(\Delta_2)$， $f_3(\Delta_3)$ $\cdots$ $f_R(\Delta_R)$	各 L 误差的 $f(\Delta)$

其误差计算式为

$$\Delta_j = L_j - X \qquad (j=1,\ 2,\ 3,\cdots,\ R) \tag{2.611}$$

从概率的观点出发，将（2.214）式中的 Δx 看作 1 单位，这 R 个观测值同时出现的概率为

$$P = \prod_{j=1}^{R} f_j(\Delta_j) \tag{2.612}$$

由于这 R 个结果已经出现，近代遥感测绘学科先驱者（拉普拉斯、高斯等）都认为这个概率达极大值；这一结论的依据就是这 R 个观测值，它们已经出现、已经成为现实。其数学表达式为

$$(P)_X = \left(\prod_{j=1}^{R} f_j(\Delta_j)\right)_X = \max \tag{2.613}$$

根据误差分布密度函数的普遍形式（2.426）式，可知

$$\prod_{j=1}^{R} k_j \cdot \exp\left\{-\xi \frac{|\Delta|^{\varepsilon}}{\alpha^{\varepsilon} - |\Delta|^{\varepsilon}}\left(1-\eta\left|\frac{\Delta}{\alpha}\right|^{\varepsilon}\right)\left(1-\zeta\left|\frac{\Delta}{\alpha}\right|^{\varepsilon}\right)\cdots\right\}_j = \max$$

或者

$$\left(\prod_{j=1}^{R} k_j\right)\cdot \exp\left\{\sum_{j=1}^{R}\left(-\xi \frac{|\Delta|^{\varepsilon}}{\alpha^{\varepsilon} - |\Delta|^{\varepsilon}}\left(1-\eta\left|\frac{\Delta}{\alpha}\right|^{\varepsilon}\right)\left(1-\zeta\left|\frac{\Delta}{\alpha}\right|^{\varepsilon}\right)\cdots\right)_j\right\} = \max$$

也就是

$$\sum_{j=1}^{R}\left(\xi\frac{|\Delta|^{\varepsilon}}{\alpha^{\varepsilon}-|\Delta|^{\varepsilon}}\left(1-\eta\left|\frac{\Delta}{\alpha}\right|^{\varepsilon}\right)\left(1-\zeta\left|\frac{\Delta}{\alpha}\right|^{\varepsilon}\right)\cdots\right)_j=\min$$

从实用的观点来说，上式可写成三种形式：对于单峰分布是

$$\sum_{j=1}^{R}\left(\xi\frac{|\Delta|^{\varepsilon}}{\alpha^{\varepsilon}-|\Delta|^{\varepsilon}}\right)_j=\min \qquad [\text{不同分布，}\alpha\text{ 不同}]$$

对于双峰分布是

$$\sum_{j=1}^{R}\left(\xi\frac{|\Delta|^{\varepsilon}}{\alpha^{\varepsilon}-|\Delta|^{\varepsilon}}\left(1-\eta\left|\frac{\Delta}{\alpha}\right|^{\varepsilon}\right)\right)_j=\min \qquad (2.614)$$

对于三峰分布是

$$\sum_{j=1}^{R}\left(\xi\frac{|\Delta|^{\varepsilon}}{\alpha^{\varepsilon}-|\Delta|^{\varepsilon}}\left(1-\eta\left|\frac{\Delta}{\alpha}\right|^{\varepsilon}\right)\left(1-\zeta\left|\frac{\Delta}{\alpha}\right|^{\varepsilon}\right)\right)_j=\min$$

考虑到本章之目的在于认识权的数学概念，不考虑未知数 X 的精确解算；故为醒目起见，以下只取单峰分布研究之；并只取其第一项和，并令 $\varepsilon=2$，即

$$\sum_{j=1}^{R}\left(\xi\frac{|\Delta|^{2}}{\alpha^{2}-|\Delta|^{2}}\right)_j=\sum_{j=1}^{R}\left(\xi\left(\left|\frac{\Delta}{\alpha}\right|^{2}+\left|\frac{\Delta}{\alpha}\right|^{4}+\cdots\cdots\right)\right)_j=\min$$

$$\sum_{j=1}^{R}\left(\xi\left(\left|\frac{\Delta}{\alpha}\right|^{2}\right)\right)_j=\sum_{j=1}^{R}\left(\left(\frac{\xi}{\alpha^2}\right)\cdot\left(|\Delta|^{2}\right)\right)_j=\min \qquad (2.615)$$

$$\sum_{j=1}^{R}\left(\frac{\xi}{\alpha^2}\left(|\Delta|^{2}\right)\right)_j=\sum_{j=1}^{R}\left(\left(\frac{\xi}{\alpha^2}\right)\cdot\left(|\Delta|^{2}\right)\right)_j=\min$$

根据微分特性，对上式 X 之真值求导，也就是对误差坐标原点求导，应有

$$\left(\sum_{j=1}^{R}\left(\left(\frac{\xi}{\alpha^2}\right)\cdot\left(|\Delta|^{2}\right)\right)_j\right)'=2\left[\left(\frac{\xi}{\alpha^2}\right)\left(\operatorname{sgn}(\Delta)\cdot|\Delta|\right)\right]$$

$$=2\left[\left(\frac{\xi}{\alpha^2}\right)\cdot(\Delta)\right]=0 \qquad (2.616)$$

代入（2.611）式，可知

$$\left\{\left(\frac{\xi}{\alpha^2}\right)_1\cdot(L-X)_1+\left(\frac{\xi}{\alpha^2}\right)_2\cdot(L-X)_2+\cdots\right\}=0 \qquad (\text{a}1)$$

注意，上式中的 X 是真值，故可书写为：

$$\left\{\left(\frac{\xi}{\alpha^2}\right)_1\cdot(L)_1-\left(\frac{\xi}{\alpha^2}\right)_1\cdot(X)_1+\left(\frac{\xi}{\alpha^2}\right)_2\cdot(L)_2-\left(\frac{\xi}{\alpha^2}\right)_2\cdot(X)_2+\cdots\right\}=0$$

$$\sum_{j=1}^{R}\left(\left(\frac{\xi}{\alpha^2}\right)\cdot(L)-\left(\frac{\xi}{\alpha^2}\right)\cdot(X)\right)_j=0$$

$$\sum_{j=1}^{R}\left(\left(\frac{\xi}{\alpha^2}\right)\cdot(L)\right)_j-\sum_{j=1}^{R}\left(\left(\frac{\xi}{\alpha^2}\right)\cdot(X)\right)_j=0 \tag{a2}$$

故知

$$(X)=\frac{\left[\left(\xi/\alpha^2\right)\cdot(L)\right]}{\left[\left(\xi/\alpha^2\right)\right]}\qquad \text{（-----[ ] 与 }\sum_{j=1}^{R}(\ )\text{ 等效-----）}$$

$$=\frac{\left(\xi/\alpha^2\right)_1\cdot L_1+\left(\xi/\alpha^2\right)_2\cdot L_2+\left(\xi/\alpha^2\right)_3\cdot L_3+\ \cdots\ +\left(\xi/\alpha^2\right)_R\cdot L_R}{\left(\xi/\alpha^2\right)_1+\left(\xi/\alpha^2\right)_2+\left(\xi/\alpha^2\right)_3+\cdots\cdots+\left(\xi/\alpha^2\right)_R}$$

$$=\frac{P_1\cdot L_1+P_2\cdot L_2+P_3\cdot L_3+\ \cdots\ +P_R\cdot L_R}{P_1+P_2+P_3+\cdots\cdots+P_R}$$

$$=\frac{[PL]}{[P]}\ ,\quad (P)_j=\left(\frac{\xi}{\alpha^2}\right)_j\quad (j=1,\ 2,\ \cdots,R) \tag{2.617}$$

式中，(X)是待求值 X 的算术中数，L 是观测值；(ξ/α^2) 是 L 观测值误差分布密度函数的分布系数和最大误差，以 P 表之。

显然，在计算算术中数(X)时，各个观测值 L 误差分布密度函数的分布系数是至关重要的。在一个分布密度函数中，ξ 值较大时，误差分布峰值“尖、陡、高”；ξ 值较小时，误差分布峰值“平、缓、矮”。显然，一个数据的分布系数，是其精度优劣的标志。习惯上，称 P 为不同分布观测值 L 的“权”(power or weight)，称(X)为待求值 X 的“算术权中数”，简称“权中数”。比较（2.605）式可知：权与观测数量和分布密度函数的系数相关。(2.605）式就是权中数。

从数学概念来讲，权的估算，应该有两种情况：一是在误差分布密度函数 $f(\Delta)$ 为已知的情况下，观测值的权可由其分布系数 ξ 值和观测数量计算；二是在 $f(\Delta)$ 未知的情况下，根据多种情况进行估算。在社会生产实践的活动中，误差分布密度函数 $f(\Delta)$ 是很难事先知道的。因此，一般情况下，“权”的确定，都是根据观测时的具体客观情况（主要是与精度相关的情况），由当事者给定的。

-----2015 年 5 月 24 日　　北京·航天城-----

-----2018 年 7 月 5 日　　北京·航天城-----

二、权的数学定义

在整体（集合）内，每一个观测值 L，都有与其相应的分布密度函数，其分布系数标志着各观测值的置信度，学术上称之为“权”。根据（2.617）式，考虑到一个分布确定之后，其特征值之相互关系也被确定，故从实用的观点出发，再考虑到权的相对性，给出参数 k 单位，随机变量（观测值）权 P 的数学定义为：

$$P_j=\left(\frac{\xi}{\alpha^2}k^2\right)\quad\text{［权的数学定义，与其相应的特征值的数学关系］}\quad(2.621)$$

$$=\left(\frac{\lambda}{\lambda}\frac{\xi}{\alpha^2}k^2\right)=\left(\frac{m^2}{m^2}\frac{\xi}{\alpha^2}k^2\right)=\left(\frac{\omega^3}{\omega^3}\frac{\xi}{\alpha^2}k^2\right)=\cdots$$

$$=\left(\frac{1}{\lambda}\right)\cdot\left(\frac{\xi}{\alpha^2}k^2\lambda\right)=\left(\frac{1}{m^2}\right)\cdot\left(\frac{\xi}{\alpha^2}k^2m^2\right)=\left(\frac{1}{\omega^3}\right)\cdot\left(\frac{\xi}{\alpha^2}k^2\omega^3\right)=\cdots$$

$$=\left(\frac{1}{\lambda}\right)\cdot\mu_1^1=\left(\frac{1}{m^2}\right)\cdot\mu_2^2=\left(\frac{1}{\omega^3}\right)\cdot\mu_3^3=\cdots$$

式中，μ 称为**单位权所相应之误差特征值**，简称“**权单位**”，也就是单位权误差分布的特征值。针对不同权的观测值 L，每一个 L 值可以被认为是在单位权分布的情况下、J 个数量观测值的算术中数。鉴于算术中数的观测值数量就是算术中数的权，则由（2.621）式可知，L 的误差 Δ 与 P（$=J$）之乘积，就是将其误差 Δ 放大为单位权误差（因 L、Δ 是唯一的，$\Delta=\lambda$）。进而可知，所有非等精度的 L、Δ，其 PL、$P\Delta$ 均为单位权的等权（等精度）数据。故在（集合体）整体内，单位权分布的特征值：

$$\begin{bmatrix}\mu_1^1\\ \mu_2^2\\ \mu_3^3\\ \vdots\end{bmatrix}_{PL}=\begin{bmatrix}\lambda\\ m^2\\ \omega^3\\ \vdots\end{bmatrix}_{PL\,j}=\left(P_j\cdot\begin{bmatrix}\lambda\\ m^2\\ \omega^3\\ \vdots\end{bmatrix}_j\right)=\frac{1}{n}\begin{bmatrix}\sum|P\Delta|\\ \sum|P\Delta\Delta|\\ \sum|P\Delta\Delta\Delta|\\ \vdots\end{bmatrix}\quad\left(\sum=\sum_{j=1}^{R}\right)\quad(2.622)$$

式中，右边［ ］内各元素（$P|\Delta|$）、（$P|\Delta\Delta|$）… 的权为 1。即对于（2.611）式所示之非等权观测的数据 Δ，可以认为：

$$\begin{aligned}&(P_1\Delta_1)、(P_2\Delta_2)、(P_3\Delta_3)\cdots\\&(P_1\Delta_1\Delta_1)、(P_2\Delta_2\Delta_2)、(P_3\Delta_3\Delta_3)\cdots\\&(P_1\Delta_1\Delta_1\Delta_1)、(P_2\Delta_2\Delta_2\Delta_2)、(P_3\Delta_3\Delta_3\Delta_3)\cdots\\&\cdots\cdots\cdots\end{aligned}\quad(2.623)$$

都是等精度的观测误差。

对于整体（集合体）内单位权分布的各参数，按（1.729）式辜小玲三点判别法求解：

$$\begin{bmatrix} \xi \\ \varepsilon \\ \alpha \\ \vdots \end{bmatrix}_{PL} = \overline{\left| \left(\mu_1^1 , \mu_2^2 , \mu_3^3 \ \cdots \right)_{PL} \right.} \tag{2.624}$$

该式之具体解法，参看（2.437）至（2.458）诸式。

三、随机数据的等权处理

在客观现实的科技实践活动中，所有的观测数据，都存在着随机性。要么是同分布，要么是不同分布。前者被称为“等精度数据列”，又称“等权数据”；后者被称为“非等精度数据列”，又称非等权数据。如：

$$L = \begin{bmatrix} L_1 \\ L_2 \\ \vdots \\ L_n \end{bmatrix} \quad , \quad \Delta = \begin{bmatrix} \Delta_1 \\ \Delta_2 \\ \vdots \\ \Delta_n \end{bmatrix} \quad , \quad P = \begin{bmatrix} P_1 \\ P_2 \\ \vdots \\ P_n \end{bmatrix} \tag{2.631}$$

式中，L 为一组观测列数据，Δ 为 L 的观测误差，P 为其相应的权。对于同分布，诸权 P 相等；对于不同分布，诸权 P 有其各自的定义。根据（2.623）式，对于非等精度的（2.611）式，乘上其权：

$$P_j \Delta_j = P_j L_j - P_j X \qquad (j=1,\ 2,\ 3,\ \cdots,\ R) \tag{2.632}$$

就变成了等精度观测的误差方程。重复地说，非等权数据 Δ，各自乘上其相应的权，就变成了 $P\Delta$ 等权数据。确切地说，应该是：将 $P*\Delta$ 看作新的整体内的“单位权观测的”数据。由于 Δ 是 L 的误差，故对于非等权的 L 来说，$P*L$ 也是等权的。即

$$\left. \begin{array}{lll} (L) & , & P_L = P \\ (P*L) & , & P_{PL} = P_{P\Delta} = 1 \end{array} \right| \tag{2.633}$$

-----2018 年 7 月 19 日　西安・曲江池-----

四、分组加权法

参看（2.601）、（2.602）二式：

$$L = (L_1, L_2, L_3, \cdots L_n)$$

$$X_o = \frac{L_1 + L_2 + L_3 + \cdots + L_n}{n} \tag{2.641}$$

假设L整体内一个观测值的权为$P=1$，中误差为$m^2=\mu_2^2$。根据（2.604）式的启示，分三组计算算术中数，分别为：

$$X_I = \frac{L_1 + L_2 + L_3 + \cdots + L_I}{I} \qquad P_I = I$$

$$X_{II} = \frac{L_{(I+1)} + L_{(I+2)} + L_{(I+3)} + \cdots + L_{(I+II)}}{II} \qquad P_{II} = II \tag{2.642}$$

$$X_{III} = \frac{L_{(I+II+1)} + L_{(I+II+2)} + L_{(I+II+3)} + \cdots + L_n)}{III} \qquad P_{III} = III$$

其中误差

$$X_I \quad , \qquad (m^2)_I = \frac{1}{I}\mu_2^2 = \frac{1}{I}m^2$$

$$X_{II} \quad , \qquad (m^2)_{II} = \frac{1}{II}\mu_2^2 = \frac{1}{II}m^2 \tag{2.643}$$

$$X_{III} \quad , \qquad (m^2)_{III} = \frac{1}{III}\mu_2^2 = \frac{1}{III}m^2$$

根据分组选用的观测值数量计算权，与（2.621）式按特征值计算权，结果是相同的。根据（2.604）式的原则，求以上三式的权中数，可知

$$(X_o)_P = \frac{P_I \cdot X_I + P_{II} \cdot X_{II} + P_{III} \cdot X_{III}}{P_I + P_{II} + P_{III}} \qquad = X_o \tag{2.644}$$

（上式右边）$= \dfrac{I \cdot X_I + II \cdot X_{II} + II \cdot X_{III}}{I + II + III}$

$$= \frac{L_1 + L_2 + L_3 + \cdots + L_n}{n} \qquad = X_o \ \rightarrow \text{（2.641）}$$

该式说明：对一个随机变量整体（集合体），不管是等权随机还是非等权随机，均可采取分组处理，然后再对分组结果进行“权中数”处理，求出最后结果，异曲同工。该方法被学术界称为**“分组加权法”**。

重复指出：权与分组加权法，在特大数据量的处理工作中，占据着非常重要的地位。正确理解权的概念和正确运用分组加权法，是工作中精益求精的重要措施。为此，这里再次强调以下几点。

1）严格地说，一个随机数据的权，根据（2.617）式，其权之数学定义，应根据其分布密度函数的参数，定义为

$$P_j=\left(\frac{\xi}{\alpha^2}\right) \tag{2.645}$$

为了便于在科学实践工作中的应用，将上式改造成（2.621）式，作为特征值与权的相互关系；但当事者，在确定一个随机数据的权时，不可忘记其最大误差的存在对权 P 的影响。

2）分组加权法，是对整体（集合体）进行特定数学处理的重要手段。以 G 表示特定处理结果，用辜小玲算法符号 $\overline{|\quad}$ 表示特定算法，则根据（2.644）式，用高斯符号[ ]，可知

$$G=\overline{|L}=\frac{P_IG_I+P_{II}G_{II}+\cdots+P_RG_R}{P_I+P_{II}+\cdots+P_R}=\frac{[P\cdot G]}{[P]}$$

$$=\frac{[P\cdot\overline{|L}]}{[P]} \tag{2.646}$$

*）特定数学运算符注释：

[ ] 为高斯符号；

$\overline{|L}$ 表示对随机变量整体（集合体）L 进行特定数学处理；

$$[P\cdot L]=(P_I\cdot\overline{|L_I})+(P_{II}\cdot\overline{|L_{II}})+\cdots+(P_R\cdot\overline{|L_I})\,;$$

$$[P]=P_I+P_{II}+\cdots+P_R \tag{2.647}$$

附注一：（2.429）式 $f(x)$ 的一阶导数

$$\left(\exp\left(-\xi\frac{x^{\varepsilon}}{1-x^{\varepsilon}}\right)\right)'=\exp\left(\frac{-\xi x^{\varepsilon}}{1-x^{\varepsilon}}\right)\cdot\left(\frac{-\xi x^{\varepsilon}}{1-x^{\varepsilon}}\right)'$$
$$=\exp\left(\frac{-\xi x^{\varepsilon}}{1-x^{\varepsilon}}\right)\cdot\frac{-\xi\varepsilon x^{\varepsilon-1}(1-x^{\varepsilon})-(-\xi x^{\varepsilon})(-\varepsilon x^{\varepsilon-1})}{\left(1-x^{\varepsilon}\right)^{2}}$$
$$=\exp\left(\frac{-\xi x^{\varepsilon}}{1-x^{\varepsilon}}\right)\cdot\frac{-\xi\varepsilon x^{\varepsilon-1}+\xi\varepsilon x^{2\varepsilon-1}-(\xi x^{\varepsilon})(\varepsilon x^{\varepsilon-1})}{\left(1-x^{\varepsilon}\right)^{2}}\qquad(2.648)$$
$$=\exp\left(\frac{-\xi x^{\varepsilon}}{1-x^{\varepsilon}}\right)\cdot\left(\frac{-\xi\varepsilon x^{\varepsilon-1}}{\left(1-x^{\varepsilon}\right)^{2}}\right)$$

—·—·—·—·—·—·—·—·—·—·—·—

$$\left(\exp\left(-\xi\frac{x^{\varepsilon}}{1-x^{\varepsilon}}\right)\right)''=\left(\exp\left(-\xi\frac{x^{\varepsilon}}{1-x^{\varepsilon}}\right)\cdot\left(\frac{-\xi\varepsilon x^{\varepsilon-1}}{\left(1-x^{\varepsilon}\right)^{2}}\right)\right)'$$
$$=\left(\exp\left(-\xi\frac{x^{\varepsilon}}{1-x^{\varepsilon}}\right)\right)\cdot\left(\frac{-\xi\varepsilon x^{\varepsilon-1}}{\left(1-x^{\varepsilon}\right)^{2}}\right)'+\left(\exp\left(-\xi\frac{x^{\varepsilon}}{1-x^{\varepsilon}}\right)\right)'\cdot\left(\frac{-\xi\varepsilon x^{\varepsilon-1}}{\left(1-x^{\varepsilon}\right)^{2}}\right)$$

—·—·—·—·—·—·—·—·—·—·—·—

$$\left(\frac{-\xi\varepsilon x^{\varepsilon-1}}{\left(1-x^{\varepsilon}\right)^{2}}\right)'=\frac{\left(1-x^{\varepsilon}\right)^{2}\left(-\xi\varepsilon(\varepsilon-1)x^{\varepsilon-2}\right)-2\left(1-x^{\varepsilon}\right)(-\varepsilon)x^{\varepsilon-1}\left(-\xi\varepsilon x^{\varepsilon-1}\right)}{\left(1-x^{\varepsilon}\right)^{4}}$$
$$=\frac{\left(1-x^{\varepsilon}\right)\left(-\xi\varepsilon(\varepsilon-1)x^{\varepsilon-2}\right)-2(-\varepsilon)x^{\varepsilon-1}\left(-\xi\varepsilon x^{\varepsilon-1}\right)}{\left(1-x^{\varepsilon}\right)^{3}}$$
$$=\frac{\left(-\xi\varepsilon(\varepsilon-1)x^{\varepsilon-2}\right)+\xi\varepsilon(\varepsilon-1)x^{2\varepsilon-2}-2\xi\varepsilon^{2}x^{2\varepsilon-2}}{\left(1-x^{\varepsilon}\right)^{3}}$$
$$=\frac{\left(-\xi\varepsilon(\varepsilon-1)x^{\varepsilon-2}\right)-\xi\varepsilon x^{2\varepsilon-2}-\xi\varepsilon^{2}x^{2\varepsilon-2}}{\left(1-x^{\varepsilon}\right)^{3}}$$
$$=\frac{\left(-\xi\varepsilon(\varepsilon-1)x^{\varepsilon-2}\right)-\xi\varepsilon\left(\varepsilon+1\right)x^{2\varepsilon-2}}{\left(1-x^{\varepsilon}\right)^{3}}=\frac{((\varepsilon-1))+(\varepsilon+1)x^{\varepsilon}}{\left(1-x^{\varepsilon}\right)^{3}}\left(-\xi\varepsilon x^{\varepsilon-2}\right)$$
$$=\frac{\left(-\xi\varepsilon x^{\varepsilon-2}\right)\cdot\left((\varepsilon-1)+(\varepsilon+1)x^{\varepsilon}\right)}{\left(1-x^{\varepsilon}\right)^{3}}$$

附注二:(2.429)式 $f(x)$ 的二阶导数

$$\left(\exp\left(-\xi\frac{x^{\varepsilon}}{1-x^{\varepsilon}}\right)\right)'' = \left(\exp\left(-\xi\frac{x^{\varepsilon}}{1-x^{\varepsilon}}\right)\cdot\left(\frac{-\xi\,\varepsilon\,x^{\varepsilon-1}}{\left(1-x^{\varepsilon}\right)^{2}}\right)\right)'$$

$$=\left(\exp\left(-\xi\frac{x^{\varepsilon}}{1-x^{\varepsilon}}\right)\right)\cdot\left(\frac{-\xi\,\varepsilon\,x^{\varepsilon-1}}{\left(1-x^{\varepsilon}\right)^{2}}\right)'+\left(\exp\left(-\xi\frac{x^{\varepsilon}}{1-x^{\varepsilon}}\right)\right)'\cdot\left(\frac{-\xi\,\varepsilon\,x^{\varepsilon-1}}{\left(1-x^{\varepsilon}\right)^{2}}\right)$$

$$=\left(\exp\left(-\xi\frac{x^{\varepsilon}}{1-x^{\varepsilon}}\right)\right)\cdot\frac{\left(-\xi\,\varepsilon\,x^{\varepsilon-2}\right)\left((\varepsilon-1)+(\varepsilon+1)\,x^{\varepsilon}\right)}{\left(1-x^{\varepsilon}\right)^{3}}$$

$$+\exp\left(-\xi\frac{x^{\varepsilon}}{1-x^{\varepsilon}}\right)\cdot\left(\frac{-\xi\,\varepsilon\,x^{\varepsilon-1}}{\left(1-x^{\varepsilon}\right)^{2}}\right)\cdot\left(\frac{-\xi\,\varepsilon\,x^{\varepsilon-1}}{\left(1-x^{\varepsilon}\right)^{2}}\right)$$

$$=\left(\exp\left(-\xi\frac{x^{\varepsilon}}{1-x^{\varepsilon}}\right)\right)\cdot\left(\frac{\left(-\xi\,\varepsilon\,x^{\varepsilon-2}\right)\left((\varepsilon-1)+(\varepsilon+1)\,x^{\varepsilon}\right)}{\left(1-x^{\varepsilon}\right)^{3}}+\frac{\xi^{2}\,\varepsilon^{2}\,x^{2\varepsilon-2}}{\left(1-x^{\varepsilon}\right)^{4}}\right)$$

$$\left(\frac{\left(-\xi\,\varepsilon\,x^{\varepsilon-2}\right)\left((\varepsilon-1)+(\varepsilon+1)\,x^{\varepsilon}\right)}{\left(1-x^{\varepsilon}\right)^{3}}+\frac{\xi^{2}\,\varepsilon^{2}\,x^{2\varepsilon-2}}{\left(1-x^{\varepsilon}\right)^{4}}\right)$$

$$=\frac{\left(-\xi\varepsilon(\varepsilon-1)x^{\varepsilon-2}-\xi\varepsilon(\varepsilon+1)x^{2\varepsilon-2}\right)\left(1-x^{\varepsilon}\right)+\xi^{2}\,\varepsilon^{2}\,x^{2\varepsilon-2}}{\left(1-x^{\varepsilon}\right)^{4}}$$

$$=\frac{-\xi\varepsilon(\varepsilon-1)x^{\varepsilon-2}-\xi\varepsilon(\varepsilon+1)x^{2\varepsilon-2}+\xi\varepsilon(\varepsilon-1)x^{2\varepsilon-2}+\xi\varepsilon(\varepsilon+1)x^{3\varepsilon-2}+\xi^{2}\,\varepsilon^{2}\,x^{2\varepsilon-2}}{\left(1-x^{\varepsilon}\right)^{4}}$$

$$=\frac{-\xi\varepsilon(\varepsilon-1)x^{\varepsilon-2}-\xi\varepsilon(\varepsilon+1)x^{2\varepsilon-2}+\xi\varepsilon(\varepsilon-1)x^{2\varepsilon-2}+\xi\varepsilon(\varepsilon+1)x^{3\varepsilon-2}+\xi^{2}\,\varepsilon^{2}\,x^{2\varepsilon-2}}{\left(1-x^{\varepsilon}\right)^{4}}$$

$$=\frac{\xi\varepsilon(\varepsilon+1)x^{3\varepsilon-2}+\left(\xi^{2}\,\varepsilon^{2}-2\xi\varepsilon\right)x^{2\varepsilon-2}-\xi\varepsilon(\varepsilon-1)x^{\varepsilon-2}}{\left(1-x^{\varepsilon}\right)^{4}}$$

$$=\frac{(\varepsilon+1)x^{2\varepsilon}+\left(\xi\,\varepsilon-2\right)x^{\varepsilon}-(\varepsilon-1)}{\left(1-x^{\varepsilon}\right)^{4}}\xi\,\varepsilon\,x^{\varepsilon-2}$$

(2.649)

$$\left(\exp\left(-\xi\frac{x^{\varepsilon}}{1-x^{\varepsilon}}\right)\right)'' = \left(\exp\left(-\xi\frac{x^{\varepsilon}}{1-x^{\varepsilon}}\right)\right)\cdot\frac{(\varepsilon+1)x^{2\varepsilon}+(\xi\,\varepsilon-2)x^{\varepsilon}-(\varepsilon-1)}{(1-x^{\varepsilon})^{4}}\xi\,\varepsilon\,x^{\varepsilon-2}$$

-----2018 年 2 月 12 日　　西安・曲江池-----

第七章　本编内容辑要

本编向学术界提出了三个问题：随机变量的定义（分离随机变量）、随机误差分布数学表达式的普遍形式（及其特征值定义）、权的数学定义，以及等权处理和分组加权法。必须强调突出的内容如下。

一、随机变量的定义

近代数学界，在概率论范畴，随机变量是一个单一的数学量。本编在（2.004）、（2.232）二式中提出

$$\begin{array}{ccccc}（随机变量） & = & （随机变量的\textbf{真值}） & + & （随机\textbf{误差}）\\ L & = & X & + & \Delta\end{array} \qquad (2.711)$$

该式定义，随机变量由随机变量的真值和随机误差组成。将随机变量分离成两个独立数学量，有利于寻求其各自的数学规律。

二、随机误差分布数学表达式的普遍形式

在近代数学界的概率论范畴，不存在随机误差数学表达式的普遍形式；另外，将随机误差分布按连续与非连续（离散型）分类，有所不妥。就数据量测和数字图像来说，绝对的连续是不存在的。也就是说，随机误差分布不存在连续与离散的分类问题；连续与离散，在电子计算机时代，实质上是一个概念。本编根据（2.426）至（2.429）诸式，提出随机误差的王玉玮分布（密度函数）数学表达式的普遍形式：

$$f(x)=k\cdot\exp\left\{-\xi\frac{|x|^{\varepsilon}}{\alpha^{\varepsilon}-|x|^{\varepsilon}}\prod_{j=1}^{r}\left(1+\rho_j\left|\frac{x}{\alpha}\right|^{\varepsilon}\right)\right\} \qquad (2.721)$$

其实用公式，只选用其三式：

$$f(\Delta)=k\cdot\exp\left\{-\xi\frac{|\Delta|^{\varepsilon}}{\alpha^{\varepsilon}-|\Delta|^{\varepsilon}}\left(1-\eta\left|\frac{\Delta}{\alpha}\right|^{\varepsilon}\right)\left(1-\zeta\left|\frac{\Delta}{\alpha}\right|^{\varepsilon}\right)\right\} \qquad （三峰分布）$$

$$f(\Delta)=k\cdot\exp\left\{-\xi\frac{|\Delta|^{\varepsilon}}{\alpha^{\varepsilon}-|\Delta|^{\varepsilon}}\left(1-\eta\left|\frac{\Delta}{\alpha}\right|^{\varepsilon}\right)\right\} \qquad （双峰分布）$$

$$f(\Delta)=k\cdot\exp\left\{-\xi\frac{|\Delta|^{\varepsilon}}{\alpha^{\varepsilon}-|\Delta|^{\varepsilon}}\right\} \qquad （单峰分布）$$

三个实用形式，基本上涵盖了所有随机变量的数学形式；所有随机变量，均可看作为普遍形式的特例。其相应图形如图【2.721】所示。

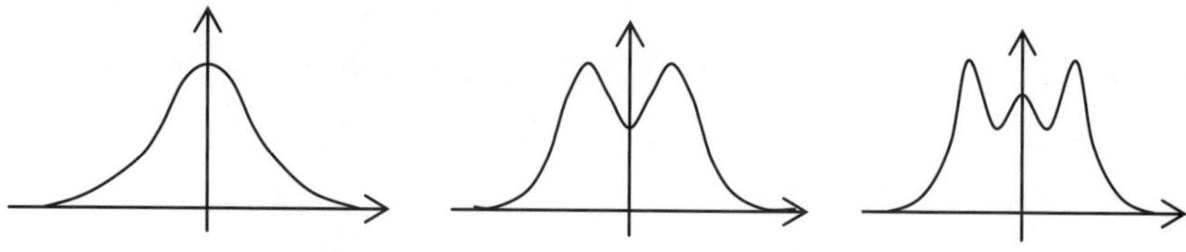

图【2.721】　误差三种分布密度函数示意

决定其参数的数据，是根据大量试验数据所获得的误差 x ，由（2.123）至（2.127）诸式求解的特征值（下式积分只表示特征值的数学特性）：

$$
\begin{aligned}
\lambda^1 &= \frac{1}{n}\sum_{i=1}^{n}\left|x_i\right|^1 &&= \int_{-\alpha}^{+\alpha} f(x)\cdot\left|x\right|^1\cdot dx \\
m^2 &= \frac{1}{n}\sum_{i=1}^{n}\left|x_i\right|^2 &&= \int_{-\alpha}^{+\alpha} f(x)\cdot\left|x\right|^2\cdot dx \\
\omega^3 &= \frac{1}{n}\sum_{i=1}^{n}\left|x_i\right|^3 &&= \int_{-\alpha}^{+\alpha} f(x)\cdot\left|x\right|^3\cdot dx \\
\sigma^4 &= \frac{1}{n}\sum_{i=1}^{n}\left|x_i\right|^4 &&= \int_{-\alpha}^{+\alpha} f(x)\cdot\left|x\right|^4\cdot dx \\
\theta^5 &= \frac{1}{n}\sum_{i=1}^{n}\left|x_i\right|^5 &&= \int_{-\alpha}^{+\alpha} f(x)\cdot\left|x\right|^5\cdot dx
\end{aligned}
\qquad (2.722)
$$

三个分布的参数，根据（1.729）式辜小玲三点判别法，由（2.457）、（2.447）、（2.438）诸式分别求解：

$$
\begin{bmatrix}\xi\\ \varepsilon\\ \eta\\ \zeta\end{bmatrix} = \overline{\left|\ \phi(\xi,\varepsilon,\eta,\zeta\ ;\ \lambda,m,\omega,\sigma,\theta)=0\right.} \quad \text{三峰分布} \qquad (2.723)
$$

$$
\begin{bmatrix}\xi\\ \varepsilon\\ \eta\end{bmatrix} = \overline{\left|\ \phi(\xi,\varepsilon,\eta,\lambda,m,\omega,\sigma)=0\right.} \quad \text{双峰分布}
$$

$$
\begin{bmatrix}\xi\\ \varepsilon\end{bmatrix} = \overline{\left|\ \phi(\xi,\varepsilon\ ;\ \lambda,m,\omega)=0\right.} \quad \text{单峰分布}
$$

最大误差 α 与常数 k，根据（2.458）、（2.449）、（2.439）诸式分别求解：

$$\alpha=\left(\frac{E(\xi,\varepsilon,\eta,\zeta,o)}{E(\xi,\varepsilon,\eta,\zeta,2)}\right)^{\frac{1}{2}}\cdot m,\quad k=\frac{1}{E(\xi,\varepsilon,\eta,\zeta,o)}\cdot\frac{1}{\alpha}\qquad \text{三峰分布} \tag{2.724}$$

$$\alpha=\left(\frac{M(\xi,\varepsilon,\eta,o)}{M(\xi,\varepsilon,\eta,2)}\right)^{\frac{1}{2}}\cdot m,\quad k=\frac{1}{M(\xi,\varepsilon,\eta,o)}\cdot\frac{1}{\alpha}\qquad \text{双峰分布}$$

$$\alpha=\left(\frac{W\left(\xi,\overline{2-\varepsilon}/\varepsilon\right)}{W\left(\xi,\overline{6-\varepsilon}/\varepsilon\right)}\right)^{\frac{1}{2}}\cdot m,\quad k=\frac{\varepsilon}{4\cdot W\left(\xi,\overline{2-\varepsilon}/\varepsilon\right)}\cdot\frac{1}{\alpha}\qquad \text{单峰分布}$$

拉普拉斯分布、高斯分布、乔丹分布、刘述文分布，以及现实生活中符合随机误差特性的所有分布，都是王玉玮分布（2.721）式的特例。

三、权的数学定义

随机变量（观测值）权 P 的数学定义，根据（2.621）式可知：

$$P_j=\left(\frac{\xi}{\alpha^2}k^2\right)=\left(\frac{1}{\lambda}\right)\cdot\mu_1^1=\left(\frac{1}{m^2}\right)\cdot\mu_2^2=\left(\frac{1}{\omega^3}\right)\cdot\mu_3^3=\cdots \tag{2.731}$$

式中，μ 为单位权所相应之误差特征值，简称“**权单位**”，也就是单位权误差分布的特征值。

四、观测值 L 的等权处理

根据（2.633）式，由于观测值 L 是非等权观测，故对于非等权的 L 来说，与其权之积 $P*L$ 就是等权观测。即

$$\begin{aligned}&(L)\quad,\quad P_L=P\\&(P*L)\quad,\quad P_{PL}=P_{P\Delta}=1\end{aligned} \tag{2.741}$$

五、分组加权法

对于一组等精度观测数据

$$L = [\, L_1 \;\; L_2 \;\; L_3 \cdots L_n \,]^T \tag{2.751}$$

为了某种要求，需要对 L 进行某种 G 方法的特殊处理，以符号 $\overline{\rceil\quad}$ 表之：

$$G = \overline{\rceil L} \tag{2.752}$$

当一次处理有困难时，可分成若干组处理。以 R 组为例，即

$$\left.\begin{aligned} L &= [\, L_I \quad L_{II} \quad \cdots \quad L_R \,]^T \\ L_I &= [\, L_1 \quad L_2 \quad L_3 \quad \cdots \quad L_A \,]^T \\ L_{II} &= [\, L_{A+1} \quad L_{A+2} \quad L_{A+3} \quad \cdots \quad L_B \,]^T \\ &\cdots\cdots\cdots\cdots\cdots\cdots \\ L_R &= [\, L_{R+1} \quad L_{R+2} \quad L_{R+3} \quad \cdots \quad L_n \,]^T \end{aligned}\right| \tag{2.753}$$

分组处理之结果 G 及其权 P：

$$\left.\begin{aligned} &\begin{bmatrix} G_I \\ G_{II} \\ \vdots \\ G_R \end{bmatrix} = \begin{bmatrix} \overline{\rceil L_I} \\ \overline{\rceil L_{II}} \\ \vdots \\ \overline{\rceil L_R} \end{bmatrix} \quad , \quad \begin{bmatrix} P_I \\ P_{II} \\ \vdots \\ P_R \end{bmatrix} = \frac{1}{n}\begin{bmatrix} A \\ (B-A) \\ \vdots \\ (n-R) \end{bmatrix} \\ &[P] = P_I + P_{II} + \cdots + P_R \\ &\quad\;\; = A + (B-A) + \cdots + (n-R) = n \end{aligned}\right| \tag{2.754}$$

最后之结果，根据（2.646）式可知：

$$G = \overline{\rceil L} = \frac{[\, P \cdot \overline{\rceil L} \,]}{[P]}$$

$$= \frac{[\, P \cdot G \,]}{[P]} \tag{2.755}$$

-----2016 年 8 月 15 日　　北京 • 航天城-----

第三编 随机函数

函数，是一个并不陌生的词汇；随机函数，应该说是一个尚未有确切定义的数学概念。为此，必须对随机函数界定明确的数学内涵。假定函数

$$\begin{aligned} F &= X + Y \\ \Delta &= x + y \end{aligned} \tag{3.001}$$

式中，X、Y表示两个非相关的随机变量，F是随机函数。x、y、Δ表示各自的随机误差。因为X、Y有随机性，自然F也有随机性。

首先，作为函数的变量，随机变量的各种误差会全部传给随机函数。也就是说，随机函数的误差，由随机变量的误差组成；其特性与随机变量的误差类同：

函数误差——
- 偶然误差---（与时间、地点、条件等因素，没有定量关系的误差；它的出现，只能用概率范围来描述的误差。）
- 系统误差---（可根据时间、地点、条件等因素，以数学手段能确切描述的误差。）
- 常数误差---（误差值与时间、地点、条件无关，且数值不变。譬如人差、起始点误差、数学常数误差等。）
- 粗心误差---（粗心大意造成的误差，简称粗差。）

随机函数的系统误差、常数误差，可称为参数；粗心误差也具有偶然性。同样，随机函数的偶然误差，原则上认定与时间、地点、条件等因素没有定量关系；同样，在特长的时间内，不存在恒定因素。随机函数也有数学期望和真值的概念。因此，效仿随机变量的分离措施，在随机函数领域内，以“随机函数的真值 + 偶然误差”或“随机函数的数学期望 + 随机误差”来定义“随机函数”。这样，作为学术问题，偶然误差的偶然性［参看（2.211）…］，能更确切地在随机函数的数学概念中被反映出来。

随机函数误差与随机变量误差，就其特性来说，是没有差别的，具备着相同的偶然性［参看（2.004）式］。不同的是，随机变量误差的具体特性，可通过大量观测来求解；而随机函数误差的具体特性，不可能通过大量观测来求解，只能通过随机变量的特性来求解。也就是说，随机函数误差的分布密度函数，只能通过随机变量误差的分布密度函数来求解，即根据（2.646）式在特定条件下进行处理：

$$\begin{aligned} f(\Delta) &= \overline{\Big|\, f(x),\ f(y)} \\ &= \overline{\Big|\, (\lambda, m, \omega \cdots)_x,\ (\lambda, m, \omega \cdots)_y} \end{aligned} \tag{3.002}$$

根据（3.002）式，定义：随机函数，是指在特定条件下，对随机整体进行特定数学处理的结果。据此，重复指出，随机函数误差与随机变量误差，在数学特性上没有差别。**随机变量误差所具有的数学特性，随机函数误差也具有**。从某种意义上来说，二者的数学特性，没有差别。根据（2.426）等诸式，具体地说：

随机函数误差分布密度函数的理论形式

$$f(\Delta)=k\cdot\exp\left\{-\xi\frac{|\Delta|^{\varepsilon}}{\alpha^{\varepsilon}-|\Delta|^{\varepsilon}}\prod_{j=1}^{r}\left(1+\rho_j\left|\frac{\Delta}{\alpha}\right|^{\varepsilon}\right)\right\} \tag{3.003}$$

理论图像

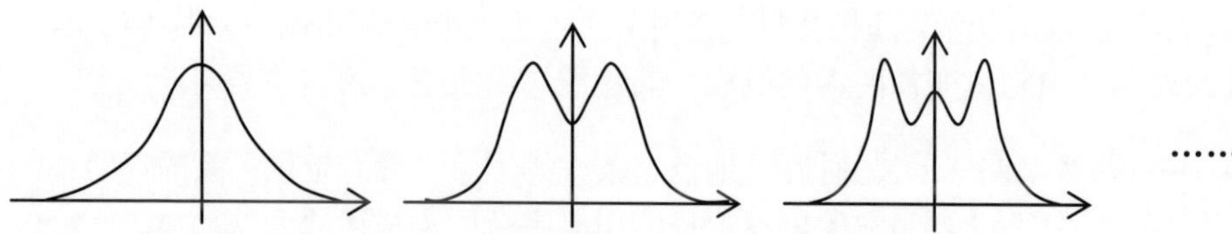

图【3.001】　随机函数误差三种分布密度函数示意

特征值

$$\left.\begin{aligned}
\lambda_F&=\int_{-\alpha}^{\alpha}f(\Delta)|\Delta|^{1}\cdot d\Delta \quad,\quad & m_F^2&=\int_{-\alpha}^{\alpha}f(\Delta)|\Delta|^{2}\cdot d\Delta\\
\omega_F^3&=\int_{-\alpha}^{\alpha}f(\Delta)|\Delta|^{3}\cdot d\Delta \quad,\quad & \sigma_F^4&=\int_{-\alpha}^{\alpha}f(\Delta)|\Delta|^{4}\cdot d\Delta\\
\theta_F^5&=\int_{-\alpha}^{\alpha}f(\Delta)|\Delta|^{5}\cdot d\Delta \quad,\quad & \delta_F^6&=\int_{-\alpha}^{\alpha}f(\Delta)|\Delta|^{6}\cdot d\Delta\\
&\cdots\cdots\cdots \quad,\quad & \gamma_F^N&=\int_{-\alpha}^{\alpha}f(\Delta)|\Delta|^{N}\cdot d\Delta
\end{aligned}\right| \tag{3.004}$$

概率特性

$$F(\Delta)=\int_{-b}^{b}f(\Delta)\cdot d\Delta \tag{3.005}$$

$$\int_{-\alpha}^{\alpha}f(\Delta)\cdot d\Delta=1 \tag{3.006}$$

现实的问题是，如何根据随机变量的特征值来求解随机函数的特征值，进而使随机函数的分布密度函数（3.002）式的形式得到求解。

-----2015 年 5 月 26 日　　北京・航天城-----

-----2016 年 8 月 15 日　　北京・航天城-----

第一章　随机误差特征值的传播规律

误差的传播问题，是随机变量与随机函数之间至关重要的问题，在近 200 年来一直未能得到解决。误差分布密度函数，与其特征值存在着特定的数学关系。因此，误差的传播问题，实质上就是函数误差特征值与变量误差特征值的数学关系问题。二阶特征值（中误差）m^2 的传播规律，早已被揭秘；平均误差 λ^1、三阶误差 ω^3，以及更高阶的误差特征值传播规律，是否存在？本章将给出答案：存在！

一、一阶特征值（λ^1）传播规律

假定随机函数与随机变量

$$F = X_1 + X_2 + X_3 + \cdots + X_t$$

$$\Delta = x_1 + x_2 + x_3 + \cdots + x_t$$

则其一阶特征值 λ^1（平均误差）的传播规律为

$$\left(\lambda m^2\right)_F = \left[\lambda m^2\right] \tag{3.111}$$

式中，Δ 为随机函数 F 的随机误差，x 为随机变量 X 的随机误差，

$$\left(\lambda^1\right)_F = \int_{-\tau}^{\tau} \psi(\Delta) \cdot |\Delta|^1 \cdot d\Delta \qquad (\tau\text{ 为 }\Delta\text{ 的极值})$$

$$\left(m^2\right)_F = \int_{-\tau}^{\tau} \psi(\Delta) \cdot |\Delta|^2 \cdot d\Delta \tag{a1}$$

t 为随机变量个数，

$$\left(\lambda^1\right)_j = \int_{-\alpha}^{\alpha} \left(f(x)\right)_j \cdot |x|^1 \cdot dx$$

$$\left(m^2\right)_j = \int_{-\alpha}^{\alpha} \left(f(x)\right)_j \cdot |x|^2 \cdot dx \qquad (j = 1, 2, 3, \cdots, t) \tag{a2}$$

“[ ]” 为高斯符号，即

$$\begin{aligned}\left[\lambda m^2\right] &= \sum_{j=1}^{t} \left(\lambda m^2\right)_j \\ &= \left(\lambda m^2\right)_1 + \left(\lambda m^2\right)_2 + \left(\lambda m^2\right)_3 + \cdots + \left(\lambda m^2\right)_t\end{aligned} \tag{a3}$$

-----2015 年 8 月 14 日　　北京 • 航天城-----

证明:

为方便起见，先假设只有两个随机变量:

$$\left.\begin{array}{l} F = X + Y \\ \Delta = x + y \qquad , \qquad |\Delta| = |x+y| \end{array}\right| \tag{3.112}$$

式中，F 为随机函数，X、Y 为随机变量；Δ、x、y 为其相应误差，τ、α、β 为其相应最大误差值；其相应误差分布密度函数为 $\psi(\Delta)$、$f(x)$、$\varphi(y)$，函数 F 误差 Δ 的整体（集合）为

$$\Delta_1 \ , \Delta_2 \ , \Delta_3 \ , \ \cdots\cdots\cdots\cdots \ , \ \Delta_n \qquad \text{（以出现先后为序）}$$

$$(-\tau) \quad \Delta_{-j} \ \cdots \ \Delta_o \ \cdots \ \Delta_{+j} \quad (+\tau) \qquad \text{（以数值大小为序）}$$

$$\psi(-\tau) \quad \psi(-j) \quad \psi(o) \quad \psi(j) \quad \psi(\tau) \qquad \text{（误差相应之数量）}$$

变量 X 误差 x 列与其分布密度函数为

$$[|x|] = \left(|x|_1 + |x|_2 + |x|_3 + \ \cdots \ + |x|_n\right) \qquad , \qquad f(x)$$

变量 Y 误差 y 列与其分布密度函数为

$$[|y|] = \left(|y|_1 + |y|_2 + |y|_3 + \ \cdots \ + |y|_n\right) \qquad , \qquad \varphi(y)$$

根据平均误差的定义（2.123）式

$$\lambda_F = \frac{1}{n}\sum_{i=1}^{n}|\Delta_i|^1 = \int_{-\tau}^{\tau}\psi(\Delta)\cdot|\Delta|\cdot d\Delta$$

根据分组加权法（2.646）式，可知

$$\left.\begin{aligned} (\lambda_F) = \overline{|\Delta} \qquad &= \frac{1}{n}\sum_{i=1}^{n}|\Delta_i|^1 = \int_{\Delta=-\tau}^{+\tau}\psi(\Delta)\cdot|\Delta|\cdot d\Delta \\ = \frac{[P\cdot\overline{|\Delta}]}{[P]} \qquad &= \frac{P_I\cdot\overline{|\Delta_I} + P_{II}\cdot\overline{|\Delta_{II}}}{P_I + P_{II}} \\ = \frac{P_I\cdot(\lambda_F)_I + P_{II}\cdot(\lambda_F)_{II}}{P_I + P_{II}} & \end{aligned}\right| \tag{3.113}$$

以下，将根据（3.113）式所示之分组加权法思想，进行推演证明。

将Δ误差的整体（集合），按照（$|x| \geq |y|$）和（$|y| \geq |x|$）分组组合，分为四组（子集合）组合形式，如图【3.111】所示。

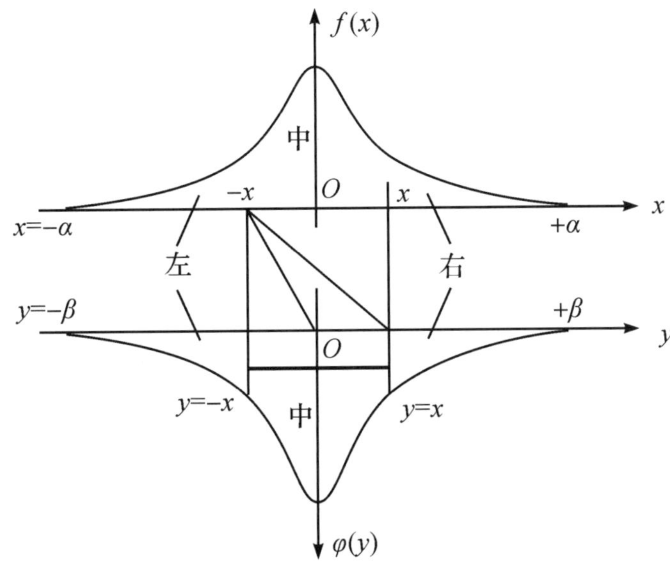

图【3.111】　误差Δ分组（x，y）组合关系示意

为便于理解，以左、中、右命名分布区：根据 $f(x)$ 的一个“$|x|$”的大小，称 $\varphi(y)$ 的“$|-y| \geq |-x|$”为其“左区”，称 $\varphi(y)$ 的“$|+y| \geq |+x|$”为其“右区”，称 $\varphi(y)$ 的“$(-y=-x) \to (+y=+x)$”为其“中区”。左、中、右三个区域，随“$|x|$”的变化而变化。（$f(x)$ 的三区与 $\varphi(y)$ 类同）

定义四组合 Δ_I、Δ_{II}、Δ_{III}、Δ_{IV} 为

Δ_I =（$f(x)$ 全区的每一个（$\pm x$）+ $\varphi(y)$ 中区所有的（$\pm y$））
　　+（$\varphi(y)$ 全区的每一个（$\pm y$）+ $f(x)$ 中区所有的（$\pm x$））

Δ_{II} =（$f(x)$ 全区的每一个（$\pm x$）+ $\varphi(y)$ 中区所有的（$\pm y$））
　　+（$f(x)$ 全区的每一个（$\pm x$）+ $\varphi(y)$ 左区所有的（$-y$））
　　+（$f(x)$ 全区的每一个（$\pm x$）+ $\varphi(y)$ 右区所有的（$+y$））

Δ_{III} =（$\varphi(y)$ 的全区每一个（$\pm y$）+ $f(x)$ 中区所有的（$\pm x$））
　　+（$\varphi(y)$ 全区的每一个（$\pm y$）+ $f(x)$ 左区所有的（$-x$））
　　+（$\varphi(y)$ 全区的每一个（$\pm y$）+ $f(x)$ 左区所有的（$+x$））

Δ_{IV} =（$f(x)$ 中区的每一个（$\pm x$）+ $\varphi(y)$ 左区所有的（$-y$））
　　+（$f(x)$ 中区的每一个（$\pm x$）+ $\varphi(y)$ 右区所有的（$+y$））
　　+（$\varphi(y)$ 中区的每一个（$\pm y$）+ $f(x)$ 左区所有的（$-x$））
　　+（$\varphi(y)$ 中区的每一个（$\pm y$）+ $f(x)$ 右区所有的（$+x$））

根据图【3.111】所示的第一组合形式，将整体（集合）误差按（$|x| \ge |y|$）和（$|y| \ge |x|$）分成两个分组（子集合）：

$$\Delta = \begin{cases} \Delta_I & \rightarrow \left((-\tau) \quad \Delta_{-j} \quad \cdots \quad \Delta_o \quad \cdots \quad \Delta_{+j} \quad (+\tau)\right)_I \\ \Delta_{II} & \rightarrow \left((-\tau) \quad \Delta_{-j} \quad \cdots \quad \Delta_o \quad \cdots \quad \Delta_{+j} \quad (+\tau)\right)_{II} \end{cases} \qquad \text{(b1)}$$

$$= \begin{cases} \Delta_I & \rightarrow (x+y)_I & \rightarrow |x| \ge |y| & \rightarrow P_I \\ \Delta_{II} & \rightarrow (x+y)_{II} & \rightarrow |y| \ge |x| & \rightarrow P_{II} \end{cases} \qquad \text{(b2)}$$

式中，其权 P_I、P_{II} 由分组（子集合）的元素 $|\Delta|$ 的个数而定，也就是分别由分组（$|x| \ge |y|$）中的 x 个数 A 和分组（$|y| \ge |x|$）中的 y 个数 B 而定。

$$\begin{aligned} P_I = A &= \int_{-\alpha}^{+\alpha} f(x) \cdot \left(\int_{-x}^{+x} \varphi(y) \cdot dy \right) \cdot dx & \rightarrow |x| \ge |y| \\ P_{II} = B &= \int_{-\beta}^{+\beta} \varphi(y) \cdot \left(\int_{-y}^{+y} f(x) \cdot dx \right) \cdot dy & \rightarrow |y| \ge |x| \end{aligned} \qquad \text{(b3)}$$

从等概率出现的特性思考，根据（2.212）式，每两个具体大小确定的 x、y 误差，应该有下列四种形式：（四种形式是等概率、等精度的。）

$$\Delta = \begin{cases} +|x| + |y| \\ +|x| - |y| \\ -|x| + |y| \\ -|x| - |y| \end{cases} \qquad \text{(b4)}$$

这四种形式，在 $|x| \ge |y|$ 与 $|y| \ge |x|$ 的两种状态下，有两种不同的结果：

当 $|x| \ge |y|$ 时，$|\Delta|$ 之等效均值

$$|\Delta| = \begin{Bmatrix} \big|+|x|+|y|\big| \\ \big|+|x|-|y|\big| \\ \big|-|x|+|y|\big| \\ \big|-|x|-|y|\big| \end{Bmatrix} == \begin{Bmatrix} |x|+|y| \\ |x|-|y| \\ |x|-|y| \\ |x|+|y| \end{Bmatrix} == \begin{Bmatrix} |x| \\ |x| \\ |x| \\ |x| \end{Bmatrix} = |x| \qquad \text{(b5)}$$

当 $|y| \ge |x|$ 时，$|\Delta|$ 之等效均值

$$|\Delta| = \begin{Bmatrix} \big|+|x|+|y|\big| \\ \big|+|x|-|y|\big| \\ \big|-|x|+|y|\big| \\ \big|-|x|-|y|\big| \end{Bmatrix} == \begin{Bmatrix} |y|+|x| \\ |y|-|x| \\ |y|-|x| \\ |y|+|x| \end{Bmatrix} == \begin{Bmatrix} |y| \\ |y| \\ |y| \\ |y| \end{Bmatrix} = |y| \qquad \text{(b6)}$$

考虑到积分等式其实是两组“组合项”相等，故积分等式两边可以再乘等式。根据分布密度函数积分面积为“1”和（3.112）式，可知：

$$\int_{-\tau}^{+\tau}\psi(\Delta)\cdot d\Delta=\int_{-\alpha}^{+\alpha}f(x)\cdot dx\cdot\int_{-\beta}^{+\beta}\varphi(y)\cdot dy$$

$$|\Delta|=|x+y|$$

$$\int_{-\tau}^{+\tau}\psi(\Delta)\cdot|\Delta|\cdot d\Delta=\int_{-\alpha}^{+\alpha}f(x)\cdot dx\cdot\int_{-\beta}^{+\beta}\varphi(y)\cdot dy\cdot|x+y|$$

$$=\int_{-\alpha}^{+\alpha}f(x)\int_{-\beta}^{+\beta}\varphi(y)\cdot|x+y|\cdot dy\cdot dx$$

（3.114）

根据（b5）、（b6）二式，分组（Δ_I）的平均误差λ及其x的数量A为

$$\left(\lambda_F\right)_I=\int_{-\tau}^{+\tau}\psi(\Delta)\cdot|\Delta|\cdot d\Delta=\int_{-\alpha}^{+\alpha}f(x)\int_{-\beta}^{+\beta}\varphi(y)\cdot|x+y|\cdot dx\cdot dy$$

$$=\int_{-\tau}^{+\tau}\psi(\Delta)\cdot|\Delta|\cdot d\Delta=\int_{-\alpha}^{+\alpha}f(x)\int_{-\beta}^{+\beta}\varphi(y)\cdot|x|\cdot dx\cdot dy\qquad\rightarrow\quad|x|\geq|y|$$

$$=\int_{-\alpha}^{+\alpha}f(x)\cdot|x|\cdot dx\int_{-\beta}^{+\beta}\varphi(y)\cdot dy\qquad=\lambda_x$$

$$A=\int_{x=-\alpha}^{\alpha}f(x)\cdot\int_{y=-x}^{+x}\varphi(y)\cdot dy\cdot dx$$

分组（Δ_{II}）的平均误差λ及其y的数量B为　　（3.115）

$$\left(\lambda_F\right)_{II}=\int_{-\tau}^{+\tau}\psi(\Delta)\cdot|\Delta|\cdot d\Delta=\int_{-\alpha}^{+\alpha}f(x)\int_{-\beta}^{+\beta}\varphi(y)\cdot|x+y|\cdot dx\cdot dy$$

$$=\int_{-\tau}^{+\tau}\psi(\Delta)\cdot|\Delta|\cdot d\Delta=\int_{-\alpha}^{+\alpha}f(x)\int_{-\beta}^{+\beta}\varphi(y)\cdot|y|\cdot dx\cdot dy\qquad\rightarrow\quad|y|\geq|x|$$

$$=\int_{-\alpha}^{+\alpha}f(x)\cdot dx\int_{-\beta}^{+\beta}\varphi(y)\cdot|y|\cdot dy\qquad=\lambda_y$$

$$B=\int_{y=-\beta}^{+\beta}\varphi(y)\cdot\int_{x=-y}^{+y}f(x)\cdot dx\cdot dy$$

考虑到，任何函数均可以级数形式表示，故

$$A=\int_{x=-\alpha}^{+\alpha} f(x)\cdot\int_{y=-x}^{+x}\varphi(y)\cdot dy\cdot dx$$

$$=\int_{x=-\alpha}^{+\alpha} f(x)\cdot\int_{y=-x}^{+x}\left(A_1'+A_2'\cdot|y|+A_3'\cdot|y|^2+\cdots\quad+A_r'\cdot|y|^{r-1}+\cdots\right)\cdot dy\cdot dx$$

［根据（1.121）式：］

$$=\int_{x=-\alpha}^{+\alpha} f(x)\cdot\left[A_o+A_1\operatorname{sgn}\ y\cdot|y|+A_2\operatorname{sgn}\ y\cdot|y|^2+\cdots\right]_{-x}^{x}\cdot dx$$

$$=\int_{x=-\alpha}^{+\alpha} f(x)\cdot\left(2A_1|x|+2A_2|x|^2+2A_3|x|^3+\cdots\right)\cdot dx$$

$$=2A_1\lambda_x+2A_2m_x^2+2A_3\omega_x^3+\cdots+2A_r\gamma_x^r+\cdots$$

［因为，对于每一个具体的误差分布，它们的特征值 λ、m、$\omega\cdots$的相互关系是固定的。故：］

$$=a_1m_x^2+a_2m_x^2+a_3m_x^2+\cdots+a_rm_x^2+\cdots$$

$$=\left(a_1+a_2+a_3+\cdots+a_r+\cdots\right)\cdot m_x^2$$

$$=a\cdot m_x^2$$

同理，可得　　（3.116）

$$B=\int_{y=-\beta}^{+\beta}\varphi(y)\cdot\int_{x=-y}^{+y} f(x)\cdot dx\cdot dy$$

$$=\int_{y=-\beta}^{+\beta}\varphi(y)\cdot\int_{x=-y}^{+y}\left(B_1'+B_2'\cdot|x|+B_3'\cdot|x|^2+\cdots\quad+B_r'\cdot|x|^{r-1}+\cdots\right)\cdot dx\cdot dy$$

$$=\int_{y=-\beta}^{+\beta}\varphi(y)\cdot\left[B_o+B_1\operatorname{sgn}\ x\cdot|x|+B_2\operatorname{sgn}\ x\cdot|x|^2+\cdots\right]_{-y}^{y}\cdot dy$$

$$=\int_{y=-\beta}^{+\beta}\varphi(y)\cdot\left(2B_1|y|+2B_2|y|^2+2B_3|y|^3+\cdots\right)\cdot dy$$

$$=2B_1\lambda_y+2B_2m_y^2+2B_3\omega_y^3+\cdots\cdots+2B_r\gamma_y^r+\cdots$$

$$=b_1m_y^2+b_2m_y^2+b_3m_y^2+\cdots+b_rm_y^2+\cdots$$

$$=\left(b_1+b_2+b_3+\cdots\cdots+b_r+\cdots\right)\cdot m_y^2$$

$$=b\cdot m_y^2$$

令

$$
\begin{aligned}
&d=\frac{a+b}{2}\\
&k=a-d=d-b \qquad \left(\operatorname{sgn}k=\pm 1 \quad \leftarrow \overline{(a\ge b)\ \text{or}\ (a\le b)}\right)\\
&a=d+k\\
&b=d-k\\
&\varepsilon=\frac{k}{d}=\frac{1}{2}\left(\frac{a-d}{d}+\frac{d-b}{d}\right)=\frac{1}{2d}(a-b)=\frac{a-b}{a+b}
\end{aligned}
\tag{3.117}
$$

根据权的基本定义，可知

$$P_I=A=(d+k)m_x^2$$

$$P_{II}=B=(d-k)m_y^2$$

注意，式中 k 、ε 的数学符号（+、-）有偶然性，是一个具有偶然误差性质的值。将 A 、B 二值代入（3.113）式：

$$
\begin{aligned}
\lambda_F&=\frac{(d+k)m_x^2}{(d+k)m_x^2+(d-k)m_y^2}(\lambda)_x+\frac{(d-k)m_y^2}{(d+k)m_x^2+(d-k)m_y^2}(\lambda)_y\\
&=\frac{d\lambda_x m_x^2+d\lambda_y m_y^2+k\lambda_x m_x^2-k\lambda_y m_y^2}{dm_x^2+dm_y^2+km_x^2-km_y^2}\\
&=\frac{\lambda_x m_x^2+\lambda_y m_y^2+\frac{k}{d}\left(\lambda_x m_x^2-\lambda_y m_y^2\right)}{m_x^2+m_y^2+\frac{k}{d}\left(m_x^2-m_y^2\right)} \qquad \left(\because\ \varepsilon=\frac{k}{d}\right)\\
&=\frac{\lambda_x m_x^2+\lambda_y m_y^2+\left(\lambda_x m_x^2-\lambda_y m_y^2\right)\cdot\varepsilon}{m_x^2+m_y^2+\left(m_x^2-m_y^2\right)\cdot\varepsilon}
\end{aligned}
\tag{d1}
$$

参看（3.121）式，移项：

$$
\begin{aligned}
\lambda_F m_x^2+\lambda_F m_y^2&=\lambda_x m_x^2+\lambda_y m_y^2+E\\
\left(\lambda m^2\right)_F&=\left(\lambda m^2\right)_x+\left(\lambda m^2\right)_y+E
\end{aligned}
\tag{d2}
$$

式中，

$$
E=\begin{cases}\left(\left(\lambda_x m_x^2-\lambda_y m_y^2\right)-\lambda_F\left(m_x^2-m_y^2\right)\right)\cdot\varepsilon\\ \left(\left(\lambda_x-\lambda_F\right)\cdot m_x^2-\left(\lambda_y-\lambda_F\right)\cdot m_y^2\right)\cdot\varepsilon\end{cases}
$$

根据（3.113）式，给定

$$\lambda_F = \frac{\lambda_x + \lambda_y}{2} + \delta, \qquad \delta = \lambda_F - \frac{\lambda_x + \lambda_y}{2} \tag{d3}$$

注意，δ 的数学符号（+、-）有偶然性；当 $\lambda_x = \lambda_y$ 时，

$$\lambda_F = \lambda_x = \lambda_y$$
$$\delta = 0$$

代入（d2）式中的 E 式，注意到（3.121）式，可知

$$\begin{aligned}
E &= \left(\left(\lambda_x - \lambda_F\right)m_x^2 - \left(\lambda_y - \lambda_F\right)m_y^2\right)\cdot\varepsilon \\
&= \left(\left(\lambda_x - \frac{\lambda_x + \lambda_y}{2} - \delta\right)m_x^2 - \left(\lambda_y - \frac{\lambda_x + \lambda_y}{2} - \delta\right)m_y^2\right)\cdot\varepsilon \\
&= \left(\left(\frac{\lambda_x}{2} - \frac{\lambda_y}{2} - \delta\right)m_x^2 - \left(\frac{\lambda_y}{2} - \frac{\lambda_x}{2} - \delta\right)m_y^2\right)\cdot\varepsilon \\
&= \left(\left(\frac{\lambda_x m_x^2}{2} - \frac{\lambda_y m_x^2}{2} - \delta m_x^2\right) - \left(\frac{\lambda_y m_y^2}{2} - \frac{\lambda_x m_y^2}{2} - \delta m_y^2\right)\right)\cdot\varepsilon \qquad \text{(d4)} \\
&= \left(\frac{\lambda_x m_x^2 + \lambda_x m_y^2}{2} - \frac{\lambda_y m_x^2 + \lambda_y m_y^2}{2} - \delta\left(m_x^2 - m_y^2\right)\right)\cdot\varepsilon \\
&= \left(\left(\lambda_x - \lambda_y\right)m_x^2 + \left(\lambda_x - \lambda_y\right)m_y^2 - 2\delta\left(m_x^2 - m_y^2\right)\right)\cdot\frac{\varepsilon}{2} \\
&= \left(\left(\lambda_x - \lambda_y\right)\left(m_x^2 + m_y^2\right) - 2\delta\cdot\left(m_x^2 - m_y^2\right)\right)\cdot\frac{\varepsilon}{2}
\end{aligned}$$

作为误差估计，在大量概率统计的前提下，ε、δ 的偶然性和 λ、m 双双相较的偶然性，致使 E 是一个微小偶然误差量，故（d2）式中的 E 可写作

$$E = \pm\begin{cases}
\left(\left(\lambda_x m_x^2 - \lambda_y m_y^2\right) - \lambda_F\left(m_x^2 - m_y^2\right)\right)\cdot\varepsilon \\
\left(\left(\lambda_x - \lambda_F\right)\cdot m_x^2 - \left(\lambda_y - \lambda_F\right)\cdot m_y^2\right)\cdot\varepsilon \\
\left(\left(\lambda_x - \lambda_y\right)\cdot\left(m_x^2 + m_x^2\right) - 2\delta\left(m_x^2 - m_y^2\right)\right)\cdot\dfrac{\varepsilon}{2}
\end{cases} \tag{d5}$$

当 $\lambda_x = \lambda_y$ 时，　$\rightarrow \quad E = \delta = \varepsilon = 0$

故由（d5）式可知，对于等精度（$\lambda_x = \lambda_y$）双变量随机函数：

$$\lambda_F m_F^2 = \lambda_x m_x^2 + \lambda_y m_y^2 \tag{3.118}$$

对于等精度（$\lambda_x = \lambda_y$）多变量随机函数，由组合的不同形式而知：

$$F = X_1 + X_2 + X_3 + X_4 + X_5 + X_6 + X_7 + X_8$$

$$= \Big(\big((X_1 + X_2) + (X_3 + X_4)\big) + \big((X_5 + X_6) + (X_7 + X_8)\big)\Big) \tag{e1}$$

$$= \Bigg(\bigg(\Big(\big(((X_1 + X_2) + X_3) + X_4\big) + X_5\Big) + X_6\bigg) + X_7\Bigg) + X_8 \tag{e2}$$

显然，（e1）式是双双等精度组合而成，（$E_{e1} = 0$）；（e2）式是非等精度一一组合而成，故其 E_{e2} 只能写成

$$E_{e2} = E_2 + E_3 + E_4 + \cdots + E_8 \tag{e3}$$

因为（e1）、（e2）二式是同一函数，故必有

$$E_2 + E_3 + E_4 + \cdots + E_8 = E_{e2} = E_{e1} = 0 \tag{e4}$$

该式左边是偶然误差组合，若为 0，唯一的可能就是：所有的元素皆为 0。也就是说，再一次证明（3.118）式是严密的。进而可知，针对非等精度的多变量随机函数

$$F = X_1 + X_2 + X_3 + \cdots + X_t$$

下式仍成立：

$$\left(\lambda m^2\right)_F = [\lambda m^2] \tag{3.119}$$

该式，就是平均误差 λ 传播规律的普遍公式。

证毕。

---

*）（3.116）式注释：从误差的偶然性和概率的不定性观点出发，误差的特征值是相互独立的。但是，在一个误差列的分布密度函数形成之后，它们就不再独立，而是相关的。其数学形式可写成：$a\lambda = bm = c\omega = d\sigma = e\theta = f\delta = \cdots$

*）$[\lambda m^2] = \sum_{i=1}^{n}\left(\lambda_i \cdot m_i^2\right)$，符号 [ ] 与 $\sum$ 等效。

二、二阶特征值（m^2）传播规律

如（3.111）式所示，参看（3.004）式，可知二阶特征值m^2的传播规律为

$$\left(m^2\right)_F=\left[\ m^2\right] \tag{3.121}$$

证明：

根据假设函数（3.112）式：

$$\begin{aligned}F&=X+Y\\ \Delta&=x+y\end{aligned} \tag{3.122}$$

式中，F为函数，X、Y为自变量；Δ、x、y为其相应误差。考虑到：

$$\begin{aligned}|\Delta|^2&=(x+y)^2\\ &=\left(x^2+y^2\right)+(2xy)\end{aligned} \tag{3.123}$$

根据（3.114）式，可知：

$$\begin{aligned}\left(m^2\right)_F&=\int_{-\tau}^{\tau}\psi(\Delta)\cdot\Delta^2\cdot d\Delta\\ &=\int_{-\alpha}^{\alpha}f(x)\int_{-\beta}^{\beta}\varphi(y)\cdot\left(x^2+y^2\right)\cdot dx\cdot dy+\int_{-\alpha}^{\alpha}f(x)\int_{-\beta}^{\beta}\varphi(y)\cdot(2xy)\cdot dx\cdot dy\\ &=\int_{-\alpha}^{\alpha}f(x)\int_{-\beta}^{\beta}\varphi(y)\cdot x^2\cdot dx\cdot dy+\int_{-\alpha}^{\alpha}f(x)\int_{-\beta}^{\beta}\varphi(y)\cdot y^2\cdot dx\cdot dy\quad+0\\ &=\int_{-\alpha}^{\alpha}f(x)\cdot x^2\cdot dx\int_{-\beta}^{\beta}\varphi(y)\cdot dy+\int_{-\alpha}^{\alpha}f(x)\cdot dx\int_{-\beta}^{\beta}\varphi(y)\cdot y^2\cdot dy\\ &=\int_{-\alpha}^{\alpha}f(x)\cdot x^2\cdot dx+\int_{-\beta}^{\beta}\varphi(y)\cdot y^2\cdot dy\\ &=m_x^2+m_y^2\end{aligned} \tag{3.124}$$

与（3.119）式同理，根据（3.124）式，对于多变量随机函数

$$F=X_1+X_2+X_3+\cdots+X_t$$

下式仍成立： （3.125）

$$\left(m^2\right)_F=\left[\ m^2\right]$$

该式为二阶特征值（中误差m^2）传播规律的普遍公式。**证毕。**

三、三阶特征值（ω^3）传播规律

如（3.111）式所示，参看（3.004）式，可知三阶特征值ω^3的传播规律为

$$\left(\omega^3 m^2 - 3\lambda m^2 m^2\right)_F = \left[\,\omega^3 m^2 - 3\lambda m^2 m^2\,\right] \tag{3.131}$$

证明：

根据假设函数（3.112）式：

$$\begin{aligned} F &= X + Y \\ \Delta &= x + y \end{aligned} \tag{3.132}$$

式中，F 为函数，X、Y 为自变量；Δ、x、y 为其相应误差。从概率的观点出发，根据（2.212）式，每两个具体大小确定的x、y误差，应该有下列四种形式：

$$\left|\Delta^3\right| = \left|x+y\right|^3 = \left|x^3+3x^2y+3xy^2+y^3\right| = \left|\ (\pm|x|)+(\pm|y|)\ \right|^3 = \left|\begin{cases}\left(+|x|+|y|\right)^3\\ \left(+|x|-|y|\right)^3\\ \left(-|x|+|y|\right)^3\\ \left(-|x|-|y|\right)^3\end{cases}\right| \tag{g1}$$

当 $|x| \geq |y|$ 时，下式与上式等效：

$$\left|\Delta^3\right| = \left|x+y\right|^3 = \left|\ (\pm|x|)+(\pm|y|)\ \right|^3$$

$$= \left|\begin{cases}\left(+|x|+|y|\right)^3\\ \left(+|x|-|y|\right)^3\\ \left(+|x|-|y|\right)^3\\ \left(+|x|+|y|\right)^3\end{cases}\right| = \left|\begin{cases}\left(+|x|^3+3|x|^2|y|+3|x|\cdot|y|^2+|y|^3\right)\\ \left(+|x|^3-3|x|^2|y|+3|x|\cdot|y|^2-|y|^3\right)\\ \left(+|x|^3-3|x|^2|y|+3|x|\cdot|y|^2-|y|^3\right)\\ \left(+|x|^3+3|x|^2|y|+3|x|\cdot|y|^2+|y|^3\right)\end{cases}\right|$$

取其均值，可知

$$\left|\Delta^3\right| = |x|^3 + 3|x|\cdot|y|^2 \tag{g2}$$

同理，当 $|y| \geq |x|$ 时，

$$\left|\Delta^3\right| = |y|^3 + 3|y|\cdot|x|^2 \tag{g3}$$

根据分组加权法（2.646）式，效仿（3.113）式，根据

$$\left(\omega_F^3\right) = \int_{x=-\alpha}^{+\alpha} f(x)\cdot \int_{y=-\beta}^{+\beta} \varphi(y)\cdot|\Delta|^3\cdot dy\cdot dx \tag{3.133}$$

对于（$|x| \ge |y|$）分组部分，由（g2）式可知

$$\left(\omega_F^3\right)_I = \int_{x=-\alpha}^{+\alpha} f(x) \cdot \int_{y=-\beta}^{+\beta} \varphi(y) \cdot |x+y|^3 \cdot dy \cdot dx$$

$$= \int_{x=-\alpha}^{+\alpha} f(x) \cdot \int_{y=-\beta}^{+\beta} \varphi(y) \cdot \left(|x|^3 + 3|x| \cdot |y|^2\right) \cdot dy \cdot dx$$

$$= \int_{x=-\alpha}^{+\alpha} f(x) \cdot \int_{y=-\beta}^{+\beta} \varphi(y) \cdot |x|^3 \cdot dy \cdot dx$$

$$+ \int_{x=-\alpha}^{+\alpha} f(x) \cdot \int_{y=-\beta}^{+\beta} \varphi(y) \cdot 3|x| \cdot |y|^2 \cdot dy \cdot dx$$

$$= \int_{x=-\alpha}^{+\alpha} f(x) \cdot |x|^3 \cdot dx \cdot \int_{y=-\beta}^{+\beta} \varphi(y) \cdot dy$$

$$+ \int_{x=-\alpha}^{+\alpha} f(x) \cdot 3|x| \cdot dx \int_{y=-\beta}^{+\beta} \varphi(y) \cdot |y|^2 \cdot dy$$

$$= \omega_x^3 + 3\,\lambda_x\, m_y^2$$

同理，对于（$|y| \ge |x|$）分组部分，由（g3）式可知　　(h1)

$$\left(\omega_F^3\right)_{II} = \int_{y=-\beta}^{+\beta} \varphi(y) \cdot \int_{x=-\alpha}^{+\alpha} f(x) \cdot |x+y|^3 \cdot dx \cdot dy$$

$$= \int_{y=-\beta}^{+\beta} \varphi(y) \cdot \int_{x=-\alpha}^{+\alpha} f(x) \cdot \left(|y|^3 + 3|y| \cdot |x|^2\right) \cdot dx \cdot dy$$

$$= \int_{y=-\beta}^{+\beta} \varphi(y) \cdot \int_{x=-\alpha}^{+\alpha} f(x) \cdot |y|^3 \cdot dx \cdot dy$$

$$+ \int_{y=-\beta}^{+\beta} \varphi(y) \cdot \int_{x=-\alpha}^{+\alpha} f(x) \cdot 3|y| \cdot |x|^2 \cdot dx \cdot dy$$

$$= \int_{y=-\beta}^{+\beta} \varphi(y) \cdot |y|^3 \cdot \int_{x=-\alpha}^{+\alpha} f(x) \cdot dx \cdot dy$$

$$+ \int_{y=-\beta}^{+\beta} \varphi(y) \cdot 3|y| \cdot \int_{x=-\alpha}^{+\alpha} f(x) \cdot |x|^2 \cdot dx \cdot dy$$

$$= \omega_y^3 + 3\,\lambda_y\, m_x^2$$

按分组加权法（2.646）式，取其权中数

$$\left(\omega^3\right)_F=\frac{P_I\cdot\left(\omega_F^3\right)_I+P_{II}\cdot\left(\omega_F^3\right)_{II}}{P_I+P_{II}}=\frac{A\cdot\left(\omega_F^3\right)_I+B\cdot\left(\omega_F^3\right)_{II}}{A+B} \tag{h2}$$

式中，A、B 由（3.116）式定；P_I、P_{II} 分别为 $\left(\omega_I^3\right)_F$、$\left(\omega_{II}^3\right)_F$ 之权，即出现概率之大小。将（3.117）式代入上式，可知

$$\begin{aligned}\omega_F^3&=\frac{\left(\omega_x^3+3\lambda_x m_y^2\right)(d+k)m_x^2+\left(\omega_y^3+3\lambda_y m_x^2\right)(d-k)m_y^2}{(d+k)m_x^2+(d-k)m_y^2}\\&=\frac{\left(\omega_x^3+3\lambda_x m_y^2\right)m_x^2+\left(\omega_y^3+3\lambda_y m_x^2\right)m_y^2}{m_x^2+m_y^2+\left(m_x^2-m_y^2\right)\varepsilon}\qquad\because\ \varepsilon=\frac{k}{d}\\&\quad+\frac{\left(\left(\omega_x^3+3\lambda_x m_y^2\right)m_x^2-\left(\omega_y^3+3\lambda_y m_x^2\right)m_y^2\right)\varepsilon}{m_x^2+m_y^2+\left(m_x^2-m_y^2\right)\varepsilon}\end{aligned} \tag{h3}$$

移项：

$$\begin{aligned}\omega_F^3 m_F^2+\omega_F^3\left(m_x^2-m_y^2\right)\varepsilon&=\left(\omega_x^3+3\lambda_x m_y^2\right)m_x^2+\left(\omega_y^3+3\lambda_y m_x^2\right)m_y^2\\&\quad+\left(\left(\omega_x^3+3\lambda_x m_y^2\right)m_x^2-\left(\omega_y^3+3\lambda_y m_x^2\right)m_y^2\right)\varepsilon\\\omega_F^3 m_F^2&=\left(\omega_x^3+3\lambda_x m_y^2\right)m_x^2+\left(\omega_y^3+3\lambda_y m_x^2\right)m_y^2\\&\quad+\left(\left(\left(\omega_x^3+3\lambda_x m_y^2\right)m_x^2-\left(\omega_y^3+3\lambda_y m_x^2\right)m_y^2\right)-\omega_F^3\left(m_x^2-m_y^2\right)\right)\varepsilon\end{aligned} \tag{h4}$$

$$\begin{aligned}\omega_F^3 m_F^2&=\left(\omega_x^3+3\lambda_x m_y^2\right)m_x^2+\left(\omega_y^3+3\lambda_y m_x^2\right)m_y^2+E\\E&=\left(\omega_x^3 m_x^2+3\lambda_x m_y^2 m_x^2-\omega_y^3 m_y^2-3\lambda_y m_x^2 m_y^2-\omega_F^3 m_x^2+\omega_F^3 m_y^2\right)\varepsilon\\&=\left(\omega_x^3 m_x^2-\omega_y^3 m_y^2+3\lambda_x m_y^2 m_x^2-3\lambda_y m_x^2 m_y^2-\omega_F^3 m_x^2+\omega_F^3 m_y^2\right)\varepsilon\end{aligned} \tag{h5}$$

考虑到式中：

$$\begin{aligned}3\lambda_x m_y^2 m_x^2-3\lambda_y m_x^2 m_y^2&=3\lambda_x m_x^2\left(m_F^2-m_x^2\right)-3\lambda_y m_y^2\left(m_F^2-m_y^2\right)\\&=\left(3\lambda_x m_x^2-3\lambda_y m_y^2\right)m_F^2+\left(3\lambda_y m_y^2 m_y^2-3\lambda_x m_x^2 m_x^2\right)\\\left(-\omega_F^3 m_x^2+\omega_F^3 m_y^2\right)&=-\omega_F^3\left(m_F^2-m_y^2\right)+\omega_F^3\left(m_F^2-m_x^2\right)\\&=-\omega_F^3 m_F^2+\omega_F^3 m_y^2+\omega_F^3 m_F^2-\omega_F^3 m_x^2\\&=\omega_F^3 m_y^2-\omega_F^3 m_x^2=\left(m_y^2-m_x^2\right)\omega_F^3\end{aligned} \tag{h6}$$

故（h5）式中之E，亦可为

$$\begin{aligned} E &= \left(\left(\omega_x^3 m_x^2 - \omega_y^3 m_y^2\right) - \left(3\lambda_x m_x^2 m_x^2 - 3\lambda_y m_y^2 m_y^2\right) \right. \\ &\qquad \left. + \left(3\lambda_x m_x^2 - 3\lambda_y m_y^2\right) m_F^2 - \left(m_x^2 - m_y^2\right)\omega_F^3\right)\varepsilon \\ &= \left(\left(\omega_x^3 m_x^2 - 3\lambda_x m_x^2 m_x^2\right) - \left(\omega_y^3 m_y^2 - 3\lambda_y m_y^2 m_y^2\right) \right. \\ &\qquad \left. + \left(3\lambda_x m_x^2 - 3\lambda_y m_y^2\right) m_F^2 - \left(m_x^2 - m_y^2\right)\omega_F^3\right)\varepsilon \end{aligned} \tag{h7}$$

显然，与（3. 118）式同理，E可略之，而得

$$\omega_F^3 m_F^2 = \left(\omega_x^3 + 3\lambda_x m_y^2\right) m_x^2 + \left(\omega_y^3 + 3\lambda_y m_x^2\right) m_y^2 \tag{3.134}$$

再进行规划：

$$\begin{aligned} \omega_F^3 m_F^2 &= \left(\omega_x^3 + 3\lambda_x m_y^2\right) m_x^2 + \left(\omega_y^3 + 3\lambda_y m_x^2\right) m_y^2 \\ &= \left(\omega_x^3 + 3\lambda_x \left(m_F^2 - m_x^2\right)\right) m_x^2 + \left(\omega_y^3 + 3\lambda_y \left(m_F^2 - m_y^2\right)\right) m_y^2 \\ &= \left(\omega_x^3 m_x^2 - 3\lambda_x m_x^2 m_x^2\right) + \left(\omega_y^3 m_y^2 - 3\lambda_y m_y^2 m_y^2\right) + 3\lambda_x m_x^2 m_F^2 + 3\lambda_y m_y^2 m_F^2 \\ &= \left(\omega_x^3 m_x^2 - 3\lambda_x m_x^2 m_x^2\right) + \left(\omega_y^3 m_y^2 - 3\lambda_y m_y^2 m_y^2\right) + 3\lambda_F m_F^2 m_F^2 \end{aligned}$$

移项，可得最后形式为

$$\begin{aligned} & F = X + Y \\ & \Delta = x + y \\ & \left(\omega^3 m^2 - 3\lambda m^2 m^2\right)_F = \left(\omega^3 m^2 - 3\lambda m^2 m^2\right)_x + \left(\omega^3 m^2 - 3\lambda m^2 m^2\right)_y \end{aligned} \tag{3.135}$$

式中，F为随机函数，X、Y为随机变量；λ、m、ω 为其相应误差 x、y之特征值。

显然，与（3. 119）式之证明原理相同，对多变量的随机函数，

$$F = X_1 + X_2 + X_3 + \cdots + X_t$$

其三阶特征值（三阶误差ω^3）传播的普遍规律为　　（3. 136）

$$\left(\omega^3 m^2 - 3\lambda m^2 m^2\right)_F = \left[\,\omega^3 m^2 - 3\lambda m^2 m^2\,\right]$$

式中，F为随机函数，X为随机变量；λ、m、ω为其相应之误差特征值。
证毕。

-----2019 年 11 月 25 日　　西安 • 曲江池-----

四、四阶特征值（σ^4）传播规律

如（3.111）式所示，参看（3.004）式，可知四阶特征值σ^4的传播规律为

$$\left(\sigma^4-3m^2m^2\right)_F=\left[\sigma^4-3m^2m^2\right] \tag{3.141}$$

证明：

根据假设函数（3.112）式：

$$F=X+Y\quad ,\qquad \Delta=x+y \tag{3.142}$$

式中，F为函数，X、Y为自变量；Δ、x、y为其相应误差。考虑到：

$$\left|\Delta\right|^4=(x+y)^4=x^4+4x^3y+6x^2y^2+4xy^3+y^4 \tag{3.143}$$

根据（3.114）式，可知四阶特征值（四阶误差σ^4）应为

$$\begin{aligned}\sigma_F^4&=\int_{-\tau}^{\tau}\psi(\Delta)\cdot\left|\Delta\right|^4\cdot d\Delta\\&=\int_{-\alpha}^{\alpha}f(x)\int_{-\beta}^{\beta}\varphi(y)\cdot\left(x^4+4x^3y+6x^2y^2+4xy^3+y^4\right)\cdot dy\cdot dx\\&=\sigma_x^4+6m_x^2m_y^2+\sigma_y^4\end{aligned} \tag{3.144}$$

简化：

$$\begin{aligned}\sigma_F^4&=\sigma_x^4+6m_x^2m_y^2+\sigma_y^4\\&=\sigma_x^4+3m_x^2m_y^2+3m_x^2m_y^2+\sigma_y^4\\&=\sigma_x^4+3m_x^2\left(m_F^2-m_x^2\right)+3\left(m_F^2-m_y^2\right)m_y^2+\sigma_y^4\\&=\sigma_x^4-3m_x^2m_x^2-3m_y^2m_y^2+\sigma_y^4+3m_F^2m_x^2+3m_F^2m_y^2\\&=\left(\sigma_x^4-3m_x^2m_x^2\right)+\left(\sigma_y^4-3m_y^2m_y^2\right)+3m_F^2\left(m_x^2+m_y^2\right)\\&=\left(\sigma_x^4-3m_x^2m_x^2\right)+\left(\sigma_y^4-3m_y^2m_y^2\right)+3m_F^2m_F^2\end{aligned} \tag{3.145}$$

移项后，与（3.119）式之证明原理相同，可知：

$$\begin{aligned}&\left(\sigma^4-3m^2m^2\right)_F=\left(\sigma^2-3m^2m^2\right)_x+\left(\sigma^2-3m^2m^2\right)_y\\&F=X_1+X_2+X_3+\cdots\cdots+X_t\\&\left(\sigma^4-3m^2m^2\right)_F=\left[\sigma^4-3m^2m^2\right]\end{aligned} \tag{3.146}$$

证毕。

五、五阶特征值（θ^5）传播规律

如（3.111）式所示，参看（3.004）式，可知五阶特征值θ^5的传播规律为

$$\left(\theta^5 m^2 - 5\sigma^4 \cdot \lambda m^2 - 10\omega^3 m^2 m^2 + 30\lambda m^2 m^2 m^2\right)_F$$
$$= \left[\theta^5 m^2 - 5\sigma^4 \cdot \lambda m^2 - 10\omega^3 m^2 m^2 + 30\lambda m^2 m^2 m^2\right] \quad (3.151)$$

式中，λ、m、ω、σ、θ为函数、变量所相应之误差特征值。

证明：

根据假设函数（3.112）式：

$$F = X + Y \quad , \qquad \Delta = x + y$$

每两个具体大小确定的 x、y 误差，应该有下列四种形式：　　(3.152)

$$\left|\Delta^5\right| = |x+y|^5 = \left|(\pm|x|) + (\pm|y|)\right|^5$$
$$= \left|x^5 + 5x^4y + 10x^3y^2 + 10x^2y^3 + 5xy^4 + y^5\right|$$

当 $|x| \ge |y|$ 时，四种组合形式为

$$\left|\Delta^5\right| = \left|(\pm|x|) + (\pm|y|)\right|^5$$
$$= \left|x^5 + 5x^4y + 10x^3y^2 + 10x^2y^3 + 5xy^4 + y^5\right|$$
$$= \begin{cases} \left|+|x|+|y|\right|^5 \\ \left|+|x|-|y|\right|^5 \\ \left|-|x|+|y|\right|^5 \\ \left|-|x|-|y|\right|^5 \end{cases} = \begin{cases} \left|+|x|+|y|\right|^5 \\ \left|+|x|-|y|\right|^5 \\ \left|+|x|-|y|\right|^5 \\ \left|+|x|+|y|\right|^5 \end{cases} \quad (k1)$$
$$= \begin{cases} \left|x^5\right| + 5\left|x^4y\right| + 10\left|x^3y^2\right| + 10\left|x^2y^3\right| + 5\left|xy^4\right| + \left|y^5\right| \\ \left|x^5\right| - 5\left|x^4y\right| + 10\left|x^3y^2\right| - 10\left|x^2y^3\right| + 5\left|xy^4\right| - \left|y^5\right| \\ \left|x^5\right| - 5\left|x^4y\right| + 10\left|x^3y^2\right| - 10\left|x^2y^3\right| + 5\left|xy^4\right| - \left|y^5\right| \\ \left|x^5\right| + 5\left|x^4y\right| + 10\left|x^3y^2\right| + 10\left|x^2y^3\right| + 5\left|xy^4\right| + \left|y^5\right| \end{cases}$$

取其和式均之，可得

$$\left|\Delta^5\right| = \left|x^5\right| + 10\left|x^3y^2\right| + 5\left|xy^4\right|$$

当 $|y| \ge |x|$ 时，同理可得，四种组合形式之均值　　(k2)

$$\left|\Delta^5\right| = \left|y^5\right| + 10\left|y^3x^2\right| + 5\left|yx^4\right|$$

根据图【3.111】可知

$$
\begin{aligned}
\left[\left|\Delta^5\right|\right]_{|x|\geq|y|} &= \int_{x=-\alpha}^{x=\alpha} f(x) \int_{y=-\beta}^{y=\beta} \varphi(y)\left(\left|x^5\right|+10\left|x^3y^2\right|+5\left|xy^4\right|\right)\cdot dy\cdot dx \\
&= \int_{x=-\alpha}^{x=\alpha} f(x)\cdot\left|x^5\right|\cdot \int_{y=-\beta}^{y=\beta}\varphi(y)\cdot dy\cdot dx \\
&\qquad +10\cdot\int_{x=-\alpha}^{x=\alpha} f(x)\cdot\left|x^3\right|\cdot\int_{y=-\beta}^{y=\beta}\varphi(y)\cdot\left|y^2\right|\cdot dy\cdot dx \\
&\qquad +5\int_{x=-\alpha}^{x=\alpha} f(x)\cdot|x|\cdot\int_{y=-\beta}^{y=\beta}\varphi(y)\cdot\left|y^4\right|\cdot dy\cdot dx \\
&= \left[\left|x^5\right|\right]+10\cdot\left[\left|x^3\right|\right]\cdot\left[\left|y^2\right|\right]+5\cdot\left[|x|\right]\cdot\left[\left|y^4\right|\right] \\
\left(\theta_F^5\right)_I &= \frac{\left[\left|\Delta\right|^5\right]_{|x|\geq|y|}}{A} = \frac{\left[\left|x^5\right|\right]+10\cdot\left[\left|x^3\right|\right]\cdot\left[\left|y^2\right|\right]+5\cdot\left[|x|\right]\cdot\left[\left|y^4\right|\right]}{A} \\
&= \left(\theta^5\right)_x+10\left(\omega^3\right)_x\left(m^2\right)_y+5\left(\lambda\right)_x\left(\sigma^4\right)_y
\end{aligned}
\tag{k3}
$$

同理，根据图【3.111】可知

$$
\begin{aligned}
\left[\left|\Delta^5\right|\right]_{|y|\geq|x|} &= \int_{y=-\beta}^{+\beta} \varphi(y) \int_{x=-\alpha}^{+\alpha} f(x)\left(\left|y^5\right|+10\left|y^3x^2\right|+5\left|yx^4\right|\right)\cdot dx\cdot dy \\
&= \int_{y=-\beta}^{+\beta} \varphi(y)\cdot\left|y^5\right|\cdot \int_{x=-\alpha}^{+\alpha} f(x)\cdot dx\cdot dy \\
&\qquad +10\cdot\int_{y=-\beta}^{+\beta} \varphi(y)\cdot\left|y^3\right|\cdot\int_{x=-\alpha}^{+\alpha} f(x)\left|x^2\right|\cdot dx\cdot dy \\
&\qquad +5\int_{y=-\beta}^{+\beta} \varphi(y)\cdot|y|\cdot\int_{x=-\alpha}^{+\alpha} f(x)\cdot\left|x^4\right|\cdot dx\cdot dy \\
&= \left[\left|y^5\right|\right]+10\left[\left|y^3\right|\right]\cdot\left[\left|x^2\right|\right]+5\left[|y|\right]\cdot\left[\left|x^4\right|\right]
\end{aligned}
\tag{k4}
$$

$$
\begin{aligned}
\left(\theta_F^5\right)_{II} &= \frac{\left[\left|\Delta\right|^5\right]_{|y|\geq|x|}}{B} = \frac{\left[\left|y^5\right|\right]+10\cdot\left[\left|y^3\right|\right]\cdot\left[\left|x^2\right|\right]+5\cdot\left[|y|\right]\cdot\left[\left|x^4\right|\right]}{B} \\
&= \left(\theta^5\right)_y+10\left(\omega^3\right)_y\left(m^2\right)_x+5\left(\lambda\right)_y\left(\sigma^4\right)_x
\end{aligned}
$$

式中，A、B 由（3.116）式定义。

根据（3.117）式和分组加权法（2.646）式，取以上二式之权中数，可得：

$$
\begin{aligned}
\theta_F^5 &= \frac{A\left(\theta_F^5\right)_I + B\left(\theta_F^5\right)_{II}}{A+B} \\
&= \frac{\left(\theta_x^5 + 10\omega_x^3 \cdot m_y^2 + 5\lambda_x \cdot \sigma_y^4\right)\left(a \cdot m_x^2\right) + \left(\theta_y^5 + 10\omega_y^3 \cdot m_x^2 + 5\lambda_y \cdot \sigma_x^4\right)\left(b \cdot m_y^2\right)}{a \cdot m_x^2 + b \cdot m_y^2} \\
&= \frac{(X)\left(a \cdot m_x^2\right) + (Y)\left(b \cdot m_y^2\right)}{a \cdot m_x^2 + b \cdot m_y^2} \qquad [\because \ d = a-k = b+k \ , \ a-b = 2k] \\
&= \frac{(X)\left((d+k) \cdot m_x^2\right) + (Y)\left((d-k) \cdot m_y^2\right)}{(d+k) \cdot m_x^2 + (d-k) \cdot m_y^2} \qquad \left[\because \ \varepsilon = \frac{k}{d} = \frac{a-b}{2d}\right] \\
&= \frac{(X)\left((1+\varepsilon) \cdot m_x^2\right) + (Y)\left((1-\varepsilon) \cdot m_y^2\right)}{(1+\varepsilon) \cdot m_x^2 + (1-\varepsilon) \cdot m_y^2} \qquad [\because \ (X) = \cdots \ (Y) = \cdots \ ] \\
&= \frac{(X)\left((1+\varepsilon) \cdot m_x^2\right) + (Y)\left((1-\varepsilon) \cdot m_y^2\right)}{m_x^2 + m_y^2 + (m_x^2 - m_y^2)\varepsilon} \\
&= \frac{(X)m_x^2 + (Y)m_y^2 + \left((X)m_x^2 - (Y)m_y^2\right)\varepsilon}{m_x^2 + m_y^2 + (m_x^2 - m_y^2)\varepsilon} \\
&= \frac{(X)m_x^2 + (Y)m_y^2 + \left((X)m_x^2 - (Y)m_y^2\right)\varepsilon}{m_F^2 + (m_x^2 - m_y^2)\varepsilon}
\end{aligned}
\qquad \text{(k5)}
$$

移项可得

$$
\left.
\begin{aligned}
\theta_F^5 m_F^2 &= (X)m_x^2 + (Y)m_y^2 + E \\
(X) &= \theta_x^5 + 10\,\omega_x^3 \cdot m_y^2 + 5\,\lambda_x \cdot \sigma_y^4 \\
(Y) &= \theta_y^5 + 10\,\omega_y^3 \cdot m_x^2 + 5\,\lambda_y \cdot \sigma_x^4 \\
E &= \pm\left((X)m_x^2 - (Y)m_y^2 - \theta_F^5(m_x^2 - m_y^2)\right)\varepsilon
\end{aligned}
\right| \qquad (3.153)
$$

显然，与（3.118）式同理，不管 x、y 是否等精度，E 可略之。

继之，在（3.153）式中，恢复(X)、(Y)原式：

$$\begin{aligned}
\theta_F^5 m_F^2 &= \left(\theta_x^5 + 10\omega_x^3 \cdot m_y^2 + 5\lambda_x \cdot \sigma_y^4\right) \cdot m_x^2 + \left(\theta_y^5 + 10\omega_y^3 \cdot m_x^2 + 5\lambda_y \cdot \sigma_x^4\right) \cdot m_y^2 \\
&= \theta_x^5 m_x^2 + \theta_y^5 m_y^2 \\
&\quad + 10\omega_x^3 \cdot m_y^2 m_x^2 + 10\omega_y^3 \cdot m_x^2 m_y^2 \qquad \leftarrow (3.121) \\
&\quad + 5\lambda_x \cdot \sigma_y^4 m_x^2 + 5\lambda_y \cdot \sigma_x^4 m_y^2 \\
&= \theta_x^5 m_x^2 + \theta_y^5 m_y^2 \\
&\quad + 10\omega_x^3 \cdot \left(m_F^2 - m_x^2\right) \cdot m_x^2 + 10\omega_y^3 \cdot \left(m_F^2 - m_y^2\right) \cdot m_y^2 \\
&\quad + 5\lambda_x m_x^2 \cdot \sigma_y^4 + 5\lambda_y m_y^2 \cdot \sigma_x^4 \qquad \leftarrow (3.111) \\
&= \theta_x^5 m_x^2 + \theta_y^5 m_y^2 \\
&\quad + 10\left(\omega_x^3 \cdot m_x^2 + \omega_y^3 \cdot m_y^2\right) \cdot m_F^2 - 10\omega_x^3 \cdot m_x^2 m_x^2 - 10\omega_y^3 \cdot m_y^2 m_y^2 \\
&\quad + 5(\lambda_F m_F^2 - \lambda_y m_y^2) \cdot \sigma_y^4 + 5(\lambda_F m_F^2 - \lambda_x m_x^2) \cdot \sigma_x^4 \\
&= [\theta^5 m^2] \\
&\quad + 10[\omega^3 m^2] m_F^2 - 10[\omega^3 m^2 m^2] \\
&\quad + 5(\sigma_y^4 \cdot \lambda_F m_F^2 - \sigma_y^4 \cdot \lambda_y m_y^2) + 5(\sigma_x^4 \cdot \lambda_F m_F^2 - \sigma_x^4 \cdot \lambda_x m_x^2) \\
&= [\theta^5 m^2] - 10[\omega^3 m^2 m^2] - 5[\sigma^4 \cdot \lambda m^2] \\
&\quad + 10[\omega^3 m^2] m_F^2 \\
&\quad + 5\sigma_y^4 \cdot \lambda_F m_F^2 + 5\sigma_x^4 \cdot \lambda_F m_F^2 \\
&= [\theta^5 m^2] - 10[\omega^3 m^2 m^2] - 5[\sigma^4 \cdot \lambda m^2] \\
&\quad + 10\,[\omega^3 m^2] \cdot m_F^2 + 5\,[\sigma^4] \cdot \lambda_F m_F^2
\end{aligned} \tag{3.154}$$

根据（3.131）、（3.141）、（3.111）、（3.121）诸式：

$$\left[\omega^3 m^2 - 3\lambda m^2 m^2\right] = \left(\omega^3 m^2 - 3\lambda m^2 m^2\right)_F$$
$$\left[\sigma^4 - 3m^2 m^2\right] = \left(\sigma^4 - 3m^2 m^2\right)_F$$

可知

$$\begin{aligned}
\left[\omega^3 m^2\right] &= \left(\omega^3 m^2 - 3\lambda m^2 m^2\right)_F + \left[3\lambda m^2 m^2\right] \\
\left[\sigma^4\right] &= \left(\sigma^4 - 3m^2 m^2\right)_F + \left[3 m^2 m^2\right]
\end{aligned} \tag{3.155}$$

$$\left(\lambda m^2\right)_F = [\,\lambda m^2\,]$$
$$\left(m^2\right)_F = [\,m^2\,]$$

将（3.155）式代入（3.154）式：

$$
\begin{aligned}
\theta_F^5 m_F^2 &= \left[\theta^5 m^2\right] - 10\left[\omega^3 m^2 m^2\right] - 5\left[\sigma^4 \cdot \lambda m^2\right] \\
&\quad + 10\left[\omega^3 m^2\right]\cdot m_F^2 + 5\left[\sigma^4\right]\cdot \lambda_F m_F^2 \qquad \leftarrow (3.155) \\
&\qquad\quad \uparrow \qquad\qquad\quad \uparrow \\
&= \left[\theta^5 m^2 - 10\,\omega^3 m^2 m^2 - 5\,\sigma^4 \cdot \lambda m^2\right] \\
&\quad + 10\left(\omega^3 m^2 - 3\lambda m^2 m^2\right)_F m_F^2 + 10\left[3\lambda m^2 m^2\right]\cdot m_F^2 \\
&\quad + 5\left(\sigma^4 - 3m^2 m^2\right)_F \lambda_F m_F^2 + 5\left[3m^2 m^2\right]\cdot \lambda_F m_F^2 \\
&= \left[\theta^5 m^2 - 10\,\omega^3 m^2 m^2 - 5\,\sigma^4 \cdot \lambda m^2\right] \\
&\quad + 10\left(\omega^3 m^2 m^2 - 3\lambda m^2 m^2 m^2\right)_F + 5\left(\sigma^4 \lambda m^2 - 3\lambda m^2 m^2 m^2\right)_F \\
&\quad + 30\left[\lambda m^2 m^2\right]\cdot m_F^2 + 15\left[m^2 m^2\right]\cdot \lambda_F m_F^2 \\
&= \left[\theta^5 m^2 - 10\,\omega^3 m^2 m^2 - 5\,\sigma^4 \cdot \lambda m^2\right] \\
&\quad + 10\left(\omega^3 m^2 m^2\right)_F + 5\left(\sigma^4 \lambda m^2\right)_F - 45\left(\lambda m^2 m^2 m^2\right)_F \\
&\quad + 30\left[\lambda m^2 m^2\right]\cdot m_F^2 + 15\left[m^2 m^2\right]\cdot \lambda_F m_F^2 \\
&= \left[\theta^5 m^2 - 10\,\omega^3 m^2 m^2 - 5\,\sigma^4 \cdot \lambda m^2\right] - 45\left(\lambda m^2 m^2 m^2\right)_F \\
&\quad + 10\left(\omega^3 m^2 m^2\right)_F + 5\left(\sigma^4 \lambda m^2\right)_F \\
&\quad + 30\left[\lambda m^2 m^2\right]\cdot m_F^2 \\
&\quad + 15\left[m^2 m^2\right]\cdot \lambda_F m_F^2
\end{aligned}
\qquad \text{(m1)}
$$

移项：

$$
\begin{aligned}
&\left(\theta^5 m^2 - 10\,\omega^3 m^2 m^2 - 5\,\sigma^4 \lambda m^2\right)_F \\
&\quad = \left[\theta^5 m^2 - 10\,\omega^3 m^2 m^2 - 5\,\sigma^4 \cdot \lambda m^2\right] - 45\left(\lambda m^2 m^2 m^2\right)_F \\
&\qquad + 30\left[\lambda m^2 m^2\right]\cdot m_F^2 \\
&\qquad + 15\left[m^2 m^2\right]\cdot \lambda_F m_F^2
\end{aligned}
\qquad \text{(m2)}
$$

---

*）在以下推证过程中，注意高斯符号，在本节针对（3.152）式的含义：

$$
\begin{aligned}
[A\,B\,C] &= A_x B_x C_x + A_y B_y C_y \\
&= (ABC)_x + (ABC)_y
\end{aligned}
$$

继续规整：

$$
\begin{aligned}
&\left(\theta^5 m^2 - 5\sigma^4 \cdot \lambda m^2 - 10\omega^3 m^2 m^2\right)_F \\
&\quad = \left[\theta^5 m^2 - 10\omega^3 m^2 m^2 - 5\sigma^4 \cdot \lambda m^2\right] - 45\left(\lambda m^2 m^2 m^2\right)_F \\
&\qquad + 30\left[\lambda m^2 m^2\right] \cdot m_F^2 \qquad\qquad \leftarrow (3.121) \\
&\qquad + 15\left[m^2 m^2\right] \cdot \lambda_F m_F^2 \qquad\qquad \leftarrow (3.111) \\
&\quad = \left[\theta^5 m^2 - 10\omega^3 m^2 m^2 - 5\sigma^4 \cdot \lambda m^2\right] - 45\left(\lambda m^2 m^2 m^2\right)_F \\
&\qquad + 30\left[\lambda m^2 m^2\right] \cdot \left(m_x^2 + m_y^2\right) \\
&\qquad + 15\left[m^2 m^2\right] \cdot \left(\lambda_x m_x^2 + \lambda_y m_y^2\right) \\
&\quad = \left[\theta^5 m^2 - 10\omega^3 m^2 m^2 - 5\sigma^4 \cdot \lambda m^2\right] - 45\left(\lambda m^2 m^2 m^2\right)_F \\
&\qquad + 30\left[\lambda m^2 m^2 m^2\right] + 30\lambda_x m_x^2 m_x^2 m_y^2 + 30\lambda_y m_y^2 m_y^2 m_x^2 \\
&\qquad + 15\left[\lambda m^2 m^2 m^2\right] + 15\lambda_x m_x^2 m_y^2 m_y^2 + 15\lambda_y m_y^2 m_x^2 m_x^2 \\
&\quad = \left[\theta^5 m^2 - 10\omega^3 m^2 m^2 - 5\sigma^4 \cdot \lambda m^2\right] - 45\left(\lambda m^2 m^2 m^2\right)_F \\
&\qquad + 45\left[\lambda m^2 m^2 m^2\right] \\
&\qquad + 30\lambda_x m_x^2 m_x^2 m_y^2 + 30\lambda_y m_y^2 m_y^2 m_x^2 \\
&\qquad + 15\lambda_x m_x^2 m_y^2 m_y^2 + 15\lambda_y m_y^2 m_x^2 m_x^2
\end{aligned}
\tag{m3}
$$

再移项：

$$
\begin{aligned}
&\left(\theta^5 m^2 - 5\sigma^4 \cdot \lambda m^2 - 10\omega^3 m^2 m^2 + 45\lambda m^2 m^2 m^2\right)_F \\
&\quad = \left[\theta^5 m^2 - 10\omega^3 m^2 m^2 - 5\sigma^4 \cdot \lambda m^2 + 45\lambda m^2 m^2 m^2\right] \\
&\qquad + 15\lambda_x m_x^2 m_x^2 m_y^2 + 15\lambda_y m_y^2 m_y^2 m_x^2 \\
&\qquad + 15\lambda_x m_x^2 m_x^2 m_y^2 + 15\lambda_y m_y^2 m_y^2 m_x^2 \\
&\qquad + 15\lambda_x m_x^2 m_y^2 m_y^2 + 15\lambda_y m_y^2 m_x^2 m_x^2 \\
&\quad = \left[\theta^5 m^2 - 10\omega^3 m^2 m^2 - 5\sigma^4 \cdot \lambda m^2 + 45\lambda m^2 m^2 m^2\right] \\
&\qquad + 15\lambda_x m_x^2 m_x^2\left(m_F^2 - m_x^2\right) + 15\lambda_y m_y^2 m_y^2\left(m_F^2 - m_y^2\right) \\
&\qquad + 15\lambda_x m_x^2 m_y^2\left(m_F^2 - m_y^2\right) + 15\lambda_y m_y^2 m_x^2\left(m_F^2 - m_x^2\right) \\
&\qquad + 15\lambda_x m_x^2 m_y^2 m_y^2 \qquad\qquad + 15\lambda_y m_y^2 m_x^2 m_x^2
\end{aligned}
\tag{m4}
$$

继续规整:

$$
\begin{aligned}
&\left(\theta^5 m^2 - 5\sigma^4 \cdot \lambda m^2 - 10\omega^3 m^2 m^2 + 45\lambda m^2 m^2 m^2\right)_F \\
&\quad = \left[\theta^5 m^2 - 5\sigma^4 \cdot \lambda m^2 - 10\omega^3 m^2 m^2 + 45\lambda m^2 m^2 m^2\right] \\
&\qquad + 15\lambda_x m_x^2 m_x^2 \left(m_F^2 - m_x^2\right) + 15\lambda_y m_y^2 m_y^2 \left(m_F^2 - m_y^2\right) \\
&\qquad + 15\lambda_x m_x^2 m_y^2 \left(m_F^2 - m_y^2\right) + 15\lambda_y m_y^2 m_x^2 \left(m_F^2 - m_x^2\right) \\
&\qquad\qquad + 15\lambda_x m_x^2 m_y^2 m_y^2 \qquad + 15\lambda_y m_y^2 m_x^2 m_x^2 \\
&\quad = \left[\theta^5 m^2 - 5\sigma^4 \cdot \lambda m^2 - 10\omega^3 m^2 m^2 + 45\lambda m^2 m^2 m^2\right] \\
&\qquad - 15\left[\lambda m^2 m^2 m^2\right] + 15\lambda_x m_x^2 \cdot m_x^2 m_F^2 + 15\lambda_y m_y^2 \cdot m_y^2 m_F^2 \\
&\qquad\qquad + 15\lambda_x m_x^2 \cdot m_y^2 \left(m_F^2\right) + 15\lambda_y m_y^2 \cdot m_x^2 \left(m_F^2\right) \\
&\quad = \left[\theta^5 m^2 - 5\sigma^4 \cdot \lambda m^2 - 10\omega^3 m^2 m^2 + 45\lambda m^2 m^2 m^2\right] \\
&\qquad - 15\left[\lambda m^2 m^2 m^2\right] + 15\lambda_x m_x^2 \cdot m_x^2 m_F^2 + 15\lambda_y m_y^2 \cdot m_x^2 \left(m_F^2\right) \\
&\qquad\qquad + 15\lambda_x m_x^2 \cdot m_y^2 \left(m_F^2\right) + 15\lambda_y m_y^2 \cdot m_y^2 m_F^2 \\
&\quad = \left[\theta^5 m^2 - 5\sigma^4 \cdot \lambda m^2 - 10\omega^3 m^2 m^2 + 45\lambda m^2 m^2 m^2\right] \\
&\qquad - 15\left[\lambda m^2 m^2 m^2\right] + 15\left(\lambda_x m_x^2 + \lambda_y m_y^2\right) \cdot m_x^2 m_F^2 \\
&\qquad\qquad + 15\left(\lambda_x m_x^2 + \lambda_y m_y^2\right) \cdot m_y^2 m_F^2 \\
&\quad = \left[\theta^5 m^2 - 5\sigma^4 \cdot \lambda m^2 - 10\omega^3 m^2 m^2 + 45\lambda m^2 m^2 m^2\right] \\
&\qquad - 15\left[\lambda m^2 m^2 m^2\right] + 15\left(\lambda m^2\right)_F m_x^2 m_F^2 \\
&\qquad\qquad + 15\left(\lambda m^2\right)_F m_y^2 m_F^2 \\
&\quad = \left[\theta^5 m^2 - 5\sigma^4 \cdot \lambda m^2 - 10\omega^3 m^2 m^2 + 45\lambda m^2 m^2 m^2\right] \\
&\qquad - 15\left[\lambda m^2 m^2 m^2\right] + 15\left(\lambda m^2 m^2\right)_F \cdot \left(m_x^2 + m_y^2\right) \\
&\quad = \left[\theta^5 m^2 - 5\sigma^4 \cdot \lambda m^2 - 10\omega^3 m^2 m^2 + 45\lambda m^2 m^2 m^2\right] \\
&\qquad - 15\left[\lambda m^2 m^2 m^2\right] \qquad + 15\left(\lambda m^2 m^2 m^2\right)_F
\end{aligned}
\tag{m5}
$$

移项、并项，可知:

$$
\begin{aligned}
&F = X + Y \qquad , \qquad \Delta = x + y \\
&\left(\theta^5 m^2 - 5\sigma^4 \cdot \lambda m^2 - 10\omega^3 m^2 m^2 + 30\lambda m^2 m^2 m^2\right)_F \\
&\quad = \left(\theta^5 m^2 - 5\sigma^4 \cdot \lambda m^2 - 10\omega^3 m^2 m^2 + 30\lambda m^2 m^2 m^2\right)_x \\
&\qquad + \left(\theta^5 m^2 - 5\sigma^4 \cdot \lambda m^2 - 10\omega^3 m^2 m^2 + 30\lambda m^2 m^2 m^2\right)_y
\end{aligned}
\tag{3.156}
$$

继之引申，参考（3.118）、（3.119）二式；可知，对于（3.151）式：

$$\left.\begin{aligned}&F = X_1 + X_2 + X_3 + \quad \cdots \quad + X_t \\ &\Delta = x_1 + x_2 + x_3 + \quad \cdots \quad + x_t\end{aligned}\right| \tag{3.157}$$

其五阶特征值（五阶误差 θ^5 ）之传播规律为

$$\left(\theta^5 m^2 - 5\sigma^4 \cdot \lambda m^2 - 10\,\omega^3 m^2 m^2 + 30\lambda\, m^2 m^2 m^2\right)_F$$

$$= \left[\, \theta^5 m^2 - 5\sigma^4 \cdot \lambda m^2 - 10\,\omega^3 m^2 m^2 + 30\lambda\, m^2 m^2 m^2 \,\right]$$

式中，λ、m、ω、σ、θ为其相应之误差特征值。

证毕。

六、六阶特征值（ δ^6 ）传播规律

如（3.111）式所示，参看（3.004）式，可知六阶特征值 δ^6 的传播规律为

$$\left(\delta^6 - 15\sigma^4 m^2 + 30m^2 m^2 m^2\right)_F = \left[\,\delta^6 - 15\sigma^4 m^2 + 30m^2 m^2 m^2\,\right] \tag{3.161}$$

证明：

根据假设函数（3.112）式：

$$F = X + Y \quad , \qquad \Delta = x + y \tag{3.162}$$

从概率的观点出发，根据（2.212）式，每两个具体大小确定的 x、y 误差，对于六次方，应该有下列四种形式：

$$\begin{aligned}\left|\Delta^6\right| &= \left|x+y\right|^6 = \left|\,(\pm|x|) + (\pm|y|)\,\right|^6 \\ &= \left|x^6 + 6x^5 y + 15x^4 y^2 + 20x^3 y^3 + 15x^2 y^4 + 6xy^5 + y^4\right|\end{aligned} \tag{n1}$$

四种组合形式为

$$\left.\begin{aligned}\left|\Delta^6\right| &= \begin{cases}\left| +|x| + |y| \right|^6 \\ \left| +|x| - |y| \right| \\ \left| -|x| + |y| \right| \\ \left| -|x| - |y| \right|\end{cases} \\ &= \begin{cases}\left|x^6\right| + 6\left|x^5 y\right| + 15\left|x^4\right| \cdot \left|y^2\right| + 20\left|x^3 y^3\right| + 15\left|x^2\right| \cdot \left|y^4\right| + 6\left|xy^5\right| + \left|y^6\right| \\ \left|x^6\right| - 6\left|x^5 y\right| + 15\left|x^4\right| \cdot \left|y^2\right| - 20\left|x^3 y^3\right| + 15\left|x^2\right| \cdot \left|y^4\right| - 6\left|xy^5\right| + \left|y^6\right| \\ \left|x^6\right| - 6\left|x^5 y\right| + 15\left|x^4\right| \cdot \left|y^2\right| - 20\left|x^3 y^3\right| + 15\left|x^2\right| \cdot \left|y^4\right| - 6\left|xy^5\right| + \left|y^6\right| \\ \left|x^6\right| + 6\left|x^5 y\right| + 15\left|x^4\right| \cdot \left|y^2\right| + 20\left|x^3 y^3\right| + 15\left|x^2\right| \cdot \left|y^4\right| + 6\left|xy^5\right| + \left|y^6\right|\end{cases}\end{aligned}\right| \tag{n2}$$

故其均值为

$$\left|\Delta^6\right| = \left|x^6\right| + 15\left|x^4\right|\cdot\left|y^2\right| + 15\left|x^2\right|\cdot\left|y^4\right| + \left|y^6\right| \tag{n3}$$

根据(3.114)式,函数的六阶特征值(六阶误差δ^6)应为

$$\begin{aligned}
\delta_F^6 &= \int_{-\tau}^{\tau} \psi(\Delta)\cdot\left|\Delta^6\right|\cdot d\Delta \\
&= \int_{x=-\alpha}^{x=\alpha} f(x) \int_{y=-\beta}^{y=\beta} \varphi(y)\cdot\left|\Delta^6\right|\cdot dy\cdot dx \\
&= \int_{x=-\alpha}^{x=\alpha} f(x) \int_{y=-\beta}^{y=\beta} \varphi(y)\cdot\left(\left|x^6\right| + 15\left|x^4\right|\cdot\left|y^2\right| + 15\left|x^2\right|\cdot\left|y^4\right| + \left|y^6\right|\right)\cdot dy\cdot dx \\
&= \delta_x^6 + 15\sigma_x^4 m_y^2 + 15 m_x^2 \sigma_y^4 + \delta_y^6
\end{aligned} \tag{3.163}$$

参考(3.155)式,化简(3.163)式:

$$\begin{aligned}
\delta_F^6 &= \delta_x^6 + 15\sigma_x^4 m_y^2 + 15 m_x^2 \sigma_y^4 + \delta_y^6 \\
&= \left[\delta^6\right] + 15\sigma_x^4\left(m_F^2 - m_x^2\right) + 15\sigma_y^4\left(m_F^2 - m_y^2\right) \\
&= \left[\delta^6\right] - 15\sigma_x^4 m_x^2 - 15\sigma_y^4 m_y^2 + 15\sigma_x^4 m_F^2 + 15\sigma_x^4 m_F^2 \\
&= \left[\delta^6 - 15\sigma^4 m^2\right] + 15\left(\sigma_x^4 + \sigma_y^4\right) m_F^2 \\
&= \left[\delta^6 - 15\sigma^4 m^2\right] + 15\left[\sigma^4\right] m_F^2 \qquad \because \left[\sigma^4\right] = \left(\sigma^4 - 3m^2m^2\right)_F + 3\left[m^2m^2\right] \\
&= \left[\delta^6 - 15\sigma^4 m^2\right] + 15\left(\left(\sigma^4 - 3m^2m^2\right)_F + 3\left[m^2m^2\right]\right) m_F^2 \\
&= \left[\delta^6 - 15\sigma^4 m^2\right] + 15\left(\sigma^4 m^2\right)_F - 45\left(m^2m^2m^2\right)_F + 45\left[m^2m^2\right] m_F^2 \\
&= \left[\delta^6 - 15\sigma^4 m^2\right] + 15\left(\sigma^4 m^2\right)_F \\
&\qquad - 30\left(m^2m^2m^2\right)_F + 30\left[m^2m^2\right] m_F^2 \\
&\qquad - 15\left(m^2m^2m^2\right)_F + 15\left[m^2m^2\right] m_F^2 \\
&= \left[\delta^6 - 15\sigma^4 m^2\right] + 15\left(\sigma^4 m^2\right)_F \\
&\qquad - 30\left(m^2m^2m^2\right)_F + 30\left[m^2m^2\right] m_F^2 \\
&\qquad - 15\left(m^2m^2m^2\right)_F + 15\left[m^2m^2\right] m_F^2 \\
&= \left[\delta^6 - 15\sigma^4 m^2\right] + 15\left(\sigma^4 m^2\right)_F \\
&\qquad - 30\left(m^2m^2m^2\right)_F + 30\left[m^2m^2\right] m_F^2 \\
&\qquad - 15\left(m_x^2 + m_y^2\right)\left(m_x^2 + m_y^2\right)\left(m^2\right)_F + 15\left(m_x^2m_x^2 + m_y^2m_y^2\right) m_F^2
\end{aligned} \tag{n5}$$

$$
\begin{aligned}
&=\left[\delta^6-15\sigma^4m^2\right]+15\left(\sigma^4m^2\right)_F \\
&\qquad -30\left(m^2m^2m^2\right)_F+30\left[m^2m^2\right]m_F^2 \\
&\qquad -30m_x^2m_y^2\left(m^2\right)_F \\
&=\left[\delta^6-15\sigma^4m^2\right]+15\left(\sigma^4m^2\right)_F \\
&\qquad -30\left(m^2m^2m^2\right)_F+30\left(m_x^2m_x^2+m_y^2m_y^2\right)\left(m_x^2+m_y^2\right) \\
&\qquad -30m_x^2m_y^2\left(m_x^2+m_y^2\right) \\
&=\left[\delta^6-15\sigma^4m^2\right]+15\left(\sigma^4m^2\right)_F \\
&\qquad -30\left(m^2m^2m^2\right)_F+30\left[m^2m^2m^2\right]+30m_x^2m_x^2m_y^2+30m_y^2m_y^2m_x^2 \\
&\qquad\qquad -30m_x^2m_y^2m_x^2-30m_x^2m_y^2m_y^2 \\
&=\left[\delta^6-15\sigma^4m^2\right]+15\left(\sigma^4m^2\right)_F \\
&\qquad -30\left(m^2m^2m^2\right)_F+30\left[m^2m^2m^2\right]
\end{aligned}
\tag{n6}
$$

移项可得

$$
\begin{aligned}
\left(\delta^6-15\sigma^4m^2+30m^2m^2m^2\right)_F&=\left[\delta^6-15\sigma^4m^2+30m^2m^2m^2\right] \\
&=\left(\delta^6-15\sigma^4m^2+30m^2m^2m^2\right)_x+\left(\delta^6-15\sigma^4m^2+30m^2m^2m^2\right)_y
\end{aligned}
\tag{3.164}
$$

继之引申，参考（3.135）式，可知，对于多变量随机函数：

$$
\begin{aligned}
&F=X_1+X_2+X_3+\cdots+X_t \\
&\Delta=x_1+x_2+x_3+\cdots+x_t \\
&\left(\delta^6-15\sigma^4m^2+30m^2m^2m^2\right)_F=\left[\delta^6-15\sigma^4m^2+30m^2m^2m^2\right]
\end{aligned}
\tag{3.165}
$$

式中，F 为随机函数，Δ 为函数误差；X 为变量，λ、m、ω、σ、θ、δ 为其误差 x 相应之特征值。

证毕。

-----2015 年 6 月 4 日　　北京・航天城-----

-----2015 年 8 月 14 日　　北京・航天城-----

*）一阶特征值（3.111）式的传播问题，是误差传播的首要核心问题，故以下再辟径（续）多方验证证之。

七、一阶特征值（λ^1）传播规律（续）

为扩大思路起见，对（3.118）式的推证，再作如下方法补充。参看图【3.111】所示，对于（3.112）式，可有四种积分路经：

$$
\left[|\Delta|\right]_F=\begin{cases}\left[|\Delta|\right]_{|x|\ge|y|}+\left[|\Delta|\right]_{|y|\ge|x|} & \text{（第一组合形式，}xy\text{ 只配小 }yx\text{）}\\ \left[|\Delta|\right]_{|x|\ge|y|}+\left[|\Delta|\right]_{|x|\le|y|} & \text{（第二组合形式，}x\text{ 配全部 }y\text{）}\\ \left[|\Delta|\right]_{|y|\ge|x|}+\left[|\Delta|\right]_{|y|\le|x|} & \text{（第三组合形式，}y\text{ 配全部 }x\text{）}\\ \left[|\Delta|\right]_{|x|\le|y|}+\left[|\Delta|\right]_{|y|\le|x|} & \text{（第四组合形式，}xy\text{ 只配大 }yx\text{）}\end{cases}\tag{3.171}
$$

其积分形式为

$$
\left[|\Delta|\right]_F=\int_{x=-\alpha}^{\alpha}f(x)\int_{y=-\beta}^{\beta}\varphi(y)\cdot|x+y|\cdot dy\cdot dx\qquad\text{（针对四种组合形式）}\tag{3.172}
$$

$$
=\begin{cases}=\displaystyle\int_{x=-\alpha}^{\alpha}f(x)\int_{y=-x}^{x}\varphi(y)\cdot|x|\cdot dy\cdot dx+\int_{y=-\beta}^{\beta}\varphi(y)\int_{x=-y}^{y}f(x)\cdot|y|\cdot dy\cdot dx\\[2ex] =\displaystyle\int_{x=-\alpha}^{\alpha}f(x)\int_{y=-x}^{x}\varphi(y)\cdot|x|\cdot dy\cdot dx+\int_{x=-\alpha}^{\alpha}f(x)\int_{y=-\beta}^{-x}\varphi(y)\cdot|y|\cdot dy\cdot dx\\ \qquad\displaystyle+\int_{x=-\alpha}^{\alpha}f(x)\int_{y=+x}^{\beta}\varphi(y)\cdot|y|\cdot dy\cdot dx\\[2ex] =\displaystyle\int_{y=-\beta}^{\beta}\varphi(y)\int_{x=-y}^{y}f(x)\cdot|y|\cdot dy\cdot dx+\int_{y=-\beta}^{\beta}\varphi(y)\int_{x=-\alpha}^{-y}f(x)\cdot|x|\cdot dy\cdot dx\\ \qquad\displaystyle+\int_{y=-\beta}^{\beta}\varphi(y)\int_{x=y}^{\alpha}f(x)\cdot|x|\cdot dy\cdot dx\\[2ex] =\displaystyle\int_{x=-\alpha}^{\alpha}f(x)\int_{y=-\beta}^{-x}\varphi(y)\cdot|y|\cdot dy\cdot dx+\int_{x=-\alpha}^{\alpha}f(x)\int_{y=x}^{\beta}\varphi(y)\cdot|y|\cdot dy\cdot dx\\ \qquad\displaystyle+\int_{y=-\beta}^{\beta}\varphi(y)\int_{x=-\alpha}^{-y}f(x)\cdot|x|\cdot dy\cdot dx+\int_{y=-\beta}^{\alpha}\varphi(y)\int_{x=y}^{\alpha}f(x)\cdot|x|\cdot dy\cdot dx\end{cases}
$$

这四种形式的第一种，已经证明；下面只证第四种形式，第二、三两种形式由读者效仿第四种形式证明，自习之（参阅图【3.111】），注意（左）（中）（右）。

---

*）二、三种解法提示：$\left(A\left[|x|\right]+(1-A)\left[|y|\right]\right)$，$\left(B\left[|y|\right]+(1-B)\left[|x|\right]\right)$

第四种形式证明：（提示：（左+右）=（左+中+右）-中）

$$\begin{aligned}
\left[|\Delta|\right] &= \int_{x=-\alpha}^{\alpha} f(x)\int_{y=-\beta}^{-x}\overset{(左)}{\varphi(y)\cdot|y|\cdot dy\cdot dx} + \int_{x=-\alpha}^{\alpha} f(x)\int_{y=x}^{\beta}\overset{(右)}{\varphi(y)\cdot|y|\cdot dy\cdot dx} \\
&\quad + \int_{y=-\beta}^{\beta}\varphi(y)\int_{x=-\alpha}^{-y} f(x)\cdot|x|\cdot dy\cdot dx + \int_{y=-\beta}^{\beta}\varphi(y)\int_{x=y}^{\alpha} f(x)\cdot|x|\cdot dy\cdot dx \\
&= \int_{x=-\alpha}^{\alpha} f(x)\int_{y=-\beta}^{\beta}\overset{(左中右)}{\varphi(y)\cdot|y|\cdot dy\cdot dx} - \int_{x=-\alpha}^{\alpha} f(x)\int_{y=-x}^{x}\overset{(中)}{\varphi(y)\cdot|y|\cdot dy\cdot dx} \\
&\quad + \int_{y=-\beta}^{\beta}\varphi(y)\int_{x=-\alpha}^{\alpha} f(x)\cdot|x|\cdot dy\cdot dx - \int_{y=-\beta}^{\alpha}\varphi(y)\int_{x=-y}^{y} f(x)\cdot|x|\cdot dy\cdot dx
\end{aligned} \tag{3.173}$$

$$\begin{aligned}
&= \left(\lambda_y - \left[|y|\right]_A\right) + \left(\lambda_x - \left[|x|\right]_B\right) \\
&= \left(\lambda_y - \frac{\left[|y|\right]_A}{A}\cdot A\right) + \left(\lambda_x - \frac{\left[|x|\right]_B}{B}\cdot B\right) \\
&= (1-A)\lambda_y + (1-B)\lambda_x
\end{aligned}$$

$\left(\text{提示：}\iint\cdots = \sum\cdots = [\cdots]\right)$

（$|y|$的数量是 A）
（$|x|$的数量是 B）
→（3.116）

参考（3.116）式，可知

$$\left[|\Delta|\right] = \left(1 - a\cdot m_x^2\right)\cdot\lambda_y + \left(1 - b\cdot m_y^2\right)\cdot\lambda_x \tag{3.174}$$

考虑到概率之总和为 1，即

$$\begin{aligned}
&\left(1 - am_x^2\right) + \left(1 - bm_y^2\right) = 1 \\
&A + B = am_x^2 + bm_y^2 = 1 \\
&(1-A) = B \\
&(1-B) = A
\end{aligned} \tag{3.175}$$

而（$A+B$）是$\left[|\Delta|\right]$的总数，故知

$$\begin{aligned}
\lambda_F &= \frac{\left[|\Delta|\right]}{B+A} = \frac{(1-A)\cdot\lambda_y + (1-B)\cdot\lambda_x}{B+A} \\
&= \frac{B\cdot\lambda_y + A\cdot\lambda_x}{B+A}
\end{aligned} \tag{3.176}$$

参看（3.113）式可知，同理可得（3.118）式，异曲同工。

八、一阶特征值（λ^1）传播规律（再续）

对于三变量的误差传播问题，基于（3.113）式的“整体抽样”思想[分组加权法]，首先，将观测得来的函数误差（$x+y+z$）整体，按$|x|$最大、$|y|$最大、$|z|$最大的形式，分为三组进行抽样。然后，进行具体情况，具体分析。下面给出函数：

$$\left.\begin{aligned} &F = X+Y+Z \\ &\Delta = x+y+z \end{aligned}\right| \tag{3.181}$$

全部函数误差Δ的（$x+y+z$），有三种情况：（3.182）

$$\text{I）}\left(|x|\ge|y|,\ |x|\ge|z|\right) \to \begin{cases} |x|\ge\left(|y|+|z|\right),\ |x|\ge\left(\pm|y|\mp|z|\right) \\ |x|\le\left(|y|+|z|\right),\ |x|\ge\left(\pm|y|\mp|z|\right) \end{cases}$$

$$\text{II）}\left(|y|\ge|z|,\ |y|\ge|x|\right) \to \begin{cases} |y|\ge\left(|z|+|x|\right),\ |y|\ge\left(\pm|z|\mp|x|\right) \\ |y|\le\left(|z|+|x|\right),\ |y|\ge\left(\pm|z|\mp|x|\right) \end{cases}$$

$$\text{III）}\left(|z|\ge|x|,\ |z|\ge|y|\right) \to \begin{cases} |z|\ge\left(|x|+|y|\right),\ |z|\ge\left(\pm|x|\mp|y|\right) \\ |z|\le\left(|x|+|y|\right),\ |z|\ge\left(\pm|x|\mp|y|\right) \end{cases}$$

在第一种$\left(|x|\ge|y|,\ |x|\ge|z|\right)$的情况下，当$|x|\ge\left(|y|+|z|\right)$时：

$$|\Delta| = |x+y+z| \qquad \leftarrow \ (n=8)\ ,\ |x|\ge\left(|y|+|z|\right),\ |x|\ge\left(\pm|y|\mp|z|\right)$$

$$=\begin{vmatrix} +|x| & +|y| & +|z| \\ +|x| & +|y| & -|z| \\ +|x| & -|y| & +|z| \\ +|x| & -|y| & -|z| \end{vmatrix} \text{ or } \begin{vmatrix} -|x| & +|y| & +|z| \\ -|x| & +|y| & -|z| \\ -|x| & -|y| & +|z| \\ -|x| & -|y| & -|z| \end{vmatrix}$$

$$=\begin{vmatrix} +|x| & +|y| & +|z| \\ +|x| & +|y| & -|z| \\ +|x| & -|y| & +|z| \\ +|x| & -|y| & -|z| \end{vmatrix} \text{ or } \begin{vmatrix} +|x| & -|y| & -|z| \\ +|x| & -|y| & +|z| \\ +|x| & +|y| & -|z| \\ +|x| & +|y| & +|z| \end{vmatrix} \tag{3.183}$$

$$=\begin{pmatrix} +|x| \\ +|x| \\ +|x| \\ +|x| \end{pmatrix} \text{ or } \begin{pmatrix} +|x| \\ +|x| \\ +|x| \\ +|x| \end{pmatrix}$$

在第一种（$|x|\geq|y|$，$|x|\geq|z|$）的情况下，当$|x|\leq(|y|+|z|)$时：

$$|\Delta|=|x+y+z| \qquad \leftarrow (n=8)，|x|\leq(|y|+|z|)，|x|\geq(\pm|y|\mp|z|)$$

$$=\begin{vmatrix}+|x| & +|y| & +|z| \\ +|x| & +|y| & -|z| \\ +|x| & -|y| & +|z| \\ +|x| & -|y| & -|z|\end{vmatrix} \text{ or } \begin{vmatrix}(-|x| & +|y| & +|z|) \\ (-|x| & +|y| & -|z|) \\ (-|x| & -|y| & +|z|) \\ (-|x| & -|y| & -|z|)\end{vmatrix}$$

$$==\begin{pmatrix}+|x| & +|y| & +|z| \\ +|x| & +|y| & -|z| \\ +|x| & -|y| & +|z| \\ -|x| & +|y| & +|z|\end{pmatrix} \text{ or } \begin{pmatrix}-|x| & +|y| & +|z| \\ +|x| & -|y| & +|z| \\ +|x| & +|y| & -|z| \\ +|x| & +|y| & +|z|\end{pmatrix}$$

$$==\begin{pmatrix}+|x| & +|y| & +|z| \\ +|x| & 0 & 0 \\ 0 & 0 & 0 \\ 0 & +|y| & +|z|\end{pmatrix} \text{ or } \begin{pmatrix}0 & +|y| & +|z| \\ 0 & 0 & 0 \\ +|x| & 0 & 0 \\ +|x| & +|y| & +|z|\end{pmatrix}$$

参看图【3.112】，考虑到在$|x|=|\pm x|$的前提下，（$|y|$、$|z|$）的取值范围为$(0\rightarrow|\pm x|)$，且y、z的出现是等概率的，小误差的数量又多于大误差的数量。根据误差估计的传统约定，可以给定：

$$\begin{bmatrix}|y| \\ |z|\end{bmatrix}=\frac{1}{2}|x|$$

$$==\begin{pmatrix}+|x| & +\frac{1}{2}|x| & +\frac{1}{2}|x| \\ +|x| & 0 & 0 \\ 0 & 0 & 0 \\ 0 & +\frac{1}{2}|x| & +\frac{1}{2}|x|\end{pmatrix} \text{ or } \begin{pmatrix}0 & +\frac{1}{2}|x| & +\frac{1}{2}|x| \\ 0 & 0 & 0 \\ +|x| & 0 & 0 \\ +|x| & +\frac{1}{2}|x| & +\frac{1}{2}|x|\end{pmatrix}$$

$$==\begin{pmatrix}+|x| \\ +|x| \\ +|x| \\ +|x|\end{pmatrix} \text{ or } \begin{pmatrix}+|x| \\ +|x| \\ +|x| \\ +|x|\end{pmatrix} \qquad (3.184)$$

根据（3.183）、（3.184）二式可知，（Ⅰ、Ⅱ、Ⅲ）三种情况，有三个等效式成立：

$$\left|\Delta\right|_{I} == \left|x\right| \quad , \quad \left|\Delta\right|_{II} == \left|y\right| \quad , \quad \left|\Delta\right|_{III} == \left|z\right|$$

根据

$$\int_{\Delta=-\tau}^{\tau} \psi(\Delta)\cdot d\Delta = \int_{x=-\alpha}^{\alpha} f(x)\cdot dx \cdot \int_{y=-\beta}^{\beta} \varphi(y)\cdot dy \cdot \int_{z=-\gamma}^{\gamma} \phi(z)\cdot dz \qquad (3.185)$$

$$\left|\Delta\right| = \left| x+y+z \right|$$

可知

$$\lambda_F = \int_{\Delta=-\tau}^{\tau} \psi(\Delta)\cdot\left|\Delta\right|\cdot d\Delta$$

$$= \int_{x=-\alpha}^{\alpha} f(x)\cdot \int_{y=-\beta}^{\beta} \varphi(y)\cdot \int_{z=-\gamma}^{\gamma} \phi(z)\cdot\left| x+y+z \right|\cdot dx\cdot dy\cdot dz$$

针对$\left(\left|x\right|\geq\left|y\right| \quad , \quad \left|x\right|\geq\left|z\right|\right)$的$\Delta$ 数据：

$$\left(\lambda_F\right)_I = \int_{x=-\alpha}^{\alpha} f(x)\cdot \int_{y=-\beta}^{\beta} \varphi(y)\cdot \int_{z=-\gamma}^{\gamma} \phi(z)\cdot\left| x+y+z \right|\cdot dx\cdot dy\cdot dz$$

$$= \int_{x=-\alpha}^{\alpha} f(x)\cdot \int_{y=-\beta}^{\beta} \varphi(y)\cdot \int_{z=-\gamma}^{\gamma} \phi(z)\cdot\left| x \right|\cdot dx\cdot dy\cdot dz$$

针对$\left(\left|y\right|\geq\left|z\right| \quad , \quad \left|y\right|\geq\left|x\right|\right)$的$\Delta$ 数据：

$$\left(\lambda_F\right)_{II} = \int_{x=-\alpha}^{\alpha} f(x)\cdot \int_{y=-\beta}^{\beta} \varphi(y)\cdot \int_{z=-\gamma}^{\gamma} \phi(z)\cdot\left| x+y+z \right|\cdot dx\cdot dy\cdot dz \qquad (p1)$$

$$= \int_{x=-\alpha}^{\alpha} f(x)\cdot \int_{y=-\beta}^{\beta} \varphi(y)\cdot \int_{z=-\gamma}^{\gamma} \phi(z)\cdot\left| y \right|\cdot dx\cdot dy\cdot dz$$

针对$\left(\left|z\right|\geq\left|x\right| \quad , \quad \left|z\right|\geq\left|y\right|\right)$的$\Delta$ 数据：

$$\left(\lambda_F\right)_{III} = \int_{x=-\alpha}^{\alpha} f(x)\cdot \int_{y=-\beta}^{\beta} \varphi(y)\cdot \int_{z=-\gamma}^{\gamma} \phi(z)\cdot\left| x+y+z \right|\cdot dx\cdot dy\cdot dz$$

$$= \int_{x=-\alpha}^{\alpha} f(x)\cdot \int_{y=-\beta}^{\beta} \varphi(y)\cdot \int_{z=-\gamma}^{\gamma} \phi(z)\cdot\left| z \right|\cdot dx\cdot dy\cdot dz$$

参看图【3.111】所示，上式中的三部分为

$$\left.\begin{aligned}
(\lambda_F)_I &= \int_{x=-\alpha}^{\alpha} f(x) \int_{y=-x}^{x} \varphi(y) \int_{z=-x}^{x} \psi(z)\cdot|x|\cdot dz\cdot dy\cdot dx = \lambda_x \\
(\lambda_F)_{II} &= \int_{y=-\beta}^{\beta} \varphi(y) \int_{z=-y}^{y} \psi(z) \int_{x=-y}^{y} f(x)\cdot|y|\cdot dx\cdot dz\cdot dy = \lambda_y \\
(\lambda_F)_{III} &= \int_{z=-\gamma}^{\gamma} \psi(z) \int_{x=-z}^{z} f(x) \int_{y=-z}^{z} \varphi(y)\cdot|z|\cdot dy\cdot dx\cdot dz = \lambda_z
\end{aligned}\right| \qquad \text{(p2)}$$

其各自误差数量为

$$\left.\begin{aligned}
n_1 = A &= \int_{x=-\alpha}^{\alpha} f(x) \int_{y=-x}^{x} \varphi(y) \int_{z=-x}^{x} \psi(z)\cdot dz\cdot dy\cdot dx \\
n_2 = B &= \int_{y=-\beta}^{\beta} \varphi(y) \int_{z=-y}^{y} \psi(z) \int_{x=-y}^{y} f(x)\cdot dx\cdot dz\cdot dy \\
n_3 = C &= \int_{z=-\tau}^{\tau} \psi(z) \int_{x=-z}^{z} f(x) \int_{y=-z}^{z} \varphi(y)\cdot dy\cdot dx\cdot dz
\end{aligned}\right| \qquad \text{(p3)}$$

根据（2.646）式，按分组加权法，取其权中数：

$$(\lambda)_F = \frac{1}{A+B+C}\cdot\begin{bmatrix} A \\ B \\ C \end{bmatrix} \uparrow \begin{bmatrix} \lambda_x \\ \lambda_y \\ \lambda_z \end{bmatrix} \qquad \text{(p4)}$$

参看（3.116）式，可知：

$$\begin{bmatrix} A \\ B \\ C \end{bmatrix} = \begin{bmatrix} a\cdot m_x^2 \\ b\cdot m_y^2 \\ c\cdot m_z^2 \end{bmatrix} = \begin{bmatrix} a \\ b \\ c \end{bmatrix} * \begin{bmatrix} m_x^2 \\ m_y^2 \\ m_z^2 \end{bmatrix} \qquad \text{(p5)}$$

参看（3.117）式，令

$$\left.\begin{aligned}
& d = \frac{a+b+c}{3} \quad , \quad \begin{bmatrix} k_x \\ k_y \\ k_z \end{bmatrix} = \begin{bmatrix} k_1 \\ k_2 \\ k_3 \end{bmatrix} = \begin{bmatrix} (a-d) \\ (b-d) \\ (c-d) \end{bmatrix} \\
& \begin{bmatrix} a \\ b \\ c \end{bmatrix} = \begin{bmatrix} (k_1+d) \\ (k_2+d) \\ (k_3+d) \end{bmatrix} \quad , \quad \begin{bmatrix} \varepsilon_1 \\ \varepsilon_2 \\ \varepsilon_3 \end{bmatrix} = \frac{1}{d}\begin{bmatrix} k_1 \\ k_2 \\ k_3 \end{bmatrix}
\end{aligned}\right| \qquad \text{(p6)}$$

$$[\varepsilon]=\sum_{i=1}^{3}\varepsilon_i=\frac{1}{d}((a+b+c)-3d)=0 \qquad \text{(p7)}$$

将（p6）代入（p5）式，再代入（p4）式，可得

$$\begin{aligned}(\lambda)_F &= \frac{1}{A+B+C}\cdot\left(\begin{bmatrix}a\\b\\c\end{bmatrix}*\begin{bmatrix}m_x^2\\m_y^2\\m_z^2\end{bmatrix}\right)\uparrow\begin{bmatrix}\lambda_x\\\lambda_y\\\lambda_z\end{bmatrix}\\ &=\frac{a\lambda_x m_x^2+b\lambda_y m_y^2+c\lambda_z m_z^2}{d\left(m_x^2+m_y^2+m_z^2\right)+\left(k_1m_x^2+k_2m_y^2+k_3m_z^2\right)}\\ &=\frac{d\cdot[\lambda m^2]+[k\lambda m^2]}{d\cdot m_F^2+[k m^2]}=\frac{[\lambda m^2]+[\varepsilon\lambda m^2]}{m_F^2+[\varepsilon m^2]}\end{aligned} \qquad \text{(p8)}$$

移项

$$\begin{aligned}(\lambda m^2)_F &= [\lambda m^2]+E\\ E &= [\varepsilon\lambda m^2]-[\varepsilon m^2]\cdot(\lambda)_F\end{aligned} \qquad (3.186)$$

对于等精度观测，

$$\begin{aligned}E &= [\varepsilon\lambda m^2]-[\varepsilon m^2]\cdot(\lambda)_F\\ &=[\varepsilon](\lambda m^2)_x-[\varepsilon]\cdot(m^2)_x(\lambda)_F \qquad \to \quad \text{(p6)}\\ &=((\lambda m^2)_x-(m^2)_x(\lambda)_F)\cdot[\varepsilon] \quad =0 \qquad \because \quad [\varepsilon]=0\end{aligned} \qquad \text{(p9)}$$

三变量函数与双变量函数类同，对于非等精度观测，由于ε的偶然性，从概率统计的观点出发，E可略之。故知：

$$\begin{aligned}F &= X+Y+Z\\ \Delta &= x+y+z\\ (\lambda m^2)_F &= (\lambda m^2)_x+(\lambda m^2)_y+(\lambda m^2)_z\end{aligned} \qquad (3.187)$$

基于（3.118）、（3.187）二式，对于任意多变量函数，更易证明下式之真：

$$\begin{aligned}F &= X_1+X_2+X_3+\cdots+X_t\\ \Delta &= x_1+x_2+x_3+\cdots+x_t\\ (\lambda m^2)_F &= [\lambda m^2]\end{aligned} \qquad (3.188)$$

此即（3.119）式之佐证；（3.119）式基于双变量（3.118）式，（3.188）式基于三变量（3.187）式，异曲同工。

九、公式辑要

本章所述的观点，除中误差传播规律以外，均为作者经多年反复思考新提出的思想和结论。为醒目起见，便于思考，特辑要如下。

一）函数误差（随机函数误差）与变量误差（随机变量误差）的数学形式

$$\left.\begin{aligned} &F = X_1 + X_2 + X_3 + \cdots + X_t \\ &\Delta = x_1 + x_2 + x_3 + \cdots + x_t \\ &f_F(\Delta) \quad , \quad f_i(x) \\ &\qquad (i = 1, 2, 3, \cdots, t) \end{aligned}\right| \tag{3.191}$$

式中，F 为函数，Δ 为函数随机误差；X 为变量，x 为变量随机误差。$f_F(\Delta)$、$f_i(x)$ 分别为函数误差、变量误差的分布密度函数。（x 多由实验数据求解。）

二）随机误差分布密度函数的特征值定义

根据（2.122）式，可知分布密度函数的 j 阶特征值为

$$\gamma_j^j = \frac{1}{n}\sum_{i=1}^{n}|x_i|^j = \int_{-\alpha}^{+\alpha} f(x)\cdot|x|^j\cdot dx \qquad (j = 1, 2, 3, \cdots, N) \tag{3.192}$$

为便于学术交流，特给定前六个特征值的代号为

$$\left.\begin{aligned} &\gamma_1^1 = \lambda^1 \quad , \quad \gamma_2^2 = m^2 \\ &\gamma_3^3 = \omega^3 \quad , \quad \gamma_4^4 = \sigma^4 \\ &\gamma_5^5 = \theta^5 \quad , \quad \gamma_6^6 = \delta^6 \end{aligned}\right| \tag{3.193}$$

三）随机函数误差分布密度函数的特征值定义

$$\left.\begin{aligned} &(\lambda)_F = \int_{-\tau}^{+\tau} f_F(\Delta)\cdot|\Delta|\cdot d\Delta \quad , \quad (m^2)_F = \int_{-\tau}^{+\tau} f_F(\Delta)\cdot|\Delta|^2\cdot d\Delta \\ &(\omega^3)_F = \int_{-\tau}^{+\tau} f_F(\Delta)\cdot|\Delta|^3\cdot d\Delta \quad , \quad (\sigma^4)_F = \int_{-\tau}^{+\tau} f_F(\Delta)\cdot|\Delta|^4\cdot d\Delta \\ &(\theta^5)_F = \int_{-\tau}^{+\tau} f_F(\Delta)\cdot|\Delta|^5\cdot d\Delta \quad , \quad (\delta^6)_F = \int_{-\tau}^{+\tau} f_F(\Delta)\cdot|\Delta|^6\cdot d\Delta \end{aligned}\right| \tag{3.194}$$

四）随机变量误差分布密度函数的特征值定义

$$
\left.\begin{aligned}
&(\lambda)_i = \int_{-\alpha}^{+\alpha} f_i(x)\cdot|x|\cdot dx \quad , \quad (m^2)_i = \int_{-\alpha}^{+\alpha} f_i(x)\cdot|x|^2\cdot dx \\
&(\omega^3)_i = \int_{-\alpha}^{+\alpha} f_i(x)\cdot|x|^3\cdot dx \quad , \quad (\sigma^4)_i = \int_{-\alpha}^{+\alpha} f_i(x)\cdot|x|^4\cdot dx \\
&(\theta^5)_i = \int_{-\alpha}^{+\alpha} f_i(x)\cdot|x|^5\cdot dx \quad , \quad (\delta^6)_i = \int_{-\alpha}^{+\alpha} f_i(x)\cdot|x|^6\cdot dx \\
&\qquad (i=1,2,3,\ \cdots,\ t)
\end{aligned}\right| \tag{3.195}
$$

五）随机函数误差特征值与随机变量误差特征值的数学关系

函数误差特征值与变量误差特征值的数学关系，主要描述变量误差向函数传播的数学规律。引用高斯符号表之，以下规律，具有普遍性：

1）**特征值传播规律**[（3.111）、（3.121）、（3.131）三式]：

$$
\begin{aligned}
&(\lambda m^2)_F = [\lambda m^2] \\
&(m^2)_F = [m^2] \\
&(\omega^3 m^2 - 3\lambda m^2 m^2)_F = [\omega^3 m^2 - 3\lambda m^2 m^2]
\end{aligned}
$$

2）**特征值传播规律**[（3.141）、（3.151）、（3.161）三式]：　　（3.196）

$$
\begin{aligned}
&(\sigma^4 - 3m^2 m^2)_F = [\sigma^4 - 3m^2 m^2] \\
&(\theta^5 m^2 - 5\sigma^4\cdot\lambda m^2 - 10\omega^3 m^2 m^2 + 30\lambda m^2 m^2 m^2)_F \\
&\qquad = [\theta^5 m^2 - 5\sigma^4\cdot\lambda m^2 - 10\omega^3 m^2 m^2 + 30\lambda m^2 m^2 m^2] \\
&(\delta^6 - 15\sigma^4 m^2 + 30 m^2 m^2 m^2)_F \\
&\qquad = [\delta^6 - 15\sigma^4 m^2 + 30 m^2 m^2 m^2]
\end{aligned}
$$

---

*）本章所述规律，未用简要的特征值置换定理证明，旨在展示所述误差传播规律数学推证的严密性。

*）本章所述规律，对概率学科内的众多分布，在去其非偶然因素、满足（2.211）…（2.214）诸式的前提下，均可使用（3.196）式来处理其相关的数学问题；对未满足者，可进行等效处理，使其满足，方可应用。

第二章　随机函数的误差分布与精度估计

随机函数误差的分布形式，是指随机函数误差的“分布密度函数 $f(\Delta)$ 的数学形式”的简称。函数误差 Δ 与随机变量误差 x 的数学关系，已在（3.196）式中阐述。随机函数误差与随机变量误差的特性，没有任何本质性的差别，均服从（2.211）、（2.212）等诸式的特性，故其数学形式是相同的，即

$$\left.\begin{aligned} F &= X_1 + X_2 + X_3 + \cdots + X_t \\ \Delta &= x_1 + x_2 + x_3 + \cdots + x_t \\ f(\Delta) &= k \cdot \exp\left\{-\xi \frac{|\Delta|^{\varepsilon}}{\alpha^{\varepsilon} - |\Delta|^{\varepsilon}} \prod_{j=1}^{r}\left(1 + \rho_j \left|\frac{\Delta}{\alpha}\right|^{\varepsilon}\right)\right\} \end{aligned}\right| \tag{3.200}$$

从科学实践活动的实用观点出发，只选取单峰分布、双峰分布和三峰分布[（2.429）、（2.428）、（2.427）三式]：

$$f(\Delta) = k \cdot \exp\left\{-\xi \frac{|\Delta|^{\varepsilon}}{\alpha^{\varepsilon} - |\Delta|^{\varepsilon}}\right\} \tag{3.201}$$

$$f(\Delta) = k \cdot \exp\left\{-\xi \frac{|\Delta|^{\varepsilon}}{\alpha^{\varepsilon} - |\Delta|^{\varepsilon}}\left(1 - \eta \left|\frac{\Delta}{\alpha}\right|^{\varepsilon}\right)\right\} \tag{3.202}$$

$$f(\Delta) = k \cdot \exp\left\{-\xi \frac{|\Delta|^{\varepsilon}}{\alpha^{\varepsilon} - |\Delta|^{\varepsilon}}\left(1 - \eta \left|\frac{\Delta}{\alpha}\right|^{\varepsilon}\right)\left(1 - \zeta \left|\frac{\Delta}{\alpha}\right|^{\varepsilon}\right)\right\} \tag{3.203}$$

从实用观点来说，这三种分布反映随机函数误差分布的普遍状况，在满足误差理论分析的要求上，已绰绰有余。当然，亦可用多参数的（3.003）式来满足特殊情况的需要，这里不再赘述。

严格地说，任何随机函数，都有其误差分布密度函数 $f(\Delta)$ 的数学形式。因此，在科学实践和生产实践活动中，在提供随机函数的同时，都应提供其误差分布参数与精度估计的数据。在当前的电子计算机时代，提供这些数据并不困难，但学术界首先必须达成能够反映客观现实的约定。希望从事误差基础理论研究的工作者都来关注。

本章的目的在于，根据特征值求解误差分布参数，进一步为确定误差分布密度函数和精度估计提出建议。其它有关问题，在后续章节论述。

一、函数误差单峰分布的数学形式

误差单峰分布 $f(\Delta)$ 的数学形式，由（3.201）式可知为

$$f(\Delta)=k\cdot\exp\left\{-\xi\frac{|\Delta|^{\varepsilon}}{\alpha^{\varepsilon}-|\Delta|^{\varepsilon}}\right\} \tag{3.211}$$

在一般情况下，随机误差多为单峰分布。该分布的参数，比传统的拉普拉斯、高斯等分布的参数，多出2个。根据（2.432）等诸式，可知以下结论。

一）单峰分布常数与参数的数学关系

根据（1.155）式，由（2.432）、（2.433）二式可知

$$\because\int_{-\alpha}^{\alpha}f(\Delta)\cdot d\Delta=\frac{4\alpha k}{\varepsilon}\cdot W\left(\xi,\frac{2-\varepsilon}{\varepsilon}\right)=1$$

$$k=\frac{\varepsilon}{4\cdot W\left(\xi,\dfrac{2-\varepsilon}{\varepsilon}\right)}\cdot\frac{1}{\alpha} \tag{3.212}$$

二）单峰分布特征值与参数的数学关系

根据特征值的数学定义（2.122）式，由（2.436）式可知

$$\gamma_N^N=\int_{-\alpha}^{+\alpha}f(\Delta)\cdot|\Delta|^N\cdot d\Delta \qquad (-\alpha\le\Delta\le\alpha) \tag{3.213}$$

$$=\frac{W\left(\xi,\overline{2-\varepsilon+2N}/\varepsilon\right)}{W(\xi,\overline{2-\varepsilon}/\varepsilon)}\cdot\alpha^N$$

故知各阶特征值：

$$\left.\begin{aligned}\lambda&=\int_{-\alpha}^{\alpha}f(\Delta)\cdot|\Delta|\,dx=\frac{W\left(\xi,\overline{4-\varepsilon}/\varepsilon\right)}{W\left(\xi,\overline{2-\varepsilon}/\varepsilon\right)}\cdot\alpha\\ m^2&=\int_{-\alpha}^{\alpha}f(\Delta)\cdot|\Delta|^2\,dx=\frac{W\left(\xi,\overline{6-\varepsilon}/\varepsilon\right)}{W\left(\xi,\overline{2-\varepsilon}/\varepsilon\right)}\cdot\alpha^2\\ \omega^3&=\int_{-\alpha}^{\alpha}f(\Delta)\cdot|\Delta|^3\,dx=\frac{W\left(\xi,\overline{8-\varepsilon}/\varepsilon\right)}{W\left(\xi,\overline{2-\varepsilon}/\varepsilon\right)}\cdot\alpha^3\end{aligned}\right| \tag{3.214}$$

………………………………

式中，W 函数由（1.155）式定义。

三）单峰分布参数解算

根据（3.214）式，消去最大误差α，组建方程：

$$\left.\begin{aligned}\phi_1(\xi,\varepsilon,\lambda,m,\omega)&=\frac{W\left(\xi,\overline{4-\varepsilon/\varepsilon}\right)}{W\left(\xi,\overline{2-\varepsilon/\varepsilon}\right)}\cdot\left(\frac{W\left(\xi,\overline{2-\varepsilon/\varepsilon}\right)}{W\left(\xi,\overline{6-\varepsilon/\varepsilon}\right)}\right)^{\frac{1}{2}}-\frac{\lambda}{m}=0\\ \phi_2(\xi,\varepsilon,\lambda,m,\omega)&=\left(\frac{W\left(\xi,\overline{8-\varepsilon/\varepsilon}\right)}{W\left(\xi,\overline{2-\varepsilon/\varepsilon}\right)}\right)^{\frac{1}{3}}\cdot\left(\frac{W\left(\xi,\overline{2-\varepsilon/\varepsilon}\right)}{W\left(\xi,\overline{6-\varepsilon/\varepsilon}\right)}\right)^{\frac{1}{2}}-\frac{\omega}{m}=0\end{aligned}\right|$$

简写之，得

$$\phi(\xi,\varepsilon;\ \lambda,m,\omega)=\begin{bmatrix}\phi_1(\xi,\varepsilon,\ \lambda,m,\omega)\\ \phi_2(\xi,\varepsilon,\ \lambda,m,\omega)\end{bmatrix}=0 \tag{3.215}$$

参数ξ、ε为两个未知数，按（2.438）式辜小玲三点判别法求解：

$$\begin{bmatrix}\xi\\ \varepsilon\end{bmatrix}=\overline{\left|\ \phi(\xi,\varepsilon;\ \lambda,m,\omega)=0\right.} \tag{3.216}$$

式中，特征值 λ 、m 、 ω 根据（2.210）、（2.123）等诸式计算。在特征值λ、m 、ω、σ 、θ 等为已知时，组建两个以上方程，基于（2.449）式的数学前提，若有必要，亦可选用（4.022）式：

$$W\uparrow J\ =\ 0 \tag{3.217}$$

作为（3.216）式的数学前提。具体求解运算程序，参阅第四编有关内容。

四）单峰分布最大误差解算

根据（2.439）式，最大误差 α 与常数 k 按下式求解：

$$\left.\begin{aligned}\alpha&=\left(\frac{W\left(\xi,\overline{2-\varepsilon/\varepsilon}\right)}{W\left(\xi,\overline{6-\varepsilon/\varepsilon}\right)}\right)^{\frac{1}{2}}\cdot m\\ k&=\frac{\varepsilon}{4\cdot W\left(\xi,\overline{2-\varepsilon/\varepsilon}\right)}\cdot\frac{1}{\alpha}\end{aligned}\right| \tag{3.218}$$

一般情况下，随机变量的随机误差，可以通过各种途径，先于$f(\Delta)$为已知。因此可以说，任何单峰分布的数学表达式，均可由上列诸式表达。

二、函数误差双峰分布的数学形式

误差双峰分布 $f(x)$ 的数学形式，由（3.202）式可知为

$$f(\Delta)=k\cdot\exp\left\{-\xi\frac{|\Delta|^{\varepsilon}}{\alpha^{\varepsilon}-|\Delta|^{\varepsilon}}\left(1-\eta\left|\frac{\Delta}{\alpha}\right|^{\varepsilon}\right)\right\} \tag{3.221}$$

由于式中有 ξ、ε、η、α 四个参数，故必须要有 λ、m、ω、σ 四个特征值求解。

一）误差双峰分布常数与参数的数学关系

首先根据（2.442）式，分布密度函数定义求出分布常数：

$$\int_{-\alpha}^{\alpha}f(\Delta)\cdot dx=k\int_{-\alpha}^{\alpha}\exp\left\{-\xi\frac{|\Delta|^{\varepsilon}}{\alpha^{\varepsilon}-|x|^{\varepsilon}}\left(1-\eta\left|\frac{\Delta}{\alpha}\right|^{\varepsilon}\right)\right\}\cdot d\Delta$$

$$=2\,k\alpha\int_{o}^{1}\exp\left\{-\xi\frac{\Delta^{\varepsilon}}{1-x^{\varepsilon}}\left(1-\eta\,\Delta^{\varepsilon}\right)\right\}\cdot d\Delta \tag{3.222}$$

$$=2\,k\alpha M(\xi,\varepsilon,\eta,o)\qquad=1$$

式中，M 函数被定义为

$$M(\xi,\varepsilon,\eta,t)=\int_{o}^{1}\exp\left(-\xi\frac{\Delta^{\varepsilon}}{1-x^{\varepsilon}}\left(1-\eta\,\Delta^{\varepsilon}\right)\right)\cdot\Delta^{t}\cdot d\Delta \tag{3.223}$$

$$k=\frac{1}{2M(\xi,\varepsilon,\eta,o)}\cdot\frac{1}{\alpha} \tag{3.224}$$

二）双峰分布特征值与参数的数学关系

$$\gamma_N^N=\int_{-\alpha}^{\alpha}f(\Delta)\cdot|\Delta|^{N}d\Delta=2k\cdot\int_{o}^{\alpha}\exp\left(-\xi\frac{|\Delta|^{\varepsilon}}{\alpha^{\varepsilon}-|\Delta|^{\varepsilon}}\left(1-\eta\left|\frac{\Delta}{\alpha}\right|^{\varepsilon}\right)\right)\cdot|\Delta|^{N}\cdot d\Delta$$

$$=2k\cdot\alpha^{N+1}\cdot\int_{o}^{1}\exp\left(-\xi\frac{\Delta^{\varepsilon}}{1-\Delta^{\varepsilon}}\left(1-\eta\,\Delta^{\varepsilon}\right)\right)\cdot\Delta^{N}\cdot d\Delta$$

$$=2k\cdot\alpha^{N+1}\cdot M(\xi,\varepsilon,\eta,N)$$

代入（3.224）式，可知

$$\gamma_N^N=\frac{M(\xi,\varepsilon,\eta,N)}{M(\xi,\varepsilon,\eta,o)}\cdot\alpha^{N} \tag{3.225}$$

令非负整数 N 为 1、2、3、4，可知 $f(x)$ 密度函数的具体特征值：

$$
\left.\begin{aligned}
\lambda &= \int_{-\alpha}^{\alpha} f(\Delta)\cdot|\Delta|\, d\Delta = \frac{M(\xi,\varepsilon,\eta,1)}{M(\xi,\varepsilon,\eta,o)}\cdot\alpha^{1} \\
m^{2} &= \int_{-\alpha}^{\alpha} f(\Delta)\cdot|\Delta|^{2} d\Delta = \frac{M(\xi,\varepsilon,\eta,2)}{M(\xi,\varepsilon,\eta,o)}\cdot\alpha^{2} \\
\omega^{3} &= \int_{-\alpha}^{\alpha} f(\Delta)\cdot|\Delta|^{3} d\Delta = \frac{M(\xi,\varepsilon,\eta,3)}{M(\xi,\varepsilon,\eta,o)}\cdot\alpha^{3} \\
\sigma^{4} &= \int_{-\alpha}^{\alpha} f(\Delta)\cdot|\Delta|^{4} d\Delta = \frac{M(\xi,\varepsilon,\eta,4)}{M(\xi,\varepsilon,\eta,o)}\cdot\alpha^{4} \\
&\cdots\cdots
\end{aligned}\right| \qquad (3.226)
$$

式中，M 函数由（3.223）式定义，由（1.262）式求解。

三）双峰分布参数解算

类同（3.215）式的组建，根据（3.226）式组建方程：　　（3.227）

$$
\left.\begin{aligned}
\phi_1(\xi,\varepsilon,\eta,\lambda,m,\omega,\sigma) &= \frac{M(\xi,\varepsilon,\eta,1)}{M(\xi,\varepsilon,\eta,o)}\cdot\left(\frac{M(\xi,\varepsilon,\eta,o)}{M(\xi,\varepsilon,\eta,2)}\right)^{\frac{1}{2}} - \frac{\lambda}{m} = 0 \\
\phi_2(\xi,\varepsilon,\eta,\lambda,m,\omega,\sigma) &= \left(\frac{M(\xi,\varepsilon,\eta,3)}{M(\xi,\varepsilon,\eta,o)}\right)^{\frac{1}{3}}\cdot\left(\frac{M(\xi,\varepsilon,\eta,o)}{M(\xi,\varepsilon,\eta,2)}\right)^{\frac{1}{2}} - \frac{\omega}{m} = 0 \\
\phi_3(\xi,\varepsilon,\eta,\lambda,m,\omega,\sigma) &= \left(\frac{M(\xi,\varepsilon,\eta,4)}{M(\xi,\varepsilon,\eta,o)}\right)^{\frac{1}{4}}\cdot\left(\frac{M(\xi,\varepsilon,\eta,o)}{M(\xi,\varepsilon,\eta,2)}\right)^{\frac{1}{2}} - \frac{\sigma}{m} = 0
\end{aligned}\right|
$$

简写之，得

$$
\phi(\xi,\varepsilon,\eta,\lambda,m,\omega,\sigma) = \begin{bmatrix} \phi_1(\xi,\varepsilon,\eta,\lambda,m,\omega,\sigma) \\ \phi_2(\xi,\varepsilon,\eta,\lambda,m,\omega,\sigma) \\ \phi_3(\xi,\varepsilon,\eta,\lambda,m,\omega,\sigma) \end{bmatrix} = 0
$$

参数 ξ、ε、η 三个未知数，按（2.449）式辜小玲三点判别法求解：

$$
\begin{bmatrix} \xi \\ \varepsilon \\ \eta \end{bmatrix} = \overline{\left| \phi(\xi,\varepsilon,\eta,\lambda,m,\omega,\sigma) = 0 \right.} \qquad (3.228)
$$

其数学前提，亦可采用（3.217）式。

四）双峰分布最大误差解算

最大误差 α 与常数 k，根据（3.224）、（3.226）式，按下式求解：

$$\left.\begin{aligned}\alpha&=\left(\frac{M(\xi,\varepsilon,\eta,o)}{M(\xi,\varepsilon,\eta,2)}\right)^{\frac{1}{2}}\cdot m\\ k&=\frac{1}{M(\xi,\varepsilon,\eta,o)}\cdot\frac{1}{\alpha}\end{aligned}\right| \tag{3.229}$$

在一般情况下，分布的 λ、m、ω、σ 四个特征值，可以通过各种途径，先于 $f(\Delta)$ 为已知。因此可以说，任何双峰分布的数学表达式，均可由上式表达。

顺便指出，在双峰分布中，ξ 为负值，η 为非负值，ε 大约在 1 和 2 之间。

三、函数误差三峰分布的数学形式

误差三峰分布 $f(x)$ 的数学形式，由（3.203）式可知为

$$f(\Delta)=k\cdot\exp\left\{-\xi\frac{|\Delta|^{\varepsilon}}{\alpha^{\varepsilon}-|\Delta|^{\varepsilon}}\left(1-\eta\left|\frac{\Delta}{\alpha}\right|^{\varepsilon}\right)\left(1-\zeta\left|\frac{\Delta}{\alpha}\right|^{\varepsilon}\right)\right\} \tag{3.231}$$

由于式中有 ξ、ε、η、ζ、α 五个参数，因此必须要有 λ、m、ω、σ、θ 五个特征值求解。

一）误差三峰分布常数与参数的数学关系

首先根据分布密度函数定义求出分布常数：

$$\left.\begin{aligned}\int_{-\alpha}^{\alpha}f(\Delta)\cdot dx&=k\int_{-\alpha}^{\alpha}\exp\left\{-\xi\frac{|\Delta|^{\varepsilon}}{\alpha^{\varepsilon}-|\Delta|^{\varepsilon}}\left(1-\eta\left|\frac{\Delta}{\alpha}\right|^{\varepsilon}\right)\left(1-\zeta\left|\frac{\Delta}{\alpha}\right|^{\varepsilon}\right)\right\}\cdot d\Delta\\ &=2k\int_{o}^{\alpha}\exp\left\{-\xi\frac{|\Delta|^{\varepsilon}}{\alpha^{\varepsilon}-|\Delta|^{\varepsilon}}\left(1-\eta\left|\frac{\Delta}{\alpha}\right|^{\varepsilon}\right)\left(1-\zeta\left|\frac{\Delta}{\alpha}\right|^{\varepsilon}\right)\right\}\cdot d\Delta\\ &=2\,\alpha k\int_{o}^{1}\exp\left\{-\xi\frac{\Delta^{\varepsilon}}{1-\Delta^{\varepsilon}}\left(1-\eta\,\Delta^{\varepsilon}\right)\left(1-\zeta\Delta^{\varepsilon}\right)\right\}\cdot d\Delta\\ &=2\,\alpha k\cdot E\,(\,\xi,\varepsilon,\eta,\zeta,o)\qquad=1\end{aligned}\right| \tag{3.232}$$

式中，E 函数被定义为

$$
\left.\begin{aligned}
E(\xi,\varepsilon,\eta,\zeta,N) &= \int_o^1 \exp\left(-\xi\frac{\Delta^{\varepsilon}}{1-\Delta^{\varepsilon}}\left(1-\eta\,\Delta^{\varepsilon}\right)\left(1-\zeta\,\Delta^{\varepsilon}\right)\right)\cdot\Delta^N d\Delta \\
k &= \frac{1}{2E(\xi,\varepsilon,\eta,\zeta,o)}\cdot\frac{1}{\alpha}
\end{aligned}\right|\quad(3.233)
$$

二）三峰分布特征值与参数的数学关系

$$
\begin{aligned}
\gamma_N^N &= \int_{-\alpha}^{\alpha} f(\Delta)\cdot|\Delta|^N d\Delta = 2\cdot k\int_o^{\alpha}\exp\left(-\xi\frac{|\Delta|^{\varepsilon}}{\alpha^{\varepsilon}-|\Delta|^{\varepsilon}}\left(1-\eta\left|\frac{\Delta}{\alpha}\right|^{\varepsilon}\right)\left(1-\zeta\left|\frac{\Delta}{\alpha}\right|^{\varepsilon}\right)\right)\cdot|\Delta|^N d\Delta \\
&= 2k\cdot\alpha^{N+1}\cdot\int_o^1\exp\left(-\xi\frac{\Delta^{\varepsilon}}{1-x^{\varepsilon}}\left(1-\eta\,\Delta^{\varepsilon}\right)\left(1-\zeta\,\Delta^{\varepsilon}\right)\right)\cdot\Delta^N\cdot d\Delta \\
&= 2k\cdot\alpha^{N+1}\cdot E(\xi,\varepsilon,\eta,\zeta,N)
\end{aligned}
$$

代入（3.233）式，可知

$$
\gamma_N^N = \frac{E(\xi,\varepsilon,\eta,\zeta,N)}{E(\xi,\varepsilon,\eta,\zeta,o)}\cdot\alpha^N
$$

令非负整数 N 为 1、2、3、4、5，可知 $f(\Delta)$ 密度函数的具体特征值：

$$
\left.\begin{aligned}
\lambda &= \int_{-\alpha}^{\alpha} f(\Delta)\cdot|\Delta|\; d\Delta = \frac{E(\xi,\varepsilon,\eta,\zeta,1)}{E(\xi,\varepsilon,\eta,\zeta,o)}\cdot\alpha^1 \\
m^2 &= \int_{-\alpha}^{\alpha} f(\Delta)\cdot|\Delta|^2 d\Delta = \frac{E(\xi,\varepsilon,\eta,\zeta,2)}{E(\xi,\varepsilon,\eta,\zeta,o)}\cdot\alpha^2 \\
\omega^3 &= \int_{-\alpha}^{\alpha} f(\Delta)\cdot|\Delta|^3 d\Delta = \frac{E(\xi,\varepsilon,\eta,\zeta,3)}{E(\xi,\varepsilon,\eta,\zeta,o)}\cdot\alpha^3 \\
\sigma^4 &= \int_{-\alpha}^{\alpha} f(\Delta)\cdot|\Delta|^4 d\Delta = \frac{E(\xi,\varepsilon,\eta,\zeta,4)}{E(\xi,\varepsilon,\eta,\zeta,o)}\cdot\alpha^4 \\
\theta^5 &= \int_{-\alpha}^{\alpha} f(\Delta)\cdot|\Delta|^5 d\Delta = \frac{E(\xi,\varepsilon,\eta,\zeta,5)}{E(\xi,\varepsilon,\eta,\zeta,o)}\cdot\alpha^5 \\
&\cdots\cdots\cdots\cdots
\end{aligned}\right|\quad(3.234)
$$

式中，E 函数由（3.233）式定义，由（1.262）式求解。

三）三峰分布参数解算

类同（3.215）式的组建，根据（2.454）式组建方程：

$$
\begin{aligned}
&\phi_1(\xi,\varepsilon,\eta,\zeta,\lambda,m,\omega,\sigma,\theta)=\frac{E(\xi,\varepsilon,\eta,\zeta,1)}{E(\xi,\varepsilon,\eta,\zeta,o)}\cdot\left(\frac{E(\xi,\varepsilon,\eta,\zeta,o)}{E(\xi,\varepsilon,\eta,\zeta,2)}\right)^{\frac{1}{2}}-\frac{\lambda}{m}=0\\
&\phi_2(\xi,\varepsilon,\eta,\zeta,\lambda,m,\omega,\sigma,\theta)=\left(\frac{E(\xi,\varepsilon,\eta,\zeta,3)}{E(\xi,\varepsilon,\eta,\zeta,o)}\right)^{\frac{1}{3}}\cdot\left(\frac{E(\xi,\varepsilon,\eta,\zeta,o)}{E(\xi,\varepsilon,\eta,\zeta,2)}\right)^{\frac{1}{2}}-\frac{\omega}{m}=0\\
&\phi_3(\xi,\varepsilon,\eta,\zeta,\lambda,m,\omega,\sigma,\theta)=\left(\frac{E(\xi,\varepsilon,\eta,\zeta,4)}{E(\xi,\varepsilon,\eta,\zeta,o)}\right)^{\frac{1}{4}}\cdot\left(\frac{E(\xi,\varepsilon,\eta,\zeta,o)}{E(\xi,\varepsilon,\eta,\zeta,2)}\right)^{\frac{1}{2}}-\frac{\sigma}{m}=0\\
&\phi_4(\xi,\varepsilon,\eta,\zeta,\lambda,m,\omega,\sigma,\theta)=\left(\frac{E(\xi,\varepsilon,\eta,\zeta,5)}{E(\xi,\varepsilon,\eta,\zeta,o)}\right)^{\frac{1}{5}}\cdot\left(\frac{E(\xi,\varepsilon,\eta,\zeta,o)}{E(\xi,\varepsilon,\eta,\zeta,2)}\right)^{\frac{1}{2}}-\frac{\theta}{m}=0
\end{aligned}
\tag{3.235}
$$

简写之，得

$$
\phi(\xi,\varepsilon,\eta,\zeta;\ \lambda,m,\omega,\sigma,\theta)=\begin{bmatrix}\phi_1(\xi,\varepsilon,\eta,\zeta,\lambda,m,\omega,\sigma,\theta)\\ \phi_2(\xi,\varepsilon,\eta,\zeta,\lambda,m,\omega,\sigma,\theta)\\ \phi_3(\xi,\varepsilon,\eta,\zeta,\lambda,m,\omega,\sigma,\theta)\\ \phi_4(\xi,\varepsilon,\eta,\zeta,\lambda,m,\omega,\sigma,\theta)\end{bmatrix}=0 \tag{3.236}
$$

参数ξ、ε、η、ζ 四个未知数，按（2.449）式辜小玲三点判别法求解：

$$
\begin{bmatrix}\xi\\ \varepsilon\\ \eta\\ \zeta\end{bmatrix}=\left.\overline{\Big|\ \phi(\xi,\varepsilon,\eta,\zeta;\ \lambda,m,\omega,\sigma,\theta)=0}\right. \tag{3.237}
$$

四）三峰分布最大误差解算

最大误差 α 与常数 k，根据（2.453）、（2.454）式，按下式求解：

$$
\begin{aligned}
&\alpha=\left(\frac{E(\xi,\varepsilon,\eta,\zeta,o)}{E(\xi,\varepsilon,\eta,\zeta,2)}\right)^{\frac{1}{2}}\cdot m\\
&k=\frac{1}{E(\xi,\varepsilon,\eta,\zeta,o)}\cdot\frac{1}{\alpha}
\end{aligned}
\tag{3.238}
$$

在一般情况下，分布的 λ 、m、 ω 、σ、θ 五个特征值，可以通过各种途径，先于 $f(\Delta)$ 为已知。因此可以说，任何三峰分布的数学表达式，均可由上式表达。

顺便指出，在三峰分布中，ξ、η、ε 均为非负实数。

四、单随机变量的函数误差特征值

假定单随机变量的随机函数

$$F = k \cdot X \tag{3.241}$$

式中，k 为系数。则函数 F 的误差与随机变量 X 的误差形式为

$$(\Delta)_F = k \cdot (\delta)_X = (k \cdot \delta)_X \tag{3.242}$$

根据（2.122）（2.621）（3.602）诸式定义，可知

$$\begin{aligned}(\gamma_N^N)_F &= \frac{1}{n}\sum_{i=1}^{n}|x_i|^N \\ &= \frac{1}{n}\sum_{i=1}^{n}|k \cdot \delta_i|^N \\ &= k^N \frac{\sum_{i=1}^{n}|\delta_i|^N}{n} \\ &= k^N \cdot (\gamma_N^N)_X\end{aligned} \tag{3.243}$$

即

$$\begin{bmatrix}\lambda^1\\ m^2\\ \omega^3\\ \sigma^4\\ \theta^5\\ \delta^6\\ \vdots\\ \gamma_N^N\end{bmatrix}_F = \begin{bmatrix}k^1\\ k^2\\ k^3\\ k^4\\ k^5\\ k^6\\ \vdots\\ k^N\end{bmatrix} * \begin{bmatrix}\lambda^1\\ m^2\\ \omega^3\\ \sigma^4\\ \theta^5\\ \delta^6\\ \vdots\\ \gamma_N^N\end{bmatrix}_X \tag{3.244}$$

五、多随机变量的函数误差特征值

对于多随机变量的随机函数,

$$F=R_1X_1+R_2X_2+R_3X_3+\cdots+R_tX_t$$

$$=\begin{bmatrix}R_1 & R_2 & R_3 & \cdots & R_t\end{bmatrix}\cdot\begin{bmatrix}X_1\\X_2\\X_3\\\vdots\\X_t\end{bmatrix} \tag{3.251}$$

$$=[R\cdot X]$$

式中,随机变量X是等精度的。根据(3.196)、(3.244)二式,可知

$$\left(\lambda m^2\right)_F=[\,|R|^{E3}\cdot\lambda m^2\,]_X \quad ,$$

$$=[\,|R|^{E3}\,]\left(\lambda m^2\right)_X \quad , \qquad [\,|R|^{E3}\,]=\sum_{j=1}^{t}\left(|R_j|\right)^3$$

$$\left(m^2\right)_F=[\,|R|^{E2}\cdot m^2\,]_X$$

$$=[\,|R|^{E2}\,]\left(m^2\right)_X$$

$$\left(\omega^3m^2-3\lambda m^2m^2\right)_F=[\,|R|^{E5}\,\omega^3m^2\,]_X-[\,|R|^{E5}\,3\lambda m^2m^2\,]_X$$

$$=[\,|R|^{E5}\,]\left(\omega^3m^2\right)_X-[\,|R|^{E5}\,]\left(3\lambda m^2m^2\right)_X$$

$$=[\,|R|^{E5}\,]\left(\omega^3m^2-3\lambda m^2m^2\right)_X \tag{3.252}$$

式中,$|R|$表示R行阵内的所有元素,均取绝对值。同理

$$\left(\sigma^4-3m^2m^2\right)_F=[\,|R|^{E4}\,]\left(\sigma^4-3m^2m^2\right)_X$$

$$\left(\theta^5m^2-5\sigma^4\cdot\lambda m^2-10\omega^3m^2m^2+30\lambda m^2m^2m^2\right)_F$$

$$=[\,|R|^{E7}\,]\left(\theta^5m^2-5\sigma^4\cdot\lambda m^2-10\omega^3m^2m^2+30\lambda m^2m^2m^2\right)_X$$

$$\left(\delta^6-15\sigma^4m^2+30m^2m^2m^2\right)_F$$

$$=[\,|R|^{E6}\,]\left(\delta^6-15\sigma^4m^2+30m^2m^2m^2\right)_X$$

六、随机函数的精度估计

在函数特征值和分布密度函数求解后，就可以对函数进行精度估计解算。当前学术界在精度估计的问题上，尚未形成统一的意见。作者在此提出一个初步意见：以ρ、λ、m三个特征值，作为随机函数的精度估计标准。

一）平均误差（一阶特征值）λ

根据（2.123）式平均误差的定义，可知

$$\lambda=\frac{1}{n}\sum_{i=1}^{n}|\Delta|^{1}=\int_{-\alpha}^{+\alpha}f(\Delta)\cdot|\Delta|^{1}\cdot d\Delta$$

二）中误差（二阶特征值）m^2

根据（2.124）式中误差的定义，可知

$$m^{2}=\frac{1}{n}\sum_{i=1}^{n}|\Delta|^{2}=\int_{-\alpha}^{+\alpha}f(\Delta)\cdot|\Delta|^{2}\cdot d\Delta \qquad (3.261)$$

三）概率误差（或是误差）ρ

根据（2.128）式概率误差的定义，可知

$$\rho=\left|\ \int_{-\rho}^{+\rho}f(\Delta)\cdot d\Delta=\frac{1}{2}\right.$$

四）最大误差（误差极值）α

根据（3.217）、（3.229）、（3.238）三式，根据$f(\Delta)$形式选用：

$$\alpha=\left(\frac{W\left(\xi,\overline{2-\varepsilon}/\varepsilon\right)}{W\left(\xi,\overline{6-\varepsilon}/\varepsilon\right)}\right)^{\frac{1}{2}}\cdot m \qquad \cdots\cdots\cdots(I)$$

$$\alpha=\left(\frac{M(\xi,\varepsilon,\eta,o)}{M(\xi,\varepsilon,\eta,2)}\right)^{\frac{1}{2}}\cdot m \qquad \cdots\cdots\cdots(II) \qquad (3.262)$$

$$\alpha=\left(\frac{E(\xi,\varepsilon,\eta,\zeta,o)}{E(\xi,\varepsilon,\eta,\zeta,2)}\right)^{\frac{1}{2}}\cdot m \qquad \cdots\cdots\cdots(III)$$

五）精度估计（ρ、λ、m 在误差整体中的位置）（概率）

1）以λ为标准，函数误差Δ可能处在

$$\left(2\int_{o}^{\lambda} f(\Delta)\cdot d\Delta\right) = (\Delta \le \lambda) \le \lambda \le (\lambda \le \Delta) = \left(2\int_{\lambda}^{\alpha} f(\Delta)\cdot d\Delta\right)$$

2）以m为标准，函数误差Δ可能处在

$$\left(2\int_{o}^{m} f(\Delta)\cdot d\Delta\right) = (\Delta \le m) \le m \le (m \le \Delta) = \left(2\int_{m}^{\alpha} f(\Delta)\cdot d\Delta\right)$$

3）以ρ为标准，函数误差Δ可能处在

$$\left(\frac{1}{2}\right) = (\Delta \le \rho) \le \rho \le (\rho \le \Delta) = \left(\frac{1}{2}\right) \tag{3.263}$$

六）最大误差与ρ、λ、m的关系（概率）

1）函数误差Δ可能大于λ的概率为

$$(\lambda \to \Delta \to \alpha) = |\lambda - \alpha| \text{ 之间的概率为 } \left(2\int_{\lambda}^{\alpha} f(\Delta)\cdot d\Delta\right)$$

2）函数误差Δ可能大于m的概率为　　(3.264)

$$(m \to \Delta \to \alpha) = |m - \alpha| \text{ 之间的概率为 } \left(2\int_{m}^{\alpha} f(\Delta)\cdot d\Delta\right)$$

3）函数误差Δ可能大于ρ的概率为

$$(\rho \to \Delta \to \alpha) = |\rho - \alpha| \text{ 之间的概率为 } \left(2\int_{\rho}^{\alpha} f(\Delta)\cdot d\Delta\right) = \left(\frac{1}{2}\right)$$

随机函数的误差（特征值），来自随机变量误差特征值的传播。对于某些简单的函数，有时亦可采取大量观测方式，获取其误差的特征值，进而求其误差分布状态。但多数情况是困难的，对于某些复杂函数，必须采取特种手段（以下编章论述）。

鉴于随机函数误差分布与随机变量误差分布具有相同的共性，以下，在索求其误差分布时，一般情况下只写出其分布 λ、m、ω、σ、θ 特征值作为标志，不再书写其密度函数。（若需密度函数，可按本章所列计算公式处理。）

-----2015 年 5 月 28 日　　北京·航天城-----

-----追记：2014 年 10 月 21 日中午辜小玲患病， 10 月 25 日下午病逝于 301 医院-----

第三章　算术中数的误差分布与精度估计（1）

在科学实践活动当中，对一个未知数进行等精度重复观测，又称等权观测，其数学表达式为

$$\left.\begin{aligned} X_1 &= L_1 \\ X_2 &= L_2 \\ X_3 &= L_3 \\ &\cdots \\ X_n &= L_n \end{aligned}\right\} \qquad P=1 \tag{3.301}$$

其算术中数，定义为

$$\begin{aligned} X_o &= \frac{X_1+X_2+X_3+\cdots\cdots+X_n}{n} \\ &= \frac{L_1+L_2+L_3+\cdots\cdots+L_n}{n} \end{aligned} \tag{3.302}$$

可将其理解为

$$X_o = \frac{1}{n}L_1 + \frac{1}{n}L_2 + \frac{1}{n}L_3 + \quad \cdots\cdots \quad + \frac{1}{n}L_n \tag{3.303}$$

在学术上，习惯书写成

$$\begin{aligned} & X_j = L_j \qquad (j=1,\ 2,\ 3,\ \cdots,n) \\ & X_o = \frac{1}{n}[L] \end{aligned} \tag{3.304}$$

式中，X_o 为算术中数，L 为等精度观测值，n 为观测数量。考虑到

$$F = \frac{1}{n}L_i \qquad (i=1,2,3,\ \cdots,n) \tag{3.305}$$

函数的特征值为

$$\begin{aligned} & \lambda_F = \frac{1}{n}\lambda_L \quad , \quad m_F^2 = \frac{1}{n^2}m_L^2 \quad , \quad \omega_F^3 = \frac{1}{n^3}\omega_L^3 \\ & \sigma_F^4 = \frac{1}{n^4}\sigma_L^4 \quad , \quad \theta_F^5 = \frac{1}{n^5}\theta_L^5 \quad , \quad \delta_F^6 = \frac{1}{n^6}\delta_L^6 \\ & \cdots\cdots\cdots\cdots\cdots\cdots\cdots\cdots \end{aligned} \tag{3.306}$$

根据（3.111）、（3.121）、（3.131）、（3.141）、（3.151）、（3.161）诸式，再考虑到是等精度观测，可知 X 算术中数的特征值：

$$
\left.\begin{aligned}
&\left(\lambda m^2\right)_X=\left[\frac{1}{n^3}\lambda m^2\right]_L=\frac{1}{n^2}\left(\lambda m^2\right)_L\\
&\left(m^2\right)_X=\left[\frac{1}{n^2}m^2\right]_L=\frac{1}{n}\left(m^2\right)_L\\
&\left(\omega^3 m^2-3\lambda m^2 m^2\right)_X=\left[\frac{1}{n^5}\cdots\right]_L=\frac{1}{n^4}\left(\omega^3 m^2-3\lambda m^2 m^2\right)_L\\
&\left(\sigma^4-3m^2m^2\right)_X=\left[\frac{1}{n^4}\cdots\right]_L=\frac{1}{n^3}\left(\sigma^4-3m^2m^2\right)_L\\
&\left(\theta^5 m^2-5\sigma^4\cdot\lambda m^2-10\,\omega^3 m^2 m^2+30\lambda m^2 m^2 m^2\right)_X=\left[\frac{1}{n^7}\cdots\right]_L\\
&\quad=\frac{1}{n^6}\left(\theta^5 m^2-5\sigma^4\cdot\lambda m^2-10\,\omega^3 m^2 m^2+30\lambda m^2 m^2 m^2\right)_L\\
&\left(\delta^6-15\sigma^4 m^2+30m^2m^2m^2\right)_X=\left[\frac{1}{n^6}\cdots\right]_L\\
&\quad=\frac{1}{n^5}\left(\delta^6-15\sigma^4 m^2+30m^2m^2m^2\right)_L
\end{aligned}\right\}\qquad(3.307)
$$

根据上式，即根据等精度观测值 L 的误差特征值，可逐一求出 X 算术中数的误差特征值 λ、m、ω 等，然后，再根据本编第五章求解误差分布的公式，求解算术中数的误差分布。

---

*）根据（3.196）式，可以证明（请读者自习之），算术中数与变量二者权的数学关系：

$$P=n=\frac{1}{\left(\lambda^1\right)_{X_o}}\cdot\left(\lambda^1\right)_L=\frac{1}{\left(\lambda^1\right)_{X_o}}\cdot\left(\mu_1^1\right)_L \qquad (3.308)$$

$$P=n=\frac{1}{\left(m^2\right)_{X_o}}\cdot\left(m^2\right)_L=\frac{1}{\left(m^2\right)_{X_o}}\cdot\left(\mu_2^2\right)_L \qquad (3.309)$$

该二式佐证了（2.621）式“PL、$P\Delta$ 均为等权（等精度）数据”的推断。假定等权观测的权 P 为 1，则对一个未知数进行 n 次观测而得到的算术中数的权 P 为 n。反之，权 P 为 n 的观测值，可以理解为，P 是由 n 个权为 1 的观测值，取其算术中数而得。

一、等精度观测的权单位μ

数学的基本任务是求解未知数。为了求解未知数，必须先通过特殊手段去获得一定空间范围内的已知数。已知数被称作变量，未知数被称作函数。上面所说算术中数求解，其数学方程，按（3.304）式书写：

$$\begin{aligned} X_j &= L_j \\ \delta_j &= \Delta_j \end{aligned} \qquad (j=1,2,3,\cdots,n) \tag{3.311}$$

式中，X为函数，是待求值；L为变量，是已知数，是观测值。δ_j为未知函数的误差，Δ_j为观测值的误差。在科学实践活动中，学术界约定，将（3.111）式书写成下列数学形式：

$$V=X-L \quad , \qquad V=-\Delta \tag{3.312}$$

考虑到L是观测值，是变量；V、X是待求值，处函数地位，若严格书写，应该以等号区分为：

$$\begin{aligned} L&=X-V \\ \Delta&=\delta-V \end{aligned} \qquad (j=1,2,3,\cdots,n) \tag{3.313}$$

Δ是L的误差，δ是X的误差；V的真值是0，V本身就是V的误差。根据（3.196）等诸式可知

$$\left.\begin{aligned}
&(\lambda m^2)_\Delta = (\lambda m^2)_\delta + (\lambda m^2)_V \\
&(m^2)_\Delta = (m^2)_\delta + (m^2)_V \\
&(\omega^3 m^2 - 3\lambda m^2 m^2)_\Delta = (\omega^3 m^2 - 3\lambda m^2 m^2)_\delta + (\omega^3 m^2 - 3\lambda m^2 m^2)_V \\
&(\sigma^4 - 3m^2 m^2)_\Delta = (\sigma^4 - 3m^2 m^2)_\delta + (\sigma^4 - 3m^2 m^2)_V \\
&(\theta^5 m^2 - 5\sigma^4 \cdot \lambda m^2 - 10\omega^3 m^2 m^2 + 30\lambda m^2 m^2 m^2)_\Delta \\
&\quad = (\theta^5 m^2 - 5\sigma^4 \cdot \lambda m^2 - 10\omega^3 m^2 m^2 + 30\lambda m^2 m^2 m^2)_\delta \\
&\qquad + (\theta^5 m^2 - 5\sigma^4 \cdot \lambda m^2 - 10\omega^3 m^2 m^2 + 30\lambda m^2 m^2 m^2)_V \\
&(\delta^6 - 15\sigma^4 m^2 + 30m^2 m^2 m^2)_\Delta \\
&\quad = (\delta^6 - 15\sigma^4 m^2 + 30m^2 m^2 m^2)_\delta \\
&\qquad + (\delta^6 - 15\sigma^4 m^2 + 30m^2 m^2 m^2)_V
\end{aligned}\right| \tag{3.314}$$

式中，角标为δ、Δ的特征值，即（3.307）式中角标为X、L的特征值。

考虑到是等权观测，故将（3.307）式代入（3.314）式，可得单位权所相应的特征值为

$$
\begin{aligned}
&\left(\lambda m^2\right)_L = \frac{1}{n^2}\left(\lambda m^2\right)_L + \left(\lambda m^2\right)_V \\
&\left(m^2\right)_L = \frac{1}{n}\left(m^2\right)_L + \left(m^2\right)_V \\
&\left(\omega^3 m^2 - 3\lambda m^2 m^2\right)_L = \frac{1}{n^4}\left(\omega^3 m^2 - 3\lambda m^2 m^2\right)_L + \left(\omega^3 m^2 - 3\lambda m^2 m^2\right)_V \\
&\left(\sigma^4 - 3m^2 m^2\right)_L = \frac{1}{n^3}\left(\sigma^4 - 3m^2 m^2\right)_L + \left(\sigma^4 - 3m^2 m^2\right)_V \\
&\left(\theta^5 m^2 - 5\sigma^4 \cdot \lambda m^2 - 10\,\omega^3 m^2 m^2 + 30\lambda m^2 m^2 m^2\right)_L \cdot n^6 \\
&\quad = \left(\theta^5 m^2 - 5\sigma^4 \cdot \lambda m^2 - 10\,\omega^3 m^2 m^2 + 30\lambda m^2 m^2 m^2\right)_L \\
&\qquad + \left(\theta^5 m^2 - 5\sigma^4 \cdot \lambda m^2 - 10\,\omega^3 m^2 m^2 + 30\lambda m^2 m^2 m^2\right)_V \cdot n^6 \\
&\left(\delta^6 - 15\sigma^4 m^2 + 30m^2 m^2 m^2\right)_L \cdot n^5 \\
&\quad = \left(\delta^6 - 15\sigma^4 m^2 + 30m^2 m^2 m^2\right)_L \\
&\qquad + \left(\delta^6 - 15\sigma^4 m^2 + 30m^2 m^2 m^2\right)_V \cdot n^5
\end{aligned}
\tag{3.315}
$$

整理可得（参阅（2.562）式）：

$$
\begin{aligned}
&\left(\lambda m^2\right)_L = \frac{n^2}{n^2-1}\left(\lambda m^2\right)_V \qquad\qquad (\lambda)_L = \frac{n}{n+1}(\lambda)_V \\
&\left(m^2\right)_L = \frac{n}{n-1}\left(m^2\right)_V \quad , \qquad\qquad \left(m^2\right)_L = \frac{n}{n-1}\left(m^2\right)_V \\
&\left(\omega^3\right)_L = \frac{n^3(n-1)}{n^4-1}\left(\omega^3\right)_V + \left(\frac{n^2(n+1)}{n^4-1}\right)\left(3\lambda m^2\right)_V \qquad \text{（参阅（2.562））} \\
&\left(\omega^3 m^2 - 3\lambda m^2 m^2\right)_L = \frac{n^4}{n^4-1}\left(\omega^3 m^2 - 3\lambda m^2 m^2\right)_V \\
&\left(\sigma^4 - 3m^2 m^2\right)_L = \frac{n^3}{n^3-1}\left(\sigma^4 - 3m^2 m^2\right)_V \\
&\left(\theta^5 m^2 - 5\sigma^4 \cdot \lambda m^2 - 10\,\omega^3 m^2 m^2 + 30\lambda m^2 m^2 m^2\right)_L \\
&\quad = \frac{n^6}{n^6-1}\left(\theta^5 m^2 - 5\sigma^4 \cdot \lambda m^2 - 10\,\omega^3 m^2 m^2 + 30\lambda m^2 m^2 m^2\right)_V \\
&\left(\delta^6 - 15\sigma^4 m^2 + 30m^2 m^2 m^2\right)_L = \frac{n^5}{n^5-1}\left(\delta^6 - 15\sigma^4 m^2 + 30m^2 m^2 m^2\right)_V
\end{aligned}
\tag{3.316}
$$

考虑到是等权观测，权 $P=1$，故根据改正数 V，求解随机变量 L 的单位权所相应的特征值时，可知：

$$\begin{aligned}
\left(\mu_1^1\mu_2^2\right)_L &= \frac{n^2}{n^2-1}\left(\lambda m^2\right)_V \\
\left(\mu_2^2\right)_L &= \frac{n}{n-1}\left(m^2\right)_V \\
&= \frac{[VV]}{n-1} \qquad \text{（该式称为贝塞尔（F.W.Bessel）公式）} \\
\left(\mu_3^3\mu_2^2-3\mu_1^1\mu_2^2\mu_2^2\right)_L &= \frac{n^4}{n^4-1}\left(\omega^3m^2-3\lambda m^2m^2\right)_V \\
\left(\mu_4^4-3\mu_2^2\mu_2^2\right)_L &= \frac{n^3}{n^3-1}\left(\sigma^4-3m^2m^2\right)_V \\
\left(\mu_5^5\mu_2^2-5\mu_4^4\cdot\mu_1^1\mu_2^2-10\mu_3^3\mu_2^2\mu_2^2+30\mu_1^1\mu_2^2\mu_2^2\mu_2^2\right)_L \\
&= \frac{n^6}{n^6-1}\left(\theta^5m^2-5\sigma^4\cdot\lambda m^2-10\omega^3m^2m^2+30\lambda m^2m^2m^2\right)_V \\
\left(\mu_6^6-15\mu_4^4\mu_2^2+30\mu_2^2\mu_2^2\mu_2^2\right)_L \\
&= \frac{n^5}{n^5-1}\left(\delta^6-15\sigma^4m^2+30m^2m^2m^2\right)_V
\end{aligned} \tag{3.317}$$

上式中，将第二式代入第一式，可求出 μ_1^1；再代入第三式，可求出 μ_3^3，…，依次代入，可求出 μ_4^4、μ_5^5、μ_6^6。其中，V 的特征值，根据（3.302）式，由（3.112）式计算：

$$V_j = X_o - L_j \tag{3.318}$$

之后，再根据（2.123）等诸式定义，计算（3.317）式中 V 的特征值：

$$\begin{bmatrix}\lambda_1^1\\ m_2^2\\ \omega_3^3\\ \sigma_4^4\\ \theta_5^5\end{bmatrix}_V = \frac{1}{n}\cdot\sum\begin{bmatrix}|V|\\ |VV|\\ |VVV|\\ |VVVV|\\ |VVVVV|\end{bmatrix} \tag{3.319}$$

-----2016 年 3 月 15 日　　西安・曲江池-----

二、算术中数之误差特征值

在求得L的权单位后，就可根据（3.196）式，按求解函数的特征值，来求解算术中数的特征值：根据（3.303）、（3.306）二式，可知

$$
\left.\begin{aligned}
(\lambda)_X &= \left(\frac{\lambda}{n}\right)_L = \frac{1}{n}(\lambda^1)_L \\
(m^2)_X &= \left[\frac{m^2}{n^2}\right]_L = \frac{1}{n^2}[m^2]_L = \frac{1}{n}(m^2)_L \\
(\omega^3)_X &= \frac{1}{n^3}(\omega^3 - 3\lambda m^2)_L + (3\lambda m^2)_X \\
&= \frac{1}{n^3}(\omega^3)_L + \left(\frac{n-1}{n^3}\right)(3\lambda m^2)_L \quad \text{（参阅（2.561）式）} \\
(\sigma^4)_X &= \frac{1}{n^4}(\sigma^4 - 3m^2m^2)_L + (3m^2m^2)_X \\
(\theta^5)_X &= \frac{1}{n^5}(\theta^5 - 5\sigma^4\cdot\lambda - 10\omega^3m^2 + 30\lambda m^2m^2)_L \\
&\quad + (5\sigma^4\cdot\lambda - 10\omega^3m^2 + 30\lambda m^2m^2)_X
\end{aligned}\right| \tag{3.321}
$$

在传统的误差理论中，利用（2.621）、（3.303）二式和中误差传播规律，可导出

$$
\left(\frac{1}{P}\right)_X = \left(\frac{1}{n^2}\right)\cdot\left(\left(\frac{1}{P}\right)_1 + \left(\frac{1}{P}\right)_2 + \left(\frac{1}{P}\right)_3 + \cdots + \left(\frac{1}{P}\right)_n\right) \tag{3.322}
$$

根据权倒数，求解算术中数的特征值，是不妥的。因为函数的分布与变量的分布是不同的，权单位也有所差异。（3.322）式，应废之。

三、算术中数之误差分布与精度估计

参看（3.211）…（3.217）、（3.261）…（3.264）诸式。

---

*）权在随机函数中的数学概念提示：-----引用高斯符号[ ]-----

在（2.622）式中，$(m^2)_{PL} = \dfrac{[P\Delta\Delta]}{n}$　-----P的作用，在于求解权单位；

在（3.402）式中，　$X_o = \dfrac{[PL]}{[P]}$　-----P的作用，在于求解权中数。

第四章　算术中数的误差分布与精度估计（2）

在科学实践活动当中，对一个未知数进行非等精度重复观测，即非等权观测，其数学表达式为

$$\left.\begin{aligned} X_j &= L_j \\ \delta_j &= \Delta_j \end{aligned}\right\} ,\qquad P_j = C_j \tag{3.401}$$

$$(j=1,\ 2\ ,3,\ \cdots ,n)$$

其算术中数，根据（2.617）式定义可知

$$X_o = \frac{P_1L_1 + P_2L_2 + P_3L_3 + \ \cdots \ + P_nL_n}{[P]} \tag{3.402}$$

根据权的相对性约定，以及（2.621）式可知：给定

$$[\,P\,] = n \quad ,\quad (P\Delta)_j = (\mu) \quad ,\quad P_{(PL)} = P_{(P\Delta)} = 1$$

再根据　　（3.403）

$$X_o = \frac{1}{n}P_1L_1 + \frac{1}{n}P_2L_{21} + \frac{1}{n}P_3L_{31} + \cdots + \frac{1}{n}P_nL_{n1}$$

将（ P_jL_j ）看作为等精度随机变量，则根据（3.307）式，同理可知

$$\begin{aligned}
&(\lambda m^2)_X = \left[\frac{1}{n^3}\mu_1^1\mu_2^2\right]_L = \frac{1}{n^2}(\mu_1^1\mu_2^2)_L \\
&(m^2)_X = \left[\frac{1}{n^2}\mu_2^2\right]_L = \frac{1}{n}(\mu_2^2)_L \\
&(\omega^3m^2 - 3\lambda m^2m^2)_X = \left[\frac{1}{n^5}\cdots\right]_L = \frac{1}{n^4}(\mu_3^3\mu_2^2 - 3\mu_1^1\mu_2^2\mu_2^2)_L \\
&(\sigma^4 - 3m^2m^2)_X = \left[\frac{1}{n^4}\cdots\right]_L = \frac{1}{n^3}(\mu_4^4 - 3\mu_2^2\mu_2^2)_L \\
&(\theta^5m^2 - 5\sigma^4\cdot\lambda m^2 - 10\,\omega^3m^2m^2 + 30\lambda m^2m^2m^2)_X = \left[\frac{1}{n^7}\cdots\right]_L \\
&\qquad = \frac{1}{n^6}(\mu_5^5\mu_2^2 - 5\,\mu_4^4\cdot\mu_1^1m^2 - 10\,\mu_3^3\mu_2^2\mu_2^2 + 30\mu_1^1\mu_2^2\mu_2^2\mu_2^2)_L \\
&(\cdots\cdots\cdots)_X = (\cdots\cdots\cdots)_L
\end{aligned} \tag{3.404}$$

一、非等精度观测的权单位μ

根据上述方程可知

$$V = X - L \quad , \quad V = -\Delta \ , \quad P = C \tag{3.411}$$

$$PV = PX - PL \qquad P_{(PL)} = 1 \tag{3.412}$$

考虑到L是观测值，是变量；V、X是待求值，处函数地位，若严格书写，应该以等号区分。参看（3.313）式可知：

$$\begin{aligned} PL &= PX - PV \\ P\Delta &= P\delta - PV \end{aligned} \tag{3.413}$$

与（3.314）式同理，可知

$$\begin{aligned} (\lambda m^2)_{P\Delta} &= (\lambda m^2)_{P\delta} + (\lambda m^2)_{PV} \\ (m^2)_{P\Delta} &= (m^2)_{P\delta} + (m^2)_{PV} \end{aligned} \tag{3.414}$$

$$(\omega^3 m^2 - 3\lambda m^2 m^2)_{P\Delta} = (\omega^3 m^2 - 3\lambda m^2 m^2)_{P\delta} + (\omega^3 m^2 - 3\lambda m^2 m^2)_{PV}$$

$$(\sigma^4 - 3m^2 m^2)_{P\Delta} = (\sigma^4 - 3m^2 m^2)_{P\delta} + (\sigma^4 - 3m^2 m^2)_{PV}$$

$$\begin{aligned} &(\theta^5 m^2 - 5\sigma^4 \cdot \lambda m^2 - 10\omega^3 m^2 m^2 + 30\lambda m^2 m^2 m^2)_{P\Delta} \\ &\quad = (\theta^5 m^2 - 5\sigma^4 \cdot \lambda m^2 - 10\omega^3 m^2 m^2 + 30\lambda m^2 m^2 m^2)_{P\delta} \\ &\qquad + (\theta^5 m^2 - 5\sigma^4 \cdot \lambda m^2 - 10\omega^3 m^2 m^2 + 30\lambda m^2 m^2 m^2)_{PV} \end{aligned}$$

$$\begin{aligned} &(\delta^6 - 15\sigma^4 m^2 + 30 m^2 m^2 m^2)_{P\Delta} \\ &\quad = (\delta^6 - 15\sigma^4 m^2 + 30 m^2 m^2 m^2)_{P\delta} \\ &\qquad + (\delta^6 - 15\sigma^4 m^2 + 30 m^2 m^2 m^2)_{PV} \end{aligned}$$

式中，脚标为δ、Δ的特征值，即（3.404）式中脚标为X、L的特征值。即单位权所相应的特征值（权单位）标志。为便于理解，书写有所不同：

$$(\mu)_{PL} = (\mu)_{P\Delta} = (\mu)_{\Delta} = (\mu)_{L} \tag{3.415}$$

$$(m^2)_{PX} = (m^2)_{P\delta} \ , \quad (\lambda m^2)_{PX} = (\lambda m^2)_{P\delta} \ , \quad (\cdots)_{PX} = (\cdots)_{P\delta} \ , \quad \cdots$$

故将（3.404）式代入（3.414）式可得单位权所相应的特征值为

$$
\begin{aligned}
&\left(\mu_1^1\mu_2^2\right)_{PL} = \frac{1}{n^2}\left(\mu_1^1\mu_2^2\right)_{PL} + \left(\lambda m^2\right)_{PV} \\
&\left(\mu_2^2\right)_{PL} = \frac{1}{n}\left(\mu_2^2\right)_{PL} + \left(m^2\right)_{PV} \\
&\left(\mu_3^3\mu_2^2 - 3\mu_1^1\mu_2^2\mu_2^2\right)_{PL} = \frac{1}{n^4}\left(\mu_3^3\mu_2^2 - 3\mu_1^1\mu_2^2\mu_2^2\right)_{PL} + \left(\omega^3 m^2 - 3\lambda m^2 m^2\right)_{PV} \\
&\left(\mu_4^4 - 3\mu_2^2\mu_2^2\right)_{PL} = \frac{1}{n^3}\left(\mu_4^4 - 3\mu_2^2\mu_2^2\right)_{PL} + \left(\sigma^4 - 3m^2m^2\right)_{PV} \\
&\left(\mu_5^5\mu_2^2 - 5\mu_4^4\cdot\mu_1^1\mu_2^2 - 10\mu_3^3\mu_2^2\mu_2^2 + 30\mu_1^1\mu_2^2\mu_2^2\mu_2^2\right)_{PL}\cdot n^6 \\
&\quad = \left(\mu_5^5\mu_2^2 - 5\mu_4^4\cdot\mu_1^1\mu_2^2 - 10\mu_3^3\mu_2^2\mu_2^2 + 30\mu_1^1\mu_2^2\mu_2^2\mu_2^2\right)_{PL} \\
&\qquad + \left(\theta^5 m^2 - 5\sigma^4\cdot\lambda m^2 - 10\omega^3 m^2 m^2 + 30\lambda m^2 m^2 m^2\right)_{PV}\cdot n^6 \\
&\left(\mu_{62}^6 - 15\mu_4^4\mu_2^2 + 30\mu_2^2\mu_2^2\mu_2^2\right)_{PL}\cdot n^5 \\
&\quad = \left(\mu_{62}^6 - 15\mu_4^4\mu_2^2 + 30\mu_2^2\mu_2^2\mu_2^2\right)_{PL} \\
&\qquad + \left(\delta^6 - 15\sigma^4 m^2 + 30m^2m^2m^2\right)_{PV}\cdot n^5
\end{aligned}
\tag{3.416}
$$

整理可得：

$$
\begin{aligned}
&\left(\mu_1^1\mu_2^2\right)_{PL} = \frac{n^2}{n^2-1}\left(\lambda m^2\right)_{PV} \\
&\left(\mu_2^2\right)_{PL} = \frac{n}{n-1}\left(m^2\right)_{PV} \\
&\left(\mu_3^3\mu_2^2 - 3\mu_1^1\mu_2^2\mu_2^2\right)_{PL} = \frac{n^4}{n^4-1}\left(\omega^3 m^2 - 3\lambda m^2 m^2\right)_{PV} \\
&\left(\mu_4^4 - 3\mu_2^2\mu_2^2\right)_{PL} = \frac{n^3}{n^3-1}\left(\sigma^4 - 3m^2m^2\right)_{PV} \\
&\left(\mu_5^5\mu_2^2 - 5\mu_4^4\cdot\mu_1^1\mu_2^2 - 10\mu_3^3\mu_2^2\mu_2^2 + 30\mu_1^1\mu_2^2\mu_2^2\mu_2^2\right)_{PL} \\
&\quad = \frac{n^6}{n^6-1}\left(\theta^5 m^2 - 5\sigma^4\cdot\lambda m^2 - 10\omega^3 m^2 m^2 + 30\lambda m^2 m^2 m^2\right)_{PV} \\
&\left(\mu_{62}^6 - 15\mu_4^4\mu_2^2 + 30\mu_2^2\mu_2^2\mu_2^2\right)_{PL} \\
&\quad = \frac{n^5}{n^5-1}\left(\delta^6 - 15\sigma^4 m^2 + 30m^2m^2m^2\right)_{PV}
\end{aligned}
\tag{3.417}
$$

上式中，将第二式代入第一式，可求出μ_1^1；再代入第三式，可求出μ_3^3，…，依次代入，可求出μ_4^4、μ_5^5、μ_6^6。再根据（3.402）式，将X的算术中数（数学期望，或真值的近似值）算出，再由（3.411）式计算V：

$$V_j = X_o - L_j \qquad (j=1,\ 2\ ,3,\ \cdots,n) \tag{3.418}$$

之后，再根据（2.123）等诸式和（2.621）式定义，计算（3.417）式中V的单位权所相应的特征值：

$$\begin{bmatrix} \lambda_1^1 \\ m_2^2 \\ \omega_3^3 \\ \sigma_4^4 \\ \theta_5^5 \end{bmatrix}_{PV} = \frac{1}{n}\cdot\sum\begin{bmatrix} |PV| \\ |PVV| \\ |PVVV| \\ |PVVVV| \\ |PVVVVV| \end{bmatrix} \tag{3.419}$$

二、算术中数之误差特征值

根据（3.321）、（3.417）、（3.403）、（2.622）诸式可知，

$$\left.\begin{aligned}
(\lambda)_X &= \left(\frac{\lambda}{n}\right)_{PL} && = \frac{1}{n}\left(\mu_1^1\right)_{PL} \\
\left(m^2\right)_X &= \left[\frac{m^2}{n^2}\right]_{PL} = \frac{1}{n^2}\left[m^2\right]_{PL} && = \frac{1}{n}\left(\mu_2^2\right)_{PL} \\
\left(\omega^3\right)_X &= \frac{1}{n^3}\left(\mu_3^3 - 3\mu_1^1\mu_2^2\right)_L + \left(3\lambda m^2\right)_X \\
\left(\sigma^4\right)_X &= \frac{1}{n^4}\left(\mu_4^4 - 3\mu_2^2\mu_2^2\right)_L + \left(3m^2m^2\right)_X \\
\left(\theta^5\right)_X &= \frac{1}{n^5}\left(\mu_5^5 - 5\mu_4^4\cdot\mu_1^1 - 10\mu_3^3\mu_2^2 + 30\mu_1^1\mu_2^2\mu_2^2\right)_L \\
&\quad + \left(5\sigma^4\cdot\lambda - 10\omega^3 m^2 + 30\lambda m^2 m^2\right)_X
\end{aligned}\right| \tag{3.421}$$

三、算术中数之误差分布与精度估计

参看（3.211）→（3.217）、（3.261）→（3.264）诸式。

-----2016 年 4 月 5 日　　　西安 • 曲江池-----

第五章　多未知数方程的V、L误差特征值（1）

严格地说，一个未知数方程，只有减去观测值L的误差Δ，方可成立：

$$AX-(L-\Delta)=0$$

为便于数学处理，将上式改写成下式：（n个观测值，t个未知数）　　（3.501）

$$V=AX-L \quad , \quad V=-\Delta$$

$$V=\begin{bmatrix}V_1\\V_2\\V_3\\\vdots\\V_n\end{bmatrix} \quad , \quad A=\begin{bmatrix}a_1&b_1&c_1&\cdots&h_1\\a_2&b_2&c_2&\cdots&h_2\\a_3&b_3&c_3&\cdots&h_3\\\vdots&\vdots&\vdots&\ddots&\vdots\\a_n&b_n&c_n&\cdots&h_n\end{bmatrix} \quad , \quad X=\begin{bmatrix}X_1\\X_2\\\vdots\\X_t\end{bmatrix} \quad , \quad L=\begin{bmatrix}L_1\\L_2\\L_3\\\vdots\\L_n\end{bmatrix}$$

考虑到观测值L，在测绘学中的地位，是数学中的变量；未知数X、V，地位是处在数学中的函数。再考虑到（3.501）式的具体解算值，X有误差δ，V、Δ 是不可能完全相等。故对于（3.501）式，就误差数学方程来说，正确的书写，应该是方程等号的两边“同类”。也就是说，上式应写成

$$L=AX-V$$
$$\Delta=A\delta-V \qquad (3.502)$$

考虑到，本章的目的，是在于求解L的误差（Δ）与改正数（V）的特征值关系，而不考虑未知数X的误差状态。在此前提下，考虑到一组测绘工程观测完成之后，误差方程（3.501）式已经建立，只要数据处理的特定数学原则不变，在等效原则的前提下，基于分组加权法，将(3.502)式等量分成 t 组，**每组误差方程的个数为n/t**；并分组按同样特定数学处理原则处理。分组后的方程为：

$$L_j=A_{jt}X-V_j \quad \cdots\cdots\cdots\cdots(I)$$
$$L_k=A_{kt}X-V_k \quad \cdots\cdots\cdots\cdots(II) \qquad (T=t,\ N=\frac{n}{t})$$
$$\cdots\cdots\cdots\cdots$$
$$L_m=A_{mt}X-V_m \quad \cdots\cdots\cdots\cdots(T)$$

$$(j=\ 1,2,3,\ \cdots,\ N)$$
$$(k=(n/t)\ +\ (1,2,3,\ \cdots,\ N))$$
$$\cdots\cdots\cdots\cdots\cdots\cdots \qquad (3.503)$$
$$(m=(n-n/t)\ +\ (1,2,3,\ \cdots,\ N))$$

将A_{jt}，A_{kt}，$\cdots$，A_{mt}上下对接，就是A。

就（3.503）式的第一组方程（I）式来说，可设想为：

$$\begin{aligned} L_j &= A_{jt}X + X_1 - X_1 - V_j \\ &= X_1 + (A_{jt}X - X_1) - V_j \end{aligned} \tag{a1}$$

令式中括弧内

$$X = X_o \quad , \qquad X_1 = X_{1o} \tag{a2}$$

X 是未知数列阵，X_o 是未知数列阵 X 的真值；X_{1o} 是 X_1 的真值。代入上式之后，并不影响未知数 X_1 的求解。即

$$\begin{aligned} L_j &= A_{jt}X - X_1 + X_1 - V_j \\ &= X_1 + (A_{jt}X - X_1) - V_j \\ &= \begin{bmatrix} X_1 \\ X_1 \\ \vdots \end{bmatrix} + \left(\begin{bmatrix} a_{11} & a_{12} & \cdots \\ a_{21} & a_{22} & \cdots \\ \vdots & \vdots & \ddots \end{bmatrix} X - \begin{bmatrix} X_1 \\ X_1 \\ \vdots \end{bmatrix} \right) - V_j \\ &= \begin{bmatrix} X_1 \\ X_1 \\ \vdots \end{bmatrix} + \left(\begin{bmatrix} a_{11} & a_{12} & \cdots \\ a_{21} & a_{22} & \cdots \\ \vdots & \vdots & \ddots \end{bmatrix} X_o - \begin{bmatrix} X_{1o} \\ X_{1o} \\ \vdots \end{bmatrix} \right) - V_j \\ &= JX_1 \qquad + C_j \qquad - V_j \end{aligned} \tag{a3}$$

式中，A_{ji} 是矩阵 A 的一部分，C_1 是列阵常数，J 是单位列阵。也就是

$$\begin{aligned} L_j &= A_{ji}X - V_j \quad \cdots\cdots\cdots\cdots(I) \\ &= JX_1 \qquad + C_j \qquad - V_j \end{aligned}$$

这是一组单一未知数 X_1 的误差方程组，其误差形式为：

$$\Delta = \delta_{X1} - V \qquad (X1 = X_1)$$

同理可求得

$$\begin{aligned} L_k &= A_{ki}X - V_k \quad \cdots\cdots\cdots\cdots(II) \\ &= JX_2 \qquad + C_k \qquad - V_k \\ \Delta &= \delta_{X2} - V \\ &\text{-------------------} \\ L_m &= A_{mi}X - V_m \quad \cdots\cdots\cdots\cdots(T) \\ &= JX_t \qquad + C_m \qquad - V_m \\ \Delta &= \delta_{X_t} - V \end{aligned} \tag{a3}$$

将其 t 组单一未知数 X 的误差方程组，联写之：

$$
\begin{aligned}
L &= AX - V \\
&= BX + C - V = \begin{bmatrix} 1 & 0 & \cdots & 0 \\ \vdots & 0 & \cdots & 0 \\ 1 & 0 & \cdots & 0 \\ 0 & 1 & \cdots & 0 \\ 0 & \vdots & \cdots & 0 \\ 0 & 1 & \cdots & 0 \\ \vdots & \vdots & \ddots & \vdots \\ 0 & 0 & \cdots & 1 \\ 0 & 0 & \cdots & \vdots \\ 0 & 0 & \cdots & 1 \end{bmatrix} \cdot \begin{bmatrix} X_1 \\ X_2 \\ X_3 \\ \vdots \\ X_t \end{bmatrix} + \begin{bmatrix} C_1 \\ C_2 \\ C_3 \\ \vdots \\ \vdots \\ \vdots \\ \vdots \\ \vdots \\ \vdots \\ C_n \end{bmatrix} - \begin{bmatrix} V_1 \\ V_2 \\ V_3 \\ \vdots \\ \vdots \\ \vdots \\ \vdots \\ \vdots \\ \vdots \\ V_n \end{bmatrix} \qquad (3.504) \\
&= E - V
\end{aligned}
$$

该式，实质上是由 t 个单一未知数组建的方程，与（3.501）式等效，式中，

$$E = BX + C$$

与其误差关系式联写：

$$
\begin{matrix} L = AX - V \\ L = \ E\ - V \end{matrix} \ , \quad \begin{matrix} \Delta = A\delta - V \\ \Delta = \ \delta_E - V \end{matrix} \qquad \text{其方程数} \begin{pmatrix} n = n \\ N = n/t \end{pmatrix} \qquad (3.505)
$$

该式是（3.504）式的简化书写形式，是（3.501）与（3.504）两个等效方程的书写标志。（3.504）式是 t 组单一未知数的误差方程，其特征值的关系是算术中数与观测值的关系。根据（3.307）式可知：

$$
\begin{aligned}
&\left(m^2\right)_E = \left[\frac{1}{N^2} m^2\right] = \frac{1}{N}\left(m^2\right)_L \qquad \left(N = \frac{n}{t}\right) \\
&\left(\lambda m^2\right)_E = \left[\frac{1}{N^3} \lambda m^2\right] = \frac{1}{N^2}\left(\lambda m^2\right)_L \qquad (3.506) \\
&\left(\omega^3 m^2 - 3\lambda m^2 m^2\right)_E = \frac{1}{N^4}\left(\omega^3 m^2 - 3\lambda m^2 m^2\right)_L \\
&\left(\sigma^4 - 3m^2 m^2\right)_E = \frac{1}{N^3}\left(\sigma^4 - 3m^2 m^2\right)_L \\
&\left(\theta^5 m^2 - 5\sigma^4 \cdot \lambda m^2 - 10\omega^3 m^2 m^2 + 30\lambda m^2 m^2 m^2\right)_E \\
&\qquad = \frac{1}{N^6}\left(\theta^5 m^2 - 5\sigma^4 \cdot \lambda m^2 - 10\omega^3 m^2 m^2 + 30\lambda m^2 m^2 m^2\right)_L
\end{aligned}
$$

一、多未知数方程的V、L误差特征值

考虑到（3.506）式与（3.312）式的相似性，根据（3.314）式可知

$$\left(\lambda m^2\right)_\Delta = \left(\lambda m^2\right)_E + \left(\lambda m^2\right)_V$$
$$\left(m^2\right)_\Delta = \left(m^2\right)_E + \left(m^2\right)_V \qquad (3.511)$$
$$\left(\omega^3 m^2 - 3\lambda m^2 m^2\right)_\Delta = \left(\omega^3 m^2 - 3\lambda m^2 m^2\right)_E + \left(\omega^3 m^2 - 3\lambda m^2 m^2\right)_V$$
$$\left(\sigma^4 - 3m^2 m^2\right)_\Delta = \left(\sigma^4 - 3m^2 m^2\right)_E + \left(\sigma^4 - 3m^2 m^2\right)_V$$
$$\begin{aligned}&\left(\theta^5 m^2 - 5\sigma^4 \cdot \lambda m^2 - 10\omega^3 m^2 m^2 + 30\lambda m^2 m^2 m^2\right)_\Delta \\ &\quad = \left(\theta^5 m^2 - 5\sigma^4 \cdot \lambda m^2 - 10\omega^3 m^2 m^2 + 30\lambda m^2 m^2 m^2\right)_E \\ &\qquad + \left(\theta^5 m^2 - 5\sigma^4 \cdot \lambda m^2 - 10\omega^3 m^2 m^2 + 30\lambda m^2 m^2 m^2\right)_V\end{aligned}$$
$$\begin{aligned}&\left(\delta^6 - 15\sigma^4 m^2 + 30m^2 m^2 m^2\right)_\Delta \\ &\quad = \left(\delta^6 - 15\sigma^4 m^2 + 30m^2 m^2 m^2\right)_E \\ &\qquad + \left(\delta^6 - 15\sigma^4 m^2 + 30m^2 m^2 m^2\right)_V\end{aligned}$$

由（3.315）式可知

$$\left(\lambda m^2\right)_L = \frac{1}{N^2}\left(\lambda m^2\right)_L + \left(\lambda m^2\right)_V$$
$$\left(m^2\right)_L = \frac{1}{N}\left(m^2\right)_L + \left(m^2\right)_V \qquad \left(N = \frac{n}{t}\right) \qquad (3.512)$$
$$\left(\omega^3 m^2 - 3\lambda m^2 m^2\right)_L = \frac{1}{N^4}\left(\omega^3 m^2 - 3\lambda m^2 m^2\right)_L + \left(\omega^3 m^2 - 3\lambda m^2 m^2\right)_V$$
$$\left(\sigma^4 - 3m^2 m^2\right)_L = \frac{1}{N^3}\left(\sigma^4 - 3m^2 m^2\right)_L + \left(\sigma^4 - 3m^2 m^2\right)_V$$
$$\begin{aligned}&\left(\theta^5 m^2 - 5\sigma^4 \cdot \lambda m^2 - 10\omega^3 m^2 m^2 + 30\lambda m^2 m^2 m^2\right)_L \cdot N^6 \\ &\quad = \left(\theta^5 m^2 - 5\sigma^4 \cdot \lambda m^2 - 10\omega^3 m^2 m^2 + 30\lambda m^2 m^2 m^2\right)_L \\ &\qquad + \left(\theta^5 m^2 - 5\sigma^4 \cdot \lambda m^2 - 10\omega^3 m^2 m^2 + 30\lambda m^2 m^2 m^2\right)_V \cdot N^6\end{aligned}$$
$$\begin{aligned}&\left(\delta^6 - 15\sigma^4 m^2 + 30m^2 m^2 m^2\right)_L \cdot N^5 \\ &\quad = \left(\delta^6 - 15\sigma^4 m^2 + 30m^2 m^2 m^2\right)_L \\ &\qquad + \left(\delta^6 - 15\sigma^4 m^2 + 30m^2 m^2 m^2\right)_V \cdot N^5\end{aligned}$$

整理可得：

$$
\begin{aligned}
&\left(\lambda m^{2}\right)_{L}=\frac{n^{2}}{n^{2}-t^{2}}\left(\lambda m^{2}\right)_{V}\\
&\left(m^{2}\right)_{L}=\frac{n}{n-t}\left(m^{2}\right)_{V}\\
&\left(\omega^{3} m^{2}-3\lambda m^{2} m^{2}\right)_{L}=\frac{n^{4}}{n^{4}-t^{4}}\left(\omega^{3} m^{2}-3\lambda m^{2} m^{2}\right)_{V}\\
&\left(\sigma^{4}-3 m^{2} m^{2}\right)_{L}=\frac{n^{3}}{n^{3}-t^{3}}\left(\sigma^{4}-3 m^{2} m^{2}\right)_{V}\\
&\left(\theta^{5} m^{2}-5\sigma^{4}\cdot\lambda m^{2}-10\omega^{3} m^{2} m^{2}+30\lambda m^{2} m^{2} m^{2}\right)_{L}\\
&\quad=\frac{n^{6}}{n^{6}-t^{6}}\left(\theta^{5} m^{2}-5\sigma^{4}\cdot\lambda m^{2}-10\omega^{3} m^{2} m^{2}+30\lambda m^{2} m^{2} m^{2}\right)_{V}\\
&\left(\delta^{6}-15\sigma^{4} m^{2}+30 m^{2} m^{2} m^{2}\right)_{L}\\
&\quad=\frac{n^{5}}{n^{5}-t^{5}}\left(\delta^{6}-15\sigma^{4} m^{2}+30 m^{2} m^{2} m^{2}\right)_{V}
\end{aligned}
\tag{3.513}
$$

其中，V 的特征值，根据（2.123）等诸式定义和分组的方程数 N 而知为：

$$
\begin{bmatrix}\lambda_1^1\\ m_2^2\\ \omega_3^3\\ \sigma_4^4\\ \theta_5^5\end{bmatrix}_V=\frac{1}{N}\cdot\sum_1^N\begin{bmatrix}|V|\\ |VV|\\ |VVV|\\ |VVVV|\\ |VVVVV|\end{bmatrix}_N \tag{3.514}
$$

对于（3.501）式整体来说，应该是取上式 t 个值的算术中数，而为：

$$
\begin{bmatrix}\lambda_1^1\\ m_2^2\\ \omega_3^3\\ \sigma_4^4\\ \theta_5^5\end{bmatrix}_V=\frac{1}{n}\cdot\sum_1^n\begin{bmatrix}|V|\\ |VV|\\ |VVV|\\ |VVVV|\\ |VVVVV|\end{bmatrix}_n \tag{3.515}
$$

式中的V，根据特定数学处理（3.501）式后的X，由下式定：

$$
V=AX-L \tag{3.516}
$$

二、多未知数方程的L权单位μ

考虑到是等权观测，权$P=1$，故根据改正数V，可知L的权单位：

$$\begin{aligned}
\left(\mu_1^1\mu_2^2\right)_L &= \frac{n^2}{n^2-t^2}\left(\lambda m^2\right)_V \\
\left(\mu_2^2\right)_L &= \frac{n}{n-t}\left(m^2\right)_V \\
\left(\mu_3^3\mu_2^2-3\mu_1^1\mu_2^2\mu_2^2\right)_L &= \frac{n^4}{n^4-t^4}\left(\omega^3m^2-3\lambda m^2m^2\right)_V \\
\left(\mu_4^4-3\mu_2^2\mu_2^2\right)_L &= \frac{n^3}{n^3-t^3}\left(\sigma^4-3m^2m^2\right)_V \\
\left(\mu_5^5\mu_2^2-5\mu_4^4\cdot\mu_1^1\mu_2^2-10\mu_3^3\mu_2^2\mu_2^2+30\mu_1^1\mu_2^2\mu_2^2\mu_2^2\right)_L & \\
=\frac{n^6}{n^6-t^6}\left(\theta^5m^2-5\sigma^4\cdot\lambda m^2-10\omega^3m^2m^2+30\lambda m^2m^2m^2\right)_V & \\
\left(\mu_6^6-15\mu_4^4\mu_2^2+30\mu_2^2\mu_2^2\mu_2^2\right)_L & \\
=\frac{n^5}{n^5-t^5}\left(\delta^6-15\sigma^4m^2+30m^2m^2m^2\right)_V &
\end{aligned} \tag{3.521}$$

移项可得：

$$\begin{aligned}
\left(\mu_1^1\right)_L &= \frac{n}{n+t}(\lambda)_V = \frac{\sum|V|}{n+t} \\
\left(\mu_2^2\right)_L &= \frac{n}{n-t}\left(m^2\right)_V = \frac{\sum|VV|}{n-t} \\
\left(\mu_3^3\right)_L &= \left(3\mu_1^1\mu_2^2\right)_L-\frac{n^3(n-t)}{n^4-t^4}\left(3\lambda m^2-\omega^3\right)_V \\
\left(\mu_4^4\right)_L &= \left(3\mu_2^2\mu_2^2\right)_L-\frac{n^3}{n^3-t^3}\left(3m^2m^2-\sigma^4\right)_V \\
\left(\mu_5^5\right)_L &= \left(5\mu_4^4\cdot\mu_1^1+10\mu_3^3\mu_2^2-30\mu_1^1\mu_2^2\mu_2^2\right)_L \\
&\quad -\frac{n^5(n-1)}{n^6-t^6}\left(\left(5\sigma^4\cdot\lambda+10\omega^3m^2-30\lambda m^2m^2\right)-\theta^5\right)_V \\
\left(\mu_6^6\right)_L &= \left(15\mu_4^4\mu_2^2-30\mu_2^2\mu_2^2\mu_2^2\right)_L \\
&\quad -\frac{n^4(n-1)}{n^5-t^5}\left(\left(15\sigma^4m^2-30m^2m^2m^2\right)-\delta^6\right)_V
\end{aligned} \tag{3.522}$$

第六章　多未知数方程的V、L误差特征值（2）

在科技实践领域，一般情况下，未知数方程是在非等精度观测的条件下建立的，又称之为“非等权观测”。其数学方程为

$$V = AX - L \quad , \quad P = [P_1 \ \ P_2 \ \ P_3 \cdots \ P_n]^T \tag{3.601}$$

$$V = \begin{bmatrix} V_1 \\ V_2 \\ V_3 \\ \vdots \\ V_n \end{bmatrix} , \quad A = \begin{bmatrix} a_1 & b_1 & c_1 & \cdots & h_1 \\ a_2 & b_2 & c_2 & \cdots & h_2 \\ a_3 & b_3 & c_3 & \cdots & h_3 \\ \vdots & \vdots & \vdots & \ddots & \vdots \\ a_n & b_n & c_n & \cdots & h_n \end{bmatrix} , \quad X = \begin{bmatrix} X_1 \\ X_2 \\ \vdots \\ X_t \end{bmatrix} , \quad L = \begin{bmatrix} L_1 \\ L_2 \\ L_3 \\ \vdots \\ L_n \end{bmatrix}$$

根据（2.621）式可知，权与误差（特征值）之积，与权单位（μ）等效。也就是说，非等权之随机方程及其误差方程，与其权之积，就是权为 1 的等权观测的随机方程。再考虑（3.502）式的书写，上式可写成

$$\begin{aligned} PL &= PAX - PV \\ P\Delta &= PA\delta - PV \end{aligned} \tag{3.602}$$

考虑到，本章的目的，是在于求解L的误差（Δ）与改正数（V）的特征值关系，而不考虑未知数X的误差状态。在此前提下，考虑到在一组测绘工程观测完成之后，误差方程（3.601）式已经建立，只要数据处理的特定数学原则不变，在等效原则的前提下，误差方程形式的变化，不会影响误差（Δ）与改正数（V）的相互关系。因此，为便于理解数学推演过程，将（3.602）式等量分成 t 组，**每组误差方程的个数为n/t**；并分组按同样特定数学处理原则处理。分组后的方程为：

$$\begin{aligned} & PL_j = PA_{ji} \cdot X - PV_j \quad \cdots\cdots\cdots\cdots(I) \\ & PL_k = PA_{kt} \cdot X - PV_k \quad \cdots\cdots\cdots\cdots(II) \qquad \left(T = t,\ N = \frac{n}{t}\right) \\ & \cdots\cdots\cdots\cdots \\ & PL_m = PA_{mt} \cdot X - PV_m \quad \cdots\cdots\cdots\cdots(T) \\ & \quad (j = 1, 2, 3, \cdots, N) \\ & \quad (k = (n/t) + (1, 2, 3, \cdots, N)) \\ & \quad \cdots\cdots\cdots\cdots\cdots\cdots \\ & \quad (m = (n - n/t) + (1, 2, 3, \cdots, N)) \end{aligned} \tag{3.603}$$

---

*）同一误差方程内的L、X、V，其误差Δ、δ、V等权，但其权单位不同。

就（3.503）式的第一组方程（I）式来说，可设想为：

$$\begin{aligned} PL_j &= PA_{jt}X + X_1 - X_1 - PV_j \\ &= X_1 + (PA_{jt}X - X_1) - PV_j \\ &= X_1 + (PA_{jt}X_o - X_{1o}) - PV_j \\ &= X_1 + \quad C_1 \quad - PV_j \end{aligned} \tag{a1}$$

式中，A_{ji}是矩阵A的一部分，X是未知数列阵，X_o是未知数列阵X的真值；X_{1o}是X_1的真值，代入上式之后，并不影响未知数X_1的求解。C_1是由未知数的真值计算的列阵常数。也就是

$$\begin{aligned} PL_j &= PA_{ji}X - PV_j \quad \cdots\cdots\cdots\cdots(I) \\ &= \begin{bmatrix} P_1 \\ P_2 \\ \vdots \end{bmatrix} * \begin{bmatrix} a_{11} & a_{12} & \cdots \\ a_{21} & a_{22} & \cdots \\ \vdots & \vdots & \ddots \end{bmatrix} \cdot X + X_1 - X_1 - \begin{bmatrix} P_1 \\ P_2 \\ \vdots \end{bmatrix} * \begin{bmatrix} V_1 \\ V_2 \\ \vdots \end{bmatrix} \\ &= \begin{bmatrix} X_1 \\ X_1 \\ \vdots \end{bmatrix} + \left(\begin{bmatrix} P_1 \\ P_2 \\ \vdots \end{bmatrix} * \begin{bmatrix} a_{11} & a_{12} & \cdots \\ a_{21} & a_{22} & \cdots \\ \vdots & \vdots & \ddots \end{bmatrix} \cdot X - \begin{bmatrix} X_1 \\ X_1 \\ \vdots \end{bmatrix} \right) - \left(\begin{bmatrix} P_1 \\ P_2 \\ \vdots \end{bmatrix} * \begin{bmatrix} V_1 \\ V_2 \\ \vdots \end{bmatrix} \right)_j \\ &= \begin{bmatrix} X_1 \\ X_1 \\ \vdots \end{bmatrix} + \left(\begin{bmatrix} P_1 \\ P_2 \\ \vdots \end{bmatrix} * \begin{bmatrix} a_{11} & a_{12} & \cdots \\ a_{21} & a_{22} & \cdots \\ \vdots & \vdots & \ddots \end{bmatrix} \cdot X_o - \begin{bmatrix} X_{1o} \\ X_{1o} \\ \vdots \end{bmatrix} \right) \quad - PV_j \\ &= JX_1 \quad + C_j \quad - PV_j \end{aligned} \tag{a2}$$

这是一组单一未知数X_1的误差方程组，其误差形式为：

$$\Delta_{PL} = \delta_{X1} - V_{PV} \qquad （\Delta、\delta、V \text{ 的等权误差}）$$

同理可求得

$$\begin{aligned} PL_k &= PA_{kt}X - PV_k \quad \cdots\cdots\cdots\cdots(II) \\ &= JX_2 \quad + C_k \quad - PV_k \\ \Delta_{PL} &= \delta_{X2} - V_{PV} \\ &\text{- - - - - - - - - - - - - - - - - -} \\ PL_m &= PA_{mi}X - PV_m \quad \cdots\cdots\cdots\cdots(T) \\ &= JX_t \quad + C_m \quad - PV_m \\ \Delta_{PL} &= \delta_{X_t} - V_{PL} \end{aligned} \tag{a3}$$

将其 t 组单一未知数 X 的误差方程组，联写之：

$$
\begin{aligned}
L &= AX - V \\
PL &= PAX - PV = \underbrace{\begin{bmatrix} 1 & 0 & \cdots & 0 \\ \vdots & 0 & \cdots & 0 \\ 1 & 0 & \cdots & 0 \\ 0 & 1 & \cdots & 0 \\ 0 & \vdots & \cdots & 0 \\ 0 & 1 & \cdots & 0 \\ \vdots & \vdots & \ddots & \vdots \\ 0 & 0 & \cdots & 1 \\ 0 & 0 & \cdots & \vdots \\ 0 & 0 & \cdots & 1 \end{bmatrix}}_{B} \cdot \underbrace{\begin{bmatrix} X_1 \\ X_2 \\ X_3 \\ \vdots \\ X_t \end{bmatrix}}_{X} + \underbrace{\begin{bmatrix} C_1 \\ C_2 \\ C_3 \\ \vdots \\ \vdots \\ \vdots \\ \vdots \\ \vdots \\ \vdots \\ C_n \end{bmatrix}}_{C} - \begin{bmatrix} (PV)_1 \\ (PV)_2 \\ (PV)_3 \\ \vdots \\ \vdots \\ \vdots \\ \vdots \\ \vdots \\ \vdots \\ (PV)_n \end{bmatrix} \qquad (3.604) \\
&= E - PV
\end{aligned}
$$

式中，

$$E = BX + C$$

与其误差关系式联写：

$$
\begin{aligned}
L &= AX - V \\
L &= \ E \ - V
\end{aligned}
\quad , \quad
\begin{aligned}
\Delta &= A\delta - V \\
\Delta &= \ \delta_E - V
\end{aligned}
\qquad \text{其方程数} \begin{pmatrix} n = n \\ N = n/t \end{pmatrix} \qquad (3.605)
$$

该式是（3.604）式的简化书写形式，是（3.601）与（3.604）两个等效方程的书写标志。（3.604）式是 t 组单一未知数的误差方程，每组方程个数为 N，其特征值的关系是算术中数与观测值的关系。根据（3.307）式可知：

$$
\begin{aligned}
&\left(m^2\right)_E = \left[\frac{1}{N^2} m^2\right] = \frac{1}{N}\left(m^2\right)_{PL} \qquad \left(N = \frac{n}{t}\right) \\
&\left(\lambda m^2\right)_E = \left[\frac{1}{N^3} \lambda m^2\right] = \frac{1}{N^2}\left(\lambda m^2\right)_{PL} \qquad (3.606) \\
&\left(\omega^3 m^2 - 3\lambda m^2 m^2\right)_E = \frac{1}{N^4}\left(\omega^3 m^2 - 3\lambda m^2 m^2\right)_{PL} \\
&\left(\sigma^4 - 3m^2 m^2\right)_E = \frac{1}{N^3}\left(\sigma^4 - 3m^2 m^2\right)_{PL} \\
&\left(\theta^5 m^2 - 5\sigma^4 \cdot \lambda m^2 - 10\,\omega^3 m^2 m^2 + 30\lambda m^2 m^2 m^2\right)_E \\
&\qquad = \frac{1}{N^6}\left(\theta^5 m^2 - 5\sigma^4 \cdot \lambda m^2 - 10\,\omega^3 m^2 m^2 + 30\lambda m^2 m^2 m^2\right)_{PL}
\end{aligned}
$$

一、多未知数方程的V、L误差特征值

考虑到（3.606）式与（3.414）式的相似性，根据（3.314）式可知

$$\begin{aligned}(\lambda m^2)_{P\Delta} &= (\lambda m^2)_E + (\lambda m^2)_{PV}\\ (m^2)_{P\Delta} &= (m^2)_E + (m^2)_{PV}\end{aligned} \tag{3.611}$$

$$(\omega^3 m^2 - 3\lambda m^2 m^2)_{P\Delta} = (\omega^3 m^2 - 3\lambda m^2 m^2)_E + (\omega^3 m^2 - 3\lambda m^2 m^2)_{PV}$$

$$(\sigma^4 - 3m^2 m^2)_{P\Delta} = (\sigma^4 - 3m^2 m^2)_E + (\sigma^4 - 3m^2 m^2)_{PV}$$

$$\begin{aligned}&(\theta^5 m^2 - 5\sigma^4 \cdot \lambda m^2 - 10\omega^3 m^2 m^2 + 30\lambda m^2 m^2 m^2)_{P\Delta}\\ &= (\theta^5 m^2 - 5\sigma^4 \cdot \lambda m^2 - 10\omega^3 m^2 m^2 + 30\lambda m^2 m^2 m^2)_E\\ &\quad + (\theta^5 m^2 - 5\sigma^4 \cdot \lambda m^2 - 10\omega^3 m^2 m^2 + 30\lambda m^2 m^2 m^2)_{PV}\end{aligned}$$

$$\begin{aligned}&(\delta^6 - 15\sigma^4 m^2 + 30m^2 m^2 m^2)_{P\Delta}\\ &= (\delta^6 - 15\sigma^4 m^2 + 30m^2 m^2 m^2)_E\\ &\quad + (\delta^6 - 15\sigma^4 m^2 + 30m^2 m^2 m^2)_{PV}\end{aligned}$$

由（3.415）、（3.416）二式可知

$$\begin{aligned}(\lambda m^2)_{PL} &= \frac{1}{N^2}(\lambda m^2)_{PL} + (\lambda m^2)_{PV}\\ (m^2)_{PL} &= \frac{1}{N}(m^2)_{PL} + (m^2)_{PV}\end{aligned}\quad , \quad \left(N = \frac{n}{t}\right) \tag{3.612}$$

$$(\omega^3 m^2 - 3\lambda m^2 m^2)_{PL} = \frac{1}{N^4}(\omega^3 m^2 - 3\lambda m^2 m^2)_{PL} + (\omega^3 m^2 - 3\lambda m^2 m^2)_{PV}$$

$$(\sigma^4 - 3m^2 m^2)_{PL} = \frac{1}{N^3}(\sigma^4 - 3m^2 m^2)_{PL} + (\sigma^4 - 3m^2 m^2)_{PV}$$

$$\begin{aligned}&(\theta^5 m^2 - 5\sigma^4 \cdot \lambda m^2 - 10\omega^3 m^2 m^2 + 30\lambda m^2 m^2 m^2)_{PL} \cdot N^6\\ &= (\theta^5 m^2 - 5\sigma^4 \cdot \lambda m^2 - 10\omega^3 m^2 m^2 + 30\lambda m^2 m^2 m^2)_{PL}\\ &\quad + (\theta^5 m^2 - 5\sigma^4 \cdot \lambda m^2 - 10\omega^3 m^2 m^2 + 30\lambda m^2 m^2 m^2)_{PV} \cdot N^6\end{aligned}$$

$$\begin{aligned}&(\delta^6 - 15\sigma^4 m^2 + 30m^2 m^2 m^2)_{PL} \cdot N^5\\ &= (\delta^6 - 15\sigma^4 m^2 + 30m^2 m^2 m^2)_{PL}\\ &\quad + (\delta^6 - 15\sigma^4 m^2 + 30m^2 m^2 m^2)_{PV} \cdot N^5\end{aligned}$$

整理可得：

$$\left(\lambda m^2\right)_{PL} = \frac{n^2}{n^2-t^2}\left(\lambda m^2\right)_{PV}$$

$$\left(m^2\right)_{PL} = \frac{n}{n-t}\left(m^2\right)_{PV}$$

$$\left(\omega^3 m^2 - 3\lambda m^2 m^2\right)_{PL} = \frac{n^4}{n^4-t^4}\left(\omega^3 m^2 - 3\lambda m^2 m^2\right)_{PV}$$

$$\left(\sigma^4 - 3m^2 m^2\right)_{PL} = \frac{n^3}{n^3-t^3}\left(\sigma^4 - 3m^2 m^2\right)_{PV}$$

$$\left(\theta^5 m^2 - 5\sigma^4\cdot\lambda m^2 - 10\omega^3 m^2 m^2 + 30\lambda m^2 m^2 m^2\right)_{PL}$$
$$= \frac{n^6}{n^6-t^6}\left(\theta^5 m^2 - 5\sigma^4\cdot\lambda m^2 - 10\omega^3 m^2 m^2 + 30\lambda m^2 m^2 m^2\right)_{PV}$$

$$\left(\delta^6 - 15\sigma^4 m^2 + 30m^2 m^2 m^2\right)_{PL}$$
$$= \frac{n^5}{n^5-t^5}\left(\delta^6 - 15\sigma^4 m^2 + 30m^2 m^2 m^2\right)_{PV} \tag{3.613}$$

其中，V 的特征值，根据（2.123）等诸式定义和分组的方程数 N 而知为：

$$\begin{bmatrix}\lambda^1\\ m^2\\ \omega^3\\ \sigma^4\\ \theta^5\end{bmatrix}_{PV} = \frac{1}{N}\cdot\sum_1^N\begin{bmatrix}|PV|\\ |PVV|\\ |PVVV|\\ |PVVVV|\\ |PVVVVV|\end{bmatrix}_N \tag{3.614}$$

对于（3.601）式整体来说，应该是取上式 t 个值的算术中数，而为：

$$\begin{bmatrix}\lambda^1\\ m^2\\ \omega^3\\ \sigma^4\\ \theta^5\end{bmatrix}_{PV} = \frac{1}{n}\cdot\sum_1^n\begin{bmatrix}|PV|\\ |PVV|\\ |PVVV|\\ |PVVVV|\\ |PVVVVV|\end{bmatrix}_n \tag{3.615}$$

式中的V，根据特定数学处理（3.601）式后的X，由下式定：

$$V = AX - L\quad,\qquad P = [\,P_1\ P_2\ P_3\cdots\ P_n\,]^T \tag{3.616}$$

二、多未知数方程的 L 权单位 μ

考虑到（PL）是等权处理，其权为 1，故根据（3.513）式可知 L 的权单位：

$$
\begin{aligned}
&\left(\mu_1^1\mu_2^2\right)_{PL} = \frac{n^2}{n^2-t^2}\left(\lambda m^2\right)_{PV} \\
&\left(\mu_2^2\right)_{PL} = \frac{n}{n-t}\left(m^2\right)_{PV} \\
&\left(\mu_3^3\mu_2^2-3\mu_1^1\mu_2^2\mu_2^2\right)_{PL} = \frac{n^4}{n^4-t^4}\left(\omega^3m^2-3\lambda m^2m^2\right)_{PV} \\
&\left(\mu_4^4-3\mu_2^2\mu_2^2\right)_{PL} = \frac{n^3}{n^3-t^3}\left(\sigma^4-3m^2m^2\right)_{PV} \\
&\left(\mu_5^5\mu_2^2-5\mu_4^4\cdot\mu_1^1\mu_2^2-10\mu_3^3\mu_2^2\mu_2^2+30\mu_1^1\mu_2^2\mu_2^2\mu_2^2\right)_{PL} \\
&\quad = \frac{n^6}{n^6-t^6}\left(\theta^5m^2-5\sigma^4\cdot\lambda m^2-10\omega^3m^2m^2+30\lambda m^2m^2m^2\right)_{PV} \\
&\left(\mu_6^6-15\mu_4^4\mu_2^2+30\mu_2^2\mu_2^2\mu_2^2\right)_{PL} \\
&\quad = \frac{n^5}{n^5-t^5}\left(\delta^6-15\sigma^4m^2+30m^2m^2m^2\right)_{PV}
\end{aligned}
\tag{3.621}
$$

移项可得：

$$
\begin{aligned}
&\left(\mu_1^1\right)_{PL} = \frac{n}{n+t}(\lambda)_{PV} = \frac{\sum|PV|}{n+t} \\
&\left(\mu_2^2\right)_{PL} = \frac{n}{n-t}\left(m^2\right)_{PV} = \frac{\sum|PVV|}{n-t} \\
&\left(\mu_3^3\right)_{PL} = \left(3\mu_1^1\mu_2^2\right)_{PL} - \frac{n^3(n-t)}{n^4-t^4}\left(3\lambda m^2-\omega^3\right)_{PV} \\
&\left(\mu_4^4\right)_{PL} = \left(3\mu_2^2\mu_2^2\right)_{PL} - \frac{n^3}{n^3-t^3}\left(3m^2m^2-\sigma^4\right)_{PV} \\
&\left(\mu_5^5\right)_{PL} = \left(5\mu_4^4\cdot\mu_1^1+10\mu_3^3\mu_2^2-30\mu_1^1\mu_2^2\mu_2^2\right)_{PL} \\
&\qquad - \frac{n^5(n-1)}{n^6-t^6}\left(\left(5\sigma^4\cdot\lambda+10\omega^3m^2-30\lambda m^2m^2\right)-\theta^5\right)_{PV} \\
&\left(\mu_6^6\right)_{PL} = \left(15\mu_4^4\mu_2^2-30\mu_2^2\mu_2^2\mu_2^2\right)_{PL} \\
&\qquad - \frac{n^4(n-1)}{n^5-t^5}\left(\left(15\sigma^4m^2-30m^2m^2m^2\right)-\delta^6\right)_{PV}
\end{aligned}
\tag{3.622}
$$

第七章　本编内容辑要

本编的目的，在于向读者展示以下内容。

1）在数学表达式问题上，随机函数与随机变量是没有区别的。可能某些具体的随机函数、随机变量存在个别特殊数学形式，但都可以用一个普遍形式来表达。

2）随机函数与随机变量特征值之间的数学关系， 也就是随机变量误差向随机函数误差传递的普遍规律。

3）V 、L 的数学概念。

一、随机函数（分布密度函数）的普遍表达式

根据（3.191）、（3.196）二式，假设随机函数

$$\begin{aligned} F &= X_1 + X_2 + X_3 + \cdots + X_t \\ \Delta &= x_1 + x_2 + x_3 + \cdots + x_t \end{aligned} \qquad (3.711)$$

作为随机函数与随机变量，二者本身各自内部的常数、参数之间的相互数学关系是完全相似的。可以把（2.721）…（2.724）诸式看作随机函数来理解，不再赘述。只是习惯上，函数误差以 Δ 表之，变量误差以 x 表之。

显然，现实空间存在的（不管是函数或变量的）随机误差分布：

$$E(x) = (x) \qquad (\lambda, m, \omega, \cdots, \gamma)_E \qquad (3.712)$$

在下列条件下，

$$[\lambda \;\; m \;\; \omega \;\; \cdots \;\; \gamma]_f = [\lambda \;\; m \;\; \omega \;\; \cdots \;\; \gamma]_E$$

根据（2.723）、（2.724）二式，可以求得其普遍形式：　(3.713)

$$f(x) = E(x) = (x)$$

式中，$f(x)$ 为随机分布密度函数的普遍形式（2.721）式，(x) 为现实空间存在的某随机误差分布密度函数（含学术界所有的）名为 $E(x)$ 的数学原型表达式。

举例：（2.541）式所示随机函数误差（参阅图【2.541】）

$$E(\Delta) = y = \frac{2}{\pi}\left(1 - \Delta^2\right)^{\frac{1}{2}}$$

根据（3.713）式，可求得（2.545）式，　(3.714)

$$f(\Delta) = 0.643 \exp\left(-0.22 \frac{|\Delta|^{1.16}}{(1.08)^{1.16} - |\Delta|^{1.16}}\right) = E(\Delta) = \frac{2}{\pi}\left(1 - \Delta^2\right)^{\frac{1}{2}}$$

二、随机函数与随机变量之间的随机误差（特征值）传播规律

根据（3.191）、（3.196）二式，随机函数与随机变量

$$
\begin{aligned}
&F = X_1 + X_2 + X_3 + \cdots + X_t \\
&\Delta = x_1 + x_2 + x_3 + \cdots + x_t \\
&f_F(\Delta) \quad , \quad f_i(x) \\
&\qquad (i=1, 2, 3, \cdots, t)
\end{aligned}
\tag{3.721}
$$

之间的随机误差值（各阶特征值）传播规律，即相互数学关系式如下。

1）平均误差（一阶特征值）**的传播规律**

$$(\lambda m^2)_F = [\lambda m^2]$$

2）中误差（二阶特征值）**的传播规律**

$$(m^2)_F = [m^2]$$

3）三阶误差（三阶特征值）**的传播规律**

$$(\omega^3 m^2 - 3\lambda m^2 m^2)_F = [\omega^3 m^2 - 3\lambda m^2 m^2] \tag{3.722}$$

4）四阶误差（四阶特征值）**的传播规律**

$$(\sigma^4 - 3m^2 m^2)_F = [\sigma^4 - 3m^2 m^2]$$

5）五阶误差（五阶特征值）**的传播规律**

$$
\begin{aligned}
&(\theta^5 m^2 - 5\sigma^4 \cdot \lambda m^2 - 10\omega^3 m^2 m^2 + 30\lambda m^2 m^2 m^2)_F \\
&\qquad = [\theta^5 m^2 - 5\sigma^4 \cdot \lambda m^2 - 10\omega^3 m^2 m^2 + 30\lambda m^2 m^2 m^2]
\end{aligned}
$$

6）六阶误差（六阶特征值）**的传播规律**

$$
\begin{aligned}
&(\delta^6 - 15\sigma^4 m^2 + 30m^2 m^2 m^2)_F \\
&\qquad = [\delta^6 - 15\sigma^4 m^2 + 30m^2 m^2 m^2]
\end{aligned}
$$

式中符号，由（3.191）…（3.196）诸式定义。随机变量的特征值，多由实验数据求得，随机变量特征值（3.195）式的积分，只说明其数学含义。随机函数的特征值，只能由随机变量的特征值求得。

求得随机函数特征值后，再按（2.723）、（2.724）二式求解分布参数，最后再根据（2.721）式求解随机函数。

三、V、L的数学概念

在客观实际的科学实践活动中，不考虑高次项，等精度观测的（3.501）式是概率、测绘等学术界约定的描述未知数与观测值的数学方程式：

$$V = AX - L \quad , \qquad V = -\Delta \tag{3.731}$$

$$V=\begin{bmatrix}V_1\\V_2\\V_3\\\vdots\\V_n\end{bmatrix} \quad , \quad A=\begin{bmatrix}a_1 & b_1 & c_1 & \cdots & h_1\\a_2 & b_2 & c_2 & \cdots & h_2\\a_3 & b_3 & c_3 & \cdots & h_3\\\vdots & \vdots & \vdots & \ddots & \vdots\\a_n & b_n & c_n & \cdots & h_n\end{bmatrix} \quad , \quad X=\begin{bmatrix}X_1\\X_2\\\vdots\\X_t\end{bmatrix} \quad , \quad L=\begin{bmatrix}L_1\\L_2\\L_3\\\vdots\\L_n\end{bmatrix}$$

习惯上，称之为误差方程。式中，Δ为观测值L的实际误差，V按“$-\Delta$”定义，称作改正数，实际上是数学方程的误差。V是未知数，因为待求未知数X的存在，以及误差方程的处理方法不同，V最后解算的结果与（$-\Delta$）二者会有微量差别。Δ是未知常数，V与Δ的代数符号相反，即

$$\begin{aligned}L &= AX - V\\ \Delta &= A\delta - V\end{aligned} \tag{3.732}$$

所谓V、L的数学概念，主要是指V、L之间的误差的数学关系。随机变量V的数学期望（真值）为 0；所以，V本身就是V的误差。对于非等权观测，等权处理后，由（3.601）式可知

$$\begin{aligned}V &= AX - L \quad , \qquad P = [\,P_1 \;\; P_2 \;\; P_3 \cdots \; P_n\,]^T\\ PL &= PAX - PV\\ P\Delta &= PA\delta - PV\end{aligned} \tag{3.733}$$

根据随机误差的特性，遵循其分布的规律，为求解未知数X，对上述误差方程进行附加条件的处理，V与（$-\Delta$）会有所不同；但二者特征值的数学关系是不变的。根据数据处理的最后结果，将X、L代入误差方程，求出V后，由（3.615）式求解改正数V的单位权特征值：

$$\begin{bmatrix}\lambda^1\\m^2\\\omega^3\\\sigma^4\\\theta^5\end{bmatrix}_{PV} = \frac{1}{n}\cdot\sum_1^n\begin{bmatrix}|PV|\\|PVV|\\|PVVV|\\|PVVVV|\\|PVVVVV|\end{bmatrix}_n \tag{3.734}$$

进而，再由改正数V的单位权特征值，求解L误差Δ的单位权特征值：

$$\left.\begin{aligned}
(\mu_1^1)_{PL} &= \frac{n}{n+t}(\lambda)_{PV} \qquad\qquad = \frac{\sum|PV|}{n+t} \\
(\mu_2^2)_{PL} &= \frac{n}{n-t}(m^2)_{PV} \qquad\qquad = \frac{\sum|PVV|}{n-t} \\
(\mu_3^3)_{PL} &= (3\mu_1^1\mu_2^2)_{PL} - \frac{n^3(n-t)}{n^4-t^4}(3\lambda m^2-\omega^3)_{PV} \\
(\mu_4^4)_{PL} &= (3\mu_2^2\mu_2^2)_{PL} - \frac{n^3}{n^3-t^3}(3m^2m^2-\sigma^4)_{PV} \\
(\mu_5^5)_{PL} &= (5\mu_4^4\cdot\mu_1^1+10\mu_3^3\mu_2^2-30\mu_1^1\mu_2^2\mu_2^2)_{PL} \\
&\quad - \frac{n^5(n-1)}{n^6-t^6}\left((5\sigma^4\cdot\lambda+10\omega^3m^2-30\lambda m^2m^2)-\theta^5\right)_{PV} \\
(\mu_6^6)_{PL} &= (15\mu_4^4\mu_2^2-30\mu_2^2\mu_2^2\mu_2^2)_{PL} \\
&\quad - \frac{n^4(n-1)}{n^5-t^5}\left((15\sigma^4m^2-30m^2m^2m^2)-\delta^6\right)_{PV}
\end{aligned}\right| \tag{3.735}$$

也就是权单位。继之，根据（2.622）式，对于非等精度观测，可知第j个观测值L_j的特征值：（PL、$P\Delta$均为L误差单位权符号）

$$\left(\begin{bmatrix}\lambda\\ m^2\\ \omega^3\\ \vdots\end{bmatrix}_L\right)_j = \frac{1}{P_j}\begin{bmatrix}\mu_1^1\\ \mu_2^2\\ \mu_3^3\\ \vdots\end{bmatrix}_{PL} = \frac{1}{P_j}\begin{bmatrix}\mu_1^1\\ \mu_2^2\\ \mu_3^3\\ \vdots\end{bmatrix}_{P\Delta} \tag{3.736}$$

这里强调指出，观测值L的特征值，不可能由其误差Δ来求解，只能由其相应的改正数V的特征值来求解。因为在实际误差方程中不存在具体的Δ元素，无法直接求解。所谓V、L的数学概念，主要是V、Δ之间的数学关系。

顺便指出，在组建误差方程时，L可能会包含未知数的高次项和其它微小项；这些微小项，只反映其随机元素的特性，不会影响L特征值的变化。

重复指出，实际解算出的V，不可能与实际真误差（$-\Delta$）相同；它们之间的数学关系，理论上是定义的（3.501）式，实际上是（3.735）式。

-----2016 年 8 月 20 日　　北京・航天城-----

-----2019 年 12 月 13 日　　西安・曲江池-----

第 四 编　随机函数方程

数学的基本任务是求解未知数。为了求解未知数，必须先通过特殊手段去获得一定空间范围内的已知数。已知数被称作变量，未知数被称作函数。如

$$X = L \tag{4.001}$$

式中，X 为函数，是待求值；L 为变量，是已知数，是观测值。在科学实践活动中，往往同时出现多个函数（未知数）和多个观测值（已知数）。它们往往相互交错在多个函数体内，形成一个随机方程体 $f(X)$，如

$$\begin{aligned} f(X) &= (X) \\ &= AX - (C + S(X)) \\ &= AX - L \quad , \quad L = C + S(X) \end{aligned} \tag{4.002}$$

式中，(X) 为随机方程体内的具体函数多项式，AX 为主要一次项，C 为函数体内的常数项（多为需要观测的随机变量），$S(X)$ 为高次项（含一次项的微小项）；L 通常应书写为

$$L = \begin{cases} C + S(X) & \text{（无误差）} \\ C + S(X) - \Delta & \text{（有误差）} \end{cases} \tag{4.003}$$

式中，$C + S(X)$ 的误差 Δ，主要是观测值 C 的随机误差。一般情况下，对于大量的随机函数组成的随机方程体，可写成

$$AX = L \tag{4.004}$$

其具体形式：

$$\begin{aligned} a_{11}X_1 + a_{12}X_2 + a_{13}X_3 + \cdots + a_{1R}X_R &= L_1 \\ a_{21}X_1 + a_{22}X_2 + a_{23}X_3 + \cdots + a_{2R}X_R &= L_2 \\ a_{31}X_1 + a_{32}X_2 + a_{33}X_3 + \cdots + a_{3R}X_R &= L_3 \\ \cdots\cdots\cdots\cdots\cdots\cdots\cdots\cdots & \\ a_{R1}X_1 + a_{R2}X_2 + a_{R3}X_3 + \cdots + a_{RR}X_R &= L_R \end{aligned} \tag{4.005}$$

习惯上，将上式写成矩阵形式：

$$\begin{bmatrix} a_{11} & a_{12} & a_{13} & \cdots & a_{1R} \\ a_{21} & a_{22} & a_{23} & \cdots & a_{2R} \\ a_{31} & a_{32} & a_{33} & \cdots & a_{3R} \\ \vdots & \vdots & \vdots & \ddots & \vdots \\ a_{R1} & a_{R2} & a_{R3} & \cdots & a_{RR} \end{bmatrix} \cdot \begin{bmatrix} X_1 \\ X_2 \\ X_3 \\ \vdots \\ X_R \end{bmatrix} = \begin{bmatrix} L_1 \\ L_2 \\ L_3 \\ \vdots \\ L_R \end{bmatrix} \tag{4.006}$$

重复地说，L 的实质是随机变量，X 被称作随机函数体，(4.006) 式被称为随机函数方程组合体。

为此定义，同处在一个特定空间的随机变量、随机函数和随机方程组合，具有随机性质的代数方程，统称为“随机方程”。事实上，所有的代数方程，无论其性质如何，都可以说是随机函数方程。

严格地说，作为数学形式，(4.006) 式的书写是不妥的，应该把“有误差”与“无误差”分离。根据 (4.003) 式，以 L 表无误差的 L，与随机误差 Δ 分离，则 (4.006) 式的严格书写形式应为

$$\begin{bmatrix} a_{11} & a_{12} & a_{13} & \cdots & a_{1R} \\ a_{21} & a_{22} & a_{23} & \cdots & a_{2R} \\ a_{31} & a_{32} & a_{33} & \cdots & a_{3R} \\ \vdots & \vdots & \vdots & \ddots & \vdots \\ a_{R1} & a_{R2} & a_{R3} & \cdots & a_{RR} \end{bmatrix} \cdot \begin{bmatrix} X_1 \\ X_2 \\ X_3 \\ \vdots \\ X_R \end{bmatrix} = \begin{bmatrix} L_1 \\ L_2 \\ L_3 \\ \vdots \\ L_R \end{bmatrix} - \begin{bmatrix} \Delta_1 \\ \Delta_2 \\ \Delta_3 \\ \vdots \\ \Delta_R \end{bmatrix} \tag{a1}$$

因为 Δ 是未知的，应归属函数。分开函数与变量书写，应为

$$\begin{bmatrix} \Delta_1 \\ \Delta_2 \\ \Delta_3 \\ \vdots \\ \Delta_R \end{bmatrix} + \begin{bmatrix} a_{11} & a_{12} & a_{13} & \cdots & a_{1R} \\ a_{21} & a_{22} & a_{23} & \cdots & a_{2R} \\ a_{31} & a_{32} & a_{33} & \cdots & a_{3R} \\ \vdots & \vdots & \vdots & \ddots & \vdots \\ a_{R1} & a_{R2} & a_{R3} & \cdots & a_{RR} \end{bmatrix} \cdot \begin{bmatrix} X_1 \\ X_2 \\ X_3 \\ \vdots \\ X_R \end{bmatrix} = \begin{bmatrix} L_1 \\ L_2 \\ L_3 \\ \vdots \\ L_R \end{bmatrix} \tag{a2}$$

从代数方程的基本概念来思考，根据 R 个方程是无法求解 $2R$ 个未知数的。因此，采取大量观测的措施，使函数方程 (a2) 式，变成为

$$\begin{bmatrix} \Delta_1 \\ \Delta_2 \\ \Delta_3 \\ \vdots \\ \Delta_n \end{bmatrix} + \begin{bmatrix} a_{11} & a_{12} & a_{13} & \cdots & a_{1R} \\ a_{21} & a_{22} & a_{23} & \cdots & a_{2R} \\ a_{31} & a_{32} & a_{33} & \cdots & a_{3R} \\ \vdots & \vdots & \vdots & \ddots & \vdots \\ a_{n1} & a_{n2} & a_{n3} & \cdots & a_{nR} \end{bmatrix} \cdot \begin{bmatrix} X_1 \\ X_2 \\ X_3 \\ \vdots \\ X_R \end{bmatrix} = \begin{bmatrix} L_1 \\ L_2 \\ L_3 \\ \vdots \\ L_n \end{bmatrix} \tag{a3}$$

$$(R \le n)$$

观测数量 n，虽然大于未知数 X 的数量 R，但仍小于函数 X 数量与误差 Δ 数量的总和 ($R+n$)，(a3) 式与 (a2) 式存在着同样的问题。这就是说，单靠观测数量增加的措施，是无法解决 $n \neq R$ 这一代数问题的。这是本编要探索的重点问题。

为简明起见，将（a3）式以P表其权，改写成

$$V = AX - L \quad , \quad P \tag{4.007}$$

式中，

$$V = \begin{bmatrix} V_1 \\ V_2 \\ V_3 \\ \vdots \\ V_n \end{bmatrix} = -\begin{bmatrix} \Delta_1 \\ \Delta_2 \\ \Delta_3 \\ \vdots \\ \Delta_n \end{bmatrix} = -\Delta \quad , \quad P = \begin{bmatrix} P_1 \\ P_2 \\ P_3 \\ \vdots \\ P_n \end{bmatrix}$$

$$A = \begin{bmatrix} a_{11} & a_{12} & a_{13} & \cdots & a_{1R} \\ a_{21} & a_{22} & a_{23} & \cdots & a_{2R} \\ a_{31} & a_{32} & a_{33} & \cdots & a_{3R} \\ \vdots & \vdots & \vdots & \ddots & \vdots \\ a_{n1} & a_{n2} & a_{n3} & \cdots & a_{nR} \end{bmatrix} \quad (R \le n)$$

$$X = \begin{bmatrix} X_1 \\ X_2 \\ X_3 \\ \vdots \\ X_R \end{bmatrix} \tag{4.008}$$

$$L = \begin{bmatrix} L_1 \\ L_2 \\ L_3 \\ \vdots \\ L_n \end{bmatrix} = \begin{bmatrix} (L_1)_T \\ (L_2)_T \\ (L_3)_T \\ \vdots \\ (L_n)_T \end{bmatrix} + \begin{bmatrix} \Delta_1 \\ \Delta_2 \\ \Delta_3 \\ \vdots \\ \Delta_n \end{bmatrix} = (L)_T + \Delta$$

L 为随机变量列阵，由（4.003）式定义，是随机函数方程体的常数、函数高次项和随机变量 L_S 观测值组成的组合体；$(L)_T$ 是 L 列阵的真值，Δ 是 L 列阵的随机误差。X 是待求函数未知数列阵；A 是方程的一次项系数矩阵，行数 n，列数 R；V 是 Δ 的负值，学术界称其为随机变量 L 的“随机误差改正数”，简称“改正数”。在 L 组合体内，当存在 X 的高次项时，称（4.007）式为非线性误差方程式；当不存在 X 的高次项时，称（4.007）式为线性误差方程式。

正因为（4.007）式的解算难度，数学界的其他学科对其多避而远之，束之高阁；但概率学科和测绘学科的科技工作者，是必须面对的。

甲、随机函数方程解算的基本原理

测绘学是有单位的数学。确切地说，测绘学是探索宇宙空间天体、星体、大地几何状态和物理特性的学科。在探索的过程中，有关数据必然会遇到误差的干扰；其它与测绘学相关的学科亦然。在探索的过程中，所有问题都集中反映在随机函数的数学方程（4.007）式之中。探索（4.007）式的最佳解法，自 18 世纪近代科学开始发展至今的 200 多年中，始终没有停止过。

观察（4.007）式，首先发现式中的V是处在函数地位的随机误差，偶然误差。V的分布是有规律的。在处理（4.007）式时，V的分布规律是必须遵循的。这是解算（4.007）式的核心问题。

因为V是具有随机误差特性的随机误差（随机函数真值为 0 的随机误差），根据（3.200）式可知其分布密度函数

$$f(V)=k\cdot\exp\left\{-\xi\frac{|V|^{\varepsilon}}{\alpha^{\varepsilon}-|V|^{\varepsilon}}\prod_{j=1}^{r}\left(1+\rho_j\left|\frac{V}{\alpha}\right|^{\varepsilon}\right)\right\} \tag{4.011}$$

从实用的观点考虑，由（3.201）、（3.202）、（3.203）三式，可知

$$\left.\begin{aligned}
&f(V)=k\cdot\exp\left\{-\xi\frac{|V|^{\varepsilon}}{\alpha^{\varepsilon}-|V|^{\varepsilon}}\right\}\\
&f(V)=k\cdot\exp\left\{-\xi\frac{|V|^{\varepsilon}}{\alpha^{\varepsilon}-|V|^{\varepsilon}}\left(1-\eta\left|\frac{V}{\alpha}\right|^{\varepsilon}\right)\right\}\\
&f(V)=k\cdot\exp\left\{-\xi\frac{|V|^{\varepsilon}}{\alpha^{\varepsilon}-|V|^{\varepsilon}}\left(1-\eta\left|\frac{V}{\alpha}\right|^{\varepsilon}\right)\left(1-\zeta\left|\frac{V}{\alpha}\right|^{\varepsilon}\right)\right\}
\end{aligned}\right| \tag{4.012}$$

根据最大概率原理（2.225）式可知，必须遵循

$$\prod_{i=1}^{n} f_i(V_i)\cdot\Delta V=\max \tag{4.013}$$

也就是

$$\left(\prod_{i=1}^{n} f_i(V_i)\right)\cdot(\Delta V)^n=\max$$

$$\left(\prod_{i=1}^{n} f_i(V_i)\right)=\max \tag{4.014}$$

基于最大概率原理（2.225）式，由（4.014）式，可知

$$\prod_{i=1}^{n} k\cdot\exp\left\{-\xi\frac{|V_i|^{\varepsilon}}{\alpha^{\varepsilon}-|V_i|^{\varepsilon}}\right\}=\max \tag{b1}$$

$$\prod_{i=1}^{n}\exp\left\{-\xi\frac{|V_i|^{\varepsilon}}{\alpha^{\varepsilon}-|V_i|^{\varepsilon}}\right\}=\max \tag{b2}$$

$$\exp\left(\sum\left\{-\xi\frac{|V_i|^{\varepsilon}}{\alpha^{\varepsilon}-|V_i|^{\varepsilon}}\right\}\right)=\max \tag{b3}$$

$$\sum\left(\xi\frac{|V_i|^{\varepsilon}}{\alpha^{\varepsilon}-|V_i|^{\varepsilon}}\right)=\min \tag{4.015}$$

根据（2.621）式，以权P代替式中的ξ，**并以列阵形式表之**；则（4.012）式中的三式，可写成：

$$\left[P\frac{|V|^{\varepsilon}}{\alpha^{\varepsilon}-|V|^{\varepsilon}}\right]\uparrow J=\min \quad \text{（参看（4.438）式）}$$

$$\left[P\frac{|V|^{\varepsilon}}{\alpha^{\varepsilon}-|V|^{\varepsilon}}\left(1-\eta\left|\frac{V}{\alpha}\right|^{\varepsilon}\right)\right]\uparrow J=\min \tag{4.016}$$

$$\left[P\frac{|V|^{\varepsilon}}{\alpha^{\varepsilon}-|V|^{\varepsilon}}\left(1-\eta\left|\frac{V}{\alpha}\right|^{\varepsilon}\right)\left(1-\zeta\left|\frac{V}{\alpha}\right|^{\varepsilon}\right)\right]\uparrow J=\min$$

该式就是解算（4.007）式时，必须遵循的**基本原理**，即解算的**数学前提**。式中，V为（4.007）式解算之最后结果，P 为与 V 相应的权，α为 V 的极值，ε、η、ζ为改正数 V 的分布密度函数的参数，J 由（1.351）式定义。

顺便指出，由于偶然性，基于最大概率原理的（4.014）式原理解算的改正数 V 与（4.008）式定义的真误差Δ不可能是完全相等的，二者会有微小差别。从原则上讲，由于偶然性，任何解算方法都不可能使解算出的V与（$-\Delta$）相等；而基于最大概率原理的（4.016）式，可以使解算出的V与（$-\Delta$）的差值处在极度微小状态。

乙、随机函数方程解算的数学方程

将所有的 V **看作一个分布密度**，可知 P 是由观测次数的多少而造成的。这样，ε、α 就可以被看作为常数。根据（4.016）式，可知

$$\left(\left[P\frac{|V|^{\varepsilon}}{\alpha^{\varepsilon}-|V|^{\varepsilon}}\right]\right)'\uparrow J=\varepsilon\alpha^{\varepsilon}\cdot W_{I}\uparrow J \quad ==W_{I}\uparrow J=0$$

$$\left(\left[P\frac{|V|^{\varepsilon}}{\alpha^{\varepsilon}-|V|^{\varepsilon}}\left(1-\eta\left|\frac{V}{\alpha}\right|^{\varepsilon}\right)\right]\right)'\uparrow J=\frac{\varepsilon}{\alpha^{\varepsilon}}\cdot W_{II}\uparrow J \quad ==W_{II}\uparrow J=0$$

$$\left(\left[P\frac{|V|^{\varepsilon}}{\alpha^{\varepsilon}-|V|^{\varepsilon}}\left(1-\eta\left|\frac{V}{\alpha}\right|^{\varepsilon}\right)\left(1-\zeta\left|\frac{V}{\alpha}\right|^{\varepsilon}\right)\right]\right)'\uparrow J=\cdots==W_{III}\uparrow J=0$$

式中，W 被定义为数学列阵：[在（1.115）式中，$W(\xi,t)$ 是积分函数]

$$W=\begin{cases} W_{I}=\left[P\dfrac{|V|^{\varepsilon-1}\cdot\operatorname{sgn}V}{\left(\alpha^{\varepsilon}-|V|^{\varepsilon}\right)^{2}}\cdot\cdot\right] \\ W_{II}=\left[P\dfrac{\alpha^{2\varepsilon}-2\eta\alpha^{\varepsilon}|V|^{\varepsilon}+\eta|V|^{2\varepsilon}}{\left(\alpha^{\varepsilon}-|V|^{\varepsilon}\right)^{2}\operatorname{sgn}V}|V|^{\varepsilon-1}\cdot\right] \\ W_{III}=\left[P\dfrac{\alpha^{3\varepsilon}-E|V|^{\varepsilon}+K|V|^{2\varepsilon}-2\eta\zeta|V|^{3\varepsilon}}{\left(\alpha^{\varepsilon}-|V|^{\varepsilon}\right)^{2}\operatorname{sgn}V}|V|^{\varepsilon-1}\right] \end{cases} \tag{4.021}$$

（$E=2\alpha^{2\varepsilon}(\eta+\zeta)$ ， $K=(3\alpha^{\varepsilon}\eta\zeta+\alpha^{\varepsilon}(\eta+\zeta)$）

根据（4.016）式，定义：

$$F(V)=W\uparrow J=0 \quad , \qquad F(X)=F(V)\frac{dV}{dX}=0 \tag{4.022}$$

由（4.007）式，定义随机函数的解算方程为

$$F(X)=W\uparrow A=\left\{\begin{matrix} W_{I}\uparrow A \\ W_{II}\uparrow A \\ W_{III}\uparrow A \end{matrix}\right\}_{X}=0 \tag{4.023}$$

三个 W_{I}、W_{II}、W_{III} 的推证过程如下。

1）W_I 的推证过程（参看（1.112）式）

$$\left(\left[P\frac{|V|^{\varepsilon}}{\alpha^{\varepsilon}-|V|^{\varepsilon}}\right]\right)'\uparrow J=\left[P\frac{\left(\alpha^{\varepsilon}-|V|^{\varepsilon}\right)\cdot\varepsilon|V|^{\varepsilon-1}-|V|^{\varepsilon}\left(-\varepsilon|V|^{\varepsilon-1}\right)}{\left(\alpha^{\varepsilon}-|V|^{\varepsilon}\right)^{2}\cdot\operatorname{sgn}(V)}\right]\uparrow J=0$$

$$=\left[P\frac{\varepsilon\alpha^{\varepsilon}|V|^{\varepsilon-1}\cdot\operatorname{sgn}(V)}{\left(\alpha^{\varepsilon}-|V|^{\varepsilon}\right)^{2}}\right]\uparrow J=\varepsilon\alpha^{\varepsilon}\cdot\left[P\frac{|V|^{\varepsilon-1}\cdot\operatorname{sgn}(V)}{\left(\alpha^{\varepsilon}-|V|^{\varepsilon}\right)^{2}}\right]\uparrow J=0$$

$$W_I=\cdot\left[P\frac{|V|^{\varepsilon-1}\cdot\operatorname{sgn}(V)}{\left(\alpha^{\varepsilon}-|V|^{\varepsilon}\right)^{2}}\right]\tag{4.024}$$

2）W_{II} 的推证过程（参看（1.112）式）

$$\left(\left[P\frac{|V|^{\varepsilon}}{\alpha^{\varepsilon}-|V|^{\varepsilon}}\left(1-\eta\left|\frac{V}{\alpha}\right|^{\varepsilon}\right)\right]\right)'\uparrow J=\frac{1}{\alpha^{\varepsilon}}\left(\left[P\frac{\alpha^{\varepsilon}|V|^{\varepsilon}-\eta|V|^{2\varepsilon}}{\alpha^{\varepsilon}-|V|^{\varepsilon}}\right]\right)'\uparrow J$$

$$=\frac{1}{\alpha^{\varepsilon}}\left[P\frac{\left(\alpha^{\varepsilon}-|V|^{\varepsilon}\right)\cdot\left(\varepsilon\alpha^{\varepsilon}|V|^{\varepsilon-1}-2\varepsilon\eta|V|^{2\varepsilon-1}\right)-\left(\alpha^{\varepsilon}|V|^{\varepsilon}-\eta|V|^{2\varepsilon}\right)\cdot\left(-\varepsilon|V|^{\varepsilon-1}\right)}{\left(\alpha^{\varepsilon}-|V|^{\varepsilon}\right)^{2}\operatorname{sgn}V}\right]\uparrow J$$

$$=\frac{1}{\alpha^{\varepsilon}}\left[P\frac{\varepsilon\alpha^{2\varepsilon}|V|^{\varepsilon-1}-2\varepsilon\eta\alpha^{\varepsilon}|V|^{2\varepsilon-1}-\varepsilon\alpha^{\varepsilon}|V|^{2\varepsilon-1}+2\varepsilon\eta|V|^{3\varepsilon-1}\quad-0}{\left(\alpha^{\varepsilon}-|V|^{\varepsilon}\right)^{2}\operatorname{sgn}V}\right]\uparrow J$$

$$+\frac{1}{\alpha^{\varepsilon}}\left[P\frac{0\qquad+\varepsilon\alpha^{\varepsilon}|V|^{2\varepsilon-1}-\varepsilon\eta|V|^{3\varepsilon-1}}{\left(\alpha^{\varepsilon}-|V|^{\varepsilon}\right)^{2}\operatorname{sgn}V}\right]\uparrow J$$

$$=\frac{1}{\alpha^{\varepsilon}}\left[P\frac{\varepsilon\alpha^{2\varepsilon}|V|^{\varepsilon-1}-2\varepsilon\eta\alpha^{\varepsilon}|V|^{2\varepsilon-1}\qquad+\varepsilon\eta|V|^{3\varepsilon-1}}{\left(\alpha^{\varepsilon}-|V|^{\varepsilon}\right)^{2}\operatorname{sgn}V}\right]\uparrow J$$

$$=\frac{\varepsilon}{\alpha^{\varepsilon}}\left[P\frac{\alpha^{2\varepsilon}-2\eta\alpha^{\varepsilon}|V|^{\varepsilon}+\eta|V|^{2\varepsilon}}{\left(\alpha^{\varepsilon}-|V|^{\varepsilon}\right)^{2}\operatorname{sgn}V}|V|^{\varepsilon-1}\right]\uparrow J=\frac{\varepsilon}{\alpha^{\varepsilon}}W_{II}\uparrow J\quad==W_{II}\uparrow J=0$$

$$W_{II}=\left[P\frac{\alpha^{2\varepsilon}-2\eta\alpha^{\varepsilon}|V|^{\varepsilon}+\eta|V|^{2\varepsilon}}{\left(\alpha^{\varepsilon}-|V|^{\varepsilon}\right)^{2}\operatorname{sgn}V}|V|^{\varepsilon-1}\right]\tag{4.025}$$

3）W_{III} **的推证过程**（参看（1.112）式）

$$\left(\left[P\frac{|V|^{\varepsilon}}{\alpha^{\varepsilon}-|V|^{\varepsilon}}\left(1-\eta\left|\frac{V}{\alpha}\right|^{\varepsilon}\right)\left(1-\zeta\left|\frac{V}{\alpha}\right|^{\varepsilon}\right)\right]\right)'\uparrow J\qquad=0$$

$$=\left(\left[P\frac{|V|^{\varepsilon}}{\alpha^{\varepsilon}-|V|^{\varepsilon}}\cdot\frac{\alpha^{\varepsilon}-\eta|V|^{\varepsilon}}{\alpha^{\varepsilon}}\cdot\frac{\alpha^{\varepsilon}-\zeta|V|^{\varepsilon}}{\alpha^{\varepsilon}}\right]\right)'\uparrow J\quad=0$$

$$=\frac{1}{\alpha^{2\varepsilon}}\left(\left[P\cdot\frac{\alpha^{2\varepsilon}|V|^{\varepsilon}-\alpha^{\varepsilon}(\eta+\zeta)|V|^{2\varepsilon}+\eta\zeta|V|^{3\varepsilon}}{\alpha^{\varepsilon}-|V|^{\varepsilon}}\right]\right)'\uparrow J\qquad=0$$

$$=\frac{\varepsilon}{\alpha^{2\varepsilon}}\left[P\cdot\frac{\alpha^{3\varepsilon}|V|^{\varepsilon-1}-2\alpha^{2\varepsilon}(\eta+\zeta)|V|^{2\varepsilon-1}+3\alpha^{\varepsilon}\eta\zeta|V|^{3\varepsilon-1}}{\left(\alpha^{\varepsilon}-|V|^{\varepsilon}\right)^{2}}\right]\uparrow J$$

$$+\frac{\varepsilon}{\alpha^{2\varepsilon}}\left[P\cdot\frac{-\alpha^{2\varepsilon}|V|^{2\varepsilon-1}+2\alpha^{\varepsilon}(\eta+\zeta)|V|^{3\varepsilon-1}-3\eta\zeta|V|^{4\varepsilon-1}}{\left(\alpha^{\varepsilon}-|V|^{\varepsilon}\right)^{2}}\right]\uparrow J$$

$$-\frac{\varepsilon}{\alpha^{2\varepsilon}}\left[P\cdot\frac{-\alpha^{2\varepsilon}|V|^{2\varepsilon-1}+\alpha^{\varepsilon}(\eta+\zeta)|V|^{3\varepsilon-1}-\eta\zeta|V|^{4\varepsilon-1}}{\left(\alpha^{\varepsilon}-|V|^{\varepsilon}\right)^{2}}\right]\uparrow J=0$$

$$=\frac{\varepsilon}{\alpha^{2\varepsilon}}\left[P\cdot\frac{\alpha^{3\varepsilon}|V|^{\varepsilon-1}-2\alpha^{2\varepsilon}(\eta+\zeta)|V|^{2\varepsilon-1}+3\alpha^{\varepsilon}\eta\zeta|V|^{3\varepsilon-1}}{\left(\alpha^{\varepsilon}-|V|^{\varepsilon}\right)^{2}}\right]\uparrow J$$

$$+\frac{\varepsilon}{\alpha^{2\varepsilon}}\left[P\cdot\frac{+\alpha^{\varepsilon}(\eta+\zeta)|V|^{3\varepsilon-1}-2\eta\zeta|V|^{4\varepsilon-1}}{\left(\alpha^{\varepsilon}-|V|^{\varepsilon}\right)^{2}}\right]\uparrow J\quad=0$$

$$=\frac{\varepsilon}{\alpha^{2\varepsilon}}\left[P\frac{\alpha^{3\varepsilon}-E|V|^{\varepsilon}+K|V|^{2\varepsilon}-2\eta\zeta|V|^{3\varepsilon}}{\left(\alpha^{\varepsilon}-|V|^{\varepsilon}\right)^{2}}|V|^{\varepsilon-1}\right]\uparrow J\quad=0$$

$$W_{III}=\left[P\frac{\alpha^{3\varepsilon}-E|V|^{\varepsilon}+K|V|^{2\varepsilon}-2\eta\zeta|V|^{3\varepsilon}}{\left(\alpha^{\varepsilon}-|V|^{\varepsilon}\right)^{2}}|V|^{\varepsilon-1}\right]\qquad(4.026)$$

（$E=2\alpha^{2\varepsilon}(\eta+\zeta)$，$K=(3\alpha^{\varepsilon}\eta\zeta+\alpha^{\varepsilon}(\eta+\zeta))$）（比较（4.021）式）

丙、随机函数方程解算的数学方程形式约定

在一个科学实践活动中，每一个随机函数整体，必须确定一个完整的函数空间。这个空间可以由多个小空间组成，但必须有一个统一的整体。也就是说，所有空间存在的事物，必须以参数的形式，组成一个完整的整体，形成一个完整的随机函数，包括随机变量（观测值）L 在内的随机函数。为此，首先要组建与随机函数相应的数学方程：由（4.002）、（4.003）二式可知，对随机函数方程来说，最重要的是要确定函数“完整的函数体(X)”和“主要的一次项系数 A”，其它的高次项和随机变量 L 项在函数体(X)内的具体形式无须分离。即

$$\begin{aligned} f(X)=(X) & \qquad =0 \\ =AX-L+\Delta & \qquad =0 \end{aligned} \tag{4.031}$$

式中，函数体(X)与 AX 确定后，随机函数体的数学方程，作为解算的数学方程，已经完成；L 代表的其它项是无关紧要的。因此，作为随机函数解算的数学方程，**形式约定**的正确写法，应该是

$$\begin{aligned} f(X)=(X) & \qquad =-\Delta \\ =AX-L & \qquad =-\Delta \\ L\ =C+S(X) & \end{aligned} \tag{4.032}$$

丁、随机函数方程解算的随机误差方程

根据（4.008）式中的定义，将改正数 V、权 P 引入（4.032）式：

$$\left.\begin{aligned} V\ &=\ f(X)\quad =(X)\quad ,\qquad P \\ &=\ AX-L \\ \overset{i}{V}\ &=\ f(\overset{i}{X})\quad =(\overset{i}{X}) \end{aligned}\right| \tag{4.041}$$

该式即随机函数方程的**随机误差方程**。

戊、随机函数方程的解算方程

若根据（4.021）、（4.007）、（4.041）、（1.383）诸式，对待求未知数 X 求导，可知其未知数误差方程组为

$$\left.\begin{aligned} F(V)=\left(W\uparrow J\ \right)_V\ &=\ 0 \\ F(X)=\left(W\uparrow A\right)_X\ &=\ 0 \end{aligned}\right| \tag{4.051}$$

该方程是很难线性化的，必须运用辜小玲算法解之。根据（1.622）式，定义：

$$g(V)=PV\uparrow J=0 \tag{4.052}$$

根据（1.623）式，可知（4.051）式的等效未知数误差方程组为

$$\begin{aligned} F(V)&=\left((W+PV-PV)\uparrow J\right)_V=0\\ F(X)&=\left((W+PV-PV)\uparrow A\right)_X=0 \end{aligned} \tag{4.053}$$

该式即随机函数未知数方程组的**等效解算方程**。将（4.023）、（4.041）二式代入（4.044）式，参考（1.364）式，可知

$$\begin{aligned} F(X)&=\left((W+PV-PV)\uparrow A\right)_X &=0\\ &=(P*V)\uparrow A-(P*V-W)\uparrow A\\ &=(P*AX-P*L)\uparrow A-(P*V-W)\uparrow A\\ &=(P*AX)\uparrow A-(P*L)\uparrow A-(P*V-W)\uparrow A\\ &=A^T(P*AX)-(P*L-W+P*V)\uparrow A\\ &=\left((P*A)\uparrow A\right)\cdot X-(P*L-W+P*V)\uparrow A &=0 \end{aligned} \tag{4.054}$$

式中，$\left((P*A)\uparrow A\right)$ 为一次项主要系数，故根据（1.623）、（1.524）二式可知

$$F(\overset{i}{X})=\left(\overset{i}{W}+P\overset{i}{V}-P\overset{i}{V}\right)\uparrow A=\left(\overset{i}{W}\uparrow A\right)_X \qquad (\leftarrow (4.021),(4.024))$$

$$\begin{aligned} \overset{i+1}{X}&=\overset{i}{X}-\Delta \quad , \quad |\Delta|\le(\delta)\\ \Delta&=\left((P*A)\uparrow A\right)^{-1}\cdot F(\overset{i}{X})\\ &=\left((P*A)\uparrow A\right)^{-1}A^T\cdot\overset{i}{W} \qquad \left(\begin{array}{l}\overset{i}{W}\text{中的}\overset{i}{V}\text{由（4.041）式定}\\ R=\left((P*A)\uparrow A\right)^{-1}A^T\end{array}\right)\\ &=R\cdot\overset{i}{W} \end{aligned} \tag{4.055}$$

由（4.021）式定义的W函数中的α，ε，⋯ 也是待定未知数，在运算过程中求解。由于该解算公式，是基于最大概率原理的随机函数方程组解法，故名**最大概率法**。若简化计算方法，给定$\alpha\to\infty$，$\varepsilon=1$，可称之为（方程全解算的）**最小一乘法**；若给定$\alpha\to\infty$，$\varepsilon=2$，可称之为（方程全解算的）**最小二乘法**。（传统最小一乘法、最小二乘法都是将（4.041）式中的$S(\rho)$看作为 0 而弃之；但基于辜小玲算法的简化计算，$S(\rho)$要完全保留。）

-----2015 年 7 月 19 日　　北京・航天城-----

-----2016 年 7 月 22 日　　北京・航天城-----

-----2017 年 12 月 13 日　　西安・曲江池-----

（南京大屠杀・80 周年）

-----2019 年 12 月 13 日　　西安・曲江池-----

己、随机函数方程的具体解算方法

针对（4.022）…（4.052）诸式，具体解算方法可分为严密与近似两类。

一）最小一乘法（近似解算）

为简化解算，认定（4.022）、（4.052）二式中的参数ε、α为给定值：

$$\begin{bmatrix}\varepsilon\\ \eta\\ \zeta\\ \alpha\end{bmatrix}=\begin{bmatrix}1\\ 0\\ 0\\ \infty\end{bmatrix}=\text{（给定值）} \tag{4.061}$$

该方法认定$\varepsilon=1$，故称为“最小一乘法”，其精度低于最大概率法。

二）最小二乘法（近似解算）

为简化解算，认定（4.022）、（4.052）二式中的参数ε、α为给定值：

$$\begin{bmatrix}\varepsilon\\ \eta\\ \zeta\\ \alpha\end{bmatrix}=\begin{bmatrix}2\\ 0\\ 0\\ \infty\end{bmatrix}=\text{（给定值）} \tag{4.062}$$

该方法认定$\varepsilon=2$，故称为“最小二乘法”，其精度低于最小一乘法。

三）最大概率法（严密解算）

所谓精密解算，就是严格地遵循上述（4.022）…（4.052）诸式的具体要求。在具体解算过程中，求解所有应该求解的概率分布参数：

$$\begin{bmatrix}\varepsilon\\ \eta\\ \zeta\\ \alpha\end{bmatrix}=\begin{bmatrix}\varepsilon\\ \eta\\ \zeta\\ \alpha\end{bmatrix}=\text{（在解算过程中求解参数值）} \tag{4.063}$$

解算的主要过程如下。

1）给出（$\varepsilon,\alpha,\ \cdots$）初始值；求解未知数$X$；求解改正数$V$；求解$V$的单位权特征值；根据$V$的单位权特征值$\mu$，求解新的$V$的单位权分布参数$\varepsilon,\alpha,\ \cdots$。然后，再根据新的参数（$\varepsilon,\alpha,\ \cdots$），进行第二次解算，再求更新的（$\varepsilon,\alpha,\ \cdots$）参数，继续迭代解算，直至（$\varepsilon,\alpha,\ \cdots$）参数的变化，符合限差为止。

2）在精度问题上，先确定误差方程的权，即V、L的权值，求解V的单位权特征值$(\mu)_{PV}$，在求解（$\varepsilon,\alpha,\ \cdots$）参数的变化符合限差后，再根据$(\mu)_{PV}$求解$L$的特征值$(\mu)_{PL}$；然后，由$(\mu)_{PL}$求解未知数$\rho$的误差特征值。

3）在解算的过程中，遵循随机函数、随机变量的特性，使其解算精度处在最佳状态时的概率最大，故称之为“最大概率法”。

庚、三个解算方法与三个分布

在过去的 200 多年中，有很多学者发表了有关V的分布规律问题。综合起来，有三个分布，具有代表性：

早在 18 世纪末，法国近代测绘学科的先驱者，拉普拉斯提出，V的分布密度函数 [11.P64] 为

$$f(V)=\frac{1}{2\lambda}\exp\left(-\frac{|V|}{\lambda}\right) \tag{4.071}$$

1809 年，德国近代天文大地测绘学科的奠基者高斯提出，V的分布密度函数 [2.VII，P254][7.P11] 为

$$f(V)=\frac{1}{\sqrt{2\pi}\cdot m}\exp\left(-\frac{1}{2m^2}V^2\right) \tag{4.072}$$

1983 年，作者基于严密的数学基础，证明了具有普遍性的V的分布密度函数 [20.P9] 为

$$f(V)=\frac{\varepsilon}{4\alpha\cdot W\left(\xi,\frac{2-\varepsilon}{\varepsilon}\right)}\cdot\exp\left(-\xi\frac{|V|^{\varepsilon}}{\alpha^{\varepsilon}-|V|^{\varepsilon}}\right) \tag{4.073}$$

拉普拉斯分布、高斯分布都是王玉玮分布的特例，已在（2.327）、（2.337）、（2.429）诸式论述中阐明。

三个分布对应处理函数方程（4.007）式的三个方法：根据（4.071）式，产生最小一乘法；根据（4.072）式，产生最小二乘法；根据（4.073）式，产生最大概率法。前两者是最大概率法的特例，最大概率法具有广泛的普遍性。

最小一乘法和最小二乘法是最大概率法的特例，是最大概率法的简易近似解算方法。最大概率法具有广泛的普遍性。最大概率法的解算精度，要优于最小一乘法和最小二乘法的解算精度。对于一般计算问题，可以采用最小一乘法或最小二乘法进行处理；对于较复杂的、庞大的、未知数较多的随机函数方程，必须运用最大概率法求解。否则，就不可能取得高精度的结果。

本编以下各章，将基于王玉玮分布（主要是单峰分布），对最大概率法，连同其它有关方法，进行较详细的阐述。

-----2015 年 7 月 23 日　　北京·航天城-----

-----2015 年 8 月 22 日　　北京·航天城-----

第一章　随机函数方程的一般概念

就数学方程来说，

$$\begin{bmatrix} a_{11} & a_{12} & a_{13} & \cdots & a_{1R} \\ a_{21} & a_{22} & a_{23} & \cdots & a_{2R} \\ a_{31} & a_{32} & a_{33} & \cdots & a_{3R} \\ \vdots & \vdots & \vdots & \ddots & \vdots \\ a_{R1} & a_{R2} & a_{R3} & \cdots & a_{RR} \end{bmatrix} \cdot \begin{bmatrix} X_1 \\ X_2 \\ X_3 \\ \vdots \\ X_R \end{bmatrix} = \begin{bmatrix} L_1 \\ L_2 \\ L_3 \\ \vdots \\ L_R \end{bmatrix} \tag{4.101}$$

可简写为

$$AX = L \quad , \qquad L = C + S(X)$$

式中，A 为方阵，X、L 为与 A 列数相等的列阵。作为实数方程和随机方程，二者没有什么差别，但其含义有所不同。在实数领域，式中的常量 L（对非线性函数方程来说，含高次项）和待求的未知数 X，其值都是唯一的定值：

$$\begin{bmatrix} X_1 \\ X_2 \\ X_3 \\ \vdots \\ X_R \end{bmatrix} = \begin{bmatrix} a_{11} & a_{12} & a_{13} & \cdots & a_{1R} \\ a_{21} & a_{22} & a_{23} & \cdots & a_{2R} \\ a_{31} & a_{32} & a_{33} & \cdots & a_{3R} \\ \vdots & \vdots & \vdots & \ddots & \vdots \\ a_{R1} & a_{R2} & a_{R3} & \cdots & a_{RR} \end{bmatrix}^{-1} \cdot \begin{bmatrix} L_1 \\ L_2 \\ L_3 \\ \vdots \\ L_R \end{bmatrix} \tag{4.102}$$

该式可简写为

$$X = A^{-1} \cdot L$$

而在随机领域，它们又都是不定的。作为随机数据，它们都以随机性出现在一定的数域范围，即求解后的未知数 X 有误差 δ_X 存在：

$$X = A^{-1} \cdot L \quad \pm\delta \qquad\qquad (-\delta \le \delta_X \le +\delta) \tag{4.103}$$

确切地说，在社会生产实践活动中出现的数学方程，大多是随机函数方程。它们的数学形式，一般情况下写成：

$$AX = L - \Delta \quad , \qquad\qquad P \tag{4.104}$$

式中，A 为 n 行、t 列的系数矩阵（$n \ge t$）

X 为 t 个元素的未知数列阵（在（4.101）式中，$t = R$，$n = R$）

L 为 n 个元素的观测值列阵（非线性函数，含高次项成分），

Δ 为 n 个元素的观测值列阵误差，

P 为观测值列阵误差 Δ 所相应的权。（参看（2.621）式）

显然，要解开（4.104）式所示之随机函数方程，需要多方面的数学手段。

一、确定随机函数方程的数学方程

在社会生产实践活动中，大多数随机方程的出现形式是不规则的。因此，首先要将其各种不同数学形式，划归为（4.104）式所示之形式。为便于理解，以航空摄影学科的像片定向参数（也称像片标定）求解为例，做如下说明：

根据摄影测量的基本公式[19.（3.215）]，由像片上观测坐标（x，y），求解其地面相应同名点的大地坐标（X,Y），由（4.002）式可知，其函数体为

$$f(\rho)=(\rho)=\underbrace{\left(\begin{bmatrix}N_x\\N_y\end{bmatrix}+\begin{bmatrix}x''_o\\y''_o\end{bmatrix}\right)}_{A\rho-S(\rho)}-\underbrace{\left(\begin{bmatrix}Y\\X\end{bmatrix}-\begin{bmatrix}Y_E\\X_E\end{bmatrix}\right)}_{C}=0$$

其具体形式：

$$A\rho-S(\rho)=\begin{bmatrix}N_x\\N_y\end{bmatrix}+\begin{bmatrix}x''_o\\y''_o\end{bmatrix}\text{，}\quad C=\left(\begin{bmatrix}Y\\X\end{bmatrix}-\begin{bmatrix}Y_E\\X_E\end{bmatrix}\right)$$

$$\begin{bmatrix}x''_o\\y''_o\end{bmatrix}=\begin{bmatrix}\cos\theta & -\sin\theta\\ \sin\theta & \cos\theta\end{bmatrix}\cdot(1-\eta+\zeta)\cdot\begin{bmatrix}x_o\\y_o\end{bmatrix}\tag{4.111}$$

$$\begin{bmatrix}x_o\\y_o\end{bmatrix}=(1+\xi)\cdot\begin{bmatrix}(x-a)\\(y-b)\end{bmatrix}+\begin{bmatrix}a_o\\b_o\end{bmatrix}$$

$$\xi=\frac{F-f+(x-a)\sin\alpha_x+(y-b)\sin\alpha_y}{f-(x-a)\sin\alpha_x-(y-b)\sin\alpha_y}$$

$$\begin{bmatrix}a\\b\end{bmatrix}=-\frac{f}{1+\sqrt{1-\sin^2\alpha_x-\sin^2\alpha_y}}\begin{bmatrix}\sin\alpha_x\\ \sin\alpha_y\end{bmatrix}$$

$$\begin{bmatrix}a_o\\b_o\end{bmatrix}=+\frac{F}{1+\sqrt{1-\sin^2\alpha_x-\sin^2\alpha_y}}\begin{bmatrix}\sin\alpha_x\\ \sin\alpha_y\end{bmatrix}$$

$$\eta=\frac{h}{H'_o}\text{，}\quad h=h_D-h_E$$

$$\varsigma=\frac{\Delta H}{H'_o}\text{，}\quad \Delta H=H-H'_o$$

$$H'_o=F=f=1\quad\text{（单位）}$$

式中，(X,Y) 为像点的大地坐标；(X_E,Y_E) 为地面大地参考坐标原点，方程中的 $(\alpha_x,\alpha_y,\zeta,\theta,N_x,N_y)$ 为函数的待求参数，以 ρ 表之；(x,y) 为像点在像面上的坐标，以像面框标中心为原点的坐标；其它为计算过程中的过渡性计算值。H'_o 为大地空间内，长度的 1 单位；F 、f 为像空间内，长度的 1 单位。定义长度 H'_o、F 、f 为函数方程中像机内外的长度单位，使得（4.111）式变成标准的数学方程，数学无单位；相对数据无单位，以便于数学运算。另外，为书写方便，所有待求未知数，以列阵 ρ 表之：

$$\rho = [\alpha_x \quad \alpha_y \quad \zeta \quad \theta \quad N_x \quad N_y]^T \tag{4.112}$$

$$(\alpha_x = \sin\alpha_x \quad , \quad \alpha_y = \sin\alpha_y \quad , \quad \theta = \sin\theta)$$

显然，为了根据 (x,y) 求出 (X,Y)，必须先根据地面已知点坐标来求解 ρ 参数。也就是说，首先必须根据地面已知点坐标 (X,Y)，求出（4.111）式中的 ρ 。为此，应先求出 ρ 的一次项系数：

$$A = \overline{\left| f(\rho) = (\rho) \right.} \tag{4.113}$$

根据（1.521）、（4.002）二式将（4.111）式改写成：

$$\begin{aligned} f(\rho) = (\rho) &= A\rho - L \\ &= \begin{bmatrix} A_x \\ A_y \end{bmatrix} \rho - L \end{aligned} \tag{4.114}$$

$$L = C + S(\rho)$$

式中，L 为常数 C 与二次以上项 $S(\rho)$ 之和，A是一次项系数的主要部分。L 、$S(\rho)$ 的具体数学形式是无关紧要的，主要是以系数 A 的具体形式求解。根据（1.521）式，对（4.114）式进行线性化，可知系数 A 的具体数据：

$$\begin{array}{c|cccccc} \rho = & \alpha_x & \alpha_y & \zeta & \theta & N_x & N_y \\ \hline A_j = & \left[(1-\eta)\cdot\left(f+\dfrac{xx}{f}\right) \right. & (1-\eta)\cdot\dfrac{xy}{f} & x & -(1-\eta)\cdot y & 1 & \left. 0 \right] \\ & \left[(1-\eta)\cdot\dfrac{yx}{f} \right. & (1-\eta)\cdot\left(f+\dfrac{yy}{f}\right) & y & +(1-\eta)\cdot x & 0 & \left. 1 \right] \end{array}$$

$$(j=1,2,3,\cdots,n) \qquad (j\ \text{表示点号}) \tag{4.115}$$

一个地面点的 A，是两个函数方程的一次项系数，ρ 的一次主要项系数。N 个点，组成 n 个方程，$n=2N$ 。（一个点，两个方程）

二、确定随机函数方程的误差方程

以上所列(4.113)、(4.114)二式,是函数体的数学形式。考虑到观测 (x,y) 之值是有随机误差的,故(4.113)式的实际书写形式应该是

$$
\begin{aligned}
f(\rho) = (\rho) &= A\rho - (L-\Delta) = A\rho - (C + S(\rho) - \Delta) = 0 \\
&= A\rho - L + \Delta = 0 \qquad (4.121) \\
&= A\rho - L - V = 0
\end{aligned}
$$

式中,Δ 为随机变量误差,V 为随机变量误差改正数。当观测点数为 N 时,误差方程(4.121)式,是 $2N$ 个方程;一个观测点,两个方程。ρ 和 V 是随机函数,L 被看作是随机变量。为便于学术领域的学术交流,约定(4.121)式所示之 n 个具体方程,按下列形式书写:

$$V = A\cdot\rho - L \quad , \quad V = -\Delta \qquad P \qquad (4.122)$$

即

$$V=\begin{bmatrix} V_1 \\ V_2 \\ V_3 \\ V_4 \\ \vdots \\ V_n \end{bmatrix}, \quad \Delta=\begin{bmatrix} \Delta_1 \\ \Delta_2 \\ \Delta_3 \\ \Delta_4 \\ \vdots \\ \Delta_n \end{bmatrix}, \quad L=\begin{bmatrix} L_1 \\ L_2 \\ L_3 \\ L_4 \\ \vdots \\ L_n \end{bmatrix}, \quad \rho=\begin{bmatrix} \rho_1 \\ \rho_2 \\ \rho_3 \\ \rho_4 \\ \rho_5 \\ \rho_6 \end{bmatrix}=\begin{bmatrix} \alpha_x \\ \alpha_y \\ \zeta \\ \theta \\ N_x \\ N_Y \end{bmatrix} \qquad (4.123)$$

$$A=\begin{bmatrix} A_{11} & A_{12} & A_{13} & \cdots & A_{1t} \\ A_{21} & A_{22} & A_{23} & \cdots & A_{2t} \\ A_{31} & A_{32} & A_{33} & \cdots & A_{3t} \\ A_{41} & A_{42} & A_{43} & \cdots & A_{4t} \\ \vdots & \vdots & \vdots & \ddots & \vdots \\ A_{n1} & A_{n2} & A_{n3} & \cdots & A_{nt} \end{bmatrix} \qquad \text{(参看(4.115)式)} \quad (n = 2N \geq t = 6)$$

简写为

$$V = f(\rho) = (\rho) \quad , \quad (\rho)\text{ 是函数体} \qquad (4.124)$$

$$= A\cdot\rho - L \quad , \quad A\text{ 是线性系数} \qquad (4.125)$$

$$\overset{i}{V} = f(\overset{i}{\rho}) = (\overset{i}{\rho}) \quad , \quad (\overset{i}{\rho})\text{ 是函数体的迭代值} \qquad (4.126)$$

---

*)在(4.123)式中,A 的生成,参看(1.523)式;L 含 ρ 的高次项,P 是 V 的权。

三、确定随机函数方程的解算前提（V 的分布）

为解开这个未知数（$\rho+V$）的数量多于随机方程数（n）的难解方程，首先必须遵循它们的随机分布规律。也就是说，必须在遵循改正数V 的分布规律的前提条件下，寻求解算（4.122）式的方法。

改正数V，具备（2.211）…（2.214）诸式所示之随机误差特性，由（2.429）、（2.429）、（2.429）三式，知其分布密度函数为

$$f(V)=k\cdot\exp\left\{-\xi\frac{|V|^{\varepsilon}}{\alpha^{\varepsilon}-|V|^{\varepsilon}}\right\}\quad\text{（暂以（2.429）式为例）}\tag{4.131}$$

再根据（2.214）、（4.013）、（4.014）诸式而知

$$\prod_{i=1}^{n}f(V_i)\cdot\Delta V=\max\qquad(i=1,2,3,\ \cdots,n)\tag{4.132}$$

也就是

$$\prod_{i=1}^{n}f(V_i)=\max\qquad(i=1,2,3,\ \cdots,n)\tag{4.133}$$

将（4.131）式代入，并舍去k 而知

$$\prod_{i=1}^{n}\exp\left\{-\xi\frac{|V|^{\varepsilon}}{\alpha^{\varepsilon}-|V|^{\varepsilon}}\right\}=\max\tag{4.134}$$

$$\exp\left\{-\xi\frac{|V_1|^{\varepsilon}}{\alpha^{\varepsilon}-|V_1|^{\varepsilon}}\right\}\exp\left\{-\xi\frac{|V_2|^{\varepsilon}}{\alpha^{\varepsilon}-|V_2|^{\varepsilon}}\right\}\exp\left\{-\xi\frac{|V_3|^{\varepsilon}}{\alpha^{\varepsilon}-|V_3|^{\varepsilon}}\right\}\cdots\cdots$$

$$\cdots\cdots\cdots\cdots\cdots\cdot\exp\left\{-\xi\frac{|V_{2n}|^{\varepsilon}}{\alpha^{\varepsilon}-|V_{2n}|^{\varepsilon}}\right\}=\max$$

$$\exp\left\{\sum\left(-\xi\frac{|V|^{\varepsilon}}{\alpha^{\varepsilon}-|V|^{\varepsilon}}\right)\right\}=\max\tag{4.135}$$

即（4.015）式

$$\sum\left(\xi\frac{|V|^{\varepsilon}}{\alpha^{\varepsilon}-|V|^{\varepsilon}}\right)=\min\tag{4.136}$$

该式与（4.132）式等效，即所要求的。在解算随机误差方程时，必须遵循的数学前提条件，也称为解算原理。赘言之，任何有关（4.123）式之数学处理，均不得违背（4.136）式所示之数学前提。

四、确定随机函数方程的解算方程

根据解算原理（4.136）式和（1.351）、（1.381）、（4.125）诸式，可知：

$$\left(\left[\xi\frac{|V|^{\varepsilon}}{\alpha^{\varepsilon}-|V|^{\varepsilon}}\right]\uparrow J\right)_{\rho}^{\prime} = W\uparrow A = 0 \tag{4.141}$$

引用（4.024）式之列阵 W 函数符号（将 α 看作 1 单位，$V=V/\alpha$），

$$\left(\left[\xi\frac{|V|^{\varepsilon}}{\alpha^{\varepsilon}-|V|^{\varepsilon}}\right]\uparrow J\right)_{\rho}^{\prime} = \begin{bmatrix} \left(\xi\frac{|V_1|^{\varepsilon}}{\alpha^{\varepsilon}-|V_1|^{\varepsilon}}\right)_{V1}^{\prime}\cdot(V_1)_{\rho}^{\prime} \\ \left(\xi\frac{|V_2|^{\varepsilon}}{\alpha^{\varepsilon}-|V_2|^{\varepsilon}}\right)_{V2}^{\prime}\cdot(V_2)_{\rho}^{\prime} \\ \vdots \\ \left(\xi\frac{|V_{2n}|^{\varepsilon}}{\alpha^{\varepsilon}-|V_{2n}|^{\varepsilon}}\right)_{V2n}^{\prime}\cdot(V_{2n})_{\rho}^{\prime} \end{bmatrix}\uparrow J = 0$$

继之，分别对上式 ρ 按 $\rho_1,\rho_2,\cdots,\rho_t$ 求导，（参看（4.122）式）

$$\left(\left[\xi\frac{|V|^{\varepsilon}}{\alpha^{\varepsilon}-|V|^{\varepsilon}}\right]\right)_{\rho_1}^{\prime}\uparrow J = \begin{bmatrix} W_1\cdot A_{11} \\ W_2\cdot A_{21} \\ \vdots \\ W_n\cdot A_{n1} \end{bmatrix}_{\rho_1}\uparrow J = \begin{bmatrix} W_1 \\ W_2 \\ \vdots \\ W_n \end{bmatrix}\uparrow\begin{bmatrix} A_{11} \\ A_{21} \\ \vdots \\ A_{n1} \end{bmatrix} = 0$$

$$\left(\left[\xi\frac{|V|^{\varepsilon}}{\alpha^{\varepsilon}-|V|^{\varepsilon}}\right]\right)_{\rho_2}^{\prime}\uparrow J = \begin{bmatrix} W_1\cdot A_{12} \\ W_2\cdot A_{22} \\ \vdots \\ W_n\cdot A_{n2} \end{bmatrix}_{\rho_2}\uparrow J = \begin{bmatrix} W_1 \\ W_2 \\ \vdots \\ W_n \end{bmatrix}\uparrow\begin{bmatrix} A_{12} \\ A_{22} \\ \vdots \\ A_{n2} \end{bmatrix} = 0$$

……………………

$$\left(\left[\xi\frac{|V|^{\varepsilon}}{\alpha^{\varepsilon}-|V|^{\varepsilon}}\right]\right)_{\rho_6}^{\prime}\uparrow J = \begin{bmatrix} W_1\cdot A_{16} \\ W_2\cdot A_{26} \\ \vdots \\ W_n\cdot A_{n6} \end{bmatrix}_{\rho_6}\uparrow J = \begin{bmatrix} W_1 \\ W_2 \\ \cdots \\ W_n \end{bmatrix}\uparrow\begin{bmatrix} A_{16} \\ A_{26} \\ \cdots \\ A_{n6} \end{bmatrix} = 0$$

（本例未知数 $t=6$）　　（4.142）

参阅（1.383）式，将（4.142）式规整，由（4.023）式而知：

$$F(V)=W\uparrow J = 0 \tag{4.143}$$

$$F(\rho)=W\uparrow A = 0 \tag{4.144}$$

式中，根据（1.512）、（1.522）二式的定义，对（4.111）式所示之 $f(\rho)$ 函数解之，系数 A 如（4.115）式所示；若 A 难于求解，可按下式代之：

$$\begin{aligned}\overline{A} &= \left[\overline{A_{\rho1}}\quad \overline{A_{\rho2}}\quad \overline{A_{\rho3}}\quad \overline{A_{\rho4}}\quad \cdots\quad \overline{A_{\rho t}}\right] \\ &= \overline{\left|\frac{d}{d\rho}f(\rho)\right.} \\ &= \overline{\left|\left[\frac{\partial}{d\rho_1}f(\rho)\quad \frac{\partial}{d\rho_2}f(\rho)\quad \cdots\quad \frac{\partial}{d\rho_t}f(\rho)\right]\right.}\end{aligned} \tag{4.145}$$

就（4.115）式而言，一个点的（x，y）观测值，出现两组 A 元素；N 个观测点，将出现 $n=2N$ 个组的 A 元素。也就是说，A 是一个 $j=n$，$i=t$ 的矩阵。为简化 A 元素的求解，在求解时，可先令（4.111）式等号右边的常数项和 ρ 的二次以上项为 0。或者简易展开，略去微小项，一个一个元素求解。

式中列阵 W 值，按（4.023）式定义：

$$W=\begin{cases} W_I = \left[P\cdot\dfrac{|V|^{\varepsilon-1}\cdot\operatorname{sgn}V}{\left(\alpha^{\varepsilon}-|V|^{\varepsilon}\right)^2}\cdot\right] \\ W_{II} = \left[P\cdot\dfrac{\alpha^{2\varepsilon}-2\eta\alpha^{\varepsilon}|V|^{\varepsilon}+\eta|V|^{2\varepsilon}}{\left(\alpha^{\varepsilon}-|V|^{\varepsilon}\right)^2\operatorname{sgn}V}|V|^{\varepsilon-1}\right] \\ W_{III} = \left[P\dfrac{\alpha^{3\varepsilon}-E|V|^{\varepsilon}+K|V|^{2\varepsilon}-2\eta\zeta|V|^{3\varepsilon}}{\left(\alpha^{\varepsilon}-|V|^{\varepsilon}\right)^2\operatorname{sgn}V}|V|^{\varepsilon-1}\right]\end{cases} \tag{4.146}$$

$$E=2\alpha^{2\varepsilon}(\eta+\zeta)\quad,\quad K=(3\alpha^{\varepsilon}\eta\zeta+\alpha^{\varepsilon}(\eta+\zeta))$$

$$F(\rho)=W\uparrow A=\left\{\begin{matrix} W_I \uparrow A \\ W_{II} \uparrow A \\ W_{III} \uparrow A\end{matrix}\right\}_{\rho} = 0$$

列阵 W 值的选用，可按具体情况和精度要求而定。一般情况下，只选用第一式。

根据数学前提导出的（4.144）式，被称为随机函数方程的解算方程：

$$F(\rho) = W \uparrow A = 0$$

$$W = W_I = \left[P \cdot \frac{|V|^{\varepsilon-1} \cdot \operatorname{sgn} V}{\left(\alpha^{\varepsilon} - |V|^{\varepsilon}\right)^2} \right] \tag{4.147}$$

$$V = f(\rho) \qquad (L = L_S = L_C \to (4.104))$$

式中的W值，由（4.146）式定（一般情况下，只选用第一式）；V由（4.122）式定；对于系数A的求解，按（4.145）式定，若有难度，可按下式求之：

$$\overline{A} = \left[\overline{A_{\rho1}} \quad \overline{A_{\rho2}} \quad \overline{A_{\rho3}} \quad \overline{A_{\rho4}} \quad \cdots \quad \overline{A_{\rho t}} \right] = \left[\frac{\Delta f}{\Delta\rho_1} \quad \frac{\Delta f}{\Delta\rho_2} \quad \cdots \quad \frac{\Delta f}{\Delta\rho_t} \right] \tag{4.148}$$

该式中的Δf表示n个误差方程，分别对应不同ρ元素的增量。

在列阵W、矩阵A确定之后，还必须明确五个问题：

1）所有数学表达式之数据（包括V在内），均为相对单位：

（如空间采取标准航高为1单位，像机采用焦距为1单位）

2）待解的未知数ρ，必须确定初始值$\overset{o}{\rho}$，给出

$$\rho = \overset{o}{\rho} - \Delta$$

使方程（4.147）式中的ρ值，以解算Δ的形式出现，有利解算精度；

3）给出误差方程的权P：（一般情况，由计算者根据L的观测值值状况而给定）

$$V = f(\rho)\ , \qquad P = (\xi) = C$$

4）给出改正数V的分布参数初始值：

$$\overset{o}{\rho} = 0 \quad , \quad \overset{o}{\varepsilon} = 1.3 \quad , \quad \overset{o}{\eta} = \overset{o}{\zeta} = 0 \tag{4.149}$$

5）确定迭代限差（$\pm\delta$）：（为确保收敛，取两个限差）

$$-|\delta| \le F(\overset{i}{\rho}) \le +|\delta|$$

$$(\delta) = \begin{cases} (\delta)_I \\ (\delta)_{II} \end{cases} \qquad (|\delta_I| \ge |\delta_{II}|)$$

五、确定随机函数方程的解算公式

随机函数方程的解算方程（4.147）式，是很难直接解算的，需要进行改化。根据辜小玲等效改化方程（1.623）式和（4.044）式，进行如下改化：

$$
\left.\begin{aligned}
&V = A\rho - L \quad , \qquad\qquad P \\
&F(\rho) = \left(F(V)\frac{dV}{d\rho} \right) \qquad\qquad = 0 \\
&\quad = \left(\quad W \quad + P*V \ - P*V \right) \cdot \uparrow A \\
&\quad = \left(\ P*V + \left(\ W \ - P*V \right) \right) \cdot \uparrow A \qquad = 0
\end{aligned}\right| \qquad (4.151)
$$

将（4.124）式代入上式右边第一个 V 而知：（参看（1.521）、（1.524）二式）

$$
\begin{aligned}
F(\rho) &= ((P*A)\rho - P*L) \uparrow A + (W - P*V) \uparrow A = 0 \\
&= ((P*A)\rho) \uparrow A - (P*L - W + P*V) \uparrow A = 0 \\
&= A^T ((P*A) \cdot \rho) - (P*L - W + P*V) \uparrow A = 0 \\
&= \underbrace{((P*A) \uparrow A)\rho}_{A\rho} - \underbrace{(P*L - W + P*V) \uparrow A}_{C + S(\rho)} = 0
\end{aligned} \qquad (4.152)
$$

由（1.623）、（1.524）二式和（4.052）、（4.147）二式，可知 ρ 的解算公式：

$$
\left.\begin{aligned}
&\left|\begin{aligned}
&\overset{i}{V} = f(\overset{i}{\rho}) \qquad \text{-----（非线性方程，按（4.126）、（4.111）二式计算）} \\
&[\overset{i}{\lambda}, \overset{i}{m}, \overset{i}{\omega}]_{PV} = (\overset{i}{V}) \\
&[\overset{i}{\xi}, \overset{i}{\varepsilon}, \overset{i}{\alpha}] = (\overset{i}{\lambda}, \overset{i}{m}, \overset{i}{\omega}) \\
&\overset{i}{W} = (\overset{i}{P}, \overset{i}{\varepsilon}, \overset{i}{\alpha}, \overset{i}{V})
\end{aligned}\right. \\
&F(\overset{i}{\rho}) = \overset{i}{W} \uparrow A \\
&\quad \Delta = ((P*A) \uparrow A)^{-1} \cdot F(\overset{i}{\rho}) \\
&\overset{i+1}{\rho} = \overset{i}{\rho} - \Delta \qquad , \qquad |\Delta| \le |\delta|
\end{aligned}\right| \qquad (4.153)
$$

六、随机函数误差方程的权单位 μ 计算

当权 $P=1$ 时，所相应的误差，被称作单位权误差，以 μ 表之。不同的分布有不同的特征值。（4.124）式中有 V 、L 两个分布，根据权的数学定义（2.621）式，可知两个权单位的数学关系如下：

$$V = A\cdot\rho - L \quad , \qquad V=-\Delta \quad , \qquad P \tag{4.161}$$

$$(V)_V = A\cdot\delta - (\Delta)_L$$

该式是一组非等精度的随机函数误差方程式。V 的误差还是 V ，δ 表示 ρ 的误差；Δ 表示 L 的观测值误差（因为在 L 中，只有观测值 L_C 有误差）。根据（2.635）式，可知：

$$\left.\begin{aligned} &P*V = P*A\cdot\rho - P*L \\ &(P*V)_V = P*A\cdot\delta - (P*\Delta)_L \\ &(\mu)_{PV} = \delta_E - (\mu)_{PL} \qquad \leftarrow (3.605) \end{aligned}\right| \tag{4.162}$$

显然，P 使不等权的 L 、V ，变成了等权的 $P*L$ 、$P*V$ ；等权，就是可以给定其权 $P=1$，进而生成 $(\mu)_{PL}$ 、$(\mu)_{PV}$ 两个单位权特征值。参看（3.622）式，可知二者之数学关系：

$$\left.\begin{aligned} &(\mu_1^1)_{PL} = \frac{n}{n+t}(\mu_1^1)_{PV} \quad , \qquad (\mu_2^2)_{PL} = \frac{n}{n-t}(\mu_2^2)_{PV} \\ &(\mu_3^3)_{PL} = (3\mu_1^1\mu_2^2)_{PL} - \frac{n^3(n-t)}{n^4-t^4}(3\mu_1^1\mu_2^2 - \mu_3^3)_{PV} \\ &(\mu_4^4)_{PL} = (3\mu_2^2\mu_2^2)_{PL} - \frac{n^3}{n^3-t^3}(3\mu_2^2\mu_2^2 - \mu_4^4)_{PV} \\ &(\mu_5^5)_{PL} = (5\mu_4^4\cdot\mu_1^1 + 10\mu_3^3\mu_2^2 - 30\mu_1^1\mu_2^2\mu_2^2)_{PL} \\ &\qquad - \frac{n^5(n-1)}{n^6-t^6}\left((5\mu_4^4\cdot\mu_1^1 + 10\mu_3^3\mu_2^2 - 30\mu_1^1\mu_2^2\mu_2^2) - \mu_5^5\right)_{PV} \end{aligned}\right| \tag{4.163}$$

式中，n 为误差方程式的总数；V 的单位权特征值，由（3.615）式可知：

$$\begin{bmatrix} \mu_1^1 \\ \mu_2^2 \\ \mu_3^3 \\ \mu_4^4 \\ \mu_5^5 \end{bmatrix}_{PV} = \frac{1}{n}\begin{bmatrix} \sum|PV| \\ \sum|PVV| \\ \sum|PVVV| \\ \sum|PVVVV| \\ \sum|PVVVVV| \end{bmatrix}_{PV} \tag{4.164}$$

V 的单位权特征值所相应的分布参数，根据（3.237）、（3.238）二式可知：

$$\begin{bmatrix}\xi\\ \varepsilon\\ \eta\\ \zeta\end{bmatrix} = \overline{\left|\ \phi(\xi,\varepsilon,\eta,\zeta\ ;\ \lambda,m,\omega,\sigma,\theta)=0\right.} \tag{4.165}$$

（若局限于单峰分布，可选用（3.216）、（3.218）二式）

$$\left.\begin{aligned}\alpha &= \left(\frac{E(\xi,\varepsilon,\eta,\zeta,o)}{E(\xi,\varepsilon,\eta,\zeta,2)}\right)^{\frac{1}{2}}\cdot m\\ k &= \frac{1}{E(\xi,\varepsilon,\eta,\zeta,o)}\cdot\frac{1}{\alpha}\end{aligned}\right| \tag{4.166}$$

将上式算出的 ε,α 代入（4.153）式，进行第二次迭代解算。有关 ε 的限差，可在科技实践活动中酌情而定。

七、随机函数方程（解算值）ρ 的误差特征值

考虑到（4.152）式，可知

$$\rho=\left(\left((P*A)\uparrow A\right)^{-1}A^{T}\right)\cdot\left(P*L-W+P*V\right) \tag{4.171}$$

对（4.151）式之原函数“ $A\rho-L=0$ ”非方阵 A 求其逆，可知

$$\rho=(P*A)^{-1}(P*L) \tag{4.172}$$

比较二式，由于

$$\left.\begin{aligned}\underline{\left(\left((P*A)\uparrow A\right)^{-1}A^{T}\right)} &= \left(\left(A^{T}(P*A)\right)^{-1}A^{T}\right)=\left(\left((P*A)^{-1}(A^{T})^{-1}\right)A^{T}\right)\\ &=(P*A)^{-1}(A^{T})^{-1}A^{T}=\underline{(P*A)^{-1}}\end{aligned}\right.$$

参阅（2.741）式，可知

$$\begin{aligned}(P*L-W+P*V) &= (P*L)\\ (\Delta)_{(P*L-W+P*V)} &= (\Delta)_{(P*L)}=(\mu)_{PL}\end{aligned}$$

故由（4.171）式知

$$\left.\begin{aligned}(\delta)_{\rho} &= \left(\left((P*A)\uparrow A\right)^{-1}A^{T}\right)\cdot(\Delta)\\ (\delta)_{\rho} &= R(\Delta)_{(P*L)}=R(\mu)_{PL}\end{aligned}\right| \tag{4.173}$$

式中，$(\mu)_{PL}$ 由（4.163）式求解，R 由（4.055）式定。

未知数ρ的误差解算基本形式，根据（3.252）式，可知：

$$\begin{aligned}
&\left(\lambda m^2\right)_\rho=\left|R\right|^{E3}\cdot J\ \left(\mu_1^1\mu_2^2\right)_{PL}\quad,\qquad \rho=[\rho_1\ \rho_2\ \rho_3\cdots\ \rho_t]^T\\
&\left(m^2\right)_\rho=\left|R\right|^{E2}\cdot J\ \left(\mu_2^2\right)_{PL}\\
&\left(\omega^3m^2-3\lambda m^2m^2\right)_\rho=\left|R\right|^{E5}\cdot J\ \left(\mu_3^3\mu_2^2-3\mu_1^1\mu_2^2\mu_2^2\right)_{PL}\\
&\left(\sigma^4-3m^2m^2\right)_\rho=\left|R\right|^{E4}\cdot J\ \left(\mu_4^4-3\mu_2^2\mu_2^2\right)_{PL}\\
&\left(\theta^5m^2-5\sigma^4\cdot\lambda m^2-10\omega^3m^2m^2+30\lambda m^2m^2m^2\right)_\rho\\
&\quad=\left|R\right|^{E7}\cdot J\ \left(\mu_5^5\mu_2^2-5\mu_4^4\cdot\mu_1^1\mu_2^2-10\mu_3^3\mu_2^2\mu_2^2+30\mu_1^1\mu_2^2\mu_2^2\mu_2^2\right)_{PL}
\end{aligned}\tag{4.174}$$

该式即随机函数（未知数）解算值ρ的误差特征值计算公式。根据（1.333）等式，可将（4.174）式写成以下形式。

1）一阶特征值（平均误差λ）

$$\begin{bmatrix}(\lambda)_1\\(\lambda)_2\\(\lambda)_3\\\vdots\\(\lambda)_t\end{bmatrix}_\rho=\left[\left|R\right|^{E2}\cdot J\cdot\left(\mu_1^1\mu_2^2\right)_{PL}\right]*\begin{bmatrix}(m^2)_1\\(m^2)_2\\(m^2)_3\\\vdots\\(m^2)_t\end{bmatrix}_\rho^{E-1}\tag{4.175}$$

2）二阶特征值（中误差m^2）

$$\begin{bmatrix}(m^2)_1\\(m^2)_2\\(m^2)_3\\\vdots\\(m^2)_t\end{bmatrix}_\rho=\left[\left|R\right|^{E2}\cdot J\cdot\left(\mu_2^2\right)_{PL}\right]\tag{4.176}$$

3）三阶特征值（ω^3） （4.177）

$$\begin{bmatrix}(\omega^3)_1\\(\omega^3)_2\\(\omega^3)_3\\\vdots\\(\omega^3)_t\end{bmatrix}_\rho=\begin{bmatrix}(3\lambda m^2)_1\\(3\lambda m^2)_2\\(3\lambda m^2)_3\\\vdots\\(3\lambda m^2)_t\end{bmatrix}_\rho+\left[\left|R\right|^{E5}\cdot J\cdot\left(\mu_3^3\mu_2^2-3\mu_1^1\mu_2^2\mu_2^2\right)_{PL}\right]*\begin{bmatrix}(m^2)_1\\(m^2)_2\\(m^2)_3\\\vdots\\(m^2)_t\end{bmatrix}_\rho^{E-1}$$

4）四阶特征值（σ^4）

$$\begin{bmatrix} (\sigma^4)_1 \\ (\sigma^4)_2 \\ (\sigma^4)_3 \\ \vdots \\ (\sigma^4)_t \end{bmatrix}_\rho = \begin{bmatrix} (3m^2m^2)_1 \\ (3m^2m^2)_2 \\ (3m^2m^2)_3 \\ \vdots \\ (3m^2m^2)_t \end{bmatrix}_\rho + \left[|R|^{E4} \cdot J \cdot \left(\mu_4^4 - 3\mu_2^2\mu_2^2 \right)_{PL} \right] \tag{4.178}$$

5）五阶特征值（θ^5）

$$\begin{bmatrix} (\theta^5)_1 \\ (\theta^5)_2 \\ (\theta^5)_3 \\ \vdots \\ (\theta^5)_t \end{bmatrix}_\rho = \begin{bmatrix} (5\sigma^4 \cdot \lambda^1 + 10\,\omega^3 m^2 - 30\lambda^1\, m^2 m^2)_1 \\ (5\sigma^4 \cdot \lambda^1 + 10\,\omega^3 m^2 - 30\lambda^1\, m^2 m^2)_2 \\ (5\sigma^4 \cdot \lambda^1 + 10\,\omega^3 m^2 - 30\lambda^1\, m^2 m^2)_3 \\ \vdots \\ (5\sigma^4 \cdot \lambda^1 + 10\,\omega^3 m^2 - 30\lambda^1\, m^2 m^2)_t \end{bmatrix}_\rho + \left(Q \right) * \begin{bmatrix} (m^2)_1 \\ (m^2)_2 \\ (m^2)_3 \\ \vdots \\ (m^2)_t \end{bmatrix}_\rho^{E-1}$$

式中，

$$\left(Q \right) = \left[|R|^{E7} J \cdot \left(\mu_5^5\mu_2^2 - 5\,\mu_4^4 \cdot \mu_1^1\mu_2^2 - 10\,\mu_3^3\mu_2^2\mu_2^2 + 30\mu_1^1\mu_2^2\mu_2^2\mu_2^2 \right)_{PL} \right] \tag{4.179}$$

根据上式，可对所求未知数 ρ 的特征值进行解算，为 ρ 的精度估计提供确切的数学参数。[参阅（4.112）、（4.122）、（4.123）、（4.104）诸式]

八、随机函数方程（观测值）L 的误差特征值

根据（2.622）式可知

$$\left(\begin{bmatrix} \lambda \\ m^2 \\ \omega^3 \\ \sigma^4 \\ \theta^5 \end{bmatrix}_j \right)_L = \frac{1}{P_j} \cdot \begin{bmatrix} \mu_1^1 \\ \mu_2^2 \\ \mu_3^3 \\ \mu_4^4 \\ \mu_5^5 \end{bmatrix}_{PL} \tag{4.181}$$

式中，j 为误差方程的序号，P_j 为其相应之权。

九、随机函数方程（解算值）ρ 的精度估计

求解随机方程后，计算其误差特征值以及误差分布的密度函数，对计算成果 ρ 的置信度，已基本说明问题。但是考虑到学术界的种种要求，按第三编第二章所述（3.216）、（3.217），（3.228）、（3.229），（3.237）、（3.238）具体公式以及（3.263）、（3.264）公式再进行精度估计的定量分析，也是很有必要的。鉴于定量分析必须以具体的数据为基础，故未知数解算值 ρ 的精度估计问题，拟在本编第八章做详细阐明。

随机函数方程的上述解算方法，即便是单峰分布，根据 ξ、ε、α、η、ζ 五个参数进行解算，精度无疑也是最高的，当然解算过程比较繁重。尽管在电子计算机时代的今天是可行的，但考虑到计算的对象，还是应该区分问题的科技含量。一般来说，对于国家重点课题和技术含量较高的科研问题，建议运用上述求解五个概率分布参数（ξ、ε、α、η、ζ）的方法求解；对于误差不具备双峰、三峰分布的重要问题，只按 ξ、ε、α 三个概率分布参数的方法求解，精度已绰绰有余。也就是说，通常只按“单峰分布密度函数”处理随机误差问题，均可满足精度要求。因为，在通常情况下，非单峰分布的随机误差现象是很少见的。

当然，对于随机函数方程的误差分布，按单峰分布处理，然后再按辜小玲三点判别法（1.629）式进行双峰分布、三峰分布检查，确认 η、ζ 是否可省略，也是应该提倡的。

近 200 年来，在近代科学、现代科学实践活动中，有关代数的所有具体方程，都可以说是随机函数方程。只不过有关随机误差的分布和传播在数学领域未能确切表达，致使本章所述有关问题，长期处在空白状态。

造成空白状态的因素是很多的，但主要因素是：概率论中心极限定理“认定在随机变量 $n \to \infty$ 时，随机函数误差极限分布是正态分布”，使人们错误地把正常的随机误差分布看作为正态分布，这封闭了通向随机函数领域的大门。

根据（3.196）式，本书第五编第一章阐明了概率论中心极限定理的结论是没有反映客观现实的，是错误的；基于中心极限定理的所有科技成果结论，正态分布及以正态分布为数学前提的科技成果结论，都应当重新审校。[最小二乘法的理论基础是正态分布，正态分布没有普遍性；故最小二乘法没有普遍应用的条件。]

-----2016 年 3 月 7 日　　西安·曲江池-----

-----2018 年 8 月 30 日　　西安·曲江池-----

---

*）为了简明起见，本编以下各章，均按单峰分布示范。

第二章　随机函数方程的严密解算方法

-----最大概率法-----

基于王玉玮分布的单峰分布，运用最大概率原理来解算随机方程组，这种方法简称为“最大概率法”。主要工作步骤如下。

1）确定随机函数方程的数学方程

$$f(\rho)=(\rho) \quad , \quad \rho=[\rho_1\ \rho_2\ \rho_3\cdots\ \rho_t]^T$$

$$=A\rho-L=\begin{cases}0 & \text{（无误差）}\\ -\Delta & \text{（有误差）}\end{cases} \qquad (4.201)$$

$$L=C+S(\rho)$$

2）建立随机函数方程的误差方程

$$f(\rho)=A\rho-L=-\Delta \qquad \text{（}\Delta\text{是观测值的误差，是未知常数）}$$

$$V=f(\rho) \qquad \text{（}V\text{是将}\Delta\text{看作待求值的未知数）} \qquad (4.202)$$

$$V=A\rho-L \quad , \quad P=[P_1\ P_2\ P_3\cdots\ P_n]^T$$

3）随机函数误差方程的解算方程（4.147）式与解算公式（4.153）式

$$F(\rho)=W\uparrow A=0$$

$$=\big((P*A)\uparrow A\big)\cdot\rho-\big((P*V-W)+(P*L)\big)\uparrow A=0$$

$$F(\overset{i}{\rho})=\overset{i}{W}\uparrow A$$

$$\overset{i+1}{\rho}=\overset{i}{\rho}-\Delta \quad , \quad |\Delta|\le(\delta) \qquad (4.203)$$

$$\Delta=\big((P*A)\uparrow A\big)^{-1}\cdot F(\overset{i}{\rho})$$

4）根据（4.163）式，随机函数 PL 的权单位 μ

$$(\mu)=[\mu_1^1\ \mu_2^2\ \mu_3^3]^T \qquad \text{（}PL\text{是等精度，}P=1\text{）} \qquad (4.204)$$

5）根据（4.174）式，随机函数（ρ）的误差特征值

$$(\gamma)=[\lambda^1\ m^2\ \omega^3]^T \qquad (4.205)$$

6）随机函数 ρ 的误差分布与精度估计

………（3.264）…………　　　　（4.206）

详细阐述如下。

一、随机函数方程的数学方程确定

就完整的数学概念来说，如（4.111）式所描述的一个随机函数体应该是

$$f(\rho)=(\rho) \quad = A\rho - L \quad = A\rho - C - S(\rho) \quad = 0 \tag{4.211}$$

在函数体内，(ρ)包含着未知数、常数和待定观测数。为便于理解，结合具体函数，说明具体函数体的确定问题。例：根据摄影测量的基本公式［19.（3.215）］，由像片坐标$(x\,,\ y)$，即观测值L，求解其相应地面同名点的大地坐标(X,Y)，可知：

$$A\rho - S(\rho) = \begin{bmatrix} N_x \\ N_y \end{bmatrix} + \begin{bmatrix} x''_o \\ y''_o \end{bmatrix} \quad , \qquad C = \left(\begin{bmatrix} Y \\ X \end{bmatrix} - \begin{bmatrix} Y_E \\ X_E \end{bmatrix} \right)$$

$$\left.\begin{aligned}
&\begin{bmatrix} Y \\ X \end{bmatrix} = \begin{bmatrix} Y_E \\ X_E \end{bmatrix} + \begin{bmatrix} N_x \\ N_y \end{bmatrix} + \begin{bmatrix} x''_o \\ y''_o \end{bmatrix} \\
&\begin{bmatrix} x''_o \\ y''_o \end{bmatrix} = \begin{bmatrix} \cos\theta & -\sin\theta \\ \sin\theta & \cos\theta \end{bmatrix} \cdot \begin{bmatrix} x'_o \\ y'_o \end{bmatrix} \\
&\begin{bmatrix} x'_o \\ y'_o \end{bmatrix} = (1-\eta+\zeta) \cdot \begin{bmatrix} x_o \\ y_o \end{bmatrix} \\
&\begin{bmatrix} x_o \\ y_o \end{bmatrix} = (1+\xi) \cdot \begin{bmatrix} (x-a) \\ (y-b) \end{bmatrix} + \begin{bmatrix} a_o \\ b_o \end{bmatrix}
\end{aligned}\right| \tag{4.212}$$

式中，

$$\left.\begin{aligned}
&h_D = h_E + h \quad , \qquad H'_o = 1 \\
&\eta = \frac{h}{H'_o} \ , \quad \zeta = \frac{\Delta H}{H'_o} \quad , \quad F = f = 1 \\
&\xi = \frac{F - f + (x-a)\sin\alpha_x + (y-b)\sin\alpha_y}{f - (x-a)\sin\alpha_x - (y-b)\sin\alpha_y} \\
&\begin{bmatrix} a \\ b \end{bmatrix} = -\frac{f}{1+\sqrt{1-\sin^2\alpha_x - \sin^2\alpha_y}} \begin{bmatrix} \sin\alpha_x \\ \sin\alpha_y \end{bmatrix} \\
&\begin{bmatrix} a_o \\ b_o \end{bmatrix} = +\frac{F}{1+\sqrt{1-\sin^2\alpha_x - \sin^2\alpha_y}} \begin{bmatrix} \sin\alpha_x \\ \sin\alpha_y \end{bmatrix}
\end{aligned}\right| \tag{4.213}$$

这里，（4.113）式内的η、ζ是新参数，与随机误差分布密度函数无关。

函数体内的未知数，以 ρ 表之：

$$\rho = [\alpha_x \quad \alpha_y \quad \zeta \quad \theta \quad N_x \quad N_y]^T \qquad (4.214)$$

$$(\alpha_x = \sin\alpha_x \quad , \quad \alpha_y = \sin\alpha_y \quad , \quad \theta = \sin\theta)$$

故（4.211）式的函数形式可写成

$$\left.\begin{aligned} f(\rho) &= (\rho) = A\rho - L = 0 \\ &= \begin{bmatrix} f_x(x,y,\rho) \\ f_y(x,y,\rho) \end{bmatrix} = \begin{bmatrix} N_x \\ N_y \end{bmatrix} + \begin{bmatrix} x''_o \\ y''_o \end{bmatrix} - \begin{bmatrix} C_x \\ C_y \end{bmatrix} = 0 \\ &\qquad \begin{bmatrix} C_x \\ C_y \end{bmatrix} = \begin{bmatrix} Y \\ X \end{bmatrix} - \begin{bmatrix} Y_E \\ X_E \end{bmatrix} \end{aligned}\right| \qquad (4.215)$$

式中，C_x, C_y 是观测值，x''_o , y''_o 是函数主体。通过观测像片的像点坐标 $(x\,,\ y)$ 和相应的地面坐标 (X, Y) 来求解未知数 ρ（内外方位元素）。

二、随机函数方程的误差方程

根据（4.005）、（4.006）二式定义，由（4.215）式可知：

$$\left.\begin{aligned} V &= f(\rho) \qquad\qquad = -\Delta \\ &= \begin{bmatrix} F_x(x,y,\rho) \\ F_y(x,y,\rho) \end{bmatrix} = \begin{bmatrix} N_x \\ N_y \end{bmatrix} + \begin{bmatrix} x''_o \\ y''_o \end{bmatrix} - \begin{bmatrix} C_x \\ C_y \end{bmatrix} \\ &= A\rho - L \qquad\quad = A\rho - C - S(\rho) \end{aligned}\right| \qquad (4.221)$$

$$C = \begin{bmatrix} C_x \\ C_y \end{bmatrix} = \begin{bmatrix} Y \\ X \end{bmatrix} - \begin{bmatrix} Y_E \\ X_E \end{bmatrix} \quad , \qquad P \qquad (4.222)$$

误差方程线性化的形式，由（4.115）式知：

$$\left.\begin{aligned} V &= \begin{bmatrix} V_x \\ V_y \end{bmatrix} = f(\rho) \qquad \text{（在同等条件下观测时，} P=1\text{）} \\ &\qquad = A\rho - L \\ &\qquad = a_1\rho_1 + a_2\rho_2 + a_3\rho_3 + a_4\rho_4 + a_5\rho_5 + a_6\rho_6 - L \\ &L = C + S(\rho) \end{aligned}\right| \qquad (4.223)$$

式中，A 为一次项系数，$S(\rho)$ 为非一次项，P 为观测值 L 的权。

未知数

$$\rho=\begin{bmatrix}\rho_1\\\rho_2\\\rho_3\\\rho_4\\\rho_5\\\rho_6\end{bmatrix}=\begin{bmatrix}\alpha_x\\\alpha_y\\\zeta\\\theta\\N_x\\N_Y\end{bmatrix} \tag{4.224}$$

根据（1.512）式，可知系数 A 的具体求解规律为：令

$$A_{ji}=\left\lceil f(\rho)\right. \quad \text{（求解 } A_{ji} \text{ 时，除 } \rho_i \text{ 外，令 } \rho \text{ 的其它元素为 0）} \tag{4.225}$$

参看（4.115）式，可知

ρ_i	α_x	α_y	ζ	θ	N_x	N_y
A_{ji}	$(1-\eta)\cdot\left(f+\frac{xx}{f}\right)$	$(1-\eta)\cdot\frac{xy}{f}$	x	$-(1-\eta)\cdot y$	1	0
	$(1-\eta)\cdot\frac{yx}{f}$	$(1-\eta)\cdot\left(f+\frac{yy}{f}\right)$	y	$+(1-\eta)\cdot x$	0	1

每一个点，有两个误差方程；其像点坐标 (x, y) 与（4.111）式同。经过多点观测后，可知，总共 n 点，$2n$ 个方程：

$$V=\begin{bmatrix}V_x\\V_y\end{bmatrix}_j=A_{ji}\cdot\rho-L_j \quad , \qquad P \tag{4.226}$$

$$(j=1,\ 2,\ 3,\ \cdots,n)$$

式中，L 主要由常数项（含观测值随机变量）和二次以上项、一次微小项组成。

---

*）随机函数误差方程的求解，主要是系数 A 的求解。求解方法有三：

1）按（4.225）式所述求解

$$A=\left\lceil f(\rho)\right.$$

2）按（1.623）式所述求解

$$A=\left\lceil g(\rho)\right. \tag{4.227}$$

3）按（1.618）式所述求解

$$A=\frac{f(\overset{o}{x})-f(\overset{o}{x}-\varepsilon)}{\varepsilon}$$

三、随机函数误差方程的解算方程

根据（4.022)、（4.143）二式的基本公式，可知严密解算公式为

$$F(V)=\left(W\uparrow J\right)_V = 0 \tag{4.231}$$

$$F(\rho)=\left(W\uparrow A\right)_\rho = 0 \tag{4.232}$$

式中，A 是对（4.126）式求导的主要成分（不含微小量）；E、W 由（4.021)、(4.023）等式定义。将 E、W 看作为多项式列阵，其组成的（4.232）式，求解是困难的。为此，根据辜小玲等效改化方程（1.623）式，进行如下改化：即（4.044）式，

$$\begin{aligned}F(V)&=\left(W\uparrow J\right)_V &&=0\\ &=\left(\left(W+PV-PV\right)\uparrow J\right)_V &&=0\end{aligned}$$

将（4.226）式代入，并对 ρ 求导，比较（4.051）式，可知

$$\begin{aligned}F(\rho)&=\left(W\uparrow A\right)_\rho &&=0\\ &=\left(\left(W+P*V-P*V\right)\uparrow A\right)_\rho &&=0\\ &=\left(\left(P*A\right)\rho-P*L\right)\uparrow A+\left(W-P*V\right)\uparrow A &&=0\\ &=\left(\left(P*A\right)\rho\right)\uparrow A-\left(P*L-W+P*V\right)\uparrow A &&=0\\ &=A^T\left(\left(P*A\right)\rho\right)-\left(P*L-W+P*V\right)\uparrow A &&=0\\ &=\underbrace{\left(\left(P*A\right)\uparrow A\right)}_{A}\rho-\underbrace{\left(P*L-W+P*V\right)\uparrow A}_{S} &&=0\end{aligned} \tag{4.233}$$

式中，W 由（4.024）式定。

*）在误差方程式中，除未知数外，还有一些待定数据，需要通过观测设备来观测确定。这些观测设备和观测者的技术水平，是确定误差方程权 P 的重要依据。在一般情况下，多选择 $P=1$，不希望 P 有过大差别。

四、随机函数误差方程的解算公式

由（1.623）、（1.524）二式和（4.055）式，可知ρ的严密解算公式为：

$$\left.\begin{aligned} &F(\overset{i}{\rho})=\overset{i}{W}\uparrow A \\ &\overset{i+1}{\rho}=\overset{i}{\rho}-\Delta \qquad , \qquad |\Delta|\le(\delta) \\ &\Delta=\left((P*A)\uparrow A\right)^{-1}\cdot F(\overset{i}{\rho}) \end{aligned}\right| \qquad (4.241)$$

以上所述，具体解算步骤归纳如下。

一）确定ρ的初始值

最简单的初始值为

$$\overset{o}{\rho}=0 \quad , \quad \overset{o}{\varepsilon}=1.3 \quad , \quad \eta=\zeta=0 \qquad (c1)$$

要尽量使ρ的初始值经度高一些，避免给解算工作带来不利因素。

二）给定解算限差(δ)

在一般情况下，给出两个限差，分两次解算为好：

$$(\delta)=\begin{cases}(\delta)_I \\ (\delta)_{II}\end{cases} \qquad (c2)$$

第一次解算是为了防止因ρ的初始值经度不高而出现解算困难。同时，也是为了在第二次解算时，提供高精度ρ的初始值。

三）求解$F(\rho)$的一次项系数$\overline{A}$

$$\overline{A}=\overline{|F(\rho)}=\left((P*A)\uparrow A\right) \quad , \quad A=\overline{|f(\rho)} \qquad (c3)$$

式中，P由（4.202）式定，A由（4.225）式定，该数值是定值，在整个解算过程中没有变化。

四）求解迭代解算方程值$F(\overset{i}{\rho})$

$$F(\overset{i}{\rho})=\overset{i}{W}\uparrow A$$

式中，A由（4.225）式定，W由（4.023）式定： （4.242）

$$\overset{i}{W}=W_I=\left(\overset{i}{V},\overset{i}{\varepsilon}\right)$$

式中，V由（4.221）、（4.211）、（4.212）诸式定，ε的初始值由计算者定（建议在1到2之间）。

五）求解迭代参数 ρ

根据（4.233）式，

$$\begin{aligned} F(\overset{i}{\rho}) &= \overset{i}{W} \uparrow A \\ \Delta &= \left((P*A)\uparrow A\right)^{-1}\cdot F(\overset{i}{\rho}) \\ \overset{i+1}{\rho} &= \overset{i}{\rho}-\Delta \quad , \qquad |\Delta| \le (\delta) \end{aligned} \tag{4.243}$$

六）求解迭代改正数 V

根据（4.221）式，可知

$$\begin{aligned} \overset{i}{V} &= f(\overset{i}{\rho}) \\ &= \begin{bmatrix} F_x(x,y,\rho) \\ F_y(x,y,\rho) \end{bmatrix} = \begin{bmatrix} N_x \\ N_y \end{bmatrix} + \begin{bmatrix} x''_o \\ y''_o \end{bmatrix} - \begin{bmatrix} L_x \\ L_y \end{bmatrix} \end{aligned} \tag{4.244}$$

七）求解改正数 V 的特征值

根据（2.123）等诸式定义，将（4.244）式的 V 代入下式：

$$\begin{bmatrix} \lambda^1 \\ m^2 \\ \omega^3 \end{bmatrix}_{PV} = \frac{1}{n}\begin{bmatrix} \sum|PV| \\ \sum|PVV| \\ \sum|PVVV| \end{bmatrix}_{PV} \tag{4.245}$$

八）求解改正数 V 的分布参数

根据（3.216）、（3.217）二式，将（4.245）式的特征值代入下式，可知

$$\begin{aligned} \begin{bmatrix} \xi \\ \varepsilon \end{bmatrix} &= \overline{\big|\ \phi(\xi,\varepsilon;\ \lambda,m,\omega)=0} \\ \alpha &= \left(\frac{W\left(\xi,\overline{2-\varepsilon}/\varepsilon\right)}{W\left(\xi,\overline{6-\varepsilon}/\varepsilon\right)}\right)^{\frac{1}{2}}\cdot m \\ k &= \frac{\varepsilon}{4\cdot W\left(\xi,\overline{2-\varepsilon}/\varepsilon\right)}\cdot\frac{1}{\alpha} \qquad \leftarrow (1.155) \end{aligned} \tag{4.246}$$

式中，$W(\cdots)$ 是由（1.155）式定义的函数，与（4.243）式中的 W 不同。

九）继续迭代

将上式中的 ε，按第 i 次迭代值提供（4.242）式，再继续进行（4.241）式的运算，求出 ρ 后，再按（4.242）→（4.245）诸式进行计算。然后，再继续进行（4.243）式运算，直至 ε 的变化小于限差为止。

五、随机函数误差方程PL的权单位μ计算

根据(3.622)式可知:

$$\left.\begin{aligned}(\mu_1^1)_{PL} &= \frac{n}{n+t}(\lambda)_{PV} &&= \frac{\sum|PV|}{n+t}\\(\mu_2^2)_{PL} &= \frac{n}{n-t}(m^2)_{PV} &&= \frac{\sum|PVV|}{n-t}\\(\mu_3^3)_{PL} &= (3\mu_1^1\mu_2^2)_{PL} - \frac{n^3(n-t)}{n^4-t^4}(3\lambda m^2-\omega^3)_{PV}\end{aligned}\right| \tag{4.251}$$

式中,PV 的特征值由(4.244)式定;V 是(4.244)式的最后计算结果:

$$\begin{bmatrix}\lambda^1\\m^2\\\omega^3\end{bmatrix}_{PV} = \frac{1}{n}\begin{bmatrix}\sum|PV|\\\sum PVV\\\sum|PVVV|\end{bmatrix}_{PV} \tag{4.252}$$

六、随机函数(未知数)解算值ρ的误差特征值

考虑到(4.233)式方程,在解算ρ时,高次项对精度的影响甚微;常数项对精度也无影响。再考虑,当W中的 $\alpha\to\infty,\varepsilon\to 2$时,$S$项中的 $W\to P*V$;也就是说,W与$P*V$之差甚微。故可将(4.233)式方程简化为

$$((P*A)\uparrow A)\cdot\rho - (P*L)\uparrow A \quad = 0 \tag{e1}$$

故知

$$\begin{aligned}\rho &= ((P*A)\uparrow A)^{-1}((P*L)\uparrow A)\\&= ((P*A)\uparrow A)^{-1}(A^T(P*L))\\&= (((P*A)\uparrow A)^{-1}A^T)\cdot(P*L)\\&= ((A^T(P*A))^{-1}A^T)\cdot(P*L)\end{aligned} \tag{e2}$$

据(4.055)式,可知

$$\left.\begin{aligned}R &= \left((A^T(P*A))^{-1}A^T\right)\\\rho &= R\cdot(P*L)\\(\delta)_\rho &= R\cdot(\Delta)_{PL}\end{aligned}\right| \tag{4.261}$$

其误差解算的基本形式，根据单函数的（3.252）式，推理可知：

$$\left.\begin{array}{l}\left(\lambda m^{2}\right)_{\rho}=\left|R\right|^{E3}\cdot J\quad\left(\mu_{1}^{1}\mu_{2}^{2}\right)_{PL}\quad,\qquad\rho=[\rho_{1}\ \rho_{2}\ \rho_{3}\cdots\ \rho_{t}]^{T}\\ \left(m^{2}\right)_{\rho}=\left|R\right|^{E2}\cdot J\quad\left(\mu_{2}^{2}\right)_{PL}\\ \left(\omega^{3}m^{2}-3\lambda m^{2}m^{2}\right)_{\rho}=\left|R\right|^{E5}\cdot J\quad\left(\mu_{3}^{3}\mu_{2}^{2}-3\mu_{1}^{1}\mu_{2}^{2}\mu_{2}^{2}\right)_{PL}\end{array}\right| \tag{4.262}$$

该式即随机函数（未知数）解算值 ρ 的误差特征值计算公式。推证过程如下。

一）解算值 ρ 的误差特征值（4.262）式证明

根据（4.261）式，

$$\rho\ =R\cdot\left(P*L\right)=\begin{bmatrix}R_{11}&R_{12}&R_{13}&\cdots&R_{1n}\\R_{21}&R_{22}&R_{23}&\cdots&R_{2n}\\R_{31}&R_{32}&R_{33}&\cdots&R_{3n}\\\vdots&\vdots&\vdots&\ddots&\vdots\\R_{t1}&R_{t2}&R_{t3}&\cdots&R_{tn}\end{bmatrix}\cdot\left(P*L\right) \tag{e3}$$

$$\left(\delta\right)_{\rho}=R\cdot\left(\Delta\right)_{PL}\ =\begin{bmatrix}R_{11}&R_{12}&R_{13}&\cdots&R_{1n}\\R_{21}&R_{22}&R_{23}&\cdots&R_{2n}\\R_{31}&R_{32}&R_{33}&\cdots&R_{3n}\\\vdots&\vdots&\vdots&\ddots&\vdots\\R_{t1}&R_{t2}&R_{t3}&\cdots&R_{tn}\end{bmatrix}\cdot\left(\Delta\right)_{PL} \tag{e4}$$

因为 $\left(P*L\right)$ 的误差是单位权相应的误差，即 $\left(P*L\right)$ 误差分布是单位权的误差分布，其特征值为“权单位”（μ），故知：

$$(\Delta)_{PL}=(\mu)_{PL} \tag{4.263}$$

参考（3.196）式可知以下结论。

1）随机函数的一阶特征值 λ（平均误差）

$$\begin{bmatrix}\left(\lambda m^{2}\right)_{1}\\\left(\lambda m^{2}\right)_{2}\\\left(\lambda m^{2}\right)_{3}\\\vdots\\\left(\lambda m^{2}\right)_{t}\end{bmatrix}_{\rho}=\begin{bmatrix}R_{11}^{1}\mu_{1}^{1}\cdot R_{11}^{2}\mu_{2}^{2}&+R_{12}^{1}\mu_{1}^{1}R_{12}^{2}\mu_{2}^{2}&+R_{13}^{1}\mu_{1}^{1}R_{13}^{2}\mu_{2}^{2}&\cdots&R_{1n}^{1}\mu_{1}^{1}R_{1n}^{2}\mu_{2}^{2}\\R_{21}^{1}\mu_{1}^{1}\cdot R_{21}^{2}\mu_{2}^{2}&+R_{22}^{1}\mu_{1}^{1}R_{22}^{2}\mu_{2}^{2}&+R_{23}^{1}\mu_{1}^{1}R_{23}^{2}\mu_{2}^{2}&\cdots&R_{2n}^{3}\mu_{1}^{1}R_{2n}^{2}\mu_{2}^{2}\\R_{31}^{1}\mu_{1}^{1}\cdot R_{31}^{2}\mu_{2}^{2}&+R_{32}^{1}\mu_{1}^{1}R_{32}^{2}\mu_{2}^{2}&+R_{33}^{1}\mu_{1}^{1}R_{33}^{2}\mu_{2}^{2}&\cdots&R_{3n}^{3}\mu_{1}^{1}R_{3n}^{2}\mu_{2}^{2}\\\vdots&\vdots&\vdots&\ddots&\vdots\\R_{t1}^{1}\mu_{1}^{1}\cdot R_{t1}^{2}\mu_{2}^{2}&+R_{t2}^{1}\mu_{1}^{1}R_{t2}^{2}\mu_{2}^{2}&+R_{t3}^{1}\mu_{1}^{1}R_{t3}^{2}\mu_{2}^{2}&\cdots&R_{tn}^{3}\mu_{1}^{1}R_{tn}^{2}\mu_{2}^{2}\end{bmatrix} \tag{e5}$$

式中 j 行的数据信息:

$$\begin{aligned}\left(\lambda m^{2}\right)_{j} &=\left(\ \left(|R|_{ji}^{1}\mu_{1}^{1}\cdot|R|_{ji}^{2}\mu_{2}^{2}\right)+\left(|R|_{j2}^{1}\mu_{1}^{1}\cdot|R|_{j2}^{2}\mu_{2}^{2}\right)+\left(|R|_{j3}^{1}\mu_{1}^{1}\cdot|R|_{j3}^{2}\mu_{2}^{2}\right)\ \cdots\right)\\ &=\left(\ \left(|R|_{ji}^{3}\mu_{1}^{1}\mu_{2}^{2}\right)+\left(|R|_{j2}^{3}\mu_{1}^{1}\mu_{2}^{2}\right)+\left(|R|_{j3}^{3}\mu_{1}^{1}\mu_{2}^{2}\right)\ \cdots\ +\left(|R|_{jn}^{3}\mu_{1}^{1}\mu_{2}^{2}\right)\ \right)\\ &=\left[\ |R|_{j1}^{3}\ |R|_{j2}^{3}\ |R|_{j3}^{3}\ \ \cdots\ |R|_{jn}^{3}\ \right]\cdot J\cdot\left(\mu_{1}^{1}\mu_{2}^{2}\right)_{PL}\\ &=\left(|R|^{E3}\right)_{j}\cdot J\cdot\left(\mu_{1}^{1}\mu_{2}^{2}\right)_{PL}\end{aligned}$$

故知随机函数平均误差的计算公式:

$$\left(\lambda m^{2}\right)_{\rho}=|R|^{E3}\cdot J\cdot\left(\mu_{1}^{1}\mu_{2}^{2}\right)_{PL} \tag{e6}$$

2）随机函数的二阶特征值 m^2（中误差）

$$\begin{bmatrix}\left(m^{2}\right)_{1}\\ \left(m^{2}\right)_{2}\\ \left(m^{2}\right)_{3}\\ \vdots\\ \left(m^{2}\right)_{t}\end{bmatrix}_{\rho}=\begin{bmatrix}R_{11}^{2}\mu_{2}^{2} & +R_{12}^{2}\mu_{2}^{2} & +R_{13}^{2}\mu_{2}^{2} & \cdots & +R_{1n}^{2}\mu_{2}^{2}\\ R_{21}^{2}\mu_{2}^{2} & +R_{22}^{2}\mu_{2}^{2} & +R_{23}^{2}\mu_{2}^{2} & \cdots & +R_{2n}^{2}\mu_{2}^{2}\\ R_{31}^{2}\mu_{2}^{2} & +R_{32}^{2}\mu_{2}^{2} & +R_{33}^{2}\mu_{2}^{2} & \cdots & +R_{3n}^{2}\mu_{2}^{2}\\ \vdots & \vdots & \vdots & \ddots & \vdots\\ R_{t1}^{2}\mu_{2}^{2} & +R_{t2}^{2}\mu_{2}^{2} & +R_{t3}^{2}\mu_{2}^{2} & \cdots & +R_{tn}^{2}\mu_{2}^{2}\end{bmatrix}$$

$$=\begin{bmatrix}R_{11}^{2} & +R_{12}^{2} & +R_{13}^{2} & \cdots & +R_{1n}^{2}\\ R_{21}^{2} & +R_{22}^{2} & +R_{23}^{2} & \cdots & +R_{2n}^{2}\\ R_{31}^{2} & +R_{32}^{2} & +R_{33}^{2} & \cdots & +R_{3n}^{2}\\ \vdots & \vdots & \vdots & \ddots & \vdots\\ R_{t1}^{2} & +R_{t2}^{2} & +R_{t3}^{2} & \cdots & +R_{tn}^{2}\end{bmatrix}\cdot\left(\mu_{2}^{2}\right)_{PL}$$

故知随机函数中误差的计算公式:

$$\left(m^{2}\right)_{\rho}=|R|^{E2}\cdot J\cdot\left(\mu_{2}^{2}\right)_{PL} \tag{e7}$$

3）随机函数的三阶特征值 ω^3

$$\begin{aligned}\left(\omega^{3}m^{2}-3\lambda m^{2}m^{2}\right)_{j} &=\left[\,|R|_{j}^{3}\mu_{3}^{3}\cdot|R|_{j}^{2}\mu_{2}^{2}-3|R|_{j}^{1}\mu_{1}^{1}\cdot|R|_{j}^{2}\mu_{3}^{3}\cdot|R|_{j}^{2}\mu_{3}^{3}\,\right]\\ &=\left[\,|R|_{j}^{5}\cdot\mu_{3}^{3}\mu_{2}^{2}-|R|_{j}^{5}\cdot3\mu_{1}^{1}\mu_{2}^{2}\mu_{2}^{2}\,\right]\\ &=\left[\,|R|_{j}^{5}\,\right]\cdot\mu_{3}^{3}\mu_{2}^{2}-\left[\,|R|_{j}^{5}\,\right]\cdot3\mu_{1}^{1}\mu_{2}^{2}\mu_{2}^{2}\\ &=\left[\,|R|_{j}^{5}\,\right]\cdot\left(\mu_{3}^{3}\mu_{2}^{2}-3\mu_{1}^{1}\mu_{2}^{2}\mu_{2}^{2}\right)_{PL}\end{aligned}$$

故知随机函数三阶误差的计算公式:

$$\left(\omega^{3}m^{2}-3\lambda m^{2}m^{2}\right)_{\rho}=|R|^{E5}\cdot J\cdot\left(\mu_{3}^{3}\mu_{2}^{2}-3\mu_{1}^{1}\mu_{2}^{2}\mu_{2}^{2}\right)_{PL} \tag{e8}$$

二）解算值ρ的误差特征值（4.262）式之分离形式

参看第一编、第三章的矩阵运算规则（1.333）等式和（4.262）、（4.263）式：

1）一阶特征值（平均误差）

$$\begin{bmatrix}(\lambda)_1\\(\lambda)_2\\(\lambda)_3\\\vdots\\(\lambda)_t\end{bmatrix}_\rho=\left[|R|^{E3}\cdot J\cdot\left(\mu_1^1\mu_2^2\right)_{PL}\right]*\begin{bmatrix}(m^2)_1\\(m^2)_2\\(m^2)_3\\\vdots\\(m^2)_t\end{bmatrix}_\rho^{E-1} \tag{4.264}$$

2）二阶特征值（中误差）

$$\begin{bmatrix}(m^2)_1\\(m^2)_2\\(m^2)_3\\\vdots\\(m^2)_t\end{bmatrix}_\rho=\left[|R|^{E2}\cdot J\cdot\left(\mu_2^2\right)_{PL}\right] \tag{4.265}$$

3）三阶特征值（ω^3）　　（4.266）

$$\begin{bmatrix}(\omega^3)_1\\(\omega^3)_2\\(\omega^3)_3\\\vdots\\(\omega^3)_t\end{bmatrix}_\rho=\begin{bmatrix}(3\lambda m^2)_1\\(3\lambda m^2)_2\\(3\lambda m^2)_3\\\vdots\\(3\lambda m^2)_t\end{bmatrix}_\rho+\left[|R|^{E5}\cdot J\cdot\left(\mu_3^3\mu_2^2-3\mu_1^1\mu_2^2\mu_2^2\right)_{PL}\right]*\begin{bmatrix}(m^2)_1\\(m^2)_2\\(m^2)_3\\\vdots\\(m^2)_t\end{bmatrix}_\rho^{E-1}$$

式中，R由（4.055）式定义；μ的计算，由（4.251）、（4.252）二式定。

七、随机函数（未知数）解算值ρ的精度估计

基于ξ、ε、α三个概率分布参数，在求解随机误差方程后，误差特征值的计算及其误差分布的密度函数，对计算成果ρ的置信度，已基本说明问题。但考虑到学术界的种种要求，再按（3.263）（3.264）二式，进行精度估计的定量分析，这也是很有必要的。定量分析，拟在本编第八章做详细阐明。

附 注：最大概率法解算步骤重述

1）确定（未知数）函数体

$$f(\rho)=\begin{Bmatrix} (\rho) \\ A\rho - L + \cdots \end{Bmatrix}=0$$

$$V=f(\rho) \quad , \quad A=\lceil f(\rho) = \lceil A\rho - L + \cdots$$

2）确定初始值

$$\overset{o}{\rho}=0, \quad \overset{o}{\varepsilon}=2.0 \quad , \quad \overset{o}{\alpha}=\infty,$$

先按 $\alpha=\infty, \varepsilon=2$ 进行求解；
再按 $\alpha=\infty$ 进行求解；
之后，再把 α 看作变量，进行求解。

3）计算过渡改正数值 V

$$\overset{i}{V}=f(\overset{i}{\rho})=(\overset{i}{\rho}) \quad , \quad P=[\ P_1\ P_2\ P_3 \cdots\ P_n\ ]^T$$

4）计算过渡值 V 的特征值、分布参数

$$\left(\overset{i}{\lambda}, \overset{i}{m}, \overset{i}{\omega}\right)_V=\left(\overset{i}{V}\right)$$

$$\left(\overset{i}{\xi}, \overset{i}{\varepsilon}, \overset{i}{\alpha}, \overset{i}{k},\right)_V=\left(\overset{i}{\lambda}, \overset{i}{m}, \overset{i}{\omega}\right)_V$$

5）确定解算方程 (4.281)

$$\overset{i}{W}=\left(P, \overset{i}{\varepsilon}, \overset{i}{\alpha}\right)_V$$

$$F(\overset{i}{\rho})=\overset{i}{W}\uparrow A$$

6）计算过渡值

$$\Delta=\left((P*A)\uparrow A\right)^{-1}\cdot F(\overset{i}{\rho})$$

7）计算最后值 ρ

$$\overset{i+1}{\rho}=\overset{i}{\rho}-\Delta$$

8）限差检查

$$|\Delta|\le(\delta)=\begin{cases}\delta_I \\ \delta_{II}\end{cases}$$

-----2015 年 7 月 16 日 北京·航天城-----
-----2015 年 8 月 24 日 北京·航天城-----
-----2015 年 11 月 26 日 北京·航天城-----
-----2016 年 6 月 18 日 北京·航天城-----
-----2017 年 10 月 28 日 西安·曲江池-----

第三章　随机函数方程的近似解算方法（1）

-----（方程全解算的）最小一乘法-----

在（4.211）、（4.215）、（4.221）三式中所示的随机误差方程，

$$V = f(\rho) = (\rho) = A\rho - L \quad , \quad L = C + S(\rho) \quad , \quad P \tag{4.301}$$

就其精密解法，已在前章阐明。有关重大的数学问题，特别是精度要求较高的问题，必须遵循。但对于一般精度要求的计算问题，可以简化处理。在精密解算的过程中，经解算确定的参数，不再解算，而是给定

$$\begin{bmatrix} \varepsilon \\ \alpha \end{bmatrix} = \begin{bmatrix} 1 \\ \infty \end{bmatrix} \quad , \qquad \eta = \zeta = 0 \tag{4.302}$$

在此基础上，虽简化精密解算，但不丢弃高次项$S(\rho)$，故该近似解算方法，称为“（方程全解算的）最小一乘法”。

一、简化随机误差方程的解算原理

根据（4.133）式，以ρ代（4.001）式中的X随机函数：

$$\begin{aligned} F(\rho) &= \left(W \uparrow A \right)_{\rho} = 0 \\ &= \left((W + P*V - P*V) \uparrow A \right)_{\rho} = 0 \\ &= \left((P*A)\rho - P*L \right) \uparrow A + \left(W - P*V \right) \uparrow A = 0 \\ &= \left((P*A)\rho \right) \uparrow A - \left(P*L - W + P*V \right) \uparrow A = 0 \\ &= A^{T}\left((P*A)\rho \right) - \left(P*L - W + P*V \right) \uparrow A = 0 \\ &= \underbrace{\left((P*A) \uparrow A \right) \rho}_{A\rho} - \underbrace{\left(P*L - W + P*V \right) \uparrow A}_{C + S(\rho)} = 0 \end{aligned} \tag{4.311}$$

当$\alpha \to \infty$，$\varepsilon = 1$时，由（4.022）式知：（注意V是相对值）

$$\overset{i}{W} = \left[P \cdot \frac{|V|^{1-1} \cdot \operatorname{sgn} V}{\left(\alpha^{1} - |V|^{1} \right)^{2}} \right] = \left[P \operatorname{sgn} \overset{i}{V} \right] \tag{4.312}$$

二、随机误差方程的解算公式

基于（4.234）式，由（1.524）式可知，ρ 的最小一乘法解算公式为：

$$\left.\begin{aligned}&F(\overset{i}{\rho})=\overset{i}{W}\uparrow A=\left[\,P\,\mathrm{sgn}\overset{i}{V}\,\right]\uparrow A\\&\overset{i+1}{\rho}=\overset{i}{\rho}-\Delta\qquad,\qquad|\Delta|\le(\delta)\\&\Delta=\left((P*A)\uparrow A\right)^{-1}\cdot F(\overset{i}{\rho})\end{aligned}\right\}\tag{4.321}$$

考虑

$$\begin{aligned}\Delta&=\left((P*A)\uparrow A\right)^{-1}\cdot F(\overset{i}{\rho})\\&=\left((P*A)\uparrow A\right)^{-1}\left[\,P\,\mathrm{sgn}\overset{i}{V}\,\right]\uparrow A\\&=\left((P*A)\uparrow A\right)^{-1}A^{T}\left[\,P\,\mathrm{sgn}\overset{i}{V}\,\right]\\&=\left(\left(A^{T}(P*A)\right)^{-1}A^{T}\right)\left[\,P\,\mathrm{sgn}\overset{i}{V}\,\right]\end{aligned}\tag{4.322}$$

由（4.261）式定义

$$R=\left(\left(A^{T}(P*A)\right)^{-1}A^{T}\right)$$

可知

$$\left.\begin{aligned}&\overset{i+1}{\rho}=\overset{i}{\rho}-\Delta\qquad,\qquad|\Delta|\le(\delta)\\&\Delta=R\left[\,P\,\mathrm{sgn}\overset{i}{V}\,\right]\end{aligned}\right.\tag{4.323}$$

式中，根据（4.312）式，可知列阵

$$\left[\,P\,\mathrm{sgn}\overset{i}{V}\,\right]=\begin{bmatrix}\left(P\,\mathrm{sgn}\overset{i}{V}\right)_1\\\left(P\,\mathrm{sgn}\overset{i}{V}\right)_2\\\left(P\,\mathrm{sgn}\overset{i}{V}\right)_3\\\vdots\\\left(P\,\mathrm{sgn}\overset{i}{V}\right)_n\end{bmatrix}\quad,\quad\overset{i}{V}=(\overset{i}{\rho})$$

三、随机函数的误差特征值

最小一乘法解算的随机函数ρ，在计算函数误差特征值问题上，与精密解算方法求解的误差特征值是相同的。但要说明，近似解算的最小一乘法，实质上是把具有普遍性的王玉玮分布，按特例拉普拉斯分布处理：

$$f(x)=k\cdot\exp\left\{-\xi\frac{|x|^{\varepsilon}}{\alpha^{\varepsilon}-|x|^{\varepsilon}}\right\} \tag{4.331}$$

$$f(x)=\frac{1}{2\lambda}\exp\left(-\frac{1}{\lambda}|x|\right)$$

但毕竟客观实际的分布，不是拉普拉斯分布。因此，分布密度函数的特征值，仍需按λ、m、ω三者独立求解。根据（4.251)、(4.252）可知

$$\begin{aligned}(\mu_1^1)_{PL}&=\frac{n}{n+t}(\lambda)_{PV}&&=\frac{\sum|PV|}{n+t}\\(\mu_2^2)_{PL}&=\frac{n}{n-t}(m^2)_{PV}&&=\frac{\sum|PVV|}{n-t}\\(\mu_3^3)_{PL}&=(3\mu_1^1\mu_2^2)_{PL}-\frac{n^3(n-t)}{n^4-t^4}(3\lambda m^2-\omega^3)_{PV}\end{aligned} \tag{4.332}$$

式中，L的误差，包含高次项$S(\rho)$因素；V的误差亦然：

$$\begin{bmatrix}\lambda^1\\m^2\\\omega^3\end{bmatrix}_{PV}=\frac{1}{n}\begin{bmatrix}\sum|PV|\\\sum PVV\\\sum|PVVV|\end{bmatrix}_{PV} \tag{4.333}$$

其随机函数误差解算的基本形式，根据（4.262）式，可知：

$$\begin{aligned}&(\lambda m^2)_{\rho}=|R|^{E3}\cdot J\quad(\mu_1^1\mu_2^2)_{PL}\ ,\qquad \rho=[\rho_1\ \ \rho_2\ \ \rho_3\cdots\ \rho_t]^T\\&(m^2)_{\rho}=|R|^{E2}\cdot J\quad(\mu_2^2)_{PL}\\&(\omega^3m^2-3\lambda m^2m^2)_{\rho}=|R|^{E5}\cdot J\quad(\mu_3^3\mu_2^2-3\mu_1^1\mu_2^2\mu_2^2)_{PL}\end{aligned} \tag{4.334}$$

该式即随机函数（未知数）解算值ρ的误差特征值计算公式。

另外，解算值ρ的误差特征值之分离形式，由（4.264）等诸式知以下结论。

1）**一阶特征值**（平均误差λ）

$$\begin{bmatrix} (\lambda)_1 \\ (\lambda)_2 \\ (\lambda)_3 \\ \vdots \\ (\lambda)_t \end{bmatrix}_\rho = \left[|R|^{E2} \cdot J \cdot \left(\mu_1^1 \mu_2^2 \right)_{PL} \right] * \begin{bmatrix} (m^2)_1 \\ (m^2)_2 \\ (m^2)_3 \\ \vdots \\ (m^2)_t \end{bmatrix}_\rho^{E-1} \tag{4.335}$$

2）**二阶特征值**（中误差m^2）

$$\begin{bmatrix} (m^2)_1 \\ (m^2)_2 \\ (m^2)_3 \\ \vdots \\ (m^2)_t \end{bmatrix}_\rho = \left[|R|^{E2} \cdot J \cdot \left(\mu_2^2 \right)_{PL} \right] \tag{4.336}$$

3）**三阶特征值**（三阶误差ω^3）　　(4.337)

$$\begin{bmatrix} (\omega^3)_1 \\ (\omega^3)_2 \\ (\omega^3)_3 \\ \vdots \\ (\omega^3)_t \end{bmatrix}_\rho = \begin{bmatrix} (3\lambda m^2)_1 \\ (3\lambda m^2)_2 \\ (3\lambda m^2)_3 \\ \vdots \\ (3\lambda m^2)_t \end{bmatrix}_\rho + \left[|R|^{E5} \cdot J \cdot \left(\mu_3^3 \mu_2^2 - 3\mu_1^1 \mu_2^2 \mu_2^2 \right)_{PL} \right] * \begin{bmatrix} (m^2)_1 \\ (m^2)_2 \\ (m^2)_3 \\ \vdots \\ (m^2)_t \end{bmatrix}_\rho^{E-1}$$

-----2015 年 7 月 27 日　　北京・航天城-----

---

*）拉普拉斯最小一乘法的数学条件，

$$\left[P \operatorname{sgn} \overset{i}{V} \right] \uparrow J = 0 \tag{4.338}$$

对V来说，不存在唯一性 [22. P123（2.425）]，也就是（4.321）式不存在唯一性。因此，还必须附加“唯一性”的条件，方可取得唯一性的结果。有关学者曾提出多种意见。考虑到，有不同的初始值，就有不同的最后迭代结果，故作者从有利解算精度的角度思考，建议：以（$[PVV]=\min$）的结果，即以最小二乘法的解算结果，作为最小一乘法的初始条件为宜。

第四章　随机函数方程的近似解算方法（2）

-----（方程全解算的）最小二乘法-----

在（4.211）、（4.215）、（4.221）三式中所示的随机误差方程，

$$V = f(\rho) = (\rho) = A\rho - L \quad , \quad L = C + S(\rho) \quad , \quad P \tag{4.401}$$

就其精密解法，已在前章阐明。有关重大的数学问题，特别是精度要求较高的问题，必须遵循。但对于一般精度要求的计算问题，可以简化处理。在精密解算的过程中，经解算确定的参数，不再解算，而是给定

$$\begin{bmatrix} \varepsilon \\ \alpha \end{bmatrix} = \begin{bmatrix} 2 \\ \infty \end{bmatrix} \quad , \qquad \eta = \zeta = 0 \tag{4.402}$$

在此基础上，虽简化精密解算，但不丢弃高次项$S(\rho)$，故该近似解算方法，称为“（方程全解算的）最小二乘法”。（该名称最初是由法国数学家勒戎德尔（A.M. Legendre，1752-1833）提出的。）

一、简化随机误差方程的解算原理

根据（4.133）式，以ρ代（4.001）式中的X随机函数：

$$\begin{aligned} F(\rho) &= \left(W \uparrow A\right)_\rho = 0 \\ &= \left(\left(W + P*V - P*V\right) \uparrow A\right)_\rho = 0 \\ &= \left(\left(W + P*V - P*V\right) \uparrow A\right)_\rho = 0 \\ &= \left(\left(P*A\right)\rho - P*L\right) \uparrow A + \left(W - P*V\right) \uparrow A = 0 \\ &= \left(\left(P*A\right)\rho\right) \uparrow A - \left(P*L - W + P*V\right) \uparrow A = 0 \\ &= A^T\left(\left(P*A\right)\rho\right) - \left(P*L - W + P*V\right) \uparrow A = 0 \\ &= \underbrace{\left(\left(P*A\right) \uparrow A\right)\rho}_{A\rho} - \underbrace{\left(P*L - W + P*V\right) \uparrow A}_{C+S(\rho)} = 0 \end{aligned} \tag{4.411}$$

当$\alpha \to \infty$，$\varepsilon = 2$时，由（4.023）式知：（注意V是相对值）

$$\overset{i}{W} = \left[P \cdot \frac{|V|^{2-1} \cdot \operatorname{sgn} V}{\left(\alpha^2 - |V|^2\right)^2} \right] = \left[P\overset{i}{V} \right] \tag{4.412}$$

二、随机误差方程的解算公式

基于（4.241）式，由(1.524）式可知，ρ 的最小二乘法解算公式为：

$$\left.\begin{aligned} & F(\overset{i}{\rho})=\overset{i}{W}\uparrow A=\left[P*\overset{i}{V}\right]\uparrow A \\ & \overset{i+1}{\rho}=\overset{i}{\rho}-\Delta \qquad , \qquad |\Delta|\le(\delta) \\ & \Delta=\underline{\underline{\left((P*A)\uparrow A\right)^{-1}\cdot F(\overset{i}{\rho})}} \end{aligned}\right| \tag{4.421}$$

式中，V 由（4.221）式定义，A 由（4.225）式定义。

另外，基于（4.411）式，考虑（4.412）、（4.221）二式，可知：

$$\begin{aligned} F(\rho) &= W\uparrow A=[PV]\uparrow A \\ &= [(P*A)\rho-P*L]\uparrow A=0 \end{aligned} \tag{4.422}$$

显然，当 L 只取常数项 C，舍去二次以上项 $S(\rho)$ 时，可知：

$$\left.\begin{aligned} & (P*A)\rho\uparrow A=(P*L)\uparrow A \\ & A^{T}((P*A)\rho)=A^{T}(P*L) \\ & A^{T}(P*A)\rho=A^{T}(P*L) \\ & \rho=\left(A^{T}(P*A)\right)^{-1}A^{T}(P*L) \\ & \quad=\underline{\underline{\left(\left(A^{T}(P*A)\right)^{-1}A^{T}\right)\cdot(P*L)}} \end{aligned}\right| \tag{4.423}$$

由（4.173）式定义，可知

$$\left.\begin{aligned} & R=\left(\left(A^{T}(P*A)\right)^{-1}A^{T}\right) \\ & \underline{\underline{\rho=R\cdot(P*L)}} \end{aligned}\right| \tag{4.424}$$

上述（4.421）式是最小二乘法针对非线性随机方程的普遍解算公式，（4.424）式是最小二乘法针对线性随机方程的特定解算公式。前者，在（4.122）式中之 L，包含着函数的高次项，对 V 需要迭代；后者，L 只是常数项，无须迭代。也就是说，后者是传统的最小二乘法；前者是最大概率法的近似解，有别于传统的最小二乘法，且精度要优于后者。

三、随机函数的误差特征值

最小二乘法解算的随机函数ρ，在计算函数误差特征值问题上，与精密解算方法求解的误差特征值是相同的。但要说明，近似解算的最小二乘法，实质上是把具有普遍性的王玉玮分布，按特例高斯分布处理：

$$f(x)=k\cdot\exp\left\{-\xi\frac{|x|^{\varepsilon}}{\alpha^{\varepsilon}-|x|^{\varepsilon}}\right\} \tag{4.431}$$

$$f(x)=\frac{1}{\sqrt{2\pi}\cdot m}\exp\left(-\frac{1}{2m^2}x^2\right) \qquad (\varepsilon=2\ ,\ \alpha=\infty)$$

但毕竟客观实际的分布，不是高斯分布。因此，分布密度函数的特征值，仍需按λ、m、ω三者独立求解。根据（4.251）、（4.252）可知

$$\begin{aligned}
\left(\mu_1^1\right)_{PL} &= \frac{n}{n+t}(\lambda)_{PV} &&= \frac{\sum|PV|}{n+t}\\
\left(\mu_2^2\right)_{PL} &= \frac{n}{n-t}\left(m^2\right)_{PV} &&= \frac{\sum|PVV|}{n-t}
\end{aligned} \tag{4.432}$$

$$\left(\mu_3^3\right)_{PL} = \left(3\mu_1^1\mu_2^2\right)_{PL}-\frac{n^3(n-t)}{n^4-t^4}\left(3\lambda m^2-\omega^3\right)_{PV}$$

式中，L的误差，包含高次项$S(\rho)$因素；V的误差亦然：

$$\begin{bmatrix}\lambda^1\\ m^2\\ \omega^3\end{bmatrix}_{PV}=\frac{1}{n}\begin{bmatrix}\sum|PV|\\ \sum PVV\\ \sum|PVVV|\end{bmatrix}_{PV} \tag{4.433}$$

其随机函数误差解算的基本形式，根据（4.262）式，可知：

$$\begin{aligned}
\left(\lambda m^2\right)_{\rho} &= |R|^{E3}\cdot J\ \left(\mu_1^1\mu_2^2\right)_{PL}\ , \qquad \rho=[\rho_1\ \ \rho_2\ \ \rho_3\cdots\ \rho_t]^T\\
\left(m^2\right)_{\rho} &= |R|^{E2}\cdot J\ \left(\mu_2^2\right)_{PL}\\
\left(\omega^3 m^2-3\lambda m^2 m^2\right)_{\rho} &= |R|^{E5}\cdot J\ \left(\mu_3^3\mu_2^2-3\mu_1^1\mu_2^2\mu_2^2\right)_{PL}
\end{aligned} \tag{4.434}$$

该式即随机函数（未知数）解算值ρ的误差特征值计算公式。

另外，解算值ρ的误差特征值之分离形式，由（4.264）**……** 诸式知：

1）一阶特征值（平均误差λ）

$$\begin{bmatrix}(\lambda)_1\\(\lambda)_2\\(\lambda)_3\\\vdots\\(\lambda)_t\end{bmatrix}_\rho=\left[|R|^{E2}\cdot J\cdot\left(\mu_1^1\mu_2^2\right)_{PL}\right]*\begin{bmatrix}(m^2)_1\\(m^2)_2\\(m^2)_3\\\vdots\\(m^2)_t\end{bmatrix}_\rho^{E-1}\tag{4.435}$$

2）二阶特征值（中误差m^2）

$$\begin{bmatrix}(m^2)_1\\(m^2)_2\\(m^2)_3\\\vdots\\(m^2)_t\end{bmatrix}_\rho=\left[|R|^{E2}\cdot J\cdot\left(\mu_2^2\right)_{PL}\right]\tag{4.436}$$

3）三阶特征值（三阶误差ω^3）　　（4.437）

$$\begin{bmatrix}(\omega^3)_1\\(\omega^3)_2\\(\omega^3)_3\\\vdots\\(\omega^3)_t\end{bmatrix}_\rho=\begin{bmatrix}(3\lambda m^2)_1\\(3\lambda m^2)_2\\(3\lambda m^2)_3\\\vdots\\(3\lambda m^2)_t\end{bmatrix}_\rho+\left[|R|^{E5}\cdot J\cdot\left(\mu_3^3\mu_2^2-3\mu_1^1\mu_2^2\mu_2^2\right)_{PL}\right]*\begin{bmatrix}(m^2)_1\\(m^2)_2\\(m^2)_3\\\vdots\\(m^2)_t\end{bmatrix}_\rho^{E-1}$$

-----2015 年 7 月 25 日　　北京・航天城-----

---

*）（4.016）式补充：（列阵W的具体形式）

$$\left(\frac{|V|^\varepsilon}{\alpha^\varepsilon-|V|^\varepsilon}\right)_j=(W)_j\ ,\quad V=V_j\quad(j=1,2,3,\cdots,n)$$

$$\left[\frac{|V|^\varepsilon}{\alpha^\varepsilon-|V|^\varepsilon}\right]=\left[(W)_1\ (W)_2\ (W)_3\ \cdots\ (W)_n\right]^T\tag{4.438}$$

第五章　间接观测的随机函数方程解算

在科学实践活动中，对一个未知数进行单独重复观测，被称作直接观测。诸如大地海平面水位观测站的水位基准点观测，天文大地基准点的经度子午仪观测，以及度、量、衡领域某一个未知数的观测，都是直接观测。其随机误差方程形式：

$$V = AX - L \quad , \qquad P \tag{4.501}$$

式中，L 是观测值的数据，系数 A 是特定值：

$$A = \begin{bmatrix} 1 & 1 & 1 & \cdots & 1 \end{bmatrix}^T \tag{4.502}$$

其解法，可以看作是类似（2.617）式的权中数的求解，不再赘述。当未知数不能直接观测，一个观测值 L 涉及多个随机函数时，称之为间接观测，如下所示：

$$\left.\begin{aligned}
&V = A\rho - L \\
&V = \begin{bmatrix} V_1 \\ V_2 \\ V_3 \\ \vdots \\ V_n \end{bmatrix} = -\begin{bmatrix} \Delta_1 \\ \Delta_2 \\ \Delta_3 \\ \vdots \\ \Delta_n \end{bmatrix} = -\Delta \\
&A = \begin{bmatrix} a_{11} & a_{12} & a_{13} & \cdots & a_{1t} \\ a_{21} & a_{22} & a_{23} & \cdots & a_{2t} \\ a_{31} & a_{32} & a_{33} & \cdots & a_{3t} \\ \vdots & \vdots & \vdots & \ddots & \vdots \\ a_{n1} & a_{n2} & a_{n3} & \cdots & a_{nt} \end{bmatrix} \qquad (t \le n) \\
&\rho = \begin{bmatrix} \rho_1 & \rho_2 & \rho_3 & \cdots & \rho_t \end{bmatrix}^T \\
&L = \begin{bmatrix} L_1 \\ L_2 \\ L_3 \\ \vdots \\ L_n \end{bmatrix} = \begin{bmatrix} (L_1)_T \\ (L_2)_T \\ (L_3)_T \\ \vdots \\ (L_n)_T \end{bmatrix} + \begin{bmatrix} \Delta_1 \\ \Delta_2 \\ \Delta_3 \\ \vdots \\ \Delta_n \end{bmatrix} = (L)_T + \Delta
\end{aligned}\right| \tag{4.503}$$

针对（4.503）式的随机方程解算，被称作间接观测的随机方程解算。

一、随机函数体的确定

一个重大任务确定后，首要任务就是确定与任务有关的所有数学元素，并列出其数学关系：

$$f(\rho)=(\rho)=0 \tag{4.511}$$

然后，为便于数学处理，要将 $f(\rho)$ 体内的所有具体元素都变成相对元素；也就是将所有有单位的元素变成无单位的元素，或者说，将所有同类元素的较大者或重要的相关较大元素，定义为一单位，使这些元素都变成小于“1”的无单位元素。譬如，在（4.113）式内的 η、ζ，就是相对单位的元素：

$$\eta=\frac{h}{H'_o}\quad,\quad \zeta=\frac{\Delta H}{H'_o}\quad,\qquad H'_o=1\ \text{（单位）} \tag{4.512}$$

无单位的元素，在 $f(\rho)$ 体内，就是一个纯数学问题，便于数学处理。另外，所有随机函数 ρ 的未知数都小于“1”，在对高次项的收舍处理问题上，缩小其对精度问题的影响。（上式 η，ζ 与（2.427）式中 η，ζ 之含义不同。）

二、随机误差方程的确定

随机误差方程，主要是根据（4.511）、（4.201）二式，列出

$$\begin{aligned}V&=f(\rho)=(\rho)\\&=A\rho-L\end{aligned}\quad,\quad L=\begin{cases}C & \text{（线性方程）}\\ C+S(\rho) & \text{（非线性方程）}\end{cases} \tag{4.521}$$

式中，L 项中的 C、$S(\rho)$ 无须书写其具体形式，而 A 是必须认真求解的。根据（1.522）式定义：

$$A=\overline{\left|\,f(\rho)\right.} \tag{4.522}$$

在求解 A 的具体元素时，按下式进行：

$$\left(A_{ji}\right)_i=\overline{\left|\,f(\rho)\right.}\quad,\quad\left\{\begin{matrix}\rho_i\neq 0\\ \cdots=\rho_{i-1}=\rho_{i+1}=\cdots=0\end{matrix}\right\} \tag{4.523}$$

$$(i=1,\ 2,\ 3,\ \cdots,\ t)$$

$$(j=1,\ 2,\ 3,\ \cdots,\ n)$$

进而，由（4.233）式可知解算公式：

$$\begin{aligned}F(\rho)&=\left(W\uparrow A\right)_\rho=0\\&=\left((P*A)\uparrow A\right)\rho-\left(P*L-W+P*V\right)\uparrow A=0\end{aligned} \tag{4.524}$$

三、随机误差方程的解算

三种解算方法，分述如下。

一）严密解算方法（最大概率法）

根据（4.241）式，可知：

$$\begin{aligned} &F(\overset{i}{\rho})=\overset{i}{W}\uparrow A \\ &\overset{i+1}{\rho}=\overset{i}{\rho}-\Delta \quad , \quad |\Delta|\le(\delta) \\ &\Delta=((P*A)\uparrow A)^{-1}\cdot F(\overset{i}{\rho}) \end{aligned} \tag{4.531}$$

具体步骤：

1）确定随机函数

$$f(\rho)=(\rho)=0$$

2）根据（4.522）式，确定系数 A

$$A=\left\lceil f(\rho)\right.$$

3）确定初始值

$$\overset{i}{\rho}=\overset{o}{\rho} \quad , \quad \overset{o}{\varepsilon}=1.3 \quad , \quad \overset{o}{\alpha}=\infty$$

4）确定 W 值，根据（4.521）、（4.024）二式

$$\overset{i}{W}=\left[P\frac{\cdot|V|^{\varepsilon-1}\cdot\operatorname{sgn}V}{\left(\alpha^{\varepsilon}-|V|^{\varepsilon}\right)^{2}}\right]$$

$$\overset{i}{V}=f(\overset{i}{\rho})$$

5）迭代解算 ρ

6）解算 PV 特征值和分布参数

$$\begin{bmatrix}\lambda^{1}\\ m^{2}\\ \omega^{3}\end{bmatrix}_{PV}=(\rightarrow(4.244)) \quad , \quad \begin{bmatrix}\xi\\ \varepsilon\\ \alpha\end{bmatrix}_{PV}=(\rightarrow(4.245))$$

7）当 ε 无变化时，迭代解算 ρ 的过程结束。

二）近似解算方法（1）（最小一乘法）

根据（4.321）、（4.322）式，可知：

$$
\begin{aligned}
&F(\overset{i}{\rho}) = \overset{i}{W} \uparrow A = [\, P\,\mathrm{sgn}\overset{i}{V}\,] \uparrow A \\
&\overset{i+1}{\rho} = \overset{i}{\rho} - \Delta \qquad , \qquad |\Delta| \le (\delta) \\
&\Delta = \left((P * A) \uparrow A\right)^{-1} \cdot F(\overset{i}{\rho}) \\
&\quad = \left(\left(A^T (P * A)\right)^{-1} A^T\right) [\, P\,\mathrm{sgn}\overset{i}{V}\,]
\end{aligned}
\qquad (4.532)
$$

具体步骤：

1）确定随机函数

$$f(\rho) = (\rho) = 0$$

2）根据（4.523）式，确定系数 A

$$A = \overline{\left| f(\rho) \right.}$$

3）确定初始值

$$\overset{i}{\rho} = \overset{o}{\rho} \quad , \qquad \overset{o}{\alpha} = \infty$$

根据 $[\, PVV \,] = \min$ 条件，即最小二乘法的结果，作为 ρ 的初始值。

4）确定过渡值 V，根据（4.521）、（4.024）二式

$\overset{i}{V} = f(\overset{i}{\rho})$　　（注意：V 不是相对值）

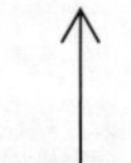

5）迭代解算 ρ

6）解算 PV 特征值和分布参数

$$
\begin{bmatrix} \lambda^1 \\ m^2 \\ \omega^3 \end{bmatrix}_{PV} = (\rightarrow (4.244)) \quad , \quad \begin{bmatrix} \xi \\ \varepsilon \\ \alpha \end{bmatrix}_{PV} = (\rightarrow (4.245))
$$

7）第五步结束后，迭代解算 ρ 的过程结束；第六步，只供参考。

三）近似解算方法（2）（最小二乘法）

根据（4.421）、（4.424）式，可知：

$$F(\overset{i}{\rho}) = \overset{i}{W} \uparrow A = \left[P * \overset{i}{V} \right] \uparrow A$$

$$\overset{i+1}{\rho} = \overset{i}{\rho} - \Delta \quad , \quad |\Delta| \le (\delta)$$

$$\Delta = \left((P * A) \uparrow A\right)^{-1} \cdot F(\overset{i}{\rho})$$

（$f(\rho)$ 为非线性方程）　　（4.533）

$$R = \left(\left(A^T (P * A)\right)^{-1} A^T\right)$$

$$\rho = R \cdot (P * L)$$

（$f(\rho)$ 为线性方程）　　（4.534）

具体步骤：

1）确定随机函数

$$f(\rho) = (\rho) = 0$$

2）根据（4.523）式，确定系数 A

$$A = \left\lceil f(\rho) \right.$$

3）确定初始值

$$\overset{i}{\rho} = \overset{o}{\rho} \quad , \quad \overset{o}{\alpha} = \infty$$

4）确定过渡值 V，根据（4.521）、（4.024）二式

$$\overset{i}{V} = f(\overset{i}{\rho})$$　（注意：V 不是相对值）

5）解算 ρ

a) 迭代解算（当 $f(\rho)$ 为非线性方程时）

b) 无须迭代（当 $f(\rho)$ 为线性方程时）

6）解算 PV 特征值和分布参数

$$\begin{bmatrix} \lambda^1 \\ m^2 \\ \omega^3 \end{bmatrix}_{PV} = (\rightarrow (4.244)) \quad , \quad \begin{bmatrix} \xi \\ \varepsilon \\ \alpha \end{bmatrix}_{PV} = (\rightarrow (4.245))$$

7）第五步结束后，迭代解算 ρ 的过程结束；第六步，只供参考。

四、随机方程解算值ρ的误差特征值

三种解算方法，误差特征值的计算公式，均以最大概率解算方法的误差特征值计算方法为准：参看（4.264）、（4.265）、（4.266）三式，可知以下结论。

1）**一阶特征值**（平均误差λ）

$$\begin{bmatrix} (\lambda)_1 \\ (\lambda)_2 \\ (\lambda)_3 \\ \vdots \\ (\lambda)_t \end{bmatrix}_\rho = \left[|R|^{E3} \cdot J \cdot (\mu_1^1 \mu_2^2)_{PL} \right] * \begin{bmatrix} (m^2)_1 \\ (m^2)_2 \\ (m^2)_3 \\ \vdots \\ (m^2)_t \end{bmatrix}_\rho^{E-1} \qquad (4.541)$$

2）**二阶特征值**（中误差m^2）

$$\begin{bmatrix} (m^2)_1 \\ (m^2)_2 \\ (m^2)_3 \\ \vdots \\ (m^2)_t \end{bmatrix}_\rho = \left[|R|^{E2} \cdot J \cdot (\mu_2^2)_{PL} \right] \qquad (4.541)$$

3）**三阶特征值**（三阶误差ω^3）　(4.543)

$$\begin{bmatrix} (\omega^3)_1 \\ (\omega^3)_2 \\ (\omega^3)_3 \\ \vdots \\ (\omega^3)_t \end{bmatrix}_\rho = \begin{bmatrix} (3\lambda m^2)_1 \\ (3\lambda m^2)_2 \\ (3\lambda m^2)_3 \\ \vdots \\ (3\lambda m^2)_t \end{bmatrix}_\rho + \left[|R|^{E5} \cdot J \cdot (\mu_3^3 \mu_2^2 - 3\mu_1^1 \mu_2^2 \mu_2^2)_{PL} \right] * \begin{bmatrix} (m^2)_1 \\ (m^2)_2 \\ (m^2)_3 \\ \vdots \\ (m^2)_t \end{bmatrix}_\rho^{E-1}$$

式中，矩阵R由(4.251)式定，J为单位列阵(1.351)式；$(\mu_1^1 \ \ \mu_2^2 \ \ \mu_3^3)_{PL}$由(4.251)、(4.252）二式定。

-----2015 年 7 月 16 日　　北京·航天城-----

-----2015 年 7 月 28 日　　北京·航天城-----

第六章　条件观测的随机函数方程解算

在科学实践活动中，常常出现对随机变量误差改正数做条件约束的情况。譬如，对三角形三内角随机观测的改正数，必须满足“改正后三内角和为（π＋球面角超）”等等。改正数V必须满足特定的条件约束，是谓条件观测。

就间接观测来说，可以将间接观测的误差方程

$$V = A\rho - L \quad , \qquad P \tag{4.601}$$

变换成改正数V的形式。上式的具体形式为

$$\left.\begin{aligned} V_1 &= A_{11}\rho_1 + A_{12}\rho_2 + \cdots + A_{1t}\rho_t - L_1 \\ V_2 &= A_{21}\rho_1 + A_{22}\rho_2 + \cdots + A_{2t}\rho_t - L_2 \\ &\cdots\cdots\cdots\cdots\cdots\cdots \\ V_n &= A_{n1}\rho_1 + A_{n2}\rho_2 + \cdots + A_{nt}\rho_t - L_n \end{aligned}\right| \tag{a1}$$

令V_1式，消除V_2以下各式的ρ_1变量，则上式变换成

$$\left.\begin{aligned} V_2 &= (A_{22})\rho_2 + \cdots + (A_{2t})\rho_t - L_2 + (V_1) + (L_1) \\ &\cdots\cdots\cdots\cdots\cdots\cdots \\ V_n &= (A_{n2})\rho_2 + \cdots + (A_{nt})\rho_t - L_n + (V_1) + (L_1) \end{aligned}\right| \tag{a2}$$

令V_2式，消除V_3以下各式的ρ_2变量，则上式变换成

$$\left.\begin{aligned} V_3 &= \quad \cdots + (A_{2t})\rho_t - L_2 + (V_1) + (V_2) + (L_1) + (L_2) \\ &\cdots\cdots\cdots\cdots\cdots\cdots \\ V_n &= \quad \cdots + (A_{nt})\rho_t - L_n + (V_1) + (V_2) + (L_1) + (L_2) \end{aligned}\right| \tag{a3}$$

以此类推，n个误差方程，减去了t个，还剩下全部是V和L的q个方程：

$$\left.\begin{aligned} &\big((V_1) + (V_2) + \cdots\big)_{t+1} + \big((L_1) + (L_2) + \cdots\big)_{t+1} = 0 \\ &\cdots\cdots\cdots\cdots\cdots\cdots \\ &\big((V_1) + (V_2) + \cdots\big)_{t+q} + \big((L_1) + (L_2) + \cdots\big)_{t+q} = 0 \end{aligned}\right| \tag{a4}$$

显然，

$$n = t + q \quad , \qquad n - t = q \tag{4.602}$$

该式说明了间接观测与条件观测的数学关系。也就是说，t个未知数的n个误差方程，可以变换成与包含V的q个条件方程等效。

具体地说，变换（4.601）式为包含改正数V的q个条件方程（a4）式为：

$$\begin{aligned}&\alpha_1 V_1+\alpha_2 V_2+\alpha_3 V_3+\ \cdots\ +\alpha_n V_n-G_1=0\\&\beta_1 V_1+\beta_2 V_2+\beta_3 V_3+\ \cdots\ +\beta_n V_n-G_2=0\\&\omega_1 V_1+\omega_2 V_2+\omega_3 V_3+\ \cdots\ +\omega_n V_n-G_3=0\\&\cdots\cdots\cdots\cdots\\&\gamma_1 V_1+\gamma_2 V_2+\gamma_3 V_3+\ \cdots\ +\gamma_n V_n-G_q=0\\&\qquad(n\geq q)\end{aligned}\tag{4.603}$$

式中，处随机变量地位的G是观测值L的函数：

$$G=\left(L_1,L_2,L_3,\cdots,L_n\right)$$

譬如：在地面上，三角形的三个角观测值（L_1、L_2、L_3）必须满足

$$\left(L_1-\Delta_1\right)+\left(L_2-\Delta_2\right)+\left(L_3-\Delta_3\right)=2\pi+\text{（球面角超）}$$

$$\left(L_1+V_1\right)+\left(L_2+V_2\right)+\left(L_3+V_3\right)=2\pi+\text{（球面角超）}$$

$$V_1+V_2+V_3-G=0$$

$$G=2\pi+\text{（球面角超）}-\left(L_1+L_2+L_3\right)$$

这就是将（4.601）式的误差方程变换成q个必须满足的数学条件。在科技实践活动中，有时获取（4.603）式比（4.601）式更为容易，故自然形成了学术界条件观测的随机函数方程问题。给定

$$V=\begin{bmatrix}V_1 & V_2 & V_3 & \cdots & V_n\end{bmatrix}^T\quad,\qquad P$$

$$B=\begin{bmatrix}\alpha_1 & \beta_1 & \omega_1 & \cdots & \gamma_1\\ \alpha_2 & \beta_2 & \omega_2 & \cdots & \gamma_2\\ \alpha_3 & \beta_3 & \omega_3 & \cdots & \gamma_3\\ \vdots & \vdots & \vdots & \ddots & \vdots\\ \alpha_n & \beta_n & \omega_n & \cdots & \gamma_n\end{bmatrix}\qquad(n\times q)\tag{4.604}$$

$$G=\begin{bmatrix}G_1 & G_2 & G_3 & \cdots & G_q\end{bmatrix}^T$$

以矩阵形式，可将（4.603）式书写成为

$$V\uparrow B=G\qquad\text{或}\qquad B^T\cdot V=G\tag{4.605}$$

在整个工程任务处理过程中，（4.605）式必须得到满足，是谓条件观测的随机方程解算；当每一个观测值的改正数等精度（即所有改正数的权$P=1$）时，是谓等精度条件观测平差。

一、随机误差条件方程的解算原理

根据平差原理，基于随机方程解算的基本原理（4.016）、（4.024）二式，以及**拉格朗日方程**的组建思想，定义：

$$E(V)=\left(\varepsilon\alpha^{\varepsilon}\right)^{-1}\left[P\frac{|V|^{\varepsilon}}{\alpha^{\varepsilon}-|V|^{\varepsilon}}\right]\uparrow J-\left(K\uparrow\left(B^{T}V-G\right)\right)=\min \qquad (4.611)$$

该式与（4.016）式等效。再根据（4.022）式和辜小玲等效改化法，可知：

$$\begin{aligned}F(V)&=\left(E(V)\right)' &&=0\\ &=W-\left(K\uparrow\left(B^{T}V-G\right)\right)' &&=0\\ &=W+[PV]-[PV]-\left(K\uparrow\left(B^{T}V-G\right)\right)' &&=0 \qquad (4.612)\\ &=W+[PV]-[PV]\\ &-\left(\begin{bmatrix}k_1\\k_2\\k_3\\\vdots\\k_q\end{bmatrix}\uparrow\left(\begin{bmatrix}\alpha_1&\alpha_2&\alpha_3&\cdots&\alpha_n\\\beta_1&\beta_2&\beta_3&\cdots&\beta_n\\\omega_1&\omega_2&\omega_3&\cdots&\omega_n\\\vdots&\vdots&\vdots&\ddots&\vdots\\\gamma_1&\gamma_2&\gamma_3&\cdots&\gamma_n\end{bmatrix}\cdot\begin{bmatrix}V_1\\V_2\\V_3\\\vdots\\V_n\end{bmatrix}-\begin{bmatrix}G_1\\G_2\\G_3\\\vdots\\G_n\end{bmatrix}\right)\right)' &&=0\end{aligned}$$

式中，未知数 K 被称为联系数：

$$K=\begin{bmatrix}k_1 & k_2 & k_3 & \cdots & k_q\end{bmatrix}^{T}$$

注意，（ $B^{T}V-G$ ）是（4.612）式函数体内的变量组成部分，尚未受（4.605）式约束。针对（4.612）式，只对诸 V 单个求导，可得：（以下[ ]表列阵）

$$\begin{aligned}F(V)=&\ W+[PV]-[PV]-K\uparrow B^{T}=0 \qquad (4.613)\\ =&\ W+[PV]-[PV]-\begin{bmatrix}\alpha_1k_1+\beta_1k_2+\cdots+\gamma_1k_q\\\alpha_2k_1+\beta_2k_2+\cdots+\gamma_2k_q\\\alpha_3k_1+\beta_3k_2+\cdots+\gamma_3k_q\\\cdots\cdots\cdots\cdots\cdots\cdots\\\alpha_nk_1+\beta_nk_2+\cdots+\gamma_nk_q\end{bmatrix}=0\end{aligned}$$

也就是

$$\begin{aligned}P*V&=BK-\left(W-P*V\right)\\ V&=P^{E-1}*\left(BK\right)-P^{E-1}*\left(W-P*V\right)\end{aligned} \qquad (4.614)$$

将（4.614）式，两端剑乘矩阵 B；根据（4.605）式，可知

$$V\uparrow B=\left(P^{E-1}*\left(BK\right)-P^{E-1}*\left(W-P*V\right)\right)\uparrow B=G$$

即

$$\left(P^{E-1}*\left(BK\right)-P^{E-1}*\left(W-P*V\right)\right)\uparrow B-G=0 \qquad (4.615)$$

该方程使（4.605）式得到满足；也使（4.612）式回归到（4.611）式状态。

给定：（参看（1.334）式）

$$\begin{aligned}\varphi(K)&=\left(P^{E-1}*\left(BK\right)-P^{E-1}*\left(W-P*V\right)\right)\uparrow B-G=0\\&=\left(P^{E-1}*\left(BK\right)\right)\uparrow B-\left(P^{E-1}*W-V\right)\uparrow B-G=0\\&=\left(\left(P^{E-1}*B\right)K\right)\uparrow B-\left(P^{E-1}*W-V\right)\uparrow B-G=0\\&=B^{T}\left(P^{E-1}*B\right)K-\left(P^{E-1}*W-V\right)\uparrow B-G=0\\&=\left(\left(P^{E-1}*B\right)\uparrow B\right)K-\left(P^{E-1}*W-V\right)\uparrow B-G=0\end{aligned} \qquad (4.616)$$

再根据（1.524）式，可知

$$\left.\begin{aligned}&\varphi(\overset{i}{K})=\left(\left(P^{E-1}*B\right)\uparrow B\right)\cdot\overset{i}{K}-\left(\left(P^{E-1}*\overset{i}{W}\right)-\overset{i}{V}\right)\uparrow B-G\\&\overset{i+1}{K}=\overset{i}{K}-\Delta\\&\Delta=\left(\left(P^{E-1}*B\right)\uparrow B\right)^{-1}\phi(\overset{i}{K})\end{aligned}\right| \qquad (4.617)$$

在 K 求解后，根据（4.613）式，给定

$$\begin{aligned}\psi(V)&=P^{E-1}*F(V)&&=0\\&=P^{E-1}*\left(W+[PV]-[PV]-\left(K\uparrow B^{T}\right)\right)&&=0\\&=P^{E-1}*W+V-V-P^{E-1}*\left(K\uparrow B^{T}\right)&&=0\\&=V+\left(\left(P^{E-1}*W-V\right)-P^{E-1}*\left(K\uparrow B^{T}\right)\right)&&=0\end{aligned} \qquad (4.618)$$

再根据（1.524）式，可知

$$\psi(\overset{i}{V})=\overset{i}{V}+\left(\left(P^{E-1}*\overset{i}{W}-\overset{i}{V}\right)-P^{E-1}*\left(\overset{i}{K}\uparrow B^{T}\right)\right)$$

$$\left.\begin{aligned}&=P^{E-1}*\left(\overset{i}{W}-\left(\overset{i}{K}\uparrow B^{T}\right)\right)\\&\overset{i+1}{V}=\overset{i}{V}-\Delta\\&\Delta=\psi(\overset{i}{V})\end{aligned}\right| \qquad (4.619)$$

二、随机误差条件方程的解算公式

根据（4.617）、（4.619）二式，

$$\left.\begin{aligned}&\varphi(\overset{i}{K})=\left(\left(P^{E-1}*B\right)\uparrow B\right)\overset{i}{K}-\left(P^{E-1}*\left(W-P*\overset{i}{V}\right)\right)\uparrow B-G\\&\overset{i+1}{K}=\overset{i}{K}-\Delta\\&\Delta=\left(\left(P^{E-1}*B\right)\uparrow B\right)^{-1}\varphi(\overset{i}{K})\end{aligned}\right| \tag{4.621}$$

$$\left.\begin{aligned}&\psi(\overset{i}{V})=\overset{i}{V}+\left(\left(P^{E-1}*\overset{i}{W}-\overset{i}{V}\right)-P^{E-1}*\left(\overset{i}{K}\uparrow B^{T}\right)\right)\\&\overset{i+1}{V}=\overset{i}{V}-\Delta\\&\Delta=\psi(\overset{i}{V})\end{aligned}\right| \tag{4.622}$$

根据W，先迭代求解（4.621）式的K；之后，代入（4.622）式，迭代求解V。根据（4.242）、（4.023）二式，可知

$$\left.\begin{aligned}\overset{i}{W}=W_I&=\left(\overset{i}{V},\overset{i}{\varepsilon}\right)\\&=\left[P\cdot\frac{|V|^{\varepsilon-1}\cdot\operatorname{sgn}V}{\left(\alpha^{\varepsilon}-|V|^{\varepsilon}\right)^{2}}\right]\end{aligned}\right| \tag{4.623}$$

具体解算方法，分述如下。

一）严密解算方法（最大概率法）

1）首先给出初始值

$$\begin{bmatrix}\varepsilon\\\alpha\end{bmatrix}=\begin{bmatrix}1.3\\\infty\end{bmatrix}\quad,\qquad\eta=\zeta=0 \tag{c1}$$

2）根据（4.623）式，计算W

$$\overset{i}{W}=\overset{o}{W}=0 \tag{c2}$$

3）根据（4.621）式，计算K

$$\overset{i}{K}=\overset{o}{K}=0 \tag{c3}$$

4）根据K、W计算V

$$\overset{i}{V}=\overset{o}{V}=0 \tag{c4}$$

5）求解V的特征值

$$\begin{bmatrix}\lambda^1\\ m^2\\ \omega^3\end{bmatrix}_{PV}=\frac{1}{n}\begin{bmatrix}\sum|PV|\\ \sum PVV\\ \sum|PVVV|\end{bmatrix}_{PV} \tag{4.624}$$

6）求解改正数V的分布参数

根据（3.216）、（3.217）二式，将（4.624）式代入下式，可知

$$\left.\begin{aligned}&\begin{bmatrix}\xi\\ \varepsilon\end{bmatrix}=\overline{\big|\ \phi(\xi,\varepsilon;\ \lambda,m,\omega)=0}\\ &\alpha=\left(\frac{W\left(\xi,\overline{2-\varepsilon}/\varepsilon\right)}{W\left(\xi,\overline{6-\varepsilon}/\varepsilon\right)}\right)^{\frac{1}{2}}\cdot m\\ &k=\frac{\varepsilon}{4\cdot W\left(\xi,\overline{2-\varepsilon}/\varepsilon\right)}\cdot\frac{1}{\alpha}\end{aligned}\right| \tag{4.625}$$

7）将ε、α代入（c1）式的初始值，继续迭代求解，直至限差满足为止。

二）近似解算方法（1）——（方程全解算的）**最小一乘法**

1）首先给出初始值

$$\begin{bmatrix}\varepsilon\\ \alpha\end{bmatrix}=\begin{bmatrix}1\\ \infty\end{bmatrix}\ ,\qquad \eta=\zeta=0 \tag{d1}$$

2）根据（4.623）式，计算列阵W

$$\overset{i}{W}=\left[\ P\,\mathrm{sgn}\overset{i}{V}\ \right]\ ,\qquad \overset{i}{W}=0 \tag{d2}$$

3）根据（4.621）式，计算K

$$\overset{i}{K}=\overset{o}{K}=0 \tag{d3}$$

4）根据K、W计算V

$$\overset{i}{V}=\overset{o}{V}=0 \tag{d4}$$

将V代入（d2）式，继续迭代，求K、V，直至V的限差满足为止。

5）求解V的特征值与分布参数

与（4.624）、（4.625）二式同。　（d5）

三）近似解算方法（2）——（方程全解算的）**最小二乘法**

1）首先给出初始值

$$\begin{bmatrix}\varepsilon\\ \alpha\end{bmatrix}=\begin{bmatrix}2\\ \infty\end{bmatrix}\quad,\qquad \eta=\zeta=0 \tag{e1}$$

2）根据（4.623）式，计算列阵W

$$\overset{i}{W}=\left[\,P\overset{i}{V}\,\right]\ ,\qquad \overset{i}{W}=0 \tag{e2}$$

3）根据（4.621）式，计算K

$$\overset{i}{K}=\overset{o}{K}=0 \tag{e3}$$

4）根据K、W计算V

$$\overset{i}{V}=\overset{o}{V}=0 \tag{e4}$$

将V代入（d2）式，继续迭代，求K、V，直至V的限差满足为止。

5）求解V的特征值与分布参数

与（4.624)、(4.625）二式同。　　（e5）

三、条件观测的权单位μ计算

根据（3.622)、(4.602）二式可知：

$$\left.\begin{aligned}
\left(\mu_1^1\right)_{PL}&=\frac{n}{2n-q}(\lambda)_{PV}&&=\frac{\sum|PV|}{2n-q}\\
\left(\mu_2^2\right)_{PL}&=\frac{n}{q}\left(m^2\right)_{PV}&&=\frac{\sum|PVV|}{q}\\
\left(\mu_3^3\right)_{PL}&=\left(3\mu_1^1\mu_2^2\right)_{PL}-\frac{n^3q}{n^4-(n-q)^4}\left(3\lambda m^2-\omega^3\right)_{PV}
\end{aligned}\right| \tag{4.631}$$

式中，PV的特征值由（4.244）式定；V是（4.244）式的最后计算结果：

$$\begin{bmatrix}\lambda^1\\ m^2\\ \omega^3\end{bmatrix}_{PV}=\frac{1}{n}\begin{bmatrix}\sum|PV|\\ \sum PVV\\ \sum|PVVV|\end{bmatrix}_{PV} \tag{4.632}$$

四、条件观测改正数V的特征值

根据最后解算的改正数V值，由（2.624）式可知：

$$
\left.
\begin{aligned}
&\begin{bmatrix} (\lambda^1)_1 \\ (\lambda^1)_2 \\ (\lambda^1)_3 \\ \vdots \end{bmatrix}_V = P^{E-1} * \left(\mu_1^1\right)_{PV} = P^{E-1} * \left(\lambda^1\right)_{PV} = P^{E-1} * \frac{\sum|PV|}{n} \\
&\begin{bmatrix} (m^2)_1 \\ (m^2)_2 \\ (m^2)_3 \\ \vdots \end{bmatrix}_V = P^{E-1} * \left(\mu_2^2\right)_{PV} = P^{E-1} * \left(m^2\right)_{PV} = P^{E-1} * \frac{\sum|PVV|}{n} \\
&\begin{bmatrix} (\omega^3)_1 \\ (\omega^3)_2 \\ (\omega^3)_3 \\ \vdots \end{bmatrix}_V = P^{E-1} * \left(\mu_3^3\right)_{PV} = P^{E-1} * \left(\omega^3\right)_{PV} = P^{E-1} * \frac{\sum|PVVV|}{n}
\end{aligned}
\right| \quad (4.641)
$$

式中，脚标“PV”为V的单位权所相应的特征值标志。

-----2015 年 8 月 1 日　　北京·航天城-----

-----2015 年 8 月 3 日　　北京·航天城-----

-----2015 年 8 月 7 日　　北京·航天城-----

-----2015 年 11 月 27 日　　北京·航天城-----

-----2016 年 3 月 31 日　　西安·曲江池-----

-----2018 年 7 月 8 日　　西安·曲江池-----

-----2018 年 9 月 3 日　　西安·曲江池-----

第七章　综合观测的随机函数方程解算

在科学实践活动中，往往同时出现两种情况，随机误差方程与随机改正数条件并存。就是说，在进行间接观测误差方程处理时，必须同时满足附加的改正数条件。就数学形式来说，与（4.503）、（4.604）二式相同：（称之为综合观测）

1）间接观测随机误差方程

$$V = A\rho - L \quad , \quad P$$

$$V = \begin{bmatrix} V_1 & V_2 & V_3 & \cdots & V_n \end{bmatrix}^T$$

$$A = \begin{bmatrix} a_{11} & a_{12} & a_{13} & \cdots & a_{1t} \\ a_{21} & a_{22} & a_{23} & \cdots & a_{2t} \\ a_{31} & a_{32} & a_{33} & \cdots & a_{3t} \\ \vdots & \vdots & \vdots & \ddots & \vdots \\ a_{n1} & a_{n2} & a_{n3} & \cdots & a_{nt} \end{bmatrix} \qquad (t \le n) \qquad (4.701)$$

$$\rho = \begin{bmatrix} \rho_1 & \rho_2 & \rho_3 & \cdots & \rho_t \end{bmatrix}^T$$

$$L = \begin{bmatrix} L_1 & L_2 & L_3 & \cdots & L_t \end{bmatrix}^T$$

2）条件观测随机误差方程

$$V \uparrow B = G \qquad \text{or}$$

$$B^T \cdot V = G$$

$$V = \begin{bmatrix} V_1 & V_2 & V_3 & \cdots & V_n \end{bmatrix}^T$$

$$B = \begin{bmatrix} \alpha_1 & \beta_1 & \omega_1 & \cdots & \gamma_1 \\ \alpha_2 & \beta_2 & \omega_2 & \cdots & \gamma_2 \\ \alpha_3 & \beta_3 & \omega_3 & \cdots & \gamma_3 \\ \vdots & \vdots & \vdots & \ddots & \vdots \\ \alpha_n & \beta_n & \omega_n & \cdots & \gamma_n \end{bmatrix} \qquad (n \times q) \qquad (4.702)$$

$$G = \begin{bmatrix} G_1 & G_2 & G_3 & \cdots & G_q \end{bmatrix}^T$$

以上，（4.701）、（4.702）二式中的V是相同的。

一、综合观测的随机方程解算原理

根据平差原理，诸V必须首先满足（4.611）式：

$$E(V)=\left(\varepsilon\alpha^{\varepsilon}\right)^{-1}\left[P\frac{|V|^{\varepsilon}}{\alpha^{\varepsilon}-|V|^{\varepsilon}}\right]\uparrow J-\left(K\uparrow\left(B^{T}V-G\right)\right)=\min \qquad (4.711)$$

为此，再根据辜小玲等效改化方程，将（4.711）式，改化成：

一）针对V求导

$$\begin{aligned} F(V)&=\left(\ E(V)\ \right)_V' &&=0\\ &=W+[PV]-[PV]-\left(K\uparrow\left(B^{T}V-G\right)\right)_V' &&=0\\ &=W+[\,PV\,]-[\,PV\,]-K\uparrow B^{T} &&=0 \end{aligned}$$

式中，联系数K为 (4.712)

$$K=\left[\,k_1\ \ k_2\ \ k_3\ \ \cdots\cdots\ \ k_q\,\right]^{T}$$

也就是

$$P*V=BK-(W-P*V)$$

$$V=P^{E-1}*(BK)-P^{E-1}*(W-P*V)$$

由（4.702）式知

$$V\uparrow B=\left(P^{E-1}*(BK)-P^{E-1}*(W-P*V)\right)\uparrow B=G \qquad (4.713)$$

—·—·—·—·—·—·—·—·—·—·—·—·—

$$\begin{aligned} \varphi(K)&=\left(P^{E-1}*(BK)\right)\uparrow B-\left(P^{E-1}*(W-P*V)\right)\uparrow B-G\ =0\\ &=B^{T}\left(P^{E-1}*(BK)\right)-\left(P^{E-1}*(W-P*V)\right)\uparrow B-G\\ &=B^{T}\left(\left(P^{E-1}*B\right)K\right)-\left(P^{E-1}*(W-P*V)\right)\uparrow B-G\\ &=\left(\left(P^{E-1}*B\right)\uparrow B\right)K-\left(P^{E-1}*W-V\right)\uparrow B-G \qquad =0 \end{aligned}$$

根据（1.524）式，可知

$$\overset{i+1}{K}=\overset{i}{K}-\Delta$$

$$\Delta=\left(\left(P^{E-1}*B\right)\uparrow B\right)^{-1}\varphi(\overset{i}{K}) \qquad (4.714)$$

$$\varphi(\overset{i}{K})=\left(\left(P^{E-1}*B\right)\uparrow B\right)\overset{i}{K}-\left(P^{E-1}*\overset{i}{W}-\overset{i}{V}\right)\uparrow B-G$$

二）针对 ρ 求导

根据（4.711）式，

$$
\begin{aligned}
F(\rho) &= W\uparrow A+[PV]\uparrow A-[PV]\uparrow A-\left(K\uparrow\left(B^T V-G\right)\right)'_{\rho} \quad =0 \\
&= \left(W+[PV]-[PV]-K\uparrow B^T\right)\uparrow A \\
&= \left(W+PV-PV-BK\right)\uparrow A \\
&= W\uparrow A+\left(P*(A\rho-L)\right)\uparrow A-PV\uparrow A-(BK)\uparrow A \\
&= \left(P*(A\rho-L)\right)\uparrow A-(BK)\uparrow A+W\uparrow A-PV\uparrow A \\
&= A^T(PA)\rho-PL\uparrow A-(BK)\uparrow A+W\uparrow A-PV\uparrow A \\
&= (PA\uparrow A)\rho-(PL+BK-W+PV)\uparrow A \quad =0
\end{aligned}
\tag{4.715}
$$

根据（1.524）式，可知

$$
\begin{aligned}
&\overset{i+1}{\rho}=\overset{i}{\rho}-\Delta \\
&\Delta=(PA\uparrow A)^{-1}\cdot F(\overset{i}{\rho}) \\
&F(\overset{i}{\rho})=\left(\overset{i}{W}+P\overset{i}{V}-P\overset{i}{V}-B\overset{i}{K}\right)\uparrow A \\
&\qquad=\left(\overset{i}{W}-B\overset{i}{K}\right)\uparrow A
\end{aligned}
\tag{4.716}
$$

三）改正数 V 的求解

将（4.716）式代入（4.701）式：

$$
\overset{i}{V}=A\overset{i}{\rho}-L \tag{4.717}
$$

将该式之迭代值 V 代入（4.714）式求迭代值 K，再代入（4.716）式求迭代值 ρ，再代入（4.717）式求迭代值 V，直至限差满足为止。

---

*）以上解算顺序是 K、ρ、V，亦可按 K、V、ρ 解算。在解算 K、V 后，根据 $V=A\rho-L$ → “$A\rho-(L+V)=0$” → “$A\rho=(L+V)$”，“$A^TA\rho=A^T(L+V)$” → “$\rho=(A^TA)^{-1}A^T(L+V)$”求解。

二、综合观测的随机方程解算公式

按迭代解算顺序，由（4.714）、（4.716）、（4.717）、（1.341）诸式：

$$\left.\begin{aligned}\overset{i+1}{K} &= \overset{i}{K} - \Delta \\ \Delta &= \left(\left(P^{E-1} * B\right) \uparrow B\right)^{-1} \varphi(\overset{i}{K}) \\ \varphi(\overset{i}{K}) &= \left(\left(P^{E-1} * B\right) \uparrow B\right)\overset{i}{K} - \left(P^{E-1} * \overset{i}{W} - \overset{i}{V}\right) \uparrow B - G\end{aligned}\right| \quad (4.721)$$

—··—··—··—··—··—··—··—··—··—··—··—

$$\left.\begin{aligned}\overset{i+1}{\rho} &= \overset{i}{\rho} - \Delta \\ \Delta &= \left(PA \uparrow A\right)^{-1} \cdot F(\overset{i}{\rho}) \\ F(\overset{i}{\rho}) &= \left(\overset{i}{W} + P\overset{i}{V} - P\overset{i}{V} - B\overset{i}{K}\right) \uparrow A \\ &= \left(\overset{i}{W} - B\overset{i}{K}\right) \uparrow A\end{aligned}\right| \quad (4.722)$$

—··—··—··—··—··—··—··—··—··—··—··—

$$\overset{i}{V} = A\overset{i}{\rho} - L \quad (4.723)$$

将该式代入（4.721）式，求迭代值K；再代入（4.722）式，求迭代值ρ；然后代入（4.723）式，求迭代值V，直至限差满足为止。根据（4.242）、（4.021）二式，可知

$$\left.\begin{aligned}P^{E-1}\overset{i}{W} &= P^{E-1} W_I \qquad \leftarrow (1.341) \\ &= P^{E-1}\left[P \cdot \frac{|V|^{\varepsilon-1} \cdot \operatorname{sgn} V}{\left(\alpha^{\varepsilon} - |V|^{\varepsilon}\right)^2}\right] = \left[\frac{|V|^{\varepsilon-1} \cdot \operatorname{sgn} V}{\left(\alpha^{\varepsilon} - |V|^{\varepsilon}\right)^2}\right]\end{aligned}\right| \quad (4.724)$$

具体解算方法，分述如下。

---

*）数学列阵W中的ε、α，是由迭代值V的分布密度函数而定。

一）严密解算方法（最大概率法）

1）首先给出初始值

$$\begin{bmatrix}\varepsilon\\\alpha\end{bmatrix}=\begin{bmatrix}1.3\\\infty\end{bmatrix}\quad,\qquad \eta=\zeta=0 \tag{c1}$$

$$\overset{i}{V}=\overset{o}{V}=0$$

2）根据（4.721)、(4.722)、(4.723）三式，计算迭代值

$$\overset{i}{K}、\overset{i}{\rho}、\overset{i}{V} \tag{c2}$$

3）求解V的特征值

$$\begin{bmatrix}\lambda^1\\m^2\\\omega^3\end{bmatrix}_{PV}=\frac{1}{n}\begin{bmatrix}\sum|PV|\\\sum PVV\\\sum|PVVV|\end{bmatrix}_{PV} \tag{4.725}$$

4）求解改正数V的分布参数

根据（3.216)、(3.217）二式，将（4.725）式代入下式，可知

$$\left.\begin{aligned}&\begin{bmatrix}\xi\\\varepsilon\end{bmatrix}=\overline{|\phi(\xi,\varepsilon;\ \lambda,m,\omega)=0}\\&\alpha=\left(\frac{W\left(\xi,\overline{2-\varepsilon}/\varepsilon\right)}{W\left(\xi,\overline{6-\varepsilon}/\varepsilon\right)}\right)^{\frac{1}{2}}\cdot m\\&k=\frac{\varepsilon}{4\cdot W\left(\xi,\overline{2-\varepsilon}/\varepsilon\right)}\cdot\frac{1}{\alpha}\end{aligned}\right| \tag{4.726}$$

5）将ε、α代入（c1）式的初始值，继续迭代求解，直至限差满足为止。

二）近似解算方法（1）——（方程全解算的）**最小一乘法**

1）首先给出最小一乘法的数学前提

$$\begin{bmatrix}\varepsilon\\\alpha\end{bmatrix}=\begin{bmatrix}1\\\infty\end{bmatrix}\quad,\qquad \eta=\zeta=0 \tag{c1}$$

根据（$[PVV]=\min$）条件或其它条件，确定初始值ρ，再求解：

$$\overset{i}{V}=A\overset{i}{\rho}-L$$

2）在（4.721）式中，迭代式（4.724）式之值为

$$P^{E-1}\overset{i}{W}=\left[\operatorname{sgn}\overset{i}{V}\ \right] \tag{4.727}$$

3）根据（4.721）、（4.722）、（4.723）三式，按以下顺序，迭代计算

$$\overset{i}{K}、\overset{i}{\rho}、\overset{i}{V} \tag{c2}$$

迭代限差满足后，即为合格，终止迭代，不受下列步骤影响。

4）求解V的特征值与其分布参数

与（4.725）、（4.726）二式同。（c3）

三）近似解算方法（2）——（方程全解算的）**最小二乘法**

1）首先给出最小二乘法的数学前提

$$\begin{bmatrix}\varepsilon\\ \alpha\end{bmatrix}=\begin{bmatrix}2\\ \infty\end{bmatrix}\quad ,\qquad P^{E-1}\overset{i}{W}=P^{E-1}\left[P\overset{i}{V}\right]=\left[V\right] \tag{d1}$$

2）根据（4.412）式，（4.721）式中之

$$\left.\begin{aligned}\varphi(\overset{i}{K})&=\left(\left(P^{E-1}*B\right)\uparrow B\right)\overset{i}{K}-G\qquad =0\\ K&=\left(\left(P^{E-1}*B\right)\uparrow B\right)^{-1}\cdot G\end{aligned}\right| \tag{4.728}$$

3）根据（4.721）、（4.722）、（4.723）三式，计算迭代值$\overset{i}{K}$、$\overset{i}{\rho}$、$\overset{i}{V}$；
若（4.701）式是非线性随机函数，继续迭代至限差满足后，终止迭代；
若是线性随机函数，（4.722）式中之

$$\begin{aligned}F(\overset{i}{\rho})&=\left(\overset{i}{W}-B\overset{i}{K}\right)\uparrow A=A^{T}\left(PV-BK\right)=\underline{A^{T}\left(PA\right)\rho-A^{T}\left(PL+BK\right)=0}\\ \rho&=\left(\left(A^{T}\left(PA\right)\right)^{-1}A^{T}\right)\cdot\left(PL+BK\right)\\ V&=A\rho-L\end{aligned} \tag{4.729}$$

无须迭代。（若L包含非线性部分，$\varepsilon=2$不变，未知数ρ仍需迭代。）

4）求解V的特征值与其分布参数

与（4.725）、（4.726）二式同。（d2）

-----2015年 8 月 4 日　　北京·航天城-----

三、综合观测解算的V、ρ、L特征值

首先确定综合观测基本数据的相互关系：间接观测的实际误差方程数为n，也就是改正数V的个数为n，条件观测的实际条件数为q，实际未知数为t。考虑到多一个条件，相当于（消去）一个“未知数”；多一个未知数，相当于（消除）一个“条件”，而改正数V的个数n是不变的。

根据（4.602）式可知：

1）如果把综合观测的整体看作是一个间接观测整体，
则其“相应”未知数（随机函数）为

$$(t)=t-q$$

2）如果把综合观测的整体看作是一个条件观测整体，　　（4.731）
则其“相应”条件数为

$$(q)=n-(t)=n-t+q$$

再根据（3.622）式，代入上式，可知

3）观测值L的权单位

$$\begin{aligned}
\left(\mu_1^1\right)_{PL} &= \frac{n}{n+t-q}(\lambda)_{PV} &&= \frac{\sum|PV|}{n+t-q} \\
\left(\mu_2^2\right)_{PL} &= \frac{n}{n-t+q}\left(m^2\right)_{PV} &&= \frac{\sum|PVV|}{n-t+q} \\
\left(\mu_3^3\right)_{PL} &= \left(3\mu_1^1\mu_2^2\right)_{PL} - \frac{n^3(n-t+q)}{n^4-(t-q)^4}\left(3\lambda m^2-\omega^3\right)_{PV}
\end{aligned} \tag{4.732}$$

再根据（4.729）、（4.728）二式，因其中“BK”无误差，可知

4）改正数V的权单位

$$\begin{bmatrix} \mu_1^1 \\ \mu_2^2 \\ \mu_3^3 \end{bmatrix}_{PV} = \frac{1}{n}\begin{bmatrix} \sum|PV| \\ \sum PVV \\ \sum|PVVV| \end{bmatrix}_{PV} \tag{4.733}$$

-----2015 年 8 月 9 日　　北京·航天城-----

-----2015 年 11 月 27 日　　北京·航天城-----

一）改正数V的特征值

根据最后解算的改正数V值，由（2.624）、（4.733）二式，可知 （4.734）

$$\left(\begin{bmatrix}(\lambda^1)_1\\(\lambda^1)_2\\(\lambda^1)_3\\\vdots\end{bmatrix}\begin{bmatrix}(m^2)_1\\(m^2)_2\\(m^2)_3\\\vdots\end{bmatrix}\begin{bmatrix}(\omega^3)_1\\(\omega^3)_2\\(\omega^3)_3\\\vdots\end{bmatrix}\right)_V=P^{E-1}\cdot\left[(\mu_1^1)\quad(\mu_2^2)\quad(\mu_3^3)\right]_{PV}$$

式中，脚标“PV”为V的单位权所相应的特征值标志；P为（4.701）式所示。

二）观测值L的特征值

根据（2.624）、（4.732）二式，可知 （4.735）

$$\left(\begin{bmatrix}(\lambda^1)_1\\(\lambda^1)_2\\(\lambda^1)_3\\\vdots\end{bmatrix}\begin{bmatrix}(m^2)_1\\(m^2)_2\\(m^2)_3\\\vdots\end{bmatrix}\begin{bmatrix}(\omega^3)_1\\(\omega^3)_2\\(\omega^3)_3\\\vdots\end{bmatrix}\right)_L=P^{E-1}\cdot\left[(\mu_1^1)\quad(\mu_2^2)\quad(\mu_3^3)\right]_{PL}$$

式中，脚标“PL”为L的单位权所相应的特征值标志；P为（4.701）式所示。

三）未知数ρ的特征值

参考（4.264）、（4.265）、（4.266）三式：

$$\begin{bmatrix}(\lambda)_1\\(\lambda)_2\\\vdots\\(\lambda)_t\end{bmatrix}_\rho=\left[|R|^{E3}\cdot J\cdot(\mu_1^1\mu_2^2)_{PL}\right]*\begin{bmatrix}(m^2)_1\\(m^2)_2\\\vdots\\(m^2)_t\end{bmatrix}_\rho^{E-1} \tag{4.736}$$

$$\begin{bmatrix}(m^2)_1\\(m^2)_2\\\vdots\\(m^2)_t\end{bmatrix}_\rho=\left[|R|^{E2}\cdot J\cdot(\mu_2^2)_{PL}\right]$$

$$\begin{bmatrix}(\omega^3)_1\\(\omega^3)_2\\\vdots\\(\omega^3)_t\end{bmatrix}_\rho=\begin{bmatrix}(3\lambda m^2)_1\\(3\lambda m^2)_2\\\vdots\\(3\lambda m^2)_t\end{bmatrix}_\rho+\left[|R|^{E5}\cdot J\cdot(\mu_3^3\mu_2^2-3\mu_1^1\mu_2^2\mu_2^2)_{PL}\right]*\begin{bmatrix}(m^2)_1\\(m^2)_2\\\vdots\\(m^2)_t\end{bmatrix}_\rho^{E-1}$$

式中，矩阵R由（4.261）式定。

第八章　随机函数方程解算的精度估计

作为正规的科技产品，向有关单位提供的数据，必须有其精度状态的文字描述，也就是精度估计。考虑到用单峰分布来描述随机误差的分布状态，已绰绰有余，故以下所涉及的问题，均以单峰分布为准。

要对一个随机数据做出精度估计，首先要根据该数据解算过程的有关数据，由（4.264）、（4.265）、（4.266）三式，计算出其特征值：

$$\left(\lambda^{1}\,,\ m^{2}\,,\ \omega^{3}\right) \tag{4.801}$$

具体解算公式：

$$\left.\begin{aligned}
&\begin{bmatrix}(\lambda)_1\\(\lambda)_2\\(\lambda)_3\\\vdots\\(\lambda)_t\end{bmatrix}_\rho = \left[\,|R|^{E2}\cdot J\cdot\left(\mu_1^1\mu_2^2\right)_{PL}\right]*\begin{bmatrix}(m^2)_1\\(m^2)_2\\(m^2)_3\\\vdots\\(m^2)_t\end{bmatrix}_\rho^{E-1}\\
&\begin{bmatrix}(m^2)_1\\(m^2)_2\\(m^2)_3\\\vdots\\(m^2)_t\end{bmatrix}_\rho = \left[\,|R|^{E2}\cdot J\cdot\left(\mu_2^2\right)_{PL}\right]\\
&\begin{bmatrix}(\omega^3)_1\\(\omega^3)_2\\(\omega^3)_3\\\vdots\\(\omega^3)_t\end{bmatrix}_\rho = \begin{bmatrix}(3\lambda m^2)_1\\(3\lambda m^2)_2\\(3\lambda m^2)_3\\\vdots\\(3\lambda m^2)_t\end{bmatrix}_\rho + \left[\,|R|^{E5}\cdot J\cdot\left(\mu_3^3\mu_2^2-3\mu_1^1\mu_2^2\mu_2^2\right)_{PL}\right]*\begin{bmatrix}(m^2)_1\\(m^2)_2\\(m^2)_3\\\vdots\\(m^2)_t\end{bmatrix}_\rho^{E-1}
\end{aligned}\right| \tag{4.802}$$

式中，R 由（4.055）式定义；μ 的计算，由（4.251）、（4.252）二式定。

（以下，根据（3.200）式，列阵随机函数 ρ 的误差以 Δ 表之。）

然后，再由（3.216)、(3.217）二式，解算其分布参数：

$$\begin{bmatrix}\xi\\\varepsilon\end{bmatrix}=\overline{\left|\ \phi(\xi,\varepsilon;\ \lambda,m,\omega)=0\right.}$$

$$\alpha=\left(\frac{W\left(\xi,\overline{2-\varepsilon}/\varepsilon\right)}{W\left(\xi,\overline{6-\varepsilon}/\varepsilon\right)}\right)^{\frac{1}{2}}\cdot m \qquad (4.803)$$

$$k=\frac{\varepsilon}{4\cdot W\left(\xi,\overline{2-\varepsilon}/\varepsilon\right)}\cdot\frac{1}{\alpha}$$

根据（3.211）式，就可以确定（解算的）随机函数F的误差Δ分布密度函数：

$$f(\Delta)=k\cdot\exp\left\{-\xi\frac{|\Delta|^{\varepsilon}}{\alpha^{\varepsilon}-|\Delta|^{\varepsilon}}\right\} \qquad (4.804)$$

在解算时，有精密解算与近似解算之分，但在求解分布参数时，均以此式为准。

一、随机函数误差的概率计算公式

根据定义（2.129）式，以x表误差变量，在随机函数误差为Δ时，其概率P的数据，由（4.804）式可知：

$$\begin{aligned}P(x)&=P(-\alpha\le A\le x\le B\le\alpha)=\int_A^B f(x)\cdot dx\\&=k\cdot\int_A^B\exp\left\{-\xi\frac{|x|^{\varepsilon}}{\alpha^{\varepsilon}-|x|^{\varepsilon}}\right\}\cdot dx\end{aligned} \qquad (4.811)$$

定义Δ（$A\le\Delta\le B$）的概率习惯语S：

$$\begin{aligned}S&=100\cdot P(x)\\&=100\cdot k\cdot\int_A^B\exp\left\{-\xi\frac{|\Delta|^{\varepsilon}}{\alpha^{\varepsilon}-|\Delta|^{\varepsilon}}\right\}\cdot dx\end{aligned} \qquad (4.812)$$

则随机函数F的误差Δ（$A\le\Delta\le B$）的概率为

$$\begin{aligned}P(A\le\Delta\le B)&=P(\Delta)\\&=S/100\end{aligned} \qquad (4.813)$$

根据该式，编程计算或制表查询概略值，提供随机函数误差的概率情况。

在一般情况下，随机误差概率边界 A、B，多以 $|A|=|B|=C$ 为惯例，即以 $\pm C$ 作为误差概率边界：

$$P(x)=P(-\alpha\le -C\le x\le C\le\alpha)=\int_{-C}^{C}f(x)\cdot dx$$

$$=k\cdot\int_{-C}^{+C}\exp\left\{-\xi\frac{|x|^{\varepsilon}}{\alpha^{\varepsilon}-|x|^{\varepsilon}}\right\}\cdot dx \qquad (4.814)$$

式中积分，由（1.262）式计算。

二、随机函数的误差与概率关系式（$\pm C\to P$）

根据随机误差 Δ 的边界 $\pm C$，求解其相应的概率 P：

$$\left.\begin{aligned}S&=100\cdot P(x)\\&=100\cdot k\cdot\int_{-C}^{+C}\exp\left\{-\xi\frac{|x|^{\varepsilon}}{\alpha^{\varepsilon}-|x|^{\varepsilon}}\right\}\cdot dx\\P(A\le\Delta\le B)&=S/100\end{aligned}\right| \qquad (4.821)$$

该式是由 C 计算 S。式中积分，由（1.262）式计算。

三、概率与随机函数的误差关系式（$P\to\pm C$）

根据所要求的概率 $S=100\cdot P$，来求解其所相应的误差边界 $\pm C$：

$$C=\overline{\left|\ 100\cdot k\cdot\int_{-C}^{+C}\exp\left\{-\xi\frac{|x|^{\varepsilon}}{\alpha^{\varepsilon}-|x|^{\varepsilon}}\right\}\cdot dx=S\right.} \qquad (4.831)$$

该式是由 S 计算 C。若以最大误差 α 为尺度，即以 $\pm C/\alpha$ 为误差边界，则由上式而知：

$$\frac{C}{\alpha}=\overline{\left|\ 100\cdot k\cdot\int_{-C/\alpha}^{+C/\alpha}\exp\left\{-\xi\frac{|x|^{\varepsilon}}{1-|x|^{\varepsilon}}\right\}\cdot dx=S\right.} \qquad (4.832)$$

式中积分，由（1.262）式计算。

四、或是误差ρ的解算

或是误差，近真误差，即概率误差ρ。根据（4.821）、（4.822）二式：

$$\rho = \left|\ 100\cdot k\cdot\int_{-\rho}^{+\rho}\exp\left\{-\xi\frac{|x|^{\varepsilon}}{\alpha^{\varepsilon}-|x|^{\varepsilon}}\right\}\cdot dx \ =\ 100\cdot\left(\frac{1}{2}\right)\right. \tag{4.841}$$

$$P(-\rho\le\Delta\le\rho)\ =\ \frac{1}{2}$$

式中积分，由（1.262）式计算。（此处ρ表或是误差。）

五、平均误差λ的概率解算

由（4.822）、（4.821）二式：

$$P(-\lambda\le\Delta\le\lambda)\ =\ S/100$$

$$S=100\cdot k\cdot\int_{-\lambda}^{+\lambda}\exp\left\{-\xi\frac{|x|^{\varepsilon}}{\alpha^{\varepsilon}-|x|^{\varepsilon}}\right\}\cdot dx \tag{4.851}$$

式中积分，由（1.262）式计算。

六、均方误差m的概率解算

由（4.822）、（4.821）二式：

$$P(-m\le\Delta\le m)\ =\ S/100$$

$$S=100\cdot k\cdot\int_{-m}^{+m}\exp\left\{-\xi\frac{|x|^{\varepsilon}}{\alpha^{\varepsilon}-|x|^{\varepsilon}}\right\}\cdot dx \tag{4.861}$$

式中积分，由（1.262）式计算。

-----2015 年 8 月 5 日　　北京・航天城-----

-----2015 年 8 月 6 日　　北京・航天城-----

-----2016 年 8 月 28 日　　北京・航天城-----

第九章　本编内容辑要

本编的目的，在于向读者阐明随机函数方程的解算过程。总体说来，应该是：

1）确定随机函数方程：（以间接观测随机函数为例）

确定随机函数（待求未知数 ρ ）：

$$f(\rho)=(\rho)=0 \tag{4.901}$$

顺便指出：作为数学问题，任何元素都是无单位的。但在客观现实的问题中，所有元素都是有单位的。因此，应该对随机函数中的未知数 ρ 和其他数据进行数学处理，使其成为无单位的相对值。

2）确定随机误差方程及其权 P：

确定改正数 V 的计算函数和误差方程 ρ 的一次项系数 A。

$$\begin{aligned} V&=f(\rho) \qquad\qquad P \\ &=A\rho-C-S(\rho) \qquad \text{（旨在求解系数 } A\text{）} \end{aligned} \tag{4.902}$$

3）确定解算前提（数学前提）：

$$\begin{gathered} f(V)=k\cdot\exp\left\{-\xi\frac{|V|^{\varepsilon}}{\alpha^{\varepsilon}-|V|^{\varepsilon}}\right\} \\ \left(\prod_{i=1}^{n}f_i(V_i)\right)=\max \end{gathered} \tag{4.903}$$

4）确定解算方程：

确定随机函数方程个数 n 大于随机函数未知数个数 t 时的解算前提。

$$\begin{aligned} F(V)&=W\uparrow J=0 \\ F(\rho)&=W\uparrow A=0 \end{aligned} \tag{4.904}$$

5）确定解算方法：

在一般情况下，运用辜小玲算法，进行解算。

$$\rho=\overline{\left|\ W\uparrow A\ =\ 0\right.} \tag{4.905}$$

6）解算精度估计：

解算后的 ρ 必须有精度估计；L 也必须有观测的精度评价。

六个问题分述如下。（有关条件观测、综合观测等随机函数问题类同，略述。）

-----2016 年 11 月 25 日　　北京·航天城-----

一、确定随机函数方程

数学界的代数方程有三个元素：未知数、常数和系数。对于随机函数方程来说，亦然。不过，由于随机性的存在，未知数 ρ 和观测值（常数）L 的确定，直接涉及方程解算的难易和解算精度的高低。譬如，在没有一次项的函数中，按一次项的未知数处理二次项的未知数，将两个相乘的未知数看作是一个未知数；根据具体情况，具体处理。最后明确随机函数，参看（4.002）、（4.212）二式：

$$f(\rho)=(\rho)\quad =0 \qquad \text{（明确随机函数 }\rho\text{ 和随机变量 }L\text{）} \qquad (4.911)$$

该式右边，(ρ, L) 为函数体。函数体应该有两种形式：

$$f(\rho)=(\rho)\quad =\begin{cases}(\rho) & \text{（函数体原型）}\\ \left(A\rho-C-S(\rho)\right) & \text{（旨在确定一次项系数 }A\text{）}\end{cases} \qquad (4.912)$$

在一般情况下，两种函数体是相同的。只是较复杂的非线性函数，往往需要明显地分离系数 A 而出现不同形式。

重复指出：（4.912）式，必须满足数学条件：

1）便于数学处理，ρ、L 都必须是无单位的相对值。譬如，像点 (x, y) 的影像坐标以焦距 $f=1$ 为单位；地面的大地坐标 (X, Y) 以航高 $H=1$ 为单位。

2）为有利于解算，所有随机函数（待求未知数）ρ 的迭代初始值，其误差 Δ，必须满足 $|\Delta|<1$。（4.913）

二、确定随机函数误差方程及其权

参看（4.007）、（4.221）二式，改正数 V 与函数之间的关系，定义为：

$$V=f(\rho)=(\rho) \quad , \quad P$$

$$=A\rho-L \quad , \quad L=\begin{cases}C & \text{（线性方程）}\\ C+S(\rho) & \text{（非线性方程）}\end{cases}$$

改正数方程，取

$$\overset{i}{V}=f(\overset{i}{\rho})=(\overset{i}{\rho}) \quad , \quad P \qquad (4.921)$$

式中，头标 i 表示在计算过程中的第 i 次迭代计算序号。

三、确定随机函数解算前提

根据（4.012）、（4.014）二式可知，误差方程的解算前提：

$$f(V)=k\cdot\exp\left\{-\xi\frac{|V|^{\varepsilon}}{\alpha^{\varepsilon}-|V|^{\varepsilon}}\right\}$$

$$\left(\prod_{i=1}^{n}f_i(V_i)\right)=\max \tag{4.931}$$

在一般情况下，随机误差多以单峰分布出现；特殊情况，可考虑双峰或三峰分布。

四、确定随机函数解算方程

根据（4.023）式，可知随机函数理论解算方程，应为：

$$F(\rho)\ =\ W\uparrow A\ =\ 0$$

$$\left|\begin{array}{l} W\ =\ W_I\ =\left[P\cdot\dfrac{|V|^{\varepsilon-1}\cdot\operatorname{sgn}V}{\left(\alpha^{\varepsilon}-|V|^{\varepsilon}\right)^2}\right] \\ V\ =\ \overset{i}{V}\ =f(\overset{i}{\rho}) \end{array}\right| \tag{4.941}$$

式中有关参数（ξ、ε、α、k）由（4.246）式在解算过程中确定。

五、确定随机函数解算方法

由于理论解算方程（4.941）式的解算难度较大， 必须引用辜小玲等效改化法解算。根据（1.622）、（1.623）、（1.624)三式可知：对于随机函数方程

$$g(\rho)=PV\uparrow A\qquad\qquad=0 \tag{4.951}$$

$$F(\rho)=W\uparrow A+g(\rho)-g(\rho)\qquad\qquad=0$$

$$\rho\ =\overline{\big|\ F(\rho)=0} \tag{4.952}$$

具体解算方程（4.233）式：

$$F(\rho)=\left(\left(W+P*V-P*V\right)\uparrow A\ \right)_{\rho}\qquad\qquad=0$$

$$=\underline{\left(\left(P*A\right)\uparrow A\right)}\rho\ -\left(P*L-W+P*V\right)\uparrow A\ =0 \tag{4.953}$$

具体解算方法，根据（4.241）式：

$$\left.\begin{aligned} &F(\overset{i}{\rho})=\overset{i}{W}\uparrow A \\ &\overset{i+1}{\rho}=\overset{i}{\rho}-\Delta \qquad , \qquad |\Delta|\le(\delta) \\ &\Delta=\left((P*A)\uparrow A\right)^{-1}\cdot F(\overset{i}{\rho}) \end{aligned}\right| \tag{4.954}$$

根据分布情况，W 由（4.023）式定，其中 V 由（4.921）式定。

六、解算精度估计

解算后的 ρ，必须有精度估计；L 也必须有观测的精度评价。

一）单位权 μ 的确定

根据（3.622）、（4.251）二式可知：

$$\left.\begin{aligned} &\left(\mu_1^1\right)_{PL}=\frac{n}{n+t}(\lambda)_{PV} &&=\frac{\sum|PV|}{n+t} \\ &\left(\mu_2^2\right)_{PL}=\frac{n}{n-t}\left(m^2\right)_{PV} &&=\frac{\sum|PVV|}{n-t} \\ &\left(\mu_3^3\right)_{PL}=\left(3\mu_1^1\mu_2^2\right)_{PL}-\frac{n^3(n-t)}{n^4-t^4}\left(3\lambda m^2-\omega^3\right)_{PV} \end{aligned}\right| \tag{4.961}$$

这里，PV 的特征值，由（4.921）式定；V 是（4.921）式的最后计算结果：

$$\begin{bmatrix}\lambda^1\\ m^2\\ \omega^3\end{bmatrix}_{PV}=\frac{1}{n}\begin{bmatrix}\sum|PV|\\ \sum PVV\\ \sum|PVVV|\end{bmatrix}_{PV} \tag{4.962}$$

二）随机变量（观测值）**L 的特征值**

根据（2.622）式，对于非等精度观测，可知第 j 个观测值 L_j 的特征值：

$$\left(\begin{bmatrix}\lambda\\ m^2\\ \omega^3\\ \vdots\end{bmatrix}_L\right)_j=\frac{1}{P_j}\begin{bmatrix}\mu_1^1\\ \mu_2^2\\ \mu_3^3\\ \vdots\end{bmatrix}_{PL} \qquad =\frac{1}{P_j}\begin{bmatrix}\mu_1^1\\ \mu_2^2\\ \mu_3^3\\ \vdots\end{bmatrix}_{P\Delta} \tag{4.963}$$

有关其或是误差，近真误差，即概率误差 ρ，参阅（4.821）、（4.841）二式。

三）随机函数方程（未知数）ρ 的特征值

由（4.802）式知，

$$\begin{bmatrix}(\lambda)_1\\(\lambda)_2\\(\lambda)_3\\\vdots\\(\lambda)_t\end{bmatrix}_\rho = \left[\ |R|^{E3}\cdot J\cdot\left(\mu_1^1\mu_2^2\right)_{PL}\right] * \begin{bmatrix}(m^2)_1\\(m^2)_2\\(m^2)_3\\\vdots\\(m^2)_t\end{bmatrix}_\rho^{E-1}$$

$$\begin{bmatrix}(m^2)_1\\(m^2)_2\\(m^2)_3\\\vdots\\(m^2)_t\end{bmatrix}_\rho = \left[\ |R|^{E2}\cdot J\cdot\left(\mu_2^2\right)_{PL}\right] \tag{4.964}$$

$$\begin{bmatrix}(\omega^3)_1\\(\omega^3)_2\\(\omega^3)_3\\\vdots\\(\omega^3)_t\end{bmatrix}_\rho = \begin{bmatrix}(3\lambda m^2)_1\\(3\lambda m^2)_2\\(3\lambda m^2)_3\\\vdots\\(3\lambda m^2)_t\end{bmatrix}_\rho + \left[\ |R|^{E5}\cdot J\cdot\left(\mu_3^3\mu_2^2-3\mu_1^1\mu_2^2\mu_2^2\right)_{PL}\right] * \begin{bmatrix}(m^2)_1\\(m^2)_2\\(m^2)_3\\\vdots\\(m^2)_t\end{bmatrix}_\rho^{E-1}$$

四）随机函数误差 δ 的或是误差

或是误差，近真误差，即概率误差 ρ。根据（4.821）、（4.841）二式：

$$\left(\rho = \sqrt{100\cdot k\cdot\int_{-\rho}^{+\rho}\exp\left\{-\xi\frac{|x|^{\varepsilon}}{\alpha^{\varepsilon}-|x|^{\varepsilon}}\right\}\cdot dx = 100\cdot\left(\frac{1}{2}\right)}\right)_i \tag{4.965}$$

$$\left(P(-\rho\le\delta\le\rho) = \frac{1}{2}\right)_i \quad , \qquad (i=1,2,3,\ \cdots,\ t)$$

式中，有关分布密度函数的参数（ξ、ε、α、k 等），据其相应的特征值，由（2.505）、（2.506）二式求解（以下类同）。积分由（1.262）式计算。（此处 ρ 表或是误差。）

五）随机误差Δ 的概率计算公式

在一般情况下，定义随机误差Δ 的概率边界为$A \le \Delta \le B$，习惯上，多以$|A| = |B| = C$为惯例，即误差Δ 出现在以$\pm C$为边界的范围内。考虑到Δ 出现的概率习惯语（4.821）式，概率计算公式约定为

$$
\begin{aligned}
&S = 100 \cdot P(x) \\
&P(x) = P(-\alpha \le -C \le \Delta \le C \le \alpha) = \int_{-C}^{C} f(x) \cdot dx \\
&\quad = k \cdot \int_{-C}^{+C} \exp\left\{ -\xi \frac{|x|^{\varepsilon}}{\alpha^{\varepsilon} - |x|^{\varepsilon}} \right\} \cdot dx
\end{aligned}
\qquad (4.966)
$$

六）给定概率P求随机误差Δ的出现范围（$P \to \pm C$）

根据所要求的概率（$S = 100 \cdot P$），来求解其所相应的误差边界（$\pm C$）。由（4.831）、（4.832）二式可知：

$$
C = \left| \; 100 \cdot k \cdot \int_{-C}^{+C} \exp\left\{ -\xi \frac{|x|^{\varepsilon}}{\alpha^{\varepsilon} - |x|^{\varepsilon}} \right\} \cdot dx = S \right. \qquad (4.967)
$$

若以最大误差α为尺度，即以（$\pm C/\alpha$）为误差边界，则由上式可知：

$$
\frac{C}{\alpha} = \left| \; 100 \cdot k \cdot \int_{-C/\alpha}^{+C/\alpha} \exp\left\{ -\xi \frac{|x|^{\varepsilon}}{1 - |x|^{\varepsilon}} \right\} \cdot dx = S \right.
$$

七）给定随机误差Δ 的出现范围（$\pm C$）求 其概率（$\pm C \to P$）

根据（4.967）式，可知P：

$$
\begin{aligned}
&S = 100 \cdot P(\Delta) \\
&\quad = 100 \cdot k \cdot \int_{-C/\alpha}^{+C/\alpha} \exp\left\{ -\xi \frac{|x|^{\varepsilon}}{1 - |x|^{\varepsilon}} \right\} \cdot dx \\
&P(A \le \Delta \le B) = P(-C \le \Delta \le +C) = S/100
\end{aligned}
\qquad (4.968)
$$

式中积分由（1.262）式计算。

-----2015 年 8 月 5 日　　北京・航天城-----

-----2016 年 9 月 3 日　　北京・航天城-----

第五编　学术备忘

任何一门学科，在学科发展的全过程中，都存在着学术争议。随机误差学科，更无例外。一般来说，争议是在理论与实践相结合的过程中，随着客观条件的变化和认识的提高，逐步得到解决的；但有些争议，往往由于长期得不到解决而逐渐被人淡化。随机误差学科，就有不少被淡化的争议。

淡化学术争议，对学科的发展是非常有害的。淡化，有可能把科学领域的学科问题，引申到非科学领域，进而窒息学科的发展。为了使随机误差学科能健康发展，这里提出几个被尘封多年的问题，供读者思考。

早在18世纪，科技界的学者对于过剩观测问题束手无策。下面以图【5.011】所示几何图形为例进行说明。

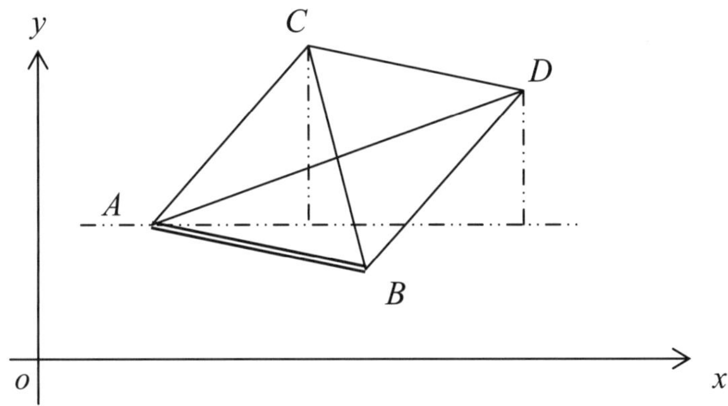

图【5.011】　被测几何图形示意

假定AB已知，求C点的坐标$\left(X_C, Y_C\right)$，只需观测$\angle CAB$、$\angle ABC$两个角度，就可算出C点的坐标。经整理，可得方程：

$$\begin{aligned} a_1X_C + b_1Y_C - L_1 = 0 \\ a_2X_C + b_2Y_C - L_2 = 0 \end{aligned} \qquad (5.011)$$

式中，系数a、b是AB已知值的函数，是已知值；常数L是观测值$\angle CAB$、$\angle ABC$两个角度的函数，也是已知值。这是容易理解的代数方程。同理，观测$\angle DAB$、$\angle ABD$两个角度，就可算出D点的坐标(X_D, Y_D)，其正常的代数方程的形式，仍与（5.011）式同。将两个方程写成一个形式：

引用矩阵符号，可得：

$$\begin{bmatrix} a_1 & b_1 \\ a_2 & b_2 \end{bmatrix} \cdot \begin{bmatrix} X_C \\ Y_C \end{bmatrix} - \begin{bmatrix} L_1 \\ L_2 \end{bmatrix} = 0$$

$$\begin{bmatrix} a_3 & b_3 \\ a_4 & b_4 \end{bmatrix} \cdot \begin{bmatrix} X_D \\ Y_D \end{bmatrix} - \begin{bmatrix} L_3 \\ L_4 \end{bmatrix} = 0 \qquad (5.012)$$

但在实际观测中，除了这四个角外，往往还要观测$\angle CAD$、$\angle ADC$、$\angle CBD$、$\angle BDC$、$\angle DCA$、$\angle CDA$、$\angle DCB$、$\angle CDB$，共要观测 12 个观测值。根据这 12 个观测值，可列出 12 个方程：

$$\begin{bmatrix} a_1 & b_1 & c_1 & d_1 \\ a_2 & b_2 & c_2 & d_2 \\ a_3 & b_3 & c_3 & d_3 \\ \vdots & \vdots & \vdots & \vdots \\ a_{12} & b_{12} & c_{12} & d_{12} \end{bmatrix} \cdot \begin{bmatrix} X_C \\ Y_C \\ X_D \\ Y_D \end{bmatrix} - \begin{bmatrix} L_1 \\ L_2 \\ L_3 \\ \vdots \\ L_{12} \end{bmatrix} = 0 \qquad (5.013)$$

显然，四个未知数必须满足 12 个方程，在观测值L有误差的情况下，是不可能的。假定观测值L的误差为Δ，则上式可写为：

$$\begin{bmatrix} a_1 & b_1 & c_1 & d_1 \\ a_2 & b_2 & c_2 & d_2 \\ a_3 & b_3 & c_3 & d_3 \\ \vdots & \vdots & \vdots & \vdots \\ a_{12} & b_{12} & c_{12} & d_{12} \end{bmatrix} \cdot \begin{bmatrix} X_C \\ Y_C \\ X_D \\ Y_D \end{bmatrix} - \begin{bmatrix} (L_1 - \Delta_1) \\ (L_2 - \Delta_2) \\ (L_3 - \Delta_3) \\ \vdots \\ (L_{12} - \Delta_{12}) \end{bmatrix} = 0 \qquad (5.014)$$

该式，可以说是一个完全等式。科技界工作者的任务，就在于通过最佳的数学途径，求出未知数X、Y和观测值随机误差Δ。但确切地说，任何数学手段，都不可能求出观测值随机误差Δ的真值。在科技界，对于观测值随机误差Δ的数学求解值，习惯以$-V$表之，将上式写成：

$$\begin{bmatrix} V_1 \\ V_2 \\ V_3 \\ \vdots \\ V_{12} \end{bmatrix} = \begin{bmatrix} a_1 & b_1 & c_1 & d_1 \\ a_2 & b_2 & c_2 & d_2 \\ a_3 & b_3 & c_3 & d_3 \\ \vdots & \vdots & \vdots & \vdots \\ a_{12} & b_{12} & c_{12} & d_{12} \end{bmatrix} \cdot \begin{bmatrix} X_C \\ Y_C \\ X_D \\ Y_D \end{bmatrix} - \begin{bmatrix} L_1 \\ L_2 \\ L_3 \\ \vdots \\ L_{12} \end{bmatrix} \qquad (5.015)$$

可简写成：

$$V = A \cdot X - L$$

一个经典的学术争议，就是从这里开始的：

1）拉普拉斯认为

$[|V|]=\min$，即最小一乘法为最佳处理方法；（5.016）

2）高斯认为

$[VV]=\min$，即最小二乘法为最佳处理方法。（5.017）

争论一直延续到19世纪末都没有停止。在拉普拉斯去世后的19世纪中叶，俄罗斯数学家切比雪夫（п.п.чебышев，1821—1894）师生曾继续探索最小一乘法。故后人又称最小一乘法为切比雪夫平差（参看《英汉测绘词汇》英汉测绘词汇编辑组，测绘出版社，P9，1980）[13.P10]。但可以想象，随后还是因计算手段之故，未能延续。随着时间的推移，基本上取得共识：最小一乘法的精度高于最小二乘法。但出于当时计算手段的难度，科技界推广了最小二乘法，这是无可非议的。但问题是忘记了当时的"计算手段是对数"这个条件。

最小一乘法、最小二乘法的历史贡献是肯定的，但在今天的电子计算机时代，是否应该重新审视"在最小一乘法、最小二乘法产生的过程中，因复杂的种种计算难度而舍去的因素"，能否不舍去？

经典的最小一乘法和最小二乘法，在如今电子计算机时代，应有所发展。过去被遗弃的的种种因素，应当重新审视、启用。

最大概率法，是对最小一乘法和最小二乘法的继承和发展。

最小一乘法的理论依据是拉普拉斯分布，最小二乘法的理论依据是高斯分布，最大概率法的理论依据是王玉玮分布。它们之间是继承、创新和发展的数学关系，是特殊性和普遍性的关系，不存在学术分歧。

就单峰分布来说，最大概率法有三个待定参数，而最小一乘法和最小二乘法只有一个参数；这说明前者更具备反映客观现实的能力，图【2.541】就是说明这个能力的例证。

应该说，反映随机误差客观存在的能力，是解算精度优劣的标志。最大概率法的解算精度，要优于最小一乘法和最小二乘法，是很容易理解的。

这里要重复指出，最大概率法的数学方程解算，相比最小一乘法和最小二乘法是比较困难的。由（4.114）、（4.141）二式而知：

$$F(\rho)=\left(\left[\xi\frac{|V|^{\varepsilon}}{\alpha^{\varepsilon}-|V|^{\varepsilon}}\right]_{\rho}'\uparrow J\right)=\left(W\uparrow A\right)_{\rho}=0 \tag{5.018}$$

$$V=f(\rho)=A\rho-L\quad,\qquad L=C+S(\rho)$$

但借助于电子计算机和辜小玲算法，由（1.729）式而知：

$$\rho = \overline{\big|\, F(\rho)=0} \tag{5.019}$$

求出未知数 ρ，并不是一件困难的事。

—··—··—··—··—··—··—··—··—··—··—··—··—

在随机误差传播的普遍规律问题解决后，很自然地把传统的数据处理技术向前推进了一步。譬如，中国科学院在 2018 年向全世界公布：在太阳系以外，还有一个太阳系，两个太阳系的距离为 40 光年。遗憾的是，这“40 光年”的置信度却没有答案。

随机数据处理的最后结果，没有误差数据描述的置信度（概率）P，是传统数据处理方法的短板。如果基于本著作所述理论，对观测数据运用最大概率法进行处理，结果应该是：（误差 δ、概率 P 为示意模拟数据）

$$\text{两个太阳系距离} = 40\text{ 光年} \pm \delta \le \begin{cases} 0.05\text{光年（概率置信度）} & P=0.1 \\ 0.24\text{光年（概率置信度）} & P=0.4 \\ 0.31\text{光年（概率置信度）} & P=0.5\text{（或是误差）} \\ 0.58\text{光年（概率置信度）} & P=0.7 \\ 0.82\text{光年（概率置信度）} & P=1.0\text{（最大误差）} \end{cases}$$

（误差、概率为模拟数据）

在如今电子计算机时代，任何单位向外提供数据，都应该有误差、概率置信度数据，还应该有误差分布密度函数的参数等数据。

除此之外，在解决随机误差传播的普遍规律问题后，还有一些有关误差问题的概念，譬如最大误差问题、最大误差与中误差问题、离散随机事件与连续随机事件问题等等，有待学术界推敲。

严格地说，观测数据都具有随机性。任何反映客观现实的计算数据，都必须有置信度的数值界定。中国科学院的计算数据，更不能例外！

-----2015 年 8 月 26 日　　北京・航天城-----

-----2015 年 9 月 6 日　　北京・航天城-----

-----2017 年 3 月 17 日　　南昌・青山湖-----

-----2019 年 9 月 10 日　　西安・曲江池-----

-----2020 年 9 月 11 日　　西安・曲江池-----

第一章　正态分布问题

为了使问题更便于理解，这里先提出一个人们都熟悉的圆周率 π 的精度问题。大约在春秋战国时期，学者墨子在他的《墨子》一书中，定义圆周率为“周三径一”，也就是说“$\pi=3$”。后来有学者相继提出 $\pi=3.1$，$\pi=3.14$，$\pi=3.1415$……，直到晋、隋时期，祖冲之提出 $\pi=3.1415926\to927$（$\approx355/113$），充分显示了中国古代学者在科学问题上的科学态度[10. P33]。

与此同时期的学者荀子，在《荀子·大略》中提出：“**善学者尽其理，善行者究其难**”。这说的是，从事理论研究工作的研究人员，不要忘记对事物的“寻根朔源”；从事行业创新工作的工程人员，在实践活动中不要忘记对困难的“锲而不舍”。告诫人们，要从发展的观点认识客观事物。

但是，在学术界，有关误差问题，却长期存在着。

一、随机变量的正态分布问题

正态分布，作为数学概念上的一个分布，是无可非议的。但把它作为随机变量误差的普遍分布，是欠缺的；甚至某些书中定义偶然事件服从正态分布，更是令人茫然。正态分布的理论基石是（2.331）式所示的

$$[x]=0 \tag{5.111}$$

这个条件。这仅仅是（2.401）式所示条件的一个条件，符合（2.401）式所示条件的误差分布是无穷的。符合正态分布的事件，很难说占客观世界偶然事件的比例是多少。因此，从概率的意义上来说，正态分布只是数学概念上的一个分布，在客观现实科技实践活动中，说它是随机变量误差的普遍分布是不妥的。很多学者在科技实践活动中都有所发现，正态分布没有普遍性。

刘述文在其所著《误差理论（全集）》图【5.113】一书中收录了两组误差，从不同侧面反映了正态分布与客观实际情况的差异。

一）印度大三角测量之三角形闭合差例

“印度大三角测量局在其 Account of the Operations of the Great Trigonometrical Survey of Indian. Vol.I. By Colonel J.T. Walker, Dehra Dun, 1870. 书中载有一基线网，其三角形之闭合差之数共有 51 个。 F.R. Helmert 对此观测曾作一图表法之考究，见德国测量杂志 Zeitschrift fuer Vermessungswesen Bd.VI (1877) S.22-26 所载 Die Bestimmung des Fehlergesetzes aus Beobachtungen auf graphischem Wege 一文中。如次：”（以秒为单位）[3. P25]

+0.005	+0.302	-0.560	-1.060	+0.020	-0.308	-0.561	+1.225
+0.097	+0.349	+0.580	-1.270	+0.100	+0.352	-0.603	-1.344
-0.159	-0.375	-0.604	-1.372	+0.179	+0.384	-0.610	-1.400
+0.189	-0.405	+0.637	-1.408	-0.210	-0.472	+0.640	+1.460
-0.211	+0.508	-0.672	+1.467	-0.229	+0.509	-0.741	+1.804
-0.250	+0.536	-0.756	+2.010	-0.260	+0.537	-0.926	-2.291
-0.296	+0.550	+0.979					

该例是双峰分布，如图【5.111】所示。（在19世纪90年代，意大利施测的大三角测量，其三角形闭合差，也是双峰分布[3.P26]、[3.P75]。）

二）天文观测误差分布例

“S.Newcomb 曾以水星（Merkur）过太阳面之684个观测为例，分析其误差分布之情形如下表：”[3.P76]

误差范围	实际观测数	高斯理论数	实际－理论
在 0.0^s 附近之误差数	147	137	+10
在 5.0 附近之误差数	221	240	-19
在 10.0 附近之误差数	129	166	-37
在 15.0 附近之误差数	77	88	-11
在 20.0 附近之误差数	38	36	+2
在 25.0 附近之误差数	23	12	+11
过 27.0 之误差数	49	5	+44

该例是单峰分布，但与正态分布相差较大。如图【5.112】。

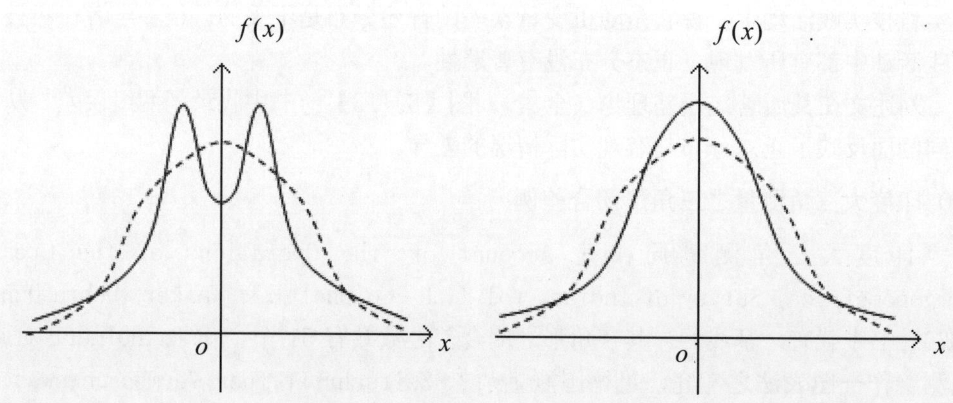

图【5.111】　印度大三角测量之三角形闭合差双峰分布一例示意　　图【5.112】　天文观测误差单峰分布一例

除上述典型测绘工程事例外，还有社会生产实践，特别是国防兵工领域，大量的实验证明：正态分布，未能正确反映有关误差的实际状况[13.P303]；正态分布，实质上只是数学概念上的一个分布，对随机变量来说，不存在普遍性。

在 19 世纪，科技界的学者们，始终没有停止过对上述现象的探讨；在 20 世纪也没有停止过；200 年时间过去了，尽管大量的科技实践活动证明了作为随机变量误差的普遍分布是错误的，但由于没有数学证明的支撑，该问题一直延续到今天。

描述随机变量误差分布的（2.426）式与上述事例的结合，是定性分析与定量分析的结合，应该是长期探索正态分布普遍性过程的尾声。在描述随机变量误差的分布问题上，正态分布不具备普遍性，应该确认。

图【5.113】　参考文献[3]，刘述文著书《误差理论》（全集），出版的封面影像（1:2）

二、随机函数的正态分布问题

学术界在随机函数分布的问题上，与随机变量的问题相同，受多种传统思想的惯性思维，多认定（5.015）式所示随机函数误差V的分布是正态分布。

正态分布的形成过程，来自算术中数原理（误差的算术中数为 0）。算术中数原理，对单一观测来说是可以理解的。但就严格的数学关系来说，把算术中数原理由单一观测的误差范围向非单一观测误差领域推进，还缺乏有力论据。这是由一维空间向n维空间的开拓问题。为此，经过多年的学术论证，逐渐形成了以高斯为中心的以下三个认定。

第一个认定：1826 年，高斯在《最小二乘法补遗》（Supplementum theoriae combinationis observationum erroribus minimis obnoxiae）一文中提出把最小二乘法原理建立在这样假设上：（1）认定偶然误差的算术中数为 0；（2）以中误差作为精度标志时，平差精度达最佳值。但未证明其假设的唯一性[1.IV，P55]。这实际上就是提出在非单一观测误差领域，把

$$\left.\begin{aligned}[\Delta\Delta] &= \min \\ [\Delta] &= 0\end{aligned}\right| \qquad (5.121)$$

当作“公理”公布于世。

第二个认定：为了解决高斯分布的特征值（方差积分等）问题，时至 1837 年，法国数学家泊桑建议把最大误差α的范围扩大到 $\pm\infty$，进而导出（2.333）式；继之，解决了特征值问题。

第三个认定：在特征值问题解决之后，认定了特征值λ、m、ω之间的数学关系；根据正态分布，认定三者的关系是相关的。对于描述分布的所有特征值，均可由中误差m求出。

应该说，对于第一个认定，这是没有办法的办法。俄罗斯数学家切比雪夫指出：对于认定“单一量之若干次等精度直接观测结果之算术平均值为该量之最或然值”这一假设，给以严密的论证是不可能的[7.P403]。显然，对于非单一观测领域，更是不可能。但从随机误差的特性来说，是可以接受的。对于第二个认定，泊桑关于最大误差的建议是权宜之计，也是可以接受的。但随着时间的推移，人们却忘记了这一点，致使后来当人们发现高斯分布并非误差的唯一分布而图谋新的分布规律时，仍然坚持把 $\pm\infty$ 作为误差之理论极值，这束缚了探索真理的途径。至于第三个认定，实质上是认定误差分布只有一个参数m，而λ、ω、σ等特征值均可由m确定，这又进一步束缚了探索真理的途径。

这三个假设式的认定，对当时统一思想，起到了权威作用。尽管大量事实说明正态分布不是唯一的[13.P302]，但质疑、探索等学术式的**“尽其理”**，退出了校园的课堂，进入尘封状态[3.P1]。实际上，这是在回避不应该回避的现实问题。

尽管学术界、科技界都在质疑正态分布，有异于正态分布的分布时时出现，都在不同程度上反映了随机函数误差分布的特点；但都未能动摇人们对随机函数的误差分布是正态分布的信念。这是因为，概率论中心极限定理多有论证，描述随机函数误差分布是正态分布的概念，提供了似是而非的空间，并进而产生了描述随机函数误差领域的最小二乘法。最小二乘法的历史贡献是伟大的；但随着历史的进程，在计算手段提高的同时，应有所发展。

卢福康研究员曾多次指出：**“最小二乘法 是高斯 没有办法的办法”**；但毕竟，高斯是率先把最小二乘法推向科技实践领域的先驱者[5.*]，他率先指出数学函数的误差，亦可应用最小二乘法进行处理[1.IV，P55]。1812 年，由于当时的计算手段仍处在纳伯尔的对数时代，拉普拉斯在著作《或然率分析理论》（Theorie analytique des probabilites ）中，首次公布以“德莫佛·拉普拉斯”为名的中心极限定理。基于实用观点，认可了最小二乘法[7.P13]。于是，正态分布理论在测量平差学科中得到了广泛应用。

在概率论中，Δ表随机函数，即测绘学误差理论的误差Δ 和改正数V；ξ表随机变量，即测绘学误差理论的变量X和观测值L；μ表随机变量均值，即变量X的数学期望，X观测值的平均值；σ表随机变量误差的方差，即中误差m；n表随机变量的观测数量。作为概率论中心极限定理的数学公式［“数学手册”编写组：《数学手册》第一版，人民教育出版社，P802，1979 年］［11.P166］、［13.318］：

$$\Delta=\frac{\dfrac{1}{n}\sum_{k=1}^{n}\xi_k-\mu}{\dfrac{\sigma}{\sqrt{n}}} \tag{5.122}$$

其测绘数学的形式（严格地说，上式等号右边的σ是无单位的纯系数，方能体现客观现实的存在；进而体现测绘数学的完整概念；Δ、ξ、μ是有单位的），应该是

$$\begin{aligned}\Delta&=\frac{\sqrt{n}}{m}\cdot\frac{1}{n}\Big((X_1-\mu)+(X_2-\mu)+(X_3-\mu)+\ \cdots\ +(X_n-\mu)\Big)\\&=\frac{1}{\sqrt{n}\cdot m}\cdot\left(x_1+x_2+x_3+\ \cdots\ +x_n\right)\end{aligned} \tag{5.123}$$

$$x_i=X_i-\mu\quad(i=1,2,3,\cdots,n)\quad,\quad m=\sigma$$

中心极限定理的思想是说明Δ服从标准正态分布。后来，又有多种不同形式的中心极限定理相继问世[13. P317]。1900 年，切比雪夫、李雅普诺夫等学者[13. P10][13. P303]，对中心极限定理，进行了严密的数学界定；用测绘学误差理论语言来说，在“误差的算术中数为 0”前提下，均可描述为：

$$\left.\begin{aligned} F &= X_1 + X_2 + \cdots + X_n \\ \Delta &= x_1 + x_2 + \cdots + x_n \end{aligned}\right| \qquad (5.124)$$

式中，F为函数，Δ表其误差；诸X为n个变量，诸x为诸X的相应n个误差。中心极限定理指出：不管X的误差x是何种分布，F的误差Δ在$n \to \infty$时，均向高斯分布趋进。或许正因为如此，后来高斯分布又被称为正态分布。

在科技实践活动中，$n \to \infty$是不可能的，但$n \to N$（N为一个大数）是现实的。从实用的观点出发，人们把$n \to \infty$理解为$n \to N$，进而对最小二乘法的理论基础正态分布处于更不加怀疑了。

测量科技工作者，在长期的科技实践活动中，均发现正态分布未能有效地反映测量误差的分布状况。刘述文在其专著《误差理论（全集）》一书中指出：

“应用最小自乘法之原理以施行观测之平差，世人往往觉其不甚确实。……再进而谈到误差理论，由观测所得观测值或平差以后之结果以讨论各种类型之误差及其情形如何，其方法及理论更使人觉其不甚确实，……；加之通常的各种测量多懒得作‘误差之探讨’。故在国内外出版之最小自乘法书中详细述说误差理论者亦少。其不欲多言也，其亦有心者欤。”[3. P1]

“不欲多言也”一语道明从事测绘科技工作者的苦衷。按说，从事科技工作的人们，特别是理论研究工作者，都不应该回避基础理论。但是，“多懒得作‘误差之探讨’”，是因为‘误差之探讨’必然会带来基础理论的混乱局面。

“长期以来，正态分布律一直被认为是唯一的、包罗万象的误差分布律。现在应该改变这种观点”；“实验证明，在某些测量和生产过程中，观察所得的分布律不是正态律”；“在某些射击中，命中某一平面的点的真实分布可以和正态律差别非常大，……”[13. P302]

如果说，以上文献只是定性分析正态分布不具备普遍性，下面将以具体的数学数据，证明随机函数误差分布不可能是正态分布。就（5. 124）式而言，根据中误差传播规律（3. 121）式可知

$$\left(m^2\right)_F = \left(m^2\right)_1 + \left(m^2\right)_2 + \left(m^2\right)_3 + \cdots + \left(m^2\right)_n \qquad (5.125)$$

假若（5. 124）式中，n个变量的误差分布是正态分布；很自然，根据（2. 337）式，它们的各阶特征值（λ、ω、σ、θ）应该是

$$m^2=\frac{\pi}{2}\left(\lambda^2\right)=\left(\frac{\pi}{8}\right)^{\frac{1}{3}}\left(\omega^2\right)=\left(\frac{\pi}{18}\right)^{\frac{1}{4}}\left(\sigma^2\right)=\cdots$$

代入（5.125）式，可得随机函数误差的特征值　　（5.126）

$$\left(\lambda^2\right)_F=\left(\lambda^2\right)_1+\left(\lambda^2\right)_2+\left(\lambda^2\right)_3+\cdots+\left(\lambda^2\right)_n$$

$$\left(\omega^2\right)_F=\left(\omega^2\right)_1+\left(\omega^2\right)_2+\left(\omega^2\right)_3+\cdots+\left(\omega^2\right)_n$$

$$\left(\sigma^2\right)_F=\left(\sigma^2\right)_1+\left(\sigma^2\right)_2+\left(\sigma^2\right)_3+\cdots+\left(\sigma^2\right)_n$$

由（3.111）、（3.131）、（3.141）等诸式知，该式是错误的。［在传统的测量平差教课书中，多有应用（5.126）式进行平差理论精度的数学推演，导致错误结论，如别捷尔斯公式、或是误差公式、平均误差公式等［7.P47，P25］…… ；这是学术界不得不面对的问题。］

再看（5.123）式，即使在随机变量均为正态分布的情况下，根据（3.196）式和（2.337）式特征值之间的相互关系，可知函数 F 也不是正态分布：

$$\left(m^2\right)_F=\left(\frac{1}{\sqrt{n}\cdot m}\right)^2\left[m^2\right]$$

$$\left(m\right)_F=\left(\frac{1}{\sqrt{n}\cdot m}\right)\cdot\sqrt{n}\cdot m=1 \qquad \left(m\right)_F=1 \tag{5.127}$$

$$\left(\lambda m^2\right)_F=\left(\left(\frac{1}{\sqrt{n}\cdot m}\lambda\right)\left(\frac{1}{n\cdot m^2}m^2\right)\right)_1+\left(\left(\cdots\right)\left(\cdots\right)\right)_2+\cdots\cdots$$

$$=\left(\frac{1}{\sqrt{n}\cdot m}\lambda\right)\cdot\left[\frac{1}{n\cdot m^2}m^2\right] \qquad \leftarrow (2.337)$$

$$\left(\lambda\right)_F=\left(\frac{\lambda}{\sqrt{n}\cdot m}\right)=\frac{1}{\sqrt{n}}\sqrt{\frac{2}{\pi}}\cdot \qquad \neq\sqrt{\frac{2}{\pi}} \tag{5.128}$$

（实际特征值与正态分布特征值不符）

$$\left(\omega^3m^2-3\lambda m^2m^2\right)_F=\frac{1}{\sqrt{n}\cdot n^2m^3m^2}\left[\omega^3m^2-3\lambda m^2m^2\right]$$

$$=\frac{\omega^3-3\lambda m^2}{\sqrt{n}\cdot n^1m^3} \qquad \leftarrow\left(m^2\right)_F=(1)^2$$

$$\left.\begin{aligned}(\omega^3)_F &= \frac{\omega^3-3\lambda m^2}{\sqrt{n}\cdot n^1 m^3}+(3\lambda)_F \\ &= \frac{2}{\sqrt{n}\cdot n^1}\sqrt{\frac{2}{\pi}}-\frac{3}{\sqrt{n}\cdot n^1}\sqrt{\frac{2}{\pi}}+\left(\frac{3n}{\sqrt{n}\cdot n\cdot}\right)\sqrt{\frac{2}{\pi}} \\ &= \frac{3n-1}{2n\sqrt{n}}\sqrt{\frac{8}{\pi}}. \qquad \neq\sqrt{\frac{8}{\pi}}\end{aligned}\right| \quad (5.129)$$

(实际特征值与正态分布特征值不符)

即使$n\to\infty$，这些结果也是与（2.337）式所示之正态分布内涵相悖的。因此，随机函数（5.122）式的误差分布，不服从正态分布。

质言之，中心极限定理的数学推证过程是严密的，但其数学前提未能反映客观现实的存在。**“由于数学公式的严密性，很容易使人忘掉其前提的假设性”**，这就是问题的所在。[恩格斯:《自然辩证法》人民出版社，P118，1971]

一个前提是（5.111）式，另一个前提是（2.401）式。如果说，一个是旧传统，另一个是最新研究的成果，则**“最新研究的成果、在此以前不知道的事实或者尚在争论的事实的确定以及必然由此得出的理论结论，都无情地在打击旧传统，所以这个传统的维护者就陷入极为困难的境地。……”**［恩格斯:《自然辩证法》人民出版社，P118，1971.］谨请读者推敲。

-----2017 年 3 月 20 日　　南昌·青山湖-----

三、随机函数误差$\alpha_F \to \infty$时的分布

作为普遍分布的（2.429）式，在一般情况下，随机变量误差、随机函数误差，都不可能出现最大误差$\alpha \to \infty$的情况，但从数学概念上来说，表达随机误差$\alpha \to \infty$时的分布密度函数应该是存在的。根据（2.429）式，令$\alpha \to \infty$，可知

$$\left(f(\Delta)\right)_F = \left(k\exp\left\{-\xi\frac{|\Delta|^{\varepsilon}}{\alpha^{\varepsilon}-|\Delta|^{\varepsilon}}\right\}\right)_F$$

$$=\left(k\exp\left\{-\xi\frac{|\Delta|^{\varepsilon}}{\alpha^{\varepsilon}}\cdot\frac{1}{1-(|\Delta|/\alpha)^{\varepsilon}}\right\}\right)_F \qquad \left(h=\frac{\xi}{\alpha^{\varepsilon}}\right)$$

$$=\left(k\exp\left\{-h\cdot|\Delta|^{\varepsilon}\cdot\frac{1}{1-(|\Delta|/\alpha)^{\varepsilon}}\right\}\right)_F \qquad (|\Delta|\text{为实际值})$$

当$\alpha \to \infty$时，随机函数误差的分布密度函数为：

$$\left(f(\Delta)\right)_F = \left(k\exp\left\{-h\cdot|\Delta|^{\varepsilon}\right\}\right)_F \tag{5.130}$$

根据分布密度函数特性，由（5.130）、（1.131）二式可知，

$$\int_{-\infty}^{+\infty} f(x)\,dx = 2\int_{o}^{+\infty} k\exp\left(-h|x|^{\varepsilon}\right)dx$$

$$\left|\begin{array}{l} h|x|^{\varepsilon}=y \quad , \quad x^{\varepsilon}=\dfrac{1}{h}y \\ x=\left(\dfrac{1}{h}y\right)^{\frac{1}{\varepsilon}} \\ dx=\dfrac{1}{\varepsilon}\left(\dfrac{1}{h}\right)^{\frac{1}{\varepsilon}}y^{\frac{1}{\varepsilon}-1}dy \end{array}\right.$$

$$=2k\frac{1}{\varepsilon}\left(\frac{1}{h}\right)^{\frac{1}{\varepsilon}}\cdot\int_{o}^{+\infty}\exp\left(-y\right)\left(y^{\frac{1}{\varepsilon}-1}\right)dy$$

$$=k\frac{2}{\varepsilon}\left(\frac{1}{h}\right)^{\frac{1}{\varepsilon}}\cdot\Gamma\left(\frac{1}{\varepsilon}\right) \qquad =1$$

可知

$$k=\frac{\varepsilon}{2\cdot\Gamma\left(\frac{1}{\varepsilon}\right)}h^{\frac{1}{\varepsilon}} \qquad (5.131)$$

其特征值

$$\left((\gamma_N^N)\right)_F=\int_{-\infty}^{+\infty}f(x)|x|^N\,dx=2\int_0^{+\infty}k\exp\left\{-h\cdot|x|^{\varepsilon}\right\}|x|^N\,dx$$

$$\left|\begin{array}{l} h|x|^{\varepsilon}=y\quad,\quad x^{\varepsilon}=\frac{1}{h}y\quad,\quad x=\left(\frac{1}{h}y\right)^{\frac{1}{\varepsilon}} \\ dx=\frac{1}{\varepsilon}\left(\frac{1}{h}\right)^{\frac{1}{\varepsilon}}y^{\frac{1}{\varepsilon}-1}dy \end{array}\right.$$

$$=2\int_0^{+\infty}k\exp\left\{-y\right\}\left(\frac{1}{h}y\right)^{\frac{N}{\varepsilon}}\frac{1}{\varepsilon}\left(\frac{1}{h}\right)^{\frac{1}{\varepsilon}}y^{\frac{1}{\varepsilon}-1}dy$$

$$=2\int_0^{+\infty}k\exp\left\{-y\right\}\left(\frac{1}{h}\right)^{\frac{N+1}{\varepsilon}}\frac{1}{\varepsilon}y^{\frac{N+1}{\varepsilon}-1}dy$$

$$=2k\left(\frac{1}{h}\right)^{\frac{N+1}{\varepsilon}}\frac{1}{\varepsilon}\int_0^{+\infty}\exp\left\{-y\right\}y^{\frac{N+1}{\varepsilon}-1}dy \qquad \text{(代入(1.131)式)}$$

$$=2k\left(\frac{1}{h}\right)^{\frac{N+1}{\varepsilon}}\frac{1}{\varepsilon}\cdot\Gamma\left(\frac{N+1}{\varepsilon}\right) \qquad \text{(代入(5.131)式)}$$

$$=2\,\frac{\varepsilon}{2\cdot\Gamma\left(\frac{1}{\varepsilon}\right)}h^{\frac{1}{\varepsilon}}\cdot\left(\frac{1}{h}\right)^{\frac{N+1}{\varepsilon}}\frac{1}{\varepsilon}\cdot\Gamma\left(\frac{N+1}{\varepsilon}\right)$$

$$=\frac{1}{\Gamma\left(\frac{1}{\varepsilon}\right)}\left(\frac{1}{h}\right)^{\frac{N}{\varepsilon}}\cdot\Gamma\left(\frac{N+1}{\varepsilon}\right)$$

$$=\frac{\Gamma\left(\overline{1+N/\varepsilon}\right)}{\Gamma\left(\overline{1+0/\varepsilon}\right)}\cdot\left(\frac{1}{h}\right)^{\frac{N}{\varepsilon}} \qquad (5.132)$$

故知，当$\alpha_F\to\infty$时，随机函数误差分布的特征值：

$$
\left.\begin{aligned}
(\lambda^1)_F &= \frac{\Gamma\left(\overline{1+1}/\varepsilon\right)}{\Gamma\left(\overline{1+0}/\varepsilon\right)}\cdot\left(\frac{1}{h}\right)^{\frac{1}{\varepsilon}}\\
(m^2)_F &= \frac{\Gamma\left(\overline{1+2}/\varepsilon\right)}{\Gamma\left(\overline{1+0}/\varepsilon\right)}\cdot\left(\frac{1}{h}\right)^{\frac{2}{\varepsilon}}\\
(\omega^3)_F &= \frac{\Gamma\left(\overline{1+3}/\varepsilon\right)}{\Gamma\left(\overline{1+0}/\varepsilon\right)}\cdot\left(\frac{1}{h}\right)^{\frac{3}{\varepsilon}}\\
&\text{-----------}\\
(\gamma_N^N)_F &= \frac{\Gamma\left(\overline{1+N}/\varepsilon\right)}{\Gamma\left(\overline{1+0}/\varepsilon\right)}\cdot\left(\frac{1}{h}\right)^{\frac{N}{\varepsilon}}
\end{aligned}\right| \qquad (5.133)
$$

在（5.130）式中，只有两个参数h,ε。根据（2.427）式特性，应根据（5.133）式中的前二式，为主要方程求解h,ε。也就是根据

$$
\left(\frac{1}{h}\right)^{\frac{1}{\varepsilon}}\left(\frac{1}{h}\right)^{\frac{1}{\varepsilon}}=\left(\frac{1}{h}\right)^{\frac{2}{\varepsilon}}\quad,\qquad \left(\frac{1}{h}\right)^{\frac{1}{\varepsilon}}\left(\frac{1}{h}\right)^{\frac{2}{\varepsilon}}=\left(\frac{1}{h}\right)^{\frac{3}{\varepsilon}}
$$

可知，ε由下式求解：

$$
\frac{\Gamma\left(\overline{1+0}/\varepsilon\right)}{\Gamma\left(\overline{1+1}/\varepsilon\right)}(\lambda^1)_F\,\frac{\Gamma\left(\overline{1+0}/\varepsilon\right)}{\Gamma\left(\overline{1+1}/\varepsilon\right)}(\lambda^1)_F=\frac{\Gamma\left(\overline{1+0}/\varepsilon\right)}{\Gamma\left(\overline{1+2}/\varepsilon\right)}(m^1)_F
$$

$$
\frac{\Gamma\left(\overline{1+2}/\varepsilon\right)}{\Gamma\left(\overline{1+1}/\varepsilon\right)}\,\frac{\Gamma\left(\overline{1+0}/\varepsilon\right)}{\Gamma\left(\overline{1+1}/\varepsilon\right)}=\left(\frac{\lambda}{m}\right)_F^2
$$

$$
\frac{\Gamma\left(\overline{1+1}/\varepsilon\right)}{\Gamma\left(\overline{1+0}/\varepsilon\right)}\,\frac{\Gamma\left(\overline{1+1}/\varepsilon\right)}{\Gamma\left(\overline{1+2}/\varepsilon\right)}-\left(\frac{\lambda}{m}\right)_F^2=0 \quad\text{-------------}\quad (c1)
$$

参考求解方程为：

$$
\frac{\Gamma\left(\overline{1+0}/\varepsilon\right)}{\Gamma\left(\overline{1+1}/\varepsilon\right)}\cdot(\lambda)_F\,\frac{\Gamma\left(\overline{1+0}/\varepsilon\right)}{\Gamma\left(\overline{1+2}/\varepsilon\right)}\cdot\left(m_F^2\right)=\frac{\Gamma\left(\overline{1+0}/\varepsilon\right)}{\Gamma\left(\overline{1+3}/\varepsilon\right)}\cdot\left(\omega_F^3\right)
$$

$$
\frac{\Gamma\left(\overline{1+3}/\varepsilon\right)}{\Gamma\left(\overline{1+1}/\varepsilon\right)}\cdot\frac{\Gamma\left(\overline{1+0}/\varepsilon\right)}{\Gamma\left(\overline{1+2}/\varepsilon\right)}=\left(\frac{\omega^3}{\lambda m^2}\right)_F
$$

$$
\frac{\Gamma\left(\overline{1+3}/\varepsilon\right)}{\Gamma\left(\overline{1+1}/\varepsilon\right)}\,\frac{\Gamma\left(\overline{1+0}/\varepsilon\right)}{\Gamma\left(\overline{1+2}/\varepsilon\right)}-\left(\frac{\omega^3}{\lambda m^2}\right)_F=0 \quad\text{-------------}\quad (c2)
$$

根据（1.718）式，可知两个“主要”、“参考”求解方程：

$$
\begin{aligned}
(\varepsilon)_F &= \frac{\Gamma\left(\overline{1+1}/\varepsilon\right)}{\Gamma\left(\overline{1+0}/\varepsilon\right)}\cdot\frac{\Gamma\left(\overline{1+1}/\varepsilon\right)}{\Gamma\left(\overline{1+2}/\varepsilon\right)} - \left(\frac{\lambda}{m}\right)_F^2 = 0 \\
(\varepsilon)_F &= \frac{\Gamma\left(\overline{1+3}/\varepsilon\right)}{\Gamma\left(\overline{1+1}/\varepsilon\right)}\cdot\frac{\Gamma\left(\overline{1+0}/\varepsilon\right)}{\Gamma\left(\overline{1+2}/\varepsilon\right)} - \left(\frac{\omega^3}{\lambda m^2}\right)_F = 0 \\
&\left((\varepsilon)_F = \varepsilon\right)
\end{aligned}
\tag{5.134}
$$

在求出(ε)后，代入（5.133）式，求解(h)：

$$
\begin{aligned}
h &= \left(\frac{\Gamma\left(\overline{1+1}/\varepsilon\right)}{\Gamma\left(\overline{1+0}/\varepsilon\right)}\cdot\left(\frac{1}{\lambda^1}\right)\right)_F^{\varepsilon} \\
&= \left(\frac{\Gamma\left(\overline{1+2}/\varepsilon\right)}{\Gamma\left(\overline{1+0}/\varepsilon\right)}\cdot\left(\frac{1}{m^2}\right)\right)_F^{\frac{\varepsilon}{2}} \\
&= \left(\frac{\Gamma\left(\overline{1+3}/\varepsilon\right)}{\Gamma\left(\overline{1+0}/\varepsilon\right)}\cdot\left(\frac{1}{\omega^3}\right)\right)_F^{\frac{\varepsilon}{3}}
\end{aligned}
\tag{5.135}
$$

这是三个等效解算式，代入（5.131）式，可求出函数误差分布的λ, m^2, ω^3等效形式的分布系数(k)值：

$$
\begin{aligned}
(k)_I &= \frac{\varepsilon}{2\cdot\Gamma(1/\varepsilon)}\left(\frac{\Gamma\left(\overline{1+1}/\varepsilon\right)}{\Gamma\left(\overline{1+0}/\varepsilon\right)}\cdot\left(\frac{1}{\lambda^1}\right)\right)_F^{\frac{1}{1}} \\
(k)_{II} &= \frac{\varepsilon}{2\cdot\Gamma(1/\varepsilon)}\left(\frac{\Gamma\left(\overline{1+2}/\varepsilon\right)}{\Gamma\left(\overline{1+0}/\varepsilon\right)}\cdot\left(\frac{1}{m^2}\right)\right)_F^{\frac{1}{2}} \\
(k)_{III} &= \frac{\varepsilon}{2\cdot\Gamma(1/\varepsilon)}\left(\frac{\Gamma\left(\overline{1+3}/\varepsilon\right)}{\Gamma\left(\overline{1+0}/\varepsilon\right)}\cdot\left(\frac{1}{\omega^3}\right)\right)_F^{\frac{1}{3}}
\end{aligned}
\tag{5.136}
$$

这三个数值是在随机误差极值$\alpha_F \to \infty$的数学前提下而产生的，是等效的。将求出的k, h, ε代入（5.130）式，即可得出$\alpha \to \infty$时的分布密度函数。

*）根据（2.429）式的特性，其参数只能由λ, m, ω确定。

根据（5.135）式和（5.136）式，可知有两个特例：

1）给定参数（$\varepsilon=1$），由（5.135）、（5.136）二式的第一式可知

$$h=\left(\frac{1}{\lambda}\right)_F \quad , \quad k=\left(\frac{1}{2\lambda}\right)_F \qquad \text{（拉普拉斯分布）------} \qquad \text{（c3）}$$

2）给定参数（$\varepsilon=2$），由（5.135）、（5.136）二式的第一式可知

$$h=\left(\frac{1}{2m^2}\right)_F \quad , \quad k=\left(\frac{1}{\sqrt{2\pi}\,m}\right)_F \qquad \text{（高斯分布）------} \qquad \text{（c4）}$$

注意到，当$\varepsilon=1$、2时，上式和（5.133）式与（2.327）、（2.337）二式相同。这说明，前述论证的数学过程无误。

为了简明起见，将以上诸式书写成：

$$\left(f(\Delta)\right)_F=\left(k\exp\left\{-h\cdot|\Delta|^{\varepsilon}\right\}\right)_F \qquad (5.137)$$

$$(k)_{II}=\frac{\varepsilon}{2\cdot\Gamma(1/\varepsilon)}\left(\frac{\Gamma\left(\overline{1+2}/\varepsilon\right)}{\Gamma\left(\overline{1+0}/\varepsilon\right)}\cdot\left(\frac{1}{m^2}\right)\right)_F^{\frac{1}{2}}$$

$$h=\left(\frac{\Gamma\left(\overline{1+2}/\varepsilon\right)}{\Gamma\left(\overline{1+0}/\varepsilon\right)}\cdot\left(\frac{1}{m^2}\right)\right)_F^{\frac{\varepsilon}{2}}$$

$$(\varepsilon)_F=\left|\frac{\Gamma\left(\overline{1+1}/\varepsilon\right)}{\Gamma\left(\overline{1+0}/\varepsilon\right)}\cdot\frac{\Gamma\left(\overline{1+1}/\varepsilon\right)}{\Gamma\left(\overline{1+2}/\varepsilon\right)}-\left(\frac{\lambda}{m}\right)_F^2\right.=0$$

（$(\varepsilon)_F=\varepsilon$）

$$\left(\frac{\lambda}{m}\right)_F^2=\left(\frac{[\lambda m^2][\lambda m^2]}{[m^2][m^2][m^2]}\right)$$

该式，是在$\alpha_F\to\infty$的数学前提下产生的随机函数误差的普遍分布密度函数。式中$[m^2]$、$[\lambda m^2]$为函数n个变量的特征值和。

-----2018 年 10 月 5 日　　北京 • 万寿路-----

-----2018 年 10 月 20 日　　西安 • 曲江池-----

四、随机函数变量$n \to \infty$时的极限分布

随机函数变量的多少，直接影响着函数误差的分布，当变量$n \to \infty$时，(3.196)式的规律，会有所简化；函数误差的分布，也会因$n \to \infty$而趋向一个分布，所谓极限分布。根据（5.124）式，假设随机函数：

$$F = X_1 + X_2 + X_3 + \cdots + X_n$$
$$\Delta = x_1 + x_2 + x_3 + \cdots + x_n$$

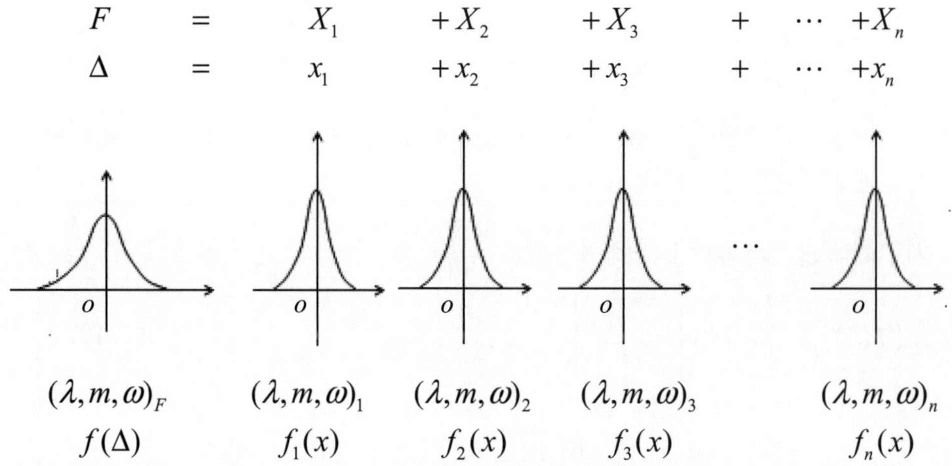

【5.141】　随机函数误差与随机变量误差的分布关系示意

图【5.141】所示随机函数误差分布$f(\Delta)$式是由参数（k, h, ε）决定的，（k, h, ε）是由特征值（λ, m, ω）决定的。就（5.130）式来说，根据特征值传播规律（3.196）式：给定（λ, m^2, ω^3）为（$\lambda_i^1, m_i^2, \omega_i^3$）的平均值；再定义（$a_i, b_i, c_i$）为其相应之差，即

$$\begin{bmatrix} \lambda \\ m^2 \\ \omega^3 \end{bmatrix} = \begin{bmatrix} (\lambda_i - a_i) \\ (m_i^2 - b_i) \\ (\omega_i^3 - c_i) \end{bmatrix} \tag{5.140}$$

一）当$n \to N$（大数）时

1）根据二阶误差的传播规律

$$(m)_F^2 = \sum(m_i^2) = \sum(m^2 - b_i)$$

$$= [m^2] - [b]$$　（根据 [22. P144，(3. 322)，(3. 323)]，可知）

$$= nm^2 \quad \text{--} \tag{d1}$$

（式中，右边m^2为变量的特征值，n为变量个数。）

2）根据平均误差的传播规律

$$(\lambda m^2)_F = \sum(\lambda_i m_i^2)$$

$$= [\,(\lambda - a)(m^2 - b)\,] = [\,(\lambda m^2 - a m^2 - b\lambda + ab)\,]$$

$$= [\,\lambda m^2\,] - [\,am^2\,] - [\,b\lambda\,] + [\,ab\,]$$

（根据［22.P143，（3.312），（3.313），（3.322），（3.323）］，可知）

$$(\lambda m^2)_F = [\,\lambda m^2\,] = (\,n\lambda m^2\,)$$

$$(\lambda)_F = (\lambda) \quad \text{--} \quad \text{(d2)}$$

（式中，右边 λ 为变量的特征值，n 为变量个数。）

将（d1）、（d2）代入（5.137）式，可知，

$$\left(f(\Delta)\right)_F = \left(k\exp\left\{-h\cdot|\Delta|^{\varepsilon}\right\}\right)_F \tag{5.141}$$

$$(k)_{II} = \frac{\varepsilon}{2\cdot\Gamma(1/\varepsilon)}\left(\frac{\Gamma\left(\overline{1+2}\,/\,\varepsilon\right)}{\Gamma\left(\overline{1+0}\,/\,\varepsilon\right)}\cdot\left(\frac{1}{nm^2}\right)\right)_F^{\frac{1}{2}}$$

$$h = \left(\frac{\Gamma\left(\overline{1+2}\,/\,\varepsilon\right)}{\Gamma\left(\overline{1+0}\,/\,\varepsilon\right)}\cdot\left(\frac{1}{nm^2}\right)\right)_F^{\frac{\varepsilon}{2}}$$

$$(\varepsilon)_F = \frac{\Gamma\left(\overline{1+1}\,/\,\varepsilon\right)}{\Gamma\left(\overline{1+0}\,/\,\varepsilon\right)}\cdot\frac{\Gamma\left(\overline{1+1}\,/\,\varepsilon\right)}{\Gamma\left(\overline{1+2}\,/\,\varepsilon\right)} - \left(\frac{\lambda}{m}\right)_F^2 = 0$$

$$\left(\frac{\lambda}{m}\right)_F^2 = \left(\frac{[\lambda m^2][\lambda m^2]}{[m^2][m^2][m^2]}\right) = \frac{1}{n}\left(\frac{\lambda}{m}\right)^2$$

$$(\,(\varepsilon)_F = \varepsilon\,)$$

该式，是随机函数误差分布在 $\alpha_F \to \infty$ 和 $n \to N$（大数）时的普遍公式。注意到，（5.141）式中函数的参数比 $(\lambda/m)_F$ 是一个变数，不可能与（2.337）式所示的正态分布的参数比（λ/m）相同。也就是说，当 $n \to N$（大数）时，由此而产生的（5.141）式，不是正态分布。

二）当 $n \to \infty$ 时

注意到，在 $n \to \infty$ 时，（5.141）式中的参数比 $(\lambda/m)_F \to 0$，这说明（5.141）式所示的分布更不可能是正态分布。再考虑到：

1）根据（奇数）三阶误差的传播规律

$$\left(\omega^3 m^2-3\lambda m^2 m^2\right)_F=\sum(\omega^3 m^2-3\lambda m^2 m^2)_i$$

$$=\sum((\omega^3-c)(m^2-b)-3(\lambda-a)(m^2-b)(m^2-b))_i$$

（根据［22. P145，（3. 332）］，可知）

$$=[\omega^3 m^2]+[3\lambda m^2 m^2] \quad \text{（当}n\to N\text{（大数）时）}$$

$$=n(\omega^3-3\lambda m^2)m^2$$

$$\left(\omega^3-3\lambda m^2\right)_F=(\omega^3-3\lambda m^2)$$

$$\left(\omega^3\right)_F=(\omega^3+(n-1)\cdot 3\lambda m^2) \quad \text{（当}n\to N\text{（大数）时）}$$

$$\left(\omega^3\right)_F=(n\,3\lambda m^2)=3(\lambda m^2)_F=3\lambda(m^2)_F$$

$$\left(\frac{\omega^3}{\lambda m^2}\right)_F=3 \quad \text{---} \quad \text{(d3)}$$

2）根据（偶数）四阶误差的传播规律

$$(\sigma^4-3m^2m^2)_F=[\sigma^4-3m^2m^2] \quad (n\to\infty)$$

$$(\sigma^4)_F=[\sigma^4]-3[m^2m^2]+3[m^2][m^2]=3(m^2)_F$$

$$\left(\frac{\sigma}{m}\right)^4=3 \quad \text{---} \quad \text{(d4)}$$

效法（5. 134）式的生成，根据（d3）、（d4），可知

$$\left.\begin{aligned}(\varepsilon)_{F3}&=\left|\frac{\Gamma\left(\overline{1+3}/\varepsilon\right)}{\Gamma\left(\overline{1+1}/\varepsilon\right)}\frac{\Gamma\left(\overline{1+0}/\varepsilon\right)}{\Gamma\left(\overline{1+2}/\varepsilon\right)}-\left(\frac{\omega^3}{\lambda m^2}\right)_F=0=1\right.\\(\varepsilon)_{F4}&=\left|\frac{\Gamma\left(\overline{1+0}/\varepsilon\right)}{\Gamma\left(\overline{1+2}/\varepsilon\right)}\frac{\Gamma\left(\overline{1+4}/\varepsilon\right)}{\Gamma\left(\overline{1+2}/\varepsilon\right)}-\left(\frac{\sigma}{m}\right)_F^4=0=2\right.\end{aligned}\right|\quad(5.142)$$

据此二式可知，在一般情况下，当$n\to N$（大数）时，（5. 141）式的参数ε满足

$$(1<\varepsilon<2) \quad (5.143)$$

且当$n\to\infty$时，其（密度函数）极限分布

$$f(\Delta)\to 0 \quad (5.144)$$

以上诸式充分说明，概率论中心极限定理认定正态分布有普遍性的结论是错误的。200 年来有关随机函数误差分布“普遍性”的学术争论，时至今日，划上了句号。

-----2018 年 10 月 22 日　　西安·曲江池-----

附录一：正态分布的数学前提（数学期望值与真值的数学概念）

在客观现实空间，假定有一几何长度，其实际长度（即真值长度）为 X 。在实际量测时，以 L 表示每一个量测值，即

$$\left.\begin{aligned} X_j &= L_j \qquad (j=1,2,3,\cdots,n) \\ x_j &= L_j - X \qquad [x]=\pm\Delta \end{aligned}\right| \tag{5.151}$$

根据量测值 L_j 可以求出待求值 X 的算术中数为

$$\left.\begin{aligned} X_c &= \frac{L_1+L_2+L_3+\ \cdots\ +L_n}{n} \\ x_c &= L_j - X_c \quad , \quad [x_c]=0 \end{aligned}\right| \tag{5.152}$$

根据概率论定义，待求值 X 的数学期望值为

$$X_o = \lim_{n\to\infty}\frac{L_1+L_2+L_3+\ \cdots\ +L_n}{n} = \lim_{n\to\infty} X_c = (\to X) \tag{5.153}$$

算术中数 X_c、X_o 相对真值 X 之误差为

$$\left.\begin{aligned} X_c - X &= \pm\delta \\ X_o - X &= (\to 0) \\ x_j = L_j - X &= \overline{L_j - X_c} + \overline{X_c - X} = x_c + \delta \\ [\delta] = [x]-[x_c] &= [x]-0 = [x] = \pm\Delta \end{aligned}\right| \tag{5.154}$$

针对（2.331）式来说，

$$\left.\begin{aligned} \sum_{j=1}^{n}\frac{f'(x_j)}{f(x_j)} &= -\sum Bx = \sum B(x_c+\delta) = -B[x_c]-B[\delta] \\ &= -0\ -B[\delta] = -B\,(\pm\Delta) \qquad \neq 0 \end{aligned}\right| \tag{5.155}$$

显然，正态分布的前提假设没有满足（2.239）式所示之条件。如果混淆真值与数学期望的概念，把数学期望当作真值认定，那就不存在满足不满足的问题。因为数学期望也是算术中数，不区分真值与数学期望的概念，也就是不区分真值与算术中数的数学概念，（5.132）式就展示了（2.331）式满足（2.239）式所示之条件。但毕竟真值与数学期望是数学领域中的两个数学概念。认定数学期望为误差几何量的坐标原点，则正态分布的数学前提，就满足（2.239）式所示之条件；否则，就不满足。或许，正是因为这样，在概率论学科中回避这个问题。

问题很清楚，明确算术中数、数学期望值、真值三者的数学概念，对深入思考正态分布、中心极限定理前提假设性的薄弱环节，是有帮助的。

附录二：π 与［VV］的认识过程联想

春秋战国时期，为了解决土地的计量问题，墨子在《墨子》一书中提出“周三径一”的观点：圆周率$\pi=3.0$。这在当时解决了很多生产实际问题。但随着科学、生产的发展，人们发现该观点必然导致“两点间，圆弧与直线相等”的结论。即

$$\widehat{AB}=\overline{AB}\quad,\quad\widehat{BC}=\overline{BC}\quad,\quad\widehat{CD}=\overline{CD}\quad\cdots\cdots$$

如图所示：

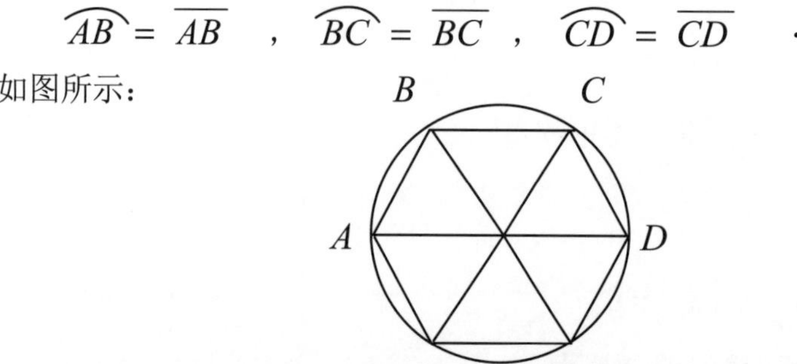

大弧与大直线相等的结论，这是现实无法接受的，是明显的几何错误。于是，就不再坚持$\pi=3.0$，开始探索小数位的、高精度的科学实践活动。大约到晋隋时期，祖冲之提出了π=3.1415926$\to$927 的观点，这使中国的科学水平上了一个台阶，数据处理精度也相应有了很大提高。

目前，对基于高斯分布的［VV］平方和的平差原理的认识，与对π的认识过程相似：

高斯分布在 1809 发表，这在 19 世纪初确实起到了巨大的作用。但到如今电子计算机高性能发挥的时代，应该深化对随机误差理论的认识。因为，严密的数学推理已经证明：坚持随机函数误差为高斯分布的观点，是与客观现实相悖的。譬如，

$$F=X_1+X_2+X_3+\ \cdots\ +X_n$$

即使假定诸X的误差是高斯分布，若认定函数F的误差是高斯分布，即坚持

$$[VV]=\min$$

就会出现（5.227）式所示的严重的数学错误。这个错误类似坚持“$\pi=3.0$”，造成前述“两点间，圆弧与直线相等”的错误结论。

（3.201）、（3.194）等诸式已经证明，函数F的误差分布不是正态分布。为了提高数据处理精度，必须放弃［VV］= min 这一观点。中国学术界，应尽快结束“$\pi=3.0$”的时代。

-----2015 年 2 月 24 日　　西安・曲江池-----

-----2015 年 9 月 13 日　　北京・航天城-----

第二章　最大概率法的几何概念

最大概率法是解算随机函数方程的最佳方法，这是因为最大概率法反映了科学实践活动中的客观存在。具体地说，是最大概率法遵循了随机函数方程中随机变量误差的客观存在规律。(4.022）式

$$F(V)=W\uparrow J=0 \tag{5.201}$$

是具体体现最大概率法的数学表达式；其核心内涵，是在以遵循随机变量误差分布密度函数的数学前提下，进行随机函数方程解算。对于具体函数方程来说，

$$\begin{aligned} f(X,L)&=(X)=-\Delta \\ f(X,L)&=AX-L=-\Delta \end{aligned} \tag{5.202}$$

具体解算的基本公式为（4.051）式

$$\begin{aligned} V&=f(X,L)=AX-L \\ F(X)&=\left(W\uparrow A\right)_X=0 \end{aligned} \tag{5.203}$$

具体解算方法，已在第四编第二章中详述。为使读者能更进一步理解最大概率法在解算过程中反映客观现实的真实性，特以几何状态阐明，为什么“最大概率法”的精度是最佳状态。

一、基于正确 $f(\Delta)$ 分布密度函数解算的几何状态

确切地说，随机函数方程的随机变量误差 Δ，是方程解算的第一解算未知数。为便于理解方程解算的几何概念，这里先假定（5.202）式中的 Δ 是已知的：

$$\Delta=\begin{bmatrix}\Delta_1 & \Delta_2 & \Delta_3 & \cdots & \Delta_n\end{bmatrix}^T \tag{5.211}$$

根据 Δ，可求出其特征值 λ、m、ω：

$$\lambda=\frac{[|\Delta|]}{n}\quad,\quad m^2=\frac{[|\Delta\Delta|]}{n}\quad,\quad \omega^3=\frac{[|\Delta\Delta\Delta|]}{n} \tag{5.212}$$

根据特征值 λ、m、ω，可求出 Δ 的分布密度函数 $f(\Delta)$ 的参数，即（2.438）式：

$$\begin{bmatrix}\xi \\ \varepsilon\end{bmatrix}=\overline{\big|\ \phi(\xi,\varepsilon;\ \lambda,m,\omega)=0} \tag{5.213}$$

也就是说，这里先假定 Δ 的分布密度函数是已知的，也就是 (ξ,ε) 已知。

如图【5.211】所示，每一个“•”表示一个V_j占据一个$1/n$的概率面积，处在$x=\Delta_j$的纵线之上。所有“•”的包络线，$f(x)=f(\xi,\varepsilon)=f(V)$，就是$\Delta$的分布密度函数。

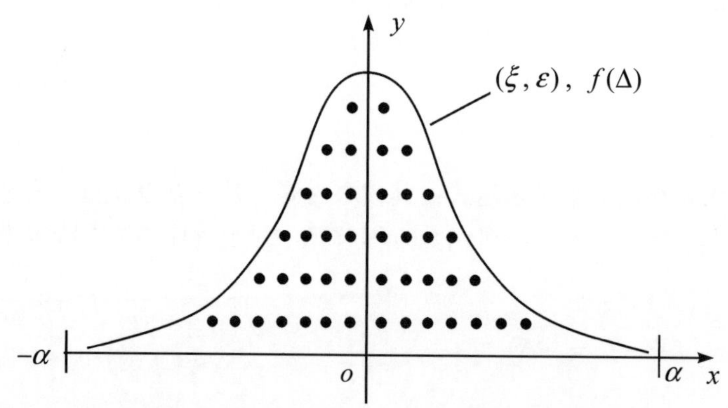

图【5.211】　随机变量误差Δ的分布密度函数示意

假定每一个“•”与$f(\Delta)$函数都非常协调、非常到位、非常标准，在概率定义的前提下，非常理论化。重复地说，根据Δ计算（ξ,ε）、（α,k）的结果，都非常精确。则$f(\Delta)$的参数，就是$f(V)$的参数，$f(V)$也是已知的。把V看作待求的未知数，按最大概率法（5.203）式的要求进行解算，定能求出

$$V=-\Delta \tag{5.214}$$

使（5.202）式得到严格满足，使解算出的未知数X没有误差，如图【5.212】所示。

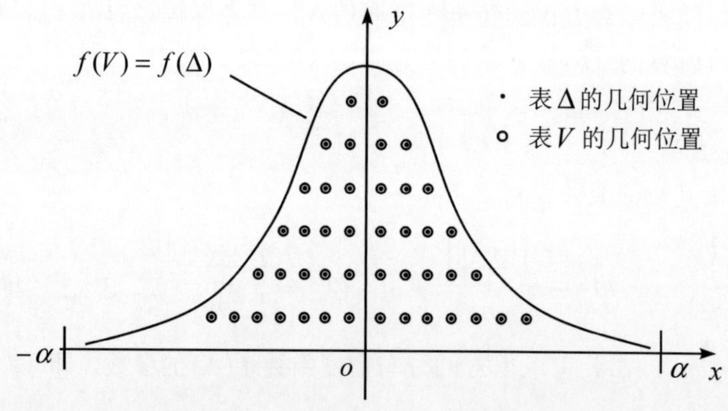

图【5.212】　改正数V的分布密度函数示意

所谓“非常协调、非常到位、非常标准，在概率定义的前提下，非常理论化”，其实质，就是改正数V与随机变量误差Δ在图【5.212】中重合，即“○”与“●”的重合。**重合**，说明在解算过程中，随机变量的误差Δ被改正数V依序全部正确消除，致使解算出的未知数X没有误差。

当然，由于随机变量观测的随机性，严格的“非常理论化”是不存在的；但V与$-\Delta$在理论上的差别，应该是很小的。也就是说，用最大概率法（根据其分布密度函数来解算其随机函数方程），可以得到未知数X精度处最佳几何状态的数学涵义所在。图【5.211】、【5.212】的几何图形所示，说明了这个涵义。

二、基于错误$f(\Delta)$分布密度函数解算的几何状态

假定在科学实践活动中，有两个分布密度函数$f(\Delta)$、$\varphi(\Delta)$，如图【5.221】、【5.222】所示。

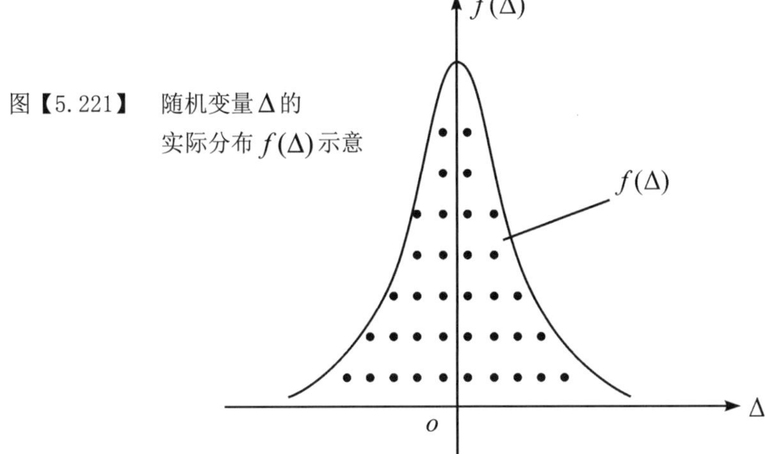

图【5.221】　随机变量Δ的实际分布$f(\Delta)$示意

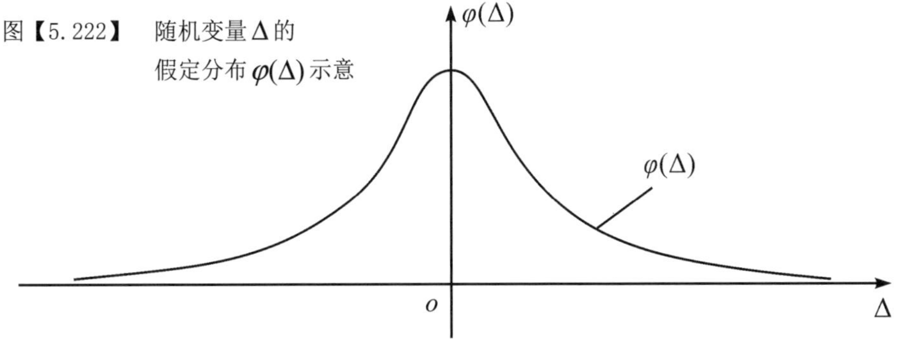

图【5.222】　随机变量Δ的假定分布$\varphi(\Delta)$示意

如果在解算时，给定的改正数 $f(V)$ 与随机变量误差的实际 $f(\Delta)$ 相同，即

$$f(V)=f(\Delta) \quad , \quad (\xi,\varepsilon,\alpha,k)_V=(\xi,\varepsilon,\alpha,k)_\Delta \tag{5.221}$$

则计算结果与图【5.212】相同，改正数 V 的值与其序号相应的 Δ 相同，“○”与“●”重合，处在“●”在 $f(\Delta)$ 中的几何位置上，标志为“◎”，即前述“理论化”的解算。如图【5.223】所示。

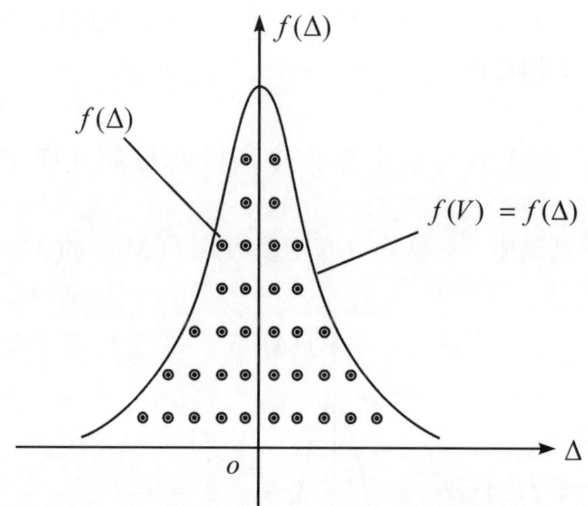

图【5.223】　$f(V)=f(\Delta)$ 时的正确解算结果示意

如果不遵循 Δ 自身的分布密度函数 $f(\Delta)$，而是假定 Δ 自身的分布密度函数为 $\varphi(\Delta)$，根据 $\varphi(\Delta)$ 进行随机函数方程解算，则解算的精度将严重受损。其几何状态将由图【5.223】转变为图【5.224】所示。

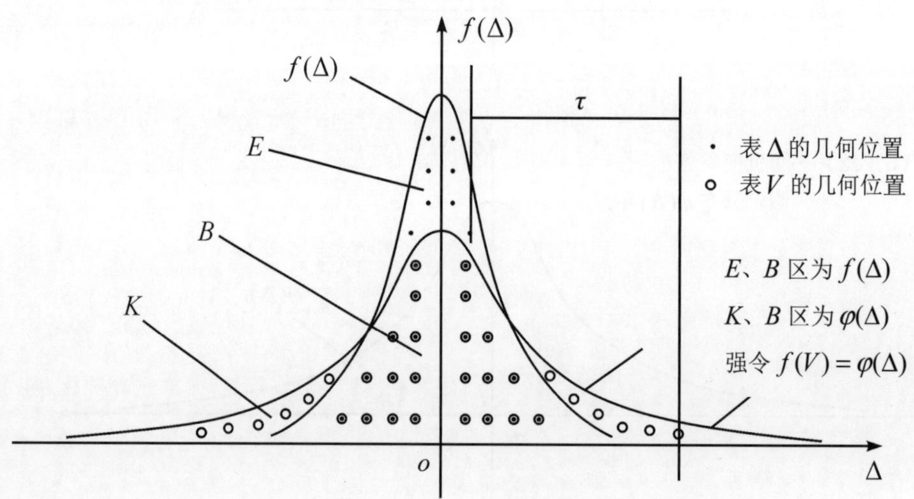

图【5.224】　强令 $f(V)=\varphi(\Delta)$ 时的错误解算结果示意

图中的两个分布，形成 E 、B 、K 三个区域。E 是 $f(\Delta)$ 区，K 是 $f(V)$ 区，B 是两个分布的重合区。由于强行给定

$$f(V)=\varphi(\Delta) \qquad (5.222)$$

$\varphi(\Delta)$ 是一个未能反映 Δ 客观几何状态的、假想的分布密度函数，其结果是：在 B 重合区没有什么变化，保留了“ $f(V)=f(\Delta)$ ”的状态，仍然可以说是

$$V=-\Delta \qquad \text{-----（在 } B \text{ 区的改正数 } V\text{）} \qquad (b1)$$

而在 E 、K 区，则出现了

$$|V|=|\Delta|\pm\tau \qquad \text{-----（在 } E\text{、}K \text{ 区的改正数 } V \text{ 和 } \Delta\text{）} \qquad (b2)$$

使原来的误差 Δ，增加了一个**多余的误差**（$\pm\tau$）。也就是说，在 E 区的误差，离开原来的正确位置，**被均匀地分配到 K 区的一个错误位置**。 在 K 区的 V 背离了它的数学定义， 没有代表正确的随机变量误差 Δ，

$$V\neq-\Delta \qquad \text{-----（在 } K \text{ 区的改正数 } V\text{）} \qquad (b3)$$

这就是说，不遵循最大概率法寻求真实 $f(\Delta)$ 的过程，随便假定随机变量误差 Δ 的分布；根据这个分布来解算随机函数方程，会带来不可抗拒的额外误差 τ， 致使解算精度的最佳状态遭到破坏。本编第九章的（5.948）式将显示两种解算方法精度的悬殊，从而验证。

三、基于待求正确 $f(\Delta)$ 分布密度函数解算的几何状态

由图【5.212】、【5.224】可知， 随机函数方程的解算， 必须基于正确的 $f(\Delta)$ 分布密度函数之上。问题是， $f(\Delta)$ 是未知的，只能借助于辜小玲算法，进行迭代处理。迭代的程序，就几何状态来说，如图【5.231】所示。

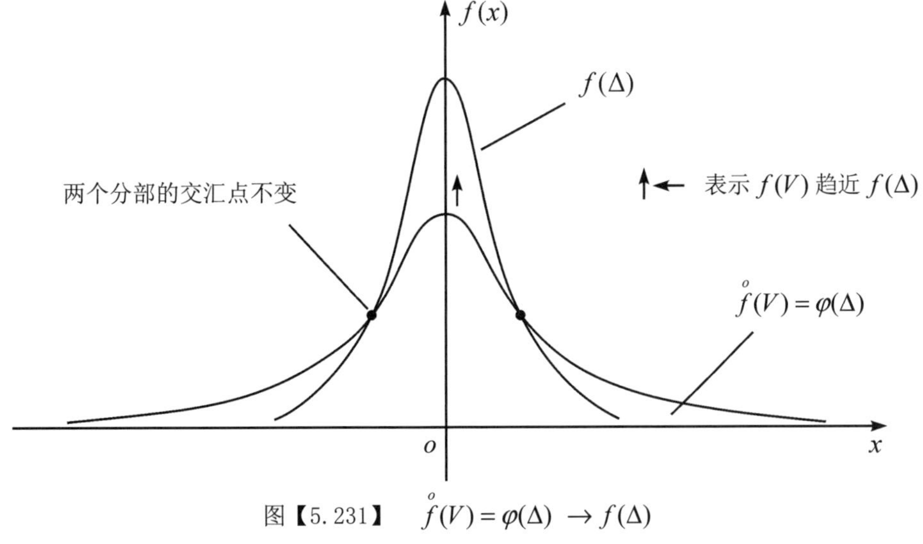

图【5.231】　$\overset{o}{f}(V)=\varphi(\Delta) \rightarrow f(\Delta)$

迭代的数学解算过程:

一）确定Δ分布密度函数的 $f(\Delta)$ 参数 $(\xi,\varepsilon,\alpha,k)$ 初始值

根据（5.201）、（4.022）、（4.023）诸式可知，在 $(\xi,\varepsilon,\alpha,k)$ 参数之中，主要是 ε 的数值。考虑到最小一乘法 $(\varepsilon=1)$ 和最小二乘法 $(\varepsilon=2)$ 的历史情况，前者的精度高于后者，故在初选 $f(\Delta)$ 的迭代初始状态 $\varphi(\Delta)$ 时，给定（ ε ）的初始值为

$$\left(\overset{o}{\varepsilon}\right)=1.3 \tag{5.231}$$

二）求解随机函数方程的 X

基于（5.203）（4.052）（1.729）诸式，可知

$$X=\overline{\left| \, W\uparrow A=0\right.} \tag{5.232}$$

三）求解随机函数方程的改正数 V

根据（5.203）、（4.245）、（4.251）诸式，可知

$$V=F(X,L) \tag{5.233}$$

四）求解Δ的分布密度函数 $f(\Delta)$ 特征值 (λ,m,ω)

根据（4.245）式，

$$\begin{bmatrix}\lambda^1\\ m^2\\ \omega^3\end{bmatrix}_{PV}=\frac{1}{n}\begin{bmatrix}\sum|PV|\\ \sum|PVV|\\ \sum|PVVV|\end{bmatrix}_{PV} \tag{5.234}$$

根据（4.251）式，

$$\left(\mu_1^1\right)_{PL}=\frac{n}{n+t}(\lambda)_{PV} \qquad (4.251)$$

$$\left(\mu_2^2\right)_{PL}=\frac{n}{n-t}\left(m^2\right)_{PV} \qquad (4.251)$$

$$\left(\mu_3^3\right)_{PL}=\left(3\mu_1^1\mu_2^2\right)_{PL}-\frac{n^3(n-t)}{n^4-t^4}\left(3\lambda m^2-\omega^3\right)_{PV} \tag{5.235}$$

这里，$f(\Delta)$ 是单位权分布，故

$$\begin{bmatrix}\lambda^1\\ m^2\\ \omega^3\end{bmatrix}=\begin{bmatrix}\lambda^1\\ m^2\\ \omega^3\end{bmatrix}_{P\Delta}=\begin{bmatrix}\mu_1^1\\ \mu_2^2\\ \mu_3^3\end{bmatrix}_{PL}$$

五）求解 Δ 的分布密度函数 $f(\Delta)$ 参数 $(\xi, \varepsilon, \alpha, k)$ 迭代值

根据（3.216）、（3.217）二式，可知

$$\begin{bmatrix} \xi \\ \varepsilon \end{bmatrix} = \overline{\Big|\ \phi(\xi, \varepsilon;\ \lambda, m, \omega) = 0}$$

$$\alpha = \left(\frac{W\left(\xi, \overline{2-\varepsilon} / \varepsilon\right)}{W\left(\xi, \overline{6-\varepsilon} / \varepsilon\right)} \right)^{\frac{1}{2}} \cdot m \tag{5.236}$$

$$k = \frac{\varepsilon}{4 \cdot W\left(\xi, \overline{2-\varepsilon} / \varepsilon\right)} \cdot \frac{1}{\alpha}$$

六）比较迭代前后 $f(\Delta)$ 的两个 (ε)

给定限差 h，计算两个 (ε) 之差 H，

$$H = \overset{i+1}{(\varepsilon)} - \overset{i}{(\varepsilon)}$$

当（$|H| \geq (h)$）时，令

$$\varepsilon = \overset{i+1}{(\varepsilon)} = \overset{i}{(\varepsilon)} + H \tag{5.237}$$

或者

$$\varepsilon = \overset{i+1}{(\varepsilon)} = \overset{i}{(\varepsilon)} + \frac{H}{2}$$

继续从第二步进行迭代计算。当 $|H| < (h)$ 时，或者说 ε 不再变化时，即迭代状态的 **$\varphi(\Delta)$ 趋近于真实状态的 $f(\Delta)$ 时，两个分布的几何图形逐渐趋近于重合状态：**

$$\varphi(\Delta) = \overset{o}{f}(V) \rightarrow \cdots \overset{i+1}{f}(V) \rightarrow f(V) = f(\Delta) \tag{5.238}$$

即数学解算过程的几何状态。

七）最后结果

在 $|H| < (h)$ 得到满足后，停止迭代。但要按照上述步骤，根据最后的迭代的参数 (ε)，重新计算一次，作为最后结果：

$$X = \overline{\Big|\ W \uparrow A\ = 0}$$

$$V = f(X, L) \tag{5.239}$$

-----2017 年 2 月 18 日　　西安・曲江池-----

四、最大概率法的几何概念

根据随机函数方程（4.007）式

$$V = AX - L$$

来体现最后结果（5.238）式　　（5.241）

$$\varphi(\Delta) = \overset{o}{f}(V) \to \cdots \overset{i+1}{f}(V) \to f(V) = f(-\Delta)$$

整个过程，就是最大概率法的几何概念。整个过程，就是寻求反映随机函数V的实际存在的分布密度函数$f(V)$。当最后（i+1）的$f(V)$极度接近$f(V)$时，解算的结果，应该是

$$\left(V - |\Delta|\right) = \left(V + \Delta\right) = E \to 0$$

就分布密度函数的图形来说，应该是　　（5.242）

$$\left(f(V) - f(\Delta)\right) \to 0$$

两个分布图形极度重合。也就是说，最大概率法的解算精度，达最大极限值；解算误差，趋近于“0”。其数学表达式：

$$V = \overline{\left| f(V) = T_V \to T \right.}$$
$$\Delta = \overline{\left| f(\Delta) = T_\Delta \to T \right.} \quad (5.243)$$

式中，$f(V)$为（i+1）的最后迭代密度函数$f(V)$，$f(\Delta)$为实际存在的分布密度函数，最后解算结果V与（$-\Delta$）极为接近。故最大概率法的解算精度标志，可书写为：

$$E = V + \Delta \to 0 \quad (5.244)$$

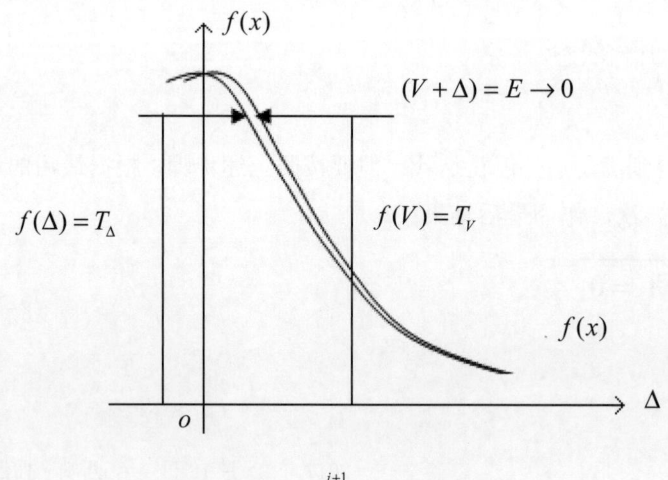

图【5.241】　$\overset{i+1}{f}(V) \to f(\Delta)$

五、最小一乘法与最小二乘法的几何概念

最小一乘法和最小二乘法，都是“没有办法的办法”，它们的数学前提分别是拉普拉斯分布和高斯分布，但这两个分布都没有普遍性，解算精度较低。为了进一步使读者深入了解其因，特以其几何状态示意如下。

一）最小一乘法的几何概念

最小一乘法的几何状态，就是用拉普拉斯分布 $L(V)$ 来代替图【5.224】中的 $\varphi(\Delta)$，如图【5.251】所示。

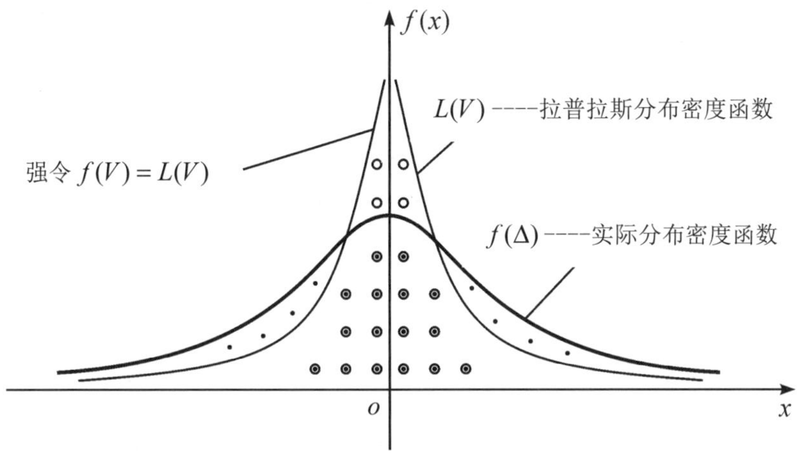

图【5.251】　强令 $f(V)=L(V)$ 时的错误解算结果示意

最小一乘法对随机函数方程解算的最后结果，是正负改正数的数量 V 相等。图中，$f(\Delta)$ 为实际随机变量误差的分布密度函数，$L(V)$ 为改正数 V 的分布密度函数，$f(V)$ 为根据拉普拉斯分布进行解算的分布密度函数。

图【5.251】中的“⊙、○、●”符号含义，与图【5.224】相同。最小一乘法的误区在于，**用与实际误差分布不同的分布，来对实际误差分布的随机误差整体，强制改变 Δ 数据，进行套合**。将原始数据“●”错误地移至“○”位置，增加了最小一乘法的“方法误差（● − ○）”，即 ● 与其相应 ○ 之水平几何差 $\overline{\bullet\ \circ}$ 。破坏了原始数据，必然降低解算精度。考虑到（5.244）式，以 V 代（$-\Delta$）；最小一乘法的解算精度标志，据图【5.251】，可以下式表之：

$$
\begin{aligned}
E_I &= V_I+\Delta \quad \not\rightarrow 0 \\
&= V_I-V \quad \not\rightarrow 0
\end{aligned}
\tag{5.251}
$$

二）最小二乘法的几何概念

运用最小二乘法来处理随机误差整体，也就是用正态分布来代替未知的客观的随机误差分布，就是用正态分布 $g(V)$ 代替图【5.224】中的 $\varphi(\Delta)$，如图【5.252】所示。图中，Δ 是真误差，V_{II} 表最小二乘法的解算结果。

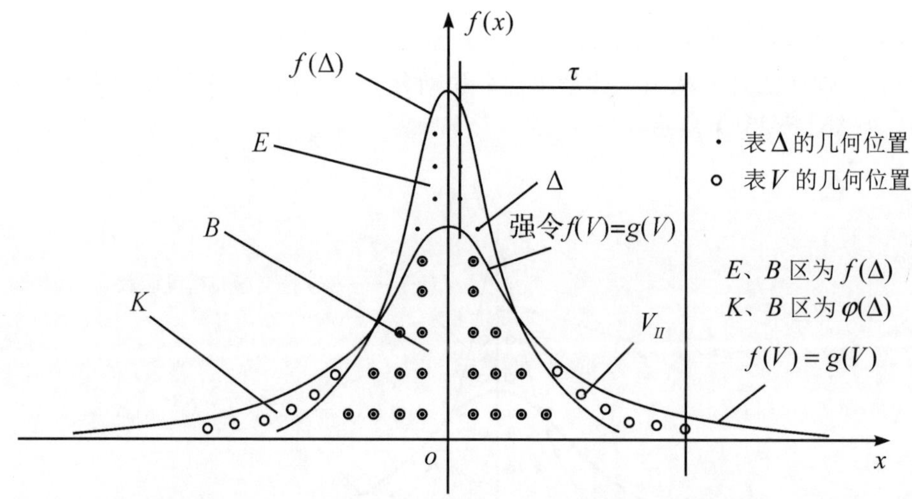

图【5.252】　强令 $f(V)=g(V)$ 时的错误解算结果示意

用最小二乘法解算随机函数方程，是随机误差 Δ 增加意想不到的误差，严重地降低了解算精度。其精度标志，类似（5.251）式，可写为：

$$E_{II} = V_{II} - V \quad \not\longrightarrow 0 \tag{5.252}$$

式中，V 是最大概率法解算的改正数结果。V 是未知数真误差 $(-\Delta)$ 的计算值，Δ 是观测值 L 的真误差。L 的精度直接影响着未知数 ρ 的求解精度。（5.252）式说明最小二乘法的解算精度，受着很大的局限性。

三）几何状态与精度

根据（5.244）、（5.251）、（5.252）三式的精度标志 E，可知：

$$\left.\begin{aligned} \frac{E_I}{E} &= \frac{\not\longrightarrow 0}{\longrightarrow 0} = N_I \\ \frac{E_{II}}{E} &= \frac{\not\longrightarrow 0}{\longrightarrow 0} = N_{II} \end{aligned}\right| \tag{5.253}$$

显然，N_I、N_{II} 是两个大数，它标志着最小一乘法、最小二乘法的解算精度，远远低于最大概率法的解算精度。

根据图【5.241】、【5.251】、【5.252】总结的（5.253）式，展示了**最小一乘法和最小二乘法在解算方法上的误区，铸就了其解算精度要远低于最大概率法的解算精度**。这个结论，在本编第九章的典型算例结果（5.948）式，得到了佐证。

因此，针对过去最小一乘法、最小二乘法计算的成果，用最大概率法修正成果错误，提高精度，是非常必要的。

最大概率法的五个核心部分：

1）列出原有的函数体和一次项系数 A（旨在确定原函数（ ρ ）和 A ）

$$f(\rho) = (\rho) = A\rho + \cdots = 0$$

$$V = f(\rho) = A\rho - L \quad , \qquad P$$

2）选用现有的计算成果为初始值

$$\overset{i}{\rho} = \overset{o}{\rho} = \text{（最小一乘法或最小二乘法的计算成果）}$$

3）列出误差方程改正数

$$\overset{i}{V} = f(\overset{i}{\rho}) = (\overset{i}{\rho}) \quad , \qquad P$$

4）列出（4.245）、（4.246）等诸式和参数

$$\left[\lambda^1 \quad m^2 \quad \omega^3\right]_{PV} = (\overset{i}{V}) \qquad (5.254)$$

$$\left[\xi \quad \varepsilon\right]^T = \overline{\left|\ \phi(\xi, \varepsilon;\ \lambda, m, \omega) = 0\right.}$$

$$\alpha = \left(\frac{W\left(\xi, \overline{2-\varepsilon}/\varepsilon\right)}{W\left(\xi, \overline{6-\varepsilon}/\varepsilon\right)} \right)^{\frac{1}{2}} \cdot m \qquad \text{-----（1.155）}$$

$$\overset{i}{W} = \left[P \cdot \frac{|V|^{\varepsilon-1} \cdot \operatorname{sgn} V}{\left(\alpha^{\varepsilon} - |V|^{\varepsilon}\right)^2} \right] \quad , \quad V = \overset{i}{V} \qquad \text{-----（4.022）}$$

5）选用最大概率法的解算公式（4.243）式

$$F(\overset{i}{\rho}) = \overset{i}{W} \uparrow A$$

$$\Delta = \left((P * A) \uparrow A\right)^{-1} \cdot F(\overset{i}{\rho})$$

$$\overset{i+1}{\rho} = \overset{i}{\rho} - \Delta \quad , \quad |\Delta| \le (\delta)$$

六、最大误差和粗差问题

任何一种分布，都是有最大误差的。拉普拉斯分布、高斯分布没有最大误差，是为了便于解决某些数学问题而造成的假设。根据乔丹分布的（2.348）式，可知

$$\alpha=\sqrt{\frac{m^2\omega^3}{2\lambda\cdot m^2-\omega^3}}=\left(\frac{\omega^3}{2\lambda-\omega^3/m^2}\right)^{\frac{1}{2}}m \tag{5.261}$$

根据普遍分布的（2.439）式，可知

$$\alpha=\left(\frac{W\left(\xi,\overline{2-\varepsilon}/\varepsilon\right)}{W\left(\xi,\overline{6-\varepsilon}/\varepsilon\right)}\right)^{\frac{1}{2}}\cdot m \tag{5.262}$$

最大误差的存在是客观的。两种计算方法，尽管（5.261）式的计算精度要远低于（5.262）式，由于随机性，相互印证，还是有益的。当然，最后的结果，还是应以（5.262）式为准（参看【5.211】、【5.212】）。

一般说来，计算后的所有改正数V，都应该小于计算后的最大误差α：

$$-\alpha\leq V\leq+\alpha \tag{5.263}$$

但由于多种原因，特殊情况多有出现。大于最大误差α的V及其所相应的Δ，习惯上称为粗差，应当剔除。小于最大误差α 的改正数V及其所相应的Δ，极端接近α时，应如何处理？在什么情况下剔除，在什么情况下保留，也是必须考虑的。因为，在最大误差附近出现误差的概率是很小的，多是反常的，有可能也是粗差。（学术界约定：言谈误差大小，均指其绝对值。）

总之，最大概率法解算随机函数方程问题，还是一个新问题，应在实践过程中，对出现的问题进行解决，逐渐完善。

重复指出，本章之目的在于，使读者通过几何图形，进一步了解最大概率法的数学涵义。当随机误差Δ整体形成后，根据Δ整体，可求出Δ的分布密度函数$f(\Delta)$；然后，再根据$f(\Delta)$求解随机函数方程。$f(\Delta)$的数学参数（ξ,ε,α,k），就是分布密度函数$f(x)$的数学参数，是在最大概率法运算的迭代过程中求解的。随机误差Δ整体中的每一个Δ值，都是在以$f(x)$为数学前提的先决条件下解算的。$f(x)$决定一切。

以上各节的图示说明：根据$f(x)$解算随机函数方程，可使方程的未知数X的精度处最佳状态；否则，不管是正态分布，还是其它分布，都将使未知数X的解算精度受到损害。

根据$f(x)$，用最大概率法解算随机函数方程，是唯一的最佳途径。

-----2017 年 2 月 26 日　　西安·曲江池-----

第三章　或是误差与误差标准

在客观现实中，每一组随机误差，均由相当多的 N 个随机误差值组成。将这 N 个误差，以放样的模式和随机误差出现的先后次序（一个随机误差一个单位面积）放在误差坐标系上，则其所占面积边沿的包络线，就是误差分布曲线 $g(x)$ 。

假定有一组误差（只考虑 $o \le x \le \alpha$ 部分，数量为 N ）：

$$x = x_j \qquad (j = 1, 2, 3, \quad \cdots, \quad N) \tag{5.301}$$

其或然误差（ $x = \rho$ ）的左边部分 L 、右边部分 R ，满足

$$\begin{gathered} \sum \operatorname{sgn}\left(|x|\right)_L = \sum \operatorname{sgn}\left(|x|\right)_R = \frac{1}{2}N \\ \left(|x|\right)_L \le \rho \le \left(|x|\right)_R \end{gathered} \tag{5.302}$$

其图像如图【5.301】所示。

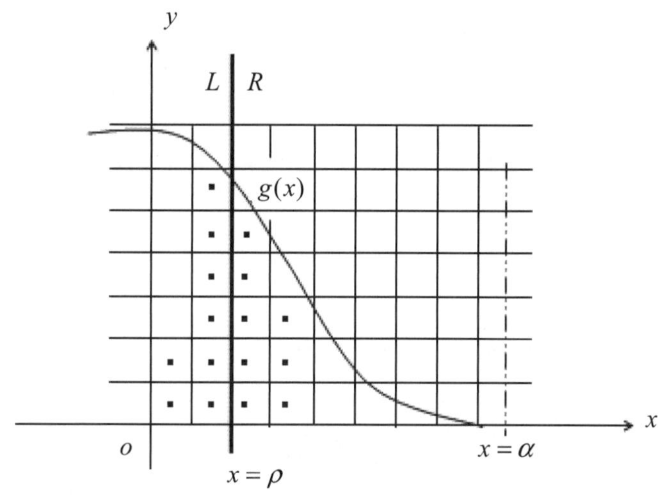

【5.301】配对误差示意图

对于或是误差来说，误差（ $|x|$ ）大于或小于 ρ 之数量，各占一半，均为 $N/2$ 。以 1 表示一个方格单位面积，一个误差占据一个单位面积，则误差分布密度函数 $g(x)$ 与坐标轴 x 所围之面积为 N 个单位面积。

平均误差的数学形式为

$$\lambda=\int_{-\alpha}^{+\alpha}g(x)|x|\cdot dx=\frac{1}{N}\sum_{j=1}^{N}|x|_j \quad , \qquad q=\frac{N}{2}$$
$$=\frac{|x|_1+|x|_2+|x|_3+\cdots+|x|_q+|x|_{q+1}+|x|_{q+2}+|x|_{q+3}+\cdots+|x|_N}{N} \tag{5.303}$$

以 $x=\rho$ 的轴线为标志，左右距离对称选取“配对点”，可知

$$\lambda=\frac{|x|_1+|x|_2+|x|_3+\cdots+|x|_q+|x|_{q+1}+|x|_{q+2}+|x|_{q+3}+\cdots+|x|_N}{N}$$
$$=\frac{\left(|x|_q+|x|_{q+1}\right)+\left(|x|_{q-1}+|x|_{q+2}\right)+\left(|x|_{q-2}+|x|_{q+3}\right)+\cdots+\left(|x|_1+|x|_N\right)}{N}$$
$$=\frac{2\rho+2\rho+2\rho+\cdots+\cdots+\cdots+\cdots+\cdots+\cdots+\cdots+\cdots+\left(|x|_1+|x|_N\right)}{N}$$

由于 $g(x)$ 多为递减函数，故靠近 $x=\rho$ 轴线左边的等距误差数量大于右边。一开始，右边误差比左边误差大 1 个单位边长（δ）；随之，大 2 个、大 3 个……则上式变为

$$\lambda=\frac{2\rho+2\rho+2\rho+\cdots+\cdots+\cdots+\cdots+\cdots+\cdots+\cdots+\cdots+\left(|x|_1+|x|_N\right)}{N}$$
$$=\frac{(2\rho+\cdots)+((2\rho+\delta)+\cdots)+((2\rho+2\delta)+\cdots)+((2\rho+3\delta)+\cdots)}{N}$$
$$+\frac{\left(2\rho+\overline{h+\delta}\right)+\cdots+\left(2\rho+\overline{h+2\delta}\right)+\cdots+\cdots}{N}$$
$$+\frac{+\cdots+\left(2\rho+\overline{k+\delta}\right)+\cdots+\left(2\rho+\overline{k+2\delta}\right)+\cdots+\cdots}{N}$$
$$+\frac{+\cdots+\left(2\rho+\overline{u-2\delta}\right)+\cdots+\left(2\rho+\overline{u-\delta}\right)+(2\rho+u)}{N}$$
$$=\frac{2\rho}{N}+\frac{\delta+\delta+\cdots+2\delta+2\delta+\cdots+h+h+\cdots+k+k+\cdots+u+u+\cdots}{N}$$
$$=\rho+\frac{[\delta]}{N} \qquad (h=\text{若干}\,\delta,\ k=\text{若干}\,\delta,\ u=\text{若干}\,\delta)\quad (h\le k\le u)$$

显然

$$\rho\le\lambda \tag{5.304}$$

一、或是误差 ρ 的数学概念

或是误差，又称概率误差，以 ρ 表之，参看（1.729）式，其数学定义为

$$\rho = \overline{\left| \int_{-\rho}^{+\rho} f(x)\,dx = \frac{1}{2} \right.} \tag{5.311}$$

或者

$$\rho = \overline{\left| \int_{o}^{+\rho} f(x)\,dx = \frac{1}{4} \right.} \tag{5.312}$$

与其它特征值相比，由（5.304）式知

$$\rho \le \lambda \le m \le \omega \le \sigma \le \theta \quad \cdots \tag{5.313}$$

在误差系列 x 为已知时，ρ 的数值可根据（5.302）式，通过对误差系列 x 的检索而知；但在大多数情况下，ρ 的数值只能根据误差分布密度函数来求解。

前面编、章中，已对求解特征值的数学公式以及方程解算都做了详细阐述。根据特征值求解分布密度函数，再积分求解或是误差 ρ，这里不再赘述。这里要特别强调的是：在一组随机误差系列中，误差的绝对值小于“或是误差”的数量与大于“或是误差”的数量，是相等的。

从概率的角度来说，给定一个 c 误差绝对值，大于或小于 c 的误差值数量 S，可由下式求解：

$$\begin{aligned} S_X &= \int_{-c}^{+c} f(x) \cdot |x|^{o} \cdot dx \\ S_D &= 1 - S_X \end{aligned} \tag{5.314}$$

对于或是误差 ρ 来说，

$$P(|x| \le \rho) = P(|x| \ge \rho) = S_X = S_D = \frac{1}{2} \tag{5.315}$$

或是误差 ρ，标志着实际误差 $|x|$，大于 ρ 和小于 ρ 的概率均等。考虑到，在评判一个误差绝对值的大小时，说大于的概率较大，或者说小于的概率较小，都会使人们捉摸不定；如果说大于和小于的概率均等，使人感觉到不定性的空间，比单独的“大于”和“小于”要小。正是因为这样，**或是误差**在成果置信度（误差）的误差估计工作中，多有应用。[6. P28]

---

*）ρ 在误差群体中表示概率误差，在（4.121）式和其它函数方程 $f(\rho)$ 中表示未知数整体。

二、误差标准

在过去的年代里，用中误差m作为衡量误差的标准，还是用或是误差ρ作为衡量误差的标准，学术界没有定论。赞成用中误差 m 作为衡量误差标准的依据，就是中误差的传播规律比较严谨、醒目；赞成用或是误差 ρ 作为衡量误差标准的依据，就是可能出现的误差“大于和小于”或是误差的概率均等。两种学术观点，出于不同的着重点。美国较为重视或是误差ρ，欧洲较为重视中误差m [7.P25]。

绝对值大于、小于或是误差 ρ 的误差个数是等量的，从估计误差出现的等概率观点出发，随机函数的解算值，其误差为 ρ 的出现概率最大；在学术界多称之为“或是误差”、“或然误差”、“谅必误差”、“概率误差”、“近真误差” 等， 亦可看出其重要性。[14.P60]

传统理论认定，事物的随机性、误差分布的基本状况，都是服从正态分布的，中误差m与或是误差ρ的数学关系，在一个分布函数内是相关的，用（2.338）式描述的数学关系式是$\rho=0.6745m$。再用m计算一次ρ，多此一举，…… 其实，随着对误差理论的认识深化，当发现“正态分布”并非是“正常状态”时，坚持“多此一举”的观点应当放弃。

就特征值ρ、λ、m、ω来说，ρ是大小误差数量相等的分界线， 但大于ρ的误差分布状况，没有定量数据描述；λ是误差的平均值，由（3.119）式可知，没有独立反映数据精度的特性；m、ω 的大小反映大于ρ的误差分布状况，m、ω与ρ的差额大，说明离散度就大，数据出现大误差的可能性就大。

在 21 世纪电子计算机时代，全面地反映数据成果的误差状态，不再是以往棘手的不可实现的问题。因此，对于重大课题的数学处理，所有有关误差分布的数据与最后计算成果，应该同时提供给用户，具体如下。

1）随机数据处理的数据成果：

X（未知数解算成果）$\pm\rho\le\lambda\le\alpha$（解算成果相应的三项误差）。

2）数据成果的误差分布，包含ρ在内的所有参数：　　（5.321）

（λ，m，ω）、（ξ，ε，α，k）及其分布密度函数$f(x)$。

3）数据成果的误差分布密度函数图像，以及各种有关概率数据：

$f(x)$的图像及其（任务所需的）有关概率数据。

具备以上数据，方可认为是完整的解算成果。所有与误差有关的数据，均应符合规范的具体要求，也就是满足规范的误差标准（限差）要求。

-----2015 年 1 月 31 日　13:38　北京・万寿路-----

-----2016 年 9 月 23 日　15:37　北京・航天城-----

-----2019 年12月 1 日　16:36　西安・曲江池-----

第四章　误差特征值的计算误差（误差的误差）

在科学生产实践活动中，误差特征值都是由所求改正数V，根据（3.515）、（3.615）、（4.252）诸式而求得的。根据定义，V的数量n应向无穷大趋近；但这是不可能的，只能是根据有限的改正数V来计算。显然，计算出的误差特征值（λ、m、ω等）是有误差的。在某些情况下，为了提高置信度，特征值的误差，必须有数量概念。为此，做如下探讨。[3.P8]

一、特征值λ的计算误差

根据一组改正数，

$$V=\begin{bmatrix} V_1 & V_2 & V_3 & \cdots & V_n \end{bmatrix}^T \tag{5.411}$$

其平均误差

$$\lambda^1=\frac{|V_1|+|V_2|+|V_3|+\cdots+|V_n|}{n}=\frac{[|V|]}{n} \tag{5.412}$$

将两边平方：

$$\lambda^2=\left(\frac{|V_1|+|V_2|+|V_3|+\cdots+|V_n|}{n}\right)^2$$

$$\begin{aligned}=\frac{1}{n^2}\Big(&|V_1|\cdot\big(|V_1|+\overline{|V_2|+|V_3|+\cdots+|V_{n-1}|+|V_n|}\big)\\&+|V_2|\cdot\big(|V_2|+\overline{|V_3|+|V_4|+\cdots+|V_n|+|V_1|}\big)\\&+|V_3|\cdot\big(|V_3|+\overline{|V_4|+|V_5|+\cdots+|V_1|+|V_2|}\big)\\&\cdots\cdots\cdots\cdots\cdots\cdots\cdots\cdots\\&+|V_n|\cdot\big(|V_n|+\overline{|V_{n-1}|+|V_{n-2}|+\cdots+|V_2|+|V_1|}\big)\Big)\end{aligned}$$

也就是

$$\lambda^2 = \left(\frac{|V_1|^2}{n^2} \cdot + |V_1| \cdot \frac{\overline{|V_2| + |V_3| + \cdots + |V_{n-1}| + |V_n|}}{n-1} \cdot \frac{n-1}{n^2} \right.$$

$$+ \frac{|V_2|^2}{n^2} \cdot + |V_2| \cdot \frac{\overline{|V_3| + |V_4| + \cdots + |V_n| + |V_1|}}{n-1} \cdot \frac{n-1}{n^2}$$

$$+ \frac{|V_3|^2}{n^2} \cdot + |V_3| \cdot \frac{\overline{|V_4| + |V_5| + \cdots + |V_1| + |V_2|}}{n-1} \cdot \frac{n-1}{n^2}$$

$$\cdots\cdots\cdots\cdots\cdots\cdots\cdots\cdots\cdots\cdots\cdots\cdots$$

$$\left. + \frac{|V_n|^2 \cdot}{n^2} + |V_n| \cdot \frac{\overline{|V_{n-1}| + |V_{n-2}| + \cdots + |V_2| + |V_1|}}{n-1} \cdot \frac{n-1}{n^2} \right)$$

根据[22.（3.311）]平均误差的置换定理，可知

$$\lambda^2 = \left\{ \left[\frac{|V|^2}{n^2} \right] + \left(|V_1|(\lambda_{c1}) + |V_2|(\lambda_{c2}) + |V_3|(\lambda_{c3}) + \cdots \right. \right.$$

$$\left. \left. \cdots + |V_n|(\lambda_{cn}) \right) \frac{n-1}{n^2} \right\}$$

$$= \left\{ \frac{m^2}{n} + \left(|V_1|(\lambda_T + \varepsilon_1) + |V_2|(\lambda_T + \varepsilon_2) + |V_3|(\lambda_T + \varepsilon_3) + \cdots \right. \right.$$

$$\left. \left. \cdots + |V_n|(\lambda_T + \varepsilon_n) \right) \frac{n-1}{n^2} \right\}$$

$$= \frac{m^2}{n} + \left([|V|]\lambda_T + [|V|\varepsilon] \right) \frac{n-1}{n^2}$$

$$= \frac{m^2}{n} + \left([|V|]\lambda_T + 0 \right) \frac{n-1}{n^2} \quad = \frac{m^2}{n} + \left(\frac{[|V|]}{n}\lambda_T + 0 \right) \frac{n-1}{n}$$

$$= \frac{m^2}{n} + \lambda \cdot \lambda_T \cdot \frac{(n-1)}{n}$$

$$= \frac{m^2}{n} + \lambda \cdot \lambda_T \left(1 - \frac{1}{n} \right) \tag{5.413}$$

移项，

$$\lambda^2 = \frac{m^2}{n} + \lambda \cdot \lambda_T - \frac{\lambda \cdot \lambda_T}{n}$$

$$\lambda^2 - \lambda \cdot \lambda_T = \frac{1}{n}\left(m^2 - \lambda \cdot \lambda_T\right)$$

$$\left(\lambda - \lambda_T\right) = \frac{1}{n}\left(\frac{m^2}{\lambda} - \lambda_T\right)$$

$$\left(\lambda - \lambda_T\right) = \frac{1}{n} \cdot \left(\frac{m^2}{\lambda\lambda_T} - 1\right) \cdot \lambda_T \qquad (5.414)$$

式中，λ 表示 V 的数量为 N 时的计算值，λ_T 表示真值。等式右边的多项式，为特征值 λ 的计算误差。按照学术界的约定，计算值的误差（也就是置信度）（5.414）式的书写形式为：

$$\lambda = \frac{\left[\left|V\right|\right]}{n} \qquad \pm \frac{1}{n} \cdot \left(\frac{m^2}{\lambda^1 \cdot (\lambda^1)_T} - 1\right) \cdot (\lambda^1)_T$$

或者（略去角标 T）　　　　(5.415)

$$\lambda = \frac{\left[\left|V\right|\right]}{n} \qquad \pm \frac{1}{n} \cdot \left(\frac{m^2}{\lambda \cdot \lambda} - 1\right) \cdot \lambda$$

式中，n 为 V 的个数。

二、特征值 m^2 的计算误差

基于（5.411）式，

$$m^2 = \frac{\left|V_1^2\right| + \left|V_2^2\right| + \left|V_3^2\right| + \cdots + \left|V_n^2\right|}{n} = \frac{\left[\left|V^2\right|\right]}{n} \qquad (5.421)$$

同理，按（5.415）式之推演程序[22.（3.321）]，（5.421）式之表达式为：

$$m^2 = \frac{\left[\left|V^2\right|\right]}{n} \qquad \pm \frac{1}{n} \cdot \left(\frac{\sigma^4}{m^2 \cdot (m^2)_T} - 1\right) \cdot (m^2)_T$$

或者（略去角标 T）　　　　(5.422)

$$m^2 = \frac{\left[\left|V^2\right|\right]}{n} \qquad \pm \frac{1}{n} \cdot \left(\frac{\sigma^4}{m^2 \cdot m^2} - 1\right) \cdot m^2$$

式中，n 为 V 的个数。

三、特征值ω^3的计算误差

基于（5.411）式，

$$\omega^3 = \frac{\left|V_1^3\right| + \left|V_2^3\right| + \left|V_3^3\right| + \cdots + \left|V_n^3\right|}{n} = \frac{\left[\left|V^3\right|\right]}{n} \tag{5.431}$$

同理，按（5.415）式之推演程序[22.（3.331）]，（5.431）式之计算误差为：

$$\omega^3 = \frac{\left[\left|V^3\right|\right]}{n} \qquad \pm\frac{1}{n}\cdot\left(\frac{\delta^6}{\omega^3\cdot(\omega^3)_T}-1\right)\cdot(\omega^3)_T$$

或者（略去角标 T）　　(5.432)

$$\omega^3 = \frac{\left[\left|V^3\right|\right]}{n} \qquad \pm\frac{1}{n}\cdot\left(\frac{\delta^6}{\omega^3\cdot\omega^3}-1\right)\cdot\omega^3$$

式中，n为V的个数，δ为（2.122）式所示之六阶特征值。

四、概率误差ρ的计算误差

求解λ、m、ω的计算误差，旨在根据（2.438）、（2.439）方程，求解分布密度函数的参数ξ、ε、α的计算精度，进而确定分布密度函数$f(V)$、$f(\Delta)$、$f(x)$的精度状况（三者就精度而言，差别甚微，可以认为是等同的）。最后，根据（2.128）式

$$\rho = \left|\ \int_{-\rho}^{+\rho} f(x)\cdot dx = \frac{1}{2}\right. \qquad \text{（根据误差状况解算）} \tag{5.441}$$

$$= \pm E \qquad \pm e \qquad \text{（}\pm e\text{ 是 }\rho\text{ 的计算值 }E\text{ 的误差）}$$

E的误差e由参数ξ、ε、α的计算误差而定，然后可确定概率误差ρ的误差范围。对于随机函数方程的未知数求解来说，其未知数解算误差的误差解算任务是繁重的；但在电子计算机时代，也是无所畏惧的。任何成果数据都应该有（误差）置信度的定量描述，这是现今时代的要求。当然，所有计算误差都可以近似处理，具体措施可根据具体情况斟酌而定。

-----2016 年 9 月 23 日　　北京·航天城-----

-----2017 年 3 月 3 日　　西安-----

-----2017 年 8 月 12 日　　西安-----

-----2017 年 11 月 3 日　　西安-----

第五章　随机误差的检验标准

在科技生产实践活动中，为了提高置信度（精度），对（2.210）式随机误差列多有进行随机性检验，确认其随机性满足（2.211）…（2.214）诸式的可靠程度。如果正、负号的数量相差较大，（2.212）式之特性未能满足，就应该否定其随机性；若能满足，还要进行以下验正。

一、检验的基本公式（阿伯标准）

假设一组随机误差数据为

$$E = [\,\Delta_1 \quad \Delta_2 \quad \Delta_3 \quad \cdots \quad \Delta_n\,]^T \tag{5.511}$$

定义

$$\left.\begin{aligned}
&A = \Delta_1^2 + \Delta_2^2 + \Delta_3^2 + \cdots + \Delta_n^2 \\
&B = \begin{cases} B_{12} = (\Delta_1 - \Delta_2)^2 + (\Delta_2 - \Delta_3)^2 + \cdots + (\Delta_n - \Delta_1)^2 \\ \text{或者} \\ B_{13} = (\Delta_1 - \Delta_3)^2 + (\Delta_2 - \Delta_4)^2 + \cdots + (\Delta_n - \Delta_2)^2 \end{cases} \\
&C = \begin{cases} C_{12} = \Delta_1\Delta_2 + \Delta_2\Delta_3 + \Delta_3\Delta_4 + \cdots + \Delta_{n-1}\Delta_n + \Delta_n\Delta_1 \\ \text{或者} \\ C_{13} = \Delta_1\Delta_3 + \Delta_2\Delta_4 + \Delta_3\Delta_5 + \cdots + \Delta_{n-1}\Delta_1 + \Delta_n\Delta_2 \end{cases}
\end{aligned}\right| \tag{5.512}$$

则

$$C = \left(A - \frac{B}{2}\right) = \begin{cases} C_{12} \\ \text{或者} \\ C_{13} \end{cases} \tag{5.513}$$

根据（3.196）式可知C的中误差：

$$\left.\begin{aligned}
\left(m^2\right)_C &= [\,(m^2)_{\Delta\Delta}\,] \quad = n(m^2)_{\Delta\Delta} \\
&= n(m^2m^2) \\
\left(m\right)_C &= \pm\sqrt{n}\cdot m^2
\end{aligned}\right| \tag{5.514}$$

根据误差特性，可以认为

$$A = nm^2 \tag{5.515}$$

$$\left(1-\frac{B}{2A}\right)=\frac{1}{A}\begin{cases}C_{12}\\ \text{或者}\\ C_{13}\end{cases}=\frac{1}{nm^2}\begin{cases}C_{12}\\ \text{或者}\\ C_{13}\end{cases}$$

C 的实质是随机误差数据，真值应为 0。在正常情况下，C 不为 0，是有误差的（是具体的随机误差，不是概率误差 ρ、平均误差 λ、中误差 m）。根据部分学者的思维，将 $(m)_C$ 作为 C 的误差界限，则有近似等式：

$$\left(1-\frac{B}{2A}\right)=\frac{1}{nm^2}\begin{cases}C_{12}\\ \\ C_{13}\end{cases}\leq\pm\frac{1}{nm^2}\begin{cases}(m_C)_{12}\\ \\ (m_C)_{13}\end{cases}\leq\pm\frac{1}{nm^2}\left(m\right)_C$$

$$\leq\pm\frac{1}{nm^2}\sqrt{n}\cdot m^2\ \leq\pm\frac{1}{\sqrt{n}}$$

也就是

$$-\frac{1}{\sqrt{n}}\leq\left(1-\frac{B}{2A}\right)\leq+\frac{1}{\sqrt{n}} \tag{5.516}$$

该式，就是著名的**阿伯标准**[3. P54]、[7. P51]。在学术界，凡是满足阿伯标准的随机误差集合体，都被认为是正常的随机状态的集合体。否则，要继续进行非随机因素的考察。（该标准有欠缺之处（*），故作者提出实用公式，供读者参考。）

---

*）假设有正、负号相间的随机误差集合体 $E=\left[\ +|\Delta_1|\ \ -|\Delta_2|\ \ +|\Delta_3|\ \ \cdots\ \ -|\Delta_n|\ \right]^T$，对于（5.412）式，用阿伯标准来检验一个 C，肯定是否定 E 的随机性。因此，必须令

$$C=\frac{C_{12}+C_{13}}{2}\quad\text{（任两个具体相连的 }C\text{ 集合体组合）} \tag{5.517}$$

进行检验，方可肯定 E 的随机性。考虑到该特殊性出现的概率较大，建议用（5.517）式代替（5.413）式的 C 值为宜。注意，C_{12}、C_{13} 是同一组随机误差的“特定数值”，二者的随机性是相关的，二者的数学特性应该是相同的，特征值是相同的。也就是说，(5.417）式比（5.413）式能更精准地反映 C 的随机性。

二、检验的实用公式

阿伯标准的核心，是把中误差当作实际误差。C 的实际误差，小于其中误差，满足阿伯标准，是正常的随机特性；但大于其中误差，也是在随机特性的正常状态。作为检验标准，（5.516）式有不定性。考虑到，中误差 m 的几何概念相比概率误差 ρ、平均误差 λ，更为模糊，作者建议：以 C 的两倍 ρ，或者两倍 λ，作为随机函数 C 的实际误差界限，更有实用性。

一）基于概率误差（2ρ）的随机性检验标准

1）C 函数误差的特征值 λ、m、ω ［22.（3.311）、（3.321）、（3.331）］

根据（3.196）式，可知（5.515）式右边各项之特征值：

$$\left|\begin{aligned} &\lambda_{\Delta\Delta}=\pm\left|\Delta_i\Delta_{i+j}\right| =\pm\left|\Delta_i\right|\left|\Delta_{i+j}\right|=\pm\left(|\lambda||\lambda|\right)=\lambda\lambda \\ &m^2_{\Delta\Delta}=\pm(\Delta_i\Delta_{i+j})^2=\left(\Delta_i^2\cdot\Delta_{i+j}^2\right)\quad\cdots\quad =m^2m^2 \\ &\omega^3_{\Delta\Delta}=\pm(\left|\Delta_i\Delta_{i+j}\right|)^3=\left(\left|\Delta_i^3\right|\cdot\left|\Delta_{i+j}^3\right|\right)\quad\cdots\quad=\omega^3\omega^3 \\ &\lambda=\frac{[|\Delta|]}{n}\ ,\quad m^2=\frac{[\Delta\Delta]}{n}\ ,\quad \omega^3=\frac{[|\Delta\Delta\Delta|]}{n} \end{aligned}\right| \tag{5.521}$$

故 C 之误差特征值，据（3.196）式，可知：

$$\begin{aligned} &\left(\lambda m^2\right)_C=[\lambda_{\Delta\Delta}m^2_{\Delta\Delta}]=n\lambda_{\Delta\Delta}m^2_{\Delta\Delta}=\lambda_{\Delta\Delta}\cdot nm^2_{\Delta\Delta} \\ &(\lambda)_C=\lambda_{\Delta\Delta}=\lambda\lambda \\ &\left(m^2\right)_C=[m^2_{\Delta\Delta}]=nm^2m^2 \end{aligned} \tag{5.522}$$

$$\left(\omega^3m^2-3\lambda m^2m^2\right)_C=[\omega^3m^2-3\lambda m^2m^2]_{\Delta\Delta}$$

$$\left(\omega^3-3\lambda m^2\right)_C=(\omega^3-3\lambda m^2)_{\Delta\Delta}$$

$$\left(\omega^3\right)_C=(\omega^3-3\lambda m^2)_{\Delta\Delta}+\left(3\lambda m^2\right)_C$$

$$\left(\omega^3\right)_C=(\omega^3-3\lambda m^2)_{\Delta\Delta}+3[\lambda m^2]_{\Delta\Delta}$$

$$\left(\omega^3\right)_C=(\omega^3-3\lambda m^2+3n\lambda m^2)_{\Delta\Delta}$$

$$\left(\omega^3\right)_C=(\omega^3\omega^3-3(n-1)\lambda\lambda m^2m^2) \tag{5.523}$$

2）C 函数误差的分布参数

根据（2.438）、（2.439）二式，可知：

$$\begin{bmatrix}\xi\\ \varepsilon\end{bmatrix}_C = \overline{\left| \phi(\xi,\varepsilon;\ \lambda_C, m_C, \omega_C) = 0 \right.} \tag{b1}$$

$$\alpha_C = \left(\frac{W\left(\xi, \overline{2-\varepsilon}/\varepsilon\right)}{W\left(\xi, \overline{6-\varepsilon}/\varepsilon\right)} \right)^{\frac{1}{2}} m$$

$$k_C = \frac{\varepsilon}{4 \cdot W\left(\xi, \overline{2-\varepsilon}/\varepsilon\right)} \cdot \frac{1}{\alpha}$$

3）C 函数误差的概率误差

根据（2.128）式，可知

$$\rho_C = \overline{\left| \int_{-\rho}^{+\rho} f(x)\,dx = \frac{1}{2} \right.} \qquad (x = \Delta\Delta) \tag{b2}$$

4）C 函数误差的检验标准

将 $2\rho_C$ 作为 C 函数误差的检验标准：

$$C = \left(A - \frac{B}{2}\right) \le 2\rho_C \tag{b3}$$

$$\left(1 - \frac{B}{2A}\right) \le 2\rho_C \frac{1}{A} \qquad \begin{matrix}\to (5.515)、(5.522)\\ (5.512)\downarrow\end{matrix}$$

$$= 2\rho_C \frac{1}{n m^2} = 2\rho_C \frac{\sqrt{n}}{n (m^2)_C} = \frac{2}{\sqrt{n}} \cdot \left(\frac{\rho}{m}\right)_C$$

故知基于概率误差的随机性检验标准为

$$-\frac{2}{\sqrt{n}}\left(\frac{\rho}{m}\right)_C \le \left(1 - \frac{B}{2A}\right) \le +\frac{2}{\sqrt{n}}\left(\frac{\rho}{m}\right)_C \tag{5.524}$$

满足该式的随机误差集合体，其随机性是正常的。否则，应进一步考察是否存在非随机因素。

二）基于两倍平均误差（$2\lambda_C$）的随机性检验标准

如果认为以 C 的两倍平均误差，来限制 C 的误差，则根据（5.523）式，可知

$$C=\left(A-\frac{B}{2}\right)\le 2\lambda_C \ \ =2\lambda\lambda$$

$$\left(1-\frac{B}{2A}\right)\le 2\lambda_C\frac{1}{A}$$

$$=2\lambda\lambda\frac{1}{A}=\frac{2}{n}\frac{\lambda\lambda}{m^2}=\frac{2}{n}\left(\frac{\lambda}{m}\right)^2=\frac{2}{\sqrt{n}}\left(\frac{\lambda}{m}\right)_C$$

也就是

$$-\frac{2}{\sqrt{n}}\left(\frac{\lambda}{m}\right)_C\le\left(1-\frac{B}{2A}\right)\le+\frac{2}{\sqrt{n}}\left(\frac{\lambda}{m}\right)_C \tag{5.525}$$

根据（5.304）式可知，标准（5.525）式比（5.524）式要宽松。

三）基于两倍中误差（$2m_C$）的随机性检验标准

由（5.516）式可知，基于两倍中误差（$2m_C$）的随机检验标准：

$$C=\left(A-\frac{B}{2}\right)\le 2m_C \ \ =2\sqrt{n}\ m^2$$

$$\left(1-\frac{B}{2A}\right)\le 2m_C\frac{1}{A}=2\sqrt{n}\,m^2\frac{1}{nm^2}=\pm\frac{2}{\sqrt{n}}$$

$$-\frac{2}{\sqrt{n}}\le\left(1-\frac{B}{2A}\right)\le+\frac{2}{\sqrt{n}} \tag{5.526}$$

比较（5.525）式，可知该检验标准比（5.525）式要宽松。

四）基于最大误差（α_C）的随机性检验标准

同理可知，以最大误差（α_C）作随机性检验标准，更具备权威性：

$$\left(1-\frac{B}{2A}\right)\le\alpha_C\frac{1}{A}$$

$$=\alpha_C\frac{1}{nm^2}=\alpha_C\frac{1}{\sqrt{n}\ m}=\pm\frac{1}{\sqrt{n}}\left(\frac{\alpha}{m}\right)_C$$

$$-\frac{1}{\sqrt{n}}\left(\frac{\alpha}{m}\right)_C\le\left(1-\frac{B}{2A}\right)\le+\frac{1}{\sqrt{n}}\left(\frac{\alpha}{m}\right)_C \tag{5.527}$$

就上述四个检验标准来说，由于

$$\left(\frac{\rho}{m}\right) \le \left(\frac{\lambda}{m}\right) \le \left(\frac{m}{m}=1\right) \le \left(\frac{\alpha}{m}\right) \tag{5.528}$$

故知：(5.524) 式空间≤ (5.525) 式空间≤ (5.526) 式空间≤ (5.527) 式空间

$$-\frac{2}{\sqrt{n}}\left(\frac{\rho}{m}\right)_C \le \left(1-\frac{B}{2A}\right) \le +\frac{2}{\sqrt{n}}\left(\frac{\rho}{m}\right)_C \tag{5.524}$$

$$-\frac{2}{\sqrt{n}}\left(\frac{\lambda}{m}\right)_C \le \left(1-\frac{B}{2A}\right) \le +\frac{2}{\sqrt{n}}\left(\frac{\lambda}{m}\right)_C \tag{5.525}$$

$$-\frac{2}{\sqrt{n}} \le \left(1-\frac{B}{2A}\right) \le +\frac{2}{\sqrt{n}} \tag{5.526}$$

(5.529)

$$-\frac{1}{\sqrt{n}}\left(\frac{\alpha}{m}\right)_C \le \left(1-\frac{B}{2A}\right) \le +\frac{1}{\sqrt{n}}\left(\frac{\alpha}{m}\right)_C \tag{5.527}$$

与前述 (5.263) 式

$$-\alpha \le \quad \Delta \quad \le +\alpha \tag{5.263}$$

共同组成五个检验标准 (5.529) 式。(5.529) 式的前四式，是检验随机误差整体的随机性；后一式，是检验随机误差个体的随机性。(5.529) 式，可统称为随机误差的**“阿伯标准的实用公式”**。

判别随机误差集合体的随机性是否正常，是自 19 世纪初至今的 200 年来学术界极为关心的问题。应该说，经典的阿伯标准 (5.516) 式，只起到思维逻辑的启示；具有定量分析的 (5.529) 式，虽有不定性，但标准的差异，可作为随机性优劣等级的标志。不同等级的随机性标志，作为误差标准 (5.321) 式的补充，有利于对解算成果置信度的定量分析。(注意：这里也存在 (5.517) 式代替 (5.515) 式的问题。)

需要提醒的是，就重大项目来说，必须对其大量随机数据的可靠性进行考虑，确认其置信度。(5.516)、(5.529) 二式，只是理论性的探索，还缺少必要的时间检验，有待进一步完善。

-----2017 年 10 月 31 日　　西安・曲江池-----

-----2020 年 9 月 14 日　　西安・曲江池-----

第六章　函数的模拟问题

考虑到（2.426）式的普遍性，以其数学形式来模拟任意数学实函数，都存在着可能性。根据（2.426）式可知，分布密度函数 $f(x)$ 可写成：

$$f(x) = f(x;\ \xi, \varepsilon, \eta, \zeta, \cdots, \alpha) = f(x;\ \lambda, m, \omega, \sigma, \theta, \delta, \cdots) \tag{5.601}$$

考虑到（3.215）、（3.227）、（3.235）诸式的具体解算方法，
可知其参数是由其$(\lambda, m, \omega, \sigma, \theta, \delta \cdots)$之间的相互比值而定。
因此，可以将分布密度函数 $f(x)$ 写成：

$$(\xi, \varepsilon, \eta, \zeta, \cdots, \alpha)_F = (\lambda : m : \omega : \sigma : \theta : \delta \cdots)_W \quad \text{（奇偶特征值模拟）}$$

近似模拟，可少取特征值，或只取奇、偶特征值：

$$(\xi, \varepsilon, \eta, \zeta, \cdots, \alpha)_F = (\lambda : \omega : \theta \cdots)_I \quad \text{（奇次特征值模拟）} \tag{5.602}$$

$$(\xi, \varepsilon, \eta, \zeta, \cdots, \alpha)_F = (m : \sigma : \delta \cdots)_{II} \quad \text{（偶次特征值模拟）} \tag{5.603}$$

其模拟的精度可由特征值的多少而定。实践证明，对于单峰的形式曲线，只需使用 λ、m、ω 三个特征值，精度已绰绰有余；近似模拟的（5.602）、（5.603）二式精度很低。针对（2.541）式所示函数，模拟举例如下：

$$y = \frac{2}{\pi}\left(1 - x^2\right)^{\frac{1}{2}} \tag{5.604}$$

其特征值为

$$\begin{bmatrix} \lambda^1 \\ m^2 \\ \omega^3 \end{bmatrix} = \begin{bmatrix} \int_{-1}^{1} y|x|^1 dx \\ \int_{-1}^{1} y|x|^2 dx \\ \int_{-1}^{1} y|x|^3 dx \end{bmatrix} = \begin{bmatrix} 0.42441^1 \\ 0.50000^2 \\ 0.55371^3 \end{bmatrix}$$

以（5.601）、（5.602）、（5.603）三式（只取一项参数时，实质上就是王玉玮、拉普拉斯、高斯三个分布）分别模拟之结果：

$$f(x)_W = (\lambda : m : \omega) = 0.643\exp\left(-0.22\ \frac{|x|^{1.16}}{(1.08)^{1.16} - |x|^{1.16}}\right) \tag{5.605}$$

$$f(x)_I = (\lambda : \omega : \theta)_I = 0.17811\exp\left(-\frac{1}{0.42441}|x|\right)$$

$$f(x)_{II} = (m : \sigma : \delta)_{II} = 0.798\exp\left(-\frac{1}{0.5}x^2\right)$$

其图像如图【5.601】所示。三例相比，可见模拟误差大小之优劣。

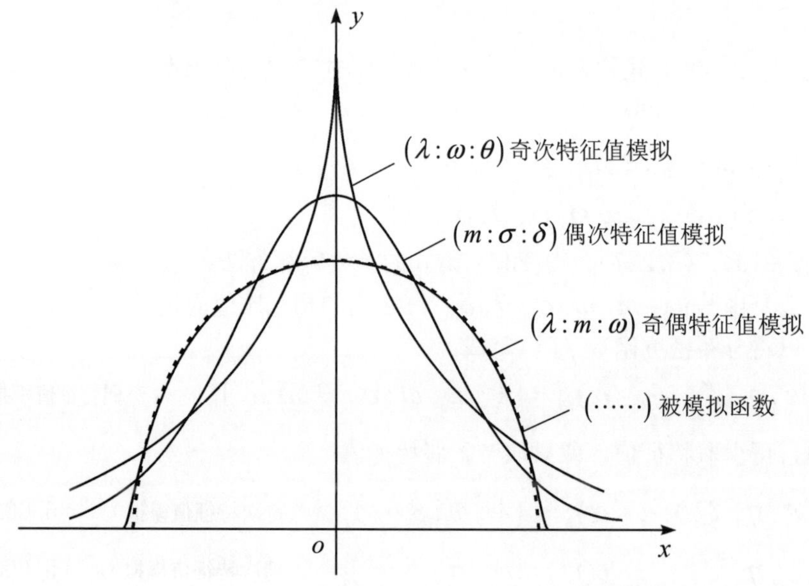

图【5.601】　$(\lambda:\omega:\theta)$、$(m:\sigma:\delta)$、$(\lambda:m:\omega)$ 三种特征值模拟情况图像示意

根据【5.601】所示，在函数模拟问题上，根据（5.601）式与（5.602）、（5.603）二式进行模拟，实质上是用（2.429）式与（2.327）、（2.337）二式进行模拟。图示说明，前者的精度远远高于后二者。因此，作者建议在模拟工作中只用（5.601）式：

$$(\xi,\varepsilon,\eta,\zeta,\cdots,\ \alpha)_F=(\lambda:m:\omega:\sigma:\theta:\delta\cdots)_f \tag{5.606}$$

并且，尽量以简单方式，分类模拟。

1）模拟单峰曲线，运用

$$(\xi,\varepsilon,k,\alpha)_F=(\lambda:m:\omega)_f \tag{5.607}$$

2）模拟双峰曲线，运用

$$(\xi,\varepsilon,\eta,k,\alpha)_F=(\lambda:m:\omega:\sigma)_f \tag{5.608}$$

3）模拟三峰曲线，运用

$$(\xi,\varepsilon,\eta,\zeta,k,\alpha)_F=(\lambda:m:\omega:\sigma:\theta)_f \tag{5.609}$$

当然，亦可用（5.607）式或（5.606）式，分段模拟各种各样的曲线。

-----（阅兵）2015 年 9 月 3 日　20:00　北京·航天城-----

一、曲线模拟

当已知曲线图形而不知其数学形式时，如图【5.611】所示，要求模拟 AB 曲线段。

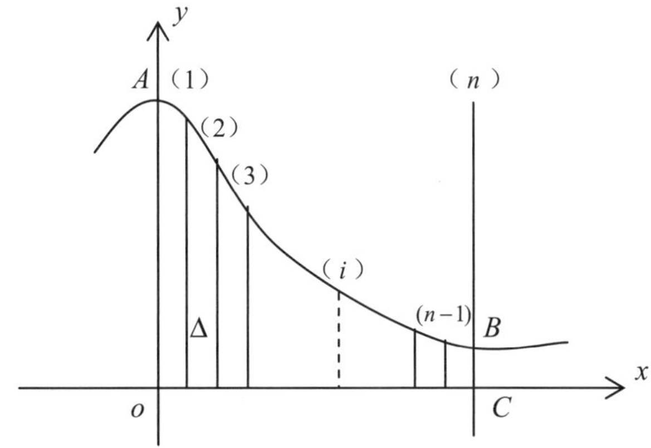

图【5.611】　$(\lambda:m:\omega)$ 模拟曲线 AB 示意

首先，将 AB 的横坐标 oC，按 Δ 间隔分为 n 份，各分点的坐标长度以其标号标之。则 AB 曲线的特征值应为：

$$\lambda^1=\frac{\sum\left(\overline{(0)+(1)}\cdot|\Delta|+\overline{(1)+(2)}\cdot|2\Delta|+\cdots+\overline{(n-1)+(n)}\cdot|n\Delta|\right)}{2n}$$

$$m^2=\frac{\sum\left(\overline{(0)+(1)}\cdot|\Delta|^2+\overline{(1)+(2)}\cdot|2\Delta|^2+\cdots+\overline{(n-1)+(n)}\,|n\Delta|^2\right)}{2n}$$

$$\omega^3=\frac{\sum\left(\overline{(0)+(1)}\,|\Delta|^3+\overline{(1)+(2)}\cdot|2\Delta|^3+\cdots+\overline{(n-1)+(n)}\cdot|n\Delta|^3\right)}{2n}$$

$$(n=(1)+(2)+(3)+\cdots+(n))\qquad(5.611)$$

根据（3.215）、（3.216）、（3.217）三式，可知 ξ,ε,α,k；根据（3.211）式，可知在 A、B 之间的曲线段 AB，其数学表达式为：

$$f(\Delta)=k\cdot\exp\left\{-\xi\frac{|\Delta|^{\varepsilon}}{\alpha^{\varepsilon}-|\Delta|^{\varepsilon}}\right\}\qquad(A\le\Delta\le B)\qquad(5.612)$$

二、方框图模拟

在科技实践活动中，有时候遇到被模拟的对象是方框图，如图【5.621】所示，$a,b,c,\cdots$ 表示方框图高度，Δ 表示宽度。

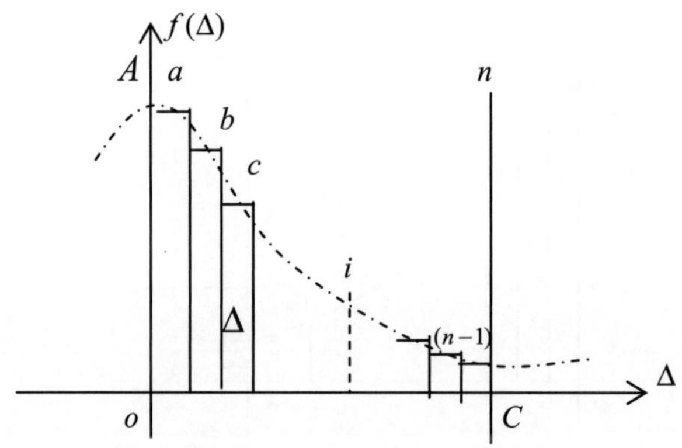

图【5.621】 $(\lambda:m:\omega)$ 模拟曲线 AB 示意

对于方框图，其特征值的定义，应为

$$\lambda^{1}=\frac{\sum\left(a\cdot|\Delta|+b\cdot|\Delta|+c\cdot|\Delta|+\cdots+n\cdot|n\Delta|\right)}{n}$$

$$m^{2}=\frac{\sum\left(a\cdot|\Delta|^{2}+b\cdot|\Delta|^{2}+c\cdot|\Delta|^{2}+\cdots+n\cdot|n\Delta|^{2}\right)}{n}$$

$$\omega^{3}=\frac{\sum\left(a\cdot|\Delta|^{3}+b\cdot|\Delta|^{3}+c\cdot|\Delta|^{3}+\cdots+n\cdot|n\Delta|^{3}\right)}{n}$$

$$(n=a+b+c+\cdots+n) \tag{5.621}$$

根据（3.215）、（3.216）、（3.217）三式，可知 ξ,ε,α,k；根据（3.211）式，可知在 A、B 之间的方框图 AB，其包络虚线的数学表达式为：

$$f(\Delta)=k\cdot\exp\left\{-\xi\frac{|\Delta|^{\varepsilon}}{\alpha^{\varepsilon}-|\Delta|^{\varepsilon}}\right\}\qquad(A\le\Delta\le B) \tag{5.622}$$

三、离散点模拟

有时候，根据离散点制作方框图困难时，可直接根据离散点数据信息，来求解离散点的分布曲线。就射击问题来说，由于射击武器的构造特点，命中点不可能是全方位对称靶心的，应该按不同方位来统计。譬如，将射击靶图分为 x 坐标轴上、下，y 坐标轴左、右、下和靶心辐射距，共五个部分；以 N 上、S 下、L 左、R 右和 A 为辐射方向表之。如图【5.631】所示。

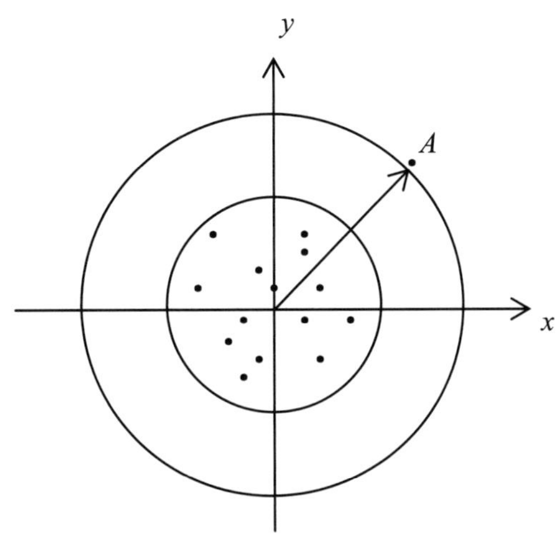

图【5.631】　射击靶图示意

其特征值：

$$
\left.\begin{aligned}
&\left(\lambda^{1}\right)_{E}=\frac{1}{n}\sum_{i=1}^{n}\left|E_{i}\right|^{1}\\
&\left(m^{2}\right)_{E}=\frac{1}{n}\sum_{i=1}^{n}\left|E_{i}\right|^{2}\\
&\left(\omega^{3}\right)_{E}=\frac{1}{n}\sum_{i=1}^{n}\left|E_{i}\right|^{3}\\
&\qquad(E=N,\ S,\ L,\ R,\ A)\\
&\qquad(n=n_{N},n_{S},n_{L},n_{R},n_{A})
\end{aligned}\right| \qquad (5.631)
$$

其分布曲线：

$$f(E)=k\cdot\exp\left\{-\xi\frac{|E|^{\varepsilon}}{\alpha^{\varepsilon}-|E|^{\varepsilon}}\right\} \quad (5.632)$$

$$(E=N,\ S,\ L,\ R,\ A)$$

$$(\xi=\xi_N,\xi_S,\xi_L,\xi_R,\xi_A)$$

$$(\varepsilon=\varepsilon_N,\varepsilon_S,\varepsilon_L,\varepsilon_R,\varepsilon_A)$$

$$(\alpha=\alpha_N,\alpha_S,\alpha_L,\alpha_R,\alpha_A)$$

$$(k=k_N,\ k_S,k_L,k_R,k_A)$$

其理论图像：

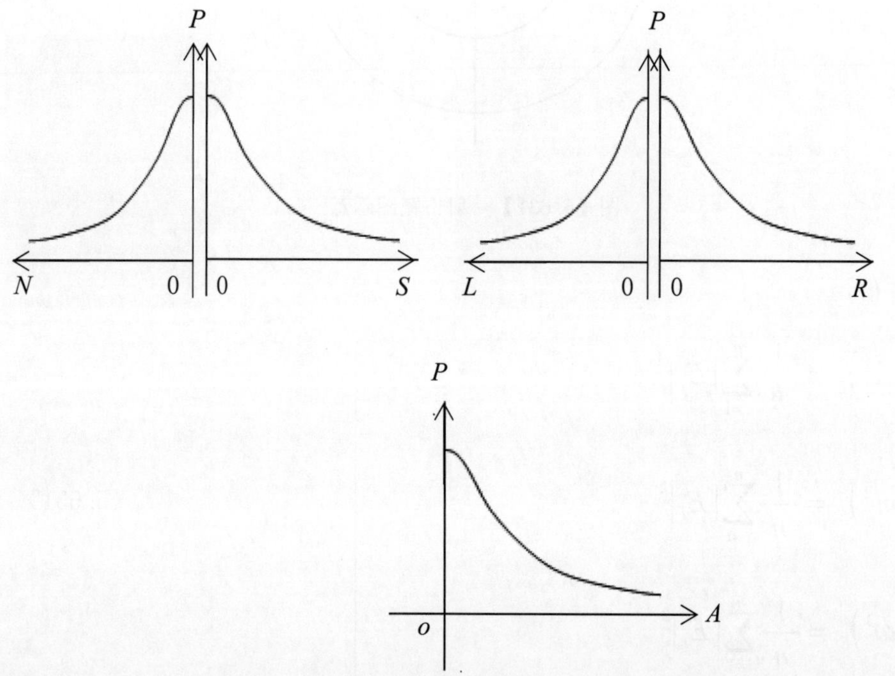

图【5.632】　射击靶图分方向命中概率示意

图【5.632】是射击命中率优劣的数据图像，N、S，L、R图形，在一般情况下是不对称的；A是中心矢量，P是概率值。

四、数字图像识别（数字相关）

数字图像识别问题，简单地说，就是“在 A 、B 两个图像中，寻求同名像点”。如图【5.641】所示。

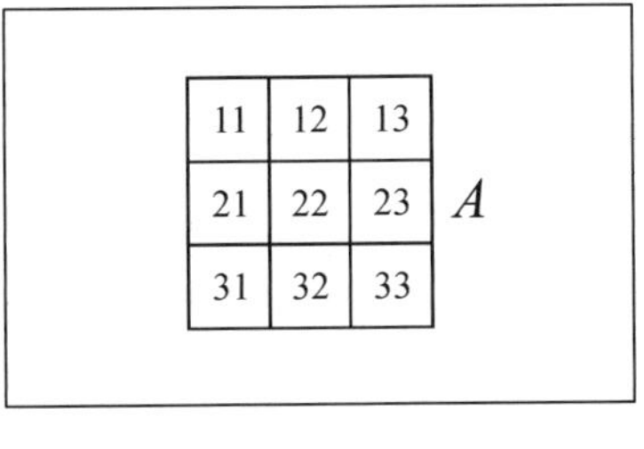

（A）

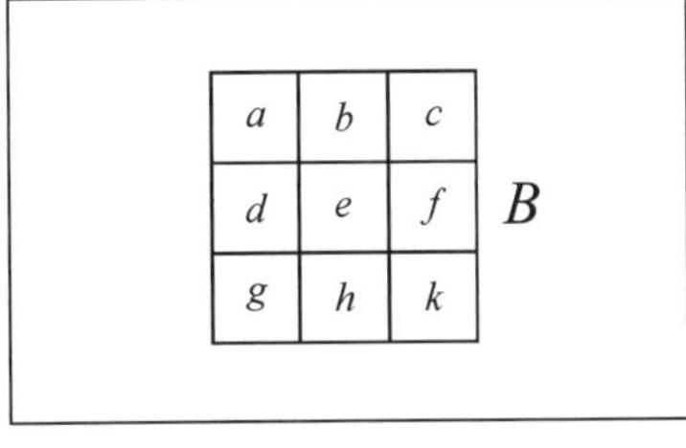

（B）

图【6.641】　数字图像识别示意

图像（A）、（B）中的两个像点（像元）A 、B ，由 9 个像素组成，分别处在相邻的光栅数组中。(11)、(12) 直至 (33) 分别代表（1 → 8 皆为正值）灰度。如果 A 、B 是两个同名像点，应该有

$$A = B \tag{5.641}$$

$$A = \begin{bmatrix} a & b & c \\ d & e & f \\ g & h & k \end{bmatrix}, \qquad B = \begin{bmatrix} 11 & 12 & 13 \\ 21 & 22 & 23 \\ 31 & 32 & 33 \end{bmatrix} \tag{5.642}$$

但在一般情况下，由于多方面的原因，上式是很难满足的，微小的变化是存在的。从概率的观点出发，将点阵元素值看作误差值，将点阵元素的行列位置（1、2、3）看作误差出现的概率值。定义：数字像点标志量 S 与标志量差 P 为

$$\left.\begin{aligned} C &= \begin{bmatrix} 1 & 2 & 3 \end{bmatrix}^T \\ P_S &= \left(\left(\left|A^{E1} - B^{E1}\right| + \left|A^{E2} - B^{E2}\right| + \left|A^{E3} - B^{E3}\right|\right) \uparrow C\right) \cdot C \end{aligned}\right| \tag{5.643}$$

在图像（B）中，一定范围内，寻求使 P_S 为最小值 P_B 的点 B ；从概率的角度考虑，B 点就是 A 点的同名像点。（A 、B 元素无负值。）

-----2015 年 9 月 1 日　　11:52　北京 • 航天城-----

-----2015 年 11 月 30 日　　12:05　北京 • 航天城-----

五、两个“普遍分布”的误区

（5.605）式已经说明，只用奇次特征值或只用偶次特征值来模拟（定义）数学问题，会带来错误的结果。为了进一步说明这个问题的严重性，再举例如下。

早在 18 世纪初，以英国德莫佛[（英）De Moivre, 1667—1754][13. P9]为代表的概率论学者，开始对随机（偶然）事件的规律进行探索；直到 19 世纪初，形成了以法国学者拉普拉斯[11. P64]和德国学者高斯[7. P11]为首的两个派别。

对于下列方程

$$F = X_1 + X_2 + X_3 + \cdots + X_N \tag{5.651}$$

不管是随机函数还是随机变量，拉普拉斯认为，它们的分布遵循拉普拉斯分布：

$$\left.\begin{aligned}
&f(x)=\frac{1}{2\lambda}\exp\left(-\frac{1}{\lambda}|x|\right)\\
&\lambda^1=1!\,\lambda \quad , \quad m^2=2!\,\lambda^2\\
&\omega^3=3!\,\lambda^3 \quad , \quad \sigma^4=4!\,\lambda^4\\
&\theta^5=5!\,\lambda^5 \quad , \quad \delta^6=6!\,\lambda^6
\end{aligned}\right| \tag{5.652}$$

高斯认为，随机事件（变量）遵循高斯分布：

$$\left.\begin{aligned}
&f(x)=\frac{1}{\sqrt{2\pi}\cdot m}\exp\left(-\frac{1}{2m^2}x^2\right)\\
&\lambda^1=\sqrt{\frac{2}{\pi}}\cdot m \quad , \quad m^2=1!!\cdot m^2\\
&\omega^3=\sqrt{\frac{8}{\pi}}\cdot m^3 \quad , \quad \sigma^4=3!!\cdot m^4\\
&\theta^5=\sqrt{\frac{2}{\pi}}\cdot(5-1)!!\cdot m^5 \quad , \quad \delta^6=5!!\cdot m^6
\end{aligned}\right| \tag{5.653}$$

突出的分歧是：随机函数 F 服从拉普拉斯分布还是高斯分布。如果只用（5.602）式的奇次特征值进行分析，可证 F 是拉普拉斯分布；如果只用（5.603）式的偶次特征值进行分析，可证 F 是高斯分布。这就造成两个普遍分布相互否定，其原因就在于未应用（5.601）式（奇、偶）特征值进行分析。举例如下。

一）奇次特征值规律“证明”

根据（3.196）式，可知等精度观测的（5.651）式特征值之奇次项关系为：

$$
\left.\begin{aligned}
&(\lambda m^2)_F = [\lambda m^2] \\
&(\omega^3 m^2 - 3\lambda m^2 m^2)_F = [\omega^3 m^2 - 3\lambda m^2 m^2] \\
&(\theta^5 m^2 - 5\sigma^4 \cdot \lambda m^2 - 10\omega^3 m^2 m^2 + 30\lambda m^2 m^2 m^2)_F \\
&\qquad = [\theta^5 m^2 - 5\sigma^4 \cdot \lambda m^2 - 10\omega^3 m^2 m^2 + 30\lambda m^2 m^2 m^2]
\end{aligned}\right| \tag{5.654}
$$

拉普拉斯认为，随机变量服从拉普拉斯分布，故根据（2.327）式，可知：

$$
(\lambda)_F = (\lambda)_F \tag{a1}
$$

$$
(\omega^3 m^2 - 3\lambda m^2 m^2)_F = [(3!\cdot\lambda^3)(2!\cdot\lambda^2) - 3\lambda(2!\cdot\lambda^2)(2!\cdot\lambda^2)]
$$

$$
\left.\begin{aligned}
&(\omega^3 m^2 - 3\lambda m^2 m^2)_F = [12\lambda^5 - 12\lambda^5] = 0 \\
&(\omega^3)_F = (3\lambda m^2)_F = 3!\cdot(\lambda^3)_F
\end{aligned}\right| \tag{a2}
$$

将（a2）式代入五阶特征值传播规律，可知：

$$
\begin{aligned}
&(\theta^5 m^2 - 5\sigma^4 \cdot \lambda m^2 - 10(3!\lambda^3)m^2 m^2 + 30\lambda m^2 m^2 m^2)_F \\
&\qquad = [5!\cdot\lambda^5 m^2 - 5(4!)\cdot\lambda^5 m^2 - 120\lambda^7 + 120\lambda^7] = 0
\end{aligned}
$$

$$
(\theta^5 m^2 - 5\sigma^4 \cdot \lambda m^2 - 10(3!\lambda^3)m^2 m^2 + 30\lambda m^2 m^2 m^2)_F = 0 \tag{a3}
$$

解此方程，可得

$$
\left.\begin{aligned}
&(m^2)_F = 2!\cdot(\lambda^2)_F \quad , \quad (\sigma^4)_F = 4!\cdot(\lambda^4)_F \\
&(\theta^5 m^2)_F - 5(4!\cdot\lambda^4\cdot\lambda m^2)_F = 0
\end{aligned}\right| \tag{a4}
$$

联写之：

$$
\left.\begin{aligned}
&(\lambda)_F = 1!\cdot(\lambda)_F \\
&(\omega^3)_F = 3!\cdot(\lambda^3)_F \\
&(\theta^5)_F = 5!\cdot(\lambda^5)_F
\end{aligned}\right| \tag{5.655}
$$

该式满足拉普拉斯分布（5.652）式之奇次特征值条件，符合（5.602）式之要求，即（5.654）式之要求。如果只认定（5.602）式之奇次特征值模拟（定义）函数特性，则（5.651）式所示随机函数 F 的数学特性的结论是：拉普拉斯分布。（注意：前提是以奇次特征值模拟（定义）函数特性。）

二）偶次特征值规律“证明”

根据（3.196）式，可知等精度观测的（5.651）式特征值之偶次项关系为：

$$\begin{aligned}&\left(m^2\right)_F = \left[\ m^2\right]\\&\left(\sigma^4-3m^2m^2\right)_F=\left[\sigma^4-3m^2m^2\right]\\&\left(\delta^6-15\sigma^4m^2+30m^2m^2m^2\right)_F=\left[\delta^6-15\sigma^4m^2+30m^2m^2m^2\right]\end{aligned} \tag{5.656}$$

高斯认为，随机变量服从高斯分布，故根据（2.337）式，可知：

$$\left(m^2\right)_F = \left(m^2\right)_F \tag{b1}$$

$$\begin{aligned}&\left(\sigma^4-3m^2m^2\right)_F=\left[(4-1)!!\cdot m^4-3m^2m^2\right]\ =0\\&\left(\sigma^4\right)_F=\left(3m^2m^2\right)_F=(4-1)!!\cdot\left(m^4\right)_F\end{aligned} \tag{b2}$$

将（b2）式代入下式：

$$\begin{aligned}&\left(\delta^6-15(4-1)!!\cdot m^4m^2+30m^2m^2m^2\right)_F\\&\qquad=\left[(6-1)!!\cdot m^6-15(4-1)!!\cdot m^4m^2+30m^2m^2m^2\right]\\&\qquad=\left[15\cdot m^6-45m^4m^2+30m^2m^2m^2\right]\ =0\\&\left(\delta^6-15(4-1)!!\cdot m^4m^2+30m^2m^2m^2\right)_F=0\end{aligned} \tag{b3}$$

解此方程，可得

$$\left(\delta^6\right)_F=(6-1)!!\cdot\left(m^6\right)_F \tag{a4}$$

联写之：

$$\begin{aligned}&\left(m^2\right)_F=(2-1)!!\cdot\left(m^2\right)_F\\&\left(\sigma^4\right)_F=(4-1)!!\cdot\left(m^4\right)_F\\&\left(\delta^6\right)_F=(6-1)!!\cdot\left(m^6\right)_F\end{aligned} \tag{5.657}$$

该式满足高斯分布(5.653)式之偶次特征值条件，符合(5.603)式之要求，即(5.656)式之要求。如果只认定（5.603）式之偶次特征值模拟（定义）函数特性，则（5.651）式所示随机函数 F 的数学特性的结论是：高斯分布。（注意：前提是以偶次特征值模拟（定义）函数特性。）

*）根据（5.655）、（5.657）二式对随机函数 F 数学特性定义的两个结论是相悖的，这是由错误的“前提”造成的。

第七章　射击命中率问题

在射击命中率问题上，不管是步枪、火炮，还是导弹，都存在命中率问题。多年的实践已经证明，武器的命中率是多样性的。“在某些射击中，命中某一平面点的真实分布可以和正态率差别非常大，……”；“实验证明，在某些测量和生产过程中，观察所得的分布率不是正态律”；这就是说，“**长期以来，正态分布率一直被认为是唯一的、包罗万象的误差分布律。现在应该改变这种观点**”。[13. P302]

从某种意义上来说，用正态分布来处理命中率问题，与测量平差沿用最小二乘法一样，实属无奈。但在王玉玮分布问世后，改变这种状态的条件，用精确的数学手段来描述客观现实存在的命中率问题，已经成熟。

下面阐述两种分布的不同数学结论。

一、射击弹着点分布的特征值和分布密度函数

已知某步枪、火炮射击弹着点误差为

$$R=\begin{bmatrix} r_1 & r_2 & r_3 & \cdots & r_n \end{bmatrix} \tag{5.711}$$

定义射击点位的随机误差 x 为

$$x=\sqrt{\begin{bmatrix} X \\ Y \end{bmatrix}}=|r|\cdot\operatorname{sgn}(X) \tag{5.712}$$

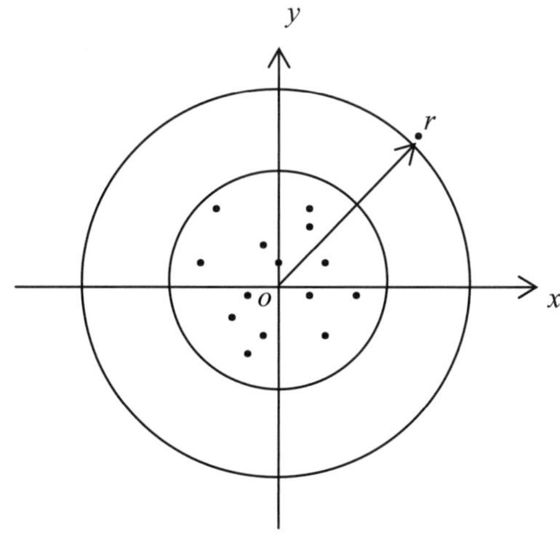

图【5.711】 射击靶图示意

则射击点的分布密度函数，根据（2.337）、（2.429）二式，可分别描述为

$$g(x)=\frac{1}{\sqrt{2\pi}\cdot m}\cdot\exp\left(-\frac{1}{2m^2}x^2\right) \tag{5.713}$$

$$f(x)=k\cdot\exp\left\{-\xi\frac{|x|^{\varepsilon}}{\alpha^{\varepsilon}-|x|^{\varepsilon}}\right\} \tag{5.714}$$

为确定其参数，必须先根据（2.123）、（2.124）、（2.125）三式，求解其特征值：

$$\lambda^1=\frac{1}{n}\sum_{i=1}^{n}|x_i|^1=\frac{1}{n}\sum_{i=1}^{n}(r)_i^1$$

$$m^2=\frac{1}{n}\sum_{i=1}^{n}|x_i|^2=\frac{1}{n}\sum_{i=1}^{n}(r)_i^2 \tag{5.715}$$

$$\omega^3=\frac{1}{n}\sum_{i=1}^{n}|x_i|^3=\frac{1}{n}\sum_{i=1}^{n}(r)_i^3$$

故描述射击命中率的正态分布密度函数为

$$g(x)=\frac{1}{\sqrt{2\pi}\cdot m}\cdot\exp\left(-\frac{1}{2m^2}x^2\right) \tag{5.716}$$

$$m^2=\frac{1}{n}\sum_{i=1}^{n}(r)_i^2$$

描述射击命中率的王玉玮分布密度函数，根据（2.505）、（2.506）二式，可知为

$$f(x)=k\cdot\exp\left\{-\xi\frac{|x|^{\varepsilon}}{\alpha^{\varepsilon}-|x|^{\varepsilon}}\right\} \tag{5.717}$$

$$\begin{bmatrix}\xi\\ \varepsilon\end{bmatrix}=\overline{\big|\ \phi(\xi,\varepsilon;\ \lambda,m,\omega)=0}$$

$$\alpha=\left(\frac{W\left(\xi,\overline{2-\varepsilon}/\varepsilon\right)}{W\left(\xi,\overline{6-\varepsilon}/\varepsilon\right)}\right)^{\frac{1}{2}}\cdot m$$

$$k=\frac{\varepsilon}{4\cdot W\left(\xi,\overline{2-\varepsilon}/\varepsilon\right)}\cdot\frac{1}{\alpha}$$

二、一发射击弹着点的概率公式（命中率）

给定$r \le E$为命中，$r \succ E$为脱靶（未命中）；再定义a，b，m，⋯表示不同武器脱靶概率；A，B，M，⋯表示命中概率，则由两种不同分布密度函数计算的"一发射击脱靶概率和命中概率"：

用高斯分布公式计算的脱靶概率与命中概率为

$$\left.\begin{aligned}&(a)_G=\frac{1}{\sqrt{2\pi}\cdot m}\left(\int_{-\infty}^{-E}\exp\left(-\frac{r^2}{2m^2}\right)\cdot dr+\int_{+E}^{+\infty}\exp\left(-\frac{r^2}{2m^2}\right)\cdot dr\right)\\&(A)_G=\frac{1}{\sqrt{2\pi}\cdot m}\cdot\int_{-E}^{+E}\exp\left(-\frac{r^2}{2m^2}\right)\cdot dr\quad(\leftarrow\quad \operatorname{sgn}(r)=\operatorname{sgn}(x))\\&(a)_G+(A)_G=1\end{aligned}\right|\tag{5.721}$$

用王玉玮分布公式计算的脱靶概率与命中概率为

$$\left.\begin{aligned}&(a)_W=\int_{-\alpha}^{-E}k\cdot\exp\left(-\frac{r^{\varepsilon}}{\alpha^{\varepsilon}-r^{\varepsilon}}\right)\cdot dr+\int_{+E}^{+\alpha}k\cdot\exp\left(-\frac{r^{\varepsilon}}{\alpha^{\varepsilon}-r^{\varepsilon}}\right)\cdot dr\\&(A)_W=\int_{-E}^{+E}k\cdot\exp\left(-\frac{r^{\varepsilon}}{\alpha^{\varepsilon}-r^{\varepsilon}}\right)\cdot dr\qquad(\leftarrow\quad \operatorname{sgn}(r)=\operatorname{sgn}(x))\\&(a)_W+(A)_W=1\end{aligned}\right|\tag{5.722}$$

为方便计，将以上二式写为

$$a=\begin{cases}(a)_G\\(a)_W\end{cases},\qquad A=\begin{cases}(A)_G\\(A)_W\end{cases}\tag{5.723}$$

三、射击n发炮弹命中率的全概率公式

参考（2.131）等诸式，定义

$$\binom{n}{s}=C_n^s=\frac{n!}{(n-s)!\cdot s!}\qquad\leftarrow\text{（特别约定）}\tag{5.731}$$

则射击的全概率公式为

$$\begin{aligned}\Omega&=(a+A)^n\qquad=1\\&=C_n^o a^n A^o+C_n^1 a^{n-1}A^1+\cdots+C_n^s a^{n-s}A^s+\cdots+C_n^n a^{n-n}A^n\end{aligned}\tag{5.732}$$

四、最少命中T发炮弹的P、n设计

在设定置信度概率为P的条件下，当最少命中T发炮弹时，也就是最多未命中$(T-1)$发的概率为$(1-P)$时，应射击炮弹数n为

$$n = \overline{\left|\; C_n^o a^n A^o + C_n^1 a^{n-1} A^1 + \cdots + C_n^{T-1} a^{n-T+1} A^{T-1} = (1-P) \right.} \tag{5.741}$$

也就是说，炮弹落点距离理论落点之差为$\left(\left(|x| \le r\right) \le E\right)$，认定为命中；单发命中之概率为$A$，未命中之概率为$a$。在$E$不变的情况下，设定最少命中一发之概率为$P$（$A \le P$），那么最少应射击多少发？显然，由于（5.723）式中之a、A为

$$a = \begin{cases} (a)_G \\ (a)_W \end{cases} ,\qquad A = \begin{cases} (A)_G \\ (A)_W \end{cases} \tag{5.742}$$

两个结果。故在设定置信度概率为P的条件下，要求致少命中一发时，应发射的最少炮弹数n，也是两个结果：

$$(n)_G \text{ 和 } (n)_W \tag{5.743}$$

显然，后者的精度要高于前者。

五、两门火炮最少命中$T=2$发炮弹的P、n设计

设两门火炮的命中率为（a, A）、（b, B），则两门火炮的全概率公式为

$$\begin{aligned} \Omega &= (a+A)^n (b+B)^n \qquad \text{（两门火炮都发射 } n \text{ 发）} \\ &= \left(C_n^o a^n A^o + C_n^1 a^{n-1} A^1 + \cdots\right) \cdot \left(C_n^o b^n B^o + C_n^1 b^{n-1} B^1 + \cdots\right) \end{aligned} \tag{5.751}$$

两门火炮射击，最少命中$T=2$发炮弹（也就是最多命中$T=1$发炮弹时）的炮弹数（在设定置信度概率为“P”的条件下，每火炮n发）

$$n = \overline{\left|\; \left(C_n^o C_n^o a^n A^o b^n B^o + C_n^o C_n^1 a^n A^o b^{n-1} B^1 + C_n^o C_n^1 b^n B^o a^{n-1} A^1\right) = (1-P) \right.} \tag{5.752}$$

也就是说，在命中范围E不变的情况下，设定最少命中两发之概率为P（$A \le P$），那么最少应射击多少发？同样，也存在（5.743）式问题。

六、火炮组合体的弹着点分布密度函数

一个火炮（含火箭）部队，大抵都由数种武器组成，以（$E_1, E_2, E_3, \cdots, E_R$）表之，统称（$E_1, E_2, E_3, \cdots, E_R$）为一个火炮组合体，简称组合体，以 F 表之。为了便于表达，以数学形式可表示为：

$$F = d_1E_1 + d_2E_2 + d_3E_3 + \ \cdots \ + d_RE_R \tag{5.761}$$

其中，F 表示组合体的弹着点位，E_i 表示各种火炮武器，d_i **表示 E_i 向同一个目标发射的弹着点位数**（射击炮弹数）。根据（5.717）式，可知各火炮 E 的弹着点分布密度函数均为：

$$f(x) = k \cdot \exp\left\{-\xi \frac{|x|^{\varepsilon}}{\alpha^{\varepsilon} - |x|^{\varepsilon}}\right\}$$

其各自的特征值，由（5.715）式计算：

$$\left.\begin{aligned} \lambda^1 &= \frac{1}{n}\sum_{i=1}^{n}|\,x_i\,|^1 = \frac{1}{n}\sum_{i=1}^{n}(r)_i^1 \\ m^2 &= \frac{1}{n}\sum_{i=1}^{n}|\,x_i\,|^2 = \frac{1}{n}\sum_{i=1}^{n}(r)_i^2 \\ \omega^3 &= \frac{1}{n}\sum_{i=1}^{n}|\,x_i\,|^3 = \frac{1}{n}\sum_{i=1}^{n}(r)_i^3 \end{aligned}\right| \quad (n\text{ 为各火炮的 }n) \tag{5.762}$$

由于各火炮 E 的弹着点数据是**点位数据**，不能像**数值数据**那样＋或－；也就是说，两个点位数据，只能是两个点位数据，不可能再＋或－成一个点位数据。因此，每次发射后，目标地点处将受到（$d_1 + d_2 + d_3 + \ \cdots \ + d_R$）发不同型号火力炮弹的轰击。而在目标地点，将形成（$d_1 + d_2 + d_3 + \ \cdots \ + d_R$）个不同型号火力炮弹轰击的点位数据，这些点位数据，又形成了一个新的弹着点分布密度函数，以 $f_F(x)$ 表之。显然，要求解该分布密度函数 $f_F(x)$ 的具体形式，首先必须根据不同型号火力炮弹轰击的（$d_1 + d_2 + d_3 + \ \cdots \ + d_R$）发点位数据，求解其特征值。假想，组合体已存在（$d_1 + d_2 + d_3 + \ \cdots \ + d_R$）发点位数据。根据（5.712）式，可知组合体的有关随机“误差数据”：

$$\left.\begin{aligned} [|x|^1]_F &= [|x|^1]_{E1} + [|x|^1]_{E2} + [|x|^1]_{E3} + \cdots + [|x|^1]_{ER} \\ [|x|^2]_F &= [|x|^2]_{E1} + [|x|^2]_{E2} + [|x|^2]_{E3} + \cdots + [|x|^2]_{ER} \\ [|x|^3]_F &= [|x|^3]_{E1} + [|x|^3]_{E2} + [|x|^3]_{E3} + \cdots + [|x|^3]_{ER} \end{aligned}\right| \tag{5.763}$$

按各自火炮发射炮的随机“点位误差数据”分类，故知：

$$(\lambda^1)_F=\frac{[|x|^1]_F}{n}=\frac{[|x|^1]_{E1}+[|x|^1]_{E2}+[|x|^1]_{E3}+\cdots+[|x|^1]_{ER}}{n}$$

$$=\frac{[|x|^1]_F}{n}=\frac{\frac{[|x|^1]_{E1}}{d_1}d_1+\frac{[|x|^1]_{E2}}{d_2}d_2+\frac{[|x|^1]_{E3}}{d_3}d_3+\cdots+\frac{[|x|^1]_{ER}}{d_R}d_R}{n}$$

$$=\frac{[|x|^1]_F}{n}=\frac{\lambda_1^1 d_1+\lambda_2^1 d_2+\lambda_3^1 d_3+\cdots+\lambda_R^1 d_R}{n}$$

$$(m^2)_F=\frac{[|x|^2]_F}{n}=\frac{[|x|^2]_{E1}+[|x|^2]_{E2}+[|x|^2]_{E3}+\cdots+[|x|^2]_{ER}}{n}$$

$$=\frac{[|x|^2]_F}{n}=\frac{\frac{[|x|^2]_{E1}}{d_1}d_1+\frac{[|x|^2]_{E2}}{d_2}d_2+\frac{[|x|^2]_{E3}}{d_3}d_3+\cdots+\frac{[|x|^2]_{ER}}{d_R}d_R}{n}$$

$$=\frac{[|x|^2]_F}{n}=\frac{m_1^2 d_1+m_2^2 d_2+m_3^2 d_3+\cdots+m_R^2 d_R}{n}$$

$$(\omega^3)_F=\frac{[|x|^3]_F}{n}=\frac{[|x|^3]_{E1}+[|x|^3]_{E2}+[|x|^3]_{E3}+\cdots+[|x|^3]_{ER}}{n}$$

$$=\frac{[|x|^3]_F}{n}=\frac{\frac{[|x|^3]_{E1}}{d_1}d_1+\frac{[|x|^3]_{E2}}{d_2}d_2+\frac{[|x|^3]_{E3}}{d_3}d_3+\cdots+\frac{[|x|^3]_{ER}}{d_R}d_R}{n}$$

$$=\frac{[|x|^3]_F}{n}=\frac{\omega_1^3 d_1+\omega_2^3 d_2+\omega_3^3 d_3+\cdots+\omega_R^3 d_R}{n}$$

根据分组加权法（2.755）式，将火炮各自发射的炮弹数d作为权，引用高斯符号，可知

$$\left.\begin{aligned}
[d\lambda^1]&=\lambda_1^1 d_1+\lambda_2^1 d_2+\lambda_3^1 d_3+\cdots+\lambda_R^1 d_R\\
[d m^2]&=m_1^2 d_1+m_2^2 d_2+m_3^2 d_3+\cdots+m_R^2 d_R\\
[d\omega^3]&=\omega_1^3 d_1+\omega_2^3 d_2+\omega_3^3 d_3+\cdots+\omega_R^3 d_R\\
[d]&=d_1+d_2+d_3+\cdots+d_R
\end{aligned}\right|\qquad(5.764)$$

故知

$$\left.\begin{aligned}(\lambda^1)_F &= \frac{[d\,\lambda^1]}{[d]}\\ (m^2)_F &= \frac{[d\,m^2]}{[d]}\\ (\omega^3)_F &= \frac{[d\omega^3]}{[d]}\end{aligned}\right|\qquad(5.765)$$

再根据（2.437）、（2.438）、（2.439）三式，可知

$$\left.\begin{aligned}\left(\begin{bmatrix}\xi\\ \varepsilon\end{bmatrix}\right)_F &= \left(\overline{\Big|\ \phi(\xi,\ \varepsilon;\ \lambda, m, \omega) = 0}\right)_F\\ \Big(\ \beta\ \Big)_F &= \left(\left(\frac{W\left(\xi,\ \overline{2-\varepsilon}\,/\,\varepsilon\right)}{W\left(\xi, \overline{6-\varepsilon}\,/\,\varepsilon\right)}\right)^{1/2} m\right)_F\\ \Big(\ k\ \Big)_F &= \left(\frac{\varepsilon}{4\cdot W\left(\xi,\ \overline{2-\varepsilon}\,/\,\varepsilon\right)}\cdot\frac{1}{\alpha}\right)_F\end{aligned}\right|\qquad(5.766)$$

代入（2.431）式，以 y 表命中偏离值，可知**组合体**的射击**弹着点分布密度函数**为

$$f(y) = k\cdot\exp\left\{-\xi\frac{|y|^{\varepsilon}}{\beta^{\varepsilon} - |y|^{\varepsilon}}\right\}$$

偏离被击目标点的命中率条件为

$$|y| = r \le \Delta$$

则组合体一发炮弹的命中概率 B 为　　　　(5.767)

$$B = k\int_{-\Delta}^{+\Delta}\exp\left\{-\xi\frac{|y|^{\varepsilon}}{\beta^{\varepsilon} - |y|^{\varepsilon}}\right\}\cdot dy$$

未命中的概率 b 为

$$b = (1 - B)$$

对于组合体来说，每次发射的炮弹数是（$n = [d]$）发，故其全概率公式为：

$$\begin{aligned}\Omega &= (b + B)^n \qquad = 1\\ &= C_n^o b^n B^o + C_n^1 b^{n-1} B^1 + \cdots + C_n^s b^{n-s} B^s + \cdots + C_n^n b^{n-n} B^n\end{aligned}\qquad(5.768)$$

七、火炮组合体的概率问题

分布密度函数（5.767）式的推证，是根据组合体内火炮成员的实际射击靶图，一步一步计算的。如果我们不关心密度函数，只关心组合体一发炮弹命中的概率，则概率计算公式的难度将大大简化。

首先，各火炮成员的一发命中概率（a ，A）数据，可由它们各自的射击靶图，根据（5.762）公式提前算出，可认为是（短期）不变值。再将（5.763）至（5.768）诸式看作“特定数学处理的”特定算法。基于分组加权法（2.646）、（2.647）二式，可知

$$
\begin{aligned}
B = \overline{\left|\text{全部}|y|_F\right.} &= \overline{\left|\text{全部}|y|_1 + \text{全部}|y|_2 + \cdots + \text{全部}|y|_R\right.} \\
&= \overline{\left|\text{全部}|y|_1\right.} + \overline{\left|\text{全部}|y|_2\right.} + \cdots + \overline{\left|\text{全部}|y|_R\right.} \\
&= \frac{d_1 B_1 + d_2 B_2 + \cdots + d_R B_R}{d_1 + d_2 + \cdots + d_R} \qquad (dB\text{ 为火炮组合体 }dB) \\
&= \overline{\left|\text{全部}|y|_1\right.} + \overline{\left|\text{全部}|y|_2\right.} + \cdots + \overline{\left|\text{全部}|y|_R\right.} \\
&= \overline{\left|\text{亦即}|x|_1\right.} + \overline{\left|\text{亦即}|x|_2\right.} + \cdots + \overline{\left|\text{亦即}|x|_R\right.} \\
&= \frac{d_1 A_1 + d_2 A_2 + \cdots + d_R A_R}{d_1 + d_2 + \cdots + d_R} \qquad (5.771)
\end{aligned}
$$

（dA 为组合体各门火炮的 dA）

在上式中，组合体分组求解的分组 B 值与其各相应的 A 值相等，是因为求解它们的点位数据是相同的。对于所有点位数据来说，既可看作为组合体的“$|y|$”，也可看作为组合体内各成员火炮的“$|x|$”。引用高斯符号书写：

$$
B = \frac{[dA]}{[d]} \quad , \qquad b = (1 - B) \qquad (5.772)
$$

推证过程，与（5.767）式相比，简明扼要。其全概率公式仍为：

$$
\begin{aligned}
\Omega &= (b + B)^n \qquad = 1 \\
&= C_n^o b^n B^o + C_n^1 b^{n-1} B^1 + \cdots + C_n^s b^{n-s} B^s + \cdots + C_n^n b^{n-n} B^n
\end{aligned}
$$

-----2018 年 2 月 22 日　　西安·曲江池-----

八、分数球与分数炮弹问题

在经典概率论中，定义：在一个袋中，有同样大小的白球 R 个、黑球 S 个，从中任取一个球：

$$\text{白球的概率} P_R = \frac{R}{R+S} \quad ; \quad \text{黑球的概率} P_S = \frac{S}{R+S} \tag{5.781}$$

在整个概率思考的推敲过程中，R、S 都被看作为非负整数。也就是说，在思考的全过程中，R 个整白球、S 个整黑球的概念不变。如果把一个球看作“1”单位，再将 R、S 看作是实数，即认定：

（白色“概率元素”）$= R.0$ 白色　；　（黑色“概率元素”）$= S.0$ 黑色

定义：“概率元素”的数值量与整体（布袋）内所有“概率元素”的总数值量之比值，就是取出一个“概率元素”球的概率。或者说，将“概率元素”均匀分配给（整体）布袋内的球体；或者说，将布袋内的不同“概率元素”球体，都看成是相同的球体，每一个球体的组成部分，想象成：

$$\text{一个球体的空间由}\left(\frac{\text{“概率元素”}R}{R+S}+\frac{\text{“概率元素”}S}{R+S}\right)\text{组成} \tag{5.782}$$

比较（5.782）、（5.781）二式，可知：每一个球含“概率元素”量的多少，就是该球作为“概率元素”的球，被一次拿出的概率。

显然，对上述问题，可做如下阐述：在一个布袋内有 $(R+S)$ 个球，其中 R 个白、S 个黑；可以想象是 $(R+S)$ 个相同的球。

每一个球的颜色（“概率元素”）：

$$(R\text{个白球}+S\text{个黑球})=(R+S)\left(\left(\frac{R}{R+S}\right)\text{白色}+\left(\frac{S}{R+S}\right)\text{黑色}\right)$$

对于一个整体（布袋）来说，每一个球的（各“概率元素”）<1　　（5.783）

每一个球的所有“概率元素”数量和　　［“概率元素”］$=1$

整体所有“概率元素”的数量总和　　［“概率元素”］$=(R+S)$ 总球数

重　述：假想对一个布袋内的 R 个白球和 S 个黑球，进行“均匀组合”，就是将袋内所有的球都切成 $(R+S)$ 个等量的“小块”；然后，再从每个球中取出一小块，共同组成一个新球，称之为“均匀组合球”。这样，一个布袋 R 个白球和 S 个黑球，就变成了 $(R+S)$ 个“均匀组合球”，如（5.783）式等号右边所示。整体（布袋）内某色素的总量与整体内总球数量之比，就是取出一个该色素球的概率，也就是一个球内该色素的“含量”。一个球的“概率元素”数值，就是一个“概率元素”球被拿出的概率。球的传递，就是概率元素的传递。

举　例：设有两个布袋，（Ⅰ）袋中有 红、白、蓝球各一，（Ⅱ）袋中有 红 1、白 2、蓝 3 共六个球。试问：从（Ⅰ）中拿出一球，放入（Ⅱ）袋中后；再从（Ⅱ）袋中取出一球是白球的概率？

解：按（5.782）、（5.783）二式设想。（Ⅰ）袋中三个球相同，每球的红、白、蓝"概率元素"各成分均为 1/3。（Ⅱ）袋中的六个球，每球的红、白、蓝"概率元素"各成分均为 1/6、2/6、3/6。从（Ⅰ）袋中取一球放入（Ⅱ）袋中后，各红、白、蓝"概率元素"就变成了（1+1/3）、（2+1/3）、（3+1/3），而袋中的球数为（1＋6= 7 ）个。故（Ⅱ）袋中每球的 红、白、蓝"概率元素"均为（（1+1/3）/ 7 、（2+1/3）/ 7 、（3+1/3）/ 7）。故

取出一白球的概率为：　$$(2+1/3)/7=\frac{7}{3\times 7}=\frac{1}{3} \qquad (5.785)$$

再重复地说：袋内增加一个球，就增加了一个球的"概率元素（组合颜色）"。上例，从（Ⅰ）袋中取一球放入（Ⅱ）袋中后，（Ⅱ）袋中的球就由"红 1、白 2、蓝 3"六个球，变成"1.333 … 个红球、2.333 … 个白球、3.333 …个蓝球"的七个球。整数球变成了"分数球"。用"概率元素"的分数值，来计量布袋内的球数，是曰"**分数球**"的基本概念。七个相同的球，每一个球都是由" 1.333 … / 7 红色、2.333 …/7 白色、3.333 …/7 蓝色"三种成分组成的球。基于（5.782）、（5.783）二式和（5.785）式的算例，可认为，实践证明：用分数球来解算球概率问题与用整数球来解算球概率问题是等效的；但就其解算的思维过程来说，（5.783）式的优越性比（5.781）式要大得多。

同理，将布袋看作火炮，将球看作火炮发射的炮弹，很自然地就会将炮弹想象成"**分数炮弹**"，将"命中率"问题想象成"袋球" 问题。对射击点位分布密度函数来说，色素就是精度的标志，就是点位误差的标志，就是色素区域面积的概率。进一步得出类似袋球的结论：用"色素的分数炮弹"概念来代替"整数炮弹"概念，与"球概率"的问题一样，二者在概率问题上，也是等效的。

在（5.772）式中，描述整数炮弹一发命中率的数据［dA］，是针对火炮（布袋）而言的。若将［dA］看作是针对分数炮弹的命中率，则 A_1、A_2、A_3 … 是**各火炮**（布袋）每一发炮弹自身的"概率元素"（命中率），B **是组合体**（布袋组合体）发射一发分数炮弹的命中率。一个数学公式，两种数理逻辑的理解，都是严密的。应该说，上述"等效"是无疑的。

-----2018 年 2 月 27 日　　西安・曲江池-----

*）本章旨意在于明确，火炮（整体、事件）本身必须根据其自身的结构，经理论分析和实践检验，依据炮弹的点位数据，求解其分布密度函数，进而求解其精密的命中率；而组合体（集合）的概率问题，只需依靠（5.772）式和"分数炮弹"的概念来解决。

九、点位数据的随机函数

给出函数

$$F = X_1 + X_2 \tag{5.791}$$

如果变量 X_1、X_2 的数据（$X_1 = -1$ ，$X_2 = +1$）

$$F = \begin{cases} (-1)+(+1)=0 & \text{称 } X \text{ 为数值随机变量，} F \text{ 为数值随机函数；} \\ (-1)+(+1)=(-1)\text{ 和 }(+1) & \text{称 } X \text{ 为点位随机变量，} F \text{ 为点位随机函数。} \end{cases}$$

能融合的，称之为**“数值”随机变量**、**“数值”随机函数**，如（3.111）式所示；不能融合，称之为**“点位”随机变量**、**“点位”随机函数**，如（5.761）式所示。进而，以 $\oplus$ 表**点位数据**相加的符号，定义

$$F = X_1 \oplus X_2 \oplus X_3 \oplus \cdots\ X_n \tag{5.792}$$

点位随机变量与**点位随机函数**的核心数学关系，与（3.196）式类同的公式，根据（5.765）、（5.766）等诸式的阐述，以 d 表示求解 X 特征值所用的点位数。将点位数 d 看作是精度的标志，是**“权”**的标志。可知：

$$\left.\begin{aligned} \left(\lambda^1\right)_F &= \frac{1}{[d]}\left[d\lambda^1\right] \\ \left(m^2\right)_F &= \frac{1}{[d]}\left[dm^2\right] \\ \left(\omega^3\right)_F &= \frac{1}{[d]}\left[d\omega^3\right] \end{aligned}\right| \tag{5.793}$$

其它有关点位随机问题（射击、袋球等），均可基于（5.793）式，遵循随机数值领域的数学关系，针对具体问题，具体解决。

为加深对火炮组合体的弹着点分布密度函数（5.767）、（5.771）、（5.765）等一系列公式的理解，再举例如下：

假设有火炮（X, Y, Z）组合成组合体 F，

$$\left.\begin{aligned} F &= X \oplus Y \oplus Z \\ \Delta &= x \oplus y \oplus z \quad \text{（组合体点位数据）} \end{aligned}\right| \tag{5.794}$$

$$\begin{bmatrix} (x)_X \\ (y)_Y \\ (z)_Z \end{bmatrix} = \begin{bmatrix} x \\ y \\ z \end{bmatrix} = \quad \text{（火炮个体点位数据）} \tag{5.795}$$

上式中，Δ 表 F 的点位数据误差，(x, y, z) 分别表（X、Y、Z）的点位误差数据。按（5.712）式所示，将点位数据 (x, y, z) 处理成 数值数据，仍以 (x, y, z) 表之；其分布密度函数为：

$$f_F(\Delta) = (\xi_\Delta, \varepsilon_\Delta, \alpha_\Delta) = k\exp\left\{\xi \frac{|\Delta|^\varepsilon}{(\alpha)^\varepsilon - |\Delta|^\varepsilon}\right\} \tag{k1}$$

$$\left.\begin{aligned} f_x(x) &= (\xi_x, \varepsilon_x, \alpha_x) = \cdots \text{（射击点误差分布密度函数）} \\ f_y(y) &= (\xi_y, \varepsilon_y, \alpha_y) = \cdots \text{（射击点误差分布密度函数）} \\ f_z(z) &= (\xi_z, \varepsilon_z, \alpha_z) = \cdots \text{（射击点误差分布密度函数）} \end{aligned}\right| \tag{k2}$$

根据（5.793）式可知随机函数 F 的特征值：

$$\left.\begin{aligned} (\lambda^1)_F &= \frac{(d_x\lambda_x) + (d_y\lambda_y) + (d_z\lambda_z)}{d_x + d_y + d_z} \\ (m^2)_F &= \frac{(d_x m_x^2) + (d_y m_y^2) + (d_z m_z^2)}{d_x + d_y + d_z} \\ (\omega^3)_F &= \frac{(d_x\omega_x^3) + (d_y\omega_y^3) + (d_z\omega_z^3)}{d_x + d_y + d_z} \end{aligned}\right| \tag{k3}$$

据此，可根据（3.215）等一系列公式，求出随机函数 F 的 $(\xi_\Delta, \varepsilon_\Delta, \alpha_\Delta)$。其实，针对本例，随机函数 F 的 $(\xi_\Delta, \varepsilon_\Delta, \alpha_\Delta)$ 参数，无须根据（3.215）等一系列公式进行繁琐计算。根据分组加权法（2.646）式和（k2）式，可知

$$\begin{bmatrix} \xi \\ \varepsilon \\ \alpha \\ k \end{bmatrix}_F = \frac{1}{[d]}\begin{bmatrix} (d_x\xi_x + d_y\xi_y + d_z\xi_z) \\ (d_x\varepsilon_x + d_y\varepsilon_y + d_z\varepsilon_z) \\ (d_x\alpha_x + d_y\alpha_y + d_z\alpha_z) \\ (d_x k_x + d_y k_y + d_z k_z) \end{bmatrix} \tag{5.796}$$

故知，点位数据的随机函数 F，经（5.712）式处理后，其数值数据的数学形式，作为数值数据的随机函数 F，应与（2.429）式无异：

$$f_F(\Delta) = k\exp\left\{\xi \frac{|\Delta|^\varepsilon}{(\alpha)^\varepsilon - |\Delta|^\varepsilon}\right\} \tag{5.797}$$

也就是说，任何点位（离散）随机变量与其点位（离散）随机函数，均可改化为数值数据随机变量与数值数据随机函数（相同的）数学状态。

严格地说，离散随机数据与连续随机数据，在随机数学领域，通过改化之后，是没有差异的。为了进一步深入理解本章所述的“点位随机数据与数值随机数据”在概率数学领域内的关系，以下基于（5.797）式的随机误差理论内涵，举例五个古典概率问题，阐明其精密算法。（其古典概率算法，均可在教科书中查阅，不再赘述；但要指出，传统的古典概率算法，多受中心极限定理的束缚，无益于算法精度的提高。）

---

*）例一：设有火炮组合体 F，由 R 个等精度 X 火炮组成：

$$F = X_1 \oplus X_2 \oplus X_3 \oplus \cdots \oplus X_R$$

R 个火炮的弹着点分布密度函数为

$$\big(f(x)\big)_i = \left(k\exp\left\{\xi\frac{|x|^{\varepsilon}}{(\alpha)^{\varepsilon}-|x|^{\varepsilon}}\right\}\right)_i \qquad \text{(m1)}$$

$$(i=1,2,3,\cdots,R)$$

对于火炮组的弹着点分布密度函数来说，根据（5.796）式，应有：

$$\begin{bmatrix}\xi\\ \varepsilon\\ \alpha\\ k\end{bmatrix}_F = \frac{1}{R}\begin{bmatrix}[\xi]\\ [\varepsilon]\\ [\alpha]\\ [k]\end{bmatrix} = \frac{1}{R}\begin{bmatrix}(\xi_1+\xi_2+\xi_3+\cdots+\xi_R)\\ (\varepsilon_1+\varepsilon_2+\varepsilon_3+\cdots+\varepsilon_R)\\ (\alpha_1+\alpha_2+\alpha_3+\cdots+\alpha_R)\\ (k_1+k_2+k_3+\cdots+k_R)\end{bmatrix} \qquad \text{(m2)}$$

则火炮组合体的弹着点分布密度函数为

$$f(\Delta) = k\exp\left\{\xi\frac{|\Delta|^{\varepsilon}}{(\alpha)^{\varepsilon}-|\Delta|^{\varepsilon}}\right\} \qquad \text{(m3)}$$

给定火炮组"一发炮弹"弹着点r，命中的条件为

$$r \le h$$

则命中的概率B为

$$B = \int_{-h}^{+h} f(x)\,dx = \int_{-h}^{+h} k \exp\left\{ \xi \frac{|x|^{\varepsilon}}{(\alpha)^{\varepsilon} - |x|^{\varepsilon}} \right\} dx \tag{m4}$$

未命中的概率b为

$$b = 1 - B$$

若要求在概率为"P"的条件下，命中目标的炮弹数为最少T发，则火炮组应发射炮弹数n，由（5.768）式知，应满足

$$n = \overline{\left| (b+B)^n - (\cdots) = (1-P) \right.} \tag{m5}$$

$$= \overline{\left| \text{（最多命中（}T-1\text{）发的概率函数）} + \text{（最少命中}T\text{发的概率函数）} - \text{（最少命中}T\text{发的}\cdots\text{）} = (1-P) \right.}$$

$$= \overline{\left| C_n^o b^n B^o + C_n^1 b^{n-1} B^1 + C_n^2 b^{n-2} B^2 + \cdots + C_n^{T-1} b^{n-(T-1)} B^{T-1} = (1-P) \right.}$$

式中，b为组合体发射 1 发炮弹的未命中率，B为组合体发射 1 发炮弹的命中率。P为组合体在发射n发炮弹的情况下，最少命中T发的概率；$(1-P)$为组合体在发射n发炮弹的情况下，最多命中$(T-1)$发的概率。组合函数C，由（2.132）、（1.132）二式定义：

$$C_n^s = \frac{n(n-1)(n-2)\cdots\cdots(n-s+1)}{s!} = \frac{n!}{(n-s)!\cdot s!} \quad (s=1,2,\cdots,(T-1)) \tag{m6}$$

式中，阶乘函数是由（2.132）式定义的非负实数，n也是"非负实数"，待最后的n解出后，再取整为非负整数。

上例说明，在概率为P的前提下，发射n发炮弹后，方可有望达到最少命中T发炮弹的目的。

*）**例二**：设某工厂有机床 400 台，限定每台每日、不定时、独立工作 3/4 工作日；每台运行时，需要 Q 瓦功率。试问：在概率 99/100 的前提下运行，需要保证多少台运行的足够功率？

解：首先，将每台运行的状态看作均匀分布，如图【5.791】所示。如掷一球，落入 −3 至 3 区，则工作；落入 −4 至 −3 和 3 至 4 区，则停车不工作。

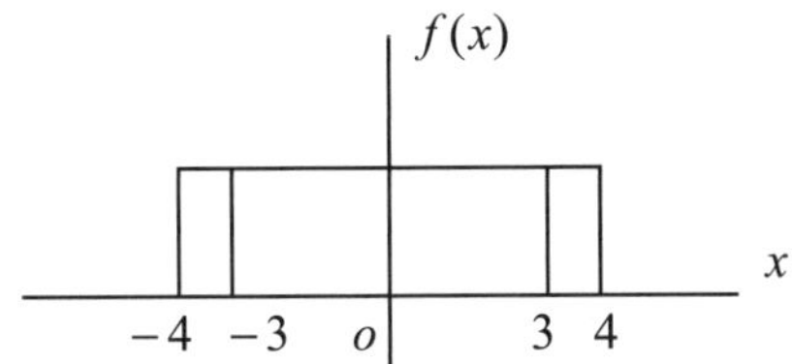

图【5.791】　每台机床工作时间概率分布密度

（该例实质上是在机床工作效率为 $P=0.99$ 的前提下，求解最多的工作机床数 s。将 400 台机床看作 400 个布袋（或火炮），每袋有红球 1 个、白球 3 个。按红球表停车，按白球表工作，进行思考。）

将 400 台机床组成一个组合体，以 C 表示机床：

$$F=C_1 \oplus C_2 \oplus C_3 \oplus \cdots C_{399} \oplus C_{400} \tag{n1}$$

其工作时间的概率分布，根据（5.794）、（5.796）二式可知，**仍为点位数据的均匀分布**。单机的工作概率为 $A=3/4$，不工作概率为 $a=1/4$。单个机床 C 的数据就是组合体 F 的数据。组合体的工作概率 B、b 仍为

$$\begin{aligned}B&=A=3/4\\ b&=a=1/4\end{aligned} \tag{n2}$$

组合体机床工作的全概率公式为（$n=400$）：

$$\begin{aligned}\Omega&=\left(b+B\right)^n\\ &=I+II=1\\ &=\underline{C_n^0 b^n B^0+C_n^1 b^{n-1}B^1+C_n^2 b^{n-2}B^2+\cdots+C_n^s b^{n-s}B^s} \quad \leftarrow I\end{aligned} \tag{n3}$$

（占工作状况总概率 99/100 的，最多同时工作 s 台的车床数）

$$\underline{+C_n^{s+1}b^{n-s-1}B^{s+1}+\cdots+C_n^{n-1}b^1 B^{n-1}+C_n^n b^0 B^n} \quad \leftarrow II$$

（占工作状况总概率 1/100 的，最多同时工作 $n-s$ 台的车床数）

显然，与 99/100 相配的 s 台的足够功率 W 应该是

$$W = s\cdot Q$$

$$s = \overline{\Big| C_n^o b^n B^o + C_n^1 b^{n-1} B^1 + \cdots + C_n^s b^{n-s} B^s = P = 0.99} \qquad \text{(n3)}$$

或者

$$s = \overline{\Big| C_n^{s+1} b^{n-s-1} B^{s+1} + \cdots + C_n^{n-1} b^1 B^{n-1} + C_n^n b^o B^n = 0.01}$$

（试想，在某一时刻，从 n 个布袋中各拿 1 球，红球表停车，白球表工作。）

（试想，在某一时刻，令 n 个火炮向目标各发射炮弹 1 发，白红表命中与否。）

---

*）**例三**：设某类电子元件 E 的设计寿命为 X 小时；经 n 个元件的实测，寿命为 L 小时，若在某设备只用一个元件 E 的情况下，保证工作 G 小时。则在元件寿命的概率差为 95/100 的情况下，需要提供多少元件？

解：根据已知实测数据，可知一个元件有关寿命差的参数：

$$X-(L-\Delta)=0 \quad , \quad -\Delta = X-L \quad , \quad V = X-L$$

$$\begin{bmatrix} V_1 \\ V_2 \\ V_3 \\ \vdots \\ V_n \end{bmatrix} = X - \begin{bmatrix} L_1 \\ L_2 \\ L_3 \\ \vdots \\ L_n \end{bmatrix} \quad , \quad X = \frac{[L]}{n} \qquad \text{(p1)}$$

据此，可知

$$\begin{bmatrix} \lambda^1 \\ m^2 \\ \omega^3 \end{bmatrix}_V = \frac{1}{n}\sum \begin{bmatrix} |V| \\ |VV| \\ |VVV| \end{bmatrix} \qquad \text{(p2)}$$

根据（3.316）式，可知

$$\left(\lambda^1\right)_L = \frac{n}{n+1}\left(\lambda^1\right)_V \ , \quad \left(m^2\right)_L = \frac{n}{n-1}\left(m^2\right)_V$$

$$\left(\omega^3\right)_L = \frac{n^3(n-1)}{n^4-1}(\omega^3)_V + \frac{n^2(n+1)}{n^4-1}\left(3\lambda^1 m^2\right)_V \qquad \text{(p3)}$$

根据（3.321）式，可知算数中数 X 的特征值：

$$\left.\begin{aligned}&(\lambda)_X=\frac{1}{n}(\lambda^1)_L ,\quad (m^2)_X=\frac{1}{n}(m^2)_L\\&(\omega^3)_X=\frac{1}{n^3}(\omega^3-3\lambda m^2)_L+(3\lambda m^2)_X\end{aligned}\right| \tag{p4}$$

根据（2.438）、（2.439）二式，求出分布密度函数的参数，进而求出算数中数 X 分布密度函数 $f(x)$：

$$f(x) = k\exp\left\{\xi\frac{|x|^{\varepsilon}}{(\alpha)^{\varepsilon}-|x|^{\varepsilon}}\right\} \tag{p5}$$

根据“95/100”的寿命差概率要求，选定 $-h$ 为寿命边界。也就是（ $X-h$ ）以上的原件，占整体原件的 95%，即

$$h = \overline{\left|\int_{-\alpha}^{-h} f(x)\,dx\right.} = 1 - 0.95 = 0.05 \tag{p6}$$

在没有寿命差的情况下，为保证 G 小时的工作，需要元件数 N 为：

$$\overset{o}{N}=\frac{G}{X} \tag{p7}$$

考虑到 X 有误差时，在寿命差为 95/100 的（p5）式概率前提下，元件的最大误差范围是 $-\alpha$ 至 $-h$。故确保 G 小时工作的元件数 N，应为

$$N=\frac{G}{X-h} \tag{p8}$$

如图【5.793】所示。

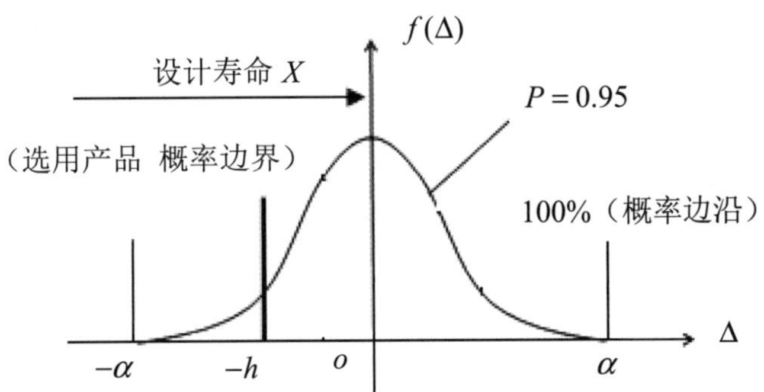

图【5.793】　电子元件 G 寿命差的分布密度函数

具体地说，在工作时间 G 内，时间每过（ $X-h$ ）间隔，就换一个元件。这样，在时间 G 内不会停工，其概率置信度为 $P=0.95$。

*）**例四**：设有布袋四个，“I”袋中有红、白、蓝同样大小的球各 1、2、3 个，
“II”袋中有红、白、蓝同样大小的球各 4、5、6 个，
“III”袋中有红、白、蓝同样大小的球各 7、8、9 个。
从布袋“I”中，盲拿一球，投入“II”袋中，
再从布袋“II”中，盲拿一球，投入“III”袋中，
再从布袋“III”中，盲拿一球，投入“I”袋中。
然后，再从“I、II、III”袋中，各盲拿一球，投入“IV”袋中。
继之，再从“IV”袋中，盲拿一球。
试问：该球是红、白、蓝的概率，是多少？

解：未拿球前的原始状态，各个袋取一球的（红、白、蓝）概率行阵为：

$$\underset{I\ (6个)}{\begin{bmatrix}\frac{1}{6} & \frac{1}{3} & \frac{1}{2}\end{bmatrix}},\quad \underset{II\ (15个)}{\begin{bmatrix}\frac{4}{15} & \frac{1}{3} & \frac{2}{5}\end{bmatrix}},\quad \underset{III\ (24个)}{\begin{bmatrix}\frac{7}{24} & \frac{1}{3} & \frac{3}{8}\end{bmatrix}} \tag{s1}$$

一）根据（5.781）、（5.782）二式，从“I”袋中取一球，投入“II”袋后，再从“II”中取出一球，是红、白、蓝的概率为：

$$\left[\left(\frac{1}{6}+4\right)\ \left(\frac{1}{3}+5\right)\ \left(\frac{1}{2}+6\right)\right]\frac{1}{15+1} = \left[\left(\frac{25}{6}\right)\ \left(\frac{16}{3}\right)\ \left(\frac{13}{2}\right)\right]\frac{1}{16}$$

$$= \left[\left(\frac{25}{96}\right)\ \left(\frac{1}{3}\right)\ \left(\frac{13}{32}\right)\right]$$

此时，各袋每取一球是红、白、蓝的概率为：　（s2）

$$\underset{I\ (5)}{\begin{bmatrix}\frac{1}{6} & \frac{1}{3} & \frac{1}{2}\end{bmatrix}},\quad \underset{II\ (16)}{\begin{bmatrix}\frac{25}{96} & \frac{1}{3} & \frac{13}{32}\end{bmatrix}},\quad \underset{III\ (24)}{\begin{bmatrix}\frac{7}{24} & \frac{1}{3} & \frac{3}{8}\end{bmatrix}}$$

二）继之，再从“II”袋中取一球，投入“III”袋后，再从“III”中取出一球，是红、白、蓝的概率为：

$$\left[\left(\frac{25}{96}+7\right)\ \left(\frac{1}{3}+8\right)\ \left(\frac{13}{32}+9\right)\right]\frac{1}{24+1} = \left[\left(\frac{697}{96}\right)\ \left(\frac{25}{3}\right)\ \left(\frac{301}{32}\right)\right]\frac{1}{25}$$

$$= \left[\left(\frac{697}{2400}\right)\ \left(\frac{1}{3}\right)\ \left(\frac{301}{800}\right)\right]$$

此时，各袋每取一球是红、白、蓝的概率为：　　(s3)

$$\underset{I\ (5)}{\begin{bmatrix}\frac{1}{6} & \frac{1}{3} & \frac{1}{2}\end{bmatrix}},\quad \underset{II\ (15)}{\begin{bmatrix}\frac{25}{96} & \frac{1}{3} & \frac{13}{32}\end{bmatrix}},\quad \underset{III\ (25)}{\begin{bmatrix}\frac{697}{2400} & \frac{1}{3} & \frac{301}{800}\end{bmatrix}}$$

三）继续，从“*III*”袋中取一球，投入“*I*”袋后，再从“*I*”中取出一球，是红、白、蓝的概率为：

$$\left[\left(\frac{5}{6}+\frac{697}{2400}\right)\ \left(\frac{5}{3}+\frac{1}{3}\right)\ \left(\frac{5}{2}+\frac{301}{800}\right)\right]\frac{1}{5+1}=\left[\left(\frac{2697}{2400}\right)\ \left(\frac{6}{3}\right)\ \left(\frac{2301}{800}\right)\right]\frac{1}{6}$$

$$=\left[\left(\frac{899}{4800}\right)\ \left(\frac{1}{3}\right)\ \left(\frac{2301}{4800}\right)\right]$$

此时，各袋每取一球，其红、白、蓝的概率为：　　(s4)

$$\underset{I\ (6\text{个})}{\begin{bmatrix}\frac{899}{4800} & \frac{1}{3} & \frac{2301}{4800}\end{bmatrix}},\quad \underset{II\ (15\text{个})}{\begin{bmatrix}\frac{25}{96} & \frac{1}{3} & \frac{13}{32}\end{bmatrix}},\quad \underset{III\ (24\text{个})}{\begin{bmatrix}\frac{697}{2400} & \frac{1}{3} & \frac{301}{800}\end{bmatrix}}$$

四）再继续，每袋各取一球，共三球，投入“*IV*”袋中。则“*IV*”袋中每球的概率元素为

$$\left[\left(\frac{899}{4800}+\frac{25}{96}+\frac{697}{2400}\right)\ \left(\frac{1}{3}+\frac{1}{3}+\frac{1}{3}\right)\ \left(\frac{2301}{4800}+\frac{13}{32}+\frac{301}{800}\right)\right]\frac{1}{1+1+1}$$

$$=\left[\left(\frac{899+1250+1394}{4800}\right)\ \left(\frac{3}{3}\right)\ \left(\frac{2301+1950+1806}{4800}\right)\right]\frac{1}{3}$$

$$=\left[\left(\frac{1181}{4800}\right)\ \left(\frac{1}{3}\right)\ \left(\frac{673}{1600}\right)\right]\qquad (s5)$$

也就是，

$$[\text{从“}IV\text{”袋中取一球是红、白、蓝的概率}]=\left[\left(\frac{1181}{4800}\right)\ \left(\frac{1}{3}\right)\ \left(\frac{673}{1600}\right)\right]$$

$$=\left[\left(\frac{0.738}{3}\right)\ \left(\frac{1}{3}\right)\ \left(\frac{1.262}{3}\right)\right]$$

*）**例五**：设有甲、乙二人，中午 11 点 30 分至 12 点 30 分，在某地相约会。基于某些原因，甲、乙何时到达地点不定。并且，甲到达地点后，只停 10 分钟就离开；乙到达地点后，只停 15 分钟就离开。请问，二人见面的概率是多少？

解：已知二人在约定地点出现的时间段为“11 点 30 分至 12 点 30 分”，出现的概率是自然的，未有约束；故出现的概率密度函数是均匀分布。将约定的时间（12 点）看作是标准时，二人各自到达指定地点的时间，甲为 X 、乙为 Y；则二人到达指定地点的时刻相差函数 F 为：

$$\begin{aligned} F &= \quad X \quad - \quad Y \\ &= (12\pm x)-(12\pm y) \quad , \qquad \left(|\pm\Delta| \le \begin{bmatrix}10\\15\end{bmatrix} \right) \text{是会面条件} \\ \Delta &= (\pm x) - (\pm y) \end{aligned} \tag{u1}$$

式中，Δ 表示二人到达地点的时间间隔，$\pm x$ 、$\pm y$ 表示二人各自的时刻误差。Δ 是由 $\pm x$ 、$\pm y$ 两个相同的均匀分布形成的分布，如图【5. 794】所示。

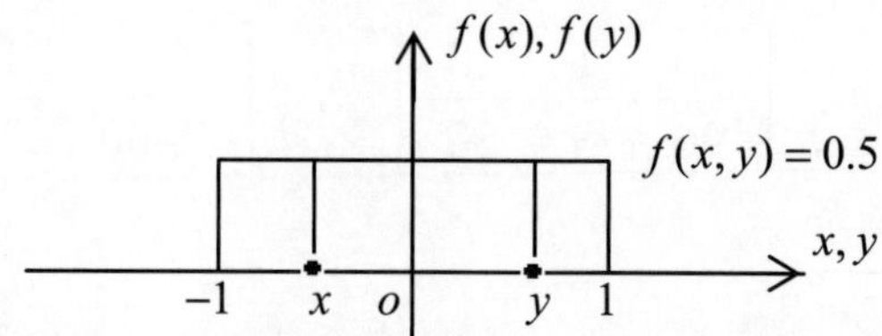

图【5. 794】　二人到达指定地点的时间误差概率分布密度函数

基于相对单位（30 分钟为 1 单位），根据（2. 315）、（3. 196）二式可知：

$$\begin{bmatrix}\lambda^1\\ m^2\\ \omega^3\end{bmatrix}_{x,y} = \begin{bmatrix}2\\3\\4\end{bmatrix}^{E-1} \tag{u2}$$

$$\begin{aligned} (\lambda)_\Delta &= (\lambda^1)_{x,y} = 1/2 && (\lambda_x = \lambda_y) \\ (m^2)_\Delta &= [\ m^2\ ] = 2\,(m^2)_{x,y} = 2/3 && (m_x^2 = m_y^2) \\ (\omega^3)_\Delta &= (\omega^3 - 3\lambda m^2)_{x,y} + (3\lambda m^2)_\Delta = (\omega^3)_{x,y} + (3\lambda m^2)_{x,y} = 3/4 \end{aligned} \tag{u3}$$

故由（3. 216）、（3. 218）二式知：

$$\begin{bmatrix}\xi\\ \varepsilon\end{bmatrix}_\Delta = \overline{\big|\ \phi_\Delta(\xi, \varepsilon;\ \lambda, m, \omega) = 0} \tag{u4}$$

$$(\alpha)_\Delta = \left(\frac{W\left(\xi, \overline{2-\varepsilon/\varepsilon}\right)}{W\left(\xi, \overline{6-\varepsilon/\varepsilon}\right)} \right)^{\frac{1}{2}} \cdot m$$

$$(k)_\Delta = \frac{\varepsilon}{4 \cdot W\left(\xi, \overline{2-\varepsilon/\varepsilon}\right)} \cdot \frac{1}{\alpha} \qquad \text{(u5)}$$

由（3.211）式知

$$f(\Delta) = k \cdot \exp\left\{ -\xi \frac{|\Delta|^{\varepsilon}}{\alpha^{\varepsilon} - |\Delta|^{\varepsilon}} \right\} \qquad \text{(u6)}$$

如图【5.795】所示：

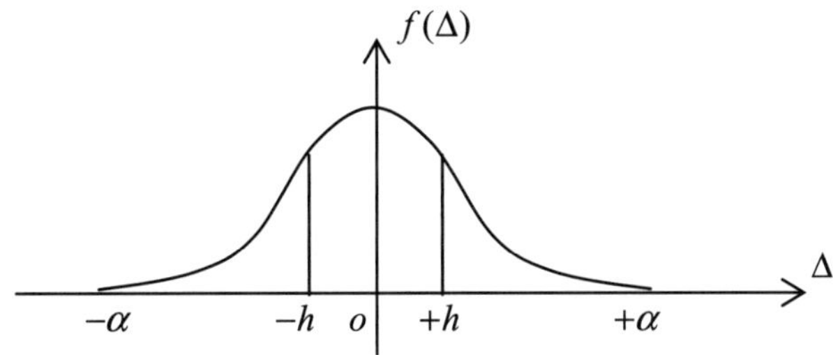

图【5.795】　二人相会时差Δ分布密度函数示意

考虑到，若甲早于乙先到达指定地点，甲的到达时刻小于乙的到达时刻，Δ为负数；若乙早于甲先到达指定地点，乙的到达时刻小于甲的到达时刻，Δ为正数。就Δ的分布密度函数来说，分别两个时限差为

$$|\mp h| \le \begin{bmatrix} 10/30 \\ 15/30 \end{bmatrix} = \begin{bmatrix} 1/3 \\ 1/2 \end{bmatrix} \qquad \text{(u7)}$$

按分组加权法（2.646）式处理，则二人能会面的概率，分别为：

$$P_I = W_I \int_{-h}^{0} f(\Delta)\,d\Delta = \left(\int_{-1/3}^{0} f(\Delta)\,d\Delta \right)$$

$$P_{II} = W_{II} \int_{0}^{+h} f(\Delta)\,d\Delta = \left(\int_{0}^{+1/2} f(\Delta)\,d\Delta \right) \qquad \text{(u8)}$$

（二人各自先后到达地点的概率（权）W 是相等的）

故二人能会面的概率为

$$P = \frac{W_I P_I + W_{II} P_{II}}{W_I + W_{II}} = \frac{1}{2} P_I + \frac{1}{2} P_{II}$$

故二人能会面的概率为

$$P = \frac{1}{2}\left(\int_{-1/3}^{0} f(\Delta)\, d\Delta + \int_{0}^{+1/2} f(\Delta)\, d\Delta \right) = \frac{1}{2}\int_{-1/3}^{+1/2} f(\Delta)\, d\Delta \qquad \text{(u9)}$$

从以上五例可知,尽管随机事件是多种多样的,但归纳起来不外乎是数值大小的、距离长短的、时间长短的、寿命长短的、颜色元素多少的……以“点位”、“数值”不同形式出现的概率事件。这些事件都可以通过特殊的数学手段转化为数值形式的“随机误差分布密度函数”的“元素”。也就是说，任何随机事件问题，都可以“随机误差分布密度函数”的数学形式表达。是“点位”的数据也好，是“数值”的数据也好，任何随机事件，在随机数学领域，都是相通的，没有鸿沟。

这里需要强调的是,上述五例的解算方法,没有运用教科书中古典的传统方法,而是基于随机误差理论(2.429)式的创新思维。(若用古典方法解算例四,其方法之难度、任务之繁重，是难以想象的。)

火炮射击弹着点的分布理论，至今尚未摆脱中心极限定理的束缚，严重影响了数据处理精度的提高。运用(2.429)式的创新思维开拓新型的射击弹着点理论空间,是当务之急。

-----2018 年 5 月 11 日　　西安・曲江池-----

-----2019 年 12 月 7 日　　西安・曲江池-----

-----2021 年 4 月 28 日　　西安・曲江池-----

---

*）思考题：(接例四) 从 *IV* 袋中先取一球，是红球。*IV* 袋中还有两个球。试问：再从 *IV* 袋中取一球，是红、白、蓝球的概率是多少？

第八章　辜小玲算法的现实意义

随机函数方程的解算方法，是非常重要的数学手段；在过去的两个多世纪内，随着数据处理手段的更新，科学、生产实践活动的手段多有变化。但由于多方面的原因，数学结构的内涵，只有量变，而没有质的突破。形象地讲，解算方法的数学结构，仍停留在对数时代；也就是还停留在对数时代的数学模型上，电子计算机也只是起到了代替对数的作用。

辜小玲算法为摆脱对数时代提供了创新的数学基础。

一、传统算法的运算弊病

传统的算法，对于非线性随机函数方程，大体上说：

$$f(\rho)=(\rho)=0 \tag{5.811}$$

经线性化后，写成

$$f(\rho)=A\rho-L+S(\rho)=0 \tag{5.812}$$

式中，线性系数 A 一般由微分求得；但 $S(\rho)$ 是很难精确求解的。因此，传统的解算方法是略去高次项 $S(\rho)$：

$$\begin{aligned}A\rho&=L\\ \rho&=A^{-1}L\end{aligned} \tag{5.813}$$

显然解算精度将受到严重影响。在电子计算机问世后，利用迭代技术，曾引入 $S(\rho)$ 项中的二次项实施迭代：

$$\left.\begin{aligned}A\rho&=L-S(\rho)=L-B(\rho)\ +\ \cdots\cdots\\ \rho&=A^{-1}L-A^{-1}B(\rho)\\ &\qquad S(\rho)=B(\rho)+\cdots\cdots\end{aligned}\right| \tag{5.814}$$

$$\begin{aligned}\overset{i+1}{\rho}&=A^{-1}L-A^{-1}S(\overset{i}{\rho})\\ &=A^{-1}L-A^{-1}B(\overset{i}{\rho})\end{aligned} \tag{5.815}$$

由于 $S(\overset{i}{\rho})$ 无法求解，只能用其局部二次项 $B(\overset{i}{\rho})$ 代替，故其解算仍是“**局部解算**”，不是“**完全解算**”。

辜小玲算法的创新要点，在于求解 $S(\overset{i}{\rho})$ 和难于线性化的问题，**为完全解算提供数学基础。**

二、辜小玲算法的创新要点

辜小玲算法的创新要点，由三个部分组成：

一）实现完全解算

根据函数方程，

$$\left.\begin{aligned} f(\rho) &= (\rho) \qquad\qquad = 0 \\ &= A\rho - L + S(\rho) \\ f(\overset{i}{\rho}) &= A\overset{i}{\rho} - L + S(\overset{i}{\rho}) \end{aligned}\right| \tag{5.821}$$

移项可知恒等式，

$$S(\overset{i}{\rho}) = f(\overset{i}{\rho}) - A\overset{i}{\rho} + L \tag{5.822}$$

使不可能直接解算的$S(\overset{i}{\rho})$，可通过能直接计算的（$f(\overset{i}{\rho}) - A\overset{i}{\rho} + L$）算出。进而，由（5.821）式，得出：

$$\begin{aligned} \overset{i+1}{\rho} &= A^{-1}L - A^{-1}S(\overset{i}{\rho}) \\ &= A^{-1}L - A^{-1}f(\overset{i}{\rho}) + A^{-1}A\overset{i}{\rho} - A^{-1}L \\ &= \overset{i}{\rho} - A^{-1}f(\overset{i}{\rho}) + A^{-1}L - A^{-1}L \\ &= \overset{i}{\rho} - A^{-1}f(\overset{i}{\rho}) \end{aligned} \tag{5.823}$$

也就是辜小玲算法（1.524）式：

$$\left.\begin{aligned} & f(\overset{i}{\rho}) = (\overset{i}{\rho}) \\ & \quad \Delta = A^{-1}f(\overset{i}{\rho}) \qquad\qquad \left(|\Delta| \le \varepsilon\right) \\ & \quad \overset{i+1}{\rho} = \overset{i}{\rho} - \Delta \\ & \quad \rho \leftarrow \overset{i+1}{\rho} \leftarrow \overset{i}{\rho} \leftarrow \overset{o}{\rho} \end{aligned}\right| \tag{5.824}$$

该式，是“**完全解算**”的算法，没有丢弃任何高次项；其解算的精度，与传统算法相比，处于最佳状态。

二）完成等效改化

在科学实践活动中，最常见的随机函数方程，是方程数大于未知数的函数方程，且多是非线性的。基于最大概率法，应按（4.022）式进行解算：

$$F(\rho)=W\uparrow A=0$$

$$W=\left[P\frac{|V|^{\varepsilon-1}\cdot\operatorname{sgn}(V)}{\left(\alpha^{\varepsilon}-|V|^{\varepsilon}\right)^{2}}\right]\quad,\qquad V=f(\rho)=A\rho-L \tag{5.825}$$

该式中的待求未知数 ε 是非整数的任意实数，是很难线性化的。等效改化，就是对无法线性化的上式加添待求未知数的一次项。它的等效改化方程为

$$\begin{aligned}F(\rho)&=(W+V-V)\uparrow A &&=0\\&=A\rho\uparrow A-(A\rho\uparrow A-W\uparrow A) &&=0\end{aligned} \tag{5.826}$$

也就是（“ $A\rho\uparrow A-W\uparrow A$ ”与（1.613）式中的“ $Ax-E(x)$ ”类同）：

$$A^{T}A\cdot\rho=A^{T}A\cdot\rho-W\uparrow A\quad=A^{T}A\cdot\rho-F(\rho)$$

（5.826）式的解，就是（5.825）式的解。继而，得出迭代求解公式：

$$\left|A^{T}A\rho\right|\geq\left|A^{T}A\rho-F(\rho)\right|$$

$$\underbrace{A^{T}A\cdot\overset{i+1}{\rho}}_{（左）}=\underbrace{A^{T}A\cdot\overset{i}{\rho}-F(\overset{i}{\rho})}_{（右）}\qquad（左边的 \overset{i+1}{\rho} 由右边的 \overset{i}{\rho} 求解） \tag{5.827}$$

该式收敛，已由（1.626）式证明。 这里再从几何状态，进一步说明其收敛特性。就（5.827）式论，从等式两边相等的数学前提出发，由于左边是一次项，右边除了一次项之外还有高次项。由图【5.821】可知：

当 $\left(\overset{i+1}{\rho}=\overset{i}{\rho}=\rho\right)$ 时，左、右两边相等。

当 $\begin{pmatrix}\overset{i+1}{\rho}=\rho+h\\ \overset{i}{\rho}=\rho+k\end{pmatrix}$ 时，基于两边相等，且 ρ 又是小于“1”的相对值，必有 $|h|\leq|k|$，也就是 $\left(\left|\overset{i+1}{\rho}-\rho\right|\leq\left|\overset{i}{\rho}-\rho\right|\right)$

$$(\overset{i}{\rho}\rightarrow\overset{i+1}{\rho}\rightarrow\overset{i+2}{\rho}\rightarrow\ \cdots\ \rightarrow\rho)$$

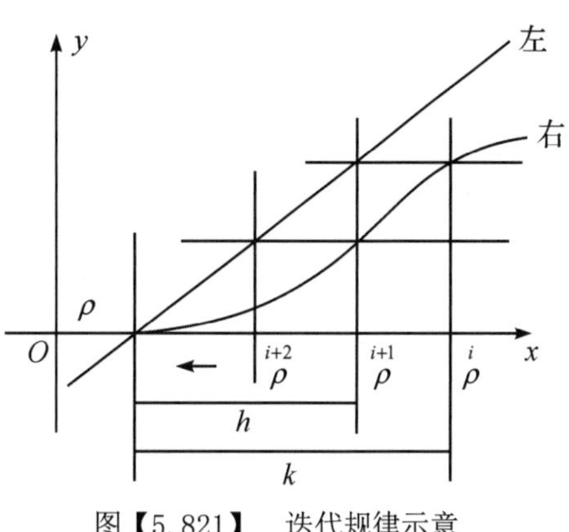

图【5.821】　迭代规律示意

据此，证明（5.827）式收敛。

三）运用三点判别

根据（1.615）式的要求，（5.826）式的加添公式“$g(\rho)=$（$V\uparrow A$）”，必须是（5.825）式的近似公式。如果找不到近似公式$g(\rho)$，就只能运用三点判别手段。运用三点判别手段来解算随机函数方程，在电子计算机时代是不存在任何问题的。**任何复杂的随机函数方程，都可以运用三点判别法解开**。这里只是重复告知，不再赘述。

三、辜小玲平差算法（最大概率法）举荐

在科技实践活动中，有时候会遇到大量未知数的随机函数方程。为确保其解算过程收敛，有必要采用逐步解算的措施，逐步趋近精密解算的结果。根据历代学者的思想和成果，作者举荐下列措施。

一）确定随机函数方程

根据（4.201）式，根据具体的任务情况，写出具体的函数体表达式（ρ）:

$$f(\rho)=(\rho)=0 \quad , \quad \rho=[\rho_1\ \rho_2\ \rho_3\cdots\ \rho_t]^T \qquad (\rho\text{是相对值})$$

$$=[f_1(\rho)\quad f_2(\rho)\quad f_3(\rho)\quad\cdots\quad f_n(\rho)]^T\quad=0$$

$$=A\rho-L=\begin{cases}0 & \text{（无误差）}\\ -\Delta & \text{（有误差）}\end{cases} \tag{5.831}$$

$$L=(C+S(\rho))$$

二）建立随机函数方程的误差方程

根据（4.202）式，

$$f(\rho)=A\rho-L\ =-\Delta \qquad (\Delta\text{是因观测值的误差而生，是未知常数})$$

$$V=f(\rho) \qquad (V\text{与}\Delta\text{反号，是将}\Delta\text{看作待求值的未知数})$$

$$=A\rho-L\quad ,\quad P=\ [P_1\ P_2\ P_3\cdots\ P_n]^T$$

（P表示方程的权，由计算者酌情给定；约定：精度最弱的方程，$P=1,\ 1\le P_i\le 3$）

三）确定迭代解算方程

根据（4.023）、（4.021）二式，确定解算方程及其初始值：

$$F(\rho)=W\uparrow A=0 \tag{5.832}$$

$$\rho=\overset{o}{\rho}\ ,\quad \varepsilon=\overset{o}{\varepsilon}\ ,\quad \alpha=\overset{o}{\alpha}$$

根据

$$\overset{i}{V}=f(\overset{i}{\rho}) \qquad \text{（一般情况下，初始值 } \overset{o}{\rho}=0\text{）}$$

$$\overset{i}{W}=\left[P\frac{|V|^{\varepsilon-1}\cdot \operatorname{sgn}V}{\left(\alpha^{\varepsilon}-|V|^{\varepsilon}\right)^{2}}\right],\quad V=\overset{i}{V}$$

$$F(\overset{i}{\rho})=\overset{i}{W}\uparrow A$$

$$=A^{T}\cdot\overset{i}{W}$$

由（4.055）、（5.827）二式，可知迭代解算公式： (5.833)

$$\overset{i+1}{\rho}=\overset{i}{\rho}-\Delta \qquad \left(|\Delta|\le\delta\right) \qquad \text{（迭代终止条件）}$$

$$\Delta=\left((P*A)\uparrow A\right)^{-1}\cdot F(\overset{i}{\rho})$$

$$=\left(\left((P*A)\uparrow A\right)^{-1}A^{T}\right)\cdot\overset{i}{W}$$

$$=R\overset{i}{W}$$

四）第一次解算

解算条件是：

$$\rho=\overset{o}{\rho} \qquad \text{（一般情况下，初始值 } \overset{o}{\rho}=0\text{）}$$

$$\begin{bmatrix}\varepsilon\\ \alpha\end{bmatrix}=\begin{bmatrix}2\\ \infty\end{bmatrix}$$

根据（4.021）式，列阵W为

$$\overset{i}{V}=f(\overset{i}{\rho})$$

$$\overset{i}{W}=\left[P\frac{|V|^{\varepsilon-1}\cdot \operatorname{sgn}V}{\left(\alpha^{\varepsilon}-|V|^{\varepsilon}\right)^{2}}\right]=[PV],\quad V=\overset{i}{V} \qquad (5.834)$$

$$\overset{i+1}{\rho}=\overset{i}{\rho}-\Delta$$

$$\Delta=\left(\left((P*A)\uparrow A\right)^{-1}A^{T}\right)\cdot\overset{i}{W}$$

（误差方程经PV处理后，各方程为等精度方程，其权均为$P=1$）

五）第二次解算

解算条件是：

$$\rho = \overset{o}{\rho} \qquad (\rho \text{ 的第一次解算值})$$

再次计算改正数V 的特征值，根据（3.734）式知：

$$\left.\begin{array}{l} V = f(\overset{i+1}{\rho}) \\ \begin{bmatrix} \lambda^1 \\ m^2 \\ \omega^3 \end{bmatrix} = \begin{bmatrix} \lambda^1 \\ m^2 \\ \omega^3 \end{bmatrix}_{PV} = \dfrac{1}{n}\sum_1^n \begin{bmatrix} |PV| \\ |PVV| \\ |PVVV| \end{bmatrix} \end{array}\right| \tag{5.835}$$

根据（3.734）、（2.438）、（2.439）三式，求解ξ、ε、α、k的值：

$$\left.\begin{array}{l} \begin{bmatrix} \xi \\ \varepsilon \end{bmatrix} = \overline{\left| \phi(\xi,\ \varepsilon;\ \lambda, m, \omega) = 0 \right.} \\ \alpha = \left(\dfrac{W\left(\xi,\ \overline{2-\varepsilon}/\varepsilon\right)}{W\left(\xi,\ \overline{6-\varepsilon}/\varepsilon\right)} \right)^{\frac{1}{2}} \cdot m \\ k = \dfrac{\varepsilon}{4 \cdot W\left(\xi,\ \overline{2-\varepsilon}/\varepsilon\right)} \cdot \dfrac{1}{\alpha} \end{array}\right| \tag{5.836}$$

根据（4.021）式，列阵W 为

$$\left.\begin{array}{l} F(\overset{i}{\rho}) = \overset{i}{W} \uparrow A \\ \overset{i}{W} = \left[P \dfrac{|V|^{\varepsilon-1} \cdot \operatorname{sgn} V}{\left(\alpha^{\varepsilon} - |V|^{\varepsilon}\right)^2} \right] = [PV], \quad V = \overset{i}{V} \\ \overset{i}{V} = f(\overset{i}{\rho}) \\ \overset{i+1}{\rho} = \overset{i}{\rho} - \Delta \\ \Delta = \left(\left((P * A) \uparrow A \right)^{-1} A^T \right) \cdot \overset{i}{W} \end{array}\right| \tag{5.837}$$

再次重复（5.835）、（5.836）、（5.835）三式，若计算结果与（5.836）式之计算结果比较差，符合限差要求，迭代计算终止。否则，继续迭代解算。

附　注：参考算法（“1.5” 算法）

在传统算法中，有拉普拉斯的最小一乘法、高斯的最小二乘法。如果合二为一，可称之为**最小“1.5”乘法**，简称**“1.5”算法**，也就是令（2.431）式中的

$$\varepsilon=\frac{1+2}{2}=\frac{3}{2}=1.5 \qquad (5.838)$$

$$\alpha\to\infty$$

则根据（5.832）、（5.833）二式，可知

$$\left.\begin{aligned}
&F(\overset{i}{\rho})=\overset{i}{W}\uparrow A\\
&\overset{i}{W}=\left[P\frac{|V|^{\varepsilon-1}\cdot\operatorname{sgn}V}{\left(\alpha^{\varepsilon}-|V|^{\varepsilon}\right)^{2}}\right]\\
&\quad=\left[P\sqrt{V}\operatorname{sgn}V\right],\quad V=\overset{i}{V}\\
&\overset{i}{V}=f(\overset{i}{\rho})\\
&\overset{i+1}{\rho}=\overset{i}{\rho}-\Delta\qquad\left(|\Delta|\le\delta\right)\qquad\text{（迭代终止条件）}\\
&\Delta=\left((P*A)\uparrow A\right)^{-1}\cdot F(\overset{i}{\rho})\\
&\quad=\left(\left((P*A)\uparrow A\right)^{-1}A^{T}\right)\cdot\overset{i}{W}\\
&\quad=R\overset{i}{W}
\end{aligned}\right| \qquad (5.839)$$

以（5.839）式代替（5.834）式，可使（5.835）、（5.836）、（5.837）三式之迭代次数减少。另外，在误差方程较少情况下，无须过高要求解算精度，**“1.5”算法**可作为简易最大概率法用之。

-----2019 年 12 月 14 日　　西安・曲江池-----

-----2021 年 4 月 30 日　　西安・曲江池-----

四、辜小玲平差算法（最大概率法）精度估计

一）重复（5.837）、（5.838）诸式之解算，验证（5.837）、（5.838）诸式。

二）根据（4.251）式，求解PL的特征值：

$$\left(\mu_1^1\right)_{PL}=\frac{n}{n+t}(\lambda)_{PV}$$

$$\left(\mu_2^2\right)_{PL}=\frac{n}{n-t}\left(m^2\right)_{PV} \tag{5.841}$$

$$\left(\mu_3^3\right)_{PL}=\left(3\mu_1^1\mu_2^2\right)_{PL}-\frac{n^3(n-t)}{n^4-t^4}\left(3\lambda m^2-\omega^3\right)_{PV}$$

三）根据（4.261）式，求解R值：

$$R=\left(\left(A^T(P*A)\right)^{-1}A^T\right) \tag{5.842}$$

四）根据（4.264）式，求解未知数ρ的解算精度λ^1：

$$\begin{bmatrix}\left(\lambda^1\right)_1\\\left(\lambda^1\right)_2\\\left(\lambda^1\right)_3\\\vdots\\\left(\lambda^1\right)_t\end{bmatrix}_\rho=\left[\left|R\right|^{E3}\cdot J\cdot\left(\mu_1^1\mu_2^2\right)_{PL}\right]*\begin{bmatrix}\left(m^2\right)_1\\\left(m^2\right)_2\\\left(m^2\right)_3\\\vdots\\\left(m^2\right)_t\end{bmatrix}_\rho^{E-1}$$

五）根据（4.265）式，求解未知数ρ的解算精度m^2：

$$\begin{bmatrix}\left(m^2\right)_1\\\left(m^2\right)_2\\\left(m^2\right)_3\\\vdots\\\left(m^2\right)_t\end{bmatrix}_\rho=\left[\left|R\right|^{E2}\cdot J\cdot\left(\mu_2^2\right)_{PL}\right] \tag{5.843}$$

六）根据（4.266）式，求解未知数ρ的解算精度ω^3：

$$\begin{bmatrix}\left(\omega^3\right)_1\\\left(\omega^3\right)_2\\\left(\omega^3\right)_3\\\vdots\\\left(\omega^3\right)_t\end{bmatrix}_\rho=\begin{bmatrix}\left(3\lambda m^2\right)_1\\\left(3\lambda m^2\right)_2\\\left(3\lambda m^2\right)_3\\\vdots\\\left(3\lambda m^2\right)_t\end{bmatrix}_\rho+\left[\left|R\right|^{E5}\cdot J\cdot\left(\mu_3^3\mu_2^2-3\mu_1^1\mu_2^2\mu_2^2\right)_{PL}\right]*\begin{bmatrix}\left(m^2\right)_1\\\left(m^2\right)_2\\\left(m^2\right)_3\\\vdots\\\left(m^2\right)_t\end{bmatrix}_\rho^{E-1}$$

七）根据（4.246）式，求解未知数 ρ 的误差分布密度函数参数：

$$\left(\begin{bmatrix}\xi\\ \varepsilon\end{bmatrix}_i\right)_\rho = \overline{\left|\left(\left(\ \phi(\xi,\ \varepsilon;\ \ \lambda, m, \omega)=0\ \right)_i\right)_\rho\right.}$$

$$\left(\left(\alpha\right)_i\right)_\rho = \left(\left(\left(\frac{W\left(\xi, \overline{2-\varepsilon}\ /\ \varepsilon\right)}{W\left(\xi, \overline{6-\varepsilon}\ /\ \varepsilon\right)}\right)^{1/2} m\right)_i\right)_\rho \tag{5.844}$$

$$\left(\left(k\right)_i\right)_\rho = \left(\left(\ \frac{\varepsilon}{4\cdot W\left(\xi, \overline{2-\varepsilon}\ /\ \varepsilon\right)}\cdot\frac{1}{\alpha}\ \right)_i\right)_\rho$$

$$(i=1,2,3\ \cdots,\ t)$$

八）根据（4.965）式，求解未知数 ρ 解算值的概率误差 $\overline{\rho}$ ：（5.845）

$$\left(\overline{\rho} = \overline{\left|\ 100\cdot k\cdot\int_{-\overline{\rho}}^{+\overline{\rho}} \exp\left\{-\xi\frac{|x|^\varepsilon}{\alpha^\varepsilon-|x|^\varepsilon}\right\}\cdot dx\ =\ 100\cdot\left(\frac{1}{2}\right)\right.}\right)_i$$

$$\left(P\left(-\ \overline{\rho}\le\delta\le\overline{\rho}\right)\ =\ \frac{1}{2}\right)_i \qquad (i=1,2,3,\ \cdots,t)$$

九）根据（4.966）式，求解未知数 ρ 解算值误差 δ 的概率置信度：

$$P(\delta_i) = P(-\alpha\le -C\le\delta_i\le C\le\alpha) = \int_{-C}^{C} f(x)\cdot dx$$

$$= k\cdot\int_{-C}^{+C}\exp\left\{-\xi\frac{|x|^{\varepsilon}}{\alpha^{\varepsilon}-|x|^{\varepsilon}}\right\}\cdot dx \tag{5.846}$$

五、辜小玲算法的现实意义

最大概率原理提出的数学前提，传统函数方程解算工作，是很难实现的原则。**辜小玲算法，使最大概率原理得到了实现，使函数误差方程得到了“完全解算”。辜小玲算法，是最大概率法的核心内容。**

辜小玲算法，是经过实践检验的算法。在航天摄影像机畸变校正、巡航导弹地形匹配等国家指令性任务中，其均展示了提高解算精度的 不可替代的优越性。应该说，依赖线性方程解算随机函数方程的时代已经结束，将随机函数方程解算的精度推向最佳状态的时代已经到来。

最大概率原理、最大概率法必须以非线性随机函数方程解算方法作为数学支撑。现今任何科学领域，在理论、实践的发展过程中，都应该运用最大概率法，来确保成果的最佳置信度（精度）。[参看（5.948）式，解算方法不同，解算的精度也不同。]

最大概率法、辜小玲算法，实质上是对经典概率论、经典测绘学的创新型发展，为现代科学理论与科学实践构建了“桥梁”。

最大概率法、辜小玲算法，为本著作阐明的随机函数的科学概念和随机数据处理的基本原则开拓了一个新领域，为现代科学的发展拓宽了现实的发展空间。

时至今日，所有随机函数方程解算的成果都没有置信度（精度）描述；这是因为描述置信度的数学问题没有解决。本著作给出了反映客观现实的随机函数方程解算数据置信度的数学概念、定义和定量分析的数学成果。这些成果，是对经典概率论、经典测绘学的创新型发展。**就置信度来说，基于辜小玲算法的数学成果，是划时代的成果，是历史性的贡献。**

未来科技界在运用最大概率法和辜小玲算法公布科技成果的同时，也公布成果的置信度（基于精度的概率置信度），将是拓宽新时代、新领域的新亮点。

-----2017 年 12 月 13 日　　西安 · 曲江池-----

-----2018 年 5 月 8 日　　西安 · 曲江池-----

-----2019 年 12 月 8 日　　西安 · 曲江池-----

第九章　经典算例

为使读者进一步理解本书阐述的“最大概率原理”（4.009）式，下面提供一个根据不同计算公式计算的算例，比较其精度：当$\varepsilon=1$，$\alpha\to\infty$时，即（4.312）式，称为最小一乘法；当$\varepsilon=2$，$\alpha\to\infty$时，即（4.412）式，称为最小二乘法；当ε，α在平差解算过程中确定时，称为最大概率法。

一、理论公式

三种数据处理方法的数学理论公式为：

一）根据拉普拉斯分布（2.327）式，提出（最小一乘法），即（4.312）式：

$$\left.\begin{aligned}&\sum_{i=1}^{n}\left|V_i\right|^1=\min\\&(V)_I=A\,(X)_I-L\end{aligned}\right|\text{---}\,(\mathit{I}) \qquad (5.911)$$

二）根据高斯分布（2.337）式，提出（最小二乘法），即（4.412）式：

$$\left.\begin{aligned}&\sum_{i=1}^{n}\left|V_i\right|^2=\min\\&(V)_{II}=A\,(X)_{II}-L\end{aligned}\right|\text{---}\,(\mathit{II}) \qquad (5.912)$$

三）根据王玉玮分布（2.429）式，提出（最大概率法），即（4.203）式：

$$\left.\begin{aligned}&\sum_{i=1}^{n}\frac{\left|V_i\right|^{\varepsilon}}{\alpha^{\varepsilon}-\left|V_i\right|^{\varepsilon}}=\min\\&(V)_{III}=A\,(X)_{III}-L\end{aligned}\right|\text{---}\,(\mathit{III}) \qquad (5.913)$$

二、误差方程

设有已知待定的未知数方程

$$AX_o-L_o=0 \qquad (5.921)$$

式中，

$$A=\begin{bmatrix}A_{11}&A_{12}&\cdots&A_{1t}\\A_{21}&A_{22}&\cdots&A_{2t}\\\vdots&\vdots&\ddots&\vdots\\A_{n1}&A_{n2}&\cdots&A_{nt}\end{bmatrix} \qquad (5.922)$$

给定真值:

$$X_o = \begin{bmatrix} X_{o1} & X_{o2} & X_{o3} & \cdots & X_{ot} \end{bmatrix}^T$$
$$L_o = \begin{bmatrix} L_{o1} & L_{o2} & L_{o3} & \cdots & L_{on} \end{bmatrix}^T \tag{5.923}$$

在科技生产实践活动中，X_o表待求的未知数真值，L_o表被观测几何量（或物理量）的真值，A表方程系数。由于L_o是没有误差的，故不管 $n=t$ 还是 $n>t$，(5.821）式是可解的，是唯一解的一组方程式。但这种情况是不可能出现的，因为无论何时观测值都存在着误差。因此，根据观测值解算出来的未知数，必然有误差，进而破坏了（5.921）式的平衡。

以 L 表实际观测值，Δ 表其误差；以 X 表方程未知数实际解算出的值，δ 表其误差。(5.921）式左边含误差之后，不再为零，以 V 表之，可得

$$V = AX - L \tag{5.924}$$

该式是测量平差学科中的一个基本误差方程式。式中

$$X = X_o + \delta$$
$$L = L_o + \Delta \tag{5.925}$$
$$V = \begin{bmatrix} V_1 & V_2 & \cdots & V_n \end{bmatrix}^T$$
$$\Delta = \begin{bmatrix} \Delta_1 & \Delta_2 & \cdots & \Delta_n \end{bmatrix}^T$$
$$\delta = \begin{bmatrix} \delta_1 & \delta_2 & \cdots & \delta_r \end{bmatrix}^T$$

比较（5.921)、(5.924）二式可知

$$V = A\delta - \Delta \tag{5.926}$$

或者

$$A\delta = V + \Delta$$
$$\delta = A^{-1}(V + \Delta)$$

在（5.924）式中有 n 个具体方程，V 有未知数 n 个，X 有未知数 t 个。根据三种方法解算后，理想的状态，应该是:

$$\lim_{(V+\Delta)\to o} \left((V+\Delta) = \ A\delta \ \right) == \lim_{(V+\Delta)\to o} (V \to -\Delta)$$
$$\lim_{\delta\to o} (\ \delta \ = X - X_o) == \lim_{\delta\to o} (X \to X_o) \tag{5.927}$$

可以肯定，只有在 $(V+\Delta)\to 0$ 时，才有可能导致 $X\to X_o$（上式中“==”为等效符号，表其左右两边数学表达式等效）。这就是说，在解算（5.924）式的过程中，为使解出的未知数 X 极大限度地与其真值 X_o 靠近，必须约束计算出的 V 的分布规律与已经实际存在的 Δ 的分布规律相同。显然，求解（5.924）式的焦点，就是 Δ 的分布规律是什么。主要学术分歧，都是由此而产生的；平差解算方法的差异，也是由此而产生的。但不管用哪一种方法解算，根据（5.927）式所示之前提，评判它们解算精度的标准，应该是

$$
\left.
\begin{aligned}
m_{(V+\Delta)} &= \pm\sqrt{\sum_{i=1}^{n}\frac{\left|V_i+\Delta_i\right|^2}{n}} \\
m_{(X-X_o)} &= \pm\sqrt{\sum_{i=1}^{t}\frac{\left|X_i-X_o\right|^2}{t}}
\end{aligned}
\right| \tag{5.928}
$$

无疑，哪一种方法的 $m_{(V+\Delta)}$ 和 $m_{(X-X_o)}$ 的绝对值最小，哪一种方法的置信度就高。

三、试验数据

这里针对（5.921）式，选定一组数据赋值（5.923）式如下：

$$
A=\begin{bmatrix}
0.0872 & 0.9962 & -1.0 \\
0.1736 & 0.9848 & +1.0 \\
0.2588 & 0.9659 & -1.0 \\
0.3426 & 0.9396 & +1.0 \\
0.4226 & 0.9063 & -1.0 \\
0.5000 & 0.8660 & +1.0 \\
0.5736 & 0.8192 & -1.0 \\
0.6428 & 0.7660 & +1.0 \\
0.7071 & 0.7071 & -1.0 \\
0.7660 & 0.6428 & +1.0 \\
0.8192 & 0.5736 & -1.0 \\
0.8660 & 0.5000 & +1.0
\end{bmatrix}
\qquad
L_o=\begin{bmatrix}
0.0834 \\ 2.1584 \\ 0.2247 \\ 2.2822 \\ 0.3289 \\ 2.3660 \\ 0.3928 \\ 2.4088 \\ 0.4142 \\ 2.4088 \\ 0.3928 \\ 2.3660
\end{bmatrix} \tag{5.931}
$$

$$
X_o=\begin{bmatrix}1.0000 & 1.0000 & 1.0000\end{bmatrix}^T \tag{5.832}
$$

再给出一组符合偶然误差规律的“随意组合的”偶然误差列 Δ ,按“随意组合”对应 L_o 措施,计算出模拟观测值 L :

$$\Delta=\begin{bmatrix}-0.8333\\+0.5000\\-0.1666\\+0.1666\\-0.5000\\+0.8333\\+0.5000\\-0.1666\\+0.1666\\-0.1666\\-0.5000\\+0.1666\end{bmatrix}\qquad L=L_o+\Delta=\begin{bmatrix}-0.7499\\+2.6584\\+0.0581\\+2.4488\\-0.1711\\+3.1993\\+0.8928\\+2.2422\\+0.5808\\+2.2422\\-0.1072\\+2.5326\end{bmatrix}\tag{5.933}$$

然后将(5.931)、(5.933)二式中之 A 、 L 代入(5.924)式,形成一组与实际相仿的随机方程,用不同方法进行处理,求解 V 、 X 。

四、试验结果

为简明起见,这里只选用 II 、III 两种解算方法进行解算:(第一种算法 I 省略)根据(5.924)式

$$V=A\cdot X-L \quad (\text{检验标准}) \tag{5.941}$$

经解算,结果如下:

根据(5.912)式解算的未知数 X 的误差

$$\left(X-X_o\right)_{II}=\begin{bmatrix}+1.0015\\+1.0084\\+1.2223\end{bmatrix}-\begin{bmatrix}1.0000\\1.0000\\1.0000\end{bmatrix}=\begin{bmatrix}+0.0015\\+0.0084\\+0.2223\end{bmatrix}\tag{5.942}$$

根据(5.913)式解算的未知数 X 的误差

$$\left(X-X_o\right)_{III}=\begin{bmatrix}+0.9951\\+0.9963\\+1.0071\end{bmatrix}-\begin{bmatrix}1.0000\\1.0000\\1.0000\end{bmatrix}=\begin{bmatrix}-0.0049\\-0.0037\\+0.0071\end{bmatrix}\tag{5.943}$$

根据（5.912）式解算的改正数V的误差

$$(V+\Delta)_{II}=\begin{bmatrix}+0.6195\\-0.2691\\-0.0472\\+0.0642\\+0.2860\\-0.6029\\-0.7145\\+0.3964\\-0.3819\\+0.3955\\+0.2838\\+0.0613\end{bmatrix}+\begin{bmatrix}-0.8333\\+0.5000\\-0.1666\\+0.1666\\-0.5000\\+0.8333\\+0.5000\\-0.1666\\+0.1666\\-0.1666\\-0.5000\\+0.1666\end{bmatrix}=\begin{bmatrix}-0.2138\\+0.2309\\-0.2138\\+0.2308\\-0.2140\\+0.2304\\-0.2145\\+0.2298\\-0.2153\\+0.2289\\-0.2162\\+0.2279\end{bmatrix}\tag{5.944}$$

根据（5.913）式解算的改正数V的误差

$$(V+\Delta)_{III}=\begin{bmatrix}+0.8211\\-0.4973\\+0.1547\\-0.1646\\+0.4975\\-0.8317\\-0.5129\\+0.1678\\-0.1797\\+0.1677\\+0.4868\\-0.1655\end{bmatrix}+\begin{bmatrix}-0.8333\\+0.5000\\-0.1666\\+0.1666\\-0.5000\\+0.8333\\+0.5000\\-0.1666\\+0.1666\\-0.1666\\-0.5000\\+0.1666\end{bmatrix}=\begin{bmatrix}-0.0122\\+0.0027\\-0.0119\\+0.0020\\-0.0125\\+0.0016\\-0.0129\\+0.0012\\-0.0131\\+0.0011\\-0.0132\\+0.0011\end{bmatrix}\tag{5.945}$$

---

*）该例是随机误差方程（5.924）式的一般形式。根据（5.913）式解方程的程序逻辑，大体上要注意：

1）给出初始值$\varepsilon=1.2$；

2）算出第一近似值V；

3）再由V解算ξ、ε、k、α；

4）再根据新的ε重复第二步，算出第二近似值V；

5）再重复（3）、（4），反复重复（3）、（4），直至ε的变化满足给定的限差止。

用传统的（5.912）式（最小二乘法）进行解算，解出的V、X残留误差为

$$\left.\begin{aligned}\left(m_{V+\Delta}\right)_{II}&=\pm\sqrt{\sum_{i=1}^{n}\frac{\left|V_i''+\Delta_i\right|^2}{n}}=\pm\sqrt{\frac{0.5931889}{12}}=\pm0.2223\\\left(m_{X-X_O}\right)_{II}&=\pm\sqrt{\sum_{i=1}^{t}\frac{\left|X_i''-X_o\right|^2}{t}}=\pm\sqrt{\frac{0.0494329}{3}}=\pm0.1284\end{aligned}\right|\quad(5.946)$$

而根据本著作提出的（5.913）式（最大概率法）进行解算，解出的V、X的残留误差为

$$\left.\begin{aligned}\left(m_{V+\Delta}\right)_{III}&=\pm\sqrt{\sum_{i=1}^{n}\frac{\left|V_i'''+\Delta_i\right|^2}{n}}=\pm\sqrt{\frac{0.0009536}{12}}=\pm0.0089\\\left(m_{X-X_O}\right)_{III}&=\pm\sqrt{\sum_{i=1}^{t}\frac{\left|X_i'''-X_o\right|^2}{t}}=\pm\sqrt{\frac{0.0000505}{3}}=\pm0.0041\end{aligned}\right|\quad(5.947)$$

比较两个解算结果，可知

$$\left.\begin{aligned}\frac{\left(m_{V+\Delta}\right)_{II}}{\left(m_{V+\Delta}\right)_{III}}&=\frac{0.2223}{0.0089}=25.0\qquad[\text{改正数}V\text{的精度比}]\\\frac{\left(m_{X-X_O}\right)_{II}}{\left(m_{X-X_O}\right)_{III}}&=\frac{0.1284}{0.0041}=31.3\qquad[\text{未知数}X\text{的精度比}]\end{aligned}\right|\quad(5.948)$$

很明显，根据王玉玮分布导出的（解算原理的一般数学表达式）最大概率法进行解算，比根据传统的最小二乘法进行解算，精度要高达25倍以上。显然，对同样一组误差方程，使用不同的两种方法进行解算，精度如此悬殊，应该引起科技工作者的关注。

[（5.948）式说明，最大概率法之解算与最小二乘法之解算精度悬殊。]

对交通线路修建来说，待求的距离，用两种不同方法进行解算，其误差分别是±0.25m和±0.01m，这似乎无关紧要。但对于远程武器来说，打击目标的距离，用两种不同方法解算，其误差分别是±0.25km和±0.01km，这意味着什么？

对于天文学科来说，天体之间的距离，用两种不同方法进行解算，其误差分别是±0.25光年和±0.01光年，这又意味着什么？在科技领域，**对任何事物来说，数学是“灵魂”，精度是“气魄”。没有数学就没有灵魂，没有精度就没有气魄**。面对提高精度“25倍”这个结论，有气魄的科技工作者，不会无动于衷。

跋

一个“**幽灵**”，在中国科技界上空游荡了五十多年，终于下界，来到了人间；随机误差理论的一个完整认识过程，完成了！

1956年，在军委测绘学院学习期间，作者开始自觉和不自觉地进入了测绘学科的研究工作领域，第一个问题就是“最小二乘法”；时年21岁，还没有任何实践经历提醒我，这是一个学术界都在回避的非常棘手的敏感问题。

首先给我支持和鼓励的，是学院的林颂章老师[后任新疆建设兵团设计院总工程师，当时还不知到他是林则徐之后裔六世孙]；毕业之后，又受到工作单位总参测绘科学研究所卢福康副所长[后任总参测绘局总工程师]的支持和鼓励。随后，总参测绘局长张国威将军，解放军测绘学院党颂诗教授，以及更多同志们，给予我支持和鼓励。

200年前，18世纪末，随着科学技术发展，近代测绘科学的鼻祖——拉普拉斯、高斯分别对随机变量误差的数学特性，提出了各自的见解，这导致了对最小二乘法在认识上的分歧。经过长时间争论，直到19世纪末，出于多方面的原因，学术界以无可奈何的姿态，以“没有办法的办法”认可了最小二乘法。

学者们对最小二乘法的认识分歧，以及认可最小二乘法是“没有办法的办法”，都是授课老师在课堂上回避的问题。这固然可以使老师摆脱被动的局面，但使随机误差理论在200年间长期停留在量变的过程中，没有质的突破。尽管严谨的测绘学者多以生产实验数据验证最小二乘法的学术局限性确实存在，但后来概率论学科出现的正态分布、中心极限定理，粉饰了最小二乘法，更进一步封闭了概率学科的发展道路。

恩格斯曾指出：**“数学公式的严密性，很容易使人忘掉其前提的假设性”**。正态分布和中心极限定理的数学证明是严密的。正因为如此，人们忘记了它的前提和假设，忘记了它的前提和假设的真理性。这就是说，要关注随机变量误差分布学科诞生以来的学术争论，就不得不重新回到原来争论的起点。

作者，就是从原来争论的起点，迈着军人的步伐，一直走到今天。在“求真、务实、忠诚、严谨”自训下，遵循“去粗取精，去伪存真；由此及彼，由表及里”原则，基于严密的数学论证，提出了描述误差分布普遍概念的王玉玮分布。应该说，以往包括拉普拉斯、高斯在内的有关误差理论的学术争论，在此得到了解决。

王玉玮分布，不是对传统随机误差理论的否定，而是发展。当然，也可以说是否定、继承和发展；“去粗、去伪”就是否定，“取精、存真”就是继承……

正态分布、中心极限定理，实质上，只是数学概念上的一个偶然随机误差分布，在科技、生产实践活动中，很难精确反映客观存在；用正态分布和中心极限定理来描述客观现实的普遍规律，是不可能取得正确结论的。

在 200 年的漫长岁月里，学术界和有关科技界的科技工作者，基于正态分布和中心极限定理，取得了不少科研成果。这些成果应当根据王玉玮分布的数学内涵，进行相应修正，方可在社会生产实践中继续应用；否则，只能停留在数学领域内做数理逻辑的信息传递，而不能再应用于社会科技实践。正如恩格斯所言：**“最新研究的成果、在此以前不知道的事实或者尚在争论的事实的确定以及必然由此得出的理论结论，都在无情地打击旧传统，所以这个传统的维护者就陷入极为困难的境地。……”**实践是检验真理的惟一标准，遵循科学实践的事实，是摆脱困境的唯一出路。

真理是无私的，真理要求真理的探索者“无为”，**“无为，而无不为”**。无为个人利害而背离忠诚、严谨；无为个人得失而回避客观、现实；尔后，方可有“无不为”之局面。

科学的发展，来自继承和开拓。**纳伯尔对数时代的学科基础理论，在如今的电子计算机时代，应该有所深化，有所发展**。过去求解繁琐数学问题的不可能，而今也不复存在。王玉玮分布涉及过去传统随机误差理论尚未触及的很多数学问题，特别是创新定义的数学概念，在如今电子计算机时代的具体体现，是无所畏惧的。

王玉玮分布，没有关闭传统误差理论的空间，而是开辟了更为广泛的学科领域，使概率学科和测绘数学能更精密、更准确地反映客观现实的存在。随着时间推移和王玉玮分布逐渐完善，概率学科、随机变量和随机函数学科定能出现一个“善学者尽其理，善行者究其难”与实践紧密相结合的、有利学科发展的新局面。**尽其理，究其难，坚持科学发展观，传承创新。**

《论随机函数》这本专著，是作者历经五十多年时间探索写成的，书中的成果，应该说是历代先哲智慧的结晶。从老子、孔子、孟子，到孙中山、毛泽东、周恩来；从牛顿、拉普拉斯、高斯，到华罗庚、刘述文、王之卓；还有从当前学术界资深学者，到作者周围的同志们，都可以在书中找到。

“俯首横眉为基业，壮心未已志冲天！”原国防科工委副主任沈荣骏院士（中将）在 20 世纪末的豪言诗句，反映了当代中国科技界老、中、青科技工作者的心声。可以想象，在漫长的岁月里，还有不少因种种原因**“志冲天”**而形成**“幽灵”**，游荡在中国科技界的上空。路漫漫其修远兮，上下求索。

让我们祝愿这些**幽灵**，能早日下界，来到人间！

王 玉 玮

2016 年 11 月 18 日　于北京・航天城

尽理 究难 传承 创新

求真 务实 忠诚 严谨

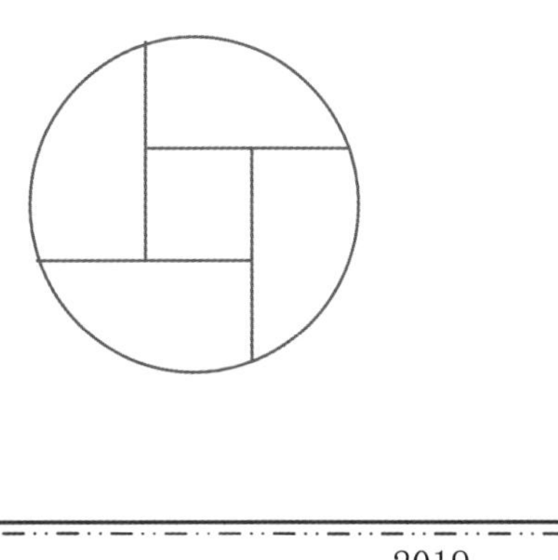

1956　　　　　　　　　　2019

*）“善学者尽其理，善行者究其难”文录《荀子·大略》。

*）“无为，而无不为”文录《老子·道德经》。

*）“最新研究的成果、…… ”［恩格斯：《自然辩证法》人民出版社，P118，1971.］

近代测绘学术界名人录

（谨以书文中名人出现先后为序）

（国籍） 姓 名	生 卒	享 年	首次出现页序
（波）哥白尼（N. Copernicus）	1473—1543	70	P. ix
（德）刻卜勒（J. Kepler）	1571—1630	59	P. ix
（英）牛顿（I. Newton）	1642—1727	85	P. ix
（法）拉普拉斯（P. S. M. Laplace）	1749—1827	78	P. ix
（德）高斯（C. F. Gauss）	1777—1855	78	P. ix
（英）斯特林（J. Stirling）	1692—1770	78	P. 7
（英）瓦里斯（J. Wallis）	1616—1703	87	P. 10
（瑞士）欧拉（L. Euler）	1707—1783	76	P. 14
（中）华罗庚	1910—1985	75	P. 45
（英）辛普松（T. Simpson）	1710—1761	51	P. 50
（中）王之卓	1909—2002	93	P. 63
（英）泰勒（B. Taylor）	1685—1731	46	P. 75
（法）泊松（S. D. Poisson）	1781—1840	59	P. 111
（法）乔丹（C. Jordan）	1838—1922	84	P. 117
（中）刘述文	1892—1971	79	P. 121
（法）洛必达（L' Hospital）	1661—1704	43	P. 123
（德）贝塞尔（F. W. Bessel）	1784—1846	62	P. 219
（俄）切比雪夫 п. л. чебышев	1821—1894	73	P. 311
（法）勒戎德尔（A. M. Legendre）	1752—1833	81	P. 279
（法）拉格朗日（J. L. Lagrange）	1736—1813	77	P. 299
（＊）纽康（S. Newcomb）	（＊）	…	P. 328
（中）卢福康	1911—1995	84	P. 331
（英）纳伯尔（J. Napier）	1550—1617	67	P. 331
（英）德莫佛（A. De Moivre）	1667—1754	87	P. 331
（俄）李雅普诺夫 A. M. ляпунов	1857—1918	61	P. 332

作者简历：

王玉玮，1935 年生，河南新乡人；1953 年，开封高中毕业后，志愿入伍，考入当时在北京的中国人民解放军军委测绘学院（现郑州中国人民解放信息工程大学测绘学院）学习，专业是航空遥感摄影测量学科；毕业后，一直在总参谋部测绘研究所，从事遥感测绘科学研究工作。

曾在国际刊物上发表有关测量像机鉴定学术论文两篇，在国内学术刊物上发表有关遥感测绘学术论文数篇，均已收入《遥感测绘学术论文选集》一书中。

1959 年，武汉全国测绘科学技术经验交流会议上提出“合片理论”，并在当年研制成功世界上第一台平面型的光机测图仪。论文发表在《会议资料选编·航空摄影测量》第三卷，测绘出版社，1960 年。

1980 年，国家“卫星定位课题”（480 工程）参加者，负责测量像机几何鉴定工作，获国家科学技术一等奖。

1993 年，在煤炭工业部航测遥感局局长石玉臣同志的领导下，基于合片理论，自主首创研制成功 CP-3T 全像方光机数字测图仪。

2003 年，出版《遥感测绘学术论文选集》，书中提出涉及遥感测绘学科基础理论的创新成果：

---“误差有限分部论”

---“天文多角水银等高经纬仪”

---“摄影遥感测量合片理论”

---“航空测量像机（内方位元素与畸变的）精密鉴定的计算公式”

---“DS 数字地球设想”

2004 年，在沈荣骏院士的“数字地球数据处理、立体显示和量测技术”课题中负责合片理论在数字图像处理中的应用工作，2010 年获全军一等奖。当前，仍在“DS 数字地球”课题中进行探索。

2014 年，出版《误差论》，该书从学术探索的角度出发，为概率论和测量平差学科的发展，为测量平差的科学概念和算法，开拓出了基于严密数学基础的新方向、新领域。

-----（阅兵）2015 年 9 月 9 日　　北京·航天城-----

-----2017 年 9 月 30 日　　西安·曲江池-----

七 律

尽瘁新时代

-----2018年7月1日　西安·曲江池-----

旭日东升红满天,
草木昂首齐唱歌;
天时地利今又是,
可叹故土无人和。

一带一路系万国,
暮年布道未忘却;
鞠躬尽瘁新时代,
书展丹心汇长河。

信　息

1）“摄影测量合片理论”（科技论文 • 1959）

-----在 1959 年武汉全国测绘科学技术经验交流会议上发表；

《会议资料选编·航空摄影测量》第三卷，测绘出版社，1960 年。

2）“天文（水银）等高仪测量的三个原则问题”（科技论文 • 1978）

-----发表在总参测绘局科技专刊【军事测绘】，专集第五期。

3）“误差有限分布论”（科技论文 • 1983）

-----发表在总参测绘局科技专刊【军事测绘】，专集第十二期。

4）“摄影遥感测量摄影机精密鉴定的计算公式”（科技论文 • 1988）

-----发表在【测绘学报】第 17 卷，第四期。

5）《遥感测绘学术论文选集》（学术专著 • 2003）

-----西安地图出版社出版。

6）《误差论》（学术专著 • 2014）

-----国防工业出版社出版。

7）WANG YUWEI. 1986. APPLIED FORMULAE CALIBRATION OF AERIAL PHOTOGRAMMETRIC CAMERAS. Selected from the Progress in Imaging Sensors. Proc. ISPRS Symposium. Stuttgart. 1-5 September 1986 (ESA SP-252, November 1986).

8）WANG YUWEI. 1992. APPLIED FORMULAE FOR ACCURATE CALIBRATION OF AERIAL-PHOTOGRAM METRIC CAMERAS. Selected from International Archives of Photogrammetry and Remote Sensing, Volume XXIX, Part B1, Commission I, ISPRS XVIIth Congress, Washington, D.C. 1992.